U0155163

DK葡萄酒百科

悦享生活系列丛书

DK葡萄酒百科

[美]吉姆·戈登 等著
朱 峤 石 鑫 李辰一 姜欢玲 译

科学普及出版社
·北 京·

著作权合同登记号：01-2022-6718

图书在版编目（CIP）数据

DK葡萄酒百科 /（美）吉姆·戈登等著 ；朱峤等译.
-- 北京 ：科学普及出版社，2023.6
（悦享生活系列丛书）
书名原文：1000 Great Wines That Won't Cost a Fortune
ISBN 978-7-110-10566-5

Ⅰ. ①D… Ⅱ. ①吉… ②朱… Ⅲ. ①葡萄酒－基本知识 Ⅳ. ①TS262.61

中国国家版本馆CIP数据核字(2023)第045437号

总 策 划 秦德继
责任编辑 李 洁 齐 放
封面设计 金彩恒通
正文设计 金彩恒通
责任校对 邓雪梅 吕传新
责任印制 徐 飞

科学普及出版社
北京市海淀区中关村南大街16号
邮政编码：100081
电话：010-62173865 传真：010-62173081
http://www.cspbooks.com.cn
中国科学技术出版社有限公司发行部发行
北京顶佳世纪印刷有限公司
开本：889×1194mm 1/16
印张：21.25 字数：680千字
2023年6月第1版 2023年6月第1次印刷
ISBN 978-7-110-10566-5/TS·154
定价：168.00元

目录

前言

我们大多数人想要的仅仅只是今晚可以随意打开的好酒，但为什么大多数葡萄酒书籍、杂志和博客都专注于世界上最稀有和最昂贵的——那些为一生中千载难逢的活动准备的葡萄酒？

《DK 葡萄酒百科》与其他大多数葡萄酒书籍不一样。无论是葡萄酒新人还是狂热爱好者，都可以通过本书找到来自世界各地值得信赖的酿酒厂的 1000 多种优质葡萄酒，其价格甚至不会超过一家好餐厅的主菜。我们专业的作者团队制定了一个简单的规则来选择葡萄酒：首先找到世界上很好的酿酒厂——那些生产真正百年一遇的高品质葡萄酒的酿酒厂，然后品尝它们较实惠的葡萄酒。于是他们发现了来自著名的波尔多酒庄的绝妙副牌酒、来自加利福尼亚葡萄园的令人无法抗拒的招牌红葡萄酒、来自德国的被低估的白葡萄酒，以及数百种其他优质产品。

这本书的首要目的是作为购买价格合理的优质葡萄酒的指南，其中涵盖红葡萄酒、白葡萄酒、起泡酒、桃红葡萄酒、甜型酒和加强葡萄酒。在为法国、意大利、西班牙和北美等经典国家和地区提供较多篇幅的同时，本书还涵盖了世界上其他主要酿酒国家以及南非

和阿根廷这样的新兴产区。

本书团队中每个贡献者的任务不是找到最便宜、最普遍的大批量市场葡萄酒，而是推荐精致、可靠且具有地域特色的葡萄酒。他们不是去选择可能会售罄或价格会波动的优秀特定年份葡萄酒，而是选取能保持始终如一的高品质和价格合理的品牌、品种和类型。

酒当然都是好酒。但是，没有食物的搭配、没有玻璃器皿或适合聚会时饮用的酒，总感觉差了些什么？考虑到这些问题，我们添加了食物和葡萄酒的搭配方式、最受欢迎的葡萄品种简介，以及关于如何选择和享用这些物超所值的葡萄酒的其他实用建议。

虽然本书信息量大，但是要记住，葡萄酒并非是一个很难欣赏的主题。根据你的需求从本书挖掘所需的葡萄品种和葡萄酒鉴赏的细节就好。当你对葡萄酒有疑问时，欢迎重新翻看这本书。最重要的是，我们希望你能通过阅读我们的葡萄酒推荐来减轻购买葡萄酒的经济压力。

有了这本新指南，你再也不用担心会在葡萄酒品鉴上超支了。

Jim Gordon

读懂旧世界葡萄酒标

欧洲葡萄酒的标签倾向于强调葡萄园的位置，有时甚至强调葡萄种植的具体地块，但绝大多数都没有说明主要的葡萄品种。

因此，为了充分利用标签得到信息，先了解一些葡萄酒产区的背景知识是很有用的，比如某些产区只会种植某些类型的葡萄，并会以特定的风格和按照法律规定的标准生产葡萄酒，以及每个地区的“水土”享有不同的声誉，并且能产出具有特定特征的葡萄酒。大多数销售葡萄酒的国家/地区应法律要求，将酒精度和容量印在瓶身正面、颈部或背面的标签上。

法国-波尔多大区

波尔多的酒标强调城堡（酒庄）的名称和葡萄种植区。“Mise en bouteille au château”这个词经常印在酒瓶背面的标签上，意味着该葡萄酒是在葡萄种植地的同一处装瓶的。

品质分级 “Cru”的字面意思是“成长”，在葡萄酒中的实际意思是在优越地区的“葡萄园”。“Grand cru classé en 1855”是梅多克和上梅多克特有的历史名称，通常将其定义为来自一个高等级酒庄的葡萄酒（“Premier cru 一级园”是最高名称）。

酒名 在波尔多，葡萄酒的名字通常也是酒庄的名字，例图中的名字即是如此。这意味着该葡萄酒是该酒庄生产的优质“头牌酒”或“名酒”。副牌葡萄酒和混酿往往有自己的名字，以将它们与大酒区分开。

年份 葡萄的收获年份对于在欧洲大部分地区的大陆性气候中种植的葡萄尤为重要，那里的天气可能会很极端，不同的气候每年都会对葡萄酒的质量产生显著影响。

原产地 这表明该葡萄酒是由特定地区种植的葡萄生产的，并且符合该地区的法律规定。标签通常包括原产地证明，比如在法国的“Appellation (d'Urigine)Contrôlée”或法定产区葡萄酒（AOC）。

所有权 某个酒庄（vignoble）对其拥有的城堡和葡萄园的所有权声明。通常，个人会被列为所有者，有时还会表明其所有者商业实体的法律条款。

法国-勃艮第地区

AOC体系除了用以认证法国葡萄酒的原产地，还被用来规范标签、葡萄种植和酿造。在勃艮第产区的酒标上，产区标识通常最为突出，年份则通常印在颈标上。

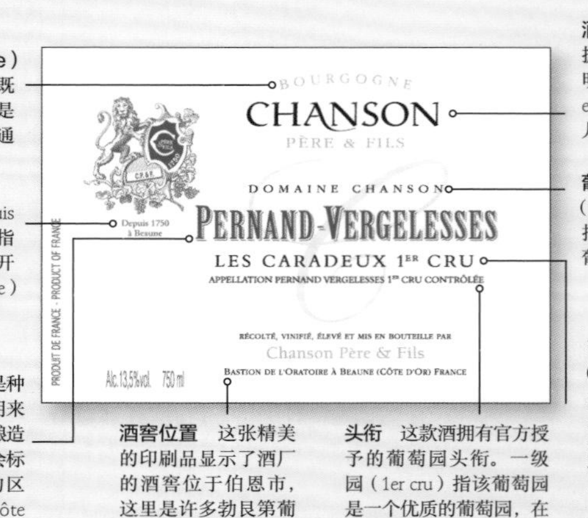

勃艮第（Bourgogne） 勃艮第的法语单词，既是该地区的名称，也是该地区任何葡萄酒的通用名称。

城堡详情 “Depuis 1750 à Beaune”是指该商号自1750年开始在伯恩（Beaune）市经营。

村庄 这里标示的是种植葡萄的村庄。使用来自许多村庄的葡萄酿造的葡萄酒在标签上会标出一个不太具体的区域，例如伯恩丘（Côte de Beaune）。

酒窖位置 这张精美的印刷品显示了酒厂的酒窖位于伯恩市，这里是许多勃艮第葡萄酒公司的所在地。

头衔 这款酒拥有官方授予的葡萄园头衔。一级园（1er cru）指该葡萄园是一个优质的葡萄园，在勃艮第大区仅次于特级园（Grand cru）。

酒厂名称 家拥有的产业通明父亲及儿子et fils）或父儿（pére et fil

葡萄园 香颂（Domaine Ch指的是该酒庄葡萄园名称。

葡萄园 卡拉（Les Caradeu是指该葡萄生在佩尔南-韦莱斯（PernaVergelesses）区的村庄中具的葡萄藤分区

法国-香槟大区

香槟大区标签详细介绍了葡萄酒的起源和风格，它的主要标识是酒厂名称和产地。法国东北部被称为香槟大区。香槟大区中的所有葡萄酒都是起泡酒，其“气泡”是通过瓶中的二次发酵产生的。

香槟酒 这款酒是在法国香槟大区种植和酿造的，这是官方认可的法定葡萄酒产区。

酒庄名称 皮埃尔·吉蒙内及其子（Pierre Gimonnet & Fils）是酒庄的名字。

葡萄酒风格 “Blanc de Blancs”意为“白中白”，一种由白色酿酒葡萄品种酿制的白葡萄起泡酒。黑中白（Blanc de Noirs）是一种白色起泡酒，由深色的红葡萄（一种酿酒葡萄品种）酿制，这种葡萄酒几乎没有或完全没有从葡萄表皮中获取颜色。

酒厂类型 “RM”是指“recoltant-manipulant”——“小农香槟”，意为自己种植葡萄并酿造香槟的从业者。“NM”是指“négociant-manipulant”——该公司购买葡萄而不是自己种植。CM、RC和SR则表示其为合作社香槟。

酒厂详情 酒厂的法定全名及其位置。

葡萄园位置 “Cuis 1er Cru”是指葡萄产自Cuis的村庄或公社，并且该葡萄园被评为“1er cru一级园”优质地点，仅次于特级园（Gran cru）的葡萄园。

甜的还是干的? 极干型（Brut）香槟是最受欢迎的香槟类型，是一种没有明显甜味的干型香槟，可能含有1.2%的糖分。零干型（Brut zero）或自然干型（brut natural）是最干的香槟。特干型（Extra dry）比极干型（brut）更甜；半干型（demi-sec）则更甜。

容量 这是一款马格南瓶型的大瓶酒，容量是1.5升（标准瓶为750毫升）。还有更大的瓶子，如耶罗波安瓶（3升）和雷波安瓶（4.5升）。

葡萄品种 霞多丽是这款酒中唯一使用的葡萄品种。大多数香槟是两种或三种葡萄品种的混合物，标签上通常不会标明年份。

德国

许多德国酒标会在显眼位置标明葡萄品种，这最能说明该葡萄酒的风格。葡萄园名称或酿造商名称也可能用大字体印刷在酒标上。

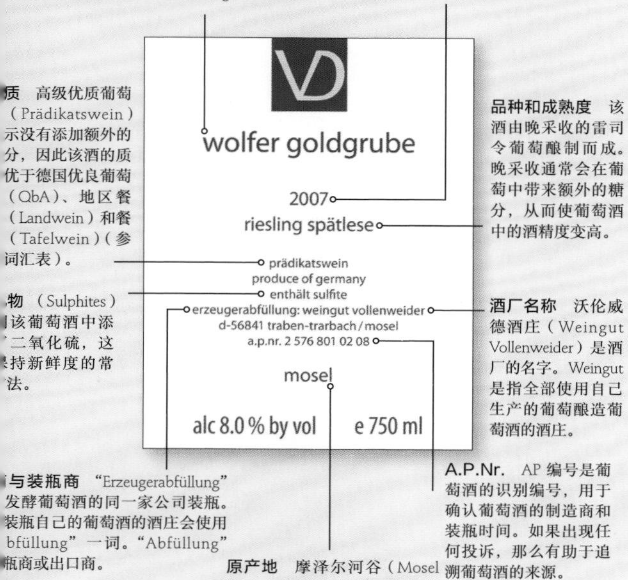

村庄和葡萄园 德国葡萄酒酒标所标明的葡萄园位置通常会声明其所在村庄。在例图下，沃尔夫（Wolf）位于摩泽尔河谷（Mosel River valley），其后是其特定的地块金矿（Goldgrube）。

年份 表明该酒至少85%的葡萄是在2007年种植采收的。价格更贵、等级更高的葡萄酒可以预期接近该年份葡萄含量（高至95%）。

质 高级优质葡萄（Prädikatswein）示没有添加额外的分，因此该酒的质优于德国优良葡萄（QbA）、地区餐（Landwein）和餐（Tafelwein）（参词汇表）。

品种和成熟度 该酒由晚采收的雷司令葡萄酿制而成。晚采收通常会在葡萄中带来额外的糖分，从而使葡萄酒中的酒精度变高。

物（Sulphites）该葡萄酒中添二氧化硫，这持新鲜度的常法。

酒厂名称 沃伦威德酒庄（Weingut Vollenweider）是酒厂的名字。Weingut是指全部使用自己生产的葡萄酿造葡萄酒的酒庄。

与装瓶商 “Erzeugerabfüllung”发酵葡萄酒的同一家公司装瓶。装瓶自己的葡萄酒的酒庄会使用bfüllung”一词。“Abfüllung”瓶商或出口商。

A.P.Nr. AP编号是葡萄酒的识别编号，用于确认葡萄酒的制造商和装瓶时间。如果出现任何投诉，那么有助于追溯葡萄酒的来源。

原产地 摩泽尔河谷（Mosel River valley）是更高一级的摩泽尔产区（Mosel-Saar-Ruwer）葡萄酒产区的一部分，沃尔夫金矿（Wolfer Goldgrube）葡萄园位于该地区。

意大利

与许多旧世界的酒标一样，意大利酒标同样会强调法律定义的原产地。许多意大利葡萄酒还在瓶身上或在颈标上标明年份。

原产地 这款酒的葡萄种植地巴巴莱斯科（Barbaresco）是意大利皮埃蒙特（Piedmont）地区下细分的村庄和葡萄园产区。

分级 “Denominazione d’Origine Controllata e Garantita”（DOCG，即优质法定产区葡萄酒）是意大利最高质量的名称。接下来是法定产区葡萄酒（DOC），然后是地区餐酒（Indicazione Geografica Tipica，IGT）和日常餐酒（Vino da Tavola，VDT）。

酒厂名称 巴巴莱斯科生产联盟（Produttori del Barbaresco）是酒厂的名字。小字标明的是合作社。在其他标签上，“fattoria”和“tenuta”表示农场或酒庄。“Azienda agraria”和“azienda agricola”是用自己种植的葡萄生产葡萄酒的酒庄；“azienda vinicola”则是通过收购葡萄来酿酒的生产商。

装瓶 “Imbottigliato all’origine dai produttori riuniti”意味着葡萄酒是在其原产地装瓶（不运输到其他地方），并由生产商共同装瓶。“Imbottigliato da”的意思是只是由标示的酒厂装瓶，该酒可以使用其他地方种植的葡萄和在其他地方发酵。

读懂新世界葡萄酒标

不同于旧世界的葡萄酒标通常把葡萄种植区放在首位的做法，在新世界葡萄酒的酒标上，酒厂名称和葡萄品种往往最为突出，而且葡萄种植区也必须要标识出来，在某些酒标上具体的葡萄园也会被标识出来。对于新世界的葡萄酒生产商来说，给他们的葡萄酒起一个奇特的名字来唤起人们的想象力是极为常见的，即使这些通常没有法律意义。小心使用传统旧世界术语的新世界标签，例如“杏仁香槟”和“夏布利山”——这些并不代表瓶中葡萄酒的质量。酒精含量和容量应大多数销售葡萄酒的国家 / 地区的法律要求，印在酒瓶正面、颈部或背面标签上。

南非

尽管葡萄酒在南非已经有 300 多年的历史，但酒标仍然遵循新世界模式，在大多数情况下强调酒厂名称和葡萄品种名称。这种直截了当的标签是许多南非葡萄酒的典型特征。

酒厂名称 酿酒厂的名称是许多南非标签上最显著的特征。

产区 原产地葡萄酒（The Wine of Origin,WO）分级制度涵盖四个类别的约 60 个种植区。最大的是地理区域级，例如西开普省（Western Cape），然后是大区级、次级产区级如沃克湾（Walker Bay）和小产区级如埃尔金（Elgin）。

葡萄品种 与许多出产新世界葡萄酒的国家一样，葡萄酒中使用的绝大部分葡萄成分必须是标签上标明的葡萄品种。南非的规定是至少 85% 的含量。

在南非有关年份的规定中，要求至少 85% 的葡萄必须来自指定年份，但可以混合较早年份保存的葡萄酒。

智利

智利在 20 世纪 90 年代通过了涵盖年份、葡萄品种和产区的标签规定。酒厂名称通常是最突出的；葡萄品种往往次之。

酒厂名称 酒厂名称告诉你是哪家葡萄酒公司装瓶的。但这并不意味着一定是这家酒厂种植葡萄甚至发酵葡萄酒。

酒庄装瓶（Estate bottled） 这个术语表示葡萄酒是由在标签标明的酒厂自有土地上种植的葡萄制成的，并在那里发酵、陈酿和装瓶。通常是优秀质量的标志。

酒名 “Antiguas Reservas”字面意思是“陈年珍藏”，暗示这瓶酒是酒庄最好的产品，一直保存在木桶中直到成熟。这是一个营销术语而非法律术语。

葡萄品种 在智利，至少 75% 的葡萄酒成分必须由指定的葡萄品种制成。

年份 至少含有 75% 该年份的葡萄用于酿造这款酒。

原产地 在智利，官方葡萄酒产区的标志是“Denominación de Origen”（DO）。规定为至少 75% 的葡萄是在产地种植的。

美国加利福尼亚州

美国加利福尼亚州葡萄酒标签是典型的新世界产区风格。他们通常首先强调酒厂的名称，其次是葡萄的品种。官方认定的葡萄种植地区通常也很突出。然而，与欧洲不同的是，区域指定在法律上并未表明葡萄酒风格或葡萄种植方法和酿酒方法。

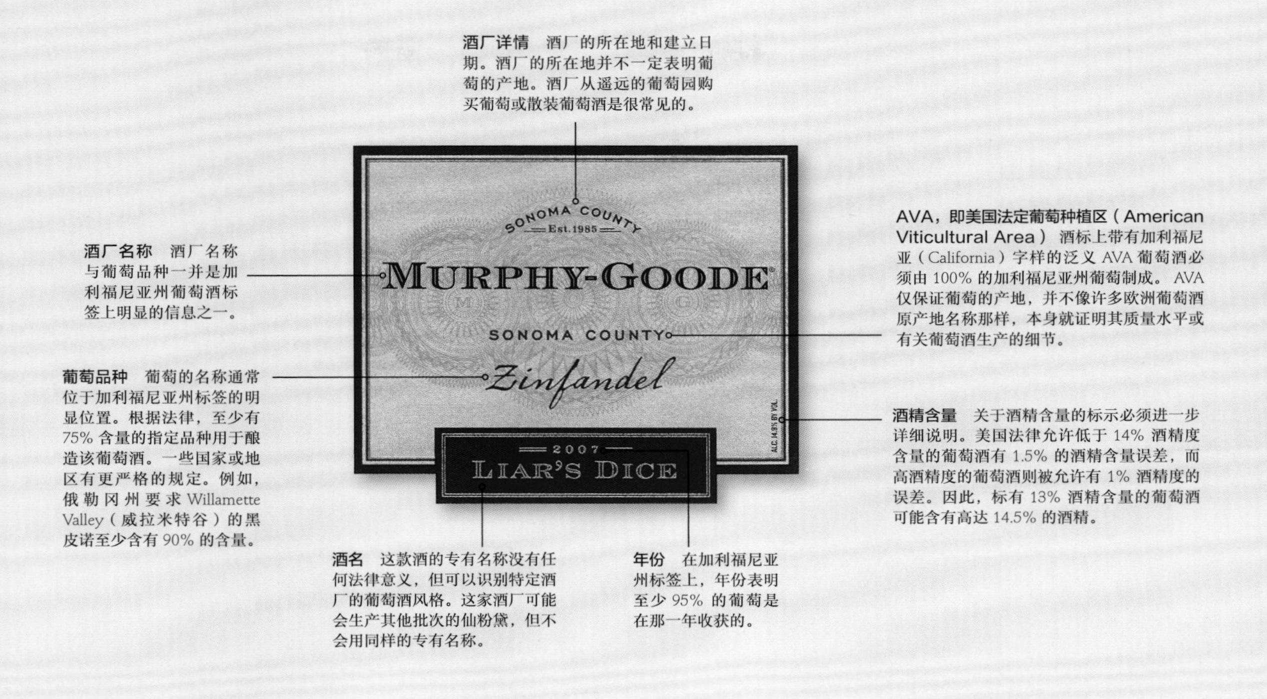

酒厂详情 酒厂的所在地和建立日期。酒厂的所在地并不一定表明葡萄的产地。酒厂从遥远的葡萄园购买葡萄或散装葡萄酒是很常见的。

酒厂名称 酒厂名称与葡萄品种一并是加利福尼亚州葡萄酒标签上明显的信息之一。

AVA，即美国法定葡萄种植区（American Viticultural Area） 酒标上带有加利福尼亚（California）字样的泛义 AVA 葡萄酒必须由 100% 的加利福尼亚州葡萄制成。AVA 仅保证葡萄的产地，并不像许多欧洲葡萄酒原产地名称那样，本身就证明其质量水平或有关葡萄酒生产的细节。

葡萄品种 葡萄的名称通常位于加利福尼亚州标签的明显位置。根据法律，至少有 75% 含量的指定品种用于酿造该葡萄酒。一些国家或地区有更严格的规定。例如，俄勒冈州要求 Willamette Valley（威拉米特谷）的黑皮诺至少含有 90% 的含量。

酒精含量 关于酒精含量的标示必须进一步详细说明。美国法律允许低于 14% 酒精度含量的葡萄酒有 1.5% 的酒精含量误差，而高酒精度的葡萄酒则被允许有 1% 酒精度的误差。因此，标有 13% 酒精含量的葡萄酒可能含有高达 14.5% 的酒精。

酒名 这款酒的专有名称没有任何法律意义，但可以识别特定酒厂的葡萄酒风格。这家酒厂可能会生产其他批次的仙粉黛，但不会用同样的专有名称。

年份 在加利福尼亚州标签上，年份表明至少 95% 的葡萄是在那一年收获的。

澳大利亚和新西兰

来自澳大利亚和新西兰的葡萄酒标签遵循新世界葡萄酒标的模式，强调酒厂名称和葡萄品种，同时也标示原产地。使用专有酒名如这款酒的名字守护者（The Custodian）在新世界相当普遍，而在旧世界则相当罕见。最好先看看葡萄品种，这样你就知道期待什么样的葡萄酒，然后再综合考虑酒厂和原产地。

酿酒方法 在新世界酒标上，这样的符号通常未经法律机构验证，但通常是真实的。脚踩、筐式压榨（Foot trod, basket pressed）表示该酒采用传统方式酿造。其他常见术语是桶发酵（barrel-fermented）、"sur lie"（字面意思是"酒泥陈酿"，意思是葡萄酒在陈酿的同时仍含有一部分发酵过程中产生的沉淀物）、未澄清（unfined）、未过滤（unfiltered）和未经橡木桶熟化（unoaked）。

酒厂名称 酒厂名称或品牌名称通常在澳大利亚或新西兰的标签上很显眼，但在图例中，它在标签设计中的突出程度排在第三或第四位。由于标示了创立（established）日期，你可以看出黛伦堡（d'Arenberg）表示酒厂的名字。许多酒厂名称包含酒厂（winery）、酒窖（cellar）、葡萄园（vineyard）或酒庄（estate）等词，用以表示酒厂或品牌名称。

地理标志（GI） 葡萄种植地的官方认证，在图例中标示为 McLaren Vale（麦克拉伦谷）。

酒名 "The Custodian"（守护者）这个名字没有法律意义，但特指一种由 d' Arenberg（黛伦堡）酒厂用歌海娜葡萄酿造的葡萄酒。澳大利亚生产商特别中意用昵称命名他们的葡萄酒。

葡萄品种 标签上标明葡萄品种名称意味着你拥有一款 varietal wine（高级品种酒）。在澳大利亚和新西兰规定葡萄酒必须至少含有 85% 以上的含量才允许标示其品种。

法国

法国葡萄酒的最显著特征在于其无与伦比的多样性。没有任何一个国家像法国一样，不惜一切代价地生产出如此多样风格的葡萄酒（其中许多风格被世界各地所模仿）。法国葡萄酒之旅可以从出产富有青草香气的长相思和馥郁饱满的白诗南的卢瓦尔河开始；接着是香槟，世界上伟大的起泡酒的故乡；然后前往出产优雅的黑皮诺和带有复杂香气的霞多丽的故乡勃艮第，以及芳香白葡萄酒的产地阿尔萨斯。继续向南走，你会发现罗纳河谷出产的富有香料味道西拉和歌海娜混酿酒、普罗旺斯精致的桃红葡萄酒、朗格多克–鲁西永地区浓郁的混酿红葡萄酒，以及波尔多地区的结构感强劲的红葡萄酒、令人愉悦的白葡萄酒和口感丰腴的甜酒。即使是这样的旅行也仅仅是触及了这个被大多数葡萄酒爱好者认定为葡萄酒世界精神家园的一点皮毛。

波尔多

在波尔多寻求高性价比时，请记住年份的重要性。在不太著名的年份，如2007年和2008年，往往会有物超所值的品质。在最好的年份，如2005年、2009年和2010年，尽管顶级酒庄的葡萄酒价格昂贵，但在那些规模较小、较便宜的产区仍然有机会找到合适的产品。同时不要忘记寻找波尔多的无名英雄——大酒庄的副牌酒。

达加萨克酒庄（Château d'Agassac）

中级名庄，梅多克产区

达加萨克酒庄副牌葡萄酒洛卡桑，上梅多克产区（红葡萄酒）
L' Agassant d' Agassac, Haut-Médoc (red)

达加萨克酒庄是梅多克较小的酒庄之一。虽然它在规模上存在一些不足，但它的魅力足以弥补。这是一座建于13世纪的童话城堡，它是该地区为数不多的热情迎接孩子们入住的酒庄之一。小孩子们可以利用该地的iPod导览在城堡探险，寻找公主。这个占地面积39万平方米的酒庄的葡萄酒，同样具有魅力。达加萨克酒庄副牌葡萄酒洛卡桑使用高达90%含量的梅洛葡萄混合酿造，并提供柔顺的单宁感和成熟的红色水果风味。它与许多梅多克产区葡萄酒的风格大相径庭，但真的很棒。

15 rue d' Agassac, 33290 Ludon-Médoc
www.agassac.com

宝莲酒庄（Château Beauregard）

波美侯产区

宝莲酒庄副牌葡萄酒本杰明，波美侯产区（红葡萄酒）
Benjamin de Beauregard, Pomerol (red)

高比例的品丽珠含量为宝莲酒庄副牌葡萄酒本杰明干红带来的风味，在蔓越莓和红醋栗的果香之上增添了花香。这款酒的葡萄来自生长在沙质土地上的年轻葡萄藤，温和而引人入胜，余味带有微妙的白胡椒味。该酒来自该企业17.5万平方米的酒庄，该酒庄种植了70%的梅洛和30%的品丽珠，你会发现那里有波美侯地区为数不多真正的城堡之一。这是一座美丽的建筑，古根海姆家族选择在长岛建造该城堡的复制品的原因显而易见。由于业主葡萄园地产公司（Vignobles Foncier）自20世纪90年代以来进行了大规模翻新，这也是一家非常现代化的酿酒厂。

1 Beauregard, 33500 Pomerol
www.chateau-beauregard.com

博塞酒庄（Château Beauséjour）

一级B等名庄，圣爱美隆产区

博塞酒庄副牌葡萄酒十字架，圣爱美隆特级园产区（红葡萄酒）
Croix de Beauséjour, St-Emilion Grand Cru (red)

博塞酒庄2008年和2009年两个年份的副牌年葡萄酒十字架具有甜美的红色水果风味，以及一些榛子和碎杏仁的坚果味。后者是该酒庄新的酿酒团队接手的第一个年份，该团队由尼古拉斯·蒂安邦（他同时兼任柏菲马凯的酿酒总监）领导，并由波尔多最著名的两位葡萄酒顾问米歇尔·罗兰和斯蒂芬·德农古协助。该团队拥有5万平方米的葡萄园可供种植，其中包括70%的梅洛、20%的品丽珠和10%的赤霞珠，他们还引入了勃艮第的葡萄酒酿造技术，如敞开式发酵和人工压帽，从而让葡萄的风味更温和地释放出来，并获得更丰富的果味。这座城堡由杜夫·拉格罗斯家族所有，尽管他们早已从该酒庄的标签中删除了这个姓氏。

No visitor facilities
05 57 24 71 61

宝石堡酒庄（Château Beau-Séjour Bécot）

一级B等名庄，圣爱美隆产区

宝石堡酒庄副牌葡萄酒图内尔，圣爱美隆特级园产区（红葡萄酒）
Tournelle de Beau-Séjour Bécot, St-Emilion Grand Cru (red)

在过去的几十年里，宝石堡酒庄几经起落。1986年，这家酒庄被当地葡萄酒委员会降级（因为使用了未经分类的葡萄藤），但在1996年又重新崛起，后被重新授予"B"等酒庄的称号。这里的葡萄酒当然配得上目前的排名，酿造它们的葡萄源于该酒庄位于村庄西部高原的17万平方米葡萄园，种植了70%的梅洛、24%的品丽珠和6%的赤霞珠。这些葡萄将通过温和的手工酿酒工艺进行转化，包括在浸渍过程（在果皮上发酵）中人工压帽，以及在不使用泵的情况下将葡萄酒转入桶中。这款高品质的副牌酒使用超出常规量——20%以上的品丽珠含量使它的存在伴随着缓和温暖的香料风味，如果你有幸找到2009年出产的这款酒，它还会带有些许紫罗兰香气。

33330 St-Emilion
www.beausejour-becot.com

贝卡斯酒庄（Château La Bécasse）
波雅克产区

贝卡斯酒庄正牌葡萄酒，波雅克产区（红葡萄酒）
Château La Bécasse, Pauillac (red)

小型的贝卡斯酒庄是预算有限的波尔多葡萄酒爱好者更希望见到的酒庄：一家致力于为每个人提供负担得起的价格来生产优质、非名庄的波雅克风格葡萄酒生产商。这里生产的葡萄酒以黑樱桃和西洋李子风味著称；这些被精心制作的葡萄酒，未经过滤即被出售，以强调天然的单宁结构。贝卡斯的风格大部分都归功于其所有者罗兰·丰特诺，他从父亲那里接过了4.2万平方米的酒庄。丰特诺继承了一个高度分散的葡萄园，分布在20多个地块上，这些地块是他父亲花费数年慢慢获得的。为了陈酿他的葡萄酒，丰特诺使用非常优质的二手橡木桶，这些橡木桶是从五个一级酒庄中抢购而来的。贝卡斯所有的酿酒工作都是手工完成的，让人不可避免地联想到有一位敬业的工匠在这里工作。

21 rue Edouard de Pontet, 33250 Pauillac
05 56 59 07 14

百家富酒庄（Château Belgrave）
五级酒庄，梅多克产区

百家富酒庄正牌葡萄酒，上梅多克产区（红葡萄酒）
Château Belgrave, Haut-Médoc (red)

如今，想以合理价格购买波尔多名庄葡萄酒越来越难。但百家富酒庄设法实现了优惠的价格与优质的口味共存。价格不高主要是因为百家富最近才开始供货。在现任所有者杜夫集团（一家酒商）接管之前，酒庄表现不佳。然而，在过去几年中，杜夫集团努力改造了61万平方米的酒庄。该公司还投资了一个新的酿酒厂，配备了不锈钢桶，酿酒过程现在变得更加精细，并避免使用泵来抽取葡萄酒液。如今，这款酒具有雅致且鲜明的红色水果风味，并且十分招摇。现在这款酒非常划算，但这种情况可能不会持续太久。

No visitor facilities
www.dourthe.com

贝乐威酒庄（Château Belle-Vue）
中级名庄，梅多克产区

贝乐威酒庄正牌葡萄酒，上梅多克产区（红葡萄酒）
Château Belle-Vue, Haut-Médoc (red)

前任庄主文森特·穆里耶于2010年突然去世，他是贝乐威酒庄的幕后主力，现在这家酒庄由他的家人拥有。穆里耶曾经是一位银行家，但在2004年，他受到了家乡波尔多的感召，接连购入了位于上梅多克的贝乐威、吉龙威尔和宝丽城堡的三个酒庄。葡萄园的选址是经过精心挑选的，这里种植的葡萄藤紧邻玛歌产区的名庄美人鱼城堡。这款葡萄酒中从初入口充满大量有咀嚼感的单宁，转而体现出丰满的口感，同时，密集的李子和西洋李子风味在中期很好地填充了进来，而丰富的单宁，令其从始至终顺滑如一。这是一款具有良好发展前景的葡萄酒，而且价格合理。

103 route de Pauillac, 33460 Macau-en-Médoc
www.chateau-belle-vue.fr

德雅克酒庄（Château Bellevue de Tayac）
玛歌产区

德雅克酒庄正牌葡萄酒，玛歌产区（红葡萄酒）
Château Bellevue de Tayac, Margaux (red)

德雅克酒庄的玛歌风格葡萄酒具有明显的现代感，充满了由梅洛、赤霞珠和小维多混合而成的浓密黑醋栗果香，以及一丝烟熏余味。该酒庄是让-吕克·图内文所拥有的几个酒庄之一，他可能更常与波尔多右岸和瓦兰佐酒庄等酒庄联系在一起。图内文和他的酿酒师克里斯托夫·拉迪埃对3万平方米的酒庄进行了改造，在2005年重新种植了大约三分之一的葡萄藤。这些葡萄藤加上图内文租用的一小块地块，为这个快速发展的酒庄提供了1.6万瓶的年产量。

No visitor facilities
www.thunevin.com

博迪那酒庄（Château Bertinerie）
波尔多丘产区

博迪那酒庄正牌葡萄酒，波尔多布拉伊丘产区（红葡萄酒）
Château Bertinerie, Blaye Côtes de Bordeaux (red)

位于波尔多布拉伊丘地区的博迪那酒庄显示了年份对其生产的葡萄酒质量的影响有多大。在偏冷门的年份中，这家酒庄所生产的葡萄酒中的果味可能会受到抑制，但如果你追寻那些大热的年份（例如2005年、2008年和2009年，以及2010年——根据未完成的葡萄酒早期品尝来判断），博迪那酒庄的葡萄酒尽显优雅，结合甜美的红色水果风味和一些柔软的质感，非常吸引人。这里种植的葡萄是有机的，这里的一切由丹尼尔·本塔尼斯巧妙地管理着，他是布拉伊较受尊敬的酿酒师之一。本塔尼斯在葡萄园中运用的技巧包括使用双帘式栽培架种植葡萄藤，这样做可以提升光合作用并减少葡萄上的阴影，加速葡萄成熟。无论是在博迪那还是在其家族位于波尔多布拉伊丘的另一个酒庄玛农拉格酒庄，他都会付出同样的专注。

33620 Cubnezais
www.chateaubertinerie.com

龙船酒庄（Château Beychevelle）
四级名庄，圣朱利安产区

龙船美度葡萄酒，圣朱利安产区（红葡萄酒）
Les Brulières de Beychevelle, St-Julien(red)

梅多克名庄的葡萄酒价格正朝着一个方向发展：上涨。因此伴随日常饮酒的需求越来越大，人们开始追求这些酒庄的副牌酒或其他非名庄企业的葡萄酒。龙船酒庄的龙船美度葡萄酒——一款使用龙船拥有的但不在圣朱利安产区本地的葡萄酿造的上梅多克法定产区酒——就是一个很好的例子。它拥有足够的梅多克式的结构和优雅，而价格只是酒庄葡萄酒的一小部分。现在这家酒庄由法国啤酒和葡萄酒公司卡思黛乐（Castel）和他们的日本同行三得利（Suntory）共同拥有。龙船酒庄是波尔多著名的城堡之路（Route des Châteaux）路线在进入到圣朱利安后一个很棒的酒庄。

33250 St-Julien-Beychevelle
www.beychevelle.com

布朗康田酒庄（Château Brane-Cantenac）
二级名庄，玛歌产区

布朗康田副牌葡萄酒，玛歌产区（红葡萄酒）
Baron de Brane, Margaux (red)

布朗康田副牌葡萄酒是一款令人愉悦、易上口的红葡萄酒。它比这家玛歌二级名庄的老大哥更柔和，在橡木桶中储藏的时间更短，只有30%的酒液使用新桶。在味道方面，它是美味的李子风味，混合5%含量的品丽珠带来的一丝紫罗兰香气。布朗康田酒庄的所有者亨利·勒顿是一个谦虚的人，他宁愿花时间照料他85万平方米的葡萄藤，也不愿去追求波尔多顶级酒庄主生活中更耀眼的一面。勒顿的团队也拥有同样的品质，默默地做好他们的本职工作，酒庄经理克里斯托夫·卡普德维尔就是很好的例子，他正主持着一项针对不同类型的桶对葡萄酒产生的影响的研究。

33460 Cantenac
www.brane-cantenac.com

凯隆世家酒庄（Château Calon-Ségur）
三级名庄，圣埃斯泰夫产区

凯隆世家副牌葡萄酒，圣埃斯泰夫产区（红葡萄酒）
Marquis de Calon, St-Estèphe (red)

凯隆世家酒庄是梅多克所有名庄中最靠北的。它拥有约74万平方米的葡萄藤，种植了65%的赤霞珠、20%的梅洛和15%的品丽珠，出产质地好、有深度的葡萄酒。这些葡萄酒在世界各地都有很多粉丝，包括演员约翰尼·德普——显然他是一个有品位的人。该酒庄如今由卡斯奎顿家族所有，这家酒庄在其副牌酒Marquis de Calon上投入了大量精力，这么做的结果是，它甚至设法重现了酒庄正牌葡萄酒的兴奋点。这款酒由酒庄年轻的葡萄藤酿制而成，尽管如此，这款酒仍然展现出一些独特之处，有微妙的橡木味香气，有很有深度的黑樱桃水果风味。

2 Château Calon-Ségur, 33180 St-Estèphe
05 56 59 30 08

贝诺斯城堡酒庄（Château Cambon la Pelous）
中级名庄，梅多克产区

贝诺斯城堡酒庄正牌葡萄酒，上梅多克产区（红葡萄酒）
Château Cambon la Pelouse,Haut-Médoc (red)

这家酒庄目前由其所有者让-皮埃尔的儿子尼古拉斯·玛丽经营，他为这家酒庄带来一丝纽约的时髦气息。虽然他可能看起来不像一个酿酒师，但他确实是一位非常有才华的酿酒师。贝洛斯城堡酒庄正牌葡萄酒是一款高品质却不张扬的葡萄酒，具有令人愉悦的新鲜度、良好的平衡性，如果你能够长时间持有它，则具有很高的陈年潜力。值得寻找那些特别的年份，例如2006年、2007年和2008年，因为有些年份的酒精度可能会有点高。

5 chemin de Canteloup, Macau, 33460 Margaux
www.cambon-la-pelouse.com

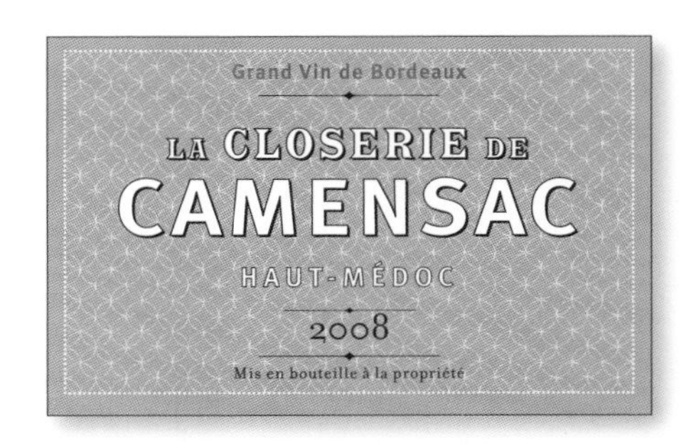

卡门萨克古堡酒庄（Château Camensac）
五级名庄，梅多克产区

卡门萨克副牌葡萄酒，上梅多克产区（红葡萄酒）
La Closerie de Camensac, Haut-Médoc (red)

香料和烟草的味道为卡门萨克副牌葡萄酒增添了一丝复杂性，但整体感觉很易饮用，更多地呈现出夏季水果风味，以及细腻的单宁。这款副牌酒出自坐落于该地区其他两个名庄之间的酒庄，分别是百家富和拉图嘉利。这里曾经与西班牙有联系，2005年前，卡门萨克是著名的里奥哈酒庄卡塞里侯爵酒庄的拥有者福尔内兄弟拥有的资产之一。它现在由让·梅洛掌管，他与他的侄女席琳·维拉尔共事，并聘请知名的酿酒师埃里克·博赛诺作为顾问。这里的葡萄园以每万平方米1万株葡萄藤的高密度种植，梅洛和赤霞珠的比例各占一半。

Route de St-Julien, 33112 St-Laurent-Médoc
www.chateaucamensac.com

嘉隆酒庄（Château Canon）

一级 B 等名庄，圣爱美隆产区

嘉隆酒庄副牌葡萄酒，圣爱美隆特级园产区（红葡萄酒）

Clos Canon, St-Emilion Grand Cru (red)

韦特海默兄弟名下拥有令人羡慕的资产组合。这其中包括时装品牌香奈儿和波尔多两座顶级酒庄鲁臣世家和嘉隆酒庄。嘉隆酒庄近几年刚刚经过全面翻修。其 22 万平方米的酒庄出产一些精致细腻的葡萄酒。嘉隆酒庄副牌酒有较强的夏季水果风味和强烈的单宁味道，还有大量的品丽珠提供的微妙辛辣香气。这款酒有些年份的价格高昂，可能需要用在重要场合，但它们绝对是值得的。

4 Saint Martin, 33330 St-Emilion www.chateau-canon.com

美食美酒：波美侯葡萄酒

波美侯是波尔多右岸地区的一个小产区。这里主要出产世界上最好的梅洛。有时这里的酒厂将品丽珠与梅洛混酿，但品丽珠的占比很小。极致优雅、果味浓郁、精致且饱满，波美侯葡萄酒可以与无数美食完美搭配。

最好、最昂贵的波美侯葡萄酒具有丰富的层次感和细腻的单宁。它们有着如勃艮第葡萄酒一般浓郁的覆盆子和樱桃水果风味，并与罗西尼牛排、煎菲力牛排配鹅肝及面包等经典菜肴相得益彰。

更柔和、更实惠的波美侯葡萄酒通常口感飘逸、柔软、丰富和朴实，带有李子和浆果及烟草风味。它们轻巧、风味饱满、优雅且平衡。这些葡萄酒与简单、朴实、质地柔软的肉类菜肴搭配得很好，包括红烧牛尾或牛脸肉、夏布里昂牛排配酱汁、羊排配芥末及香草，甚至是现代菜肴，如土豆包裹的羊脊配梅洛和香草豆酱。

来自邻近波美侯的不太知名地区的葡萄酒，如拉朗德波美侯产区，适合搭配味道清淡可口的食物，如简单的烤鸡配煸蘑菇、蘑菇和柔和的牛奶奶酪（如切达干酪）制成的素食汉堡，或者来一场配上油封鸭和肉酱的野餐。

享用拉朗德波美侯产区的清淡梅洛葡萄酒可搭配烤鸡。

古堡康得利酒庄（Château Cantelys）

佩萨克-雷奥良产区

古堡康得利酒庄正牌葡萄酒，佩萨克-雷奥良产区（红葡萄酒和白葡萄酒）
Château Cantelys, Pessac-Léognan（red and white）

古堡康得利酒庄由史密斯拉菲特酒庄的卡迪亚德家族所有，以酿造具有鲜明现代特色的葡萄酒而闻名。该酒庄以赤霞珠为主导，酿造出的红葡萄酒具有奢华的国际气息，令人愉悦的华丽感，带有烘烤橡木桶香气和浓郁的红色浆果味道。而该酒庄制作的优质白葡萄酒则混合了长相思、灰苏维翁和少量赛美蓉，充满了烘烤橡木桶香气及热带水果味道。

No visitor facilities
www.smith-haut-lafitte.com

肯德布朗酒庄（Château Cantenac Brown）

三级名庄，玛歌产区

肯德布朗副牌葡萄酒，玛歌产区（红葡萄酒）
Brio de Cantenac Brown, Margaux (red)

肯德布朗酒庄带有明显的英式风格。这并不奇怪——酒庄的第一任主人约翰·刘易斯·布朗，将英国的乡村豪宅作为蓝本，如今的主人是叙利亚出生的英国商人西蒙·哈拉比。肯德布朗酒庄的副牌酒是对传统红葡萄酒的现代诠释。在陈酿过程中将新橡木桶的使用保持在最低限度，从而令该款酒突出热情洋溢的水果风味。

33460 Margaux
www.cantenacbrown.com

卡普富爵酒庄（Château Cap de Faugères）

波尔多丘产区

卡普富爵酒庄正牌葡萄酒，波尔多卡斯蒂永丘产区（红葡萄酒）
Château Cap de Faugères, Castillon Côtes de Bordeaux (red)

60% 梅洛和 40% 品丽珠构成了刺激的混酿，卡普富爵酒庄的葡萄酒高度集中于丰富的浆果风味，以及像烤栗子一样的轻微烘烤味。许多人认为，这款酒比迷人的邻近产区圣爱美隆中的一些大牌更胜一筹。2005 年之后，该酒庄由希尔维奥·邓兹拥有。

33330 St-Etienne-de-Lisse
www.chateau-faugeres.com

圣吉美酒庄（Château Caronne-Ste-Gemme）

中级名庄，梅多克产区

圣吉美酒庄正牌葡萄酒，上梅多克产区（红葡萄酒）
Château Caronne-Ste-Gemme, Haut-Médoc (red)

你可以期待一下来自圣吉美酒庄正牌葡萄酒的浓郁黑色水果风味。酿造这款酒的葡萄来自 45 万平方米的葡萄藤，平均树龄为 25 年，位于安静的圣洛朗村庄周围，这是一款经久不衰的葡萄酒，即使是年轻年份的葡萄酒你也会想要醒酒后再品尝。这款酒是经典的梅多克风格，主要由赤霞珠制成，并在橡木桶中陈酿一年。酒庄的所有权也是非常传统的波尔多风格：庄主弗朗索瓦·诺尼是宝嘉龙城堡酒庄的所有者波利家族的堂亲。然而，这里并非完全没有现代的一面。酿酒师奥利维耶·杜卡引入了蔬果的概念，这有助于葡萄的风味更加集中。

33112 St-Laurent-Médoc
www.chateau-caronne-ste-gemme.com

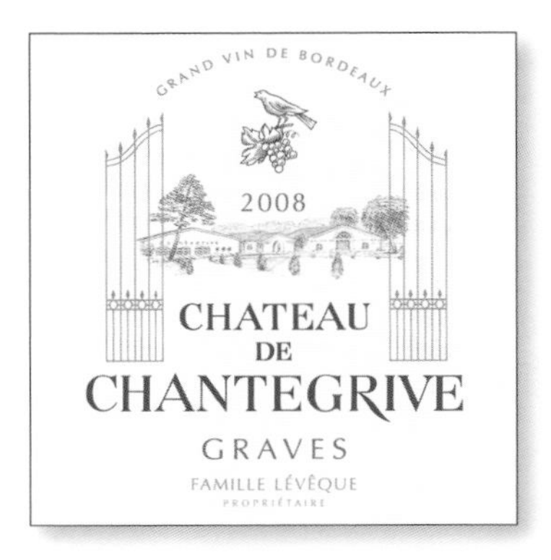

鸣雀酒庄（Château de Chantegrive）

佩萨克-雷奥良产区

鸣雀酒庄正牌葡萄酒，格拉夫产区（红葡萄酒）
Château de Chantegrive, Graves (red)

鸣雀酒庄是格拉夫产区较大的酒庄之一，葡萄园占地超过 97 万平方米。海伦·莱韦克负责运营，而酒庄的酿造则从酿酒师休伯特·德·布瓦尔那里获益良多。这款葡萄酒在一个令人赞叹的酒窖中陈酿，而来自葡萄园不同地块的葡萄会被分别单独酿造。可口的迷迭香香气和一丝温暖的泥土气息给该酒庄的红葡萄酒带来了一种简单且迷人的魅力，该酒由各 50% 的赤霞珠和梅洛混合。它是波尔多性价比较高的葡萄酒之一，来自该地区具有活力的生产商之一。

33720 Podensac
www.chantegrive.com

忘忧堡酒庄（Château Chasse-Spleen）

中级名庄，梅多克产区

忘忧堡修道院干红，梅多克穆利斯产区（红葡萄酒）
L' Ermitage de Chasse-Spleen, Moulis-en-Médoc (red)

忘忧堡修道院干红混合了来自年轻葡萄藤的赤霞珠、梅洛和小维多，是忘忧堡酒庄一款非常优雅的副牌酒。在这款酒最好的年份中，它具有丝滑的单宁，并表现出这家酒庄正牌酒的一些特色，而这家中级名庄本身就已经超越了很多波尔多名庄。这两款酒都有酒庄名称的深层含义——“驱逐忧郁”。该酒庄由维拉-梅劳家族所有，拥有 80 万平方米的葡萄藤，主要种植赤霞珠。

32 chemin de la Raze, 33480 Moulis-en-Médoc
www.chasse-spleen.com

西特兰酒庄（Château Citran）

中级名庄，梅多克产区

西特兰酒庄副牌葡萄酒，上梅多克产区（红葡萄酒）
Moulin de Citran, Haut-Médoc (red)

西特兰酒庄的副牌酒单宁柔顺温和，既优雅又微妙。在某些年份，这款酒实际上尝起来有点过分清淡了，至少在其早期阶段，这款酒给人的感觉是缺乏表现力的水果感。然而，当葡萄酒在瓶中储存几年后发生了翻天覆地的变化，它表现出强劲的黑莓核心风味。该酒庄由席琳·维拉-梅劳管理（她的姐妹克莱尔在忘忧堡酒庄担任同样的角色），并且现在它的规模已经从曾经的 4 万平方米扩张到 90 万平方米。

Chemin de Citran, 33480 Avensan
www.citran.com

克拉克酒庄（Château Clarke）

中级名庄，梅多克产区

克拉克酒庄桃红葡萄酒，梅多克里斯特哈克产区（波尔多桃红葡萄酒）
Rosé de Clarke, Listrac-Médoc (Bordeaux Rosé)

来自梅多克的桃红葡萄酒越来越多，克拉克酒庄的版本就是一个很好的例子来说明它们为什么值得探索。它比很多桃红葡萄酒具有更多的结构，具有新鲜的草莓色和饱满的覆盆子香气。克拉克城堡创建于 12 世纪，但就酿酒而言，还是一个相对较新的构想：直到 1978 年，这里的第一批葡萄酒才装瓶，5 年后该酒庄被埃德蒙·德·罗斯柴尔德男爵收购。今天，它由埃德蒙的儿子，本杰明男爵经营，他是拉菲古堡埃里克男爵的堂亲。本杰明在南非和阿根廷也有酒庄。

No visitor facilities
www.cver.fr

克莱蒙-碧尚酒庄（Château Clément-Pichon）

中级名庄，梅多克产区

克莱蒙-碧尚酒庄正牌葡萄酒，上梅多克产区（红葡萄酒）
Château Clément-Pichon, Haut-Médoc (red)

近年来，克莱蒙-碧尚酒庄的一些重大投资已开始获得回报。自 1976 年收购该酒庄以来，业主克莱芒·法雅已经彻底改造了这片 25 万平方米的葡萄园。这款酒庄的葡萄酒由 50% 的梅洛、40% 的赤霞珠和 10% 的品丽珠酿制而成，在香气上带有咖啡和巧克力的味道（由于在轻度烘烤的橡木桶中陈酿），口感顺滑，有明确的水果风味。

30 avenue du Château Pichon, 33290 Parempuyre
www.vignobles.fayat.com

克里蒙酒庄（Château Climens）

一级名庄，苏玳产区

克里蒙酒庄副牌贵腐甜白葡萄酒，巴萨克产区（甜酒）
Cyprès de Climens, Barsac (dessert)

作为一级名庄的克里蒙酒庄是世界著名的甜酒产区苏玳中较响亮的名号之一。该酒庄由贝伦妮斯·勒顿所有，位于巴萨克，占地 30 万平方米，全部用以种植赛美蓉葡萄。这是一个迷人的酒庄，同时它也以更实惠的价格带来这款优质的副牌酒。克里蒙酒庄副牌贵腐甜白葡萄酒比它的大姐姐更轻柔、更新鲜，但它仍然具有巴萨克的甘美甜味。这款酒的蜜饯风味较浓，而后它的余味会精巧的迸发出来——总而言之，这是一款非常令人愉悦的甜酒。

2 Climens, 33720 Barsac
www.chateau-climens.fr

赤霞珠

波尔多的葡萄园种植了 5 种不同品种的红葡萄，但其中只有赤霞珠是 1855 年波尔多顶级酒庄分级中认定的 5 家一级名庄所生产葡萄酒的唯一主要成分。

赤霞珠葡萄不仅为那些稀有葡萄酒庄（如木桐庄和拉菲古堡等著名酒庄）带来了高品质，也同样为波尔多和世界其他地方的许多较便宜的葡萄酒带来了不错的品质——色泽深、酒体饱满、浓郁的黑醋栗香气，以及其著名的涩味质地，有助于葡萄酒在陈酿过程中获得优雅的口感。

家族相似性

赤霞珠叶子的形状与长相思非常相似。长相思是一种原产于波尔多的白葡萄酒品种。科学家已经证实，长相思和红葡萄品种品丽珠在遗传学上是赤霞珠的父本和母本。

果实小

赤霞珠葡萄以其果粒小而闻名，这为葡萄酒带来了浓郁的风味。由于大多数葡萄酒风味来自葡萄皮，因此当葡萄酒发酵时，小果实会增加香气化合物与果汁的比例，最终可以收获味道更加浓郁的葡萄酒。

晚发芽

与波尔多种植最广泛的品种梅洛相比，赤霞珠葡萄藤在春季发芽的时间较晚，并在秋季较晚成熟。这有助于赤霞珠避免春季霜冻的损害，而且由于它在深秋对葡萄藤病具有良好的抵抗力，因此仍然可以完好成熟。

果皮厚

葡萄种植者喜欢赤霞珠的原因之一是该品种的葡萄皮厚。这些表皮有助于葡萄在生长季节抵抗晒伤和霉变的损害，以及在秋季收获季节抵抗攻击和损害葡萄的各种霉菌。

世界何处出产赤霞珠?

波尔多大区是赤霞珠的发源地，并成长为世界上最著名和最昂贵的赤霞珠产区，但对于价格实惠的赤霞珠葡萄酒，葡萄酒爱好者还有其他选择。

在波尔多，价格较低的葡萄酒通常在酒标上只会简单地标注来自波尔多大区，或者使用诸如超级波尔多产区、梅多克产区、上梅多克产区、两海之间产区、布尔丘产区和布拉伊丘产区等名称。其中大部分将比顶级酒庄的葡萄酒更轻盈、更顺滑。美国、智利和澳大利亚同样是赤霞珠的重要产地。纳帕谷产区以其高价赤霞珠葡萄酒而闻名，但加利福尼亚州的其他产区和华盛顿州生产的版本则更实惠。

以下地区是赤霞珠的最佳产区。试试这些推荐年份的赤霞珠葡萄酒，以获得最佳体验：

梅多克产区 / 上梅多克产区： 2010 年、2009 年、2005 年

波雅克产区： 2009 年、2008 年、2006 年、2005 年

纳帕谷产区： 2009 年、2007 年、2006 年

澳大利亚： 2009 年、2006 年、2005 年

华盛顿州产区的哥伦比亚山峰酒庄出产优质、实惠的赤霞珠葡萄酒。

夏蒙酒庄（Château Clos Chaumont）

波尔多丘产区

夏蒙酒庄葡萄酒，卡迪亚克丘产区（红葡萄酒）

Château Clos Chaumont, Cadillac Côtes de Bordeaux (red)

荷兰木材商人彼得·韦贝克在夏蒙酒庄创造了奇迹，这家酒庄原本是波尔多不太出名的产区之一，而现在是波尔多丘的后起之秀。在他的朋友白马酒庄和滴金酒庄的酿酒师基斯·范·列文的帮助下，他在一个名为欧村的小村庄白手起家建立了这个精美的酒庄。这家酒庄的红葡萄酒（60% 梅洛、22% 品丽珠、18% 赤霞珠）具有明确的红醋栗水果风味，带有一丝新鲜的气息。关于这款酒你不必考虑太多，只需要尽情享受就好。

8 Chomon, 33550 Haux
05 56 23 37 23

康赛扬酒庄（Château La Conseillante）

波美侯产区

康赛扬酒庄副牌葡萄酒（红葡萄酒）

Duo de Conseillante, Pomerol (red)

康赛扬酒庄无疑是波美侯产区较优秀并令人兴奋的酒庄之一。这家酒庄由尼古拉斯-阿尔特弗耶家族所有，然而负责这个面积为12万平方米的酒庄日常运营的是总监让-米歇尔·拉波尔特。葡萄园主要种植梅洛，以及少量（14%）的品丽珠，拉波尔特敢于尝试低温浸渍、微氧化和联合接种（同时启动酒精和苹果酸乳酸发酵）等现代理念。但无论采用何种技术，它一定会被认真谨慎地应用。随着酒庄正牌葡萄酒价格的不断上涨，当康赛扬于 2008 年推出其副牌葡萄酒时，葡萄酒爱好者欣喜若狂。充满果肉感、愉悦感、果味十足，是波美侯产区的精致体现。虽然它不是最容易找到的葡萄酒，而且它的定价微高，但非常值得一试。

130 rue Catusseau, 33500 Pomerol
www.laconseillante.fr

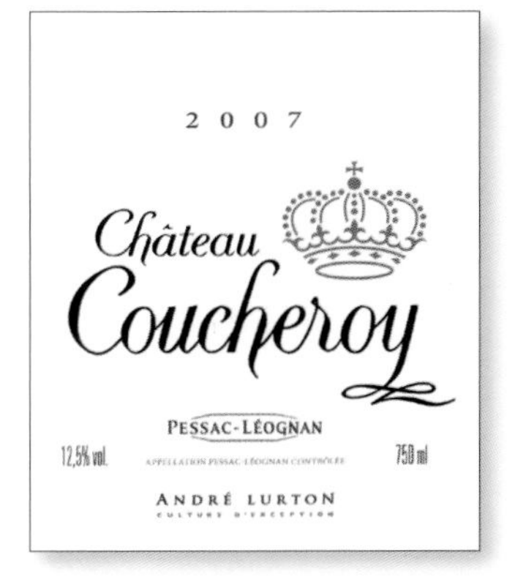

库什酒庄（Château Coucheroy）

佩萨克-雷奥良产区

库什酒庄正牌葡萄酒，佩萨克-雷奥良产区（红葡萄酒和白葡萄酒）

Château Coucheroy, Pessac-Léognan (red and white)

安德烈·卢顿所拥有的库什酒庄的红葡萄酒和白葡萄酒都非常适合饮用。该酒庄划分出 25 万平方米的土地用于种植红葡萄酒的葡萄藤和 6 万平方米的土地用于种植白葡萄酒的葡萄藤。无论葡萄酒是什么颜色，该酒庄都广泛应用了现代酿酒技术，在最浓郁的风味中捕捉水果风味。该酒庄的红葡萄酒是赤霞珠和梅洛的等量混合，在桶中陈酿约 12 个月。这款红葡萄酒具有柔和的单宁和成熟的红色水果风味，只需在瓶中静置几年即可变得富有表现力。与此同时，白葡萄酒的表现可能更好。这是一款干净的 100% 长相思白葡萄酒，取自高密度种植的葡萄藤（每万平方米 8000 株葡萄藤）。但这款白葡萄酒不仅仅具有新鲜感和活力，也兼具复杂性，这要归功于一种酿酒方法——首先是在不锈钢罐中低温发酵，然后将葡萄酒移到木桶中继续陈酿。

c/o La Louvière, 33850 Villenave d' Ornon
05 57 25 58 58

歌欣酒庄（Château Couhins）
格拉夫列级名庄，佩萨克-雷奥良产区

歌欣酒庄正牌葡萄酒，佩萨克-雷奥良产区（红葡萄酒）
Château Couhins, Pessac-Léognan (red)

歌欣酒庄可不是普通的酒庄，这家酒庄由法国农业科学研究院（INRA，一家国家植物科学机构）所有，兼作研发中心。至于这里生产的葡萄酒，2005 年以后的葡萄酒值得一试。从 2005 年起，新酿酒团队的投资真正开始得到回报。2006 年以后，该酒庄的红葡萄酒的中段口感饱满，果味香脆。显然，这里的葡萄选果得到了改进，未来可以制作副牌酒和三标酒。

No visitor facilities
www.chateau-couhins.fr

十字木桐酒庄（Château La Croix Mouton）
超级波尔多产区

十字木桐酒庄正牌葡萄酒，超级波尔多产区（红葡萄酒）
Château La Croix Mouton, Bordeaux Supérieur (red)

十字木桐酒庄始终在生产物超所值的葡萄酒。事实上，无论花费多少钱，该酒庄出产的红葡萄酒都是一款出色的葡萄酒，都会提醒你在高超的酿酒技术下一款波尔多能达到的高度，即使在小产区也是如此。这款红葡萄酒充满了巧妙梳理出的荆棘果实风味，余味清新，可以令人愉悦地饮用。为此应当感谢让-菲利普·贾努斯，他与圣爱美隆边境对面的 50 万平方米葡萄园合作，让葡萄酒在不锈钢容器中发酵，在桶中进行苹果酸乳酸发酵，最后在桶中陈酿 8 个月。

33240 Lugon-et-l' Ile-du-Carnay
www.josephjanoueix.com

都妃城堡酒庄（Château de la Dauphine）
弗龙萨克产区

都妃城堡酒庄副牌葡萄酒，弗龙萨克产区（红葡萄酒）
Delphis de la Dauphine, Fronsac (red)

来自弗龙萨克产区的都妃城堡酒庄是一家越来越受赞誉的酒庄，并且当之无愧。自 2001 年让·哈雷将其从莫意克集团收购以来，它一直归让·哈雷所有，酿酒工作由哈雷的儿子纪尧姆承担，他与顾问酿酒师丹尼·杜博迪安合作。酒庄在邻近的卡农-弗龙萨克产区兼并了另一家酒庄（尽管这里生产的所有葡萄酒都被标记为弗龙萨克产区），现在的都妃城堡酒店拥有 32 万平方米的葡萄藤，平均树龄为 33 年，梅洛和赤霞珠的比例为 8：2。大规模的投资带来了一个全新的酒厂，配备了大发酵桶和一个圆形的地下酒窖。副牌酒温柔地散发弗龙萨克产区的魅力。以黑莓和香草奶油风味为主导，单宁柔和，是初阶饮用者的最爱。

33126 Fronsac
www.chateau-dauphine.com

杜哈米隆古堡酒庄（Château Duhart-Milon）
四级名庄，波雅克产区

杜哈米隆古堡三牌葡萄酒米隆男爵（红葡萄酒）
Baron de Milon, Pauillac (red)

杜哈米隆古堡酒庄被许多人亲切地称为“拉菲的小兄弟”。这家酒庄赢得了这个称号，既是因为它的位置就在拉菲古堡的隔壁，而且因为它自 1962 年以来一直由罗斯柴尔德家族所有（该家族同样拥有拉菲古堡）。尽管杜哈米隆被其无所不能的老大哥所掩盖，但仍然有自己独特的魅力，并且这家酒庄本身就是一个相当大的生产商。该酒庄占地约 73 万平方米，葡萄园的土地大致被分为 70% 用以种植赤霞珠和 30% 用以种植梅洛，年产量为 24 万瓶。该酒庄的三牌葡萄酒米隆男爵是最实惠的。当然，这是一种与酒庄正牌葡萄酒截然不同的体验——年轻的酒体更加平易近人，梅洛带来的红色水果风味占主导地位。

17 rue Castéja, 33250 Pauillac
05 56 59 15 33

佛泽尔酒庄（Château de Fieuzal）

格拉夫列级名庄，佩萨克-雷奥良产区

佛泽尔酒庄副牌葡萄酒，佩萨克-雷奥良产区（白葡萄酒）
L' Abeille de Fieuzal, Pessac-Léognan (white)

商人洛克兰·奎因于2001年收购了佛泽尔酒庄，成为众多对波尔多葡萄酒行业产生积极兴趣的爱尔兰人中的一员。不久之后，他任命史蒂芬·加瑞埃为总监，赫伯特·德·宝德为顾问，此后他又对酒庄进行了大量投资。在最近的年份中，用高比例的长相思葡萄制成的副牌酒是一个可靠的选择，它散发出诱人的清甜、潮湿青草的香气，口感上带有淡淡的醋栗风味。

124 avenue de Mont de Marsan, 33850 Léognan
www.fieuzal.com

飞卓酒庄（Château Figeac）

一级B等名庄，圣爱美隆

飞卓酒庄副牌葡萄酒，圣爱美隆特级园产区（红葡萄酒）
Le Grand Neuve de Figeac, St-Emilion Grand Cru (red)

随着飞卓酒庄的正牌葡萄酒价格越来越高，其副牌葡萄酒开始显现价值。与酒庄正牌葡萄酒一样，飞卓酒庄副牌葡萄酒的赤霞珠比例对于波尔多右岸葡萄酒来说显得异常高。这款副牌葡萄酒还拥有一些类似正牌葡萄酒的深沉的黑色果实风味，然而它不需要同样的10年陈酿期来发展出这样的味道。现今，该酒庄由埃里克·达拉蒙经营，他是把飞卓酒庄标注在地图之上的功勋蒂埃里·马依科特的女婿，后者已于2010年去世。

33330 St-Emilion
www.chateau-figeac.com

宝德之花酒庄（Château La Fleur de Boüard）

拉朗德-波美侯产区

宝德之花葡萄酒，拉朗德-波美侯产区（红葡萄酒）
Fleur de Boüard, Lalande-de-Pomerol (red)

宝德之花的风格是大开大合并且随和的，口感丰富，单宁柔和，带有夏日红色水果的味道。这款酒由85%的梅洛、10%的品丽珠和5%的赤霞珠混酿而成，由著名酿酒师休伯特·德·宝德的女儿科拉莉·德·宝德酿造，前者是金钟酒庄的掌舵者。科拉莉是酒庄运营的核心：她的父亲在1998年买下酒庄时，甚至以她的名字重新命名了这座酒庄。酒庄的葡萄园面积被扩大到19.5万平方米，并且酿酒工作全部由人工完成。

33500 Pomerol
www.lafleurdebouard.com

莫朗酒庄（Château La Fleur Morange）

圣爱美隆产区

莫朗酒庄副牌葡萄酒（红葡萄酒）
Mathilde, St-Emilion (red)

让-弗朗索瓦和维罗妮克·朱利安夫妇是小规模酒庄莫朗酒庄成功背后的完美主义者。作为一名（著名）陈列柜制造商，让-弗朗索瓦为他的新产业带来了许多巧妙的创新。例如，苹果乳酸发酵被安置在一个特制的阳台上，以利用不断上升的热量。这对夫妇以有机的方式耕种，他们拥有非常古老的葡萄藤，包括一些已有100多年历史的葡萄藤。这里的葡萄园被分为：70%种植梅洛、

15% 种植品丽珠和 15% 种植赤霞珠。美味的莫朗酒庄副牌葡萄酒完全由梅洛酿造。作为右岸最令人兴奋的副牌酒之一，它充满了浓郁的红莓果味。

Ferrachat, 33330 St-Pey-d' Armens
www.lafleurmorange.com

冯百代酒庄（Château Fonbadet）

中级名庄，波雅克产区

冯百代酒庄正牌葡萄酒，波雅克产区（红葡萄酒）
Château Fonbadet, Pauillac (red)

虽然只是一名法学专业毕业生，但帕斯卡尔 · 佩罗尼有朝一日涉足葡萄酒行业或许是不可避免的。她父母两方的家族都与波尔多最好的葡萄酒有联系，无论是在她母亲那一方的木桐酒庄，还是在她父亲那一方的拉菲古堡酒庄。佩罗尼在她的家族购买冯百代酒庄时得到了机会，她现在经营着这家占地 20 万平方米的酒庄，这里的葡萄藤平均年龄为 50 年。这款未经过滤的葡萄酒以赤霞珠为首，添加少许马尔贝克，带给人一种深邃的感觉、辛辣的味道。这是一款年轻待孵化的酒，请确保将其倒出醒酒几个小时以释放出黑色水果香气。

45 route des châteaux, St-Lambert, 33250 Pauillac
www.chateaufonbadet.com

枫嘉酒庄（Château Fonplégade）

列级名庄，圣爱美隆产区

枫嘉酒庄副牌葡萄酒，圣爱美隆特级园产区（红葡萄酒）
Fleur de Fonplégade, St-Emilion Grand Cru (red)

枫嘉酒庄是圣爱美隆产区较完善的酒庄之一。这里的翻新工程是由城堡的主人、美国银行家斯蒂芬 · 亚当斯资助的，而酿酒过程则由顾问米歇尔 · 罗兰监督。该酒庄占地约 18 万平方米，其中绝大多数土地（91%）用于种植梅洛。酒庄的建筑风格是一种取巧的、沉着的、优雅的奢华，而酒庄的葡萄酒已在新法国橡木桶中进行了充足的陈酿。副牌酒是一款美味的入门酒，具有简单、性感的红色浆果风味。这是一款非常令人愉悦的葡萄酒，而且物超所值。

1 Fonplégade, 33330 St-Emilion
www.adamsfrenchvineyards.fr

葡萄酒百分制评分

为什么葡萄酒评论家和零售商会以百分制来评价葡萄酒？这种做法出现在 20 世纪 80 年代，当时美国葡萄酒通讯《葡萄酒倡导家》（*Wine Advocate*）采用了一种美国学校教师对学生论文进行评分的流行方法，并将其应用于葡萄酒，以表明其审查的葡萄酒的质量水平。

世界上发行量最大的葡萄酒杂志《葡萄酒观察家》（*Wine Spectator*）很快就采用了这种量表，如今它似乎无处不在。这是一种快速表达评论家喜欢或不喜欢葡萄酒的方式，并且已被证明是一种同样快速销售葡萄酒的方式，尤其是当他们获得 90 分或以上的分数时。量表给人的印象是客观准确，仿佛是对葡萄酒品质进行实验室测试。它更像是论文考试的评级：一个专业但主观的判断。

葡萄酒百分制评分被大多数评论家所使用，90 分以上的葡萄酒代表品质卓越或经典，80 分段的葡萄酒代表质量好直至非常好，70 分段的葡萄酒只能勉强饮用，而 60 分段及以下的葡萄酒大多被认为很差。

越来越多的葡萄酒消费者接受并遵循百分制，事实证明 85 分的葡萄酒不会有太大的问题，而 95 分的葡萄酒极有可能带来珍贵的体验。然而，不使用量表的葡萄酒评论家似乎永远不会厌倦批评它过于简单、过于不一致和影响力过大。

法国波尔多、美国加利福尼亚州和意大利托斯卡纳大区等地区的许多酿酒商已经改变了他们的葡萄种植和酿酒方式，以期望从评论家那里获得更高的分数。百分制的反对者声称，这样做的危险在于，只有味道浓郁、个性鲜明的葡萄酒才能获得高分，因为该系统不会奖励优雅和微妙等同样积极的属性，这是不公平的。

枫宏城堡酒庄（Château Fonréaud）

中级名庄，梅多克产区

枫宏城堡酒庄正牌葡萄酒，梅多克里斯特哈克产区（红葡萄酒）
Château Fonréaud, Listrac-Médoc (red)

这家酒庄位于梅多克的最高点。虽然地处海拔43米处，这起初听起来可能不会那么令人印象深刻。然而，海拔高度是否会影响其所有者亨利·德·马维辛酿造的葡萄酒的风格，尚无定论。随着年份的增长，这款酒呈现出平衡、复杂和丰富的果味，散发出微妙但令人信服的雪松和香草橡木香气，余味口感清新，但在装瓶初期可能会呈现出坚硬的口感和过多的单宁感。这款酒在酒窖中放置5年或更长时间会有所改善。

138 Fonréaud, 33480 Listrac-Médoc
www.chateau-fonreaud.com

富丽酒庄（Château Fourcas Dupré）

中级名庄，梅多克产区

富丽酒庄正牌葡萄酒，梅多克里斯特哈克产区（红葡萄酒）
Château Fourcas Dupré, Listrac-Médoc (red)

富丽酒庄是里斯特哈克产区一个非常可靠的名字，与这里的许多生产商一样，最近的投资已经大大改善了这家酒庄。这绝不是一款浓郁的葡萄酒，但拥有被控制得很好的黑色水果风味，其内敛的风格适合经典波尔多风格的爱好者。它由50%的赤霞珠、38%的梅洛、10%的品丽珠和少量的小维多混酿而成。葡萄藤生长在砾石土壤上，这解释了为什么这种葡萄酒具有一些更负盛名的梅多克产区葡萄酒的结构。

Le Fourcas, 33480 Listrac-Médoc
www.fourcasdupre.com

福卡浩丹酒庄（Château Fourcas Hosten）

中级名庄，梅多克产区

福卡浩丹酒庄正牌葡萄酒，梅多克里斯特哈克产区（红葡萄酒）
Château Fourcas Hosten, Listrac-Médoc (red)

这家酒庄与它的邻居富丽酒庄一样，最近对福卡浩丹酒庄的投资已经开始在其出产的葡萄酒中获得回报，它终于发挥了真正潜力。自2008年以来，葡萄酒的质量肯定有了显著的提升，这款酒现在的特点是口感顺滑、浓郁的水果风味以及单宁紧致——这个描述很适合该酒庄，自2006年以来该酒庄一直由里纳德和劳伦特·玛姆亚所有，他们是爱马仕时装店背后的两兄弟。

2 rue d' Eglise, 33480 Listrac-Médoc
www.fourcas-hosten.fr

富美诺酒庄（Château Franc Mayne）

列级名庄，圣爱美隆产区

富美诺酒庄副牌葡萄酒，圣爱美隆特级园产区（红葡萄酒）
Les Cèdres de Franc Mayne, St-Emilion Grand Cru (red)

富美诺酒庄处于圣爱美隆现代主义风格的前沿。酒庄由一对比利时夫妇格列叶和赫夫·拉维耶所有，现代风格在游客见到这对夫妇为酒庄增添的一流精品酒店和葡萄酒旅游中心时立即显现。酒庄的葡萄酒也具有现代感，这些葡萄酒由7万平方米的葡萄园种植的葡萄酿造。葡萄园种植梅洛（90%）和品丽珠（10%），这里的葡萄酒以突出水果风味为主。副牌酒尤其如此，它有来自橡木桶的柔和烘烤单宁质感，包裹着红樱桃和香草奶油的味道。然而，这里并不是所有的东西都是新的，酒庄的石灰岩酒窖可以追溯到几个世纪以前。

La Gomerie, 33330 St-Emilion
www.chateau-francmayne.com

加尔特酒庄（Château La Garde）

佩萨克-雷奥良产区

加尔特酒庄正牌葡萄酒，佩萨克-雷奥良产区（红葡萄酒）
Château La Garde, Pessac-Léognan (red)

加尔特酒庄是杜夫集团葡萄酒贸易业务拥有的几处管理良好的产业之一。酒庄于1990年被该公司收购，拥有横跨54万平方米的顶级葡萄园。经过对这里的葡萄园及其土壤进行了大量研究，团队能够精确地种植和收获。在顾问米歇尔·罗兰的指导下酿造，这款红葡萄酒由大约60%的梅洛，其余由赤霞珠和小维多混合而成。这款酒在小型不锈钢罐中酿造，并在桶中陈酿18个月。物超所值，具有丰富而有力的水果风味，而丝滑柔顺的丹宁平衡了这些风味。

No visitor facilities
05 56 35 53 00

美人鱼城堡酒庄（Château Giscours）

三级名庄，玛歌产区

美人鱼城堡副牌葡萄酒，玛歌产区（红葡萄酒）
La Sirène de Giscours, Margaux (red)

美人鱼城堡酒庄是一座宏伟的酒庄，在看到车道蜿蜒在宏伟的大门后面时，将给游客留下直观的印象。现在酒庄在荷兰老板埃里克·阿巴达·耶尔格斯玛的手中，他也拥有杜特城堡酒庄。由于一系列重大投资，美人鱼城堡酒庄在最近几个年份取得了很大的进步。大部分资金都集中在改造83万平方米酒庄里种植的葡萄藤，这些葡萄藤覆盖了4个由白色砾石组成的小丘，葡萄藤的平均年龄为40年。这里生产的红葡萄酒混合了55%的赤霞珠、35%的梅洛，以及少量的小维多和品丽珠，并以其诱人的浓郁度和紧密的单宁结构而闻名。这座著名的梅多克酒庄的副牌酒，带有一些类似酒庄正牌酒的顺滑、丰满的黑醋栗果实风味，绝对物超所值。2008年和2009年的酒特别优秀。

10 route de Giscours, Labarde, 33460 Margaux
www.chateau-giscours.com

高班德城堡酒庄（Château Grand Corbin-Despagne）
列级名庄，圣爱美隆产区

高班德城堡酒庄副牌葡萄酒，圣爱美隆特级园产区（红葡萄酒）
Petit Corbin-Despagne, St-Emilion Grand Cru (red)

占地27万平方米的高班德城堡酒庄拥有悠久的历史，它已经在戴斯帕家族的手中传承了七代。在现任所有者弗朗索瓦·戴斯帕的领导下，这家酒庄也有创新。戴斯帕致力于实践有机葡萄园，他正在将葡萄园转变为有机农业。他还致力于在葡萄园和酿酒厂试验新技术（包括激光光学分拣台），以确保最终得到最好的葡萄。无论是受到传统的启发还是最新的创意，对细节的关注显然是这里的指导原则，所有工作都是手工完成的。副牌酒物超所值。温和烘烤过的黑樱桃风味与缝隙之间透露出的新鲜感相得益彰，反映了酒庄正牌葡萄酒的个性和精确度。这款酒由来自年轻葡萄藤的75%的梅洛和25%的品丽珠混酿而成，在不锈钢和橡木的混制桶中陈酿。

33330 St-Emilion
www.grand-corbin-despagne.com

瑞莎酒庄（Château Greysac）
中级名庄，梅多克产区

瑞莎酒庄正牌葡萄酒，梅多克产区（红葡萄酒和白葡萄酒）
Château Greysac, Médoc (red and white)

巧妙的酿酒工艺和令人耳目一新的现代方法使中级名庄瑞莎酒庄的葡萄酒成为一款物超所值、值得信赖的波尔多红葡萄酒，其黑色水果的风味恰到好处，并带有一丝甘草风味。该酒庄拥有占地95万平方米的相当大的葡萄园，位于圣埃斯泰夫北部有一段距离的小镇。其54万瓶的年产量中约有70%属于正牌酒，其余30%属于副牌酒。该酒庄由来自佳得美酒庄的菲利普·丹布林管理，他还在2万平方米的土地上生产复杂的100%长相思干白。这款干白30%的新酒液在发酵过后转入橡木桶中陈酿6个月，非常值得一试。

18 route de By, 33340 Bégadan
www.greysac.com

高柏丽酒庄（Château Haut-Bailly）
格拉夫列级名庄，佩萨克-雷奥良产区

高柏丽酒庄副牌葡萄酒，佩萨克-雷奥良产区（红葡萄酒）
La Parde deHaut-Bailly, Pessac-Léognan (red)

高柏丽酒庄是波尔多较早生产副牌酒的酒庄之一。高柏丽酒庄副牌葡萄酒于1967年首次生产，拥有消费者所期望的这座高品质酒庄带来的优雅气质，柔和的单宁质感、明确的李子水果风味和可口的香草风味。时至今日，高柏丽酒庄的葡萄藤种植在雷奥良地区高高的山脊上。这些由葡萄酿制而成的葡萄酒，已成为该地区非常受欢迎的葡萄酒之一，因此其副牌酒作为高性价比的入门酒变得越来越重要。

Avenue de Cadaujac, 33850 Léognan
www.chateau-haut-bailly.com

欧蓓姬酒庄（Château Haut-Bergey）
佩萨克-雷奥良产区

欧蓓姬酒庄正牌葡萄酒，佩萨克-雷奥良产区（红葡萄酒和白葡萄酒）
Château Haut-Bergey, Pessac-Léognan (red and white)

在波美侯地区拥有教堂园酒庄的西尔维亚娜·嘉辛-卡蒂亚尔，为正在不断改进的欧蓓姬酒庄增添了一定的活力。在阿兰·雷诺担任顾问的前提下，该酒庄生产优质的红葡萄酒和白葡萄酒，尽管前者的葡萄品种占据了相当多的空间（38万平方米的赤霞珠和梅洛，2万平方米的长相思和赛美蓉）。黑醋栗叶和干净石墨的香气使这款红葡萄酒成为一款非常令人愉悦的现代风格葡萄酒。白葡萄酒在新橡木桶中陈酿，风格现代，具有迷人的热带水果香气。

69 cours Gambetta, 33850 Léognan
www.chateau-haut-bergey.com

上佩鲁斯酒庄（Château Haut Peyrous）
格拉夫产区

上佩鲁斯酒庄正牌葡萄酒，格拉夫产区（红葡萄酒）
Château Haut Peyrous, Graves (red)

马克·达罗兹的足迹遍布全球，最终成为波尔多酒庄的主人。在2008年收购上佩鲁斯酒庄之前，他曾在雅文邑产区、加利福尼亚州以及匈牙利工作。自收购完成后，他的大部分工作都集中在将这个充满希望的12万平方米酒庄转变为有机生产（第一款有机年份酒是2012年）。这款红葡萄酒展示了达罗兹坚持对低产量、成熟的葡萄和温和酿造方法的信念的好处。由梅洛、品丽珠、赤霞珠和少量马尔贝克制成，美味并带有烘烤红色水果的香气和柔和的单宁质感。

No visitor facilities
www.darroze-armagnacs.com

迪仙酒庄（Château d' Issan）
三级名庄，玛歌产区

迪仙酒庄副牌葡萄酒，玛歌产区（红葡萄酒）
Blason d' Issan, Margaux (red)

迪仙酒庄副牌葡萄酒经常被认为是梅多克产区有价值、可靠的副牌酒之一，拥有柔和的黑色水果和黑莓酥皮甜点的风味，以及橡木桶带来的烟熏味。它来自一个迷人的酒庄——迪仙酒庄，这也是梅多克最古老的酒庄之一。迪仙酒庄在第二次世界大战后的几年里无论是在声誉上还是在规模上都取得了巨大的发展。迪仙酒庄由波尔多葡萄酒政治的关键人物伊曼纽尔·克鲁斯经营，1945年被克鲁斯家族收购时只有2万平方米的土地，如今已扩张至53万平方米，主要用于种植赤霞珠，它在酒庄的混酿中占主导地位。

33460 Cantenac
www.chateau-issan.com

祖安贝嘉城堡酒庄（Château Joanin Bécot）
波尔多丘产区

祖安贝嘉城堡酒庄正牌葡萄酒，波尔多丘卡斯蒂永产区（红葡萄酒）
Château Joanin Bécot, Castillon Côtes de Bordeaux (red)

虽然在较温暖的年份酒精度有点高，但祖安贝嘉城堡酒庄正牌葡萄酒仍然是波尔多红葡萄酒的杰出代表。成熟的西洋李子和烤香草荚的香气赋予这款葡萄酒一些类似波尔多右岸最优秀葡萄酒的诱人力量。与波尔多这一地区生产的许多新品种葡萄酒一样，它是来自一个更出名的邻近产区的著名酿酒家族的年轻成员的作品。这家酒庄的故事是，来自圣爱美隆产区的宝石堡酒庄的朱丽叶·贝戈短途旅行到卡斯蒂永，而后让自己的名字再次熠熠生辉。贝戈与酿酒师苏菲·波尔凯和让-菲利普·福特合作，在此地7万平方米的葡萄园中种植了75%的梅洛和25%的品丽珠葡萄藤。

33330 St-Emilion
www.beausejour-becot.com

麒麟酒庄（Château Kirwan）
三级名庄，玛歌产区

麒麟酒庄副牌葡萄酒麒麟之魅，玛歌产区（红葡萄酒）；麒麟酒庄桃红葡萄酒（波尔多桃红葡萄酒）
Les Charmes de Kirwan, Margaux (red); Rosé de Kirwan (Bordeaux Rosé)

麒麟酒庄拥有爱尔兰血统，但获奖的桃红葡萄酒的根源是法国人。这款酒的葡萄是由卡米尔·戈达种植的，他是酒庄的前所有者，也是一名植物学家。这一切都增加了这个最浪漫的酒庄的吸引力，如今这家酒庄由斯凯勒家族的第八代所有。酒庄由总经理菲利普·德尔福经营，他认为波尔多葡萄酒应该追求优雅和平衡，而不是力量，酒庄的葡萄酒酿造者遵循这些信念。副牌酒麒麟之魅的酿造偏爱转化新鲜水果香气而不是一味地释放单宁质感，柔软温和，非常符合玛歌产区副牌酒的风格。酒庄出产的桃红葡萄酒也令人愉悦。

Cantenac, 33460 Margaux
www.chateau-kirwan.com

拉枫罗榭酒庄（Château Lafon-Rochet）
四级名庄，圣埃斯泰夫产区

拉枫罗榭酒庄副牌朝圣者葡萄酒，圣埃斯泰夫产区（红葡萄酒）
Les Pelerins de Lafon-Rochet, St-Estèphe (red)

当你考虑到整个酿酒团队酿酒技术水平时，拉枫罗榭酒庄的优质副牌酒朝圣者提供了极高的性价比。与圣埃斯泰夫产区生产的许多副牌酒一样，朝圣者在混酿中的梅洛比例相对较高，这意味着你可以自信地在这款酒尚且年轻时打开它。自2007年以来，拉枫罗榭酒庄一直由米歇尔·泰瑟隆经营，并由他的儿子巴西勒提供了出色的协助。两人管理的酒庄占地 45 万平方米，高密度种植 55% 的赤霞珠、40% 的梅洛、3% 的品丽珠和 2% 的小维多。

Blanquet, 33180 St-Estèphe
05 56 59 32 06

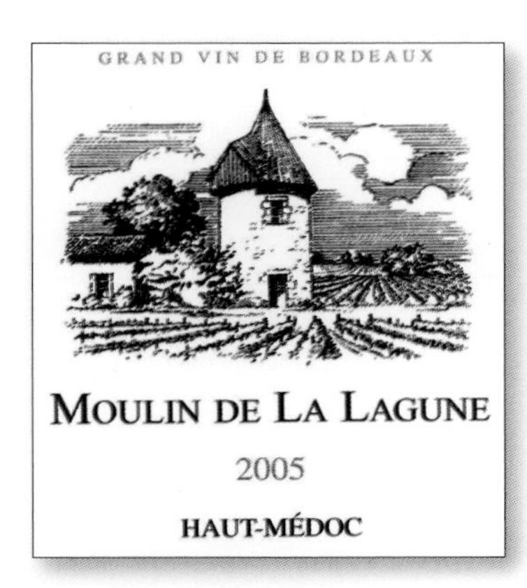

拉拉贡酒庄（Château La Lagune）

三级名庄，梅多克产区

拉拉贡酒庄副牌葡萄酒，上梅多克产区（红葡萄酒）；L 女士葡萄酒，上梅多克产区（红葡萄酒）

Moulin de La Lagune, Haut-Médoc (red); Mademoiselle L, Haut-Médoc (red)

拉拉贡酒庄的副牌酒的特点很大程度上归功于其混酿中的高比例品丽珠。在大多数年份，这款酒使用的品丽珠多达 15%，这对于梅多克风格来说是很高的。这样做能使葡萄酒散发出淡淡的香气，而味道仍然充满了冲击力。L 女士葡萄酒是一种更清淡、更新鲜的葡萄酒，由生长在梅多克高处不同地块的葡萄制成。酒庄在聘用女性酿酒师方面有着骄人的历史，现任酿酒师是卡罗琳 · 弗雷。弗雷在一家令人印象深刻的酒厂工作，该酒厂拥有大约 72 个重力自流进料罐，因此能够单独酿造不同地块出产的葡萄。

83 avenue de l' Europe, 33290 Ludon-Médoc
www.chateau-lalagune.com

雄狮酒庄（Château Léoville-Las-Cases）

二级名庄，圣朱利安产区

雄狮酒庄副牌葡萄酒，圣朱利安产区（红葡萄酒）

Le Petit Lion, St-Julien (red)

表现出色的二级名庄雄狮酒庄使用来自其他酒庄的葡萄藤来生产其正牌葡萄酒。酒庄于 2007 年推出了副牌葡萄酒，它由主酒庄种植的葡萄制成。雄狮酒庄副牌葡萄酒充满魅力，带有秋天的果实风味，以及来自其高含量梅洛的红醋栗甚至接骨木花的夏日气息。雄狮酒庄现由让－于贝 · 德龙经营，他是这家葡萄园毗邻圣朱利安和波雅克边界的拉图酒庄的酒庄的第五代掌管者。

Route Pauillac, 33250 St-Julien-Beychevelle
05 56 73 25 26

乐夫宝菲酒庄（Château Léoville Poyferré）

二级名庄，圣朱利安产区

乐夫宝菲酒庄副牌葡萄酒，圣朱利安产区）（红葡萄酒）

Pavillon de Poyferré, St-Julien (red)

乐夫宝菲酒庄副牌葡萄酒是一款适合初期爱好者饮用的葡萄酒，由越来越受欢迎的乐夫宝菲酒庄的年轻葡萄藤酿制而成。对于一款相对便宜的梅多克风格葡萄酒来说，这款酒成功地捕捉到了该酒庄正牌葡萄酒的精神，口感丝滑，有来自橡木桶的新鲜咖啡香气。自 20 世纪 20 年代以来，该酒庄一直由来自法国北部的葡萄酒贸易商居弗利埃家族所有。如今团队由迪迪尔 · 居弗利埃领导，伊莎贝尔 · 达文担任全职酿酒师，米歇尔 · 罗兰担任顾问。近年来，酒庄出产的葡萄酒的品质因受到对酒庄土壤的广泛研究，而产生了积极的影响。

Le Bourg, 33250
St-Julien-Beychevelle
www.leoville-poyferre.fr

绿卡酒庄（Château Lucas）
吕萨克–圣爱美隆产区

绿卡酒庄正牌葡萄酒，吕萨克–圣爱美隆产区（红葡萄酒）
Château Lucas, Lussac St-Emilion (red)

在波尔多抄底时，一点内幕知识可以为你带来好处。绿卡酒庄就是一个很好的例子。绿卡酒庄是吕萨克–圣爱美隆产区一个鲜为人知的酒庄，由沃蒂埃家族所有并在此工作，作为更著名的圣爱美隆产区酒庄欧颂酒庄的所有者，他们磨炼了自己的酿酒技术。在这里，弗雷德里克·沃蒂埃在约52万平方米的葡萄藤上施展他的魔力，种植50%的梅洛和50%的品丽珠，以可持续（即将成为有机）的方式进行。他总共生产了三款特酿，所有这些都以欧颂酒庄葡萄酒价格的一小部分提供了相当程度的魅力。就价值而言，绿卡酒庄正牌葡萄酒可以说是很好的。这款酒因高比例的品丽珠而散发出令人愉悦的花香，并带有红醋栗的味道。

33570 Lussac
www.chateau-lucas.fr

卢萨克酒庄（Château de Lussac）
吕萨克–圣爱美隆产区

卢萨克酒庄副牌葡萄酒，吕萨克–圣爱美隆产区（红葡萄酒）
Le Libertin de Lussac, Lussac St-Emilion (red)

“葡萄酒是轻浮的”，这可能看起来有点荒谬，但如果有一种葡萄酒可以证明“轻浮”这个形容词的合理性，那就是卢萨克酒庄的副牌葡萄酒。它由80%的梅洛和20%的品丽珠混合而成，充满诱人的西洋参和成熟浆果的味道，并带有一丝来自橡木桶的摩卡和甘草风味。这款酒是由比利时夫妇格利叶和赫夫·拉维亚在“浮夸”的环境中制作的，他们将19世纪的卢萨克酒庄变成了乡村酒庄，配有镀金边缘的枝形吊灯。值得庆幸的是，这里的酿酒设施不那么“轻浮”，圆形布局配备了所有必要的现代酿酒设备，包括用于评估糖度的设备。

15 rue de Lincent, 33570 Lussac
www.chateaudelussac.fr

靓茨伯酒庄（Château Lynch-Bages）
五级名庄，波雅克产区

靓茨伯酒庄副牌葡萄酒，波雅克产区（红葡萄酒）
Echo de Lynch-Bages, Pauillac (red)

近年来，靓茨伯酒庄的优质副牌酒的价格上涨达到了更高的水平。然而，这款于2008年更名的葡萄酒仍然是这座酒庄提供的一个大胆、诱人的例子。在靓茨伯酒庄副牌葡萄酒中混酿的赤霞珠比正牌酒要少得多，通常约为50%，这意味着在这款酒中可以感受到相对较柔和的梅洛和品丽珠带来的影响，这款酒散发出浓郁的芳香，并在酒体中散发出紫罗兰的味道。靓茨伯酒庄由让–米歇尔·卡兹所有，目前由他的儿子让–查尔斯经营。该家族一直积极（并成功地）促进波雅克的葡萄酒旅游，并因其在其96万平方米酒庄中所涉及的对一切事物展现出的真诚、一致性和高水平而备受推崇。

33250 Pauillac
www.lynchbages.com

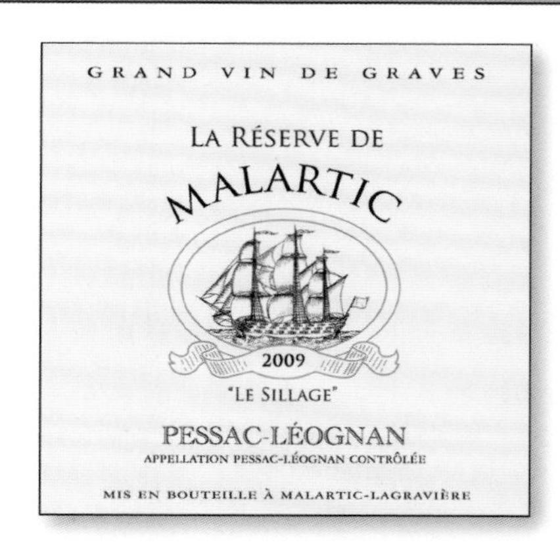

马拉帝酒庄（Château Malartic Lagravière）
格拉夫列级名庄，佩萨克–雷奥良产区

马拉帝酒庄珍藏葡萄酒（白葡萄酒）；马拉帝酒庄桃红葡萄酒（波尔多桃红葡萄酒）
La Réserve de Malartic, Pessac Léognan (white); Rosé de Malartic (Bordeaux Rosé)

自1997年以来由保尼家族所有，占地53万平方米的马拉帝酒庄已迅速成为佩萨克–雷奥良产区令人兴奋的酒庄之一。在过去的10年中，葡萄园（现在以可持续方式种植）和酿酒厂（该产区技术较先进的酿酒厂之一）的精细工作使葡萄酒的品质有了很大的提升。葡萄园分为46万平方米的红葡萄酒品种和7万平方米的白葡萄酒品种。这个酒庄的物超所值的葡萄酒包括带有经典青草香气的灵巧、令人愉悦的白葡萄酒马拉帝珍藏葡萄酒，伴随控制得很好的酸醋栗风味的提升作为结尾。还有一款物超所值、美味、明亮的桃红葡萄酒。

No visitor facilities
www.malartic-lagraviere.com

格拉武酒庄（Château Manoir du Gravoux）
波尔多丘产区

格拉武酒庄正牌葡萄酒，卡斯蒂永波尔多丘产区（红葡萄酒）
Château Manoir du Gravoux, Castillon Côtes de Bordeaux (red)

菲利普·埃米尔所拥有的占地19万平方米的冉冉升起的“新星”酒庄——格拉武酒庄，位于卡斯蒂永地区斯蒂芬·德农古拥有的著名的狄拉酒庄正对面，已经小有名气。德农古向埃米尔提供了很多建议，因此埃米尔照料他的梅洛 (88%) 和品丽珠 (12%) 葡萄藤的方式，同样具有与德农古以此闻名的温和且智能的种植方式。在格拉武酒庄酿造的结果就是，酒庄的葡萄酒从头到尾都充满了水果味，并带有大量的黑莓和西洋李子风味，并在余味中带有一丝芳香的品丽珠带来的轻盈感。

33350 St-Genes-de-Castillon
www.terraburdigala.com

玛久思酒庄（Château Marjosse）
波尔多大区

玛久思酒庄正牌葡萄酒，波尔多大区（红葡萄酒）
Château Marjosse, Bordeaux (red)

购买一瓶玛久思酒庄正牌葡萄酒是一种非常实惠的方式，可以让你亲身体验白马酒庄的红葡萄酒酿造技术，因为该酒庄由那家传奇的圣爱美隆酒庄的主管皮埃尔·卢顿所有。这款酒的酿造风格与白马酒庄不同，并没有设计得很复杂，但同样制作精良。其柔顺的单宁质感和紧实的果香充满魅力。该酒庄位于两海之间产区，是由建筑师盖伊·特罗普斯设计的全新的 2400 平方米的现代主义酿酒厂。卢顿还拥有 80 万平方米的葡萄藤可供使用，而梅洛是主要的葡萄品种，占红葡萄品种的 75%，其中还包括 3% 的马尔贝克，以增加一丝香料味。

33420 Tizac-de-Curton
05 57 74 94 66

蒙代西尔嘉仙酒庄（Château Mondésir-Gazin）
波尔多丘产区

蒙代西尔嘉仙酒庄正牌葡萄酒，波尔多布拉伊丘产区（红葡萄酒）
Château Mondésir-Gazin, Blaye Côtes de Bordeaux (red)

马克·帕斯科将一名成功的摄影师要具备的所有的才华、创造力和对细节的关注带到了他作为酿酒师的第二个职业生涯中。自 1990 年以来，他拥有蒙代西尔嘉仙酒庄，同时还拥有上蒙代西尔酒庄（布尔地区）和贡蒂酒庄（圣爱美隆地区）。在蒙代西尔嘉仙酒庄，帕斯科拥有 14 万平方米的葡萄藤，其年龄最高可达 60 年。他用这些葡萄酿制了 2.4 万瓶葡萄酒，这些葡萄酒被广泛认为是布拉伊地区较好的红酒。这款酒未经过滤，以强调厚实、直接的结构，这款酒展现出了野草莓和来自 20% 的马尔贝克带来的辛辣甘草混合而成的果味，其余为 60% 的梅洛和 20% 的赤霞珠。

10 le Sablon, 33390 Plassac
www.mondesirgazin.com

磨坊酒庄（Château Le Moulin）
波美侯产区

磨坊酒庄副牌葡萄酒，波美侯产区（红葡萄酒）
Le Petit Moulin, Pomerol (red)

磨坊酒庄很小，只有 2.5 万平方米，但它的管理者——米歇尔·奎尔却干劲十足，酿造出一些精美的现代葡萄酒。 酒庄的土壤是黏土和砾石的混合物，奎尔围绕它进行密集但敏感的工作，使产量保持在非常低的水平。对于酿酒，奎尔偏爱勃艮第风格的方法，木桶在压帽过程中保持打开状态，苹果酸乳酸发酵和陈酿在 100% 新橡木桶中进行。酒庄成功的副牌酒华丽且具有现代风格，令人愉悦。黑醋栗和无花果的味道让这款酒充满了冲击力。需醒酒一个小时左右来展现它的风味。

Moulin de Lavaud, La Patache, 33500 Pomerol
www.moulin-pomerol.com

圣乔治磨坊酒庄（Château Moulin St-Georges）
圣爱美隆产区

圣乔治磨坊酒庄正牌葡萄酒，圣爱美隆特级园产区（红葡萄酒）
Château Moulin St-Georges, St-Emilion Grand Cru (red)

由于与著名的圣爱美隆酒庄拥有相同的酿酒团队，圣乔治磨坊酒庄有时被称为“迷你欧颂”。这里并不会因两者隐含的比较而受到太大影响。 7 万平方米的葡萄藤以 80% 的梅洛和 20% 的品丽珠为主。低产量是葡萄园的目标之一，所有工作都由手工完成。葡萄酒在不锈钢容器中发酵，并在 100% 的新橡木桶中陈酿 18 个月。 这款酒需要一段时间才能完成，但等待是值得的。其结构良好，带有浓郁的水果味，价格也非常合理。

33330 St-Emilion
05 57 24 70 26

列兰酒庄（Château Nenin）
波美侯产区

列兰酒庄副牌葡萄酒（红葡萄酒）
Fugue de Nenin, Pomerol (red)

在雄狮酒庄的所有者德龙家族（于 1997 年接手）手中，列兰酒庄在过去 10 年中一直处于上升状态。德龙家族在修复和翻新方面投入巨资，包括从现已解散的赛坦吉罗酒庄增加额外的 4 万平方米葡萄园面积，使总面积达到 33 万平方米。酒庄总监雅克·德波齐耶、他的儿子杰罗姆和顾问雅克·博塞诺采取的其他举措包括将品丽珠的比例提高到 40%、增加树冠覆盖、根据葡萄藤的年龄决定采摘日期等，对备受推崇的副牌酒的改进显而易见。尤其是最近年份的葡萄酒，充满黑巧克力和黑樱桃的味道，诱人且物有所值。

66 route de Montagne, 33500 Libourne
www.chateau-nenin.com

如何品尝葡萄酒

葡萄酒存在的真正目的是饮用和享受它，而不是用来自命不凡地表演旋转玻璃杯时，将鼻子探进杯中闻一闻。但是，如果你有兴趣尽情感受葡萄酒的全部魅力，那就需要有一定程度的鉴赏能力。成为鉴赏家并不意味着成为一个自命不凡的人，而是要成为真正意义上了解葡萄酒的人。了解葡萄酒和了解自己对葡萄酒的好恶的最好方法是，至少有些时候，比起简单地喝下葡萄酒更应该仔细地品尝它。以下是品酒的6个基本步骤。稍微练习一下后，你甚至可以在聚会或晚宴上不显山露水地使用它们。

1 在一张白纸前以一定角度握住酒杯。仔细观察葡萄酒。颜色浅是否也暗示味道清淡？随着年份的增长，红葡萄酒会由亮紫色或红宝石色转变为砖红色；白葡萄酒则呈现出越来越深，以及越来越偏向金色的色调。

4 啜饮一大口酒进行品尝，专注于它的味道。品尝与闻到的味道一致吗？也许表现得更好？还是出现了令人不快的味道？ 优秀的葡萄酒往往具有复杂的风味，并能平衡地结合在一起。

2 小心地摇晃酒杯以覆盖玻璃杯的边缘。这可以让更多的葡萄酒挥发到空气中，使其更容易闻到。厚重的挂杯现象或“酒腿”出现代表其黏度很高。

3 将葡萄酒放在鼻子下方并慢慢吸气，深深地闻一闻。思考你闻到了什么味道，以帮助你以后记住类似的葡萄酒。例如，是否有水果或橡木香气？

6 花点时间品尝一下。当你咽下后（或吐出后，如果需要品尝多种葡萄酒时），优质葡萄酒的味道会在你的嘴里挥之不去。优秀的葡萄酒往往余味悠长。

5 感受葡萄酒的质感。感受它在你嘴里的黏度。单宁的干涩感在红葡萄酒中很常见。甜酒往往会让人感觉特别浓郁。新鲜的白葡萄酒口感清爽，酸度适当。

榆树酒庄（Château Ormes de Pez）
圣埃斯泰夫产区

榆树酒庄正牌葡萄酒，圣埃斯泰夫产区（红葡萄酒）
Château Ormes de Pez, St-Estèphe (red)

榆树酒庄正牌葡萄酒的新标签描绘了曾经在酒庄周围生长的榆树——这座酒庄也由此得名。这款酒由51%的赤霞珠、39%的梅洛、8%的品丽珠和2%的小维多混酿而成——当你知道这家酒庄由靓茨伯酒庄的卡兹家族所有时，你不会感到意外。这款酒有着浓郁的黑色水果风味，强调水果的纯净度和轻盈的质感，是一款会让你微笑出来的葡萄酒。

Route des Ormes,
33180 St-Estèphe
www.ormesdepez.com

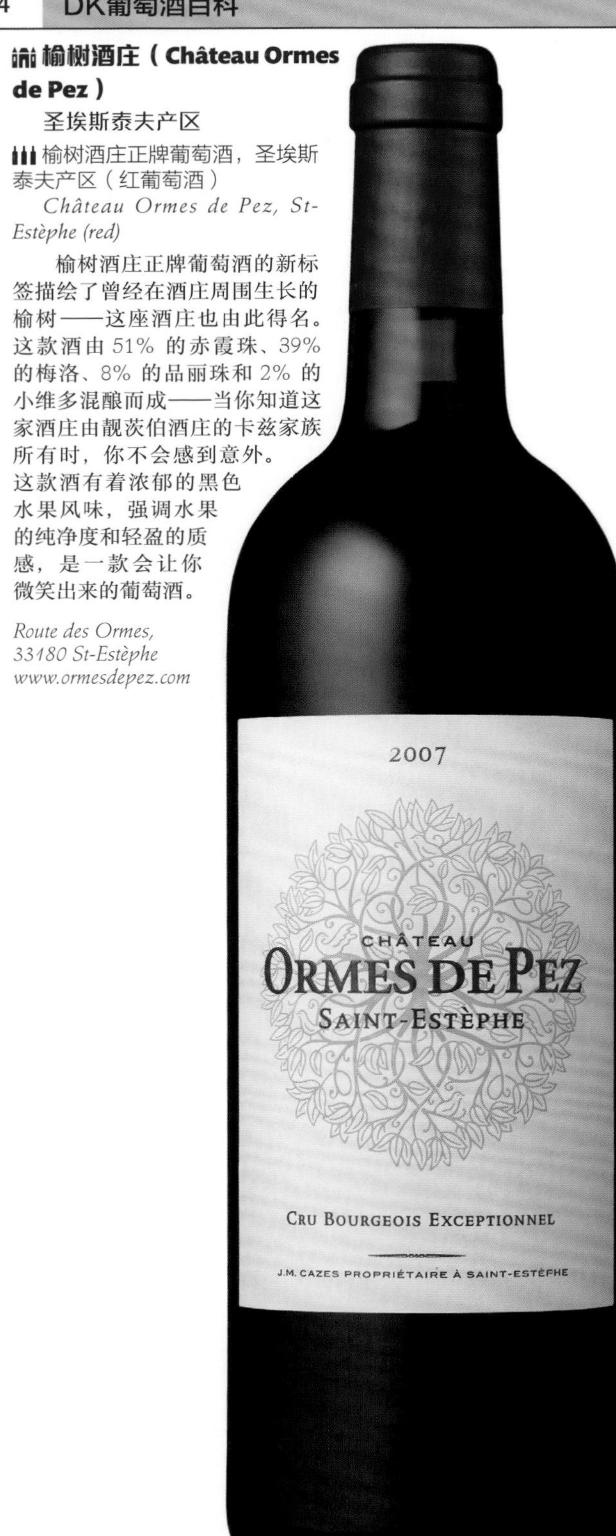

佩南酒庄（Château Penin）
超级波尔多产区

佩南酒庄正牌葡萄酒，超级波尔多产区（红葡萄酒）
Château Penin, Bordeaux Supérieur (red)

佩南酒庄的主人帕特里克·喀特隆用100%的梅洛酿制葡萄酒，所有这些葡萄都来自年龄为30年以上的葡萄藤。这是一款令人愉悦的葡萄酒，非常易饮，充满了新鲜的红色水果香气，尽管在桶中陈酿了一年，但还能感受到一些明显的单宁质感。喀特隆自1982年以来一直掌管这片40万平方米的酒庄，他的方法是尽可能少地人工干预酒窖（包括酿造一些不添加二氧化硫的葡萄酒）。酒庄每年生产超过27万瓶各种葡萄酒，这些葡萄酒的质量始终高于超级波尔多产区定位暗示的质量。以价格的吸引力为标准，这无疑是一个值得关注的酒庄。

33420 Port Génissac
www.chateau-penin.com

小村庄酒庄（Château Petit-Village）
波美侯产区

小村庄酒庄副牌葡萄酒，波美侯产区（红葡萄酒）
Le Jardin de Petit Village, Pomerol (red)

小村庄酒庄归安盛（AXA Millésimes）集团所有，该集团在世界各地拥有少数顶级酒庄的股份，包括波尔多酒庄、碧尚男爵酒庄和著名的波特酒生产商飞鸟园。由英国人克里斯蒂安·希利经营，他聘请斯蒂芬·德农古作为酿酒顾问。小村庄酒庄对波美侯产区来说是非典型的，因为它的混酿中含有很高比例的赤霞珠（高达18%），这反映了这里多沙砾的土壤。这里也种植一些品丽珠，但梅洛依旧是王者，大约混合了80%的梅洛。该酒庄的副牌酒具有浓郁的波美侯产区经典风味——突出的紫罗兰和红醋栗水果香气。有橡木香气，但它被水果香气约束并包裹着而非被其抑制住。这座酒庄本身非常值得一游，参观其由建筑师阿兰·特里奥设计的新酒窖和游客中心。

33500 Pomerol
www.petit-village.com

佩雷恩城堡酒庄（Château Peyrabon）
中级名庄，上梅多克产区

佩雷恩城堡酒庄正牌葡萄酒，上梅多克产区（红葡萄酒）
Château Peyrabon, Haut-Médoc (red)

佩雷恩城堡酒庄正牌葡萄酒是由种植在上梅多克产区的葡萄制成的葡萄酒，该酒庄在波雅克产区也有一小块地种植葡萄藤，这些葡萄用以在贝波之花酒庄的标签下作为中级名庄葡萄酒被装瓶。由酒商米希玛的帕特里克·伯纳德所有，其堂亲为著名的佩萨克-雷奥良产区骑士酒庄的拥有者奥利维尔·伯纳德，自1998年被收购以来佩雷恩和贝波之花一直作为大量投资的对象。当然你可以在这里出产的葡萄酒中感受到这种投资。佩雷恩城堡酒庄正牌葡萄酒是一款物超所值、制作精良的红葡萄酒，带有令人愉悦的柔和咖啡香气和一些迷人的夏日水果风味。

Vignes des Peyrabon, 33250 Pauillac
www.chateaupeyrabon.com

飞龙世家酒庄（Château Phélan Ségur）

圣埃斯泰夫产区

飞龙世家酒庄副牌葡萄酒（红葡萄酒）

Frank Phélan, St-Estèphe (red)

拥有红醋栗和黑樱桃的味道，以及淡淡的雪松橡木味，是飞龙世家酒庄副牌酒的主要特征。相较于圣埃斯泰夫风格来说，这款酒的风格轻盈，但它兼具真正圣埃斯泰夫的精神和优雅。该产业由波尔多知名人士蒂埃里·加丁内所有，他也是香槟地区的莱克雷尔酒店和巴黎的泰尔文集团的所有者。该酒庄占地68万平方米，其中47%为梅洛，22%为赤霞珠，其余为品丽珠。米歇尔·罗兰是该酒庄的顾问酿酒师。

33480 St-Estèphe
www.phelansegur.com

美食美酒：苏玳葡萄酒

赛美蓉（葡萄品种）起源于18世纪的波尔多，至今仍被广泛种植。世界上最著名的甜酒来自滴金酒庄，使用成熟过度并受到灰葡萄孢菌（贵腐菌）侵染的赛美蓉，是苏玳产区葡萄酒的主要成分。

薄皮和易腐倾向使生长在苏玳凉爽、多雾气候中的赛美蓉能够轻松滋生出灰葡萄孢。真菌使葡萄萎缩，由此种葡萄生产的葡萄酒具有精致的蜂蜜味和复杂的菠萝、桃子、羊毛脂、烤山核桃、白蘑菇、蜡烛和橙花的味道。

这些油润细腻的甜白葡萄酒经常用来搭配甜点。理想的选择包括焦糖布蕾、桃子萨芭雍、蜜桃塔、柠檬天使蛋糕、杏仁饼干、红糖茉莉威化饼或香蕉姜冰激凌。但是，需要避免搭配巧克力。

像香煎鹅肝配慢煮苹果或菠萝这样的美味佳肴，即使搭配蒙巴兹雅克产区价格合理的葡萄酒，也可以成为经典搭配。咸香酥脆的炸鸡也值得一试。对于奶酪爱好者来说，罗克福奶酪或其他的蓝奶酪也是很好的搭配，奶酪的盐分与葡萄酒的丰腴和甜美形成鲜明对比。

苏玳葡萄酒与咸味的罗克福奶酪形成了鲜明的对比。

碧铂古堡酒庄（Château Pibran）

中级名庄，波雅克产区

碧铂古堡酒庄副牌葡萄酒，波雅克产区（红葡萄酒）
La Tour Pibran, Pauillac (red)

碧铂古堡酒庄副牌葡萄酒是在市场上较容易获得的波雅克产区葡萄酒之一，高含量的梅洛则意味着它不需要长时间陈酿就可以展现出皮革和黑莓的味道。它是由一家名为碧铂古堡的酒庄制造的，自从被保险公司安盛集团收购以来，该酒庄的葡萄酒质量一直在提高，并摆脱了其之前有些陈旧的声誉。在英国人克里斯蒂安·希利的指导下，该酒庄建造了一个新的酿酒厂，现在所有的酿酒都可以在当地进行，而曾经这里的葡萄都被送去了碧尚男爵酒庄。酒庄近年来对葡萄园进行了广泛的重新种植，占地 17 万平方米，赤霞珠和梅洛的比例各为一半。

c/o Château Pichon-Longueville Baron, Route des Châteaux, 33250 Pauillac; 05 56 73 17 28

普林斯酒庄（Château Plince）

波美侯产区

普林斯酒庄副牌葡萄酒，波美侯产区（红葡萄酒）
Pavilion Plince, Pomerol (red)

近年来的一系列重大改进使波美侯产区的普林斯酒庄成为一家值得关注的酒庄。它由莫罗家族所有，但更确切地说，它由莫意克家族经营——他们是波尔多右岸一些顶级葡萄酒的生产商（也是传奇帕图斯酒庄的所有者）。该酒庄占地 8.6 万平方米，主要种植梅洛（72%）、一定数量的品丽珠（23%）和少量的赤霞珠（5%）。莫意克家族对这家曾经只知道埋头苦干的酒庄（也是波尔多为数不多的使用机械收获的酒庄之一）所做的重要改变之一是引入了绿色的方式进行收获。在副牌酒中，莫意克所拥有的酿酒专业知识全部都转化为结构良好的葡萄酒，带有甜美的黑色水果风味。

Chemin de Plince, 33500 Libourne
http://chateauplince.chez-alice.fr

柏安特酒庄（Château La Pointe）

波美侯产区

柏安特酒庄正牌葡萄酒，波美侯产区（红葡萄酒）
Château La Pointe, Pomerol (red)

尽管这款酒最近的年份价格一直在上涨（这完全合理），但柏安特酒庄正牌葡萄酒仍然是你能找到的最有价值的波美侯产区酒之一。充满清晰的红色水果风味和微妙的香草橡木风味，使这款酒非常美味，令人感到愉悦，其柔滑的单宁仿佛抚摸着味蕾。该酒庄于 2007 年被忠利保险收购，自此之后酒庄发生了一些变化，一位新总监埃里克·莫纳雷特和一位新顾问酿酒师休伯特·德·布阿尔走马上任。该团队对其葡萄园进行了一项重要的研究，结果表明土壤的复杂性比以前想象的要大得多。团队对种植面积进行了调整，酒庄的葡萄园现在仅种植梅洛（85%）和品丽珠（15%）。酿酒厂也改为使用较小的酿酒桶。

33501 Pomerol
www.chateaulapointe.com

宝捷酒庄（Château Poujeaux）

中级名庄，梅多克产区

宝捷酒庄正牌葡萄酒，梅多克穆利斯产区（红葡萄酒）
Château Poujeaux, Moulinen-Médoc (red)

过去的几年对宝捷酒庄来说很和善，新主人圣埃美隆富尔泰酒庄的菲利普·古维利亚和新投资都获得了回报。由古维利亚的儿子马蒂厄领导的年轻团队，以及参考酿酒顾问斯蒂芬·德农古提供的建议，该团队已经成功地将这片 52 万平方米的酒庄变成了一个非常严肃的业务。他们致力于确保葡萄酒拥有柔软丝滑的单宁。在大多数年份，40% 的梅洛带来的风味会喷涌而出，并软化赤霞珠和小维多的力量、浓郁度和香料味。你可以期待浓郁的水果风味和这款酒所带来的美好的体验。

No visitor facilities
www.chateau poujeaux.com

普雅克酒庄（Château Preuillac）

中级名庄，梅多克产区

普雅克酒庄正牌葡萄酒（红葡萄酒）
Château Preuillac, Médoc (red)

普雅克酒庄是一个被低估的酒庄。在让-克里斯多夫·米奥充满活力和开明的管理下，10多年之后，这里真的不应该被低估。在荷兰饮料公司德兹瓦格的投资支持下，米奥于1998年接手普雅克酒庄。从那之后，他实施了大量的改进措施，包括新建排水渠道、增加了种植密度，以及建造一个新的、设备齐全的现代化酿酒厂。斯蒂芬·德农古是这里的酿酒顾问，酒庄出产的葡萄酒每一年都在改进，带有光滑、饱满的黑色水果风味、柔顺的单宁和一些红醋栗的味道。

33340 Lesparre-Médoc
www.chateau-preuillac.com

夏湖酒庄（Château Rahoul）

格拉夫产区

夏湖酒庄副牌葡萄酒，格拉夫产区（红葡萄酒）
L' Orangerie de Rahoul, Graves (red)

在夏湖酒庄你可以感受到香槟产区对这里的影响。该酒庄曾被帝龙香槟的创始人兼所有者阿兰·帝龙拥有25年，并且自2007年起，波尔多葡萄酒商企业杜夫集团（CVBG Dourthe Kressman）成为大股东。后者的投资为夏湖酒庄注入了新的活力，因为帝龙能够借助杜夫集团丰富的酿酒和葡萄酒销售专业知识。这些葡萄酒是由种植在42万平方米葡萄藤上的葡萄以可持续方式酿造的。这款夏湖酒庄副牌葡萄酒，具有烟熏气息和黑樱桃风味。

No visitor facilities
www.chateau-rahoul.com

鲁臣世家酒庄（Château Rauzan-Ségla）

二级名庄，玛歌产区

鲁臣世家酒庄副牌葡萄酒小鲁臣世家，玛歌产区（红葡萄酒）
Ségla, Margaux (red)

第一次品尝小鲁臣世家时，就很明显能感受到它背后的酿酒团队与鲁臣世家酒庄著名的正牌葡萄酒背后的酿酒团队是同一批人。你可能会为这款华丽的副牌酒多花一点钱，但你会得到黑醋栗和烟草味道以及令人喜欢的紧致结构作为回报。以更优惠的价格寻找较老的年份。当韦特海默兄弟（同时是时装店和奢侈品企业香奈儿的拥有者）于1993年收购这座正处于低迷状态的酒庄时，简直令人难以置信。今天，这座拥有60万平方米土地的城堡，再次成为该地区的顶级品牌之一，这要归功于这里的总监约翰·科拉萨所做的改进，以及他在拉图城堡发展出的葡萄酒酿造方法。

rue Alexis Millardet, 33460 Margaux
www.rauzan-segla.com

雷蒙拉芳酒庄（Château Raymond-Lafon）

苏玳产区

雷蒙拉芳酒庄副牌葡萄酒（甜酒）
Les Jeunes Pousses de Raymond-Lafon, Sauternes (dessert)

如果你正在寻找高品质但价格实惠的苏玳产区葡萄酒，请尝试来自优秀的雷蒙拉芳酒庄的副牌酒。这款酒比该酒庄正牌酒更清淡新鲜，但仍然保持着甜度和酸度的平衡感。你可以期待这款酒呈现出青柠、杏和白色花朵的风味。该酒庄自1972年被滴金酒庄的长期雇员皮埃尔·梅斯利尔收购以来一直属于梅斯利尔家族。如今酒庄由查尔斯-亨利和让-皮埃尔·梅斯利尔管理，拥有16万平方米的赛美蓉和长相思。

4 aux Puits, 33210 Sauternes
www.chateau-raymond-lafon.fr

雷尔酒庄（Château Réal）

梅多克产区

雷尔酒庄正牌葡萄酒，梅多克产区（红葡萄酒）
Château Réal, Médoc (red)

雷尔酒庄不是梅多克产区最著名的酒庄，但是一家真正的后起之秀。它由塞瑞朗酒庄的狄蒂尔·马赛里所有，位于圣瑟兰德卡杜尔讷的特朗库酒庄旁边。葡萄园的面积相对较小，为5万平方米，种植55%的赤霞珠、10%的品丽珠和35%的梅洛。葡萄园现在采用有机方法进行管理，一切工作都是手工完成的。对比之下，酿酒过程非常智能，从赤霞珠果实中散发出浓郁的黑醋栗风味，而10%的品丽珠则增添了一丝非常诱人的花香。葡萄酒未经过滤装瓶。

No visitor facilities
www.chateau-serilhan.fr

白皇后酒庄（Château Reine Blanche）

圣爱美隆产区

白皇后酒庄正牌葡萄酒，圣爱美隆特级名庄（红葡萄酒）
Château Reine Blanche, St-Emilion Grand Cru (red)

白皇后酒庄生产的葡萄酒虽然在该地区以外鲜为人知，但绝对值得关注。这是一款低调成熟的葡萄酒，以柔滑的红色水果风味为特征，余味带有一丝摩卡风味。高班德城堡酒庄路易·戴斯帕是这个酒庄的负责人。他在6万平方米的主要为沙质和石质的土壤中耕作，酿造出产65%的梅洛和35%的品丽珠混合酒。

No visitor facilities
www.grand-corbin-despagne.com

梅洛

可以说，梅洛和赤霞珠这两种葡萄品种是在波尔多共同成长起来的。它们在当地生产的许多红葡萄酒中轻松、和谐地混合在一起，同时为酿酒师和饮用葡萄酒的人提供不同的口感。

如果说赤霞珠葡萄酒具有坚硬、棱角分明的特点，那么梅洛则更女性化，质地更柔软，果味更醇厚、友好。事实上，梅洛是波尔多地区种植的最广泛的葡萄品种，尤其是在波美侯和圣爱美隆等较小的地区。

为什么叫“梅洛”？

“Merlot”一词在法语中意为年轻的乌鸦或黑鸟。该术语可能源于成熟葡萄的蓝黑色，或者来自黑鸟喜欢在收获前吃葡萄的习性。

薄皮

梅洛是一种皮很薄的葡萄品种。这意味着昆虫、真菌甚至雨水都可以很容易地损坏它。想要成功种植梅洛很难，但如果一切顺利，就可以酿造出美味的葡萄酒。

早发芽

几个世纪以来，波尔多的葡萄园主一直种植梅洛葡萄的一个原因是，它的花蕾在早春开花，果实在夏末或初秋成熟收获，比赤霞珠早了几周。这意味着当破坏性的秋雨到来时，梅洛葡萄不太可能还挂在葡萄藤上。

融合性良好

波尔多的酿酒师喜欢梅洛，因为他们可以将梅洛葡萄酒与他们用赤霞珠、品丽珠、小维多和马尔贝克酿造的其他葡萄酒混合。梅洛柔和、甘甜的特性有助于平衡其他葡萄更强硬的特性。

世界何处出产梅洛？

虽然很少有波美侯和圣爱美隆葡萄酒是为日常饮用而定价的，但波尔多大区中标有超级波尔多产区、梅多克产区、上梅多克产区、两海之间产区、布尔丘产区、布拉伊丘产区的产地，出产使用梅洛和其他葡萄品种装瓶的物超所值的葡萄酒。

世界上几乎每个葡萄酒产区或多或少都种植一些梅洛，因此智利、南非、意大利北部、澳大利亚、美国加利福尼亚大区、美国纽约州、美国华盛顿州、法国朗格多克-鲁西永大区和东欧都出产物美价廉的优质梅洛葡萄酒。梅洛葡萄酒可能不容易酿造，但很容易找到、买得起和饮用，这也是它如此受欢迎的原因。

以下地区是梅洛的最佳产区。试试这些推荐年份的梅洛葡萄酒，以获得最佳体验：

圣爱美隆产区：2009 年、2008 年、2006 年、2005 年

智利：2009 年、2008 年、2007 年

华盛顿州：2008 年、2007 年、2006 年

南非：2009 年、2007 年

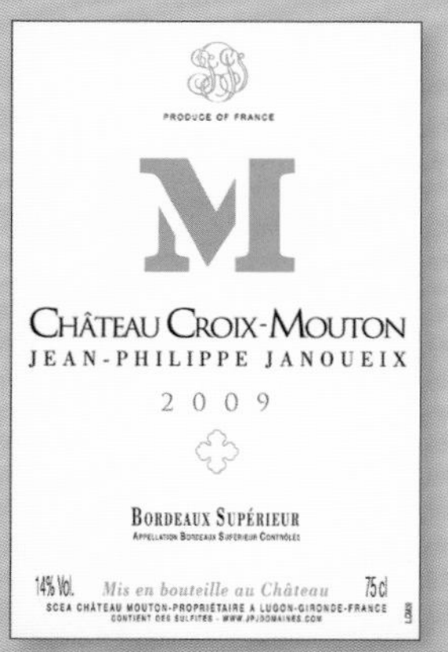

梅洛通常是经济实惠的超级波尔多产区混酿中的主要葡萄品种。

瑞隆酒庄（Château Reynon）

波尔多干白产区

瑞隆酒庄正牌葡萄酒，波尔多干白产区（白葡萄酒）
Château Reynon, Bordeaux Blanc (white)

丹尼·杜博迪安可以说是波尔多最著名的白葡萄酒酿酒师，而在他的家族酒庄瑞隆酒庄中闪耀的是极具价值的白葡萄酒。由 89% 的长相思和 11% 的老藤赛美蓉酿制而成，来自 17 万平方米的葡萄园中，这是经典的波尔多风格对白葡萄酒的诠释。因此，在特性上，它转向了长相思风味光谱的末端，带有切割青草的香气而不是葡萄柚香气。清脆、干净、多汁、高度（危险）易饮，这是一种适合夏季花园啜饮和搭配贝类或鱼类菜肴的葡萄酒。

33410 Beguey
www.denisdubourdieu.fr

大河酒庄（Château de la Rivière）

弗龙萨克产区

大河酒庄正牌葡萄酒，弗龙萨克产区（红葡萄酒）
Château de la Rivière, Fronsac (red)

大河酒庄按照弗龙萨克产区的标准来说是一个相当大的酒庄。葡萄园占地约 59 万平方米，分别种植 82% 的梅洛、13% 的赤霞珠、4% 的品丽珠和 1% 的马尔贝克。还有一片美丽的公园。这座被低估的酒庄拥有与许多圣爱美隆分级名庄中相同的石灰石，生产的葡萄酒带有丝滑、精致的红色水果风味。香气悠长，没有粗糙的边缘，这是弗龙萨克产区具有的潜力中一个成功的例子。

33126 La Rivière, Fronsac
www.vignobles-gregoire.com

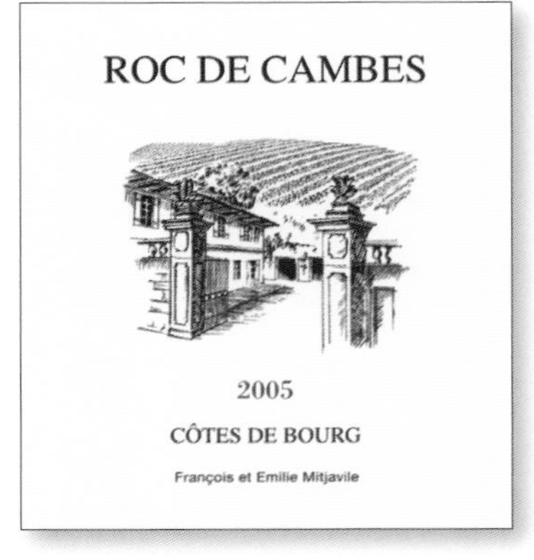

康贝洛克酒庄（Château Roc de Cambes）

布尔丘产区

康贝洛克酒庄副牌葡萄酒，布尔丘产区（红葡萄酒）
Roc de Cambes, Côtes de Bourg (red)

布尔丘产区是波尔多鲜为人知的产区之一。但是，如果该地区有一个酒庄可以超越其原产地并获得国际形象，那么这个酒庄将是康贝洛克酒庄。自 1988 年起，来自著名的罗波特夫酒庄（圣爱美隆产区）的弗朗索瓦·米佳维勒成为这里的主人后，他对这里起到很大帮助。这里的葡萄酒一如既往地出色。由 65% 的梅洛、25% 的赤霞珠和 10% 的品丽珠酿制而成，所用的葡萄生长在 10 万平方米的天然"圆形剧场"中，这里的风味特征通常与左岸更好的葡萄酒相似——美味、精致的黑色水果风味、具有良好的骨感和浓郁的单宁。

33330 St-Laurent-des-Combes
www.roc-de-cambes.com

罗兰德拜酒庄（Château Rollan de By）

中级名庄，梅多克产区

罗兰德拜酒庄正牌葡萄酒，梅多克产区（红葡萄酒）
Château Rollan de By, Médoc (red)

对于让·盖伊恩来说，罗兰德拜酒庄是一个漫长的故事。当盖伊恩于 1989 年在梅多克一个角落购买了当时很小的（2 万平方米）酒庄时，它几乎不为人所知。但盖伊恩已经彻底改变了这个酒庄，既扩大了规模（现在占地 83 万平方米），又引入了注重质量的葡萄园和酿酒团队。因右岸的工作而声名鹊起的酿酒顾问阿兰·雷诺也在帮助着他。酒庄的正牌酒主要使用梅洛，在陈酿过程中使用大量的法国新橡木桶，两者结合在一起，给人一种热情洋溢的盛宴体验。

3 route du haut Condissas, 33340 Begadan
www.rollondeby.com

红鱼酒庄（Château Rouget）

波美侯产区

红鱼酒庄卡隆葡萄酒（红葡萄酒）
Carillon de Rouget, Pomerol (red)

红鱼酒庄卡隆葡萄酒拥有勃艮第式的克制与纯粹的浓郁红色水果风味，极具吸引力。这款酒更像一款慢慢燃烧的雪茄而不是吸引人群的焦点，具有真正的优雅，沉重的中味在水果风味展开时会令你微笑。考虑到这个酒庄的所有权，这种勃艮第的特性也许是可以预料的。于1992年购买了占地18万平方米的红鱼酒庄的爱德华·拉布伊尔，其家族实际上就来自勃艮第，并且是法国另一个标志性红葡萄酒产区的雅克普利尔酒庄的所有者。他们在红鱼酒庄的酿酒过程中引入了一些勃艮第方式，例如敞开式发酵桶和自然启动的苹果酸乳酸发酵。

6 route de St-Jacques de Compostelle, 33500 Pomerol
www.chateau-rouget.com

塞甘酒庄（Château Seguin）

格拉夫产区

塞甘酒庄高级特酿葡萄酒，格拉夫产区（红葡萄酒）
Château Seguin Cuvée Prestige, Graves (red)

塞甘酒庄高级特酿葡萄酒是一款令人愉悦的葡萄酒，价格超值。这款酒具有浓烈的咖啡和摩卡香气，在最好的年份会与黑莓水果风味很好地融合并相得益彰。这里的所有者是房地产集团洛蒂奇斯财产的合伙人让·达里埃，在达里埃的指示下，塞甘酒庄的葡萄园于1988年进行了全面改造。这里的酿酒方针是低干预酿酒，使用60%的赤霞珠和40%的梅洛，通常是该地区最后采收的葡萄品种。

33360 Lignan-de-Bordeaux
www.chateau-seguin.fr

塞瑞朗酒庄（Château Sérilhan）

中级名庄，圣埃斯泰夫产区

塞瑞朗酒庄正牌葡萄酒（红葡萄酒）
Château Sérilhan, St-Estèphe (red)

作为计算机行业的移民，狄蒂尔·马塞利斯于2003年放弃了在巴黎思科系统公司的职务，转而在圣埃斯泰夫产区的塞瑞朗酒庄开始更加不确定的农村生活。但他没有失去任何成就他如此成功的商业生涯的活力。他在两个领域投入了大量资金——他的技术总监是庞特卡内古堡酒庄的伯纳德·弗兰克，葡萄酒顾问是圣爱美隆产区金钟酒庄的休伯特·德·布尔，以及这里的葡萄园和酒窖。他现在拥有23万平方米的葡萄园，所生产的葡萄酒充满自信、现代感，并口感丝滑，带有丰富的黑醋栗果实风味。

No visitor facilities
www.chateau-serilhan.fr

Château Siaurac（肖雷克酒庄）

拉朗德－波美侯产区

肖雷克酒庄副牌葡萄酒，拉朗德－波美侯产区（红葡萄酒）
Le Plaisir de Siaurac, Lalande-de-Pomerol (red)

口感顺滑、充满令人愉悦的浓郁果味的肖雷克酒庄副牌酒，在不同年份之间始终保持良好状态，是一款可靠、易饮的葡萄酒，使用来自酒庄年轻葡萄藤的果实。这款酒来自一个拥有良好血统的酒庄：古查德集团，圣爱美隆的佩邑酒庄和波美侯的威德凯酒庄。肖雷克酒庄的葡萄园面积超过39万平方米，就在跨过波美侯边界的拉朗德。

33500 Néac
05 57 51 64 58

史密斯拉菲特酒庄（Château Smith Haut Lafitte）

格拉夫列级名庄，佩萨克－雷奥良产区

史密斯拉菲特酒庄三牌葡萄酒，佩萨克－雷奥良产区（红葡萄酒）
Les Hauts de Smith, Pessac-Léognan (red)

史密斯拉菲特酒庄是近几十年来通过“质量革命”改变佩萨克－雷奥良产区的关键酒庄之一。自1990年以来，这家酒庄由卡迪亚德家族所有，拥有67万平方米的有机葡萄藤、现代化的酿酒厂，甚至还有当地自己的制桶匠。史密斯拉菲特酒庄三牌葡萄酒的红葡萄酒版本拥有强劲的单宁，可以通过开瓶（尝试醒酒一个小时），让甜美的西梅味道和烤樱桃香气释放出来。

4 chemin de Bourran, 33650 Martillac
www.smith-haut-lafitte.com

马利酒庄（Château Sociando-Mallet）

梅多克产区

马利酒庄副牌葡萄酒，梅多克产区（红葡萄酒）
La Demoiselle de Sociando Mallet, Médoc (red)

马利酒庄有点像一个狂热的宗教团体，在葡萄酒爱好者中拥有忠实的全球追随者。这家酒庄由痴迷于细节的让·高特罗（比利时人）所有，位于圣埃斯泰夫以北约3千米处，马利酒庄副牌葡萄酒是对它的精彩介绍。只有20%的葡萄酒在陈酿过程中使用新橡木桶，其余的则保存在不锈钢桶中，这确保了水果风味占据了大部分味道，而不是长时间橡木桶陈酿后产生的烟熏味和更浓郁的风味。

33180 St-Seurin-de-Cadourne
05 56 73 38 80

大宝酒庄（Château Talbot）

四级名庄，圣朱利安产区

大宝酒庄白石葡萄酒，圣朱利安产区（白葡萄酒）

Caillou Blanc du Château Talbot, St-Julien (white)

大宝酒庄白石葡萄酒是梅多克酒庄生产的稀有白葡萄酒之一。但是，这款 80% 的长相思和 20% 的赛美蓉的混合酒的价值远不止令人产生好奇心的价值。这是一款令人愉悦的朴实、清脆、清新的白葡萄酒，橡木桶陈酿后散发出浓郁的芳香。大宝酒庄位于圣朱利安的中心，在最高的砾石山之一的顶部。酒庄由科迪埃两姐妹洛林和南希所有。自 2008 年以来，酿酒师斯蒂芬·德农古就开始为酒庄提供咨询服务。

33250 St-Julien-Beychevelle
www.chateau-talbot.com

杜特城堡酒庄（Château du Tertre）

五级名庄，玛歌产区

杜特城堡酒庄副牌葡萄酒，玛歌产区（红葡萄酒）

Haut du Tertre, Margaux (red)

现在，顶级玛歌酒庄杜特城堡酒庄的品质不一已成为过去。在拥有酒庄所有权十余年，并在葡萄园进行了大量投资后，埃里克·阿尔巴达·耶尔格斯玛和他的总监亚历山大·范·比克，生产了一些玛歌产区最优雅的葡萄酒。杜特城堡酒庄副牌酒也不例外。更优秀的葡萄园选果提炼出了柔和的水果风味，这款酒充满了黑醋栗、潮湿石头和一些泥土的气息。

33460 Arsac
www.chateaudutertre.fr

德士雅酒庄（Château Teyssier）

圣爱美隆产区

德士雅酒庄正牌葡萄酒，圣爱美隆特级园产区（红葡萄酒）

Château Teyssier, St-Emilion Grand Cru (red)

德士雅酒庄的红葡萄酒浓郁、果味醇厚、结构良好，价格合理。拥有者乔纳森·马塔斯现在在右岸拥有约 52 万平方米的葡萄园，他还改良了德士雅酒庄的葡萄，混合种植了 85% 的梅洛和 15% 的赤霞珠，包括来自蒙布瑟盖酒庄附近的一些好地块，坐落在圣爱美隆高耸的斜坡上。不管怎样，这款酒依旧是为了立即享受而制作的，非常适合葡萄酒入门级爱好者饮用。

33330 Vignonet
www.teyssier.fr

爵蕾酒庄（Château Thieuley）

两海之间产区

爵蕾酒庄正牌葡萄酒，两海之间产区（白葡萄酒）

Château Thieuley, Entre-deux-Mers (white)

经营爵蕾酒庄的两姐妹玛丽和希尔薇·库赛乐正在酿造两海之间产区特别受欢迎的白葡萄酒之一。这款酒收获好评是当之无愧的。她们拥有 30 万平方米的葡萄园，分为种植 50% 的赛美蓉、35% 的长相思和 15% 的灰苏维翁。她们使用各种技术来强调其混合物的果味新鲜度，包括冷浸和仅在不锈钢容器中陈酿。最终酿造出的是一款利落、清爽、可口的白葡萄酒。

33670 La Sauve
www.thieuley.com

拉图贝尚酒庄（Château La Tour de Bessan）
中级名庄，玛歌产区

拉图贝尚酒庄，玛歌产区（红葡萄酒）
Château La Tour de Bessan, Margaux (red)

玛丽–劳拉·露桐于 1992 年从她的父亲卢西安手中接过拉图贝尚酒庄的所有权。从那时起，她就以她的决心和活力给所有人留下了深刻的印象。露桐喜欢在 19 万平方米的酒庄中以现代和传统相结合的态度来处理工作。其现代的部分包括诸如种植具有更大树冠的葡萄藤和在酿酒厂中使用不锈钢容器等创新。她个性中传统的一面可以在她坚持手工采摘和延长橡木桶陈酿周期中找到。她也一直在努力翻新种植葡萄园，现在的葡萄园保持着 40% 的赤霞珠、24% 的品丽珠和 36% 的梅洛的平衡。这家酒庄生产的葡萄酒富含加了香料的李子风味，在最好的年份还带有一丝甘草和松露的味道。

Route d' Arsac, 33460 Margaux
www.marielaurelurton.com

蒙斯之塔酒庄（Château La Tour de Mons）
中级名庄，玛歌产区

蒙斯之塔酒庄副牌葡萄酒，玛歌产区（红葡萄酒）
Terre du Mons, Margaux (red)

你可以期待来自蒙斯之塔酒庄副牌葡萄酒的优雅、经典风格的玛歌红葡萄酒，这是蒙斯之塔酒庄酿造的副牌葡萄酒。烟熏雪松的香气和内敛的柔和水果风味为这款美味的 60% 的梅洛和 40% 的赤霞珠混酿酒增添了更多色彩。作为玛歌产区值得信赖的酒庄之一，它只是赋予蒙斯之塔酒庄应得的声誉的葡萄酒之一。该酒庄目前由一家法国银行所有（这在波尔多越来越普遍），由帕特里斯·班迪拉董事经营。整个 35 万平方米的葡萄园都采用人工采摘，使用传统工艺酿造。

No visitor facilities
05 57 88 33 03

瓦兰佐酒庄（Château de Valandraud）
圣爱美隆产区

瓦兰佐酒庄 3 号葡萄酒，圣爱美隆产区（红葡萄酒）
3 de Valandraud, St-Emilion (red)

一个令人耳目一新的、直截了当的想法促成了瓦兰佐酒庄 3

生物动力葡萄酒

生物动力葡萄酒就像是有机葡萄酒进行了冥想。葡萄园的主人将采用一种十分哲学的方法来照顾它，用以酿造葡萄酒的葡萄经过精心培育，并尽可能避免使用工业手段进行干预。

生物动力种植法的灵感来自奥地利哲学家鲁道夫·斯坦纳在 20 世纪 30 年代的讲座。斯坦纳是构想为当今世界各地的儿童提供另类教育的华德福学校的创始人。斯坦纳的追随者解释了他对葡萄种植和酿酒的教义。

生物动力葡萄酒没有特定的风味或风格，但他们的制造商坚持认为，生物动力葡萄酒比普通葡萄酒更容易显示其风土——或者说其产地带来的风味。除堆肥和其他经过验证的有机措施之外，追随生物动力法的种植者必须特别密切地关注土地、植物、季节变化，以及许多与葡萄园环境相关的其他因素。其中，最重要的目标是形成农业闭环并仅使用来自该葡萄园的物质来维持葡萄园运营。例如，动物粪便是最基础的肥料。有时，追随者所进行的准备听起来更像是仪式而不是科学。比如将牛角填满粪肥并掩埋过冬，然后从牛角中提取堆肥，混合制成溶液，然后喷洒在葡萄园中。

毫不意外，许多农业科学家对这些措施持怀疑态度。然而，一些怀疑论者确实认为，鼓励农民特别注意土壤健康并努力与自然保持和谐的方法值得称赞。

号葡萄酒的命名，因为这实际上是瓦兰佐酒庄的三牌葡萄酒。单宁在这款酒中被弱化了，留下了一个柔软的结构，让其中70%的梅洛可以释放它的夏日水果风味。这款酒是由一家已经成为传说的酒庄制造的，这家曾经是车库葡萄酒运动的代名词的小型初创精品生产商，在20世纪90年代震撼了右岸的酿酒厂。曾经，业主让-吕克·图内文和他的妻子穆丽尔·安德鲁仅有0.6万平方米的葡萄园。在此以后，他们将酒庄扩大到10万平方米，他们的葡萄酒现在因其品质而得到珍视。

33330 Vignonet
05 57 55 09 13

老普雷酒庄（Château Vieux Pourret）

圣爱美隆产区

老普雷酒庄，圣爱美隆特级园产区（红葡萄酒）
Château Vieux Pourret, St-Emilion Grand Cru (red)

早在其葡萄酒投放市场之前，人们就已经将注意力集中在老普雷酒庄上了。部分原因是酒庄采用了波尔多新兴发展的生物动力法，还因为该酒庄是两位酿酒名人的合资企业——来自罗纳河谷的米歇尔·泰德和来自波尔多的奥利维尔·道格。这两人为这个项目带来了一种挑剔的方式：所有的葡萄都是手工采摘的，各个地块分别酿造。收获的是一款80%的梅洛和20%的品丽珠的混酿葡萄酒，充满成熟的红色水果风味并带有野莓的香气。

Miaille, 33330 St-Emilion
www.chateau-vieux-pourret.fr

佛罗伊丹酒庄（Clos Floridène）

格拉夫产区

佛罗伊丹酒庄正牌葡萄酒，格拉夫产区（白葡萄酒）
Clos Floridène, Graves (white)

佛罗伊丹酒庄正牌葡萄酒对于波尔多白葡萄酒的普遍价格来说相对昂贵。但其风格本身依旧是被低估的，这意味着在全球的背景下，这款酒仍然代表着物超所值。波尔多顶级白葡萄酒酿酒师丹尼·杜博迪安设法从这种由55%的长相思、44%的赛美蓉和1%的慕斯卡黛混酿而成的白葡萄酒中获取令人垂涎欲滴的新鲜风味，这些葡萄种植在杜博迪安自己31万平方米的葡萄园中。即使在温暖的年份，这款酒也很新鲜，并富含柑橘芬芳。

33210 Pujols-sur-Cirons
www.denisdubourdieu.fr

富尔泰酒庄（Clos Fourtet）

一级B等名庄，圣爱美隆产区

富尔泰酒庄副牌葡萄酒，圣爱美隆特级园产区（红葡萄酒）
La Closerie deFourtet, St-Emilion Grand Cru (red)

圣爱美隆最迷人的酒庄之一，距离镇上最重要的教堂仅几步之遥，自2001年以来，富尔泰酒庄一直由古维利亚家族拥有。该家族聘请斯蒂芬·德农古作为酿酒顾问，他的能力在19万平方米酒庄所酿制的优雅葡萄酒中体现得淋漓尽致，85%的梅洛在赤霞珠和品丽珠之上占主导地位。富尔泰酒庄副牌葡萄酒以令人愉悦的秋季荆棘水果风味为主，但保留了一些结构和单宁骨架。

1 Le Châtelet Sud,
33330 St-Emilion
www.closfourtet.com

皮伊阿诺酒庄（Clos Puy Arnaud）

波尔多丘产区

皮伊阿诺酒庄正牌葡萄酒，波尔多卡斯蒂永丘产区（红葡萄酒）
Clos Puy Arnaud, Castillon Côtes de Bordeaux (red)

最佳年份的皮伊阿诺酒庄正牌葡萄酒多姿多彩，结构丰满，确实非常出色。这款酒由 65% 的梅洛、30% 的品丽珠、3% 的赤霞珠和 2% 的佳美娜酿制而成，纯正的西梅和红醋栗果味令人着迷。该酒庄位于卡斯蒂永地区，自 2000 年以来一直由蒂埃里·瓦莱特所有。斯蒂芬·德农古被聘为酿酒顾问，他指导瓦莱特了解生物动力法葡萄栽培的基础知识。现在 7 万平方米的酒庄完全按照生物动力法的原则进行工作，瓦莱特的酿酒工艺旨在避免过度萃取，以追求优雅的风味。

33350 Belvès de Castillon
05 57 47 90 33

骑士酒庄（Domaine de Chevalier）

格拉夫列级名庄，佩萨克-雷奥良产区

骑士酒庄副牌骑士精神葡萄酒，佩萨克-雷奥良产区（红葡萄酒）
L' Esprit de Chevalier, Pessac-Léognan (red)

来自以其红白葡萄酒而闻名的酒庄的副牌红葡萄酒。这款酒有清晰的水果风味，带有诱人的香气，在开瓶后几乎立即散发出来。这款酒由年轻葡萄藤结出的葡萄酿制而成，不管怎样，它仍然需要一些时间陈酿，所以最好在饮用前将它窖藏几年。当这款酒准备好时，它的香料风味足以搭配最高级的肉类菜肴。这款酒是对奥利维尔·贝尔纳才华的一个很好的展现，他在酿酒顾问斯蒂芬·德农古的帮助下，掌管着这个占地 43 万平方米的酒庄，主要种植 60% 的赤霞珠、30% 的梅洛，还有一小部分小维多和品丽珠。

102 chemin Mignoy, 33850 Léognan
www.domainedechevalier.com

古丽酒庄（La Goulée）

梅多克产区

古丽酒庄正牌葡萄酒，梅多克产区（红葡萄酒）
La Goulée, Médoc (red)

古丽酒庄是波尔多大区的新成员，但它很快就声名大噪。鉴于这家酒庄与著名的爱诗途酒庄的所有者（瑞比尔家族）和酿酒团队是同一批人，这也许并不令人惊讶。该酒庄被认为是一个聪明、现代、具有口碑的品牌，可以与新西兰的云雾之湾酒庄相媲美，酒庄的名字来源于其葡萄园所在的吉伦特河河口的古丽码头。酒庄的红葡萄酒虽然并不昂贵，但它是一款如丝般顺滑的葡萄酒。这款酒刻意采用现代风格，带有天鹅绒般的、精心编织的单宁和大量的压碎黑莓风味。

c/o Château Cos d' Estournel, 33180 Saint-Estèphe
www.estournel.com

老色丹酒庄（Vieux Château Certan）

波美侯产区

老色丹酒庄副牌葡萄酒，波美侯产区（红葡萄酒）
La Gravette de Certan, Pomerol (red)

老色丹酒庄的副牌酒是一个真正意义上的大发现。这款酒设法平衡了丰富和克制——饱满的香气和丰富的水果风味，被单宁和甜橡木桶香气的克制。这两个形容词也经常用于老色丹酒庄的建筑，这里有波美侯地区最古老的城堡，其中一部分建于 12 世纪。酒庄由非常受人尊敬的亚历山大·蒂安鹏所有，他的祖父乔治于 1924 年购买了该酒庄。与隔壁的帕图斯酒庄一样，这里的土壤富含铁矿石，不过这里的砾石多于黏土。酒庄种植了 60% 的梅洛、30% 的品丽珠和 10% 的赤霞珠，并延展到约 14 万平方米。

1 route du Lussac, 33500 Pomerol
www.vieux-chateau-certan.com

老高柏酒庄（Vieux Château Gaubert）

格拉夫产区

老高柏酒庄正牌葡萄酒（红葡萄酒和白葡萄酒）
Vieux Château Gaubert, Graves (red and white)

老高柏酒庄由多米尼克·哈弗兰所有，是一家非常可靠的酒庄，尽管它没有被正式评级，但它是该地区较好的酒庄之一。酒庄出产红葡萄酒和白葡萄酒，前者有 20 万平方米的种植面积，后者有 6 万平方米的种植面积。然而，无论是酿造红葡萄酒还是白葡萄酒，酒庄都提供了物超所值的品味。白葡萄酒拥有圆润的桃子和杏子果味；红葡萄酒彰显出优雅和饱满。

33640 Portets
05 56 67 52 76

勃艮第

在寻找性价比高的葡萄酒时，勃艮第可能不是最佳的选择，但这里还有很多价格合理的葡萄酒可供选择。试着寻找来自不太知名、更普通的产区的顶级生产商的葡萄酒，如勃艮第大区、伯恩丘产区或夜丘产区，或者寻找乡村葡萄酒，而不是顶级葡萄园（特级园或一级园）的葡萄酒。白葡萄品种阿里高特也具有很高的性价比，来自博若莱产区被低估的红葡萄品种佳美也是如此。

丹尼尔巴劳德酒庄（Domaine Daniel Barraud）

马贡产区

丹尼尔巴劳德酒庄马贡-维尔基松村葡萄酒（白葡萄酒）
Mâcon-Vergisson (white)

马贡产区的霞多丽拥有清淡、脆爽的一面，但丹尼尔巴劳德酒庄的霞多丽远不止于此。丹尼尔巴劳德酒庄马贡-维尔基松村葡萄酒具有柠檬味和干性，拥有丹尼尔巴劳德酒庄标志性的丝滑质地。像所有丹尼尔巴劳德酒庄的葡萄酒一样，这款酒值得与来自星光闪耀的金丘产区的其他产地如默尔索或夏山-蒙哈榭的葡萄酒进行比较。与系列中其他产品一样，这款酒也是由有机种植的葡萄制成的。现在丹尼尔·巴劳德与他的儿子朱利安一起工作，在马贡产区拥有一些优秀的葡萄园，包括维尔基松村非常古老的葡萄藤。

71960 Fuissé
www.domainebarraud.com

宝乐嘉酒庄（Château de Beauregard）

马贡产区

宝乐嘉酒庄普伊-富赛葡萄酒（白葡萄酒）
Pouilly-Fuissé(white)

另一家来自马贡产区大家族的酒庄正在生产葡萄酒以挑战价格更高的至高无上的金丘产区，宝乐嘉酒庄由弗雷德里克·马克·布里尔经营，他是其家族在葡萄酒行业工作的第五代人。和北方的同行一样，布里尔强调风土，他的葡萄酒展现了马贡产区不同子产区中的白垩矿物质和个性，他的酒庄拥有一系列独立的葡萄园。他在普伊-富赛地区的种植面积大约为 20 万平方米，在圣韦朗地区的种植面积为 7 万平方米。他的纯普伊-富赛葡萄酒非常平衡，并具有独特的白垩质土壤风味。

71960 Fuissé
www.joseph-burrier.com

罗杰贝隆酒庄（Domaine Roger Belland）

桑特奈，伯恩丘产区

罗杰贝隆酒庄桑特奈红葡萄酒（红葡萄酒）；罗杰贝隆酒庄马朗日红葡萄酒（红葡萄酒）
Santenay Rouge (red); Maranges Rouge (red)

在所有者罗杰·贝隆的女儿朱莉·贝隆的管理下，这个优秀的家族酒庄成为价格合理的勃艮第红葡萄酒的重要来源。罗杰贝隆酒庄桑特奈红葡萄酒是一款非常丰腴的黑皮诺葡萄酒，产自默尔索曾经的落后地区。成熟、多汁、顺滑、具有香料风味，彰显了酒庄现代而正宗的风格。来自邻近的马朗日地区的红葡萄酒同样甜美，具有诱人的质地。这个鲜为人知的村庄是（相对）便宜的勃艮第红葡萄酒的肥沃之地。

3 rue de la Chapelle,
21590 Santenay
www.domaine-belland-roger.com

丹让贝尔图酒庄（Danjean Berthoux）

夏隆内丘

丹让贝尔图酒庄日夫里葡萄酒（红葡萄酒）
Givry (red)

帕斯卡尔·丹让的丹让贝尔图酒庄的葡萄园坐落在丘陵小村庄杰姆斯的海拔相对较高的地方。在生产质量方面，这会给他带来优势吗？也许吧，但他通过在日夫里地区酿造一些同一时期最好的葡萄酒的稳健前行方式给人深刻的印象。这些葡萄酒的产量非常少，引起了侍酒师和评论家的关注。丹让在20世纪90年代初从葡萄种植者父母那里继承的葡萄藤正在逐渐增加，现在酒庄面积超过12万平方米。丹让贝尔图酒庄日夫里葡萄酒酒体适中，散发着诱人的红色浆果和烘焙香料的香气，选择这款葡萄酒是一种无须花大钱就能体验勃艮第红葡萄酒的好方法。

Le Moulin Neuf, 45 route de St-Désert, 71640 Jambles
03 85 44 54 74

路易斯布瓦洛父子酒庄（Domaine Louis Boillot et Fils）

香波-慕西尼，夜丘产区

路易斯布瓦洛父子酒庄热夫雷-香贝丹葡萄酒（红葡萄酒）
Gevrey-Chambertin (red)

路易斯布瓦洛父子酒庄热夫雷-香贝丹葡萄酒是从散布在热夫雷-香贝丹地区周围六地块的50～60年树龄的葡萄藤中挑选出来的。覆盆子和黑莓、玫瑰、红樱桃和棕色香料的和谐结合，以及悠长、柔滑的口感，造就了一款真正令人愉悦的葡萄酒。路易斯·布瓦洛与吉兰·巴多联姻，这对夫妇在香波村的边缘共享他们的酒厂，那里可以欣赏到葡萄藤的景色。路易斯的葡萄酒是吉兰的香波系列的一个很好的补充，它们提供了广泛的风格纵览。

21220 Chambolle-Musigny
03 80 62 80 16

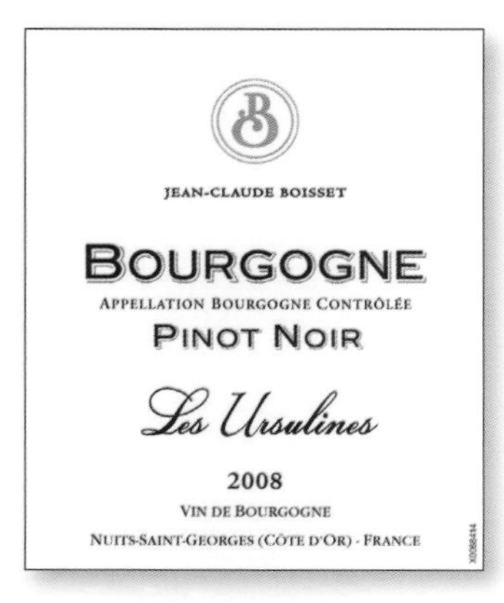

让-克劳德波塞特酒庄（Maison Jean-Claude Boisset）

夜丘产区

让-克劳德波塞特酒庄天主教黑皮诺葡萄酒（红葡萄酒）
Bourgogne Pinot Noir Les Ursulines (red)

让-克劳德波塞特酒庄是勃艮第较大的葡萄酒企业之一，这里是一家家族经营的葡萄酒交易商，直到近几年一直在挣扎着维护其声誉。然而，在充满活力、富有创造力的让-查尔斯·波塞特的领导下，情况迅速地发生了改善。波塞特聘请了备受推崇的格雷戈里·帕特里亚（他曾在勒桦酒庄工作）来工作，他不仅监督酿酒，还对葡萄园进行了重大改进。现在，帕特里亚和他的团队不再简单地购买成品葡萄酒进行销售，而是对他们希望如何种植葡萄进行严格说明，并且这些葡萄酒是在让-克劳德波塞特酒庄的酒厂生产的。如今，该企业更像是葡萄种植者和交易商之间的合作伙伴，而不是传统的酒商，而且葡萄酒的质量一直在提高。让-克劳德波塞特酒庄天主教黑皮诺葡萄酒是现在该地区较可靠的产品之一。这是一款清爽新鲜的红葡萄酒，是黑比诺较淡的一面的展示，这款酒十分活泼，可以单独饮用，也可以稍微冷藏后搭配鱼类料理饮用。

Les Ursulines, 5, quai Dumorey, 21700 Nuits-St-Georges
www.jcboisset.com

宝尚父子酒庄（Bouchard Père et Fils）

伯恩，伯恩丘产区

宝尚父子酒庄默尔索葡萄酒（白葡萄酒）
Meursault (white)

勃艮第的另一家历史悠久、大规模的交易商-生产商近年来经历了重大变革，宝尚父子酒庄自1995年被香槟生产商约瑟夫·汉诺接管以来已取得巨大进步。其中大部分功劳必须归功于伯纳德·赫维特，他精明地领导着这家公司，直到他在2000年年底离开这里去了竞争对手企业法维莱酒庄。赫维特得到了来自汉诺的大笔资金的支持，他在萨维尼附近投资了一家令人印象深刻的酒厂——该酒厂拥有现代酿酒师所需要的一切。该公司还彻底改革了葡萄园的工作。这里拥有约130万平方米的土地，其中许多位于顶级的特级园地区，并雇用了一个由250名采摘员组成的团队，因此他们能在正确的时间采摘不同的地块。作为这里现在所提供的质量的一个例子，默尔索产区是一个令人印象深刻的起点。宝尚父子酒庄默尔索葡萄酒并不便宜，但这个价格合理的例子让你感受到这个著名村庄种植的霞多丽带有的烘烤过的、咸味和坚果味的特性。

Château de Beaune, 21200 Beaune
www.bouchard-pereetfils.com

宝丽酒庄（Domaine Jean-Marc et Thomas Bouley）

沃尔奈，伯恩丘产区

宝丽酒庄勃艮第红葡萄酒（红葡萄酒）；宝丽酒庄勃艮第上伯恩丘红葡萄酒（红葡萄酒）
Bourgogne Rouge (red); Bourgogne Hautes-Côtes de Beaune Rouge (red)

宝丽酒庄勃艮第红葡萄酒是一款多汁、纯净、带有覆盆子香气的黑皮诺。这款酒的新鲜度和纯度非常具有勃艮第特色，它还具有美味、友好的饱满度。酒庄的勃艮第上伯恩丘红葡萄酒具有浓烈的芬芳，是一款新鲜但浓郁的黑皮诺，具有成熟水果的核心，非常适合搭配野味。这些葡萄酒由托马斯·宝丽酿造，他在2002年之前在美国俄勒冈州和新西兰工作。

12 chemin de la Cave, 21190 Volnay
www.jean-marc-bouley.com

米歇尔布泽罗父子酒庄（Domaine Michel Bouzereau et Fils）

默尔索，伯恩丘产区

米歇尔布泽罗父子酒庄勃艮第阿里高特葡萄酒（白葡萄酒）；米歇尔布泽罗父子酒庄勃艮第白葡萄酒（白葡萄酒）
Bourgogne Aligoté (white); Bourgogne Blanc (white)

比起罪人，阿里高特葡萄更像是被害者，但在受到尊重的情况下，一样可以生产出精美而新鲜的葡萄酒，就像让-巴蒂斯特·布泽罗一样，他是家族在默尔索经营这个酒庄的第十代人，酒庄的凉亭建在悬崖之上。米歇尔布泽罗父子酒庄勃艮第阿里高特葡萄酒细腻，米歇尔布泽罗父子酒庄勃艮第白葡萄酒也是如此。一款美丽纯净、迷人的霞多丽，带有淡淡的香草橡木桶香气和顺滑质地，成熟而新鲜，令人满意。

3 rue de la Planche Meunière, 21190 Meursault
03 80 21 20 74

让-保罗布朗酒庄（Jean-Paul Brun）

布鲁依丘，博若莱产区

让-保罗布朗酒庄布鲁依葡萄酒（红葡萄酒）
Brouilly Terres Dorées (red)

在让-保罗布朗酒庄布鲁依葡萄酒中，你可以期待浓厚、馥郁的黑莓、咖啡和覆盆子风味，回味悠长，令人满意。优秀的酿酒技术和始终如一的品质使这些葡萄酒有时难以获得，但它们的受欢迎程度是当之无愧的，值得付出努力。打破传统的让-保罗·布朗是一位自然酿酒师，他只使用本土酵母，并在沙尔内镇以有机方式经营他的16万平方米家族葡萄园。

69380 Charnay
www.louisdressner.com/Brun

让-马克伯格酒庄（Jean-Marc Burgaud）

墨贡，博若莱产区

让-马克伯格酒庄墨贡特酿葡萄酒（红葡萄酒）
Cuvée Les Charmes, Morgon (red)

让-马克伯格酒庄墨贡特酿葡萄酒易于饮用，展现了富含新鲜、明确、多汁的红色水果风味的佳美所带来的所有乐趣，是博若莱产区的明星葡萄酒。这里的葡萄藤几乎直接生长在花岗岩上，整串葡萄仅浸泡10天，然后发酵、短暂陈酿，并在收获后6个月装瓶。伯格来自一个世代种植葡萄的家族，他在完成学习酿酒技术后于1989年创立了他的酒庄，现在他在几个产区拥有约19万平方米的葡萄园。

La Côte du Py, 69910 Villié-Morgon
www.jean-marc-burgaud.com

Château de Cary-Potet（卡里-波特酒庄）

夏隆内丘产区

卡里-波特酒庄勃艮第阿里高特葡萄酒（白葡萄酒）
Bourgogne Aligoté (white)

杜贝塞家族的最新一代人继承了在比克西的卡里-波特酒庄酿造高品质勃艮第白葡萄酒的优良传统。作为夏隆内丘产区较古老的酒庄之一，卡里-波特酒庄酿造葡萄酒已有200多年的历史，城堡下方的酒窖可追溯到17—18世纪。该酒庄拥有13万平方米的葡萄园，在蒙塔尼产区和夏隆内产区生产葡萄酒，以及生产非常引人注目的卡里-波特酒庄勃艮第阿里高特葡萄酒。这款芬芳的充满矿物香气的干白来自大萧条时期种植的葡萄藤。虽然这款酒被认为是勃艮第大区较好的阿里高特葡萄酒之一，但它的价格非常合理。

Route de Chenevelles, 71390 Buxy
www.cary-potet.fr

尚碧父子酒庄（Champy Père et Fils）

伯恩，伯恩丘产区

尚碧父子酒庄勃艮第白葡萄酒（白葡萄酒）
Bourgogne Blanc (white)

尚碧父子酒庄是勃艮第最古老的酒商，创立于1720年。酒庄能持续到如今要归功于葡萄酒经纪人亨利·默格和他的儿子皮埃尔，他们在20世纪90年代初买下了这家酒庄，并努力改进质量。尚碧父子酒庄现在在伯恩丘产区拥有和租用17万平方米的葡萄园。其中大部分是通过生物动力法种植的，该家族认为采用生物动力法管理的地块可带来更高的成熟度，减少腐烂。他们在1999年聘请迪米特里·巴扎斯担任酿酒师，巴扎斯酿造的葡萄酒完全具有陈年的能力，但在这些酒尚且年轻时总是可以买到。尚碧父子酒庄勃艮第白葡萄酒是一款清澈、脆爽的霞多丽，口感顺滑且内敛。如果你觉得新世界霞多丽的口味有点太过头，你应该试试这款酒。

5 rue Grenier à Sel, 21200 Beaune
www.champy.com

香颂酒庄（Domaine et Maison Chanson）

伯恩，伯恩丘产区

香颂酒庄佩尔南-韦热莱斯一级园加拉多白葡萄酒（白葡萄酒）
Pernand-Vergelesses Premier Cru Les Caradeaux Blanc (white)

香颂酒庄在当代令人印象深刻的声誉在很大程度上要归功于一位名叫吉尔·德·库塞尔的人，他于2002年接任这里的总裁。该酒庄的复兴要追溯到1999年被香槟品牌堡林爵收购的那段时间，但正是德·库塞尔发起的激进变革才真正为这家于1750年成立的酒庄带来了最重大的进步。德·库塞尔让酒庄不再购买葡萄酒，而是更愿意从签下长期合同的种植者那里收购葡萄，作为回报，比起数量更多的收获是质量。他监督了位于博讷的中世纪中央区的原始酒厂的翻修，以及位于博讷坚固的中世纪城墙中的奥哈瓦堡垒令人印象深刻的酒窖，并在萨维尼附近建造了一家新酒厂。他还招募了香颂酒庄复兴的另一位重要人物，沃恩产区的贡菲弘-哥迪多家族的酿酒师让-皮埃尔·贡菲弘。香颂酒庄佩尔南-韦热莱斯一级园加拉多白葡萄酒细腻、活泼、饱满而紧致，是勃艮第霞多丽葡萄酒的典范。

Au Bastion de l' Oratoire, rue Paul Chanson, 21200 Beaune
www.vins-chanson.com

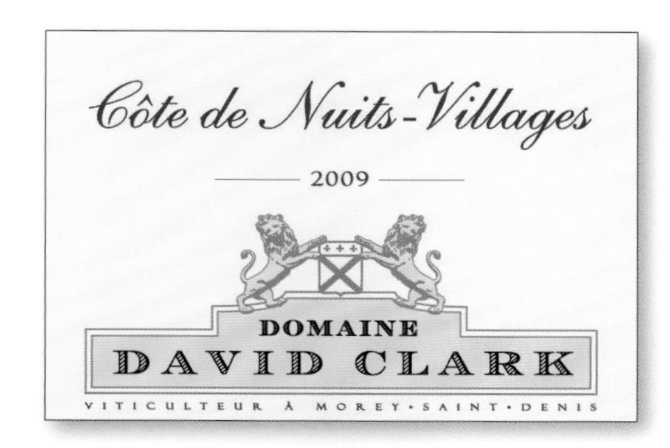

大卫克拉克酒庄（Domaine David Clark）
莫雷-圣丹尼，夜丘产区

大卫克拉克酒庄夜丘村葡萄酒（红葡萄酒）
Côte de Nuits-Villages (red)

大卫·克拉克（苏格兰人）离开了一级方程式赛车的明亮灯光和兴奋——他曾是一名赛道工程师——现在在勃艮第酿造葡萄酒。当他在伯恩产区的莱茨酒庄学习时，他在莫雷-圣丹尼地区发现了一小地块的葡萄藤，认为这里会给他一些实践经验。在该项目启动后，克拉克现在已经开始适度扩张。他的大卫克拉克酒庄夜丘村葡萄酒是一款精心手工酿制的葡萄酒，具有集中而丰富的魅力，带有多汁的黑色水果风味和微妙的胡椒香气，余味悠长。

17 grande rue, 21220 Morey-St-Denis
www.domainedavidclark.com

劳伦柯娜德酒庄（Domaine Laurent Cognard）
夏隆内丘产区

劳伦柯娜德酒庄蒙塔尼一级园巴塞特葡萄酒（白葡萄酒）
Bourgogne Rouge (red); Bourgogne Hautes-Côtes de Beaune Rouge (red)

这是一个在勃艮第大区乃至欧洲大部分地区都很常见的故事，劳伦·柯娜德将其家族葡萄酒业务的重点从种植葡萄以出售给酒商，转变为自己装瓶和销售葡萄酒。然而，这并不是他唯一勇敢的决定。柯娜德还改变了家族葡萄园的管理方式，引入有机和生物动力法，并采用更为自然的酿酒方式。付出已经在诸如劳伦柯娜德酒庄蒙塔尼一级园巴塞特葡萄酒等葡萄酒中得到了回报。这款霞多丽口感浓郁、圆润、充满奶油味，带有苹果、梨和黄油的味道，同时还具有该酒庄品牌标志性的蜂蜜味道。

9 rue des Fossés, 71390 Buxy
06 15 52 74 44

美食美酒：勃艮第红葡萄酒

勃艮第红葡萄酒黑皮诺葡萄品种在勃艮第大区的红葡萄酒中呈现出多种形式，从女性化的香波-慕西尼村到充满异国情调的李奇堡。

这里的葡萄酒口感更轻盈、细腻，具有相当高但无侵略性的天然酸度，这赋予了它们广泛的搭配能力，尤其是与更柔和、更朴实的菜肴搭配。当它们来自最好的年份、最好的葡萄园时，它们的口感可能很强烈，但这是一种谨慎、隐秘的力量。

将食物与勃艮第红葡萄酒搭配时，最好了解葡萄酒的结构。浆果、蘑菇和泥土的味道很容易比较或对比，但许多年轻的勃艮第酒提供的相当的酸度、有嚼劲的口感，可以很容易通过搭配脂肪软化。例如，法式油封鸭搭配土豆是理想的选择。任何更重口的搭配都会使这道菜变得太过浓郁。

搭配精致的牛肉菜肴效果很好，尤其是搭配鸭油炸薯条时，但鹌鹑和法式红酒炖公鸡无疑才是赢家。用大蒜和欧芹黄油烹制的蜗牛很适合搭配更年轻、更简单的葡萄酒。该地区较浓郁的葡萄酒熟成后非常适合搭配野味菜肴，一般来说，可搭配的奶酪选择范围很广，野味浓郁、味道独特的埃波斯奶酪是当地人的最爱。

鸭肉的浓郁风味和脂肪软化了黑皮诺的酸度。

杰克贡菲弘-哥迪多酒庄（Domaine Jack Confuron-Cotétidot）

沃恩-罗曼尼，夜丘产区

杰克贡菲弘-哥迪多酒庄勃艮第红葡萄酒（红葡萄酒）
Bourgogne Rouge (red)

杰克的儿子伊夫·贡菲弘是一个非常幽默和有魅力的人。早在路易十四时代，他的家族就开始在沃恩生产葡萄酒，如今，他和他的兄弟让-皮埃尔一起酿造高品质、适合陈年的葡萄酒。精致的杰克贡菲弘-哥迪多酒庄勃艮第红葡萄酒与大多数由带有茎的葡萄制成的葡萄酒一样，主要具有鲜花的香气和风味。柔顺的覆盆子和黑莓芽果显示出极高的精确度和清晰度，反映了伊夫和让-皮埃尔的精湛工艺。这款酒可以用以善待自己。

10 rue de la Fontaine, 21700 Vosne Romanée
03 80 61 03 39

科迪亚父子酒庄（Domaine Cordier Père et Fils）

马贡产区

科迪亚父子酒庄圣韦朗葡萄酒（白葡萄酒）
St-Véran (white)

虽然科迪亚父子酒庄位于马贡产区的圣韦朗，但这里出产的葡萄酒与许多顶级瓶装普利尼-蒙哈榭产区葡萄酒或夏山-蒙哈榭产区葡萄酒不相上下。克里斯多夫·科迪亚使用生物动力法种植葡萄，产量非常低，并且葡萄酒在橡木桶中进行长时间、缓慢的发酵，其中许多橡木桶是他从传奇的金丘产区生产商拉梦内酒庄那里购买的。科迪亚父子酒庄圣韦朗葡萄酒比大多数圣韦朗产区葡萄酒更饱满、更集中、更具烘烤香气。这是一款具有高品质的葡萄酒。

Les Molards, 71960 Fuissé
03 85 35 62 89

丹尼丹普酒庄（Domaine Daniel Dampt）

夏布利产区

丹尼丹普酒庄夏布利一级园利斯葡萄酒（白葡萄酒）
Chablis Premier Cru Lys (white)

丹尼丹普酒庄是一个家族企业，丹尼和他的不同个性的两个儿子一起，创造了一系列透明度和纯度极高的夏布利一级园葡萄酒。丹尼的家族在米利有一家设备齐全的酿酒厂，其中一个儿子文森特在新西兰酿酒。丹尼丹普酒庄夏布利一级园利斯葡萄酒属于该酒厂夏布利产区系列具有清新的、含有矿物风味的，是一款高度精心酿造、优雅的葡萄酒。这款酒提供高度集中的柑橘和葡萄柚风味，并在余味中始终持久。

1 rue des Violettes, 89800 Milly-Chablis
www.chablis-dampt.com

伯纳德杜飞酒庄（Domaine Bernard Defaix）

夏布利产区

伯纳德杜飞酒庄夏布利葡萄酒（白葡萄酒）
Chablis (white)

你可以期待通过伯纳德杜飞酒庄夏布利葡萄酒来充分展现柑橘类水果的风味。其结果是一款同时具有多汁和紧致的葡萄酒，但也具有大量夏布利产区特有的燧石和矿物质风味，并且始终物超所值。这款酒是西尔万和迪迪埃·杜飞生产的几款优质瓶装酒之一，他们从25万平方米的葡萄园中采摘果实——包括在乐树丘的一个相当大的酒庄——并辅以种植者的果实。西尔万喜欢保留夏布利产区的典型特征，并且很少使用旧橡木桶。

17 rue du Château,Milly, 89800 Chablis
www.bernard-defaix.com

双石酒庄（Domaine des Deux Roches）

马贡产区

双石酒庄马贡村葡萄酒（白葡萄酒）
Mâcon-Villages (white)

与金丘产区的默尔索葡萄酒一样，双石酒庄马贡村葡萄酒提供了一些坚果风味成分，使柑橘和苹果的味道更加丰满。这是一款非常优雅、口感偏干、酒体适中的霞多丽葡萄酒，由克里斯蒂安·科洛夫雷和让-吕克·泰瑞酿造，他们在达法耶拥有这家酒厂。该酒庄的名字来源于维尔基松和索卢特的“两块岩石”，不过这两个人的葡萄酒现在几乎与这里的地标一样出名。

Route de Fuissé, 71960 Davayé
03 85 35 86 51

让-伊夫德维维酒庄（Jean-Yves Devevey）

德米尼，伯恩丘产区

让-伊夫德维维酒庄勃艮第上伯恩丘白葡萄酒（白葡萄酒）
Bourgogne Hautes-Côtes de Beaune Blanc (white)

让-伊夫·德维维于1992年回到家族酒庄，并开始以优质基础勃艮第白葡萄酒为自己博得名声。从那时起，他在鲜为人知的德米尼村巩固了这家生产商的声誉，由于他对工作的认真态度，他的生意现在蒸蒸日上。德维维的让-伊夫德维维酒庄勃艮第上伯恩丘白葡萄酒总是充满活力，在浓郁的烘烤味和刺激的新鲜感之间呈现出微妙的张力。与他所有的葡萄酒一样，这款精致的霞多丽葡萄酒的品质远高于其官方排名。

Rue de Breuil, 71150 Demigny
www.devevey.com

约瑟夫杜鲁安酒庄（Joseph Drouhin）

夏布利和伯恩，伯恩丘产区

约瑟夫杜鲁安酒庄拉芙瑞黑皮诺葡萄酒，勃艮第大区（红葡萄酒）；约瑟夫杜鲁安酒庄绍黑-伯恩村红葡萄酒（红葡萄酒）；瓦当酒庄，瓦当珍藏葡萄酒（白葡萄酒）
Laforêt Pinot Noir Bourgogne (red); Chorey-lès-Beaune Rouge (red); Domaine de Vaudon, Réserve de Vaudon (white)

约瑟夫杜鲁安酒庄是勃艮第大区大型酒商中令人印象深刻的酒庄之一。这家企业已经展现出，在勃艮第大区大批量生产质量稳定的葡萄酒是可能的，无论是酒商的葡萄酒还是来自杜鲁安家族优质葡萄园的葡萄酒。目前，约瑟夫杜鲁安酒庄的财产由菲利普·杜鲁安全权负责，他负责管理葡萄园并密切关注承包耕地。酿酒师杰罗姆·福尔-布拉克也加入了约瑟夫杜鲁安酒庄的行列，自2006年他第一次单独负责酿酒以来，他工作细心的态度已成名。福尔-布拉克是酒庄风格的守护者，这一切都与水果风味的纯度有关，并在约瑟夫杜鲁安酒庄拉芙瑞黑皮诺葡萄酒（勃艮第大区）等红葡萄酒中具有很好的单宁质感。这是一款轻盈细腻的红葡萄酒，成熟的年份中带有甜美的花果香气和非常纯正的黑皮诺特征。在价格和风味两方面同样极具吸引力的是约瑟夫杜鲁安酒庄绍黑-伯恩村红葡萄酒，口感带有柔和的刺痛感，带有成熟的红色浆果果实风味。杜鲁安家族还在夏布利产区拥有一个优质的酒庄——瓦当酒庄，它的名字来源于靠近葡萄藤的水磨坊。瓦当珍藏葡萄酒是一款简单可口的葡萄酒，带有柔和的粉红葡萄柚香气和极好的纯净柑橘风味。

7 rue d' Enfer, 21200 Beaune
www.drouhin.com

法维莱酒庄（Domaine Faiveley）

夜-圣乔治，夜丘产区

法维莱酒庄勃艮第红上夜丘胡格特夫人葡萄酒（红葡萄酒）
Bourgogne Rouge Hautes-Côtes de Nuits Dames Huguettes (red)

近年来，在夜-圣乔治产区的重要酒庄法维莱酒庄展现了复兴的势头。埃尔万·法维莱在20多岁时接手了公司，他是复兴的推动力，不过总经理伯纳德·赫维特和他们才华横溢的酿酒师杰罗姆·弗洛斯的智慧在很大程度上帮助了他。这三人改变了由皮埃尔·法维莱于1825年创立的企业，该企业拥有约120万平方米的优质葡萄园，可满足公司80%的葡萄需求。在诱人的入门级法维莱酒庄勃艮第红上夜丘胡格特夫人葡萄酒等葡萄酒中，红葡萄酒表现出明显的改善，昔日的生硬的单宁和烟熏风味被多汁的口感和柔顺的单宁取代。这款酒散发着柔和的红色和黑色水果风味，具有圆润多汁的丰满酒体和清爽的余味，具有“额外价值”的品质。

21700 Nuits-St-Georges
www.domaine-faiveley.com

费雷特酒庄（Domaine J A Ferret）

马贡产区

费雷特酒庄普伊-富赛葡萄酒（白葡萄酒）
Pouilly-Fuissé (white)

费雷特酒庄的历史可以追溯到1760年，后来被卖给了一贯优秀的当地商人路易·雅朵。很容易就能看出为什么雅朵会感兴趣。这个广受推崇的15万平方米酒庄位于富塞的中心，是村里第一批装瓶自有品牌葡萄酒的酒庄之一（于1942年），为其他人开辟了一条道路。酒庄生产多种单一葡萄园的葡萄酒，例如塞莱斯、维尔内、克罗斯，以及蒙讷切尔斯、普伊转角和佩丽雷的老葡萄园，包括同样优质的费雷特酒庄普伊-富赛葡萄酒。这款优雅的霞多丽采用来自富赛圆形凹地的果实制成，并有50%的酒液在法国橡木桶中陈酿，浓郁而干爽，带有一丝热带水果的味道。

71960 Fuissé（*71960* 飞仙）
03 85 35 61 56

威廉费尔酒庄（Domaine William Fèvre）

夏布利产区

威廉费尔酒庄夏布利葡萄酒（白葡萄酒）

Chablis (white)

作为汉诺香槟拥有的勃艮第高质财产的另一部分，威廉费尔酒庄是夏布利产区的主要土地所有者，包括约12万平方米的一级葡萄园。事实上，它是夏布利最大的一级和特级葡萄酒生产商，但质量从不落后于数量。这些葡萄园，其中许多是由创始人于1950年种植的，质量都很好，由酿酒技艺精湛的迪迪埃·塞古耶酿造。该酒庄原汁原味的夏布利葡萄酒是一款坚硬的、经典干型的葡萄酒，物超所值。风格优雅，适宜与贝类食物搭配。

21 avenue d' Oberwesel, 89800 Chablis
www.williamfevre.fr

菲舍酒庄（Domaine Jean-Philippe Fichet）

默尔索，伯恩丘产区

菲舍酒庄勃艮第阿里高特葡萄酒（白葡萄酒）

Bourgogne Aligoté (white)

让-菲利普·菲舍是一位非典型的默尔索生产商。他更喜欢酿造具有精确酸度和明显矿物质痕迹的葡萄酒，而不是倾向于与所在村庄相关的更丰富、更饱满、更肥厚的风格。他的产品组合——包括许多不同的默尔索特酿和一款普利尼-蒙哈榭一级园葡萄酒，让人想起夏布利产区而不是伯恩丘产区。他出色的菲舍酒庄勃艮第阿里高特葡萄酒就是这种情况。这款酒是一位尚未大肆宣传的酿酒师对葡萄品种的出色表达，它具有夏布利般的精确度、纯度、可口的水果味和可爱的强度。这是一款官方出品的实惠的葡萄酒，始终表现出色。

2 rue de la Gare, 21190 Meursault
09 63 20 79 04

柯莱酒庄（Domaine Germain, Château de Chorey）

绍黑伯恩，伯恩丘产区

柯莱酒庄绍黑伯恩红葡萄酒；柯莱酒庄佩尔南-韦热莱斯白葡萄酒

Chorey-lès-Beaune (red); Pernand-Vergelesses Blanc (white)

柯莱酒庄有着悠久的历史，酒庄在伯恩产区一片片上好的葡萄园传承了好几代。然而，直到最近几年，在贝努瓦·热尔曼的领导下，酒庄才真正达到顶峰。柯莱酒庄绍黑伯恩葡萄酒虽然不是该产区中最便宜的葡萄酒，但始终是质量很好的葡萄酒，拥有多汁的质感，带有淡淡的香料水果味。柯莱酒庄佩尔南-韦热莱斯白葡萄酒是一款引人入胜的霞多丽白葡萄酒，融合了清爽的口感和浓郁的坚实水果味。

Rue Jacques Germain, 21200 Chorey-lès-Beaune
www.chateau-de-chorey-les-beaune.fr

乔丹酒庄（Vincent Girardin）

默尔索，伯恩丘产区

乔丹酒庄桑特奈白葡萄酒

Santenay Blanc (white)

虽然文森·乔丹现在位于默尔索，但他的酿酒冒险是在上桑特奈开始的，当时他继承了一小块葡萄园。现在他拥有一个酒商生意以及他自己的酒庄，但他所做的一切都是遵循生物动力法的。散发出迷人香味的乔丹酒庄桑特纳白葡萄酒具有乔丹酒庄品牌下所有酒都拥有的强烈水果风味，以及柔和、紧致的质地。这款酒全面且丰富，但并不会平淡无奇。

Les Champs Lins, 21190 Meursault
www.vincentgirardin.com

卡米拉吉鲁酒庄（Maison Camille Giroud）

伯恩，伯恩丘产区

卡米拉吉鲁酒庄桑特奈红葡萄酒；卡米拉吉鲁酒庄马朗日一级园僧侣十字架红葡萄酒

Santenay Rouge (red); Maranges Premier Cru Croix aux Moines Rouge (red)

卡米拉吉鲁酒庄是现代勃艮第风格的另一个例子——新的投

资和开明的管理将每况愈下的酒商从危险边缘挽救了回来。这家酒庄复兴始于 2001 年——该品牌被一个美国财团收购。他们招募了一位才华横溢的年轻酿酒师大卫·克鲁瓦，在他从酿酒学校离开仅 11 天后即开始领导酿酒。克鲁瓦采用了一种新的酿酒风格，几乎没用新橡木桶在这里酿酒葡萄酒，比如优质的卡米拉吉鲁酒庄桑特奈红葡萄酒。一款有活力的、清爽的葡萄酒，带有非常纯正的黑皮诺果实风味和余味中对舌头干爽的鞭笞，非常适合搭配禽肉。对比之下，卡米拉吉鲁酒庄马朗日一级园僧侣十字架红葡萄酒香气扑鼻，但绝对不会过度。强烈，非常新鲜，非常干爽，非常适合搭配勃艮第红酒炖牛肉。

3 rue Pierre Joigneaux, 21200 Beaune
www.camillegiroud.com

帕斯卡格兰杰酒庄（Pascal Granger）

朱丽娜，博若莱产区

帕斯卡格兰杰酒庄朱丽娜葡萄酒（红葡萄酒）
Juliénas (red)

优秀的帕斯卡格兰杰酒庄在他的家族中已有 200 多年的历史。酒庄原本是一座废弃的教堂（自 14 世纪以来），格兰杰在那里使用大小不一的橡木桶和不锈钢桶。结构轻盈，纯正的朱丽娜葡萄酒让人想起精致的红醋栗色泽，展现出极致的优雅，带有温和的红醋栗和柔和的樱桃果味和香气。完全在不锈钢容器中陈酿，这款酒在最好的年份在香味和味觉上可以捕捉到紫罗兰的风味。

Les Poupets, 69840 Juliénas
www.cavespascalgranger.fr

让格里沃酒庄（Domaine Jean Grivot）

沃恩-罗曼尼，夜丘产区

让格里沃酒庄勃艮第红葡萄酒（红葡萄酒）
Bourgogne Rouge (red)

在勃艮第，很少有酿酒师比让格里沃酒庄的艾蒂安·格里沃更受尊重，毫无疑问，他是该地区很优秀的酿酒师之一。他本人以其细心的酿酒方法和迷人的温和个性而闻名，他酿造的葡萄酒因其能够表达风土和精致纯正的水果风味而闻名，总是带有诱人的新鲜感。他备受追捧的勃艮第红葡萄酒也不例外。它优雅、丝滑，非常令人向往，带有新鲜紫罗兰和黑樱桃的味道，让你有一种被爱抚过的感受，让你在每一杯酒上流连忘返。用一个词来形容：上等。

6 rue de la Croix Rameau, 21700 Vosne-Romanée
www.domainegrivot.fr

安格奥斯酒庄（Domaine Anne Gros）

沃恩-罗曼尼，夜丘产区

安格奥斯酒庄上夜丘玛琳娜特酿葡萄酒（白葡萄酒）
Haut-Côtes de Nuits, Cuvée Marine (white)

20 世纪 80 年代当她还是一名年轻女性时，令人钦佩的安·格奥斯就知道她想要一份涉及动手工作的职业。但在 10 年后她父亲去世后才说服她相信葡萄酒将是她的使命。今天，她被世界各地的葡萄酒爱好者公认为是沃恩很好的生产商之一。这款由生长在沃恩-罗曼尼山上的孔库埃的葡萄酿制而成的充满异国情调的白葡萄酒，散发着柠檬、柑橘和异国热带水果的香气，酒体轻盈，拥有青梅、白花和柠檬风味，既清爽又令人愉悦。

11 rue des Communes, 21700 Vosne-Romanée
www.anne-gros.com

葡萄如何变成葡萄酒

葡萄变成葡萄酒的基本过程非常简单，几乎不需要酿酒师。将成熟的葡萄堆放在任何类型的大桶中，野生酵母将在几天内发挥作用，几周后将它们变成葡萄酒。葡萄和酵母是必不可少的成分，而大自然可以提供酵母，酵母永远存在于空气中。酿酒师的工作是引导葡萄完成整个过程，确保不会出现任何问题。这就是为什么酿酒师说他们的工作本质上是寻找优质葡萄而不是把它们弄得一团糟。

1 一旦葡萄成熟，它们就会被采摘。农场工人——或者在一些酿酒厂，由机器完成——会对果实进行分类，丢弃腐烂的葡萄、叶子，甚至蜘蛛。

4 压榨，将果汁或新酒从葡萄皮和种子中分离出来。对于大多数白葡萄酒，酿酒师会在发酵前压榨；对于红葡萄酒，压榨发生在发酵之后。

2 葡萄被放置在一个漏斗中，从那里被轻轻压碎，只需将葡萄皮打碎，释放出一些准备发酵的汁液。

3 发酵是所有葡萄酒的关键步骤。由酿酒师添加酵母或让天然酵母发挥作用；数十亿个微小细胞将葡萄糖转化为酒精。

5 许多白葡萄酒的陈酿主要在罐中进行，而对于传统红葡萄酒则在木桶中进行。短短几个月或最多三年后，新酒就准备好了。

6 酿酒师的工作截止到装瓶工序。葡萄酒通常经过过滤以去除沉淀物和残留的微生物，然后灌入瓶中。

米歇尔格奥斯酒庄（Domaine Michel Gros）
沃恩-罗曼尼，夜丘产区

米歇尔格奥斯酒庄上夜丘葡萄酒（红葡萄酒）
Hautes Côtes de Nuits (red)

来自夜丘后面的山丘的米歇尔格奥斯酒庄上夜丘葡萄酒始终是可靠的"演出家"。深色、醇厚、圆润，绝妙的黑色水果风味和微妙的泥土风味酒体带来令人愉悦的感受，无论是在口中还是在钱包中。米歇尔格奥斯酒庄最出名的也许是它的独占葡萄园——瑞斯园，它位于沃恩-罗曼尼村的南部边缘，当格奥斯家族的财产在几年前分割时，该葡萄园由米歇尔（伯纳德的兄弟）接收。总体而言，米歇尔格奥斯酒庄的葡萄酒风格是非常纯正、清澈、流畅的，仿佛果实在其中歌唱。

7 rue des Communes, 21700 Vosne-Romanée
www.domaine-michel-gros.com

古芬海宁酒庄（Domaine Guffens Heynen）
马贡产区

古芬海宁酒庄马贡-皮埃尔克洛斯查维涅葡萄酒（白葡萄酒）
Mâcon-Pierreclos Le Chavigne (white)

具有超凡魅力的让-玛丽·古芬为提升马贡产区的知名度做出了巨大的努力，不仅扩展了该地区的能力范围，还酿造了一些该产区很好的葡萄酒。他在普伊-富赛的一个3.6万平方米的家族酒庄工作，并且他通过自己的维尔戈酒庄品牌担任酒商。无论是哪款葡萄酒，清晰的风味和明显的矿物味是酒庄风格的标志，而这两者都在古芬海宁酒庄马贡-皮埃尔查维涅葡萄酒中得到了展示。这款一流的马贡产区霞多丽葡萄酒风格前卫，带有几乎令人振奋的酸味和复杂的矿物味。这款酒清淡而富有表现力，需要搭配白肉或鱼类菜肴来激发其个性的深度。

71960 Vergisson
www.verget-sa.com

休德罗诺拉酒庄（Domaine Hudelot-Noellat）
伏旧，夜丘产区

休德罗诺拉酒庄沃恩-罗曼尼葡萄酒（红葡萄酒）
Vosne-Romanée (red)

休德罗诺拉酒庄一直都是一个热情好客的地方。这里的葡萄酒也分享了欢乐——优秀的控制力和细心造就了它们，搭配精心使用的新橡木桶，酿制出一系列清楚表达其起源的瓶装酒，而不是华而不实的昙花一现。休德罗诺拉酒庄除了它的三款特级园系列，还造就了一款非常正宗的沃恩-罗曼尼村酒，将美味的紫罗兰、李子和红醋栗香气融入黑色和红色水果的核心，和谐、高性价比且非常令人愉悦。

21640 Chambolle-Musigny
03 80 62 85 17

路易亚都酒庄（Maison Louis Jadot）
伯恩，伯恩丘产区

路易亚都酒庄勃艮第黑皮诺葡萄酒（红葡萄酒）
Bourgogne Pinot Noir (red)

路易亚都酒庄是勃艮第大区知名的品牌之一，因其种类繁多的酒庄葡萄酒和酒商葡萄酒而闻名于世。因此，该公司在其经营的所有不同产品的品质上都是如此可靠的生产商，这是一件非常好的事情。酒庄的建筑始建于1859年，并且还拥有位于伯恩的尤金斯普勒街上的一座优雅的联排别墅，在别墅里面办公室的下方有一个迷宫般的地窖。事实上，酿酒是在伯恩郊区相当乏味的环境中的一家现代酿酒厂进行的。在这里，路易亚都酒庄技艺精湛且具有个人主义色彩的酿酒师雅克·拉尔迪埃尔是生物动力法的拥护者，他负责监督一项复杂的葡萄酒操作。该操作使用一组顶部开口的木桶，并配备一套自动化系统，用于在发酵过程中对升到木桶顶部的果实进行压帽。拉尔迪埃尔还使用一种称为"pichou"的传统工具来执行相同的任务——当木桶像这里的一样大时，这会是一项艰巨的工作——他喜欢除去葡萄梗并在高温下发酵。现今，这家公司于1985年被亚都家族出售给科布兰德集团，拥有并经营着总共五个葡萄园（路易亚都、路易亚都继承者、加吉、玛吉特和科玛雷尼），共计约154万平方米，以及酒商业务。产品组合从金丘产区延伸到马贡产区，包括一些特级园，但对于日常葡萄酒而言，很难有可以和路易亚都酒庄勃艮第黑皮诺葡萄酒相提并论的。一款内敛的传统风格的黑皮诺葡萄酒（这可不是水果炸弹），具有精致干爽的余味，最好搭配一份经典的勃艮第红酒炖牛肉食用。

2 rue du Mont Batois, 21200 Beaune
www.louisjadot.com

佳维列酒庄（Domaine Patrick Javillier）
默尔索，伯恩丘产区

佳维列酒庄勃艮第奥林格斯特酿白葡萄酒
Bourgogne Blanc Cuvée Oligocène (white)

佳维列酒庄的勃艮第奥林格斯特酿白葡萄酒是一款华丽的、充满花香且精致的霞多丽葡萄酒，具有出色的强度、趣味性和丰富性。一款保持着令人印象深刻的一致性的葡萄酒，品质总是超出它的价值。这款酒是由热情洋溢的帕特里克·佳维列酿造的，他充满活力，酒窖里满是粉笔图表，直接写在墙上，展示了他打算如何陈酿他的葡萄酒。

19 place de l' Europe, 21190 Meursault
www.patrickjavillier.com

阿兰让尼娅酒庄（Domaine Alain Jeanniard）
莫雷–圣丹尼，夜丘产区

阿兰让尼娅酒庄夜丘村老藤红葡萄酒
Côte de Nuits-Villages, Vieilles Vignes (red)

阿兰让尼娅酒庄夜丘村老藤葡萄酒的浓烈的夏日红色水果风味赋予了这款酒复杂性和趣味性。中味圆润饱满，余味悠长，使其成为一款物超所值的葡萄酒，以合理的价格提供勃艮第红葡萄酒的优质。阿兰·让尼娅曾从事电工工作十余年，之后学习酿酒，并于2000年创立了这个相对年轻的酒庄。

4 rue aux Loups, 21220 Morey-St-Denis
www.domainealainjeanniard.fr

埃米尔朱叶奥酒庄（Domaine Emile Juillot）
夏隆内丘产区

埃米尔朱叶奥酒庄梅尔居雷白葡萄酒
Mercurey Blanc (white)

勃艮第南部生产的霞多丽葡萄酒品质参差不齐，但毫无疑问，埃米尔朱叶奥酒庄的梅尔居雷白葡萄酒有着令人惊叹的表现。酒体适中，干爽，带有苹果、菠萝、柠檬皮和白垩纪矿石的味道。现今，该酒庄由让–克劳德和娜塔莉·瑟洛经营，他们在20世纪80年代从娜塔莉的祖父埃米尔·朱叶奥手中买下了它。这对夫妇在香普马丁、科尔班、克瓦乔和索蒙特几处梅尔居雷一级葡萄园拥有地块，并拥有卡尤特的葡萄园。大多数葡萄园位于该地区优异的山坡地带。

4 rue de Mercurey, 71640 Mercurey
03 85 45 13 87

拉法热酒庄（Domaine Michel Lafarge）
沃尔奈，伯恩丘产区

拉法热酒庄勃艮第大区级红葡萄酒；拉法热酒庄勃艮第阿里高特白葡萄酒
Bourgogne Passetoutgrains L'Exception (red); Bourgogne Aligoté (white)

拉法热酒庄由米歇尔·拉法热和他的儿子弗雷德里克经营，毫无疑问这是勃艮第大区较好的生产商之一。两人在勃艮第的顶端酿造了一些非常优质的葡萄酒，其难以捉摸的特点和令人难以忘怀的品质吸引了很多人来到该地区，而他们的才华延伸到他们所从事的一切。拉法热酒庄勃艮第大区级葡萄酒是一款酒体轻盈、味道鲜美的佳美和黑皮诺的混酿酒，散发着芬芳并拥有薄纱般的质地。使用阿里高特老藤葡萄酿造的勃艮第阿里高特葡萄酒拥有显著的香气和高强度的柑橘风味。并且因为这个家族以红葡萄酒而闻名，所以这款精致的白葡萄酒价格非常合理。

15 rue de la Combe, 21190 Volnay
www.domainelafarge.fr

拉玛舒酒庄（Domaine François Lamarche）
沃恩–罗曼尼，夜丘产区

拉玛舒酒庄勃艮第红葡萄酒
Bourgogne Rouge (red)

拉玛舒酒庄勃艮第红葡萄酒由环绕沃恩–罗曼尼的9个葡萄园的葡萄混酿而成，是一款极具吸引力的葡萄酒，其香料、新鲜紫罗兰和黑樱桃核心风味具有很好的深度。这款酒有着光滑、奶油般的口感，令人耳目一新。虽然可能与酒庄名字暗示的另一面不同，但这是一个具有明显女性影响力的酒庄，由3位女性共同经营。玛丽–布兰奇·拉玛舒夫人是掌舵的女族长，而她的女儿妮蔻自2007年以来一直负责酿酒，而妮蔻的表妹娜塔莉则负责商务方面的业务。她们为酒店许多优质葡萄园注入了新的活力，改变了这个酒庄的命运，包括毗邻罗曼尼–圣维旺园的沃恩–罗曼尼一级园克鲁瓦–拉莫园和位于拉塔希园旁边的独占园、大街园，穿过一条小路的对面就是罗曼尼康帝园。

9 rue des Communes, 21700 Vosne-Romanée
www.domaine-lamarche.com

黑皮诺

几个世纪以来，勃艮第大区的夜丘产区孕育了许多传奇的葡萄酒，这些葡萄酒来自伏旧园、罗曼尼康帝园、拉塔希园、香贝丹园和慕西尼园等著名地块。在这里，就像在法国大部分地区一样，这些葡萄酒以其葡萄园区命名，而不是用来酿酒的葡萄品种，但在所有知名名称的背后是一种红葡萄品种——黑皮诺。

夜丘产区及位于其南部的邻近产区伯恩丘产区在很久以前就为黑皮诺葡萄酒制定了标准：酒体中等到浓郁、质地光滑的红葡萄酒，不像它们的名字所暗示的那样“黑色”。

朝阳

黑皮诺对生长条件非常敏感。在夜丘产区，葡萄园朝东，以捕捉温暖的晨间阳光，而它们身后 400 米的山峰在夏末的午后早早投下阴影，以保护葡萄藤免受傍晚酷暑的侵袭。

早发芽

葡萄藤的花蕾在早春的时候就会绽放，使它们容易受到春季霜冻的破坏。

少即是多

如果种植者不严格修剪葡萄藤以减少每株葡萄藤的葡萄串数量，黑皮诺葡萄酒可能会尝起来乏味、平淡甚至感觉很“水”。低产量通常会生产出更好的葡萄酒，但也会减少可售出的葡萄酒数量。

薄皮

众所周知，黑皮诺葡萄果实的皮很薄，这使得葡萄酒呈现出较浅的红色和相当细腻的味道，但也使它们在生长季节因潮湿天气而容易发霉和腐烂。

世界何处出产黑皮诺？

这个传奇品种已经从勃艮第的夜丘在世界各地传播广泛。现如今，黑皮诺生长在意大利、德国、美国（加利福尼亚州、俄勒冈州）、新西兰、智利、法国南部和其他地方。这个品种总是设法表达它所生长地方的特色风味。

这些地区所有的才华横溢的酿酒师都能酿造出优质的黑皮诺葡萄酒，但很难找到超值的瓶装酒。由于需要低产量种植，许多黑皮诺生产商每瓶收取的费用高于其他葡萄品种以弥补差价，因此寻找物超所值的版本是特别令人烦恼的。购买黑皮诺葡萄酒可能是一项挑战，但对于愿意自学黑皮诺葡萄酒相关知识或寻找一个可以指导他们的优秀葡萄酒商的葡萄酒饮用者来说，奖励在等待着他们。

以下地区是黑皮诺的最佳产区。试试这些推荐年份的黑皮诺葡萄酒，以获得最佳体验：

夜丘产区：2009 年、2008 年、2005 年
伯恩丘产区：2009 年、2008 年、2005 年
俄勒冈州：2008 年、2005 年
新西兰：2010 年、2007 年、2006 年

席尔森酒庄充满鲜明水果风味的葡萄酒展示了新西兰黑皮诺的魅力。

勒弗莱酒庄（Domaine Leflaive）

普里尼-蒙哈榭，伯恩丘产区

勒弗莱酒庄勃艮第白葡萄酒
Bourgogne Blanc (white)

想要感受顶级勃艮第葡萄酒令人兴奋的活力，请尝试勒弗莱酒庄的勃艮第白葡萄酒。这是一款来自真正的超级明星生产商的入门级霞多丽葡萄酒。充满活力、烟熏味、浓郁且极为独特。这款酒的一部分由普里尼种植的未经分类的葡萄果实制成的，而这款葡萄酒的价格只是标签上背负的酒庄名称的价值的一小部分。勒弗莱酒庄由著名的安妮-克劳德·勒弗莱经营，她毫无疑问是勃艮第地区的精英。她的酒庄是普里尼很著名的酒庄，也是世界上最早一批向生物动力法过渡的知名酒庄之一。在过渡的过程中，勒弗莱酒庄发挥了重要作用，它让全世界的酿酒师相信这种农业形式不一定是古怪的，但对于生产优质葡萄酒来说，这是值得认真对待的事情。勒弗莱的酿酒风格完全是关于自然的强度以及完整风味和精细度之间的良好平衡，她在一系列优质葡萄园中拥有地块，其中包括 10 万平方米的一级园，以及面积极大的 5 万平方米特级园，包括以巴塔、骑士和比维纳斯-巴塔-蒙哈榭等传奇性、历史性名称命名的地块。

Place des Marronniers, 21190 Puligny-Montrachet
www.leflaive.fr

奥利弗勒弗莱酒庄（Maison Olivier Leflaive）

普里尼-蒙哈榭，伯恩丘产区

奥利弗勒弗莱酒庄赛提勒斯勃艮第白葡萄酒；奥利弗勒弗莱酒庄欧克塞-迪雷斯马卡布里白葡萄酒
Bourgogne Blanc Les Setilles (white); Auxey-Duresses La Macabrée Blanc (white)

奥利弗勒弗莱酒庄于 1984 年由著名的勒弗莱酒庄的安妮-克劳德的堂兄奥利弗·勒弗莱创立，现已成为一个重要的酒商，并确立了自己持续高质适饮的白葡萄酒生产商的地位。弗兰克·格鲁克斯（已在公司工作了 20 多年，之前曾为他的教父盖·鲁洛酿造葡萄酒）领导着一个由两名酿酒师和一名酿酒专家组成的团队，他们用于酿造葡萄酒的葡萄来源广泛，其中包括 14 万平方米的酒庄土地。作为提高质量的一部分，该公司不再购买混酿葡萄酒，而是购买 60% 的葡萄和 40% 的果汁。奥利弗勒弗莱酒庄赛提勒斯勃艮第白葡萄酒是一款柔顺且具有奶油感的霞多丽葡萄酒，具有多汁但清爽的风格，在一点烤橡木味和花果香之间取得了很好的平衡，浓郁、饱满、充满冲击力。奥利弗勒弗莱酒庄欧克塞-迪雷斯马卡布里白葡萄酒是一款非常严肃的白葡萄酒，具有高强度和持久的特点。这款酒不是一朵精致的花，但很有个性，也有很好的持续性。

Place du Monument, 21190 Puligny-Montrachet
www.olivier-leflaive.com

本杰明勒胡酒庄（Benjamin Leroux）

伯恩，伯恩丘产区

本杰明勒胡酒庄欧克塞-迪雷斯白葡萄酒；本杰明勒胡萨维尼红葡萄酒
Auxey-Duresses Blanc (white); Savigny-lès-Beaune Rouge (red)

顶级酿酒师本杰明·勒胡（前身为阿曼伯爵酒庄的首席酿酒师）是这个冉冉升起的新兴酒商背后的人。酒庄总部位于伯恩环路附近的一个大型仓库，酒庄从各个产区采购葡萄，专注于特定的优质葡萄园，其中三分之一是有机的。酒庄的亮点包括一款非常精致的欧克塞-迪雷斯白葡萄酒，勒胡多年来一直采购那里的葡萄。这是一款可爱的、经典的伯恩丘产区葡萄酒——成熟的柑橘类水果与令人兴奋的新鲜感和一丝可口的橡木味的结合。酒庄的红葡萄酒是最近才受到关注的，其中包括一款来自"较淡"产区的黑皮诺，而不是勒胡在阿曼伯爵酒庄习惯使用的单宁风土。本杰明勒胡萨维尼红葡萄酒是一款出色的充满果味、多汁和全面的黑皮诺，在这款葡萄酒中，勒胡强调果味并保持着活力。

5 rue Colbert, 21200 Beaune
03 80 22 71 06

鲁瓦切酒庄（Domaine Sylvain Loichet）

绍黑-伯恩，伯恩丘产区

鲁瓦切酒庄拉都瓦白葡萄酒
Ladoix Blanc (white)

拉都瓦产区是一个鲜为人知的产区，距离科尔登-查理曼特级园不远。以鲁瓦切酒庄的白葡萄酒为例，这款酒酒体浓郁，带有可口的橡木味和令人愉悦的水果味的经典平衡。鲁瓦切是一位 20 多岁的酿酒师，与该地区的许多同时代的人不同，他已经到达了顶峰。他来自孔布朗希安的一个石匠家庭，他的酒庄建立在曾经属于鲁瓦切家族在夜丘村、拉都瓦和伏旧开垦的葡萄园上。他酿造的葡萄酒以充满活力、清澈和纯正为特征。

2 rue d' Aloxe Corton, 21200 Chorey-lès-Beaune
06 80 75 50 67

龙德帕基酒庄（Domaine Long-Depaquit）

夏布利产区

龙德帕基酒庄夏布利一级园利维科派葡萄酒（白葡萄酒）
Chablis Premier Cru Les Vaucopins (white)

龙德帕基酒庄的总部位于一座宏伟庄严的城堡内，周围环绕着一个小公园，历史悠久。事实上，酒庄的起源可以追溯到1791年，尽管它的现任所有者伯恩产区酒商亚伯·必修直到20世纪70年代才接手。酒庄的葡萄酒由让-迪迪埃·巴施酿造，其中包括夏布利一级园利维科派葡萄酒。这是一款美妙、坚硬但饱满的夏布利葡萄酒，这款酒可以很好地搭配白肉，同样可以搭配精致的鱼类菜肴。这款酒有一种温和的白花香味，与浓郁的柠檬皮香味相映。

89800 Chablis
03 86 42 11 13

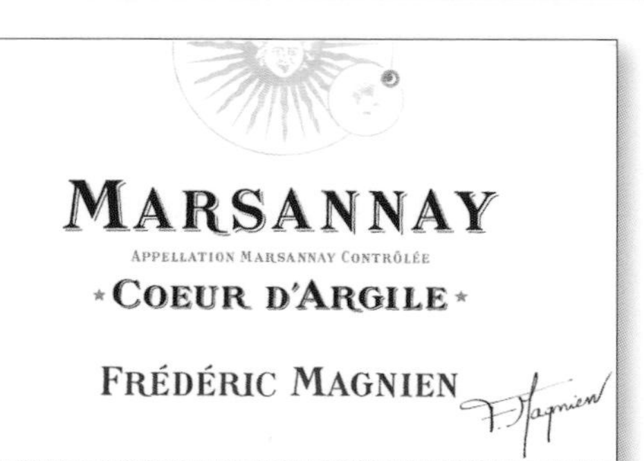

马尼安酒庄（Maison Frédéric Magnien）

莫雷-圣丹尼，夜丘产区

马尼安酒庄马尔沙内黏土之心葡萄酒（红葡萄酒）
Marsannay Coeur d' Argile (red)

虽然酒庄只成立了10多年，但马尼安酒庄已经是夜丘成功的小规模酒商之一。酒庄由米歇尔·马尼安的儿子弗雷德里克经营，他的父亲是路易拉图酒庄的葡萄园经理，也是其自己同名酒庄的所有者。马尔沙内黏土之心葡萄酒散发出温暖的香料香气和李子、生姜和桑葚的风味，在柔和而丰富的余味中一丝微妙的烟熏风味经久不衰。

26 route nationale, 21220 Morey-St-Denis
www.frederic-magnien.com

玛兰德酒庄（Domaine des Malandes）

夏布利产区

玛兰德酒庄夏布利一级园乐榭葡萄酒（白葡萄酒）
Chablis Premier Cru Côte de Lechet (white)

玛兰德酒庄由让-伯纳德和勒奈·马凯于20世纪80年代创立。勒奈现在与女儿马里昂和女婿约什一起负责，而盖诺来·布赫特多是酿酒师。玛兰德酒庄夏布利一级园乐榭葡萄酒有相当明显的橡木风味，但霞多丽比任何其他白葡萄品种都能更好地处理橡木味，所以这仍然是一款令人愉悦、物超所值的夏布利葡萄酒。其口感丰富，是搭配海鲜和清淡肉类的最佳选择。

63 rue Auxerroise, 89800 Chablis
www.domainedesmalandes.com

马雷莎酒庄（Domaine Jean Marechal）

夏隆内丘产区

马雷莎酒庄梅尔居雷云葡萄酒（白葡萄酒）
Mercurey Les Nuages (white)

马雷莎酒庄梅尔居雷云葡萄酒以其充满力量而闻名于世，是一款比该地区大多数黑皮诺味道更饱满的葡萄酒。老藤有助于增加复杂性，还有烤橡木的味道。占地10万平方米的马雷莎酒庄，始终以比更著名的北部邻居更优惠的价格提供优雅的葡萄酒。该酒庄自1570年以来一直由马雷莎家族所有。

20 grande rue, 71640 Mercurey
www.jeanmarechal.fr

阿兰米肖酒庄（Domaine Alain Michaud）
布鲁依丘，博若莱产区

阿兰米肖酒庄布鲁依葡萄酒（红葡萄酒）
Brouilly (red)

1910 年让-玛丽·米肖创立了阿兰米肖酒庄，从那时起，这个酒庄就一直在米肖家族的手中。阿兰·米肖于 1973 年上任，他在布鲁依地区经营一个 9 万平方米的葡萄园，以及拥有墨贡产区和更广泛的博若莱产区的一些较小地块。这款酒很容易让人深陷其中，该酒庄令人垂涎的布鲁依葡萄酒尝起来就像成熟的樱桃，给人一种沐浴在夏日午后的感觉。这款酒结构轻巧，易于饮用，但也足够坚固和饱满，令人难忘。

Beauvoir, 69220 St-Lager
www.alain-michaud.fr

丹尼斯莫泰酒庄（Domaine Denis Mortet）
热夫雷-香贝丹，夜丘产区

丹尼斯莫泰酒庄马尔沙内朗吉奥葡萄酒（红葡萄酒）
Marsannay Les Longeroies (red)

丹尼斯·莫泰于 2006 年英年早逝之前，凭借对黑皮诺葡萄酒的现代演绎使他的同名酒庄取得了巨大成功。莫泰酿造的优雅风格的葡萄酒具有相当大的新橡木桶带来的影响，吸引了现代饮酒者，也为他的顶级葡萄酒赢得了极高的声誉。莫泰的儿子阿诺在其去世后，年仅 25 岁就接管了酒庄，酒庄风格在他的指导下略有变化阿诺更喜欢在葡萄酒中看到更多的优雅和克制，因此较少使用新橡木桶并寻求更精细的单宁。即便如此，酒庄的风格依旧前卫而丰富，一流的马尔沙内朗吉奥葡萄酒拥有满口的桑葚、黑樱桃、甜覆盆子和紫罗兰风味，出产自马尔沙内地区较好的葡萄园之一，被阿诺赋予了新的生命。

22 rue de l' Eglise, 21220 Gevrey-Chambertin
www.domaine-denis-mortet.com

慕吉酒庄（Domaine Georges Mugneret-Gibourg）
沃恩-罗曼尼，夜丘产区

慕吉酒庄勃艮第红葡萄酒
Bourgogne Rouge (red)

天鹅绒般的质地，深沉且多汁的，华丽的黑莓、新鲜的紫罗兰和黑樱桃风味注入慕吉酒庄葡萄酒，完美平衡、纤细和优雅。它来自一个体现圣文森特精神的酒庄，在画家夏加尔风格的标签上描绘的是葡萄种植者的守护神。如今，该酒庄由杰奎琳·慕尼黑和她的女儿玛丽-克里斯汀、玛丽-安德烈管理，这里的葡萄酒始终强调优雅、活力和清晰度。

5 rue des communes, 21700 Vosne-Romanée
www.mugneret-gibourg.com

露丹费朗酒庄（Domaine Henri Naudin-Ferrand）
夜丘产区

露丹费朗酒庄勃艮第上夜丘红葡萄酒
Bourgogne Hautes-Côtes de Nuits Rouge (red)

虽然一些酿酒师在优异的风土上工作来获得他们的动力，但还有一些酿酒师在较小的产区中寻找魔力，并且也做得很好。克莱尔·露丹就是后者，她在上夜丘等产区酿造风味浓郁、个性十足的葡萄酒。作为一位才华横溢的酿酒师，她酿造的该产区红葡萄酒带有令人愉悦的红醋栗果香，加上轻盈的结构，果香柔和，非常吸引人。

Rue du Meix Grenot, 21700 Magny les Villers
www.naudin-ferrand.com

弗朗索瓦柏伦酒庄（Domaine François Parent）
玻玛，伯恩丘产区

弗朗索瓦柏伦酒庄勃艮第黑皮诺葡萄酒（红葡萄酒）
Bourgogne Pinot Noir (red)

许多入门级的勃艮第红葡萄酒的例子并不怎么令人愉快，而且缺乏丰富性。但弗朗索瓦柏伦酒庄的葡萄酒并非如此。这款酒是温暖、浓稠的化身，具有柔和的香料味，带有悠闲的水果味，拥有天鹅绒般的质地。这款酒是由弗朗索瓦·柏伦酿造的，他是这个酿酒家族的第十三代。尽管他从未忘记自己的传统，但他仍然是勃艮第更平易近人的葡萄种植者之一。1990 年，他继承了家族在玻玛产区的葡萄园的股份，并在自己的品牌“弗朗索瓦·柏伦”（François Parent）下，同时以他妻子安–弗朗索瓦·格奥斯在夜丘产区葡萄园出产的葡萄酿造葡萄酒。

5 grande rue, 21630 Pommard
www.parent-pommard.com

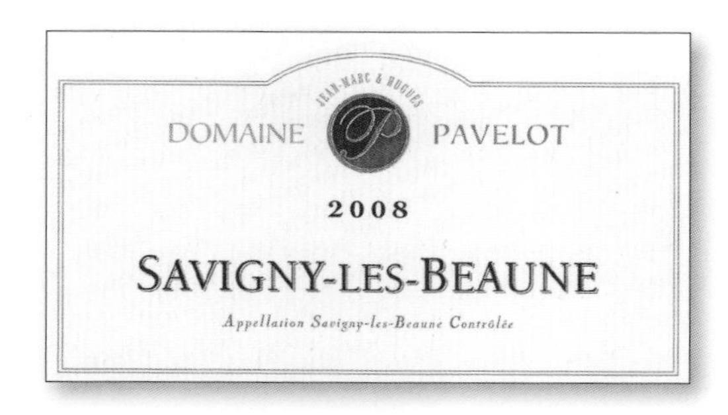

帕弗洛酒庄（Domaine Jean-Marc et Hugues Pavelot）

萨维尼，伯恩丘产区

帕弗洛酒庄萨维尼白葡萄酒；帕弗洛酒庄萨维尼红葡萄酒
Savigny-lès-Beaune Blanc (white); Savigny-lès-Beaune Rouge (red)

帕弗洛酒庄的管理层目前正在从父亲（让–马克）到儿子（修斯）的过渡中，但该酒庄出产的葡萄酒并没有受到丝毫影响。萨维尼白葡萄酒出自一个以白葡萄酒而闻名的产区，是一款迷人的、带有蕨类和坚果香气的霞多丽葡萄酒，充满个性，搭配烤布雷斯鸡等食物非常美味。与此同时，帕弗洛酒庄的萨维尼红葡萄酒也是一个非常明智的选择，该地区作为勃艮第红葡萄酒便宜货的日子已经结束！这是一款质感丰富、果味甜美的黑皮诺，可口易饮。

1 chemin des Guettottes, 21420 Savigny-lès-Beaune
www.domainepavelot.com

亨利佩鲁赛特酒庄（Domaine Henri Perrusset）

马贡产区

亨利佩鲁赛特酒庄马贡村葡萄酒（白葡萄酒）
Mâcon-Villages (white)

20 世纪 80 年代中期与著名的美国葡萄酒进口商克米特·林奇的一次偶然相遇是亨利·佩鲁赛特声名鹊起的“催化剂”。当 21 岁的亨利提到刚刚酿造了第一批葡萄酒时，两人碰巧在法国的公路小餐馆共用同一张长凳。克米特品尝后，尽可能多地买下了这款酒。其余的，正如他们所说，是历史。今天，他的葡萄酒和以往的一样好，包括这款亨利佩鲁赛特酒庄马贡村葡萄酒。这款清淡、友好的霞多丽葡萄酒带有柠檬蜜饯、白垩纪矿物和梨馅饼的味道，适合日常享用，尤其是它的价格便宜得令人难以置信。

71700 Farges lès Mâcon
03 85 40 51 88

佳美

大多数流行的法国葡萄品种已在其他国家被模仿。但是勃艮第南部博若莱乡村的新鲜、充满活力的红葡萄酒是用佳美酿制的，尚未被成功复制。只有在博若莱以及卢瓦尔河谷的一小部分地区使用，佳美对酿酒是如此重要。

博若莱产区的红葡萄酒在勃艮第红葡萄酒中声望排名第二位，仅次于黑皮诺，但由于其相对较低的成本和多样性，它们是许多场合的理想选择。朴素的博若莱产区红葡萄酒是一种轻度到中度的葡萄酒，曾经在巴黎咖啡馆占据主导地位。其著名的、新鲜的、覆盆子般的风味和明显的酸度使博若莱产区葡萄酒可与许多不同食物完美搭配。

“新”博若莱产区葡萄酒可能是一种营销现象，但在每年 11 月的第三个星期四首次发布新酒时，大口喝下新酒是庆祝全新年份的适当享受方式。新酒口感清淡，拥有果酱风味和香蕉香气，口感甜美。

世界上最高品质的佳美葡萄酒被称为 Beaujolais-Villages 或 cru Beaujolais（博若莱村级酒），产自墨贡、朱丽娜和风车磨坊等村庄。顶级的博若莱村级酒妙极了，有时价值千金的陈年酒庄瓶装葡萄酒，其复杂性和精致度可与竞争对手——优质的勃艮第葡萄酒相媲美。

早熟的佳美葡萄能很好地适应较冷的气候。

让马克皮洛酒庄（Domaine Jean-Marc Pillot）

夏山-蒙哈榭，伯恩丘产区

让马克皮洛酒庄夏山-蒙哈榭红葡萄酒；让马克皮洛酒庄桑特奈红葡萄酒
Chassagne-Montrachet Rouge (red); Santenay Rouge (red)

在伯恩地区著名的公立中学学习酿酒学后，让-马克·皮洛于1991年从父亲的手中接管了家族酒庄。此后，他将这家备受推崇的酒庄的质量水平提升到了另一个层次——夏山地区生产商中的顶层。让马克皮洛酒庄夏山-蒙哈榭红葡萄酒纯正、强烈、浓郁但又很柔顺，是伯恩产区黑皮诺葡萄酒的标杆。在新鲜、充满活力的桑特奈红葡萄酒中，娇嫩的同时又很强烈——非常具有勃艮第式的悖论——完美地结合在了这款制作精美的黑皮诺中。

21190 Meursault
03 80 21 33 35

朋夏歌酒庄（Villa Ponciago）

福乐里，博若莱产区

朋夏歌酒庄福乐里葡萄酒（红葡萄酒）
Fleurie (red)

朋夏歌酒庄是一家拥有数百年传统的生产商，在新主人汉诺家族的领导下，正在焕发新的生机。这款福乐里葡萄酒来自酒庄最有价值的葡萄园，这款酒很容易证明时至今日不将博若莱产区视为令人兴奋的、以风土为主导的葡萄酒的中心是多么过时。这款酒具有精心编织的结构，单宁质感存在但受到抑制，为浓郁的樱桃风味和柔和的白胡椒香料风味增添了色彩。

69820 Fleurie
04 37 55 34 75

波泰阿维隆酒庄（Potel-Aviron）

墨贡，博若莱产区

波泰阿维隆酒庄墨贡皮丘葡萄酒（红葡萄酒）
Morgon Côte du Py (red)

两位年轻的酿酒师，一位是来自勃艮第的尼古拉·波泰，另一位是斯蒂芬·阿维隆（他的家族起源于博若莱），他们是这个新项目的幕后推手。该项目于2000年启动，致力于打造成酒商模式。波泰阿维隆酒庄墨贡皮丘葡萄酒在尚且年轻时的单宁含量很高，所以不要期待它是清淡新鲜的经典博若莱风格葡萄酒，但在一两年内它会演变成一种具有优雅、给人一种结构良好的愉悦感的葡萄酒。在勃艮第橡木桶中陈酿，口感紧致，带有黑色荆棘果实风味。

2093 route des Deschamps, 71570 La-Chapelle-de-Guinchay
03 85 36 76 18

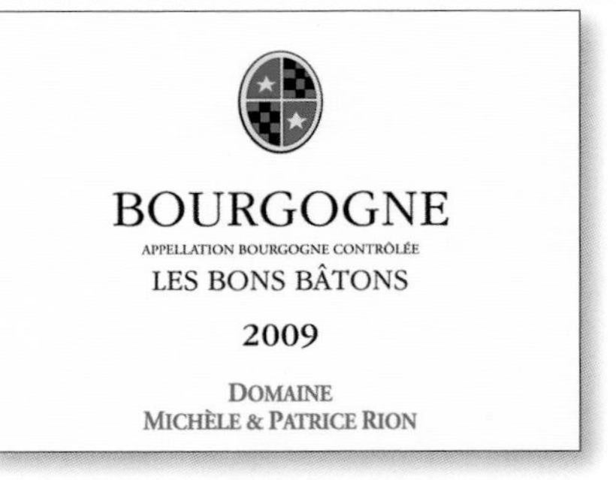

里翁酒庄（Domaine Michèle et Patrice Rion）

夜圣乔治，夜丘产区

里翁酒庄正义之棒勃艮第红葡萄酒
Bourgogne Rouge Les Bon Bâtons (red)

帕特里克和他的妻子米歇尔于2000年离开了里翁家族企业，在普雷莫-普里塞成立了一个新的酒庄和酒商企业。该酒庄高品质的勃艮第红葡萄酒来自香波-慕西尼附近的顶级葡萄园正义之棒园。一款始终如一的美味葡萄酒，在不同年份的表现都会很好，也在不遗余力地为这个特殊的葡萄园正名。这款酒散发着芬芳和花香，酸樱桃、覆盆子和红醋栗的风味真是如同在合唱一首甜美的歌曲。这款酒美味且实惠。

1 rue de la Maladière, 21700 Prémeaux-Prissey
www.patricerion.com

霍利酒庄（Domaine de Roally）

马贡产区

霍利酒庄马贡村葡萄酒（白葡萄酒）
Mâcon-Villages (white)

霍利酒庄坐落在俯瞰索恩河的石灰岩山脊上。这家酒庄最初由亨利·戈雅创立，现在是维尔-克莱塞公社的一部分。高迪埃·特维勒特是让·特维勒特（邦格岚酒庄）的儿子，现在拥有霍利酒庄及其5.6万平方米的老藤——融合了由特维勒特持续管理的几个霞多丽老藤的克隆。霍利酒庄马贡村霞多丽葡萄酒采用一种颇具争议的风格酿制（它含有少量残留糖，这在维尔-克莱塞产区是被禁止的），仅在罐中发酵，具有明显的汽油味和酵母味，并带有轻微的甜味。

Quintaine Cidex 654, 71260 Clessé
03 85 36 94 03

罗斯德贝酒庄（Maison Roche de Bellene）

伯恩，伯恩丘产区

罗斯德贝酒庄夜丘村老藤葡萄酒（红葡萄酒）
Côte de Nuits-Villages, Vieilles Vignes (red)

在罗斯德贝酒庄的夜丘村老藤葡萄酒中，尼古拉·波泰的技艺得到了充分展示。这款酒是一款优雅浓缩的黑莓、覆盆子和奶油浓缩咖啡风味的大杂烩，余味清新多汁回味悠长，令人愉悦。尼古拉（也是波泰阿维隆酒庄的成员）是著名的杰拉尔·波泰的儿子，在沃尔奈产区的拉魄斯酒庄长大。他曾在澳大利亚顶级酒庄玛丽山酒庄、慕斯森林酒庄和露纹酒庄工作过一段时间，之后于1997年建立了自己的同名酒商行。他于2008年离开了这家公司，同年又开始与罗斯德贝酒庄合作。

41 rue Faubourg Saint Nicolas, 21200 Beaune
www.maisonrochedebellene.com

安东宁洛迪酒庄（Antonin Rodet）

夏隆内丘产区

莎迷尔酒庄梅尔居雷一级园拉米顺独占园白葡萄酒
Château de Chamirey Mercurey Blanc Premier Cru La Mission Monopole (white)

安东宁洛迪酒庄是一家历史悠久的酒商，生产和分销勃艮第地区的葡萄酒，始建于1875年。从那时起，它经历了一系列所有权变更，如今它已成为更大的波塞特集团的一部分。它的总部仍然设在梅尔居雷地区，除了以自己的品牌生产葡萄酒，它还销售来自拥有古老城堡的吕利酒庄、日夫里产区的德拉费特酒庄和莎迷尔酒庄等酒庄的葡萄酒。最后一家酒庄出产的这款葡萄酒圆润且细腻，带有苹果、梨、花香和矿物质的风味——一款可爱的屡获殊荣的法国霞多丽葡萄酒，绝对物超所值。

Grande rue, 71640 Mercurey
www.rodet.com

霍瓦莱酒庄（Clos de la Roilette）

福乐里，博若莱产区

霍瓦莱酒庄福乐里特酿葡萄酒（红葡萄酒）
Fleurie, Cuvée Tardive (red)

在他的家族酒庄，霍瓦莱酒庄，阿兰·库德特对福乐里产区的看法比这个产区的许多人都更热情、更深思熟虑。以霍瓦莱酒庄福乐里特酿葡萄酒为例，这款酒使用树龄在50～80岁的葡萄藤，在木桶中陈酿，未经过滤装瓶。在口味方面，你可以期待浓郁的风味和大量的荆棘浆果风味；碾碎的黑莓，伴有淡淡的香草和肉桂香料味。

La Roilette, 69820 Fleurie
www.louisdressner.com

罗希诺酒庄（Domaine Nicolas Rossignol-Jeanniard）

沃尔奈，伯恩丘产区

罗希诺酒庄勃艮第黑皮诺葡萄酒（红葡萄酒）；罗希诺酒庄沃尔奈葡萄酒（红葡萄酒）
Bourgogne Pinot Noir (red); Volnay (red)

可爱、健谈的尼古拉·罗希诺对勃艮第的所有事物都饱含热情。他在沃尔奈地区和玻玛地区酿造了大量葡萄酒，使用低产量，可持续栽培的葡萄品种，并且始终密切关注土壤的健康程度。罗希诺酒庄勃艮第黑皮诺葡萄酒浓郁而充满活力，带有罗希诺酒庄标志性的浓郁香味以及紧实、干爽的特点。这款酒值得并需要一顿丰盛的羊排或清淡的晚餐来搭配。罗希诺酒庄沃尔奈葡萄酒是极具一致性和极具特色的入门沃尔奈葡萄酒之一，香气浓郁，多汁，质地紧致，强度适中。

Rue de Mont, 21190 Volnay
www.nicolas-rossignol.com

米歇尔萨拉钦父子酒庄（Domaine Michel Sarrazin et Fils）

夏隆内丘产区

米歇尔萨拉钦父子酒庄日夫里香榭拉罗葡萄酒（红葡萄酒）
Givry Champs Lalot (red)

米歇尔·萨拉钦于1964年从父母手中接手家族酒庄后，开始在他的酒庄装瓶葡萄酒。今天，米歇尔已经将位于相对海拔较高地区的杰姆斯地区的家族企业的控制权交给了他的两个儿子，盖伊和让-伊夫·萨拉钦。兄弟俩已经证明了自己是这个历史可以追溯到17世纪的酒庄中的当之无愧的继任者，他们尽可能以自然的方式酿造一系列葡萄酒，不过滤。这款酒体适中的干红葡萄酒，米歇尔萨拉钦父子酒庄日夫里香榭拉罗葡萄酒带有野草莓、香料和泥土的气息，是一款可爱、低调的黑皮诺葡萄酒，具有良好的陈年潜力。

Charnailles, 71640 Jambles
www.sarrazin-michel-et-fils.fr

塞尔温酒庄（Domaine Servin）

夏布利产区

塞尔温酒庄夏布利一级园汤尼尔白葡萄酒
Chablis Premier Cru Montée de Tonnerre (white)

弗朗索瓦·塞尔温的家族在夏布利产区酿酒的历史已有 300 多年，而塞尔温本人也将这个优良传统延续至今。在酒窖中他得到了他的美国助手、广受喜爱和备受尊敬的马克·卡梅隆的帮助。他们二人在酿酒方面有一套深思熟虑的方法，这种方法在塞尔温酒庄夏布利一级园汤尼尔葡萄酒等葡萄酒中收到了成效。这款精心酿制的葡萄酒富含白色花朵和多汁的梨子风味，采用 100% 不锈钢桶酿造。包含大量刺激的酸度表明这款酒可以很好地陈酿。

89800 Chablis
www.domaine-servin.fr

西蒙尼酒庄（Domaine/Maison Simonnet-Febvre）

夏布利产区

西蒙尼酒庄夏布利一级园威龙葡萄酒（白葡萄酒）
Chablis Premier Cru Vaillons (white)

尽管西蒙尼酒庄于 2003 年被路易拉图酒庄收购，但其酒庄的风格保持不变，对夏布利产区的这家酒庄的管理与路易拉图酒庄的金丘产区风格相去甚远。事实上，这家酒庄的历史可以追溯到 1840 年，当时它是由制桶匠让·费夫尔以制作传统起泡酒为专业创立的。它仍然生产起泡酒，是夏布利产区唯一生产勃艮第起泡酒的生产商。今天的酿酒掌握在让-菲利普·阿尔尚博手中，他在夏布利郊外经营着一家现代酿酒厂。因为新鲜度是这里所有葡萄酒的指导原则，所以阿尔尚博在一些葡萄酒中使用史蒂芬螺旋塞，包括村级装瓶酒，他在除特级园之外的所有葡萄酒中都避免使用橡木桶。夏布利一级园威龙葡萄酒在西蒙尼酒庄的产品组合中是一款口感更丰富、更圆润的夏布利葡萄酒。这是一款释放出大量核果风味的葡萄酒，带有桃花的风味，柔化了柠檬的味道。

9 avenue d' Oberwesel, 89800 Chablis
www.simonnet-febvre.com

法耶夫酒庄（Domaine du Clos du Fief）

朱丽娜，博若莱产区

法耶夫酒庄朱丽娜葡萄酒（红葡萄酒）
Domaine du Clos du Fief Juliénas (red)

有几件事表明米歇尔·泰特经营的法耶夫酒庄是一个生产高品质葡萄酒的地方。首先，位于朱丽娜产区的斜坡上，泰特有一些古老的、没有棚架的佳美葡萄藤。其次是酿酒，尽可能地采取自然和传统的方式，采用开放式发酵和手工压帽葡萄皮。然后是葡萄栽培，采取有机的方式，尽管实际上并没有经过认证。最后是泰特本人，他是一位才华横溢的酿酒师，对细节十分关注，尽管酒庄规模相对较小，但他甚至拥有自己的装瓶线。法耶夫酒庄朱丽娜葡萄酒是一款适合陈年的葡萄酒，如果你在这款酒尚且年轻时饮用（在开始陈年后的前四年），可以先醒酒几个小时，其结构良好，单宁结实。古老的葡萄藤在黑莓果实的风味上带来了一些环绕的深色香料风味。

69840 Juliénas
www.louisdressner.com/Tete

特拉佩父子酒庄（Domaine Trapet Père et Fils）

热夫雷-香贝丹，夜丘产区

特拉佩父子酒庄马尔沙内红葡萄酒（红葡萄酒）
Marsannay Rouge (red)

让-路易斯·马尔沙内是一位热心且敬业的生物动力葡萄酒生产商，他酿造了夜丘产区一些很好的葡萄酒。特拉佩父子酒庄马尔沙内红葡萄酒展现了发光般的美丽和感性。新鲜的桑葚果实、温暖的棕色香料风味和光彩照人的品质贯穿始终，如此闪耀，是特拉佩酿酒方式的典型特征。这种方式带来的特点是对这片土地和由此产生的葡萄酒拥有一种真正的（至少不是营销驱动的）感觉。特拉佩在有机和生物动力法领域工作了 15 年，这使他对葡萄酒和生活的看法发生了哲学上的转变。他坚信葡萄酒最好在酿造过程中保持平静，并且他认为生产商应该尽可能尊重和温和地工作，无论是在葡萄园还是在酿酒厂。他还受到勃艮第历史及其强大的酿酒传统的启发，这些传统可以追溯到修道院时代，使其了解他所做的一切。

53 route de Beaune, 21220 Gevrey-Chambertin
www.domaine-trapet.com

维兰酒庄（Domaine A et P de Villaine）

夏隆内丘产区

维兰酒庄勃艮第阿里高特葡萄酒（白葡萄酒）
Bourgogne Aligoté (white)

奥伯特·德·维兰是勃艮第最著名的酒庄——罗曼尼康帝的主导力量，他于 1970 年成立了维兰酒庄，四年后接管了罗曼尼康帝酒庄。如今，这家位于布哲宏的酒庄由奥伯特的侄子皮埃尔·德·贝努瓦经营，酒庄使用有机葡萄生产葡萄酒，这些葡萄以其优雅和陈年潜力著称，但幸运的是，这些葡萄并未触及来自罗曼尼康帝酒庄的装瓶所要求的高昂价格。这个酒庄的明星产品之一是维兰酒庄勃艮第阿里高特葡萄酒。这款酒不仅仅是这个有时会受到诟病的葡萄品种的基本示例；实际上这是世界上由阿里高特葡萄生产的最好的葡萄酒之一。和霞多丽葡萄酒一样，这款酒具有典型的苹果和梨的风味，但也具有柔和的青草味和略重的口感。凭借其精确、歌唱般的酸度，这款酒是春天的完美葡萄酒。

2 rue de la Fontaine, 71150 Bouzeron
www.de-villaine.com

美食美酒：勃艮第白葡萄酒

霞多丽葡萄在勃艮第大区将它的品质发挥到极致——尽管你不会在该地区的许多标签上找到它的名字。

在勃艮第，你可以找到有线条感的夏布利葡萄酒；坚果奶油风格的默尔索葡萄酒；富含矿物香气的科通-查理曼葡萄酒；以及丰富、层次分明、复杂的蒙哈榭特葡萄酒。

从清淡、爽口、高酸度到醇厚、浓郁和成熟，一个常见的风味分母是黄油风味，来自苹果酸-乳酸发酵，将极酸的苹果酸转化为柔和的乳酸。勃艮第白葡萄酒也有梨、苹果、柑橘的味道，以及不同程度的矿物质和橡木风味。将葡萄酒与食物搭配时，考虑其酒体的厚重程度以及其美丽的泥土气息，与蘑菇搭配将是很好的选择。

夏布利葡萄酒是经典的勃艮第葡萄酒中最清淡、矿物质含量最高的一种，通常含有适合搭配牡蛎的盐度。也非常适合搭配用夏布利葡萄酒、大蒜和黄油烹制的当地蜗牛。酒体适中的勃艮第白葡萄酒适合搭配更浓郁的菜肴，如布雷斯鸡、羊肚菌和酥皮芦笋炖肉，或者将当地芥末加入葡萄酒奶油酱中的菜肴。即使是这些葡萄酒中最浓郁的葡萄酒也能散发出清新的柑橘和苹果风味，并且很容易与香煎小牛胸腺或白查尔斯奶酪（一种精致可口的当地奶酪）等丰富的菜肴搭配。

牡蛎与充满矿物风味的清爽夏布利葡萄酒是经典搭配。

香槟

世界上最伟大的起泡酒，这是全球起泡酒生产商的模范，并且是任何庆祝场合的不二之选。香槟酒产于法国东北部的香槟地区，主要由霞多丽、黑皮诺和皮诺莫尼耶三种葡萄品种中的一种或全部制成。香槟酒可以制成多种风格，但典型风格是将复杂的风味与令人兴奋的酸度结合在一起。

阿格帕特父子酒庄（Agrapart & Fils）

白丘产区

阿格帕特父子7园混酿白中白极干型香槟
Brut Blanc de Blancs Les 7 Crus

阿格帕特父子7园混酿白中白极干型香槟是两个不同年份的香槟酒混酿。这是一款经典的霞多丽香槟，活泼而干脆，散发出梨和柑橘的芬芳。这款酒由阿格帕特兄弟帕斯卡尔和法布里斯酿造，他们相信在葡萄园工作与酿酒一样重要，这种信念在香槟产区中并不像你想象的那么普遍。他们着重关注阿维兹地区的家族酒庄中对环境敏感的葡萄栽培，这些葡萄酒表现出极好的风土特征，独特的矿物质尖锐感被酿酒厂明智使用的橡木桶而带来的深度风味抵消。

57 avenue Jean Jaures, 51190 Avize
www.champagne-agrapart.com

奥布里酒庄（L Aubry Fils）

兰斯山产区

奥布里无年份极干型香槟
Brut NV

菲利普和皮埃尔，这对奥布里双胞胎以坚持香槟的鲜为人知的葡萄品种而闻名，他们用阿芭妮、小美斯丽尔和福满多等被忽视的葡萄品种生产葡萄酒。他们还坚信香槟“三大”葡萄品种中最不受重视的皮诺莫尼耶具有潜力，他们的奥布里无年份极干型香槟主要基于这种葡萄，赋予它圆润、辛香的肉感。这款酒酒体饱满，口感丰富，以充满活力的草莓和柑橘香气收尾。即使没有这里多样的品种试验，奥布里也是一个有趣和创新的酒庄。它位于茹伊莱斯村，以生产高度个性化的葡萄酒而闻名。

4 et 6 Grande Rue, 51390 Jouy-lès-Reims
www.champagne-aubry.com

布莱切父子酒庄（Bérèche et Fils）

兰斯山产区

布莱切父子珍藏极干型香槟
Brut Réserve

布莱切父子酒庄成立于1847年，如今它已成为香槟地区种植园酒庄中的一颗冉冉升起的新星。它是来自路德村的一个小酒庄，由布莱切家族经营，拉斐尔和文森特·布莱切与他们的父亲让-皮埃尔一起工作。近年来，该家族在葡萄园中采取了越来越自然的酿酒方式，他们也开始使用更多的软木塞，让葡萄酒与沉淀物一起陈酿。他们使用这些方法的成果可以在家族优秀的布莱切父子珍藏极干型香槟中得到充分体现。这款香槟是一款霞多丽、黑皮诺和皮诺莫尼耶葡萄混酿型香槟，对于无年份极干型香槟来说，这款香槟令人感觉精致，将浓郁的风味与水晶般的纯度和优雅相结合。

Le Craon de Ludes, 51500 Ludes
www.champagne-bereche-et-fils.com

哈雪酒庄（Charles Heidsieck）

兰斯产区

哈雪珍藏极干型香槟
Brut Réserve

查尔斯-卡米尔·海德西克于1851年创立了哈雪酒庄，他是一个多姿多彩的人物。他因在美国频繁（且成功）的销售之旅在当地广为人知，甚至获得了“香槟查理”的绰号。如今，这些葡萄酒由备受尊敬的酒窖主管雷吉斯·加缪酿造，他继续追寻着由他的继任者丹尼尔·蒂博开发的丰富而复杂的风格。哈雪珍藏极干型香槟是一款无年份干型香槟，其复杂度和特点都非常罕见，其中包含大量陈年葡萄酒液，赋予其浓郁的香气和坚定、自信的深度。

4 boulevard Henry Vasnier, 51100 Reims
www.charlesheidsieck.com

夏尔多涅-泰耶酒庄（Chartogne-Taillet）

兰斯山产区

夏尔多涅-泰耶极干型特酿圣安娜香槟
Brut Cuvée Ste-Anne

夏尔多涅-泰耶极干型特酿圣安娜香槟得名于夏尔多涅-泰耶香槟所在的麦菲村的守护神。这款酒具有和谐而光滑的结构，樱桃和李子的深邃风味让人感觉口味纯正、充满活力。与这个12万平方米酒庄生产的其他葡萄酒一样，夏尔多涅-泰耶极干型特酿圣安娜香槟近年来在亚历山大·泰耶的指导下不断攀升至新的高度，他酿造的香槟展现了位于香槟产区最北端的麦菲地区的沙质和白垩纪黏土土壤的风土。目前的业主在该地区拥有悠久的传统，早在19世纪早期就开始酿造葡萄酒。

37 Grande Rue, 51220 Merfy
03 26 03 10 17

德保瓦勒酒庄（Diebolt-Vallois）

白丘产区

德保瓦勒白中白极干型香槟
Brut Blanc de Blancs

德保瓦勒酒庄无可争议地处于香槟大区种植园酒庄的前列。它是两个家族的产物：一个是德保家族，自19世纪末以来一直在克拉芒地区酿酒；另一个是瓦勒家族，自15世纪以来一直在屈伊地区种植葡萄。然而，现代业务在20世纪70年代后期才真正开始发展，当时葡萄园扩大了，酒厂和酒窖也建成了。如今酒庄由雅克·德保和娜迪亚·瓦勒与他们的两个孩子阿诺和伊莎贝尔一起经营。德保瓦勒酒庄现在在卡拉芒地区拥有约11万平方米的葡萄园，并生产一系列以它们的纯正和活力著称的优质白中白葡萄酒。德保瓦勒白中白极干型香槟优雅而轻盈，是一款纯正的霞多丽香槟，是精致的典范，拥有白垩纪矿物的质地，其花香果味让人感觉到细腻、沐浴在夏日。

84 rue Neuve, 51530 Cramant
www.diebolt-vallois.com

多亚酒庄（Doyard）

白丘产区

多亚葡萄月白中白极干型特酿香槟
Brut Blanc de Blancs Cuvée Vendémiaire

多亚葡萄月白中白极干型特酿香槟在沉淀物中陈酿至少4年，对于无年份香槟来说，这是一段漫长的时间。这款酒的柠檬味、烟熏味显示出精细的复杂性和优秀的平衡性，需要饮用者多来一杯才能体会到。这款酒由雅尼克·多亚制作，他使用白丘产区的10万平方米的葡萄藤中最好的果实来酿造这款酒（另一半卖给当地的酒商）。多亚以酿造高度复杂的香槟而享有盛誉，这些香槟在酿酒过程中会在橡木桶中放置一段时间。多亚在他的6个葡萄园中工作——其中5个在特级园地块，另一个在顶级的一级园村韦尔蒂村——采用生物动力法管理。该酒庄由多亚的祖父毛里斯·多亚于20世纪20年代创立。

39 avenue Général Leclerc, 51130 Vertus
03 26 52 14 74

德拉皮尔酒庄（Drappier）

奥布产区

德拉皮尔零添加自然极干型香槟
Brut Nature Zéro Dosage

德拉皮尔零添加自然极干型香槟完全由黑皮诺制成，成熟且果味浓郁，具有甘美多汁的魅力。这款香槟还有一个无硫版本（标签上写着“sans souffre”），它更加充满活力和复杂性，非常值得一试。由家族拥有和经营的德拉皮尔香槟是奥布产区的顶级生产商。它由米歇尔·德拉皮尔管理，他在55万平方米的葡萄园（该家族还采购一些葡萄）中采用可持续的做法，分别酿造各个地块的葡萄。

Rue des Vignes, 10200 Urville
www.champagne-drappier.com

香槟侍酒

香槟和其他起泡酒是如此的令人享受，以至于人们几乎无法抱怨其开瓶的复杂过程。它涉及以下步骤：剥去箔纸→松开铁丝笼→去除软木塞→清理杂乱的溢出物→倒酒。尽管如此，如果你遵循侍酒师常用的几个简单步骤，这仍然是一件可以更简单且不那么混乱的事情。记得先把起泡酒冷藏好，打开时不要摇晃它，否则软木塞会从瓶口飞出并导致气泡外溢。另外，要小心的是，酒瓶口的软木塞承受着压力可能会被弹射出来，伤害到人。

1 被设计用于移除铝箔外壳的小凸耳很少按预期工作。尽可能撕开或切割并打开铝箔外壳。关键是露出铁丝笼。

4 用一只手牢牢握住软木塞，另一只手在瓶子底部扭转整个瓶子以松开软木塞。压力会将其推出。去追寻“噗”而不是“啪”的一声。然后将瓶子放回直立位置，盖上一块布。

2将拇指放在软木塞上，扭动圆环以松开铁丝笼。快速抬起拇指以确保有足够的空间取下铁丝笼，然后将拇指放回原处，以防止软木塞弹出。

3这是你像专业人士一样倒香槟时需要知道的第一件事。如果在取下软木塞之前将瓶子从垂直方向向下倾斜45°并保持倾斜，气泡很少会溢出。

5保持细流并缓慢地倒入笛型杯（保留气泡的最佳形状）中，直到泡沫接近顶部，而不会溢出。等待泡沫溃散，然后再倒入第二次，以填充玻璃杯中的酒液到适当的酒量。

哥塞酒庄（Gosset）

埃佩尔奈产区

哥塞顶级极干型香槟
Brut Excellence

作为一家历史悠久的香槟酒厂，哥塞酒庄自 1584 年在村里成立以来坐落于艾镇。它最近将生产转移到埃尔佩奈地区更大的酒窖中，但仍保留了其独特的风格。哥塞的香槟在没有苹果酸-乳酸发酵的情况下制成，用复杂性和精致度平衡了其力量感。这对于名副其实的哥塞顶级极干型香槟来说绝对真实。在这款入门级特酿中，黑皮诺的比例接近一半。这使这款酒具有令人垂涎的丰富口感和深色、多汁的水果风味。清新的苹果般的酸度仍然让这款酒感觉丝滑且集中。

69 rue Jules Blondeau, 51160 Aÿ
www.champagne-gosset.com

汉诺酒庄（Henriot）

兰斯产区

汉诺帝王极干型香槟
Brut Souverain

由等量的霞多丽和黑皮诺制成，汉诺帝王极干型香槟展现了丰富、华丽的汉诺风格，将其天鹅绒般的深度与优雅精致的质地相结合。这款酒是对阿伯琳·汉诺于 1808 年在兰斯产区建立的酒庄的最好介绍。汉诺酒庄的香槟以酿造饱满、令人垂涎的特酿而享有盛誉，久负盛名，在沉淀物中长时间陈酿后，形成了大量他们由此得名的复杂性和精致度。

81 rue Coquebert, 51100 Reims
www.champagne-henriot.com

路易王妃酒庄（Louis Roederer）

兰斯产区

路易王妃特级极干型香槟
Brut Premier

即使是从未喝过它的人也听说过路易王妃酒庄最著名的香槟，非凡的顶级特酿路易王妃水晶香槟。这款酒最初是为俄国沙皇亚历山大二世酿造的，如今它已成为全世界富豪、名人和鉴赏家的最爱。但是，路易王妃酒庄提供的远不止这款非常昂贵的葡萄酒。该酒庄的历史可追溯至 1776 年，是香槟产区较好的酒庄之一，生产一系列始终如一的高品质葡萄酒。这款酒是对路易王妃酒庄标志性复杂性的一个很好的介绍，温和、奶油味的无年份路易王妃特级极干型香槟展示了其品牌风格的优雅和品位。

21 boulevard Lundy, 51053 Reims
www.champagne-roederer.com

梅丽列级酒庄（Mailly Grand Cru）

兰斯山产区

梅丽列级名庄珍藏极干型香槟
Grand Cru Brut Réserve

梅丽列级酒庄是香槟大区最好的合作社吗？在朝向北方的梅丽村，很难想象有哪个种植园能够像这个由 80 名种植者组成的协会那样保持如此高的标准。酒庄成立于 1929 年，拥有约 70 万平方米的葡萄园，全部是以生产结构良好的优质黑皮诺而闻名的梅丽。黑皮诺的品质在梅丽列级酒庄珍藏极干型香槟中熠熠生辉。由 75% 的黑皮诺和 25% 的霞多丽混合而成，呈现出令人印象深刻的细腻口感，红醋栗和葡萄柚的香气让人感觉生动而紧致。

28 rue de la Libération, 51500 Mailly
www.champagne-mailly.com

洛西欧酒庄（Michel Loriot）

马恩河谷产区

洛西欧珍藏白中黑极干型香槟
Brut Réserve Blanc de Noirs

独立种植者米歇尔·洛西欧在马恩河南岸的弗拉戈特山谷及其周围的黏土质土壤上有约 7 万平方米的葡萄园。他的葡萄园主要（但不完全）由皮诺莫尼耶组成，在该地区不同寻常的是，他生产了一些完全基于该葡萄品种的特酿。洛西欧珍藏白中黑极干型香槟就是其中一款葡萄酒，它是香槟品种中最不受重视的皮诺莫尼耶葡萄的一个很好的示例。一款严肃的葡萄酒，展现出活泼、自信的苹果、红莓和新鲜出炉的面包风味。

13 rue de Bel Air, 51700 Festigny
www.champagne-michelloriot.com

皮埃尔吉依父子酒庄（Pierre Gimonnet & Fils）

白丘产区

皮埃尔吉依父子白中白极干型香槟
Brut Blanc de Blancs

皮埃尔吉依父子酒庄是白丘产区一家备受推崇的酒庄，由其同名创始人于 1935 年创立。如今，皮埃尔 · 吉依的孙子迪迪埃和奥利维耶 · 吉依负责管理专门生产霞多丽的业务。 除了一款吉依香槟，其他所有香槟都是白中白，采用来自屈伊村、卡拉芒村和舒伊利村的霞多丽（例外是特酿悖论香槟），其中有一些来自艾镇和马勒伊的黑皮诺。吉依的白中白极干型香槟是该品牌风格的纯霞多丽香槟的标杆示例，活泼而轻快。这款酒是由一种咸味的、强烈的刺激感驱动的，使柑橘和苹果的味道保持明亮和新鲜。

1 rue de la République, 51530 Cuis
www.champagne-gimonnet.com

布拉尔酒庄（Raymond Boulard/Francis Boulard & Fille）

兰斯山产区

布拉尔妙日自然极干型香槟
Brut Nature Les Murgiers

布拉尔妙日自然极干型香槟由 70% 的皮诺莫尼耶和 30% 的黑皮诺制成，感谢其成熟的水果风味，这款香槟虽然干爽但不具侵略性。这款酒是弗朗西斯 · 布拉尔为他的新品牌酿造的几款优质葡萄酒之一，该品牌是他与女儿德尔芬于 2010 年创立的。弗朗西斯 · 布拉尔曾经为他父亲雷蒙 · 布拉尔的同名酒庄酿造葡萄酒。当分布在马恩和埃纳占地 10 万平方米的雷蒙布拉尔酒庄由雷蒙的三个孩子分别管理一部分时，新品牌就出现了。弗朗西斯 · 布拉尔的酒厂现在位于兰斯以北的考洛伊莱赫蒙维尔，他从那里采购葡萄来酿造他最好的特酿。该酒庄的目标是在不久的将来使其所有产品都获得有机认证。

Route Nationale 44, 51220 Cauroy-lès-Hermonville
www.champagne-boulard.fr

勒内杰弗瑞酒庄（René Geoffroy）

马恩河谷产区

勒内杰弗瑞印象极干型香槟
Brut Expression

尽管勒内杰弗瑞香槟可能通常与屈米耶尔村的葡萄酒有关，但如今的酒窖实际上位于艾镇，该公司于 2008 年搬迁至此。让–巴普斯蒂 · 杰弗瑞酿造的葡萄酒在搬迁过程中丝毫没有失去其标志性特征，依旧如勒内杰弗瑞印象极干型香槟所充分展示的那样。凭借其大胆的红色水果风味，这款以黑皮诺为主导的混酿酒让人感觉活泼而诱人，将其浓郁的酒体深度与活泼的柑橘风味巧妙地结合在一起。这款酒由可持续种植并单独酿造的葡萄地块的葡萄制成。

4 rue Jeanson
51160 Aÿ
www.champagne-geoffroy.com

法国其他地区

在著名的经典产区之外，还有一些世界上最好的平价葡萄酒的产区。罗讷河谷产区出产优雅的西拉和辛香的西拉－歌海娜混酿。阿尔萨斯产区全都是芳香白葡萄酒，如雷司令和琼瑶浆。在卢瓦尔河产区，尝试清爽的长相思和复杂的白诗南白葡萄酒，以及植物芬芳的品丽珠红葡萄酒。在朗格多克－鲁西永产区和西南部，你会发现使用迷人葡萄品种酿造的红白葡萄酒。

安特酒庄（Antech）

利慕产区，朗格多克

安特酒庄弗朗索瓦特酿利慕布朗克特起泡酒（起泡酒）
Blanquette de Limoux Cuvée Françoise (sparkling)

弗朗索瓦·安特在利慕产区经营着这家家族企业，这里的特色是来自利慕起泡酒法定产区、利慕布朗克特起泡酒法定产区和古法酿制布朗克特起泡酒法定产区等产区的起泡酒。这个地区生产起泡酒的历史非常悠久，一些专家认为，传统的方法——起泡酒在瓶中进行二次发酵——实际上是在这附近发展起来的，在1531年的圣伊莱尔修道院，在这种方法到达香槟产区之前的一段时间。今天，利慕产区的生产商仍然使用传统方法，尽管混酿的葡萄品种与香槟不同——使用莫札克、白诗南和霞多丽葡萄。安特酒庄拥有60万平方米的葡萄园，是该地区很好的生产商之一。酒庄的弗朗索瓦特酿利慕布朗克特起泡酒是一款干爽、新鲜、充满矿物质风味和活泼的起泡酒，价格仅为香槟的一小部分，几乎和香槟一样好。

Domaine de Flassian, 1150 Limoux
www.antech-limoux.fr

托奇山酒庄（Cave de Mont Tauch）

菲图产区，朗格多克

托奇山酒庄里维萨尔特麝香传统葡萄酒（甜酒）
Muscat de Rivesaltes Tradition (dessert)

虽然酒庄的历史可以追溯到1913年，使其成为朗格多克地区较古老的合作社之一，但托奇山酒庄也是法国具有前瞻性的葡萄酒生产商之一。酒庄的根据地在图雄村，尽管它的250名成员在芭吉拉、图雄、德班和维伦纽夫的村庄都有葡萄藤。托奇山通常与位于朗格多克-露喜龙边界的菲图产区关联，该产区于1948年首次建立（它是朗格多克最古老的法定产区），托奇山酒庄主导着这里每个年份大约50%的葡萄酒的生产制作。不过通常情况下，科比埃法定产区也生产优质、物超所值的红葡萄酒，酿酒师米歇尔·马蒂也生产一些优质的甜酒。托奇山酒庄里维萨尔特麝香传统葡萄酒是一个很好的例子。带有华丽而微妙的异国橙花和混合蜂蜜的香料风味，这是一款非常优雅的法式甜酒。

Les Vignerons Du Mont Tauch, 11350 Tuchan
www.mont-tauch.com

索米尔合作社酒庄（Caves des Vignerons de Saumur）

索米尔产区，索米尔-尚皮尼，卢瓦尔

索米尔合作社酒庄葡萄种植者珍藏葡萄酒（红葡萄酒）；索米尔合作社酒庄伯约葡萄酒（红葡萄酒）
La Réserve des Vignerons, Saumur Champigny (red); Les Poyeux, Saumur Champigny (red)

索米尔合作社酒庄是一项庞大的业务。酒庄的200名成员种植者照料着大约1800万平方米的土地，他们的葡萄用于酿造各种风格的葡萄酒。索米尔合作社酒庄葡萄种植者珍藏葡萄酒是一款柔滑、略带奶油香气的红葡萄酒，带有活泼的西洋参和红樱桃果味，带有一丝石墨和细腻的粉末单宁质感。索米尔合作社酒庄伯约葡萄酒是一款诱人的单一葡萄园红葡萄酒，带有牡丹、紫罗兰和肉桂的辛香，其柔滑的黑醋栗风味和黑色、红色的樱桃果实风味混合在一起。

Route de Saumoussay, 49260 St-Cyr-en-Bourg
www.cavedesaumur.com

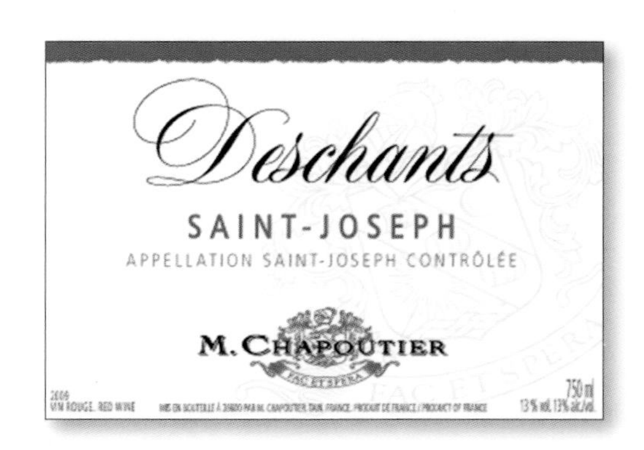

莎普蒂尔酒庄（M Chapoutier）

北罗讷河谷产区

莎普蒂尔酒庄岱尚葡萄酒（红葡萄酒）
Deschants, St-Joseph (red)

在当代法国葡萄酒界，很少有比莎普蒂尔酒庄更伟大的名字了。这在很大程度上要归功于一个人，即魅力非凡的米歇尔·莎普蒂尔。自1990年掌舵以来，他以卓越的远见和能力领导了这家成立200多年的家族企业。莎普蒂尔作为生物动力法葡萄栽培重要的代表之一，他不仅将其应用于罗讷河谷产区的酒庄，还应用于阿尔岱雪产区、露喜龙产区，以及葡萄牙和澳大利亚的项目。事实上，米歇尔是他家族领导该业务的第七代人，这一业务可以追溯到1808年保利多·莎普蒂尔开始酿酒时。如今，莎普蒂尔酒庄在整个罗讷河谷产区都有权益，但酒庄的精神家园仍然是河谷的北部，酒庄拥有优质的莎普蒂尔酒庄岱尚葡萄酒等，这款酒具有新鲜的香气和红色、黑色水果的味道，并带有熏肉、新鲜的香草和腌制橄榄的味道。

18 ave Dr Paul Durand, 26600 Tain l' Hermitage
www.chapoutier.com

奥希耶古堡酒庄（Château d' Aussières）

科比埃产区，朗格多克

奥希耶古堡酒庄 A 牌葡萄酒（红葡萄酒）
A d' Aussières, Corbières (red)

自 1999 年被来自波尔多的拉菲罗斯柴尔德集团收购以来，奥希耶古堡酒庄已经彻底转型。现在酒庄拥有一个全新的酒厂，大约 170 万平方米的土地重新种植了传统的当地葡萄品种，西拉、歌海娜、慕合怀特和佳丽酿。拉菲的影响可以从葡萄酒中真正品尝到，这些葡萄酒在波雅克著名的城堡制成并使用过的木桶中陈酿。奥希耶古堡酒庄 A 牌葡萄酒等葡萄酒的品位和品质显著提高，这是一款来自科比埃法定产区的多汁且充满活力的果味红葡萄酒。这也是一款略带野性的葡萄酒，但其充满香料的适饮性使其成为搭配周末晚餐比萨或烤鸡的完美干红葡萄酒。

Départementale 613, Route de l' Abbaye de Fontfroide, 11100 Narbonne
www.lafite.com

卡诺格酒庄（Château La Canorgue）

吕贝隆产区，南罗讷河谷

卡诺格酒庄正牌葡萄酒（红葡萄酒）
Château La Canorgue, Luberon (red)

拥有 300 年历史的褪色精致的卡诺格酒庄带有一丝好莱坞魅力：它被用作 2006 年电影《美好的一年》的背景，该电影由雷德利 · 斯科特制作，由罗素 · 克劳主演。斯科特在拍摄期间成了葡萄酒的粉丝，更多的酒庄游客在看过这部电影后受到启发，也有同样的经历。这些葡萄酒由酒庄的主人让－皮埃尔 · 马根和他的女儿娜塔莉酿制。该酒庄的红葡萄酒提供了时尚的依据，证明了西拉在吕贝隆红葡萄酒中发挥主导作用的自然能力。这款酒用精致和纯净度标志着这种结构良好、充满草莓和香草香气的美。

Route du Pont Julien, 84480 Bonnieux
04 90 75 81 01

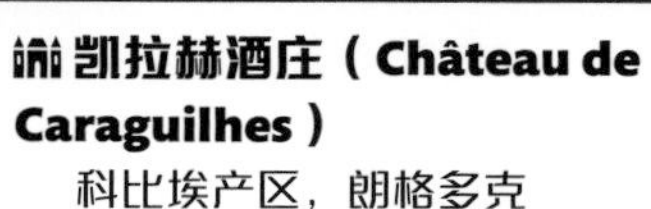

凯拉赫酒庄（Château de Caraguilhes）

科比埃产区，朗格多克

凯拉赫酒庄索乐白葡萄酒
Solus Corbières Blanc (white)

由 100% 有机种植的白歌海娜葡萄酿制而成，凯拉赫酒庄出产的，酒体饱满、充满奶油香气的科比埃产区索乐白葡萄酒带有柠檬酒、白玫瑰、粉葡萄柚和烤坚果的香气。这款酒是科比埃－布特纳产区圣洛朗－德拉卡布勒里斯地区附近的一家酒庄的象征，由于当时所有者莱昂内尔 · 费弗尔的远见卓识，该酒庄是该地区在 20 世纪 50 年代开始使用有机方法的第一批酒庄。该酒庄的历史可以追溯到 12 世纪，现在归皮埃尔 · 加比森所有。

11220 St-Laurent de la Cabrerisse
www.caraguilhes.fr

卡萨维尔酒庄（Château Cazal Viel）

圣芝尼安产区，朗格多克

卡萨维尔酒庄老藤葡萄酒（红葡萄酒）
St-Chinian, Vieilles Vignes (red)

卡萨维尔酒庄老藤葡萄酒混合了西拉、歌海娜、慕合怀特和其他南方葡萄，在橡木桶中陈酿 12 个月。这款酒带有黑莓、月桂叶和特黑巧克力的味道，酒体适中，结构坚实，非常适合搭配鸭肉等浓郁的菜肴。酒庄位于卡鲁山脚下的奥尔河畔瑟桑翁地区，自 1789 年法国大革命以来一直由米克尔家族所有。酒庄现在由才华横溢的洛朗·米克尔经营，拥有占地超过 135 万平方米的葡萄园，是圣芝尼安产区最大的私人生产商。

Hameau Cazal Viel,
34460 Cessenon-sur-Orb
www.laurent-miquel.com

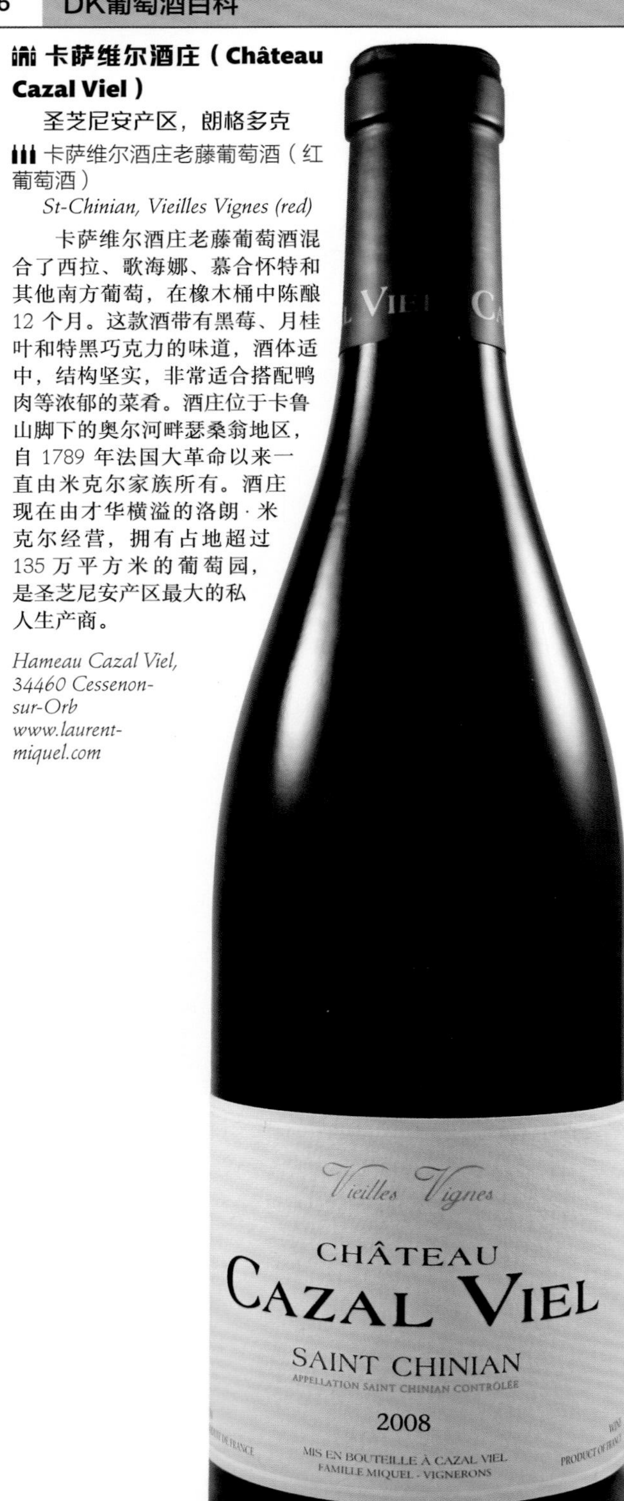

卡泽纳夫酒庄（Château de Cazeneuve）

皮克圣卢产区，朗格多克

卡泽纳夫酒庄石灰石葡萄酒（红葡萄酒）
Les Calcaires, Pic St-Loup (red)

卡泽纳夫酒庄石灰石葡萄酒酒体适中，带有一丝橡木风味，是一款基于西拉葡萄的混酿酒，带有诱人的浆果、普罗旺斯香草的香气。这款酒是安德烈·莱恩哈特在这个酒庄生产的几款优质葡萄酒之一，他在 20 年前买下这里，并于 1991 年后重建了酒厂。酒庄占地约 35 万平方米，主要种植红葡萄品种（西拉 、歌海娜、神索和佳丽酿），其中 20% 的面积用于种植白葡萄（瑚珊、维欧尼、玛珊，还有少量的侯尔、麝香和小满胜）。葡萄藤在海拔 150 ~ 400 米之间分为 30 块。莱恩哈特使用有机方法管理葡萄园，并保持低产量。

34270 Lauret
www.cazeneuve.net

香贝酒庄（Château de Chambert）

卡奥尔产区，法国西南部

香贝酒庄饕餮葡萄酒（红葡萄酒）
Chambert Gourmand Fruité Intense, Cahors (red)

香贝酒庄在 2007 年被菲利普·勒热纳收购之前并不是一个特别知名的酒庄。然而，这要归功于勒热纳自接管以来引入的一系列重大投资。除此之外，他还为酒窖购买了新酒桶和其他新设备，并重新种植和修复了葡萄园（去除所有的丹娜葡萄，在此过程中将总面积减少到约 60 万平方米）。最引人注目的也许是勒热纳聘请了波尔多顶级葡萄酒顾问史蒂芬·德农古。他帮助勒热纳将整个酒庄开启了生物动力法实践。就酿酒工艺和产品系列的规模而言，这里的葡萄酒范围现在更加集中。香贝酒庄饕餮葡萄酒证明了所有工作都取得了成效。在这款 80% 的马尔贝克、20% 的梅洛葡萄酒中，泥土气息和黑胡椒香料香气占主导地位，浓郁的黑樱桃风味支撑着整款酒——这是对现代卡奥尔产区葡萄酒的成功诠释。

Les Hauts Coteaux, 46700 Floressas
www.chambert.com

克莱蒙特梅斯酒庄（Château Clément Termes）

加亚克产区，法国西南部

克莱蒙特梅斯酒庄特酿传统红葡萄酒
Cuvée Tradition Rouge, Gaillac (red)

加亚克产区传统葡萄品种费尔莎伐多、西拉和杜拉斯的均匀混酿构成了克莱蒙特梅斯酒庄特酿传统红葡萄酒的基础，这是克莱蒙特梅斯酒庄最重要的葡萄酒。带有荆棘类秋季水果风味是这款红葡萄酒的主要味道，并带有浓厚的黑莓和红醋栗风味。坚实的果实单宁赋予这款酒一种自然的结构，这款酒是在不使用橡木桶的情况下酿造的。酒庄位于一座山脊上，俯瞰风景如画的塔恩河畔莱尔小镇，于 1860 年创立。如今，酒庄仍然由创始人的后代经营：奥利维尔 · 大卫指导运营和酿造葡萄酒，而他的妹妹卡罗琳负责销售和营销。80 万平方米的葡萄园种植了费尔莎伐多、杜拉斯、长相思、西拉和兰德乐，以及赤霞珠和梅洛。

Les Fortis Rd 18, 81310 Lisle-sur-Tarn
www.clement-termes.com

阿尔勒酒庄（Château des Erles）

菲图产区，朗格多克

阿尔勒酒庄靓岩特酿葡萄酒（红葡萄酒）
Cuvée des Ardoises, Fitou (red)

勒顿兄弟雅克和弗朗索瓦在波尔多的一个酿酒家庭中长大，他们的血液中流淌着葡萄酒。为了在葡萄酒中确立自己的个性，他们在 20 世纪 80 年代末开始创业，并很快在智利和阿根廷等遥远的地方，以及离家更近的西班牙酿造葡萄酒，并在 2001 年收购了位于朗格多克菲图产区的阿尔勒酒庄。弗朗索瓦现在是这里的唯一负责人，他有 90 万平方米的土地可以使用。带有果酱、香草和烤面包的香气，阿尔勒酒庄靓岩特酿葡萄酒是一款丝滑、充满青草气息的朗格多克混酿酒，由 30% 的西拉、40% 的歌海娜和 30% 的佳丽酿混酿而成，制作精良，价格合理。

Villeneuve-les-Corbières 11360
www.francoislurton.com

蝶之兰酒庄（Château d' Esclans）

普罗旺斯丘产区，普罗旺斯

蝶之兰酒庄天使之音葡萄酒（桃红葡萄酒）
Whispering Angel, Côtes de Provence (rosé)

任何怀疑桃红葡萄酒有多好的人都应该买一瓶蝶之兰酒庄的天使之音葡萄酒。这款酒有一种精致的结构，以新鲜的野草莓风味为主导，被奶油香气缠绕。如果你喜欢这款酒，你可以试试同一个酒庄更高价格和质量的桃红葡萄酒。这无疑是一项最令人印象深刻的业务：酒庄位于德拉吉尼昂镇东南部的拉莫特，占地 267 万平方米。酒庄于 2006 年被玛歌产区皮安尼仙酒庄的前所有者艾力斯 · 荔仙的儿子萨沙 · 荔仙收购，其中包括约 44 万平方米的葡萄园，平均树龄为 80 年。重量级顾问帕特里克 · 莱昂（曾效力于木桐酒庄）和环球旅行的波尔多人米歇尔 · 罗兰都受雇于这家企业，该企业一直致力于证明桃红葡萄酒可以是非常优质的葡萄酒。

4005 route de Callas, 83920 La Motte en Provence
www.châteaudesclans.com

艾萨德酒庄（Château des Eyssards）

贝尔热拉克产区，法国西南部

艾萨德酒庄正牌葡萄酒（白葡萄酒）
Château des Eyssards, Bergerac Blanc (white)

艾萨德酒庄正牌葡萄酒带有清淡的口感，主要由长相思（其余为密斯卡岱）葡萄制成。这是一款强调新鲜的白色花朵味和清新的柑橘味的葡萄酒。艾萨德酒庄由帕斯卡尔 · 库塞特经营，他是一个很受欢迎的人物，他的大部分产品都出口国外，足以证明他是一个很了解世界各地饮酒者——而不仅仅是当地人——真正喜欢什么的人。快活的库塞特是当地人，并且，他在与当地酿酒社区的一群朋友一起组建的乐队中演奏法国号。今天，库塞特的酒庄扩展到约 44.5 万平方米的葡萄园，白葡萄比红葡萄略多。这个家族还制作了一些有趣的索西尼亚克甜酒和霞多丽地区餐酒。

24240 Monestier
05 53 24 36 36

高赛尔酒庄（Château de Haute Serre）

卡奥尔产区，法国西南部

高赛尔酒庄正牌葡萄酒（红葡萄酒）
Château de Haute Serre, Cahors (red)

高赛尔酒庄背后有一个诱人的浪漫故事。酒庄始于乔治 · 维古鲁，他在 20 世纪 70 年代初期正在寻找种植马尔贝克葡萄藤的地方。他指出，在 19 世纪后期根瘤蚜侵袭之前，破败的高赛尔酒庄及其杂草丛生的废弃葡萄园已被列为法国较好的生产商之一，因此他决定重振该酒庄。他花了两年时间种植了卡奥尔法定产区最高的葡萄园，其中绝大多数是马尔贝克，其余是梅洛和丹娜。第一个年份的葡萄酒于 1976 年问世，酒庄开始受到广泛赞誉。1989 年，维古鲁将业务传给了他的儿子伯特兰，他一直在酒庄红葡萄酒等葡萄酒领域保持出色的表现。在这款酒中可以期待大量的美食风味——覆盆子酱搭配黑莓碎屑，以及温和烘烤的橡木香气，但天然的单宁和酸度阻止了它过多的存在。

446230 Cieurac
www.hauteserre.fr

吉奥酒庄（Château de Jau）
露喜龙产区

吉奥酒庄日常西拉葡萄酒（红葡萄酒）
Le Jaja de Jau Syrah (red)

吉奥酒庄的日常西拉葡萄酒的名字——“Jaja”的意思是“日常”，恰如其分地概括了这款酒在轻快、简单的瓶子里的风格。这是一款果味浓郁、热情洋溢的干红葡萄酒，带有富有表现力的黑莓、樱桃和李子的味道，稍微冷藏后味道更好。位于卡斯德佩坐拥阿格利山谷美景的吉奥酒庄最初由12世纪的西多会僧侣创立。酒庄自1974年以来一直由道尔家族所有，如今由西蒙和埃斯特拉这对兄妹管理。

66000 Cases de Pène
www.chateau-de-jau.com

拉格泽特酒庄（Château Lagrézette）
卡奥尔产区，法国西南部

拉格泽特酒庄格泽特桃红葡萄酒
La Rosé de Grézette

在阿兰·多米尼克·佩林的所有权下，拉格泽特酒庄已跻身卡奥尔产区最佳生产商之列。佩林是历峰集团（以卡地亚和蔻依等奢侈品牌而闻名）的所有者，他于1980年收购了该酒庄，最初是作为乡村度假胜地，此后他投入大量资金修复15世纪的城堡和由马尔贝克葡萄占主导地位的葡萄园。这个酒庄的高端葡萄酒价格一直很高，但值得尝试日常饮用的桃红葡萄酒。这款酒完全在不锈钢桶中制成，在低温下，由手工采摘的葡萄（80%的马尔贝克和20%的梅洛）制成。这款酒拥有浓郁的覆盆子色泽和夏日的红色水果风味，结构良好，是一款完美的烧烤酒。

46140 Caillac
www.chateau-lagrezette.tm.fr

利基耶尔酒庄（Château La Liquière）
佛格莱尔产区，朗格多克

利基耶尔酒庄杏树之下红葡萄酒
Sous l' Amandier Faugères Rouge (red)

利基耶尔酒庄的杏树之下红葡萄酒表明，采用衬袋箱包装形式的葡萄酒可以用于优质葡萄酒。这是一款可爱、活泼、果味浓郁的红葡萄酒，适合在温暖天气的娱乐中饮用。利基耶尔酒庄是一个由家族经营的酒庄，拥有约60万平方米的葡萄园，种植了歌海娜、西拉、佳丽酿、慕合怀特和神索葡萄。

34480 Cabrerolles
www.chateaulaliquiere.com

莫格斯酒庄（Château Mourgues du Grès）
尼姆丘产区，南罗讷河谷

莫格斯酒庄盖莱茨金色葡萄酒（白葡萄酒）；莫格斯酒庄盖莱茨桃红葡萄酒
Les Galets Dorés, Costières de Nîmes (white); Les Galets Rosés, Costières de Nîmes

很少有葡萄酒能以同样合理的价格唤起法国南部夏季的精髓，像这两款来自莫格斯酒庄的新鲜、活泼的葡萄酒一样华丽。酒庄的白葡萄酒（盖莱茨金色葡萄酒）和桃红葡萄酒（盖莱茨桃红葡萄酒）都带有浓郁的矿物质气息和热情洋溢的果香。由弗朗索瓦和安妮·科拉德酿造的葡萄酒充分证明了几个世纪前刻在酒庄前面的座右铭——“sine sole nihil（没有阳光，什么都没有）”——在今天这个精致的尼姆丘产区酒庄也同样适用，一如既往。

Route de Bellegarde, 30300 Beaucaire
www.mourguesdugres.com

纳格利酒庄（Château de la Negly）
克拉普产区，朗格多克

纳格利酒庄法莱斯葡萄酒（红葡萄酒）
La Falaise, Coteaux du Languedoc (red)

纳格利酒庄出品的法莱斯葡萄酒是一款浓缩且深沉的红葡萄酒——这是该地区最认真的努力之一。这款酒口感饱满、干爽，具有该地区典型的黑莓果和葛根风味，可与餐桌上的鱼类菜肴、肉类菜肴搭配。在过去的10年中，酒庄利用其在克拉普产区白垩纪地形上的优越位置，一直在迅速改善、提升酿酒水平。这在很大程度上要归功于让-保罗·罗塞特，他决定开始装瓶家族葡萄酒，该葡萄园此前已消失在当地合作社的匿名食品中。如今，这里的产量保持在低水平，罗塞特与酿酒师西里尔·查蒙廷和顾问克劳德·格罗斯合作。

11560 Fleury d' Aude
04 68 32 36 28

佩斯基酒庄（Château Pesquié）

旺度产区，南罗讷河谷

佩斯基酒庄特拉斯葡萄酒（桃红葡萄酒和红葡萄酒）
Les Terrasses, Ventoux (rosé and red)

如果优雅的佩斯基酒庄顶级葡萄酒超出你的预算，请为价格诱人的特拉斯葡萄酒欢呼。充满活力的桃红葡萄酒十分新鲜，而红葡萄酒则是一款有吸引力的多面手，带有香料、草本的味道。自 20 世纪 80 年代以来，该酒庄一直处于旺度产区品质提升的前沿。肖迪埃家族以有机方式种植了 83 万平方米的土地。

Route de Flassan, 84570 Mormoiron
www.chateaupesquie.com

碧浓酒庄（Château de Pibarnon）

邦多勒产区，普罗旺斯

碧浓酒庄桃红葡萄酒
Rosé de Pibarnon, Bandol

要以实惠的价格进入这个优质酒庄，请尝试碧浓酒庄的桃红葡萄酒——一款由 50% 的神索（直接从葡萄中压榨）和 50% 的慕合怀特（用于酿造红葡萄酒的第一次浸渍葡萄的自由流动果汁）混酿的葡萄酒。这款酒的夏季水果风味具有复杂性，提供有深度和丝滑的口感以及一丝新鲜感。碧浓酒庄自 1978 年以来一直由亨利和凯瑟琳·德·圣维克多所有，从那时起，酒庄的规模扩大了十倍，在许多人看来，质量也提高了十倍。

Comte de Saint Victor, 83740 La Cadière d' Azur
www.pibarnon.fr

皮埃尔比斯酒庄（Château Pierre-Bise）

安茹产区，卢瓦尔河谷

皮埃尔比斯酒庄大博普鲁园萨维涅尔葡萄酒（白葡萄酒）；皮埃尔比斯酒庄斯细碧岩佳美葡萄酒（红葡萄酒）
Clos Le Grand Beaupreau Savennières (white); Gamay Sur Spilite, Anjou (red)

克劳德·帕潘在皮埃尔比斯酒庄酿造了一系列令人眼花缭乱的葡萄酒。这些葡萄酒都非常适饮，当你考虑到帕潘仅在 1990 年才开始接管了他妻子的家族酒庄时，这一点就更加显著了。皮埃尔比斯酒庄大博普鲁园萨维涅尔葡萄酒是一款极干、新鲜、充满活力、风味集中的白葡萄酒，带有少许生姜辛香为苹果风味和葡萄柚风味调味。皮埃尔比斯酒庄斯普利特佳美葡萄酒展示了卢瓦尔河谷凉爽的气候和多岩石的细碧岩土壤如何产生比博若莱产区更精干的佳美葡萄酒风格。这款酒是由矿物质驱动的，带有宝石般明亮的紧密盘绕的石楠果实风味。

49750 Beaulieu-sur-Layon
02 41 78 31 44

美食美酒：罗讷河谷红葡萄酒

在考虑与罗讷河红葡萄酒搭配时，首先要确定你是选择来自罗讷河谷北部的饱满、纯正的西拉，还是选择南部的歌海娜和慕合怀特大胆而浓郁的混酿葡萄酒。两者对各种菜肴都有很好的亲和力。

罗第丘产区和埃米塔基产区有世界上最好的西拉葡萄酒，深色而有力，带有深色浆果、泥土、烟熏、培根、丁香、白色和粉红色的胡椒粒以及普罗旺斯草本植物的香气。这些葡萄酒酒体适中，干爽，即便是来自科尔纳斯产区、圣约瑟夫产区和克罗兹-埃米塔基产区的较便宜的西拉也是如此。旨在将其明显的风味与味道饱满的菜肴搭配，如罗西尼牛排或带有内脏酱的乳鸽。

歌海娜在南部与西拉混酿，带来酒体和令人愉悦的草莓味，而慕合怀特则带来野味般的嚼劲。清淡而果味浓郁的罗讷河谷葡萄酒很容易搭配平日晚餐享用。尝试用一杯葡萄酒搭配烤鸡；侧腹牛排配芥末酱；火腿和格鲁耶尔奶酪帕尼尼；南瓜香肠汤；法式洋葱汤；大蒜烤布里奶酪；或小扁豆加（或不加）咸猪肉。更浓郁的教皇新堡产区葡萄酒（西拉、歌海娜、慕合怀特以及其他一些葡萄的混酿葡萄酒）与法式炖牛肉、无花果和蘑菇炖牛肉、烤乳猪或烤羊肉完美搭配。

享用带有清淡果味的罗讷河谷葡萄酒搭配侧腹牛排。

欢愉酒庄（Château Plaisance）

弗朗顿产区，法国西南部

欢愉酒庄格汉富力葡萄酒（红葡萄酒）
Le Grain de Folie, Côtes du Frontonnais (red)

柔和的单宁质感和温暖的红色水果风味是这款70%的内格瑞特、30%的佳美混酿葡萄酒的特色。仅使用天然酵母发酵，一切都在不锈钢桶中进行，不使用橡木桶。这款酒仍然有足够的酒体和中味，但没有太强烈的感觉。这款酒充满活力的风味是路易斯·佩纳瓦耶和他的儿子马克在他们30万平方米的酒庄中所青睐的谨慎、自然方法所获得的典型结果。他们使用有机方式耕种土地，每年生产约15万瓶品质始终如一的优质葡萄酒，这些葡萄酒是当今弗朗顿葡萄酒场景的基准。

Place de la Mairie,
31340 Vacquiers
www.chateau-plaisance.fr

罗科酒庄（Château La Roque）

皮克圣卢产区，朗格多克

罗科酒庄朗格多克丘白葡萄酒
Coteaux du Languedoc Blanc (white)

随着最近转向生物动力法农业，罗科酒庄的果实是新鲜的。清淡的干白葡萄酒的罗科酒庄朗格多克丘白葡萄酒混酿了当地的葡萄（玛珊、侯尔、白歌海娜、维欧尼和瑚珊），带有青柠、杏子和茉莉花的香气，口感清新爽口。该酒庄的起源可以追溯到8世纪，当时它是一个邮局，葡萄藤在13世纪首次出现在这里。如今，酒庄拥有约32万平方米的土地，归雅克·菲克特所有，他聘请克劳德·格罗斯作为他的酿酒顾问。

884210 La Roque Sur Pernes Vaucluse
www.chateau-laroque.fr

圣戈斯酒庄（Château de St-Cosme）

吉恭达斯产区，南罗讷河谷

圣戈斯酒庄圣戈斯罗讷河谷葡萄酒（红葡萄酒）
St-Cosme, Côtes du Rhône (red)

避开清淡、果味浓郁、令人难忘的罗讷河谷葡萄酒海洋，转而选择路易斯·巴鲁尔是绝佳选择。圣戈斯酒庄圣戈斯罗讷河谷葡萄酒是一款多层次、坚实的红葡萄酒，与巴鲁尔令人印象深刻的吉恭达斯产区酒庄呼应。巴鲁尔是吉恭达斯产区的关键人物之一，他是家族的第十四代人，负责照顾自1570年以来家族拥有的圣戈斯酒庄，尽管在此之前这里就在酿造葡萄酒。巴鲁尔为他的工作带来了魅力、智慧和活力的混合，无论是在15万平方米的酒庄中酿造，还是在巴鲁尔于1997年创立的高品质酒商业务中酿造，他的葡萄酒总是丰富而精致。

La Fouille et les Florets, 84190 Gigondas
www.saintcosme.com

阿尔巴圣杰克酒庄（Château St-Jacques d' Albas）

米内瓦产区，朗格多克

阿尔巴圣杰克酒庄正牌葡萄酒（红葡萄酒）
Domaine St-Jacques d' Albas, Minervois (red)

阿尔巴圣杰克酒庄已经种植了多年的葡萄，该酒庄位于米内瓦产区的西部。最初，这些葡萄被卖给了当地的合作社，但这一切在2001年发生了变化。当时酒庄被英国人格雷厄姆·纳特和他的妻子碧翠丝买下。这对夫妇翻修了葡萄园并聘请了顾问让-皮埃尔·库辛来帮助他们适应更全面的工作方式。阿尔巴圣杰克酒庄正牌葡萄酒是一款“风情万种”的红葡萄酒，带有野草莓、李子、百里香和龙蒿的味道。这款酒酒体适中，是该地区价格非常优惠的葡萄酒之一。

11800 Laure Minervois
www.chateaustjacques.com

拉加里格圣马丁酒庄（Château St-Martin de la Garrigue）

皮克普产区，朗格多克

拉加里格圣马丁酒庄皮克普葡萄酒（白葡萄酒）
Château St-Martin de la Garrigue, Picpoul de Pinet (white)

拉加里格圣马丁酒庄背后有着悠久而曲折的历史。847 年的文献提到这里有罗马教堂，并且在 20 世纪 70 年代在该遗址上发现了铁器时代的遗迹。但那时，城堡已经被遗弃了。直到 1992 年，当现在的所有者接管时，这里才恢复了昔日的辉煌，建造了一个酿酒厂并重新种植了葡萄藤。他们现在生产一系列有趣的葡萄酒，包括他们的皮克普葡萄酒。这款精致的干白葡萄酒带有清爽的柠檬风味，以及松针和海洋的复杂香气。

34530 Montagnac
04 67 24 00 40

舍罗广场酒庄（Chéreau Carré）

塞夫雷-马恩密斯卡岱产区，卢瓦尔河谷

舍罗广场酒庄鸟巢拉哈梅塞夫雷-马恩密斯卡岱酒泥陈酿葡萄酒（白葡萄酒）；舍罗广场酒庄鸟巢城堡葡萄园塞夫雷-马恩密斯卡岱酒泥陈酿葡萄酒（白葡萄酒）
Château l' Oiselinière de la Ramée Muscadet Sèvre-et-Maine sur Lie (white); Château l' Oiselinière Le Clos du Château Muscadet Sèvre-et-Maine sur Lie (white)

舍罗广场酒庄在 4 个顶级酒庄酿造了伟大的塞夫雷-马恩密斯卡岱葡萄酒，其中两款脱颖而出。鸟巢拉哈梅塞夫雷-马恩密斯卡岱酒泥陈酿葡萄酒是一款经典的密斯卡岱葡萄酒，在酒泥中陈酿，拥有带有咸味的新鲜梨子和梨皮的水果风味。鸟巢城堡葡萄园塞夫雷-马恩密斯卡岱酒泥陈酿葡萄酒使用朝南的片岩和片麻岩土壤地块中的葡萄酿造，带有梨子和甜瓜的水果风味。这款酒提醒着你，密斯卡岱葡萄（也称勃艮第香瓜葡萄）来自勃艮第。

44690 Saint Fiacre sur Maine
www.chereau-carre.fr

安赫尔酒庄（Clos de l' Anhel）

科比埃产区，朗格多克

安赫尔酒庄洛洛红葡萄酒
Le Lolo de l' Anhel, Corbières Rouge (red)

自从 2000 年在奥比欧河谷购买了一块老葡萄藤地铁后，苏菲·吉劳顿和菲利普·马蒂亚斯一直在努力建立自己的酒庄。这对年轻的夫妇在拉格拉斯附近位于海拔 220 米处的有机葡萄园中工作，非常细心，避免使用化学品，并呼吁家人和朋友帮助他们。他们在原来的老藤佳丽酿、歌海娜、神索和西拉葡萄中添加了一些新的西拉和慕合怀特葡萄种植，他们的安赫尔酒庄洛洛混酿红葡萄酒充满野性、美味和芬芳。安赫尔酒庄是值得关注的生产商。

11220 Lagrasse
www.anhel.fr

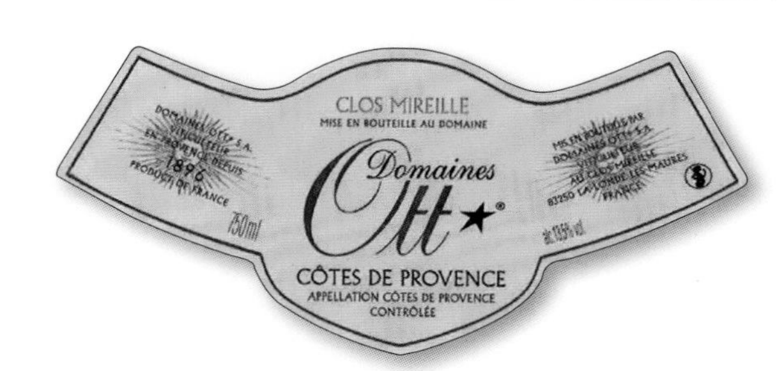

米赫乐酒庄（Clos Mireille）

普罗旺斯丘产区，普罗旺斯

米赫乐酒庄果实之心桃红葡萄酒
Clos Mireille Rosé Coeur de Grain, Côtes de Provence

米赫乐酒庄是传奇的奥特酒庄产业的一部分。该酒庄于 1936 年由阿尔萨斯的马塞尔·奥特买下，占地约 170 万平方米，位于拉隆德的海边，靠近耶尔。这里有一座美丽的房子和棕榈树成荫的土地，其中 47 万平方米的葡萄园种植了赛美蓉、白玉霓、歌海娜、西拉和神索葡萄。米赫乐酒庄果实之心桃红葡萄酒是这里生产的两款葡萄酒之一，具有经典的普罗旺斯桃红葡萄酒可爱、羞涩的橙子风味和石楠花香气。

2 bis bd des Hortensias, 83120 Ste-Maxime
04 94 49 39 86

尼克罗西酒庄（Clos Nicrosi）

科西嘉角产区，科西嘉岛

尼克罗西酒庄白葡萄酒
Clos Nicrosi Blanc, Coteaux du Cap Corse (white)

你必须关注科西嘉岛最北端的尼克罗西酒庄的白葡萄酒，酒庄位于罗利亚诺，就在崎岖美丽的科西嘉角顶部。最突出的是新鲜、优雅的、由 100% 的维蒙蒂诺葡萄（有些年份带有一点科蒂瓦塔葡萄）酿造的尼克罗西酒庄白葡萄酒。这款酒紧致而有力，有一种可爱的白花香气，带有淡淡的香草风味，酒精含量几乎总是很淡（大多数年份为 12.5%）。该酒庄由杜桑·路易吉和他的兄弟保罗于 1959 年创立，他们在 20 世纪 60 年代后期开始制作和装瓶自己的葡萄酒。今天，酒庄由让-诺埃尔·路易吉和他的儿子塞巴斯蒂安经营。

Pian Delle Borre, 20247 Rogliano
04 95 35 41 17

马格德莱娜酒庄（Clos Ste-Magdeleine）

卡西斯产区，普罗旺斯

马格德莱娜酒庄卡西斯桃红葡萄酒

Rosé Cassis

由歌海娜、神索和慕合怀特混酿而成的马格德莱娜酒庄卡西斯桃红葡萄酒比许多普罗旺斯桃红葡萄酒略带粉红色，相应地，其风味比起美味的香草风味更具有夏季的红色水果风味。增加的结构（不过仍然新鲜和精致）为你提供了良好的餐酒搭配选择。在过去的四年里，乔治娜和弗朗索瓦·萨克以及他们的孩子格雷瓜尔和乔纳森对这座位于卡纳耶角的美丽酒庄进行了改进。酒庄有大约20万平方米的梯田葡萄园，一直延伸到大海。

Avenue du Revestel, 13260 Cassis
wwwclossainte magdeleine.fr

鲍尔富酒庄（Clos du Tue-Boeuf）

舍韦尼产区，卢瓦尔河谷

鲍尔富酒庄鲁永舍韦尼葡萄酒（红葡萄酒）

Rouillon Cheverny (red)

让-玛丽和蒂埃里·普泽拉特是自然葡萄酒运动的明星，越来越多的酿酒师希望尽可能自然地酿造葡萄酒。这意味着有机葡萄栽培的推广，但也意味着在酿酒厂中使用尽可能少的人工干预措施，几乎或完全不添加二氧化硫，以及使用用于发酵的野生而非栽培酵母菌株。这对夫妇在20世纪90年代接管了他们父亲的酒庄，他们保留了16万平方米的葡萄园中种植的大量稀有的"传家宝"葡萄品种。他们生产的充满活力的美味葡萄酒证明了他们在葡萄园和酿酒厂中做出的勇敢选择是明智的。例如，鲍尔富酒庄鲁永舍韦尼葡萄酒是一款由佳美和黑皮诺葡萄混酿而成的夏日花香葡萄酒，结合了红樱桃、浆果和黑醋栗果实风味以及咸味白胡椒和烟熏培根风味。

6 route de Seur, 41120 Les Montils
02 54 44 05 06

德拉斯兄弟酒庄（Delas Frères）

北罗讷河谷产区

德拉斯兄弟酒庄大道园葡萄酒（克罗兹-艾米塔基红葡萄酒）

Domaine des Grands Chemins, Crozes-Hermitage (red)

直到最近，德拉斯兄弟酒庄还处于陷入默默无闻的危险之中。这是一家著名的酒商，始建于1835年，但到了20世纪80年代和20世纪90年代初，其葡萄酒的质量已经跟不上同行生产的质量。然后，在1996年，情况开始发生变化，这在很大程度上要归功于总经理法布斯·罗塞特富有远见的领导。是罗塞特进行了广泛而彻底的变革，彻底改革了基础设施和人员。他聘请了酿酒专家杰克·格朗兹和酿酒师让-弗朗索瓦·法里内领导酿酒团队，并聘请文森特·吉拉迪尼来改善葡萄园。他还重建了酿酒设施，并重组了葡萄园。这项工作很快取得了成果，现在德拉斯兄弟酒庄再次确立了自己在南罗讷河谷和北罗讷河谷的优质葡萄酒生产商的地位，生产范围广泛的酒商和酒庄葡萄酒。德拉斯兄弟酒庄在埃米塔基、圣约瑟夫和克罗兹-埃米塔基等北罗讷河谷顶级产区拥有一些著名的葡萄园（总面积约14万平方米），而在最后一个产区，你可以找到这家酒庄价值最高的葡萄酒。德拉斯兄弟酒庄大道园葡萄酒来自德拉斯兄弟酒庄拥有的私有土地，是一款非常有趣的克罗兹-埃米塔日产区葡萄酒，结合了一些复杂的香气和深沉的、令人满意的味道。

07300 St-Jean de Muzols
www.delas.com

百多利兄弟酒庄（Denis et Didier Berthollier）

萨瓦产区

百多利兄弟酒庄春宁老藤葡萄酒（白葡萄酒）；百多利兄弟酒庄春宁伯杰隆葡萄酒（白葡萄酒）

Chignin Vieilles Vignes, Savoie (white); Chignin Bergeron, Savoie (white)

百多利兄弟丹尼斯和迪迪埃是萨瓦产区的后起之秀，这要归功于他们对品质的不懈坚持。他们特别喜欢新鲜、有活力和有个性的白葡萄酒。百多利兄弟酒庄春宁老藤葡萄酒是使用贾给尔葡萄酿造的令人惊讶的柔和干白葡萄酒，带有可爱的花香和阿尔卑斯山的清新。兄弟俩还酿造了一款更加浓郁、酒体饱满的白葡萄酒，使用瑚珊葡萄酿造的春宁伯杰隆葡萄酒，带有淡淡的辛香和杏味，带有矿物质风味。

Le Viviers, 73800 Chignin
www.chignin.com

阿兰格拉洛酒庄（Alain Graillot）

北罗讷河谷产区

阿兰格拉洛酒庄克罗兹-埃米塔基葡萄酒（红葡萄酒）
Domaine Alain Graillot, Crozes-Hermitage (red)

阿兰格拉洛酒庄克罗兹-埃米塔基葡萄酒颜色深沉，各方面都很浓郁，从第一口的腌肉和香料的味道到活泼、集中的余味，都为你带来了狂野的感受。这是克罗兹-埃米塔基产区辛香红葡萄酒的示例，也是对过去几十年来对该产区声望的提升做出巨大贡献的酒庄的一个很好的介绍。精力充沛、尽职尽责的前化学工程师阿兰·格拉洛仍然掌管着他的酒庄，现在他和儿子马克西姆一起在占地 21 万平方米的葡萄园工作。

Les Chênes Verts, 26600 Pont-de-l' Isère
04 75 84 67 52

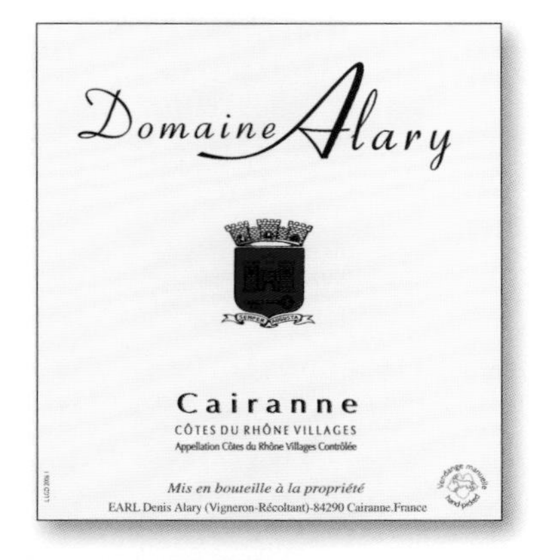

雅拉里酒庄（Domaine Alary）

凯拉纳产区，南罗讷河谷

雅拉里酒庄金山羊罗讷丘白葡萄酒；雅拉里酒庄罗讷丘凯拉纳村传统红葡萄酒
La Chèvre d' Or Côtes du Rhône Blanc (white);Tradition Cairanne, Côtes du Rhône Villages (red)

有机生产商丹尼斯·雅拉里在南罗讷河谷凯拉纳的 3 个产区酿造葡萄酒。无论是红葡萄酒还是白葡萄酒，它们总是展现出同样灵巧的触感。在价格最诱人的南罗讷河谷白葡萄酒中，雅拉里酒庄金山羊罗讷丘白葡萄酒将梨子、桃子、柑橘和蜂蜜的香气完美融合在一起。并且，凭借着覆盆子和黑莓的多汁风味，雅拉里的罗讷丘凯拉纳村传统葡萄酒，带有他标志性的冲击的佳丽酿葡萄酒，是对凯拉纳产区优雅红葡萄酒的最好介绍。聪明、豁达的雅拉里来自一个才华横溢的酿酒世家，他是圣马丁酒庄背后的兄弟的堂亲。

Route de Rasteau, 84290 Cairanne
04 90 30 82 32

奎纳尔酒庄（Domaine André et Michel Quenard）

萨瓦产区

奎纳尔酒庄阿比梅葡萄酒（白葡萄酒）；奎纳尔酒庄春宁梦杜斯葡萄酒（红葡萄酒）
Abymes, Savoie (white); Chignin Mondeuse, Savoie (red)

春宁村是几家姓奎纳尔的生产商的家园，但这家酒庄在几代人的时期一直是最稳定的。今天，酒庄由米歇尔经营，他现在由刚从酿酒学专业毕业的儿子纪尧姆帮助。出自陡峭葡萄园的优质产品组合，简单、新鲜的干白葡萄酒——阿比梅葡萄酒是一款真正用途广泛、价格低廉的萨瓦产区白葡萄酒，与奶酪火锅和其他奶酪菜肴搭配非常出色。在红葡萄酒的一面，辛香、深沉的春宁梦杜斯葡萄酒在大橡木桶中陈酿，使质朴的黑莓风味更加丰富。

Torméry, 73800 Chignin
04 79 28 12 75

天梭酒庄（Domaine André et Mireille Tissot）

汝拉产区

天梭酒庄汝拉克莱芒起泡酒；天梭酒庄阿尔布瓦普萨老藤葡萄酒（红葡萄酒）

Crémant du Jura (sparkling); Arbois Poulsard Vieilles Vignes (red)

天梭酒庄汝拉克莱芒起泡酒由霞多丽和萨瓦涅葡萄混酿制成，是一款优雅、干爽、起泡的葡萄酒，带有柠檬风味，价格低廉。这款酒由安德鲁和米雷耶的儿子斯蒂芬·天梭制作。他将这个40万平方米的阿尔布瓦酒庄的质量标准提高到了越来越令人印象深刻的水平。他以生物动力法的方式经营葡萄园，并且不怕引入可能与该地区传统背道而驰的新酿酒理念。酒庄除了汝拉克莱芒起泡酒，还有优雅的阿尔布瓦普萨老藤葡萄酒。红葡萄品种普萨葡萄需要小心处理，斯蒂芬将可爱的红醋栗果实风味与淡淡的橡木味融合在一起，制成这款精巧、美味的清淡红葡萄酒。

Place de la Liberté, 39600 Arbois
www.stephane-tissot.com

阿雷特克萨酒庄（Domaine Arretxea）

伊鲁莱盖产区，法国西南部

阿雷特克萨酒庄传统红葡萄酒

Rouge Tradition, Irouléguy (red)

比利牛斯山脉在法国西南部的伊鲁莱盖产区上空隐约可见，它们在定义该产区生产的葡萄酒方面发挥着重要作用。例如，在阿雷特克萨酒庄，8.5万平方米的葡萄园中至少有一半是在非常陡峭的斜坡上分割成梯田的，而其余的大部分葡萄种植在40°的斜坡上。该酒庄由特蕾莎和米歇尔·里奥斯佩鲁斯所有和经营，他们长期以来一直信奉有机和生物动力方法，1996年就获得了有机认证。他们生产少量的白葡萄酒，但在这里主导生产的是红葡萄酒。他们优良的阿雷特克萨酒庄传统红葡萄酒，里奥斯佩鲁斯混酿了丹娜、品丽珠和赤霞珠，在水泥桶而不是橡木桶中陈酿。这是伊鲁莱盖产区鲜为人知但真正令人愉悦的葡萄酒的一个很好的例子。这款酒提供了具有冲击力和顺滑度的制作良好的红色水果风味，而且价格不高，是日常饮用的绝佳选择。

64220 Irouléguy
05 59 37 33 67

蓓乐酒庄（Domaine Belle）

北罗讷河谷

蓓乐酒庄皮雷尔家族葡萄酒（红葡萄酒）；蓓乐酒庄白色大地白葡萄酒

Les Pierrelles, Crozes-Hermitage (red);Blanc Les Terres Blanches, Crozes-Hermitage (white)

蓓乐酒庄在克罗兹-埃米塔基产区拥有相当多的资产：其20万平方米的葡萄园大部分都在该产区，一小部分在埃米塔基。在酿酒方面，该酒庄对红葡萄酒和白葡萄酒的处理方式截然不同。红葡萄酒采用传统方式制作，浸渍时间长，整串发酵。以蓓乐酒庄皮雷尔家族葡萄酒为例，生产出令人满意的西拉葡萄酒，颜色深，味道浓郁，纯正水果风味带有红色和黑色浆果的味道。对于白葡萄酒，如蓓乐酒庄白色大地白葡萄酒，则使用了更现代的技术，如在温控不锈钢桶中进行发酵，这样做可以得到一款新鲜但仍然复杂的葡萄酒，带有一些柑橘的风味，让人想起木瓜和野蜂蜜。

Les Marsuriaux, 26600 Larnage
04 75 08 24 58

贝利维尔酒庄（Domaine de Bellivière）

贾斯尼耶产区，卢瓦尔丘，卢瓦尔河谷

贝利维尔酒庄初熟之果葡萄酒（白葡萄酒）

Prémices, Jasnières (white)

毫不夸张地说，埃里克和克里斯汀·尼古拉斯在重振贾斯尼耶和卢瓦尔丘的命运方面做得比其他任何人都多。这两个不起眼的产区位于图尔以北约50千米处，位于卢瓦尔河（卢瓦尔河的支流）沿岸，直到这对夫妇在产区发现了一些古老的葡萄园并开始重组它们。他们采取了相当激进的措施：产量大幅减少，在一个葡萄园中，他们种植的葡萄藤密度达到了惊人的4万株/万平方米。他们以由白诗南酿制的一系列绝妙的白葡萄酒而闻名，其中包括优质的贝利维尔酒庄初熟之果葡萄酒，这款酒是作为贝利维尔酒庄图像诗葡萄酒等顶级葡萄酒的实惠替代品而推出的。贝利维尔酒庄初熟之果葡萄酒完美地满足了它的要求：充满活力、令人垂涎的柑橘风味和酸酸的黄色李子水果风味巧妙地与少量残留糖平衡；刚好半干。

72340 Lhomme
www.belliviere.com

博得里酒庄（Domaine Bernard Baudry）

希侬产区，卢瓦尔河谷

博得里酒庄宝仓葡萄酒（红葡萄酒）

Les Granges, Chinon (red)

接受过勃艮第培训的酿酒师伯纳德·博得里是卢瓦尔河谷优质的红酒生产商之一。现在和他的儿子马修一起工作——他在法国学习酿酒后曾在澳大利亚塔斯马尼亚岛和美国加利福尼亚州旅行。博得里在一些优秀的地理位置拥有葡萄园，面积达 30 万平方米。博得里在维埃纳河旁的宝仓葡萄园拥有最年轻的葡萄藤。博得里酒庄宝仓葡萄酒，是一款优雅、酒体适中的品丽珠，其核心是明亮而美丽的肉桂风味和成熟且多汁的红樱桃风味。

9 Coteau de Sonnay, 37500 Cravant-les-Côteaux
www.chinon.com/vignoble/Bernard-Baudry

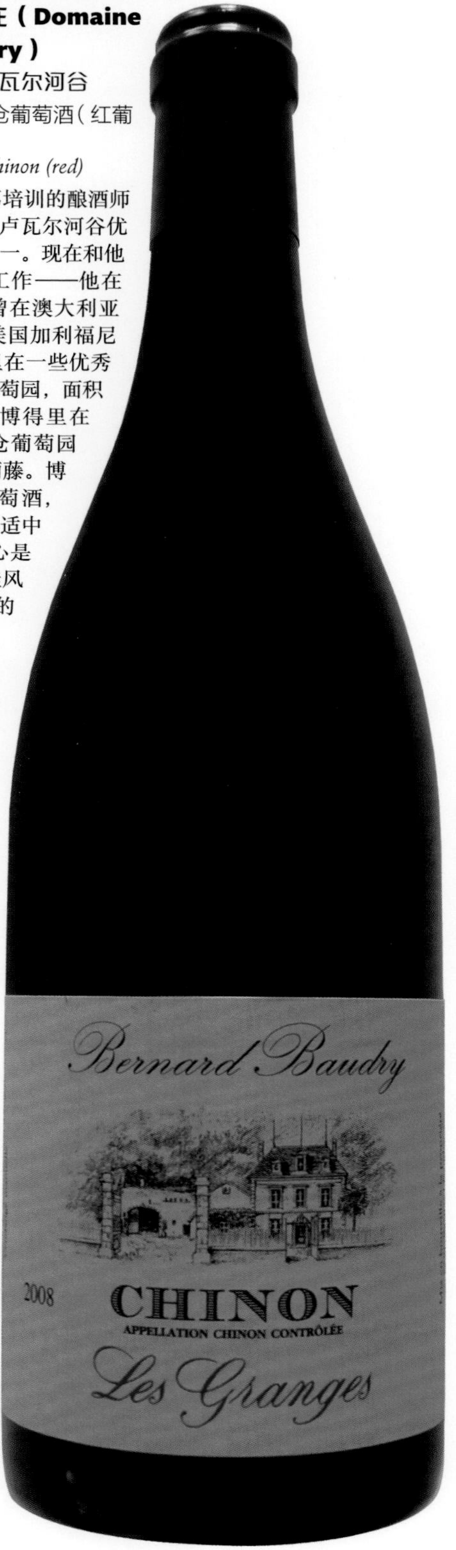

博特盖尔酒庄（Domaine Bott-Geyl）

阿尔萨斯产区

博特盖尔酒庄阿尔萨斯梅蒂斯皮诺葡萄酒（白葡萄酒）

Les Pinots d' Alsace Métiss (white)

博特盖尔酒庄以其种类繁多的令人惊叹的小产量葡萄酒而引起了人们的关注。博特盖尔酒庄阿尔萨斯梅蒂斯皮诺葡萄酒是由四个不同的葡萄品种家族成员混酿而成的，混合了欧塞瓦、白皮诺、灰皮诺和黑皮诺。“四重奏”共同构成了一款独特又美味的葡萄酒，具有深邃的口感和浓郁的矿物质余味。这款酒具有橙子和柠檬的味道，带有淡淡的蜂蜜和一些草本元素，直饮本身就是极好的，但与食物搭配同样令人惊喜。

Rue du Petit-Chateau, 68980 Beblenheim
www.bott-geyl.com

布拉纳酒庄（Domaine Brana）

伊鲁莱盖产区，法国西南部

布拉纳酒庄红葡萄酒；布拉纳酒庄白葡萄酒

Domaine Brana Rouge, Irouléguy (red); Domaine Brana Blanc, Irouléguy (white)

让·布拉纳一直是法国西南部伊鲁莱盖产区的先驱。抛开其他不谈，他是第一个在该产区恢复白葡萄酒生产的人，他是第一个脱离重要的当地合作社的生产商，该合作社主导着这里的生产，为该地区 90% 以上的种植者生产葡萄酒。布拉纳曾为合作社做出很多贡献，1988 年开始自己装瓶，从此树立了良好的声誉。布拉纳酒庄红葡萄酒是一款可爱的葡萄酒。尽管使用了一些颇具肉感的红葡萄，但总体上充满了自信和愉悦。这款混酿由 60% 的品丽珠、30% 的丹娜和 10% 的赤霞珠混合而成，以新鲜的芳香结构抵消黑色水果的浓郁风味。布拉纳的白葡萄酒也很棒，使用经典的西南葡萄品种，由 50% 的大满胜、25% 的小库尔布和 25% 的小满胜混酿而成，拥有花香和夏日气息，主要是异国水果的清脆演绎。

64220 St-Jean-Pied-de-Port
www.brana.fr

布里索酒庄（Domaine Le Briseau）

贾斯尼耶产区，卢瓦尔丘，卢瓦尔河谷

布里索酒庄啪嗒砰葡萄酒（红葡萄酒）

Patapon, Coteaux du Loir (red)

创新、固执的个人主义者，通常也是刻薄的——酿酒师似乎被贾斯尼耶和卢瓦尔丘所吸引，将这个曾经沉睡的死水变成了葡萄酒实验的温床。2002 年从布里索酒庄来到该地区的克里斯蒂安和娜塔莉·乔萨德是这种现象的两个典型例子。这对夫妇以生物动力法方式经营他们的酒庄，2006 年，他们已获得有机认证。酿酒过程极简自然，营造出独特的酒庄风格，强调活力、生命力和精力。所有这些都适用于布里索酒庄啪嗒砰葡萄酒，它将黑诗南和科特葡萄混酿成一款愉悦、芬芳、柔滑的未经橡木桶处理的红葡萄酒，并带有浓郁的白胡椒和烟熏丁香香气，围绕在其鲜红的樱桃果实风味边缘。

Les Nérons, Marçon carte, Sarthe
02 43 44 58 53

卡哲仕酒庄（Domaine de Cazes）
露喜龙产区

卡哲仕酒庄里维萨特麝香葡萄酒（甜酒）
Muscat de Rivesaltes (dessert)

卡哲仕家族的露喜龙产区葡萄酒帝国始建于 1895 年，当时米歇尔·卡哲仕照料了几万平方米的葡萄藤，然后出售给该地区的其他生产商。今天，酒庄占地约 200 万平方米的梯田葡萄园位于阿格利谷，每年生产 100 万瓶酒，分布在 15 种不同的葡萄酒中，是法国最大的有机和生物动力法葡萄酒酒庄。这一广泛系列的亮点之一是美味、具有蜂蜜风味、中等甜度的白葡萄酒——卡哲仕酒庄里维萨特麝香葡萄酒。这款酒带有橙花、橙子蜜饯、香草豆和水果蛋糕的香气，其浓郁度与新鲜的潜在酸度相得益彰。

4 rue Francisco Ferrer BP 61, 66602 Rivesaltes
www.cazes-rivesaltes.com

尚阿诺德酒庄（Domaine Chaume-Arnaud）
万索布尔产区，南罗讷河谷

尚阿诺德酒庄万索布尔葡萄酒（红葡萄酒）
Domaine Chaume-Arnaud, Vinsobres (red)

2007 年获得生物动力法认证，1997 年获得有机认证，尚阿诺德酒庄是万索布尔产区的优质的酒庄之一。酒庄的崛起是由充满活力和干劲十足的瓦莱丽·阿诺德策划的，她于 1987 年从父母手中接管了家族酒庄。当时，在南罗讷河谷地区很少有女性掌管葡萄酒酒庄，但阿诺德的丈夫提供了帮助，菲利普·尚开发的葡萄酒风格强调风土和真实性。该酒庄的尚阿诺德酒庄万索布尔葡萄酒风味浓郁，质地细腻，堪称教科书式的典范。

Les Paluds, 26110 Vinsobres
04 75 27 66 85

恭比埃酒庄（Domaine Combier）
北罗讷河谷

恭比埃酒庄克罗兹埃米塔基葡萄酒（红葡萄酒）
Domaine Combier, Crozes-Hermitage (red)

恭比埃酒庄克罗兹埃米塔基葡萄酒在许多年份都拥有奢华的成熟、柔和和肉感，比价格高出一倍的北罗讷河谷高价葡萄酒更为慷慨和富有表现力。这款酒由洛朗·恭比埃酿造，他生产葡萄酒时与他的父亲莫里斯遵循相同的原则：用有机方式让家族葡萄园得到守护，莫里斯早在 1970 年就开始采用这种农业形式。今天的酒庄在克罗兹-埃米塔基产区种植大约 22 万平方米的西拉，在圣约瑟夫产区种植另外 2 万平方米的玛珊和瑚珊，以及一小块西拉。

2 route de Chantemerle, 26600 Tain l' Hermitage
www.domaine-combier.comm

迈松纳夫酒庄（Domaine Cosse Maisonneuve）
卡奥尔产区，法国西南部

迈松纳夫酒庄菲姬特酿葡萄酒（红葡萄酒）
Cuvée La Fage, Cahors (red)

迈松纳夫酒庄的葡萄酒为卡奥尔产区提供了一个新的方向，提供了出色的风格、优雅和平衡。它们是退役橄榄球运动员马蒂厄·科斯和他的伴侣凯瑟琳·迈松纳夫的作品，他们的做法赢得的好评如潮。这对夫妇以生物动力法在该产区种植了 17.5 万平方米的葡萄藤，并用当地的马尔贝克葡萄品种酿制了 3 款特酿，其中迈松纳夫酒庄菲姬特酿葡萄酒价格最优惠。淡淡的烟熏橡木味立即将你包围，随后是马尔贝克的辛香黑色水果风味。这是一款浓郁、浓缩、高度控制的葡萄酒。

46800 Fargues
05 65 24 22 37

科特拉莱酒庄（Domaine de la Cotellaraie）
圣尼古拉-布尔格伊产区，卢瓦尔河谷

科特拉莱酒庄莫格雷特葡萄酒（红葡萄酒）
Les Mauguerets, St-Nicolas-de-Bourgueil (red)

科特拉莱酒庄莫格雷特葡萄酒优雅、柔滑，散发着新鲜采摘的牡丹、红樱桃和黑樱桃的香气，并带有淡淡的铅笔味，是来自科特拉莱酒庄的卢瓦尔河谷品丽珠葡萄酒的典范，是在该地区使用这个葡萄品种的大师之一。该酒庄的声誉归功于杰拉德·瓦利的技能和奉献精神，他为这片 25 万平方米的土地带来了敏感和风土驱动的方法。瓦利在他的葡萄园工作，在品丽珠旁边种植了少量（10%）的赤霞珠葡萄。

2, La Cotellaraie, 37140 St-Nicolas-de-Bourgueil
02 47 97 75 53

克罗斯酒庄（Domaine du Cros）
马西亚克产区，法国西南部

克罗斯酒庄国歌特酿葡萄酒（红葡萄酒）
Cuvée Lo Sang del Païs, Marcillac (red)

克罗斯酒庄国歌特酿葡萄酒是一款让人欲罢不能的葡萄酒。这款酒呈令人愉悦的亮紫色，未经橡木桶陈酿，确保覆盆子风味和醋栗味得到充分体现。这款酒由 100% 的费尔莎伐多葡萄酿造（在马西亚克产区中被称为芒索），应在其年份后的五年内饮用。这款酒由菲利普·特里尔在他 26 万平方米的葡萄园（一些自有，一些租用）中种植的葡萄制成，这些葡萄园隐藏在陡峭的山丘上，红宝石般的红土（当地称为鲁吉耶）暴露出高铁含量。

12390 Goutrens
www.domaine-du-cros.com

杜帕斯切尔酒庄（Domaine Dupasquier）

萨瓦产区

杜帕斯切尔酒庄胡塞特葡萄酒（白葡萄酒）；杜帕斯切尔酒庄梦杜斯葡萄酒（红葡萄酒）

Roussette de Savoie (white); Mondeuse, Savoie (red)

诺埃尔·杜帕斯切尔和他的儿子大卫的葡萄园位置非常陡峭，他们生产的一些优质葡萄酒并未反映在价格上。由阿尔迪斯葡萄制成的胡塞特葡萄酒可以在新酒或陈年几年时享用。这是一款干爽、充满矿物质风味、中等重量的白葡萄酒，带有细腻的白桃和梨子的味道。杜帕斯切尔酒庄梦杜斯红葡萄酒酒体轻盈、柔和，带有黑莓果味。

Aimavigne, 73170 Jongieux
04 79 44 02 23

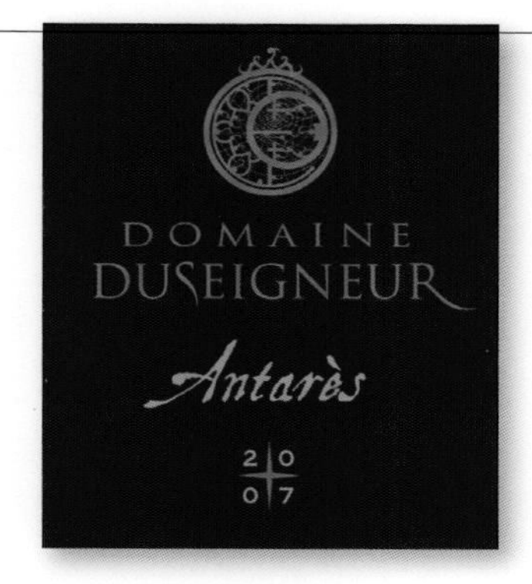

杜塞格纽尔酒庄（Domaine Duseigneur）

利哈克产区，南罗讷河谷

杜塞格纽尔酒庄心宿二葡萄酒（红葡萄酒）

Antarès, Lirac (red)

杜塞格纽尔酒庄心宿二葡萄酒是与著名侍酒师菲利普·福雷-布拉克合作酿造的一款超温和、浓缩、现代的红葡萄酒，比其他葡萄酒略贵一些——但这款酒令人赏心悦目，在天鹅绒斗篷内包装了层层风味。伯纳德和弗雷德里克·杜塞格纽尔兄弟在这个使用生物动力法的酒庄生产的所有葡萄酒都凸显了利哈克产区令人兴奋的潜力。从教皇新堡来到河对岸，这里的葡萄园同样铺满了石头。

Rue Nostradamus, 30126 St-Laurent-des-Arbres
www.domaineduseigneur.com

白色农场酒庄（Domaine de la Ferme Blanche）

卡西斯产区，普罗旺斯

白色农场酒庄卡西斯特酿白葡萄酒

Cuvée Cassis Blanc, Provence (white)

这款酒展示了为什么卡西斯产区因其白葡萄酒而备受推崇，白色农场酒庄卡西斯特酿白葡萄酒具有新鲜感和美味，是完美的夏季葡萄酒。然而，不仅如此，这款酒带有金银花香气和柑橘蜜饯风味，增加了这款酒的复杂性。白色农场酒庄成立于 1714 年，由因伯特家族世代所有，拥有 30 万平方米的葡萄藤，如今由弗朗索瓦·帕雷特管理。

Route de Marseille, 13260 Cassis
04 42 01 00 74

琼瑶浆

这种葡萄品种生产的干白葡萄酒和甜白葡萄酒具有易于识别的香气和出色的水果风味，但人们对它的褒贬不一。

一些人喜欢琼瑶浆，是因为它有纯粹的活力、异国情调的花香（如玫瑰），以及类似梨片加蜂蜜的水果风味。其他人则认为琼瑶浆的香气过于强烈，或将其花香与甜味联系起来，（错误地）认为不能与餐食一起享用。然而，干型的琼瑶浆葡萄酒可以与许多菜肴搭配，包括香肠配第戎芥末酱，以及与辛辣的亚洲菜肴和烟熏鲑鱼搭配的非干型琼瑶浆葡萄酒。

法国的阿尔萨斯是世界上大多数很好的琼瑶浆葡萄酒的所在地（在法语中没有变音符号 Gewurztraminer），然而在德国、澳大利亚、新西兰、美国加利福尼亚州等地生产的，有时使用同义词（Gewürztraminer）。

最好的示例往往来自凉爽气候的地区，并且通常由装瓶雷司令的酿酒师酿造。

这个名字结合了 gewürz（德语中的“辣”）和 Tramin（意大利北部的一个小镇）。一种简称为塔明娜（Traminer）的葡萄品种可以追溯到数百年前。研究葡萄藤的科学家认为，这种绿色外皮的品种在 150 年前发生了变异，产生了粉色外皮的琼瑶浆。

今天，琼瑶浆相对不受欢迎是一个优势。它使需求下降，因此优质琼瑶浆葡萄酒的价格更加合理。

粉色外皮的琼瑶浆在凉爽的气候条件下表现最佳。

弗朗茨索蒙酒庄（Domaine Frantz Saumon）

蒙路易产区，卢瓦尔河谷

弗朗茨索蒙酒庄矿物质＋干白葡萄酒（白葡萄酒）；弗朗茨索蒙酒庄卢瓦尔河三文鱼罗莫朗坦 VDF 葡萄酒（白葡萄酒）

Minérale+ Sec Montlouis-sur-Loire (white); Un Saumon dans la Loire Romorantin Vin de France (white)

弗朗茨·索蒙是个林务员，2001 年在卢瓦尔河畔蒙路易产区收购了 5 万平方米的葡萄园，于是他将注意力转向葡萄酒。他可能是一个新人，但他已经证明自己是纯正白诗南葡萄酒的杰出代表。也许他的背景至少在一个方面有所帮助。索蒙似乎对如何在酿酒中使用橡木有一种内在的理解：在这里总是明智地使用橡木。在弗朗茨索蒙酒庄矿物质＋干白葡萄酒中，一丝柑橘酸度平衡了微甜的蜂蜜苹果水果风味。这款酒像钟声一样清澈，不过从酒名中可以猜到，它带有矿物质的暗流。弗朗茨索蒙酒庄卢瓦尔河三文鱼罗莫朗坦 VDF 葡萄酒，紧致、悠长，并带有咸味、坚果味。这款来自当地罗莫朗坦葡萄品种的干型葡萄酒带有令人咂舌的柠檬皮和松脆的青苹果水果风味。

15 B Che des Cours, 37270 Montlouis-sur-Loire
06 16 83 47 90

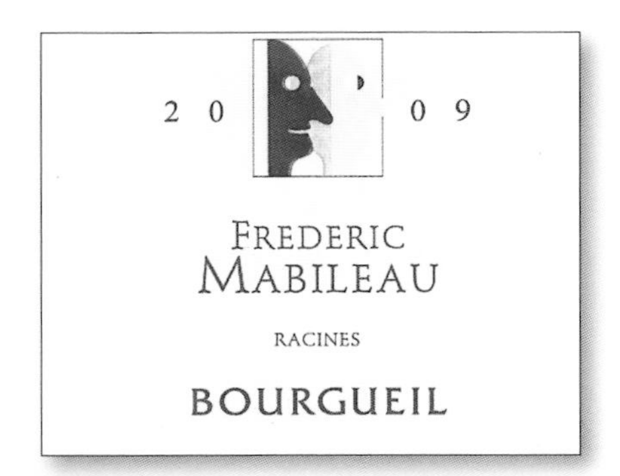

梅贝罗酒庄（Domaine Frédéric Mabileau）

圣尼古拉－布尔格伊产区，布尔格伊，安茹，索米尔，卢瓦尔河谷

梅贝罗酒庄锈迹葡萄酒（红葡萄酒）；梅贝尔酒庄根源葡萄酒（红葡萄酒）

Les Rouillères, St-Nicolas-de-Bourgueil (red); Racines, Bourgueil (red)

弗雷德里克·梅贝罗本来可以加入家族酒庄以完成他的酿酒事业。但他没有耐心去做自己的那些工作，于是在 1991 年，他决定建立自己的酒庄。多年来，他逐渐增加了他的葡萄园资产，这意味着他现在有大约 27 万平方米的葡萄藤可供使用，所有葡萄藤都在 2009 年获得了有机认证。虽然他用安茹产区的白诗南葡萄酿造了一些白葡萄酒，但是他使用品丽珠（也有一点赤霞珠）酿造的红葡萄酒，为他赢得了更多的追随者。其中，有两款酒脱颖而出：梅贝罗酒庄锈迹葡萄酒是品丽珠葡萄的精致而平易近人的表达，提供美味多汁的红色和黑色浆果风味，带有温暖的泥土和砾石气息；梅贝尔酒庄根源葡萄酒则更加结构化和坚固，带有浓郁的辛香香草橡木风味与纯净、成熟、芳香的黑醋栗果味深度结合在一起。

6 rue du Pressoir, 37140 St-Nicolas-de-Bourgueil
www.fredericmabileau.com

古碧酒庄（Domaine Gauby）

露喜龙产区

古碧酒庄石灰岩白葡萄酒

Les Calcinaires Blanc, Côtes du Roussillon Villages (white)

当你考虑到杰拉德·古碧的顶级葡萄酒以勃艮第特级园的价格出售时，古碧酒庄石灰岩白葡萄酒开始显得更加便宜。这款酒由 50% 的麝香、30% 的霞多丽和 20% 的马卡贝奥葡萄混酿而成，与古碧其他的葡萄酒一样，采用生物动力法生产。一款优雅、专注、丰富的干白葡萄酒，带有菠萝、白桃和蜂蜜的味道。正是这款葡萄酒让古碧成为露喜龙产区的超级明星，他为年轻一代的酿酒师提供了灵感，使该地区成为一个如此令人兴奋的地方。该酒庄位于佩皮尼昂西北 20 千米的卡尔斯村，多年来一直属于古碧家族，但 1985 年掌舵的杰拉德证明了酒庄可以酿造出优质的葡萄酒。多年来，他在继承的 11 万平方米土地上增加了一些地块。该酒庄现在扩展到 45 万平方米的葡萄藤，树龄长达 120 年，自 2001 年以来全部采用生物动力法，主要种植在卡尔斯周围的白垩纪土壤上（源自“calcaire”或白垩纪）。

La Muntada, 66600 Calce
www.domainegauby.fr

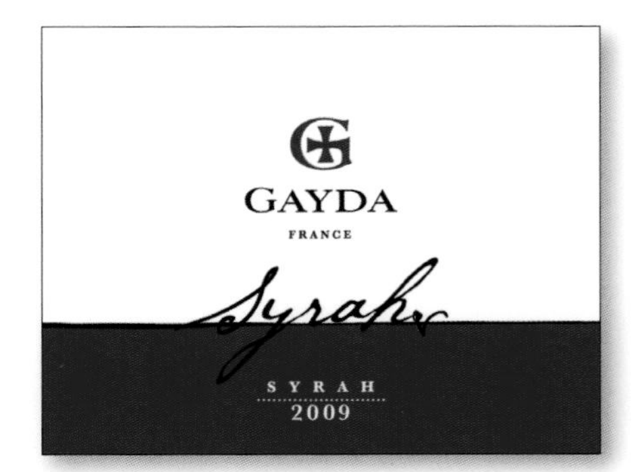

盖达酒庄（Domaine Gayda）

朗格多克产区

盖达酒庄西拉葡萄酒（红葡萄酒）

Gayda Cépages Syrah, IGP Pays d' Oc (red)

盖达酒庄西拉葡萄酒是一款浓郁而多肉的葡萄酒，带有一些芬芳的红醋栗和紫罗兰香气，以及温和的黑胡椒香料风味。虽然在温暖的年份要注意高酒精度，但它口感顺滑且易于饮用。这个酒庄有一个国际化的背景。它由英国人蒂姆·福特和南非人安东尼·雷科德所有，他们在南非弗朗索克产区工作时招募了法国酿酒师文森特·尚索，在顶级生产商布肯霍斯克鲁夫酒庄工作的酿酒师马克·肯特也是盖达酒庄的非执行董事。国际化的方式也体现在公司采购原材料的方式上。该团队在卡尔卡松东南部的布吕盖罗莱拥有约 11 万平方米自己的葡萄园，在米内瓦的拉里维涅拥有另外 8 万平方米的葡萄园，该团队还与朗格多克和露喜龙产区周围的许多种植者建立了合作伙伴关系。

11300 Brugairolles
www.gaydavineyards.com

乔治维尔奈酒庄（Domaine Georges Vernay）

孔得里约产区，北罗讷河谷

乔治维尔奈酒庄参孙之足葡萄酒（白葡萄酒）

Le Pied de Samson, Vin de Pays des Collines Rhodaniennes Viognier (white)

酿造维欧尼葡萄是乔治维尔奈酒庄的专长。该葡萄品种用于酿造该酒庄的顶级葡萄酒，旗舰乔治维尔奈酒庄孔得里约葡萄酒是这个备受推崇的小型（仅 8 万平方米）产区中较好的葡萄酒之一，因此价格有些昂贵。但该酒庄也生产更实惠的维欧尼版本，如参孙之足葡萄酒。这款酒有可爱的花香，带出令人联想到桃子和成熟蜜瓜的水果风味，以及清新的柑橘风味，带来平衡的余味。如今，颇具影响力的乔治·维尔奈已将酒庄的控制权移交给了他的女儿克里斯汀，后者与她的丈夫保罗和她的兄弟卢克一起工作。

1 route nationale, 69420 Condrieu
www.georges-vernay.fr

美人农庄酒庄（Domaine La Grange aux Belles）

安茹产区，卢瓦尔河谷

美人农庄酒庄弗拉吉葡萄酒（白葡萄酒）；美人农庄酒庄王子葡萄酒（红葡萄酒）

Fragile, Anjou (white); Princé, Anjou (red)

马克·侯廷曾是一名地质学家，后来他将才华带到了葡萄酒领域。他曾在传奇的苏玳产区生产商滴金酒庄实习，在那里他学到了制作优质甜酒的所有知识。因此，他于 2004 年在安茹产区成立的自家酒庄——美人农庄酒庄首次涉足生产甜酒也就不足为奇了。然而，他很快就尝试了干型风格，而今天这些是酒庄的主要焦点。侯廷于 2006 年聘请了来自蒙吉莱特酒庄的葡萄栽培师朱利安·布雷斯托对葡萄园进行可持续管理。两款安茹葡萄酒，弗拉吉葡萄酒（白葡萄酒）和王子葡萄酒（红葡萄酒），都是酒庄风格的绝佳体现。弗拉吉葡萄酒富含令人垂涎的、浓郁的苹果水果风味，是一款平衡优美的葡萄酒，余味坚韧而悠长。王子葡萄酒是一款极其精致、优雅的品丽珠葡萄酒，使用该领域最好的葡萄藤，其新鲜采摘的柔顺黑色水果风味具有很高的纯度。

Quartier artisanal de l' églantier, 49610 Murs-Erigne
02 41 80 05 72

格莱比隆酒庄（Domaine du Grapillon d' Or）

吉恭达斯产区，南罗讷河谷

格莱比隆酒庄经典特酿葡萄酒（红葡萄酒）

Cuvée Classique, Gigondas (red)

格莱比隆酒庄位于蒙米拉伊山脉下方，大部分葡萄园建于吉恭达斯产区周围的黏土石灰岩土壤上。如今，该酒庄由席琳·肖维经营，她在 10 年前继承了她的父亲伯纳德的产业。不过，伯纳德仍然在传统方式中帮助席琳，她开始用 80% 的歌海娜和 20% 的西拉酿造成熟、浓郁的葡萄酒。柔顺的格莱比隆酒庄经典特酿葡萄酒将最高的适饮性与相对实惠的价格结合在一起。虽然吉恭达斯产区葡萄酒通常是多肉的，几乎是耐嚼的，但这款却因其柔滑的优雅而脱颖而出。

84190 Gigondas
www.domainedugrapillondor.com

雅克普菲尼酒庄（Domaine Jacques Puffeney）

汝拉产区

雅克普菲尼酒庄霞多丽葡萄酒（白葡萄酒）；雅克普菲尼酒庄普萨葡萄酒（红葡萄酒）

Chardonnay, Arbois (white); Poulsard M, Arbois (red)

雅克·普菲尼从他位于阿尔布瓦地区最大的葡萄酒村之一蒙蒂尼莱阿尔叙雷的葡萄园中酿造出该地区最好的葡萄酒。他对酿酒有着完全不妥协的态度，根据大自然提供的条件，将每个年份的天气状况与过去几十年的天气状况进行比较。他的风格是传统的，他在 7.5 万平方米的葡萄园中种植了 5 个汝拉产区葡萄品种（特卢梭、普萨、萨瓦涅、霞多丽和黑皮诺）。普菲尼的雅克普菲尼酒庄霞多丽葡萄酒使用的是一种有趣的汝拉葡萄，它展示了该地区的矿物质特征，结合了成熟的苹果香气和干爽、清新、优雅的口感。雅克普菲尼酒庄普萨干红葡萄酒非常出色，它在大号橡木桶中熟化，不仅具有令人惊讶的强壮活泼，而且在其浅红宝石色背后有一种红色水果香气和泥土芬芳。

Quartier Saint Laurent, 39600 Montigny-les-Arsures
03 84 66 10 89

拉贾纳斯酒庄（Domaine de la Janasse）

罗讷南部教皇城堡

拉贾纳斯酒庄罗讷海岸（红葡萄酒）

Domaine de la Janasse, Côtes du Rhône (red)

拉贾纳斯·科特斯·杜罗讷酒庄是著名的教皇城堡系列亨伯勒葡萄酒中的一个久负盛名的酒庄。该酒庄出产的葡萄酒香气浓郁，果味浓郁，口感流畅顺滑，是贾纳斯风格的典型代表。令人难以置信的是，克里斯托夫·萨本19岁时，他的父亲就把自己建立和发展的酒庄交给了他。萨本和他的酿酒师妹妹伊莎贝尔，已经大大扩大了这个酒庄，从那时起，在罗讷海岸和罗讷村庄的海岸增加了土地，达到了15万平方米，横跨教皇城堡产区。

27 chemin du Moulin, 84350 Courthézon
www.lajanasse.com

吉恩-卢克领地酒庄（Domaine Jean-Luc Matha）

马西拉克，法国西南部

佩雷弗特酿，马西拉克（红葡萄酒）

Cuvée Pèirafi, Marcillac (red)

酒庄中较老的葡萄藤为其提供了费尔·塞瓦多葡萄，对于这款极富个性的酒来说真是物超所值。毫无疑问，这是一款品牌葡萄酒，带有柔和的红色水果和淡淡的肉桂香料。它在由老橡树制成的大桶中经过20个月的温和陈酿，旨在赋予葡萄酒质感、深度和柔和的效果，而不是明显的橡木味道。与之同名的店主在成为一名葡萄酒生产商之前接受过牧师的培训。如今，他独特的方法被应用于约16万平方米的有机种植葡萄园，所有这些葡萄园都是为当地特产费尔瑟瓦杜种植的。该地有时被称为杜维奥·波奇酒庄（Domaine du Vieux Porche）。

12330 Bruéjouls
www.matha-vigneron.fr

北罗讷河谷酒庄（Domaine Jean-Luc Colombo）

北隆河

费斯布朗，克罗兹-埃米塔日（红葡萄酒）

Les Fées Brunes, Crozes-Hermitage (red)

20世纪80年代，让·吕克·科伦坡年轻时第一次来到罗讷北部，当时他被认为是一个有点可怕的孩子。他在将现代酿酒和葡萄栽培技术引入罗讷这一地区方面发挥了重要作用，开创了绿色采摘、葡萄簇去梗和使用新橡树障碍等实践技术。他仍然被视为罗讷现代主义酿酒的代表，仍然提供广泛的咨询服务。然而，他不再被视为一个分裂的人物，他以自己的品牌在整个罗讷地区生产了一系列尼戈西亚葡萄酒和多梅因葡萄酒，包括南部的帕佩和塔维尔酒庄，以及罗讷河谷，圣约瑟夫、圣佩雷、克罗兹·埃尔米塔奇、埃尔米塔奇、康德里奥和 4 款科纳斯备受推崇的特酿。在许多年份，他的费斯布朗尝起来更像是昂贵的科纳斯，而不是一种相对负担得起的克罗兹-埃米塔日，具有令人印象深刻的集中度和复杂的芬芳与口感。

La Croix des Marais, 26v600 La Roche-de-Glun
04 75 84 17 10

加斯科涅酒庄（Domaine de Joÿ）

法国西南部加斯科涅

埃托勒，加斯科涅（白葡萄酒）
L' Etoile, Côtes de Gascogne (white)

这个美丽名字的酒庄主人，其家族渊源可以追溯到瑞士。维罗尼克和安德烈·盖斯勒以及他们的儿子奥利维尔和罗兰都是瑞士家庭的后裔，他们于 20 世纪初搬到了法国西南部地区。他们以生产白葡萄品种为主，110 万平方米的大部分用于生产巴斯阿玛涅和弗洛克·德加斯科尼开胃酒。他们酿造的白葡萄酒采用现代技术，在不锈钢中进行低温发酵，以保持新鲜水果的芳香。加斯科涅酒庄迷人的埃托勒葡萄酒突出了加斯科涅白葡萄酒轻松清爽的味道，其中 50% 的科伦巴德和 25% 的乌格尼白朗混合，加上 25% 的格罗曼生，略微使人发胖。

32110 Panjas
www.domaine-joy.com

拉丰酒庄（Domaine Laffont）

马德兰，法国西南产区

埃里戈特酿，马迪兰（红葡萄酒）
Cuvée Erigone, Madiran (red)

凭借其令人愉悦的复杂气味、深沉的水果味和一些可爱的咖啡和巧克力味，多梅纳·拉芬特的埃里戈特酿使用了来自古老的丹纳葡萄藤的水果，在那里产量保持较低水平，葡萄被冷浸以温和地提取水果的味道。这是一种非常适合与丰盛的炖肉或大块牛排搭配食用的葡萄酒。拉丰酒庄于 1993 年被比利时商人皮埃尔·斯派尔收购。斯派尔还拥有并经营着一家为电影业提供设备的企业，目前在马迪兰产区中心的毛穆森拥有 4 万平方米的葡萄园，他从另外 3 万平方米的葡萄园购买葡萄作为补充。斯派尔于 2005 年转向有机生产，现在他的酒庄正朝着生物动力学的方向迈进。

32400 Maumusson
05 62 69 75 23

瓶子里的黏液是什么？

大多数饮品都经过彻底的巴氏杀菌、均质处理和过滤，因此瓶子里只出现液体。然而，葡萄酒是个例外。白葡萄酒和红葡萄酒中有时会形成小晶体，而一些红葡萄酒中可能会形成淤泥的沉淀物。这些看起来也许并不吸引人，但从没有相关健康的问题被提出。事实上，两者都表明这款酒的酿造方式比大多数的葡萄酒都更自然，并且人为加工程度最低。

这些晶体大约有干海盐粒那么大，你可能会在瓶子底部看到一茶匙大小的量。这些晶体是酒石酸钾，是酿酒葡萄中天然酒石酸的一种无害副产品。它们是无害的，不会改变葡萄酒的味道。尽量不要将它们倒入玻璃杯中，并避免吞下它们。它们不会伤害你，但其质地非常令人不快。

一种称为沉淀物或酒泥的细粒黏性物质几乎只影响红葡萄酒。常见于开瓶前已保存数年的最低限度过滤的葡萄酒。这种沉淀物会随着时间的推移而形成，如果以保持侧放的方式正确储存瓶子，则会在瓶子的侧面形成条纹，如果直立存放，则会在瓶子的底部留下污渍。存在一些沉淀物是一个好兆头：这表明葡萄酒可能状况良好。但大量的沉淀物且酒液浑浊则表明它可能已经变质了。

醒酒是一种在饮用前将沉淀物从清澈的酒液中去除的解决方案。在你打算喝它的前两天把一瓶老红葡萄酒竖起来，让沉淀物落到瓶子底部是个不错的方法（有关醒酒建议，请参见第 148 页）。

莱昂巴拉尔酒庄（Domaine Leon Barral）

佛格莱尔产区，朗格多克

莱昂巴拉尔酒庄佛格莱尔红葡萄酒
Domaine Leon Barral, Faugères Rouge (red)

很少有人比这个精美的朗格多克酒庄的同名创始人的孙子迪迪埃·巴拉尔更致力于土地和环境友好方式。坦率地说，这是一个痴迷于土壤和肥料的人——这对任何参观他位于卡布雷罗尔附近朗瑟里奇小村庄的 25 万平方米老葡萄藤的游客来说都是显而易见的。巴拉尔采用生物动力法种植，这意味着没有化学品或除草剂。奶牛粪便被用来给土壤施肥，土壤经过彻底耕作，并鼓励生物多样性：葡萄园里到处都是蜘蛛、昆虫、鸟类和植物。酿酒同样自然，干预方法最少，并使用传统方法，如古董式的篮式压榨机。这种方法的成果可以从莱昂巴拉尔酒庄佛格莱尔红葡萄酒（干红葡萄酒）的多种风味中欣赏到。带有荆棘、野菜和蘑菇的美味香气，随和，易于享用。

Lenthéric Faugères, 34480 Cabrerolles
www.domaineleonbarral.com

杜马斯布兰克酒庄（Domaine du Mas Blanc）

露喜龙产区

杜马斯布兰克酒庄科普龙黎凡特科利乌尔红葡萄酒
Cosprons Levants, Collioure Rouge (red)

杜马斯布兰克酒庄是巴纽尔斯地区优质且具有创新性的生产商之一，自 1639 年以来一直由同一家族所有。其目前的崇高声誉在很大程度上要归功于安德烈·帕塞博士的工作，他为了塑造巴纽尔斯地区的当代身份，重新引入高贵的品种，大力游说引入科利乌尔产区，并在巴纽尔斯产区发展“rimage”（相当于复古波特酒）。如今，酒庄由让-米歇尔·帕塞经营，他于 1976 年接任，现在在陡峭的梯田上种植约 21 万平方米的老藤，以酿造顶级巴纽尔斯和科利乌尔葡萄酒。杜马斯布兰克酒庄科普龙黎凡特科利乌尔红葡萄酒是一款迷人的干红葡萄酒，带有野莓果酱、干香草和泥土的迷人气息。使用酒庄最古老葡萄藤的果实，混合了 60% 的西拉、30% 的慕合怀特和 10% 的古诺瓦兹。

66650 Banyuls-sur-Mer
www.domainedumasblanc.com

苔丝美人酒庄（Domaine Marcel Deiss）

阿尔萨斯产区

苔丝美人酒庄晚收白皮诺葡萄酒（白葡萄酒）
Vendanges Tardives Pinot Blanc, Alsace (white)

一般来说，苔丝美人酒庄不是你在阿尔萨斯产区或法国能找到的最便宜的生产商。但该酒庄的晚收白皮诺葡萄酒是对其独特酿酒风格的非常实惠的介绍。酒庄同名创始人的孙子马塞尔·戴斯是一个起源于 1744 年的伯格海姆地区葡萄种植者家族的一员，他站在生物动力法葡萄栽培的最前沿，坚持认为他们的葡萄园可以充分表达自己的唯一方式是葡萄酒。经过一定的瓶中陈酿，这款酒会呈现出深金色的色调，香气变得更加柔和，但在一些甜味的支持下，酒的味道直接而强烈。这款酒比许多葡萄酒更甜，更丰富（强调这一点的甜味），这是一款华丽、价格实惠的白皮诺葡萄酒。你可以看到许多酒商将戴斯的葡萄酒全部留给自己。

68750 Bergheim
www.marceldeiss.com

奥杰酒庄（Domaine Michel & Stéphane Ogier）

北罗讷河谷产区

奥杰酒庄罗弦西拉葡萄酒（红葡萄酒）；奥杰酒庄罗弦维欧尼葡萄酒（红葡萄酒）
La Rosine Syrah, Vin de Pays des Collines Rhodaniennes (red); Viognier de Rosine, Vin de Pays des Collines Rhodaniennes (red)

奥杰酒庄是一家正在崛起的罗讷河谷生产商。酒庄在最近才呈现出现在的形式，当时米歇尔·奥杰决定开始装瓶罗第丘葡萄酒，而不是像家族酒庄多年的传统那样将其出售给酒商。如今，该酒庄由米歇尔和海伦的儿子斯蒂芬经营，他在经营中加入了自己的，包括各种酿酒方式的创新和向罗讷河谷其他地区的扩张。与本书特别相关的是奥杰酒庄对罗丹尼亚山地区餐酒生产的尝试。奥杰酒庄出产的美味但结构丰富的罗弦西拉葡萄酒在价值方面始终是极高的，尤其是考虑到是在其价格始终是一个问题的地区。与此同时，奥杰酒庄罗弦维欧尼葡萄酒同样具有很高的价值，而且非常新鲜和集中，带有微妙的花香和令人愉悦的持久风味。

3 chemin du Bac, 69420 Ampuis
04 74 56 10 75

蒙特瓦克酒庄（Domaine de Montvac）

瓦给拉斯产区，南罗讷河谷

🍷 蒙特瓦克酒庄瓦给拉斯葡萄酒（红葡萄酒）

Domaine de Montvac, Vacqueyras (red)

24 万平方米的蒙特瓦克酒庄散发着明显的女性气息。酒庄一直在女性中传承，由母亲传给女儿，截至目前，已经四代了。最新加入酒庄的是塞西尔·杜塞尔，她最初想成为一名芭蕾舞演员而不是酿酒师。尽管如此，她在这里酿造的葡萄酒仍具有某种优雅的魅力，让人想起杜塞尔最初的雄心壮志：酒庄葡萄酒的沉着和优雅是非凡的，在舌尖上翩翩起舞，同时保留了她工作的瓦给拉斯产区和吉恭达斯产区的标志性力量。杜塞尔酿造享乐主义葡萄酒的天赋意味着她的入门级红葡萄酒的代表——蒙特瓦克酒庄瓦给拉斯葡萄酒是最令人愉悦的，散发着夏日浆果蜜饯的纯正吸引力。

84190 Vacqueyras
www.domaine-de-montvac.com

圣马丁酒庄（Domaine Oratoire St-Martin）

凯拉纳产区，南罗讷河谷

🍷 圣马丁酒庄领主陈酿葡萄酒（红葡萄酒）

Réserve des Seigneurs, Cairanne (red)

雅拉里家族在凯拉纳产区已经确立了地位，他们在这里从事葡萄酒酿造已有 300 多年的历史。目前由弗朗索瓦和弗雷德里克·雅拉里经营的圣马丁酒庄是南罗讷河谷地区令人印象深刻的酒庄之一。他们所做的每一件事都有一种传统的气息——正如你对一个拥有十代经验的家族所期望的那样——但他们从未满足于自己的成就。他们在 26 万平方米的酒庄（自 1993 年以来）中引入了生物动力法，并从葡萄园中取出吸热的石头，以减缓葡萄成熟速度并为葡萄酒增添新鲜感。与酒庄生产的所有葡萄酒一样，未经橡木桶处理的红葡萄酒领主陈酿葡萄酒在沉稳优雅的框架内带有富含矿物质的风土的美味印记。

Route de St-Roman, 84290 Cairanne
www.oratoiresaintmartin.fr

布兰克酒庄（Domaine Paul Blanck）

阿尔萨斯产区

🍷 布兰克酒庄黑皮诺葡萄酒（红葡萄酒）；布兰克酒庄琼瑶浆葡萄酒（白葡萄酒）

Pinot Noir, Alsace (red); Gewurztraminer, Alsace (white)

有时你确实想知道他们为什么要费心在阿尔萨斯产区酿造红葡萄酒。毕竟，该产区的白葡萄酒是如此出色，而红葡萄酒可能有点乏味。然后你会发现一款黑皮诺，它带有如此诱人的红色浆果风味和纯净的适饮性，你会明白他们正在努力争取什么。布兰克酒庄黑皮诺葡萄酒就是这样一款葡萄酒。由阿尔萨斯产区顶级酒庄酿造，这款酒提供了一点草莓的新鲜感，并带有烟熏风味。这是一款清淡的葡萄酒，非常适合在饮用前在冰箱中冷藏。迷人的琼瑶浆葡萄酒是肉豆蔻、肉桂和生姜风味同样令人陶醉的混酿，带有一点黑胡椒、少许土耳其软糖风味和一丝甜味。

32 grand-rue, 68240 Kientzheim
www.blanck-alsace.com

菲利普德莱斯沃酒庄（Domaine Philippe Delesvaux）

莱昂丘产区，卢瓦尔河谷

🍷 菲利普德莱斯沃酒庄莱昂丘葡萄酒（甜酒）

Domaine Philippe Delesvaux, Coteaux du Layon (dessert)

自 1983 年创立同名的 10 万平方米酒庄以来，出生于巴黎的菲利普·德莱斯沃一直是恢复卢瓦尔河谷地区一度陷入困境的莱昂丘产区声誉的主要力量。该酒庄现在采用生物动力法，几乎从一开始就因其高度浓缩、浓郁的甜酒而受到高度评价，但从不缺乏平衡或某种轻盈的触感。这里的所有工作——包括德莱斯沃为保持低产量而进行的严格修剪、去芽、疏枝和疏叶——都是手工完成的。甜美的菲利普德莱斯沃酒庄莱昂丘葡萄酒展示了他手工制作方法所带来的对细节的所有关注的好处。这款酒精致甜美，带有坚果和焦糖布丁的复杂风味和香气，余味非常清新、干净。这款酒在搭配美食方面也是用途广泛的，是鹅肝和一系列甜点和奶酪等的完美搭档。

Les Essarts, La Haie Longue, 49190, St-Aubin-de-Luigné
02 41 78 18 71

菲利普福瑞酒庄（Domaine Philippe Faury）

孔得里约产区，北罗讷河谷

🍷 菲利普福瑞酒庄圣约瑟夫葡萄酒（红葡萄酒）

Domaine Philippe Faury, St-Joseph (red)

精致而优雅，菲利普福瑞酒庄圣约瑟夫葡萄酒将红色水果风味的核心与烟熏培根和胡椒碎的重音结合在一起，带来丝般柔滑的余味。这款酒完全由西拉酿制，在各种不同大小的橡木桶中陈酿 12 个月，是这个由家族拥有和管理的北罗讷河谷酒庄的典型代表。菲利普·福瑞在他掌管的几年中对酒庄进行了重大开发，在此期间，该家族在罗第丘孔得里约的圣约瑟夫产区和罗丹尼亚山地区餐酒产区的葡萄园从 2.5 万平方米扩大到目前的 7 万平方米。自 2006 年以来，该酒庄由菲利普的儿子莱昂内尔经营，酒庄位于迷人的小村庄拉里波迪，坐落在孔得里约产区的斜坡上。

La Ribaudy, 42410 Chavanay
www.domaine-faury.fr

菲利普吉尔伯特酒庄（Domaine Philippe Gilbert）
默讷图-萨隆产区，卢瓦尔河谷

菲利普吉尔伯特酒庄默讷图-萨隆葡萄酒（红葡萄酒和白葡萄酒）
Domaine Philippe Gilbert, Menetou-Salon (red and white)

菲利普·吉尔伯特在 1998 年回到他在卢瓦尔河谷的家族葡萄酒酒庄之前是一名剧作家。回到酒庄之后，他遵循了可以追溯到 1768 年的家族葡萄种植传统。吉尔伯特和他的父亲都曾在勃艮第学习，那里是黑皮诺的故乡。对于默讷图-萨隆产区来说，不同寻常的是，该产区种植的黑皮诺比长相思还多。吉尔伯特在葡萄园中使用生物动力法，他的酿酒师让-菲利普·路易以其温和的方法而闻名，总是在寻找最清晰的风土表达。酒庄的白葡萄酒是一款美味的长相思葡萄酒，带有黑醋栗花苞和干香草的味道，以及成熟的白桃果实风味。酒庄的红葡萄酒是一款漂亮的黑皮诺葡萄酒，带有新鲜的红樱桃和红醋栗的味道，并带有经典的皮诺咸味和泥土气息。

Les Faucards, 18510 Menetou-Salon
www.domainephilippegilbert.fr

皮耶雷蒂酒庄（Domaine Pieretti）
科西嘉角产区，科西嘉岛

皮耶雷蒂酒庄老藤葡萄酒（红葡萄酒）
Vieilles Vignes, Coteaux du Cap Corse (red)

皮耶雷蒂酒庄是科西嘉岛知名的酒庄之一，也是以优惠的价格提供优质饮品的可靠选择。皮耶雷蒂酒庄老藤葡萄酒是他们的顶级混酿红葡萄酒（入门级也很出色），由老藤歌海娜和布鲁奈罗混酿而成。良好的酸度赋予这款葡萄酒张力，恰到好处的单宁有助于集中浓郁的黑色水果风味。这是一款真正具有地方感的葡萄酒。丽娜·文丘里-皮耶雷蒂于 1989 年从她的父亲让的手中接手酒庄，酒庄的葡萄园从 3 万平方米扩大到 10 万平方米。葡萄园位于圣塞维拉海拔 100 米的地方，就在科西嘉角卢里港附近的海岸边，而建于 1994 年的酒厂更靠近大海。

Santa Severa, 20228 Luri
www.vinpieretti.com

飞鸽酒庄（Domaine de la Pigeade）
博姆-德沃尼斯产区，南罗讷河谷

飞鸽酒庄博姆德沃尼斯麝香葡萄酒（甜酒）
Domaine de la Pigeade, Muscat de Beaumes-de-Venise (dessert)

如果你正在寻找一种可以增强水果甜点或蓝纹奶酪味道的葡萄酒，可以考虑这款由玛丽娜和蒂埃里·沃特在飞鸽酒庄精心调制的令人愉悦的博姆德沃尼斯麝香葡萄酒。这款酒在新酒时非常轻盈，带有异国情调的荔枝和橘子风味，随着年份的增长而增强——因此，如果意志力允许，可能值得将一些酒窖藏几年（沃特声称这款酒的陈年时间可长达 20 年）。博姆-德沃尼斯麝香葡萄酒产区的不懈推动者，他们将 42 万平方米酒庄的大约四分之三用于种植小粒麝香葡萄品种，用于生产法国著名的甜酒之一。

Route de Caromb, 84190 Beaumes-de-Venise
www.lapigeade.fr

莱托里酒庄（Domaine de la Rectorie）
露喜龙产区

莱托里酒庄科利乌尔黏土白葡萄酒
L' Argile Collioure Blanc (white)

马克和蒂埃里·帕斯兄弟在 20 世纪 80 年代初继承了莱托里酒庄的古老家族葡萄园——直到 1969 年为止这里由他们的祖母特蕾莎·帕斯管理，并在此之前由家族中几代人经营。他们在 1984 年生产了第一款葡萄酒，从那时起，他们一直在建立令人羡慕的良好质量声誉。兄弟俩种植了大约 27 万平方米的葡萄藤，这些葡萄藤分布在 30 多个小地块上，每个地块都种植在不同的海拔高度，从海平面到海拔 400 米不等，并且有不同的阳光照射角度。兄弟俩小心翼翼地收割，然后分别酿造这些地块成熟的葡萄，因为每个地块都有自己的特点。莱托里酒庄科利乌尔黏土白葡萄酒是一款浓郁的干白葡萄酒，由 90% 的灰歌海娜和 10% 的白歌海娜葡萄制成。这款酒在橡木桶中发酵和陈酿，它具有白垩纪矿物质风味、桃子和蜂蜜香气、浓郁的特征，以及一丝橡木烟熏味带来的复杂性。

65 rue de Puig del Mas, 66650 Banyuls-sur-Mer
www.la-rectorie.com

瑞美永酒庄（Domaine La Réméjeanne）
罗讷丘产区和罗讷丘村产区，南罗讷河谷

瑞美永酒庄草莓树葡萄酒（红葡萄酒和白葡萄酒）
Les Arbousiers, Côtes du Rhône (red and white)

虽然瑞美永酒庄生产的所有葡萄酒都展示了罗讷河谷最成功的一面，但瑞美永酒庄草莓树葡萄酒的红白系列可靠地将深度与魅力结合在一起。白葡萄酒令人口中充盈，但不会感到沉重；辛香复杂的红葡萄酒可以保存 5 年或更长时间。在过去的 20 年里，备受推崇的雷米·克莱恩一直在提升葡萄酒的质量，当时他在 20 世纪 60 年代初期接管了他父亲弗朗索瓦全家从摩洛哥返回后创立的家族酒庄。克莱恩现在在北加尔拥有 38 万平方米的葡萄园，他的葡萄酒与罗讷丘村产区生产的葡萄酒并列。这里的风景比南罗讷河谷地区阳光普照的中心地带更狂野，风味更强劲，因此葡萄酒具有明显的新鲜感和活力。克莱恩是野外大自然的爱好者，他以不同的野生植物命名他的葡萄酒——例如草莓树、金银花、刺柏和野蔷薇。

Cadignac, 30200 Sabran
www.laremejeanne.com

雷米泽尔酒庄（Domaine des Remizières）

北罗讷河谷

雷米泽尔酒庄克罗兹-埃米塔基葡萄酒（红葡萄酒）
Domaine des Remizières, Crozes-Hermitage (red)

雷米泽尔酒庄克罗兹-埃米塔基葡萄酒是一款物超所值的复杂葡萄酒。这款酒具有可爱的花香，带来而后柔和、甜美的红黑覆盆子果味和香料风味。不过现在，雷米泽尔酒庄仍在发展中，生产卓越的葡萄酒是他们的标准。该酒庄由同一个家族掌管了三代，最初的所有者阿尔方斯·德缪尔于 1977 年将其传给了儿子菲利普，而菲利普现在与他的女儿艾米丽一起工作。菲利普和艾米丽在过去几年中增加了超过 25 万平方米的葡萄园面积，现在达到 30 万平方米。今天，酒庄的资产主要集中在克罗兹-埃米塔基产区（24 万平方米），少量资产在圣约瑟夫产区和埃米塔基产区。更重要的是，酒庄出产的产品质量跟上了数量的增长。这些葡萄酒采用现代风格酿造，带有大量新橡木桶和成熟丰富的风味。

Route de Romans, 26600 Mercurol
www.domaineremizieres.com

里卡德酒庄（Domaine Ricard）

都兰产区，卢瓦尔河谷

里卡德酒庄佩蒂奥长相思葡萄酒（白葡萄酒）
Le Petiot Sauvignon Blanc, Touraine (white)

当代法国葡萄酒的许多主要参与者曾经是葡萄种植者，他们将所有的果实都卖给当地的合作社或经销商，但现在他们自己装瓶。里卡德酒庄就是这样一个例子。直到 1998 年文森特·里卡德建立了他 17 万平方米的酒庄前，他的家人将所有产品都卖给了第三方。但是，在与希侬产区（与菲利普艾略特酒庄）和武弗雷产区 / 蒙路易产区（与施黛酒庄）合作后，里卡德变得更加雄心勃勃，想要动手实践。酒庄坐落于都兰的雪儿河畔圣艾尼昂附近，在雪儿河的另一边，目前生产一系列备受推崇的葡萄酒，包括品丽珠和马尔贝克（在卢瓦尔河谷称为“Côt”）红葡萄酒，以及偶尔生产霞多丽葡萄酒。但真正主导他的葡萄园和生产的还是该酒庄的优质长相思葡萄酒，其中大部分出口。未经橡木桶处理的佩蒂奥长相思葡萄酒由较年轻（20 ~ 30 年）的葡萄藤出产的葡萄酿制而成，与它的标签一样活泼、放肆和有趣，其成熟的醋栗和新鲜的青苹果风味带有一丝辛香的月桂叶香气。

19 rue de la Bougonnetière, 41140 Thesee La Romaine
www.domainericard.com

白诗南

在世界的某些地方，白诗南被认为是廉价而令人愉快的葡萄品种。但这对这种美妙的白葡萄品种来说是极大的伤害。在卢瓦尔河谷产区相对凉爽的地区，白诗南出产了一些很棒的干型和甜型葡萄酒，带有让人联想到西洋梨或脆苹果以及花香的花果香气。

卢瓦尔河谷产区葡萄酒的标签上没有白诗南这个名字，但可以通过葡萄酒产区来识别，包括：安茹产区（通常是干葡萄酒）、邦尼舒产区、莱昂丘产区、蒙路易产区、卡德休姆产区、索米尔产区、塞福尼尔斯产区和武弗雷产区（通常是微甜的葡萄酒，甚至是非常甜的甜酒）。卢瓦尔河葡萄酒是一个起泡酒的版本。

当你想将自己的口味扩展到新的但不是真正陌生的领域时，可以将白诗南干型葡萄酒视为长相思或灰皮诺的有趣替代品。卢瓦尔河葡萄酒的酒精含量相当低，而且由于酸度活泼，它们与清淡或奶油鱼类菜肴、沙拉、鸡肉，甚至肉酱都能搭配得很好。

白诗南是南非的主要葡萄品种，自早期殖民时代以来一直在南非种植，约占葡萄园的 20%。有时被称为当地的名字——斯蒂恩。在过去的几十年里，它在以质量为导向的酿酒师中得到了传播。

白诗南的酸度很高。

岩石酒庄（Domaine Le Roc）
弗朗顿产区，法国西南部

岩石酒庄经典葡萄酒（红葡萄酒）
Le Classique, Fronton (red)

红醋栗和白胡椒的味道是内格瑞特葡萄品种的经典标志，它在法国西南部图卢兹附近的弗朗顿产区找到了家。在岩石酒庄经典葡萄酒中，这些经典风味与更深沉、结构更强的西拉和赤霞珠风味混合在一起。这款酒辛香、独特、芳香，难怪有人称它为西南地区的黑皮诺葡萄酒。岩石酒庄由弗雷德里克·里布斯经营，他是一位务实且受过常规培训的酿酒师，但他仍喜欢在工作中采用创造性的艺术方式——葡萄酒的标签和箱子以花卉图案为特色。

31620 Fronton
www.leroc-fronton.com

天使之石酒庄（Domaine Le Roc des Anges）
露喜龙产区

天使之石酒庄老藤葡萄酒（红葡萄酒）
Vieilles Vignes, Cotes du Roussillon Rouge (red)

天使之石酒庄于 2001 年创立，这是马乔里·加勒的项目，其首个年份的葡萄酒采用了蒙特纳村附近 10 万平方米的葡萄藤（包括一片 100 年历史的佳丽酿葡萄藤）。很快，加勒就抢购了更多地块，直到葡萄园达到目前 25 万平方米的规模，种植了低产量的黑佳丽酿、黑歌海娜、灰歌海娜、马卡贝奥和白佳丽酿等。加勒在村里修复的旧酒窖里酿造葡萄酒，使用混凝土罐尽可能多地获得水果风味和风土特征。这种风格在天使之石酒庄老藤葡萄酒中得到体现，老藤佳丽酿、歌海娜和西拉葡萄为这款风味浓郁、口感醇厚、质地柔顺的葡萄酒赋予了复杂度，使其回味无穷。

2 place de l' Aire, 66720 Montner
www.rocdesanges.com

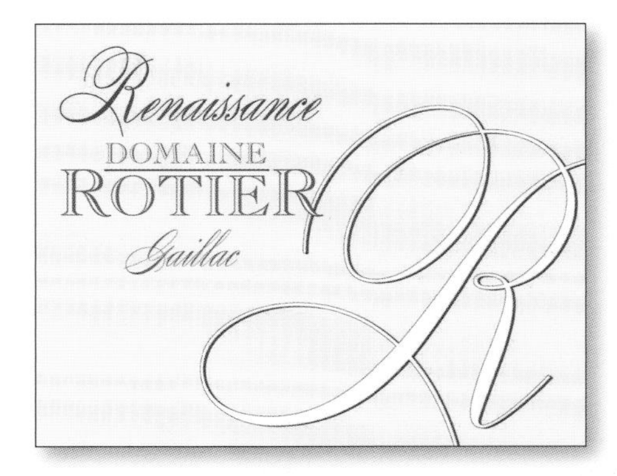

罗蒂尔酒庄（Domaine Rotier）
加亚克产区，法国西南部

罗蒂尔酒庄复活红葡萄酒
Renaissance Rouge, Gaillac (red)

罗蒂尔酒庄复活红葡萄酒是一款经典的加亚克产区混酿酒，由 30% 的杜拉斯、30% 的费尔莎伐多和 40% 的西拉葡萄混酿而成，在橡木桶中陈放一年（其中只有 15% 是新酒）。这款酒通常需要几年的时间才能打开，到那时你应该会得到一丝甘草味，让紧实的黑色水果风味变得有深度。这正是阿兰·罗蒂尔和弗朗西斯·马尔所熟知的那种传统但注重质量的酿酒工艺。作为可持续葡萄栽培的长期支持者，他们已经超过 25 年没有使用化肥，而是在成排的葡萄藤之间种植燕麦和大麦，以促进微生物活动。

Petit Nareye, 81600 Cadalen
www.domaine-rotier.com

萨瓦林酒庄（Domaine des Savarines）
卡奥尔产区，法国西南部

萨瓦林酒庄卡奥尔红葡萄酒
Domaine des Savarines, Cahors Rouge (red)

萨瓦林酒庄的卡奥尔红葡萄酒物超所值，非常令人愉悦，绿色环保（该酒已通过有机和生物动力法认证），并且非常适合搭配美食。这款酒中占比 20% 的梅洛葡萄可以软化马尔贝克葡萄，单宁柔软丝滑，但仍然有足够的泥土气息，让人感觉非常法式。占地 4 万平方米的酒庄由埃里克·特鲁耶所有，他还拥有位于伦敦诺丁山的烹饪之书书店。与许多酒庄不同的是，特鲁耶喜欢保留他的葡萄酒，直到它们可以饮用——大约在装瓶 5 年后。

Trespoux, 46090 Cahors
www.domainedessavarines.com

苏梅德酒庄（Domaine La Soumade）

拉斯多产区，南罗讷河谷

苏梅德酒庄传统特酿葡萄酒（红葡萄酒）；苏梅德酒庄天然甜酒
Cuvée Tradition, Rasteau (red); Vin Doux Naturel Rasteau, Rouge (dessert)

苏梅德酒庄的传统特酿葡萄酒是一款优雅的葡萄酒，奢华但从不含有过多果酱风味。苏梅德酒庄天然甜酒也有优雅和微妙之处。一款质地奢华的甜红葡萄酒，飘着洛根莓和咖啡的香气，与一些黑巧克力或用它制成的甜点一起搭配饮用时，是绝妙的体验。这些葡萄酒是由一个与拉斯多产区有着密切联系的家族生产的，在那里他们世代种植桃子和葡萄。时至今日，安德烈·罗梅罗和他的儿子弗雷德里克照料着大约 28 万平方米的土地，虽然他们也生产了一些教皇新堡产区葡萄酒和吉恭达斯产区葡萄酒，但他们最常与拉斯多产区葡萄酒联系在一起。

84110 Rasteau
04 90 46 11 26

塔希克酒庄（Domaine Tariquet）

加斯科涅丘产区，法国西南部

塔希克酒庄经典葡萄酒（白葡萄酒）
Tariquet Classic, Vin de Pays de Côtes de Gascogne (white)

塔希克酒庄的葡萄酒种类繁多，其中许多都物超所值，但对于真正易于饮用的日常葡萄酒，可与各种食物搭配，略带花香的未经橡木桶处理的白玉霓和鸽笼白葡萄混酿酒，塔希克酒庄经典葡萄酒需要被提到。这款酒朴实无华，轻盈，充满柑橘风味。四分之一世纪前，当塔希克酒庄的伊夫·格拉萨成为第一个在雅文邑地区种植霞多丽、长相思和白诗南的种植者时，他的酒庄就登上了地图，而清爽、现代的白葡萄酒从此成为法国西南部地区的标准。

32800 Eauze
www.tariquet.com

老塔酒庄（Domaine La Tour Vieille）

巴纽尔斯产区，科利乌尔，露喜龙

老塔酒庄巴纽尔斯葡萄酒（加强型葡萄酒）
Banyuls Vendanges (fortified)

克里斯汀和文森特·坎蒂的老塔酒庄是一个美丽的酒庄，坐落在通往地中海的梯田山坡上。 该酒庄占地 12 万平方米，分为 12 个不同的地块，分布在巴纽尔斯和科利乌尔产区周围。这些地块，由于海拔不同，再加上日晒和风吹的变化，为成品葡萄酒增加了复杂性，包括佐餐酒和加强型葡萄酒。比如老塔酒庄巴纽尔斯葡萄酒，非常接近波特酒，带有黑樱桃、红玫瑰、摩卡、焦糖和海盐的味道。这款酒的质地很好，有一些咀嚼感和紧致感以保持平衡。

12 route de Madeloc, 66190 Collioure
04 68 82 44 82

隧道酒庄（Domaine du Tunnel）

北罗讷河谷产区

隧道酒庄瑚珊葡萄酒（白葡萄酒）；隧道酒庄圣约瑟夫葡萄酒（红葡萄酒）
Roussanne, St-Péray (white); St-Joseph (red)

隧道酒庄始建于 1994 年，当时年仅 24 岁的酿酒神童斯蒂芬·罗伯特一开始用租来的葡萄园酿制葡萄酒。他很快就扩大了自己的葡萄园面积，在这期间，他在科尔纳斯产区增加了近 3.5 万平方米，在圣约瑟夫产区增加了 2.5 万平方米，在圣佩雷产区增加了 2 万平方米，这些是他拥有的大多数葡萄园。酒庄位于圣佩雷产区，罗伯特生产的一些葡萄酒是这个产区最好的，例如隧道酒庄瑚珊葡萄酒，这款酒散发出诱人的香味，让人想起鲜花、烤坚果、面包皮和野蜂蜜的风味，其后是白桃和榅桲的甘美味道。相比之下，罗伯特的隧道酒庄圣约瑟夫葡萄酒味道浓郁，但仍然新鲜而集中。

20 rue de la République, 07130 St-Péray
04 75 80 04 66

雅恩沙芙酒庄（Domaine Yann Chave）

北罗讷河谷产区

雅恩沙芙酒庄克罗兹-埃米塔基葡萄酒（红葡萄酒）
Domaine Yann Chave, Crozes-Hermitage (red)

很难相信雅恩·沙芙才 40 多岁，自 20 世纪 90 年代开始酿酒以来，就有如此之大的影响力。同样令人难以置信的是，这位北罗讷河谷产区的明星曾经计划进入银行和经济领域，然后才意识到自己并不适合在企业界。沙芙后来加入他父亲伯纳德的行列，在家族酒庄工作，他已经成为罗纳河谷令人印象深刻的后起之秀之一。沙芙现在在克罗兹-埃米塔基产区拥有大约 15 万平方米的葡萄园（主要种植西拉葡萄），在埃米塔基产区拥有超过 1 万平方米的葡萄园，他的葡萄酒总是令人信服、复杂而美味的。例如，红覆盆子和黑樱桃的纯净、新鲜的香气和风味是他极其出色的雅恩沙芙酒庄克罗兹-埃米塔基葡萄酒的驱动力。这款酒还带有一些迷人的淡淡的胡椒味和非常微妙的橡木味。

26600 Mercurol
04 75 07 42 11

保罗马斯酒庄（Domaines Paul Mas）

朗格多克产区

保罗马斯酒庄芙吉葡萄酒（西拉和维欧尼）（白葡萄酒）；保罗马斯酒庄傲慢青蛙葡萄酒（白葡萄酒）

La Forge Varietal Wines (Syrah and Viogner) (white); Arrogant Frog (white)

躁动不安、充满活力的让－克劳德·马斯将他在埃罗地区的家族企业变成了一家非常稳定的大型生产商。马斯在他的酿酒和营销方面对来自法国南部各地的葡萄酒有着公开的新世界方法。在芙吉酒庄，他制作了一些超值的地区餐酒。保罗马斯酒庄芙吉西拉葡萄酒带有柔和皮革气味，特别吸引人；保罗马斯酒庄芙吉维欧尼葡萄酒和傲慢青蛙葡萄酒中的维欧尼葡萄带有杏子和柠檬皮风味，也很吸引人。

Route de Villeveyrac, 34530 Montagnac www.paulmas.com

舒伯格酒庄（Domaines Schlumberger）

阿尔萨斯产区

舒伯格酒庄赛灵雷司令葡萄酒（白葡萄酒）

Riesling Grand Cru Saering, Alsace (white)

舒伯格酒庄是阿尔萨斯产区最大的酒庄，如今由家族的两代人经营——阿兰·贝登－舒伯格（第六代）和塞弗琳·舒伯格（第七代）。酒庄拥有约 148 万平方米的葡萄园，其中许多种植在陡坡上。舒伯格酒庄葡萄酒系列的真正乐趣在于其入门级产品组合之上的葡萄酒，而来自其具有代表性的特级园的舒伯格酒庄赛灵雷司令葡萄酒就是一个极好的例子。你会期待这个葡萄园酿造的酒有一些档次，并且精致，而这款酒两者兼有。这款酒口感美妙，清新、活泼、干净、新鲜，丝滑，略带重量，收口有一阵强烈的青柠风味。

100 rue Theodore Deck, 68501 Guebwiller
www.domaines-schlumberger.com

费拉顿父子酒庄（Ferraton Père & Fils）

北罗讷河谷产区

费拉顿父子酒庄马利尼埃葡萄酒（红葡萄酒）

La Malinière, Crozes-Hermitage (red)

自从著名的罗讷河谷生产商、创始人家族的朋友米歇尔·查普蒂埃掌权以来，费拉顿父子酒庄迅速崛起。就像查普蒂埃所涉及的任何地方一样，葡萄园采用生物动力法种植（已经获得了 10 多年的认证），并且酒庄的酒商和葡萄酒的质量正在不断提高。费拉顿父子酒庄马利尼埃葡萄酒是费拉顿酒庄复兴的主要证据。这款酒在橡木桶中陈酿 12 个月，在每个角落都纯净、靓丽、令人愉悦；这是一款为清新和优雅打造的西拉葡萄酒，红色浆果的香气带来柔和的余味。

13 rue de la Sizeranne, 26600 Tain l' Hermitage
www.ferraton.fr

弗朗索瓦克罗榭酒庄（François Crochet）

桑塞尔产区，卢瓦尔河谷

弗朗索瓦克罗榭酒庄桑塞尔葡萄酒（白葡萄酒）

François Crochet, Sancerre (white)

弗朗索瓦克罗榭酒庄的桑塞尔葡萄酒是现代卢瓦尔河谷产区长相思葡萄酒的一个新鲜、典型的例子。这款酒的特点是其生动的荨麻和醋栗香气和风味，以及令人垂涎的悠长余味。弗朗索瓦·克罗榭于 1998 年接管了他父亲 10.5 万平方米的酒庄。他增加了一个新酒窖，里面装满了现代酿酒所需的所有设备，他的投资组合现在涵盖了一系列来自他各种不同风土的单一葡萄园长相思白葡萄酒——硅石、石质石灰石和白垩纪黏土——加上一些制作精良、果味浓郁且优雅的黑皮诺葡萄酒。

Marcigoué, 18300 Bué
02 48 54 21 77

卢顿家族酒庄（François Lurton）

朗格多克产区

卢顿家族酒庄芳迷渐白长相思葡萄酒（白葡萄酒）；卢顿家族酒庄特拉桑娜西拉葡萄酒（红葡萄酒）

Fumées Blanches Sauvignon (white); Terra Sana Syrah, Vin de Pays d' Oc (red)

弗朗索瓦·卢顿尽管现在已经和他的兄弟雅克分家，但仍然继续酿造新鲜、现代的葡萄酒，其中包括法国的一些葡萄酒。芳迷渐白的经典长相思葡萄酒中富含新鲜、辛香的醋栗风味：这款酒几乎充满了来自冷酿造工艺以促进果味来增强多种风味。这款酒值得人们寻找最近的年份来保持新鲜感。卢顿家族酒庄特拉桑娜西拉葡萄酒是一款价格合理的有机葡萄酒，富含纯净的水果风味，辛香的黑色水果风味与新鲜的酸度相得益彰。这款酒的酒精含量也很合理，为 13.5%。

Domaine de Poumeyrade, 33870 Vayres
www.francoislurton.com

吉哈伯通酒庄（Gérard Bertrand）

朗格多克产区

吉哈伯通酒庄灰白葡萄酒（桃红葡萄酒）

Gris-Blanc, Vin de Pays d' Oc (rosé)

橄榄球运动员出身的酿酒师吉哈·伯通，其价格合理的吉哈伯通酒庄灰白桃红葡萄酒轻盈如羽毛，带有糖果般的甜味，易于饮用。你不需要想太多，这正是适合野餐饮用的夏季葡萄酒。伯通是当今朗格多克舞台上的重要人物。他自己拥有 5 处产业，并与 40 名种植者和 10 家合作社合作开展其他项目。他现在每年在全球销售超过 1200 万瓶葡萄酒，但他对质量的要求极为严格。前往该地区的游客应该直奔位于克拉普的豪斯古堡，那里有酒店、餐厅和葡萄酒商店。

Route de Narbonne plage, 11104 Narbonne
www.gerard-bertrand.com

吉佳乐世家酒庄（E Guigal）

北罗讷河谷产区

吉佳乐世家酒庄克罗兹-埃米塔基葡萄酒（红葡萄酒）

E Guigal, Crozes-Hermitage (red)

吉佳乐世家酒庄由马塞尔·吉佳乐领导，是法国葡萄酒中耳熟能详的名字。该酒庄是北罗讷河谷产区很重要的生产商和贸易商之一（生产超过 40% 的罗第丘产区和孔得里约产区葡萄酒），同时也是该地区南部的重要参与者。吉佳乐世家酒庄克罗兹-埃米塔基葡萄酒充分体现出北罗讷河谷产区西拉葡萄酒的烟熏、性感、充满异国情调香气的世界提供了美味且相对价格实惠。这款酒质地柔软，但口感复杂，有个性。

Château d' Ampuis, 69420 Ampuis
www.guigal.com

雨果父子酒庄（Hugel et Fils）

阿尔萨斯产区

雨果父子酒庄传统麝香葡萄酒（白葡萄酒）；雨果父子酒庄传统雷司令葡萄酒（白葡萄酒）

Hugel Muscat Tradition, Alsace (white); Hugel Riesling Tradition, Alsace (white)

雨果父子酒庄是一家由家族经营的企业，世代以热情和华丽的方式为该地区生产的芳香葡萄酒摇旗呐喊。酒庄专门生产纯净、精准的单一品种葡萄酒，产自占地约 65 万平方米的酒庄，这使雨果父子酒庄成为阿尔萨斯产区较大的土地所有者之一。这些葡萄园专门种植优秀品种如琼瑶浆、雷司令、灰皮诺和黑皮诺，有些葡萄藤的树龄可达 70 年。你可以从传统系列中尝试麝香葡萄酒或雷司令葡萄酒。雷司令葡萄酒提供了一种成熟的风味，在香气中展现出经典、独特、汽油式的边缘，在清新的口感上有大量的橙皮和青柠的味道，并带有一点重量和石质边缘作为支撑。相比之下，麝香葡萄酒提供了由白葡萄、生姜和全部香料混合而成的活力葡萄风味，并添加了青柠和热带果汁风味。

68340 Riquewihr
www.hugel.com

路易沙夫精选（Jean-Louis Chave Selection）

北罗讷河谷产区

路易沙夫精选白玉葡萄酒（红葡萄酒）

Silène, Crozes-Hermitage (red)

沙夫酒庄不仅仅是罗讷河谷优质的生产商之一，酒庄还被广泛认为是法国为数不多的顶级酒庄之一。当然，长期以来，酒庄一直是伟大的埃米塔基产区的代名词，它生产该产区的一些顶级葡萄酒。让-路易·沙夫近几年掌管了这个家族酒庄，但他的父亲，备受推崇但始终谦逊的杰拉德，尽管声称已经退休，但仍然积极参与这项业务。除了保持沙夫酒庄顶级葡萄酒的质量，让-路易还扩大了他的同名酒商业务——路易沙夫精选，而不是来自家族位于埃米塔日 14 万平方米葡萄园的著名酒庄葡萄酒业务，爱好者可以在这里找到比沙夫酒庄高性价比更高的日常饮用葡萄酒。例如路易沙夫精选白玉葡萄酒是一款极具表现力、大胆的西拉葡萄酒，在浓郁的深色水果风味的核心上表现出烟熏风味、辛香和肉感。这是一款经典的北罗讷河谷风格正式葡萄酒，适合搭配正式的食物，如浓郁的红肉菜肴。

37 ave St-Joseph, 07300 Mauves
04 75 08 24 63

乔士迈酒庄（Josmeyer）

阿尔萨斯产区

乔士迈酒庄福洛门灰皮诺葡萄酒（白葡萄酒）

Pinot Gris Le Fromenteau, Alsace (white)

乔士迈酒庄的现代声誉建立在两个核心原则之上：第一个是生物动力法，酒庄对此充满热情；第二个是专注于酿造适合搭配美食的葡萄酒，这意味着这里生产的大部分葡萄酒都是干型的。作为进入这个优秀生产商的自家风格的一种方式，值得一试的是福洛门灰皮诺葡萄酒，它就像你想要的那样顺滑和纯净地呈现灰皮诺。手工的酿酒方法反映了乔士迈酒庄系列葡萄酒的质量，这款灰皮诺也不例外。这款酒带有苹果、榅桲和梨的风味，富含矿物质风味，余味有着等同于雷司令葡萄酒的独特性。

68920 Wintzenheim
www.josmeyer.com

昆茨巴斯酒庄（Kuentz-Bas）
阿尔萨斯产区

昆茨巴斯酒庄传统灰皮诺葡萄酒（白葡萄酒）
Pinot Gris Tradition, Alsace (white)

在解决了近年来困扰这个古老酒庄的财务问题和家庭内讧之后，昆茨巴斯酒庄终于再次生产出名副其实的葡萄酒，例如美味的传统灰皮诺葡萄酒。灰皮诺葡萄对美食非常友好，但它经常被忽视和低估。正如你所期望的那样，这款昆茨巴斯酒庄的演绎提供了一款充满苹果和梨子风味的令人垂涎欲滴的葡萄酒，同时还带有诱人的咖啡豆和一丝香料的味道。

14 route des Vins, 68420 Husseren-Les-Chateaux
www.kuentz-bas.fr

卡福园酒庄（Le Clos de Caveau）
瓦给拉斯产区，南罗讷河谷

卡福园酒庄野果葡萄酒（红葡萄酒）
Fruits Sauvages, Vacqueyras (red)

卡福园酒庄是一个独特的酒庄：葡萄园是一片被树木环绕的单一地块，位于蒙米拉伊山脉的高处，所有者是临床心理学家和精神分析学家亨利·邦格纳。他于 2005 年从他的瑞士调香师父亲杰拉德手中接过酒庄。这些葡萄酒经过近 30 年的有机生产，比瓦给拉斯产区的许多其他葡萄酒更新鲜，因为葡萄收获时间更早。卡福园酒庄野果葡萄酒散发着樱桃白兰地的香气、多汁的魅力和丝滑的质地，酒体轻盈迷人。

Route de Montmirail, 84190 Vacqueyras
www.closdecaveau.com

贝耶酒庄（Leon Beyer）
阿尔萨斯产区

贝耶酒庄琼瑶浆葡萄酒（白葡萄酒）；贝耶酒庄灰皮诺葡萄酒（白葡萄酒）
Gewurztraminer, Alsace (white); Pinot Gris, Alsace (white)

自 16 世纪末以来，贝耶家族就在埃吉谢姆酿造葡萄酒。如今，贝耶家族将其所有专业知识应用于一系列精致、纯净、单一品种、平衡良好的葡萄酒。贝耶酒庄的琼瑶浆葡萄酒就是一个很好的例子。这款酒在异国情调的香气中略带克制，带有玫瑰、橘子、菠萝和荔枝风味，散发出一丝中东地区神秘主义气息。同样美味的是圆润、易饮的灰皮诺葡萄酒，带有柔和的苹果风味。

Rue de la 1ère Armée, 68420 Eguisheim
www.leonbeyer.fr

维埃纳酒庄（Les Vins de Vienne）
北罗讷河谷产区

维埃纳酒庄氦葡萄酒（红葡萄酒）
Heluicum, Vin de Pays des Collines (red)

北罗讷河谷产区的三位现代传奇人物——皮埃尔·盖拉德、伊夫·奎勒隆和弗朗索瓦·维拉德。他们是迷人的原创项目维埃纳酒庄背后的人物。当他们发现一些文字表明 17 世纪在维埃纳的伊泽尔地区有葡萄园时，三人聚在了一起。受这一发现的启发，三人决定恢复这一失落的传统，他们于 1996 年在该地区葡萄园种植了一些葡萄，位于罗讷河以东一个僻静的片岩斜坡上。该合资企

美食美酒：阿尔萨斯灰皮诺

很难相信，一款饱满、蜜香、浓郁、矿物质丰富的阿尔萨斯灰皮诺与通常中性、易饮的意大利灰皮诺有关。当它在充足的阿尔萨斯阳光下成熟时，葡萄酸变得柔和，由此生产的葡萄酒比意大利的葡萄酒更圆润、更柔和、更奶油。

阿尔萨斯灰皮诺有柠檬、烤杏仁、矿物质、蜂蜜和独特的阿尔萨斯酵母味。

这里的葡萄酒种类很丰富，风格从极干到甜美不一。晚收版本包括强烈且通常是（但不总是）干型的晚采收葡萄酒，以及浓缩的、充满贵腐菌的逐粒精选贵腐甜酒。这些葡萄酒与当地的熟食、德国风味的糕点、炖菜和甜点完美搭配。优雅、低调且基本没有果味，这些葡萄酒也很适合搭配辛辣的亚洲菜肴。

干型灰皮诺非常适合制作咸味馅饼，包括洋葱、奶酪和培根（洛林咸挞）或火腿蘑菇可丽饼。龙虾配酸橙黄油或大比目鱼配盐糖腌柠檬也很合适。半干和半甜版本中的少量糖使它们在辛辣菜肴中具有多功能性——糖可以降低辣度——它们通常与烤鹅肝搭配。

干型晚收葡萄酒很适合搭配芒斯特奶酪或肉酱。厨师喜欢用最甜美的葡萄酒制作奢华精致的甜点，包括杏馅饼或百香果可丽饼。

洛林咸挞是阿尔萨斯灰皮诺在该地区的绝佳搭配。

业现在生产一系列葡萄酒，其中三款西拉葡萄酒——维埃纳酒庄钠葡萄酒、氦葡萄酒（来自最新种植的葡萄）和酒馆葡萄酒（一款地块精选葡萄酒），是他们活动的核心。在这 3 款酒中，维埃纳酒庄氦葡萄酒是最物有所值的。年轻的葡萄藤赋予葡萄酒深沉的黑樱桃风味和西拉葡萄特有的温和浓郁的香料风味，但它不需要像钠葡萄酒那样陈年或醒酒。柔软、温和的单宁质感使这款酒成为令人愉悦的选择。

42410 Chavanay
www.vinsdevienne.com

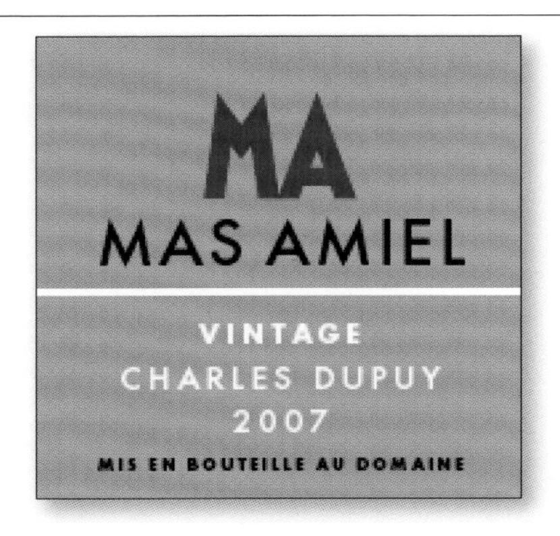

阿美尔酒庄（Mas Amiel）

露喜龙产区

阿美尔酒庄莫里葡萄酒（甜酒）
Maury (dessert)

你有没有想过巧克力可以搭配哪种酒？好吧，别再看了，阿美尔酒庄莫里葡萄酒就是那款酒。这款价格合理的甜红葡萄酒带有黑巧克力、姜饼、糖蜜和香蕉干的味道，仅有的一点可可豆风味增强了味道。这款酒来自一个一直享有盛誉的酒庄，但在 1999 年被时任皮卡德冷冻食品连锁店董事总经理的奥利维尔 · 德塞尔收购之前，酒庄经历了一段艰难时期。此后，德塞尔辞掉了工作，全身心地投入阿美尔酒庄的工作中，负责监督 155 万平方米的酒庄复兴，重新种植了许多葡萄藤，并聘请了一个新的酿酒团队，其中包括顶级顾问斯蒂芬 · 德农古。

66460 Maury
www.masamiel.fr

尚帕尔酒庄（Mas Champart）

圣芝尼安产区，朗格多克

尚帕尔酒庄圣芝尼安桃红葡萄酒
St-Chinian Rosé

尚帕尔酒庄圣芝尼安桃红葡萄酒是那些以惊人的价格爱上优质法国桃红葡萄酒的人的完美葡萄酒。这款酒清新温和，带有覆盆子果酱、奶油、咸味、百里香和白垩纪矿物质的味道。这是马修和伊莎贝尔 · 尚帕尔的作品，他们于 1976 年抵达朗格多克。自从购买了酒庄后，他们对其进行了彻底改造，将葡萄园从 8 万平方米扩大到 16 万平方米，翻新了破旧的房子，并建造了酒厂。酒庄的首款年份酒是 1988 年。

34360 St-Chinian
04 67 38 20 09

利比安酒庄（Mas de Libian）

罗讷丘村产区，南罗讷河谷

利比安酒庄伽亚谟葡萄酒（红葡萄酒）
Khayyam, Côtes du Rhône-Villages (red)

海伦 · 蒂本自从接管了位于阿尔代什省的古老狩猎酒庄——利比安酒庄，给人留下了深刻的印象。蒂本在像教皇新堡产区同样的覆盖着大块石头的葡萄园进行生物动力法种植，拥有大约 17 万平方米的土地，她用这些土地种出的葡萄酿造迷人且极易饮用的葡萄酒。利比安酒庄的旗舰产品伽亚谟葡萄酒是如此诱人，以至于在你细想它令人陶醉的香气、华丽的浆果风味和天鹅绒般的余味之前，瓶子已经半空了。还有比这更好的代表葡萄酒质量的信号吗？

Quart Libian,
07700 St-Marcel d' Ardèche
06 61 41 45 32

嘉伯乐酒庄（Paul Jaboulet Aîné）
北罗讷河谷产区

嘉伯乐酒庄德拉贝园葡萄酒（红葡萄酒）
Domaine de Thalabert, Crozes-Hermitage (red)

在 20 世纪，成立于 1834 年的嘉伯乐酒庄因其为罗讷河谷葡萄酒发展的良好声誉，为该地区在全球葡萄酒饮用地图上的地位做出了巨大贡献。酒庄一直保持着卓越的地位，直到 1997 年杰拉德·嘉伯乐去世，此后质量似乎有一段时间明显下降。然而，自从酒庄被弗雷家族（波尔多产区的拉拉贡酒庄和香槟产区的沙龙贝尔香槟的所有者）收购以来，事情一直朝着正确的方向迅速发展。嘉伯乐酒庄德拉贝园葡萄酒是一款美味的葡萄酒，以其熏肉和马鞍皮革的味道在世界各地引发了无数与罗讷河谷产区西拉葡萄酒的爱情。

Les Jalets RN7, 26600 La Roche-de-Glun
www.jaboulet.com

德鲁埃酒庄（Pierre-Jacques Druet）
布尔格伊产区，希农，卢瓦尔河谷

德鲁埃酒庄布尔格伊桃红葡萄酒，德鲁埃酒庄-百布瓦塞尔布尔格伊葡萄酒
Bourgueil Rosé, Les Cent Boisselées Bourgueil

皮埃尔-雅克·德鲁埃在波尔多大学师从著名酿酒师兼教师埃米尔·佩诺，于 1980 年开始了他在布尔格伊产区的酿酒冒险。佩诺的影响在德鲁埃的工作中显而易见。他在葡萄园中精心挑选并根据不同地块单独酿造葡萄酒，酒庄风格混合了香料、浓郁的水果风味和矿物质风味。他的适合搭配美食的布尔格伊桃红葡萄酒干型拥有精致的红樱桃风味和新鲜的红醋栗果实风味，具有迷人的绿叶气息。与此同时，德鲁埃酒庄-百布瓦塞尔布尔格伊葡萄酒是一款辛香、柔顺的红葡萄酒，使用品丽珠葡萄酿造，带有多汁的黑莓和黑醋栗果实风味，随着年份的增长而形成一种迷人的野味品质。

Le Pied Fourrier, 37140 Benais
02 47 97 37 34

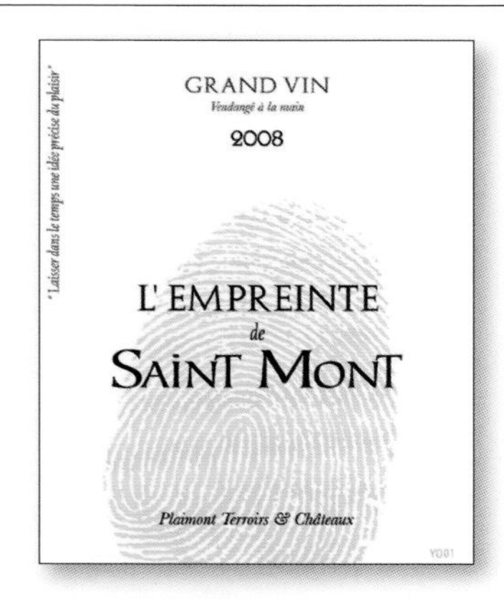

普莱蒙酒庄（Producteurs Plaimont）
圣蒙丘产区

普莱蒙酒庄脚印圣蒙红葡萄酒
L' Empreinte de Saint Mont Rouge (red)

作为法国具有活力和质量驱动的合作社之一，普莱蒙酒庄主导着雅文邑地区的酿酒业。正如人们可能从他们的位置所预料的那样，合作社的种植者成员过去常常通过供应雅文邑生产商来赚取他们的利益，但随着深色烈酒的销量下降，他们开始生产有吸引力的白葡萄酒和红葡萄酒。普莱蒙酒庄脚印圣蒙红葡萄酒充满了简单的满足感。这款酒带有烤面包和质朴的覆盆子风味，真正集中了丹娜、皮南和赤霞珠果实的风味，并有大量的甘草余味。

32400 St-Mont
www.plaimont.com

摩尔河酒庄（Rimauresq）
普罗旺斯丘产区，普罗旺斯

摩尔河酒庄精选系列桃红葡萄酒
R de Rimauresq Rosé

现在由苏格兰人拥有（酒庄于 1988 年被威米斯家族收购）的摩尔河酒庄是一个优质的古老酒庄。该家族为重振命运做了很多工作，比如增加了一家酿酒厂并翻新了葡萄园（他们现在在摩尔之地北侧的皮尼昂拥有 36 万平方米的土地）。在品质一致的系列中，摩尔河酒庄精选系列桃红葡萄酒顶级桃红葡萄酒略优于其余的葡萄酒，带有杏子和桃子的芳香核果风味，以及金银花的香气。

Route Notre Dame des Agnes, 83790 Pignans
www.rimauresq.fr

斯格利酒庄（Skalli）
朗格多克产区

斯格利酒庄霞多丽葡萄酒（白葡萄酒）
Chardonnay, Vin de Pays d' Oc (white)

罗伯特·斯格利在提高法国南部葡萄酒的质量方面处于领先地位。他是很早就看到南方品种葡萄酒潜力的人之一。在塞特建立了自己的酒窖后，他说服种植者相信所谓的“改良”品种的优点，如霞多丽、长相思、西拉、梅洛和赤霞珠葡萄。目前，该公司在该地区的影响力仍然很强，他们生产的葡萄酒种类繁多，质量和数量都是非常不错的。霞多丽葡萄酒是斯格利酒庄风格的一个很好的例子。这款酒有一些来自橡木桶的美妙味道，还带有烤面包的味道，但仍然有足够的新鲜柑橘风味来保持轻盈感。

No visitor facilities
www.robertskalli.com

雅尼克佩莱蒂埃酒庄（Yannick Pelletier）
圣芝尼安产区，朗格多克

雅尼克佩莱蒂埃酒庄圣芝尼安葡萄酒（红葡萄酒）
Yannick Pelletier, St-Chinian (red)

雅尼克·佩莱蒂埃的雅尼克佩莱蒂埃酒庄圣芝尼安葡萄酒风格独特。这是一款干爽、浓郁的红葡萄酒，带有黑莓、谷物、薰衣草和烟熏的味道。这款酒本身就很耐品，但搭配浓郁的肉类菜肴时会很好地软化。佩莱蒂埃直到 2004 年才开始在他位于圣芝尼安产区北部的酒庄工作，但他的葡萄酒已经备受推崇。他种植了大约 10 万平方米的葡萄藤，分为几个地块和土壤类型，主要种植的葡萄品种是西拉、歌海娜、佳丽酿、神索和慕合怀特葡萄。

52400 Coiffy le Haut
03 25 90 21 12

意大利

正如你所期望的那样，从奥地利附近的上阿迪杰凉爽的高山气候到西西里岛阳光普照的温暖，以及介于两者之间的所有气候点，意大利的葡萄酒场景非常多样化。意大利拥有大量可供利用的本土葡萄品种和数百个不同的产区。对于红葡萄酒而言，意大利以两大葡萄品种闻名于世：来自西北部皮埃蒙特产区的内比奥罗葡萄和来自托斯卡纳产区充满樱桃和皮革风味的桑娇维塞葡萄。意大利东北部瓦坡里利切拉产区出产使用一部分风干葡萄酿造的独特红葡萄酒，而南部则出产一系列浓郁的红葡萄酒，使用如黑珍珠和艾格尼科。对于白葡萄酒来说，柯蒂斯、阿内斯和维蒂奇诺等葡萄品种都是无处不在的、清脆可口的灰皮诺的绝佳替代品，而普洛赛克则适合制作精致、清淡的起泡酒，该酒非常适合作为开胃酒。

诺瓦希亚酒庄（Abbazia di Novacella）

南蒂罗尔 / 上阿迪杰 / 伊萨尔科谷产区，意大利东北部

诺瓦希亚酒庄米勒-图高葡萄酒（白葡萄酒）
Müller-Thurgau (white)

诺瓦希亚酒庄的历史可以追溯到1142年，它是一座位于阿尔卑斯山脚下非常美丽的酿酒厂和修道院。与僧侣一起，以中世纪和文艺复兴时期的混合建筑为经营场所，其特色包括芳香的白葡萄品种，例如琼瑶浆、西万尼、肯纳，以及美味的米勒-图高。诺瓦希亚酒庄米勒-图高葡萄酒是一款精致的、有丰富的矿物质味道的葡萄酒，体现了意大利葡萄酒生产的北部边界上阿迪杰产区呈现的奥地利日耳曼葡萄酒文化。它由生长在陡峭梯田葡萄园上的葡萄制成，在石墨框架中融合了诱人的柑橘风味。

Via Abbazia 1, 39100 Varna
www.kloster-neustift.it

拉塞米学会酒庄（Accademia dei Racemi）

普利亚产区，意大利南部

拉塞米学会酒庄普利亚 IGT 阿纳科斯红葡萄酒（红葡萄酒）
Puglia Rosso IGT Anarkos (red)

拉塞米学会酒庄是意大利南部特别有活力的酿酒厂之一，生产的葡萄酒种类繁多，风格各异。这是格雷戈里·佩鲁奇的项目，他是一位对本土普利亚品种充满热情的商人，拥有近200万平方米的葡萄园。并非所有由佩鲁奇种植的葡萄都是本土原生的。酒庄里用于种植素素玛尼洛和奥塔维内洛的大片区域旁边种植了一些霞多丽。正宗的拉塞米学会酒庄普利亚 IGT 阿纳科斯红葡萄酒是一款充满活力、比例大方的红葡萄酒，以多汁的深色水果风味为核心，以生机勃勃的香气收尾，并带有持久的黑莓风味。

Via Santo Stasi I – ZI, 74024 Manduria
www.accademiadeiracemi.it

阿德里亚诺阿达米酒庄（Adriano Adami）

瓦尔多比亚德尼产区，意大利东北部

阿德里亚诺阿达米酒庄瓦尔多比亚德尼普洛赛克吉卡之木葡萄酒（起泡酒）
Prosecco di Valdobbiadene Bosco di Gica (sparkling)

弗朗科·阿达米是一位旨在证明普洛赛克葡萄可以通过工匠级别的关怀和关注来制作的生产商。他带着相当的潇洒气派做到了这一点，生产出优雅和独具一格的葡萄酒，这款起泡酒在大众市场的声誉还不足以说明它的品质。这里生产的葡萄酒始终贯穿着一个主题：鲜活的水果风味和浓郁而新鲜的酸度。这种风格在吉卡之木中得到了很好的展示。这款酒是对普洛赛克葡萄的优雅、严肃的诠释，带有新鲜的苹果风味和花香，很容易成为你的首选。

Via Rovede 27, 31020 Colbertaldo di Vidor
www.adamispumanti.it

拉格德酒庄（Alois Lageder）

上阿迪杰产区，意大利东北部

拉格德酒庄多洛米蒂白皮诺葡萄酒（白葡萄酒）
Pinot Bianco Dolomiti (white)

拉格德酒庄的多洛米蒂白皮诺葡萄酒在其白垩纪矿物质的味道中加入了许多浓郁、生机勃勃的柑橘风味；矿物质风味接触到空气后变得更加明显。这款酒还很平衡，酒香持续度很好。而这些都是拉格德酒庄的特色。该酒庄坐落于阿迪杰山谷以南的阳光充足的地方。拉格德非常关心当地环境，并使用有机和生物动力法来生产。

Vicolo dei Conti 9, 39040 Magrè
www.aloislageder.eu

安佩莱雅酒庄（Ampeleia）

马雷玛，托斯卡纳产区

安佩莱雅酒庄马雷玛 IGT 凯波斯葡萄酒（红葡萄酒）
Kepos IGT Maremma (red)

雄心勃勃的安佩莱雅酒庄背后的想法与蓬勃发展的马雷玛地区葡萄酒界的许多邻居的想法截然不同。这家酒庄由伊丽莎白·福拉多里、乔瓦尼·波迪尼和托马斯·威德曼于2002年在托斯卡纳南部格罗塞托附近创立。这家相对年轻的酒庄选择不向波尔多产区看齐，而是向地中海盆地寻求灵感。与众不同且价格实惠的安佩莱雅酒庄马雷玛 IGT 凯波斯葡萄酒是一款芬芳、充满活力的葡萄酒，展示了地中海葡萄品种在该地区可以发挥的效果。这款由歌海娜、慕合怀特、佳丽酿、阿利坎特和马瑟兰混酿而成，辛香、浓郁，且非常规地背离了托斯卡纳沿海地区的标准。

Località Meleta, 58036 Roccastrada
www.ampeleia.it

安娜玛丽亚阿博纳酒庄（Anna Maria Abbona）

多利亚尼产区，意大利西北部

安娜玛利亚阿博纳酒庄多利亚尼多姿桃葡萄酒（红葡萄酒）
Dolcetto di Dogliani Sori dij But (red)

安娜玛丽亚阿博纳酒庄的多利亚尼多姿桃葡萄酒来自多利亚尼山坡上的多姿桃葡萄藤。这款酒表明多姿桃葡萄酒不仅是一款易饮的葡萄酒，还是来自多利亚尼产区的新品种。活泼且集中的酸度平衡了其深沉的浓度和丰富的水果风味，是相对严肃的多姿桃葡萄酒中最好的一款。这款葡萄酒背后的故事在该地区相当经典。现任业主安娜·玛丽亚·阿博纳和她的丈夫放弃了他们在城市中的职业，接管了由祖父朱塞佩创办的家族酒庄。该酒庄是成立于20世纪30年代的葡萄种植企业。当时安娜的父亲一直在经营葡萄园作为他在产业中全职工作的副业，当年他决定将葡萄藤砍

掉。他们于 1989 年被迫接手，拯救了家族酒庄，并利用她祖父种植的老藤，帮助提升了多姿桃的声誉，生产了一系列强劲、风味集中的葡萄酒。

Frazione Moncucco 21, 12060 Farigliano
www.amabbona.com

安东里尼酒庄（Antonelli San Marco）
翁布里亚产区，意大利中部

安东里尼酒庄蒙特法科红葡萄酒（红葡萄酒）；安东里尼酒庄马尔塔尼丘格莱切托葡萄酒（白葡萄酒）
Montefalco Rosso (red); Grechetto dei Colli Martani (white)

菲力佩·安东里尼的安东里尼酒庄蒙特法科红葡萄酒是桑娇维塞和萨格兰蒂诺的奢华精致的表达，持久而高调的樱桃风味平衡了深沉、耐嚼的单宁。这是一种非常适合在准备烤牛排时醒酒的酒，也是安东里尼提供的看似轻松的那种酒。然而，葡萄酒在安东里尼的血液中流淌。自 1881 年弗朗西斯科·安东里尼购买了位于当前的优质法定产区中心的 160 万平方米酒庄以来，他的家人一直在蒙特法科的山上种植葡萄。除了优质的萨格兰蒂诺葡萄主导这里的生产，还有使用格莱切托葡萄酿造的优质白葡萄酒。

Località San Marco 60, 06036 Montefalco
www.antonellisanmarco.it

阿波罗尼奥酒庄（Apollonio）
普利亚产区，意大利南部

阿波罗尼奥酒庄死之石萨利切萨伦蒂诺葡萄酒（红葡萄酒）
Rocca dei Mori Salice Salentino (red)

阿波罗尼奥兄弟马西米利亚诺和马塞洛使用各种 DOC 指定葡萄品种酿造各种迷人的葡萄酒。凭借悠久的葡萄种植历史，这个家族企业于 1975 年开始装瓶其葡萄酒，从那时起，他们在价值和质量方面赢得了当之无愧的声誉。没有什么比他们的死之石系列葡萄酒更名副其实的了，其中萨利切萨伦蒂诺葡萄酒更是格外突出。使用从种植者那里采购的葡萄在阿波罗尼奥兄弟的严格指导下酿造，萨利切萨伦蒂诺葡萄酒有一种令人陶醉和时尚的演绎，结合了黑曼罗葡萄的深色水果特征和甘草及香料的香气。

Via San Pietro in Lama 7, 730470 Monteroni di Lecce
www.apolloniovini.it

阿吉拉斯酒庄（Argiolas）
撒丁岛产区

阿吉拉斯酒庄科斯达卡诺娜葡萄酒（红葡萄酒）
Cannonau di Sardegna Costera (red)

拥有就像被潮湿泥土覆盖的成熟草莓风味，丰盛的红葡萄酒阿吉拉斯酒庄科斯达卡诺娜葡萄酒是许多人认识的第一款撒丁岛葡萄酒。明显的酸度使这款酒风味集中，它是通往香肠比萨的“门票”。这款酒是安东尼奥·阿吉拉斯创办的企业的主打产品之一，后来由他的子孙继承，他们将其变成了撒丁岛非常重要、非常大的酿酒厂之一。该家族现在拥有超过 250 万平方米的葡萄园，全部种植当地品种，大部分位于海拔 350 米以上。

Via Roma 56, 09040 Serdiana
www.argiolas.it

美食美酒：托斯卡纳红葡萄酒

托斯卡纳的红葡萄酒是桑娇维塞葡萄的典型代表。它们略带泥土味，通常很苦，而且总是很浓郁。它们较高的天然酸度带来的平衡感，使葡萄酒能够轻松搭配传统的托斯卡纳菜肴和现代国际菜肴。

对于托斯卡纳红葡萄酒中最清淡的基安帝产区葡萄酒来说，经典的搭配是鸡肝酱涂在无盐意式面包片上，这道菜的野味成分反衬了葡萄酒中的泥土风味，而葡萄酒中柠檬般的酸度则净化了味觉。也可以与番茄的味道搭配，基安蒂葡萄酒很容易搭配罗勒和橄榄油的番茄面包汤或托斯卡纳风格樱桃番茄和乳清干酪面条等清淡的意大利面食。

清淡或中等酒体的经典基安蒂产区葡萄酒或稍微浓郁的经典基安蒂珍藏葡萄酒在传统上与鱼类菜肴搭配，如香煎白鱼配黄油豆、芦笋和烟熏培根、童子鸡配苦菜和松露香醋，或丰富的意大利面食，如野猪肉酱意大利面。充满浓郁橡木味的布鲁奈罗-蒙塔希诺产区葡萄酒和以赤霞珠为基础的超级托斯卡纳葡萄酒非常适合搭配牛排和浓郁的菜肴，如慢炖小牛小腿或烤羊排。

布鲁奈罗葡萄酒的单宁与烤羊排中的脂肪搭配得很好。

阿维德酒庄（Avide）
西西里岛产区

阿维德酒庄维多利亚桃红葡萄酒（红葡萄酒）
Cerasuolo di Vittoria (red)

阿维德酒庄的维多利亚桃红葡萄酒极其轻盈柔和，结合了花香和红色水果的香气以及浓郁草莓风味的多汁口感。酒的明亮和柔顺的特质使其成为类似法国博若莱风格葡萄酒的绝佳替代品。似乎很难相信如此出色的葡萄酒背后的酿酒厂最初只是源于爱好。但这正是西西里合法王朝蒂蒙斯特内家族在19世纪涉足葡萄酒生产的方式。他们从少数几株葡萄藤开始，每年都为自己酿造一点酒。随着质量稳步提高，产量上升，最终阿维德酒庄成为维多利亚桃红DOCG葡萄酒重要的生产商之一。如今，他们生产了岛上一些很好的葡萄酒，许多都非常有价值。

Corso Italia 131, 97100 Ragusa
www.avide.it

巴迪亚可提布诺酒庄（Badia a Coltibuono）
经典基安蒂，托斯卡纳产区

巴迪亚可提布诺酒庄可提布诺半人马座基安蒂葡萄酒（红葡萄酒）
Coltibuono Cetamura Chianti (red)

文艺复兴全盛时期与中世纪时期的建筑在这个美丽的酒庄相遇。自1987年以来，酒庄一直由托斯卡纳贵族安蒂诺里家族所有，他们在托斯卡纳和意大利其他地区拥有多个酒庄，并在遥远的华盛顿州和新西兰酒庄拥有股份。该建筑群曾经是一座修道院，但现在是经典基安蒂顶级酒庄之一的所在地。这里有大约50万平方米的葡萄园，全部用于种植本土的桑娇维塞葡萄。然而，酿造可提布诺半人马座基安蒂葡萄酒的葡萄来自周边地区的签约种植者。但这款酒非常符合酒庄的风格。这款酒在不锈钢桶中发酵，是桑娇维塞和卡内奥罗的混酿。这是一款明亮清新的基安蒂葡萄酒，带有多汁的樱桃风味和持久的薄荷香味。

No visitor facilities
www.coltibuono.com

贝拉维斯塔酒庄（Bellavista）
弗朗恰科塔产区，意大利西北部

贝拉维斯塔酒庄无年份弗朗恰科塔极干型起泡酒
NV: Franciacorta Brut (sparkling)

贝拉维斯塔酒庄位于布雷西亚和贝尔格蒙之间，位于意大利最好的香槟法（这里称为“metodo classico”）起泡酒产区弗朗恰科塔的中心地带，是热情奔放的维托里奥·莫雷蒂的作品。该酒庄创建于1977年，当时莫雷蒂购入了第一块土地。如今，酒庄的土地面积已达到190万平方米，并生产一系列精美的起泡酒。贝拉维斯塔酒庄弗朗恰科塔极干型起泡酒是了解该公司的切入点，它很好地介绍了最好的弗朗恰科塔葡萄酒的复杂性、风味深度和精致度。这是一款清爽、酒体轻盈的葡萄酒，在瓶中进行第二次起泡发酵，这款价格合理的葡萄酒始终是贝拉维斯塔酒庄风格的良好体现。

Via Bellavista 5, 25030 Erbusco
www.bellavistawine.com

本南迪酒庄（Benanti）
西西里岛产区

本南迪酒庄维尔泽拉红葡萄酒
Rosso di Verzella (red)

本南迪酒庄活泼的维尔泽拉红葡萄酒以当地的马斯卡斯奈莱洛葡萄为基础，这种葡萄近年来已成为葡萄酒界流行的名称之一。在这款酒中，优雅的单宁框架带有持久的红苹果和樱桃果味。这款酒的新鲜度在很大程度上取决于埃特纳火山山坡上迷人的气候，用于酿酒的葡萄园坐落于此。这里的气候与阿尔卑斯山的气候共同点多于地中海气候，而本南迪酒庄三个世纪的经验积累清楚地教会了他们如何利用它。

Via Garibaldi 475,
95029 Viagrande
www.vinicolabenanti.it

比松酒庄（Bisson）
利古里亚产区，意大利西北部

比松酒庄维尼亚尔塔维蒙蒂诺葡萄酒（白葡萄酒）
Vermentino Vignaerta (white)

对于一个以葡萄酒商店起家的项目，比松酒庄已经走过了漫长的道路。比松酒庄背后的领导者皮耶路易吉·卢加诺于1978年在利古里亚海岸的基亚瓦里开设了自己的商店。他开始涉足散装葡萄酒，不久之后又开始涉足葡萄种植，建立了一家成熟的酿酒厂。卢加诺是皮加图、白吉诺维斯和维蒙蒂诺等传统白葡萄酒品种的信徒。比松酒庄维尼亚尔塔维蒙蒂诺葡萄酒展示了它们在合适的人的手中最终能达成什么。淡淡的苦杏仁味增加了这款清爽的海岸白葡萄酒中柑橘风味的复杂性，一旦打开并与空气接触，就会显示出更多的矿物质特征。

Corso Gianelli 28, 16043 Chiavari
www.bissonvini.com

博罗利酒庄（Boroli）
巴罗洛产区，意大利西北部

博罗利酒庄科莫阿尔巴圣母多姿桃葡萄酒（红葡萄酒）
Dolcetto d' Alba Madonna di Como (red)

浓郁的成熟蓝莓和黑莓风味，博罗利酒庄的科莫阿尔巴圣母多姿桃葡萄酒是一款芳香清新的红葡萄酒，具有持久的紫罗兰香气和温和、紧致的单宁。这款在20世纪90年代才面世的酒庄的葡萄酒赢得了许多朋友的青睐，但这款葡萄酒所能提供的风味始终比其价格所暗示的更佳。博罗利酒庄最初由西尔瓦诺和埃琳娜·博罗利经营，现在酒庄由这对夫妇的儿子阿基利领导，他为其所继承的父母的出色工作带来了时尚的方式。

Frazione Madonna di Como 34, 12051 Alba
www.boroli.it

布罗利亚酒庄（Broglia）
加维产区，意大利西北部

布罗利亚酒庄加维的加维拉梅拉娜葡萄酒（白葡萄酒）
Gavi di Gavi La Meirana (white)

作为加维DOCG产区稳定的生产商之一，布罗利亚酒庄于1972年成立，当时皮耶罗·布罗利亚租用了他父亲的73万平方米农场和葡萄园——拉梅拉娜。布罗利亚的目标（已经成功实现）是生产现代葡萄酒，将干净、明亮水果的新鲜感与质感和口感结合在一起，而顾问酿酒师多纳托·拉纳蒂在这方面显然提供了帮助。基础款的布罗利亚酒庄加维的加维拉梅拉娜葡萄酒干净而集中，带有清新的青柠和鲜花香气。它是现代加维产区葡萄酒的教科书，口感和分量足以搭配大多数海鲜，包括许多当地特色菜。

Località Lomellina 22, 15066 Gavi
www.broglia.eu

坎迪多酒庄（Candido）
普利亚产区，意大利南部

坎迪多酒庄萨雷斯萨雷提诺珍藏葡萄酒（红葡萄酒）
Salice Salentino Riserva (red)

坎迪多酒庄美味、朴实的萨雷斯萨雷提诺珍藏葡萄酒不仅是这家酒厂的旗舰产品，而且多年来一直是整个法定产区的旗舰产品。原因很容易理解：这是一款充满正宗普利亚风味的葡萄酒。将干樱桃和李子风味与鲜味单宁相结合，感觉集中而精干，非常适合搭配红烧鸭腿。坎迪多酒庄萨雷斯萨雷提诺珍藏葡萄酒的产量占亚历山大和贾科莫·坎迪多的酒庄200万瓶年产量的很大一部分，这些产量来自他们140万平方米的葡萄园。但这是一家以在其范围内生产大量质量始终如一的优质葡萄酒而闻名的酿酒厂。在葡萄品种方面，当地的黑曼罗是迄今为止该酒庄最重要的葡萄品种，尽管坎迪多酒庄的葡萄酒也使用少量赤霞珠。

Via Armando Diaz 46, 72025 San Donaci
www.candidowines.it

加卢拉酒厂（Cantina Gallura）
撒丁岛产区

加卢拉酒厂加卢拉维蒙蒂诺葡萄酒（白葡萄酒）
Vermentino di Gallura (white)

加卢拉酒厂的加卢拉维蒙蒂诺葡萄酒诱人而温暖，带有微妙的苦杏仁和茴香香气，为柑橘风味增添了复杂性，是一款出色的白葡萄酒，专为搭配烤鱼而制。这款酒是这个重要的合作社使用维蒙蒂诺葡萄品种生产的众多令人印象深刻的瓶装酒之一，该合作社位于撒丁岛唯一的优质法定产区——加卢拉维蒙蒂诺。该合作社于1956年开始运营，现在共有160名成员，他们覆盖了撒丁岛北部海岸325万平方米的葡萄园。合作社帮助带领岛上的葡萄酒文化从高密度和高产量转向优质葡萄酒酿造。

Via Val di Cossu 9, 07029 Tempio Pausania
www.cantinagallura.com

洛科罗通多酒厂（Cantina del Locorotondo）
普利亚产区，意大利南部

洛科罗通多酒厂普里米蒂沃曼杜里亚唐佩佩葡萄酒（红葡萄酒）
Primitivo di Manduria Terre di Don Peppe (red)

洛科罗通多酒厂的历史可以追溯到1930年，是意大利重要的合作酿酒厂之一。事实证明，它的力量是如此之大，以至于它甚至成功地游说自己的法定产区——洛科罗通多产区，来使用当地白葡萄品种维戴卡生产葡萄酒。酒厂的成员现在拥有超过1000万平方米的葡萄园，每年可提供生产高达350万瓶葡萄酒的葡萄，使用30种不同的酒标。在其众多值得留意的葡萄酒中，就有著名的洛科罗通多酒厂普里米蒂沃曼杜里亚唐佩佩葡萄酒。这是一款结构良好的普里米蒂沃葡萄酒，具有大量强劲、可口的单宁结构，以支持成熟的李子水果风味。这也是一款大方且浓郁的葡萄酒，与味道浓郁的食物相得益彰，如炖肉、烤肉或烧烤。

Via Madonna della Catena 99, 70010 Locorotondo
www.locorotondodoc.com

皮诺酒厂（Cantina del Pino）

巴巴莱斯科产区，意大利西北部

皮诺酒厂巴贝拉阿尔巴葡萄酒（红葡萄酒）
Barbera d' Alba (red)

雷纳托·瓦卡的家族已经有几代人在巴巴莱斯科生活。但事实上，瓦卡的小型酿酒厂皮诺酒厂是该地区酿酒界的新来者。瓦卡拥有数个聚集在奥韦洛顶级产区及其周围的葡萄园，这使得他的巴巴莱斯科葡萄酒的品质始终如一。但是，对于在皮诺酒厂的所有内容中想要获得更实惠的葡萄酒的想法，瓦卡的皮诺酒厂巴贝拉阿尔巴葡萄酒是一个很好的选择。在这款充满活力的肉感红葡萄酒中，带有泥土气息的红樱桃果实风味具有颇为高调。尝起来清爽又精干，非常适合搭配红焖猪肉。

Via Ovello 31, 12050 Barbaresco
www.cantinadelpino.com

泰拉诺酒厂（Cantina Terlano）

上阿迪杰产区，意大利东北部

泰拉诺酒厂经典白皮诺葡萄酒（白葡萄酒）
Pinot Bianco Classico (white)

泰拉诺酒厂的经典白皮诺葡萄酒，这款看似不起眼的白葡萄酒有着相当的深度和焦点。结构良好且充满活力，帮助平衡了青蜜瓜风味和咸味矿物质风味。这有力地证明了泰拉诺酒厂是周围经典的合作酿酒厂之一。泰拉诺酒厂成立于1893年，位于阿尔卑斯山脚下，是一家组织严密的酒厂。酒厂有100多名种植者，他们为该地区的各种白葡萄酒和红葡萄酒提供果实，如琼瑶浆、长相思和白皮诺。

Via Silberleiten 7, 39018 Terlano
www.kellerei-terlan.com

特勒民酒厂（Cantina Tramin）

南蒂罗尔/上阿迪杰产区，意大利东北部

特勒民酒厂经典琼瑶浆葡萄酒（白葡萄酒）
Gewürztraminer Classic (white)

与泰拉诺酒厂一起，特勒民酒厂可以说是东北部地区上阿迪杰产区最好的合作酿酒厂。酒厂成立于1898年，其290名种植者的葡萄园现在遍布特勒民村、诺伊马克特村、蒙坦村和奥尔村。琼瑶浆是酒庄的名片，这是一个葡萄品种，在酒厂酿酒师（自1992年以来）威利·斯特兹的手中呈现出全新的复杂性。经典是上阿迪杰琼瑶浆的试金石，这款金色葡萄酒结合了令人陶醉的生姜和梨的香气和明亮的酸度，带来丰富而清爽的口感。

Strada del Vino 144, 39040 Termeno
www.tramin-wine.it

德法尔科酒厂（Cantine de Falco）

普利亚产区，意大利南部

德法尔科酒厂萨雷斯萨雷提诺萨洛雷葡萄酒（红葡萄酒）
Salice Salentino Salore (red)

其总部和酒厂位于美丽的巴洛克风格城市莱切郊外，这家备受推崇、非常稳定的生产商自1960年以来一直是高价值、典型的普利亚葡萄酒的重要来源。目前在萨尔瓦多·德·法尔科的领导下，它已经拥有25万平方米的葡萄园，平均每年生产20万瓶葡萄酒。这里的葡萄酒范围很广，以普里米蒂沃葡萄酒为特色，其中包括来自斯昆扎诺法定产区的精心酿制的葡萄酒。然而，最具价值的选择是法尔科酒厂萨雷斯萨雷提诺萨洛雷葡萄酒。这是对萨雷斯萨雷提诺产区的现代诠释。这款酒在小橡木桶中陈酿，这既突出了葡萄酒固有的丰富果味，又赋予了它柔软的质地。总而言之，对于烤牛排、烤羊排或多肉的香草香肠等简单的肉类菜肴来说，它是一款便宜的红葡萄酒。

Via Milano 25, 73051 Novoli
www.cantinedefalco.it

龙阁罗醍酒庄（Cantine Giorgio Lungarotti）

翁布里亚，意大利中部

龙阁罗醍酒庄瑞芭斯干红葡萄酒
Rosso di Torgiano Rubesco (red)

龙阁罗醍酒庄是意大利较大的生产商之一，拥有每年近300万瓶的巨大产量，以及约300万平方米的葡萄园。它完全主导了与之密切相关的陶乐加诺珍藏红葡萄酒优质法定产区——事实上，该产区只有另一个规模小得多的生产商在生产葡萄酒。虽然它生产许多其他备受推崇的葡萄酒，但龙阁罗醍酒庄始终如一的高价值瓶装酒是酒庄最初的葡萄酒：龙阁罗醍酒庄瑞芭斯干红葡萄酒是（桑娇维塞葡萄和卡内奥罗葡萄的混酿）。如今，这款标志性的葡萄酒是一款多汁、风味鲜亮的意大利中部红葡萄酒，可与各种多肉的意大利面酱搭配得很好。

Via Mario Angeloni 16, 06089 Torgiano
www.lungarotti.it

玛丽莎科莫酒庄（Cantine Gran Furor Divina Costiera di Marisa Cuomo）

卡帕尼亚产区，意大利南部

玛丽莎科莫酒庄拉韦洛白葡萄酒
Ravello Bianco (white)

玛丽莎科莫酒庄的拉韦洛白葡萄酒是法兰娜葡萄和白莱拉葡萄品种的混酿，展示了阿马尔菲海岸火山土壤中的可能性：充满活力的香气、持久的水果风味和丰富的矿物质。它是由科莫和她的丈夫安德烈亚·费拉奥利在一个非常令人惊叹的葡萄园生产的。该葡萄园位于海滩上方约500米处，葡萄种植在狭窄的梯田上，这些梯田紧贴着岩石，乍一看似乎是一个难以接近的悬崖表面。考虑到这里种植的葡萄藤产量很少，而且所使用的葡萄品种对许多人来说并不熟悉，从很多方面来说，生产这种葡萄酒都是一个奇迹。不过，这对夫妇经历的困难并没有被忽视。几年前，他们的辛勤工作得到了回报，当时意大利政府承认该地区的质量不断提高，并授予阿马尔菲海岸法定产区地位。

Via GB Lama 16/18, 84010 Furore
www.granfuror.it

艾玛酒庄（Casa Emma）

经典基安蒂，托斯卡纳产区

艾玛酒庄经典基安蒂葡萄酒（红葡萄酒）
Chianti Classico (red)

艾玛酒庄的名字来源于佛罗伦萨贵族艾玛·比扎里，她在20世纪70年代初将卡斯特利纳附近的20万平方米酒庄卖给了布卡洛西家族。如今，在酿酒师卡洛·费里尼的指导下，艾玛酒庄很好地平衡了创新与传统——使用传统葡萄品种，但在法国橡木桶中陈酿。这里的众多亮点之一是风味明确且充满泥土气息的艾玛酒庄经典基安蒂葡萄酒，它将成熟的草莓和樱桃的味道与温和、可口的单宁相结合，使这款葡萄酒感觉优雅而精致。

SP di Castellina in Chianti 3, San Donato in Poggio,
50021 Barberino Val d' Elsa
www.casaemma.com

百合酒庄（Casale del Giglio）

拉齐奥产区，意大利中部

百合酒庄拉齐奥萨特里科白葡萄酒
Lazio Bianco Satrico (white)

拉齐奥萨特里科白葡萄酒是百合酒庄酿酒风格具有前瞻性的

典型代表。这款酒选用一些熟悉的国际葡萄品种（霞多丽和长相思），并将它们与更传统的特雷比奥罗葡萄等量混酿。这是一款结合了柑橘风味和花香的浓郁白葡萄酒。这款酒是贝类料理的理想搭配，但它不是那种吸引纯粹主义者的酒。不过百合酒庄背后的人安东尼奥·桑塔雷利不会对此过于担心。桑塔雷利接替了他的父亲贝纳迪诺·桑塔雷利博士（他于1969年创立了该酒庄），其25年来一直在拉齐奥研究国际葡萄品种的潜力。他很乐于提醒他的批评者，这片土地并非一个有着悠久葡萄栽培历史的地方，以前只不过是一片沼泽。

Strada Cisterna-Nettuno Km 13, 04100 Le Ferriere
www.casaledelgiglio.it

莫拉希诺酒庄（Cascina Morassino）

巴巴莱斯科产区，意大利西北部

莫拉希诺酒庄阿尔芭多姿桃葡萄酒（红葡萄酒）
Dolcetto d' Alba (red)

紫罗兰香气提升了莫拉希诺酒庄果味浓郁、醇厚的多姿桃葡萄酒中的新鲜黑莓风味。事实上，这款酒丰富而饱满，但一点也不会过于厚重，是搭配意大利千层面的完美葡萄酒。这款酒来自一位才华横溢的年轻酿酒师罗伯特·比安科，他是市场上一些顶级的多姿桃葡萄酒的缔造者。莫拉希诺酒庄的核心位于巴巴莱斯科产区，不过，比安科在奥韦洛的顶级葡萄园产区拥有约3.5万平方米的葡萄园。这里的运作堪称是小规模的典型，工作以家族方式进行，比安科和他的父亲毛罗分担工作，所有的工作都是手工完成的。

Strada Da Bernino 10, 12050 Barbaresco
0173 635149

帕里斯酒庄（Castel de Paolis）

拉齐奥产区，意大利中部

帕里斯酒庄高级弗拉斯卡蒂葡萄酒（白葡萄酒）
Frascati Superiore (white)

弗拉斯卡蒂葡萄酒在其家乡产区以外的地区没有获得很好的声誉。作为许多一般的小酒馆酒单的主推酒，多年来，因为倾向于销往海外而生产的平淡、大量生产的葡萄酒，它已经贬值了。然而，帕里斯酒庄并不包括在内。朱利奥·桑塔雷利的家族在20世纪60年代接管了该酒庄，他监督了酒庄的各个方面的全面翻新，现在拥有13万平方米的葡萄园，是意大利顶级生产商之一。帕里斯酒庄高级弗拉斯卡蒂葡萄酒对于弗拉斯卡蒂葡萄酒来说很有深度，结合了成熟的蜜瓜和梨的味道以及咸味矿物质的味道。这款酒配上烤鱼和柠檬很美味。

Via Val De Paolis, 00046 Grottaferrata
www.casteldepaolis.it

迪雅曼酒庄（Castello di Ama）

经典基安蒂产区，托斯卡纳

迪雅曼酒庄经典基安蒂葡萄酒（红葡萄酒）
Chianti Classico (red)

盖奥勒地区周围的山丘相对较高的海拔使这里生产的葡萄酒具有独特的新鲜度和极佳的自然酸度。迪雅曼酒庄也不例外。酒庄的葡萄园位于490万平方米处，葡萄酒的平衡度极佳。自1977年以来，该酒庄一直在一众罗马家族手中，现在由业主的女儿洛伦扎·塞巴斯蒂管理，她与酿酒师马可·帕兰蒂一起工作。这里生产优质纯正的迪雅曼酒庄经典基安蒂葡萄酒，这款酒依靠一些令人愉悦的清爽酸度为咸味、深沉单宁和成熟多汁的浆果风味带来新鲜感。

Località Ama, 53013 Gaiole in Chianti
www.castellodiama.com

班菲酒庄（Castello Banfi）

蒙塔希诺产区，托斯卡纳

班菲酒庄蒙塔希诺红葡萄酒
Rosso di Montalcino (red)

班菲酒庄是美国的酒庄，为提升蒙塔希诺葡萄酒在海外的地位做了很多工作，也是该地区较大的生产商之一。酒庄由约翰和哈里·马里亚尼于1978年创立，现已发展到包括约2800万平方米的土地，你会在酒庄旁边找到一家餐厅和一个包括博物馆在内的大型游客中心。班菲酒庄一直处于对当地桑娇维塞葡萄品种研究的前沿，它也生产出始终如一高品质的葡萄酒。作为其广泛产品组合的切入点——同时，也是该地区本土葡萄酒——班菲酒庄蒙塔希诺红葡萄酒已经产生一些反响。在这款果香浓郁的红葡萄酒中，成熟的樱桃和香草风味中散发出迷人的清凉薄荷风味。生机勃勃、多汁、平易近人，非常适合搭配意大利面。

Castello di Poggio alle Mura, Località Sant' Angelo Scalo 53024
www.castellobanfi.com

布罗里奥酒庄（Castello di Brolio）

经典基安蒂产区，托斯卡纳

布罗里奥酒庄瑞卡索布罗里奥经典基安蒂葡萄酒（红葡萄酒）
Ricasoli Brolio Chianti Classico (red)

布罗里奥酒庄是一家拥有贵族传统的托斯卡纳酒庄，是瑞卡索家族的所在地，至今瑞卡索家族仍保留着对酒庄的控制权。作为基安蒂地区较大的酒庄之一，它被广泛认为有助于塑造该地区的现代形式，这要归功于贝蒂诺·瑞卡索，他开发了桑娇维塞和卡内奥罗，以及白葡萄的混酿，这是基安蒂DOC的蓝图。现在在弗朗西斯科·瑞卡索的手中，酒庄使用了现代经典基安蒂允许的国际品种，如赤霞珠和梅洛。布罗里奥酒庄瑞卡索布罗里奥经典基安蒂葡萄酒是一款柔顺、多汁的葡萄酒，其结构具有打磨过的边缘。在所有成熟的风味中，有一种吸引人的咸味元素为托斯卡纳极具价值的葡萄酒提供了持久度。

Cantine del Castello di Brolio, 53013 Gaiole in Chianti
www.ricasoli.it

蒙特波酒庄（Castello di Montepò）

马雷玛产区，托斯卡纳

蒙特波酒庄萨索阿洛罗托斯卡纳 IGT 葡萄酒（红葡萄酒）
Sassoalloro Toscana IGT (red)

以其名字命名的蒙塔希诺酒庄的传奇人物佛朗哥 · 比昂迪 · 桑蒂是意大利葡萄酒发展的关键人物之一。他是少数从 20 世纪 60 年代开始证明意大利葡萄酒可以与世界上最好的葡萄酒竞争的生产商之一。因此，对于他的儿子雅各布 · 比昂迪 · 桑蒂来说，这是很难赶超的，他在 20 世纪 90 年代中期独自创业。最初，雅各布与签约的葡萄园合作，但他很快就买下了斯坎萨诺的蒙特波酒庄。从那以后，他又增加了葡萄园的种植面积，现在他拥有大约 50 万平方米的土地，所酿造的葡萄酒融合了现代和传统的托斯卡纳特色。蒙特波酒庄萨索阿洛罗托斯卡纳 IGT 葡萄酒将成熟的李子和樱桃风味与烟草风味和薄荷的清凉风味混合在一起。这款酒感觉柔顺而饱满，带有持久的红色水果甜味。

Castello di Montepò, 58050 Scansano
www.biondisantimontepo.com

维尔杜诺酒庄（Castello di Verduno）

巴罗洛产区，意大利西北部

维尔杜诺酒庄维尔杜诺皮拉维加葡萄酒（红葡萄酒）
Verduno Pelaverga (red)

虽然维尔杜诺酒庄属于布洛托家族已有一个多世纪，但它直到最近才加入巴罗洛产区生产商的前列。酒庄的崛起在很大程度上归功于现任所有者加布里埃拉 · 布洛托和弗朗科 · 比安科，他们在酿酒师马里奥 · 安德里安的帮助和支持下做了不少的工作。他们最出名的是华丽但传统的巴罗洛葡萄酒，产自马萨拉和蒙维列罗葡萄园，他们的巴巴莱斯科葡萄酒则产自法赛特和拉巴贾葡萄园。 但同样有趣的是维尔杜诺皮拉维加葡萄酒。这种活泼的葡萄原产于维尔杜诺公社，在这里，它用于生产一种清淡、辛辣、清爽的红葡萄酒，带有持久的樱桃和玫瑰风味。

Via Umberto 9, 12060 Verduno
www.castellodiverduno.com

沃尔帕亚酒庄（Castello di Volpaia）

经典基安蒂产区，托斯卡纳

沃尔帕亚酒庄经典基安蒂葡萄酒（红葡萄酒）
Chianti Classico (red)

在宜人的山顶村庄沃尔帕亚的围墙后面，是基安蒂颇受尊敬的生产商的家。沃尔帕亚酒庄俯瞰着精心照料的有机葡萄园，其海拔范围 450 ~ 640 米。酒庄现在由马凯罗尼 · 斯蒂安蒂家族所有，沃尔帕亚酒庄生产始终优质的基安蒂葡萄酒。经典基安蒂葡萄酒优雅清新，带有清凉咸味的泥土风味，并带有清新红色水果风味，价格合理。

Di Giovanna Stianti,
Località Volpaia, 5317
Radda in Chianti
www.volpaia.it

什么食物搭配什么葡萄酒？

为一道菜选择合适的葡萄酒并不比在同一顿饭中选择两道菜更具技术性。传统和品味的体验同等重要。在得克萨斯州，传统规定凉拌卷心菜与烤牛腩很相配。在法国，波尔多红葡萄酒是烤羊肉的传统搭配。大多数好的搭配都是基于葡萄酒在你的嘴里有足够的“紧致”，可以很容易地把食物味道冲刷下来，让你的嘴巴保持新鲜感，以便品尝下一口。因此，应当选择与菜肴的相对清淡程度或饱满程度相匹配的葡萄酒。这其中没有对错，只有积累的经验。尝试找到让你满意的搭配方式。

海鲜

海鲜搭配白葡萄酒是既定的搭配方式，但不同的白葡萄酒最好搭配不同的海鲜。

- 更清淡、更脆爽的白葡萄酒，如灰皮诺葡萄酒、雷司令葡萄酒、密斯卡岱葡萄酒和夏布利葡萄酒，搭配简单烹制的海鲜，如生牡蛎、煎比目鱼、豉汁鲈鱼。
- 更浓郁的白葡萄酒，如勃艮第白葡萄酒和其他霞多丽葡萄酒，以及成熟的雷司令风格葡萄酒，是龙虾、大比目鱼和鲑鱼等更紧致、脂肪更多的海鲜的好搭档。

蔬菜和沙拉

蔬菜和沙拉含有很少或不含脂肪，所以要避免酒体浓郁、单宁质感强的葡萄酒，因为它们会盖过新鲜、清淡的味道。

- 选择清脆的白葡萄酒，如长相思葡萄酒、干型桃红葡萄酒，以及风格清淡、果味浓郁的红葡萄酒，如博若莱村级葡萄酒。

肉类

搭配肉类菜肴时，红葡萄酒要与肉的浓郁度相匹配，还要考虑酱汁的味道和质地。

- 赤霞珠葡萄酒、梅洛葡萄酒和西拉葡萄酒适合肥厚饱满的肉类，例如牛肉、羊肉、鹿肉，以及鸭肉。
- 较清淡的红葡萄酒，如博若莱葡萄酒、黑皮诺葡萄酒或勃艮第红葡萄酒，以及更浓郁的干白葡萄酒，如霞多丽葡萄酒和成熟的雷司令葡萄酒，更适合搭配精肉，如猪肉和鸡肉。

奶酪

与奶酪搭配时，不要只限于红葡萄酒。

- 脆爽清淡的白葡萄酒适合搭配乳清奶酪等新鲜奶酪。
- 维欧尼葡萄酒和霞多丽葡萄酒等更饱满的白葡萄酒可以与布里干酪和塔雷吉欧软奶酪搭配。
- 甜型白葡萄酒适合搭配帕尔马干酪等咸奶酪。
- 饱满的晚收白葡萄酒可以适配蓝纹奶酪。
- 波特酒和斯提尔顿奶酪与烤核桃是完美的经典搭配。

甜点

最好提供比甜点更甜的葡萄酒。

- 苹果馅饼或梨馅饼搭配晚收的雷司令葡萄酒或苏玳葡萄酒。
- 略带甜味的海绵蛋糕搭配甜型起泡酒比干型起泡酒要好得多。
- 超级甜的配方——巧克力、奶油糖霜，等等，几乎能压倒除波特酒以外的所有葡萄酒，最适合搭配咖啡。

适合所有

有些葡萄酒超越了这些规则，可以与一切食物完美搭配。

- 清淡风格的红葡萄酒，包括勃艮第/黑皮诺葡萄酒、博若莱葡萄酒、基安蒂/桑娇维塞葡萄酒和来自卢瓦尔河的品丽珠葡萄酒，与慢炖牛肉、烤或煎鲑鱼等丰富的鱼类菜肴，以及蘑菇和许多含有蛋白质的素食菜肴，包括豆类、奶酪和小扁豆搭配得很好。

卡达迪玛丹娜酒庄（Cataldi Madonna）
阿布鲁佐产区，意大利中部

卡达迪玛丹娜酒庄阿布鲁佐蒙特布查诺葡萄酒（红葡萄酒）
Montepulciano d' Abruzzo (red)

在卡达迪玛丹娜酒庄深沉集中的阿布鲁佐蒙特布查诺葡萄酒中，紫罗兰香气的水果风味带有一种乡村、泥土气息的味道。这是一款大胆的葡萄酒，但它也具有足够清爽的酸度，足以应对用肉酱制成的味道醇厚的丰富菜肴，或其他口味浓郁的美食。酒体饱满的特点来自该地部分地区的灼热气候，在当地被称为“阿布鲁佐的烤箱”。卡达迪玛丹娜酒庄位于蒂里诺河的两岸，拥有约25万平方米的葡萄园，种植着传统葡萄品种。

Località Piano, 67025 Ofena
0862 954252

赛拉图酒庄（Ceretto）
巴罗洛产区，意大利西北部

赛拉图酒庄布朗哲阿内斯葡萄酒（白葡萄酒）
Arneis Blangé (white)

一个公认的事实是，最受推崇的巴罗洛葡萄酒是小规模的工匠制作人的作品，但也有少数大公司的葡萄酒非常值得一试，而且也提供了很高的性价比。赛拉图酒庄肯定属于后者。赛拉图酒庄自20世纪初成立后，发展到现在已经拥有超过120万平方米的葡萄园。这里葡萄酒的品质也非常出色，如清爽、酒体轻盈的赛拉图酒庄布朗哲阿内斯葡萄酒（白葡萄酒），它结合了成熟的梨味和少许白垩纪矿物质质地。这是一款适合夏季饮用的完美开胃酒。

Località San Cassiano 34, 12051 Alba
www.ceretto.com

西玛科利酒庄（Cima Colli）
阿普阿尼产区，托斯卡纳

西玛科利酒庄托斯卡纳马萨雷塔葡萄酒（红葡萄酒）
Massaretta Toscana IGT (red)

在西玛家族酒庄的手中，古怪的本土葡萄品种马萨雷塔生产出迷人、质朴的红葡萄酒，带有可乐和红李子的风味。这款酒美味鲜活，是烤猪肉的好搭档。两个世纪以来，西玛家族一直在托斯卡纳西部陡峭的山麓上占有一席之地。奥雷里奥·西玛现在负责运营，酿酒顾问多纳托·拉纳蒂在酒窖中创造奇迹，该酒庄在过去几年中不断扩大和更新，使其成为托斯卡纳这一地区优质的酒庄。

Via del Fagiano 1, Frazione Romagnano, 54100 Massa
www.aziendagricolacima.it

科莱马托尼酒庄（Collemattoni）
蒙塔希诺产区，托斯卡纳

科莱马托尼酒庄蒙塔希诺红葡萄酒
Rosso di Montalcino (red)

科莱马托尼酒庄强有力的桑娇维塞葡萄为不起眼的蒙塔希诺红葡萄酒打造了令人印象深刻的结构，是最具性价比的蒙塔希诺葡萄酒之一。结合了坚实的单宁结构、美味的泥土气息和高调的樱桃风味，这款酒应该在酒窖中存放几年，而后风味才能苏醒过来。马塞洛·布奇于1995年从他的父亲阿尔多手中接手了这家位于科莱地区圣安吉洛附近的精品酒庄，现在已经提高了它的声誉。葡萄园现在是以有机的方式管理的，酿酒方式则是传统的，采用长时间的浸渍和大斯拉沃尼亚橡木桶。

Località Podere Collemattoni 100, 53020 Sant' Angelo in Colle
www.collemattoni.it

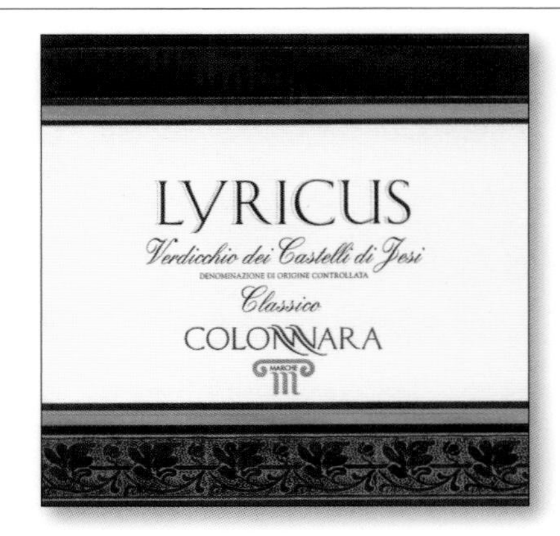

科隆纳拉酒庄（Colonnara）
马凯产区，意大利中部

科隆纳拉酒庄维蒂奇诺抒情诗葡萄酒（白葡萄酒）
Verdicchio Lyricus (white)

新鲜清爽的科隆纳拉酒庄维蒂奇诺抒情诗葡萄酒（白葡萄酒）具有青柠般的酸度，令其美味且风味集中。这是一款理想的开胃酒，但它同样适用于搭配鱼类菜肴。这款酒由独特的马凯产区葡萄品种维蒂奇诺酿制，其起源可以追溯到科隆纳拉酒庄所在的库普拉蒙塔纳周围的山丘。马凯这个地区的海洋与高山气候相得益彰，似乎非常适合这种葡萄品种，而科隆纳拉酒庄肯定是最好的、最具价值的范例。作为意大利优质的合作酿酒厂之一，科隆纳拉酒庄成立于1959年，拥有200名成员，他们种植了250万平方米的葡萄园。

Via Mandriole 6, 60034 Cupramontana
www.colonnara.it

康蒂科斯坦蒂酒庄（Conti Costanti）
蒙塔希诺产区，托斯卡纳

康蒂科斯坦蒂酒庄蒙塔希诺红葡萄酒
Rosso di Montalcino (red)

康蒂科斯坦蒂酒庄的葡萄酒具有非凡的纯度，这款出色的蒙塔希诺红葡萄酒也不例外。这款酒平衡而优雅，带有有勇气的酸度，从开始储藏的年份大约5年后将处于最佳状态。自17世纪中期以来，科斯坦蒂家族一直是蒙塔希诺葡萄酒界的重要参与者。然而，他们作为先驱者的声誉可以追溯到1865年，当时蒂托·科斯坦蒂酿制了他的第一款布鲁奈罗年份酒。这个家族企业的现任董事是安德里亚·科斯坦蒂，他在1983年上任时刚从大学毕业。此后，他走在传统与现代之间的道路上，使用大橡木桶和小橡木桶进行陈酿，酿制出的葡萄酒更注重优雅而不是力量。

Località Colle al Matrichese, 53024 Montalcino
www.costanti.it

孔图奇酒庄（Contucci）

蒙特布查诺产区，意大利中部

孔图奇酒庄蒙特布查诺红葡萄酒
Rosso di Montepulciano (red)

孔图奇酒庄的酒窖位于中世纪小镇蒙特布查诺城墙内的家族宫殿下，是一家拥有数百年酿酒历史的生产商。正如你对拥有如此悠久而杰出历史的家族酒庄所期望的那样，这里的道路上没有现代化的卡车。相反，酒庄的酿酒方法非常传统，这意味着只使用本土葡萄，如桑娇维塞、卡内奥罗和科罗里诺，并且葡萄酒在大橡木桶中陈酿，而不是在较小的橡木桶中陈酿。这导致这里的葡萄酒以其独特的温和、优雅的结构著称，而蒙特布查诺红葡萄酒充分展示了这些魅力：一种令人愉悦的传统葡萄酒，单宁柔和，风味集中，它的新鲜度和平衡感与在寒冬的砂锅中腌制一段时间的肉类菜肴相得益彰。

Via del Teatro 1, 53045 Montepulciano
www.contucci.it

COS 酒庄（COS）

西西里岛产区

COS 酒庄维多利亚瑟拉索罗葡萄酒（红葡萄酒）
Cerasuolo di Vittoria (red)

COS 酒庄维多利亚瑟拉索罗葡萄酒是黑珍珠和弗莱帕托葡萄混酿的活泼、细腻、多汁果味的葡萄酒，这款酒是西西里优质法定产区葡萄酒的基准。这款酒让人联想到顶级博若莱葡萄酒，它巧妙地平衡了新鲜水果风味与深色泥土气息和非常活泼的酸度。它背后的生产商成立于 1980 年，当时 3 个同校的朋友决定一起做生意，便买了一个农场，并以他们每人姓氏的第一个字母命名其为“COS”。在最初的三人组合中，只有朱斯托 · 奥奇平蒂和蒂塔 · 西利亚仍然参与这项业务，他们的葡萄酒因其在葡萄园中采用生物动力法管理，并且采用自然、最少干预的方式在酒窖生产，因此赢得了相当大的尊重和全球关注。他们现在拥有不可小觑的 25 万平方米葡萄园可供合作，已成为维多利亚瑟拉索罗葡萄酒的代名词，西西里岛的第一个优质法定产区葡萄酒。

SP 3 Acate-Chiaramonte, 97019 Vittoria
www.cosvittoria.it

库舒曼诺酒庄（Cusumano）

西西里岛产区

库舒曼诺酒庄黑珍珠葡萄酒（红葡萄酒）
Nero d’ Avola (red)

迭戈 · 库舒曼诺是西西里岛当地品种和传统的狂热支持者。而且，自 2001 年以来，他已经准备好用投资来支持他的坚持。他现在经营着一家每年生产约 250 万瓶的酒厂，他的努力赢得了热烈的赞誉和无数奖项。库舒曼诺深爱的当地葡萄品种是该酒庄生产的核心。一贯出色的黑珍珠葡萄酒展示了这些品种的品质。多汁的深色李子风味构成了这款成熟红葡萄酒的核心。这款酒前卫且吸引人，非常适合在周末与比萨搭配。

Contrada San Carlo
SS113, 90047 Partinico
www.cusumano.it

德福维尔酒庄（DeForville di Anfosso）

巴巴莱斯科产区，意大利西北部

德福维尔酒庄朗格内比奥罗葡萄酒（红葡萄酒）
Langhe Nebbiolo (red)

德福维尔酒庄的朗格内比奥罗葡萄酒是典型的皮埃蒙特葡萄品种的纯粹表达，带有红樱桃、玫瑰和干牛肝菌的香味。这款酒易于饮用，柔和的单宁与新鲜水果形成微妙的对比。这是一件比利时－意大利家族的作品，其起源于巴巴莱斯科地区的历史可以追溯到 1860 年，当时德福维尔家族从比利时抵达该地区。保罗和瓦尔特·安佛索兄弟现在以传统方式经营酒庄，采用长时间浸渍和在大橡木桶中陈酿。

Via Torino 44, 12050 Barbaresco
0173 635140

马爵诺朗酒庄（Di Majo Norante）

莫利塞产区，意大利中部

马爵诺朗酒庄奥西之地桑娇维塞葡萄酒（红葡萄酒）
Terre degli Osci Sangiovese (red)

马爵诺朗酒庄的奥西之地桑娇维塞葡萄酒是一款展示莫利塞产区有多优秀的葡萄酒。一款多汁、浓郁的红葡萄酒，是意大利面配肉丸或其他肉类意大利面食的理想搭配，它平衡了甜味香料与成熟的樱桃和李子味道，非常美味。马爵诺朗酒庄是意大利最小和最年轻的葡萄酒产区莫利塞历史悠久的生产商之一。就当代意大利葡萄酒界而言，莫利塞产区有些偏僻，距离更知名、更时尚的皮埃蒙特、托斯卡纳甚至卡帕尼亚等地有一段距离。但该酒庄在该地区 200 年的经验在其葡萄酒中熠熠生辉，马爵家族因其坚持自己的酿酒方式赢得了大众的尊重，从本土葡萄品种中酿造了一系列令人印象深刻的葡萄酒，无论是单独酿造还是作为成分的一部分制成聪明和美味的混酿。

Contrada Ramitelli 4, 86042 Campomarino
www.dimajonorante.com

多娜佳塔酒庄（Donnafugata）

西西里岛产区

多娜佳塔酒庄风之子葡萄酒（甜酒）
Passito di Pantelleria Ben Ryé (dessert)

玛莎拉加强酒原本是西西里岛最著名的葡萄酒风格。然而，早在 1983 年，它就失宠了。出于对家族企业未来的担忧，贾科莫·拉洛决定结束家族 150 年以来与这种风格的渊源，转而制作不添加酒精的葡萄酒。这是一场收获了回报的赌博。该酒庄现在拥有 300 万平方米的葡萄园，生产美味的葡萄酒，如优雅、芳香、复杂的多娜佳塔酒庄风之子葡萄酒（甜酒），它具有金黄的琥珀色和鲜花、桃子和蜂蜜的香气。

Via San Lipari 18,
81015 Marsala
www.donnafugata.it

埃利奥格拉索酒庄（Elio Grasso）

巴罗洛产区，意大利西北部

埃利奥格拉索酒庄卡瓦雷尼阿尔芭内比奥罗葡萄酒（红葡萄酒）
Nebbiolo d' Alba Gavarini (red)

埃利奥·格拉索是意大利著名的酿酒师之一，他因为提升了皮埃蒙特产区的红葡萄酒地位，特别是巴罗洛产区的红葡萄酒在葡萄酒世界中的地位拥有了目前的崇高地位而备受尊敬。他来自巴罗洛的一个种植者家庭，他们长期以来在蒙福特地区的卡瓦雷尼和吉内斯特拉葡萄园拥有资产。如今，在儿子詹卢卡的帮助下，埃利奥·格拉索本人继续酿造精美的葡萄酒。酿酒风格融合了传统和现代，在这个两种方法的追随者经常大声反对彼此的产区这是一家折中的酒庄。这里的内比奥罗经过长时间、缓慢的发酵，使用了大型斯拉沃尼亚橡木桶和较小的橡木桶。埃利奥格拉索酒庄卡瓦雷尼阿尔芭内比奥罗葡萄酒的根基是拥有原始、优雅品质的水果风味。为了早期消费，葡萄酒在尚且年轻时发售，这款酒是新鲜和诱人的。

Località Ginestra 40, 12065 Monforte d' Alba
www.eliograsso.it

伐勒科酒庄（Falesco）

翁布里亚产区，意大利中部

伐勒科酒庄薇迪娅诺红葡萄酒（红葡萄酒）
Vitiano Rosso (red)

伐勒科酒庄是第一个让现在世界著名的意大利酿酒师里卡多·科塔瑞拉登上地图的酒庄。正是在这里，科塔瑞拉发展出了他的现代酿酒风格，即偏好成熟的水果风味和柔和的单宁，他不怕使用国际葡萄品种来实现这一目标。如今，科塔瑞拉担任意大利众多酿酒厂的顾问，但伐勒科酒庄继续以最优质的葡萄酒展示着他的风格，例如价格实惠的伐勒科酒庄薇迪娅诺红葡萄酒。这款浓郁的红葡萄酒由赤霞珠、桑娇维塞和梅洛混酿而成，融合了李子和成熟樱桃的深沉香气以及柔和的单宁和香草香料的香气。

Località San Pietro, 05020 Montecchio
www.falesco.it

芬缇妮酒庄（Fantinel）

科里奥产区，意大利东北部

芬缇妮酒庄维涅蒂圣海莲娜丽波拉葡萄酒（白葡萄酒）
Vigneti Sant' Helena Ribolla Gialla (white)

柑橘和香料（如芫荽）的活泼香气帮助质地丰富的芬缇妮酒庄维涅蒂圣海莲娜丽波拉葡萄酒（白葡萄酒）给人一种明显轻盈的感觉。余味结合了令人开胃的咸味矿物质和适饮的清爽酸度。自 1969 年以来，这种浓缩但新鲜的现代葡萄酒一直是这家在意大利东北部多个地区拥有股份的范围宽泛的酒庄的贸易存货。那一年，马里奥·芬缇妮——一位拥有该地区许多的酒店和餐馆股份的商人，决定尝试发展酒店业的葡萄酒分支。现在由马里奥的三个儿子洛里斯、詹弗兰科和卢西亚诺·芬缇妮经营。芬缇妮酒庄的业务自成立以来已大大扩展，并已成为其种类繁多的葡萄酒保持始终如一的高品质和高价值的生产商。

Via Tesis 8, 33097 Tauriano di Spilimbergo
www.fantinel.com

内比奥罗

意大利西北部皮埃蒙特地区的酿酒师将内比奥罗葡萄品种视为最有价值的葡萄品种，尽管巴贝拉葡萄的种植范围比它要广泛得多。著名的巴罗洛产区和巴巴莱斯科产区的伟大红葡萄酒都源自内比奥罗葡萄，酿造这些葡萄酒的葡萄生长在这两个村庄周围的葡萄园中。

鉴赏家认为这些昂贵、浓缩和强劲的葡萄酒是皮埃蒙特的贵族，因为它们独特的风味、几十年来随着时间的增长而改进的能力，以及它们的风味个性和以有趣的方式从一个小葡萄园到另一个小葡萄园的变化。

并不是所有的内比奥罗葡萄酒都很昂贵。在巴罗洛和巴巴莱斯科边界以外的皮埃蒙特种植的葡萄可以酿造出优质的葡萄酒，酒标上标注为加蒂纳拉和格姆，以及简单的阿尔巴内比奥罗，它们往往都是价格实惠的。内比奥罗葡萄酒偶尔会在世界其他地方生产，但很少有人能够捕捉到意大利内比奥罗神秘的玫瑰花瓣香气和酸酸的覆盆子风味。

最好的内比奥罗葡萄酒是伟大的，但不是教皇新堡或加州赤霞珠意义上的“大”。内比奥罗相对于红葡萄酒来说颜色相对较浅，但含有大量单宁，给人以耐嚼的感觉。由于它们的酸度，它们清脆可口，随着年份的增长，它们会产生蘑菇、香草和黑樱桃风味的细微差别。

内比奥罗是一种晚熟葡萄，于 10 月中旬收获。

费尔西纳酒庄（Fattoria di Fèlsina）

经典基安蒂产区，托斯卡纳

费尔西纳酒庄贝拉登加经典基安蒂葡萄酒（红葡萄酒）
Chianti Classico Berardenga (red)

费尔西纳酒庄由痴迷于桑娇维塞的朱塞佩·马佐克林经营，以其拥有令人印象深刻的结构、香气持久的葡萄酒系列而闻名。20世纪80年代和20世纪90年代，该酒庄对位于经典基安蒂产区南端的葡萄园进行了大量的重新种植和改造，提高了费尔西纳酒庄贝拉登加经典基安蒂葡萄酒等葡萄酒的质量。这款美味的托斯卡纳红葡萄酒在优雅的框架内结合了可口、平静的单宁和高调的樱桃风味，是一款物美价廉的葡萄酒。

Via del Chianti 101, 53019 Castelnuovo Berardenga
www.felsina.it

尼科德米酒庄（Fattoria Nicodemi）

阿布鲁佐产区，意大利中部

尼科德米酒庄阿布鲁佐蒙特布查诺葡萄酒（红葡萄酒）
Montepulciano d' Abruzzo (red)

尼科德米酒庄的阿布鲁佐蒙特布查诺葡萄酒是一款适合搭配烤肉的完美葡萄酒。它是一款深墨色的红葡萄酒，平衡了浓郁的深色水果风味与茴香、黑胡椒的味道。凭借其强劲的结构，这是一款令人陶醉的烈酒，也是短期陈酿的理想选择。这款酒由埃琳娜·尼科德米制作，她于1998年接管了最初由她的祖父卡罗在20世纪初创立的家族酒庄。进入葡萄酒行业从来都不是尼科德米的计划。但当她的父亲布鲁诺从20世纪60年代初开始经营酒庄却突然去世后，她放弃了建筑师的职业，并以极大的努力改变了酒庄的声誉。她在酿酒师费德里科·库尔塔兹和保罗·卡乔尼亚的协助下工作，她的葡萄酒已成为阿布鲁佐地区无与伦比的优秀代表。

Contrada Ventriglio, 64024 Notaresco
www.nicodemi.com

普碧勒酒庄（Fattoria Le Pupille）

斯坎萨诺产区，托斯卡纳

普碧勒酒庄斯坎萨诺莫雷利诺葡萄酒（红葡萄酒）
Morellino di Scansano (red)

伊丽莎贝塔·哥佩蒂在斯坎萨诺地区一直是一个令人敬畏的人物。1985年在接管了斯坎萨诺附近的家族酒庄后，她为发展该地区的特色做了很多工作，并且是斯坎萨诺莫雷利诺葡萄酒种植者联盟成立的主要推动者。当然，她所代表的酒庄也同样活跃，而且出产的葡萄酒都非常出色，着眼于吸引全世界，而不仅仅是意大利的饮酒者。普碧勒酒庄正宗的斯坎萨诺莫雷利诺葡萄酒是对该产区的一个很好的介绍。多汁、活泼，带有甜甜的覆盆子味道，是一款随和、丰盛的红葡萄酒，适合搭配意大利面配肉丸的平日晚餐。

Piagge del Maiano 92/A, Località Istia d' Ombrone, 58100 Grosseto
www.elisabettageppetti.com

塞尔韦帕娜酒庄（Fattoria di Selvapiana）

基安蒂鲁菲娜产区，托斯卡纳

塞尔韦帕娜酒庄基安蒂鲁菲娜葡萄酒（红葡萄酒）
Chianti Rùfina (red)

如果你正在寻找以传统风格生产的经典托斯卡纳桑娇维塞葡萄酒，那么塞尔韦帕娜酒庄是一个很好的起点。这家酒庄最初由米歇尔·朱蒂尼·塞尔韦帕娜于1827年收购，由他的后代弗朗西斯科·朱蒂尼·安蒂诺里经营了数年。酒庄现在由费德里科·朱蒂尼·马塞蒂和他的妹妹席尔瓦的管理，这里的葡萄酒自1979年以来一直在酿酒顾问弗兰科·伯纳贝的指导下酿造，毫无疑问，这里的葡萄酒是鲁菲娜分区中最好的。来自佛罗伦萨东北部的鲁菲娜高地，纯正的基安蒂鲁菲娜葡萄酒是教科书式的山地桑娇维塞葡萄酒。具有轻快的樱桃和薄荷风味，优雅，但不会太浓郁，非常适合搭配食物。可尝试搭配托斯卡纳经典菜肴，如迷迭香和大蒜烤猪里脊。

Località Selvapiana, 50068 Rùfina
www.selvapiana.it

福地酒园（Feudi di San Gregorio）

卡帕尼亚产区，意大利南部

福地酒园卡帕尼亚桑尼奥法兰娜 IGT 葡萄酒（白葡萄酒）

Falanghina Campania Sannio IGT (white)

福地酒园的法兰娜葡萄酒是一款来自卡帕尼亚内陆火山葡萄园的饱满、浓郁的白葡萄酒。这款酒将成熟的甜瓜和柑橘风味与烟熏矿物质风味相结合，完美地展示了在福地酒园担任顾问 20 多年的里卡多·科塔雷拉的才华。其酿造方法融合了传统和现代，结合了使用最新酿酒技术的本土葡萄品种，而科塔雷拉灵巧的触感始终显而易见。

Località Cerza Grossa, 83050 Sorbo Serpico
www.feudi.it

弗朗西斯科里纳迪 & 菲格里酒庄（Francesco Rinaldi e Figli）

巴罗洛产区，意大利西北部

弗朗西斯科里纳迪 & 菲格里酒庄阿斯蒂格丽尼奥里诺葡萄酒（红葡萄酒）

Grignolino d' Asti (red)

弗朗西斯科里纳迪 & 菲格里酒庄始于 1870 年，当时的同名创始人继承了巴罗洛地区的一些葡萄园。酒庄仍然归家族所有，其财富目前掌握在卢西亚诺·里纳迪和他的侄女保拉手中。这里的指导原则是在酿酒和所使用的葡萄品种方面保持当地传统。弗朗西斯科里纳迪 & 菲格里酒庄的阿斯蒂格丽尼奥里诺葡萄酒就是这种情况，这款酒使用鲜为人知的当地葡萄品种格丽尼奥里诺葡萄酿造。在这里，它被塑造成一种虽然颜色和酒体清淡，但却充满了味道的葡萄酒。这款酒的特点是活泼、充满活力，并带有新鲜草莓、樱桃和清凉薄荷风味的诱人味道。这是一款不容错过的真正的原创葡萄酒。

Via U Sacco 4, 12051 Alba
www.rinaldifrancesco.it

亚历山德里亚兄弟酒庄（Fratelli Alessandria）

巴罗洛产区，意大利西北部

亚历山德里亚兄弟酒庄维杜诺皮拉维加葡萄酒（红葡萄酒）

Verduno Pelaverga (red)

巴罗洛地区的另一个优质生产商，其历史可以追溯到 19 世纪初，亚历山德里亚兄弟酒庄位于维杜诺，是该地区鲜为人知的公社之一。然而，从吉安·巴蒂斯塔·亚历山德里亚和他的儿子维托里奥生产的芳香、优雅的葡萄酒的质量来看，它值得被更多人知晓。亚历山德里亚兄弟酒庄系列中的明星之一是由一种可能比维杜诺公社更不起眼的皮拉维加葡萄生产的。然而，亚历山德里亚兄弟酒庄维杜诺皮拉维加葡萄酒非常值得一试。这是一款充满令人愉悦的樱桃香气的红葡萄酒，非常吸引人且适饮，你需要在自己喝得太多之前提醒自己它实际上是葡萄酒，一种酒精饮料！它几乎是任何你喜欢的食物的完美搭配，如果可以的话，储存大量这种美妙可口的经典葡萄酒是个好主意。

Via Beato Valfre 59, 12060 Verduno
www.fratellialessandria.it

富利尼酒庄（Fuligni）

蒙塔奇诺产区，托斯卡纳

富利尼酒庄蒙塔奇诺金丝特罗红葡萄酒

Rosso di Montalcino Ginestreto (red)

富利尼酒庄蒙塔奇诺金丝特罗红葡萄酒是一款在其酿造年份大约 5 年后才达到其美味巅峰的葡萄酒，它是蒙塔奇诺红葡萄酒的一个相当重要的示例。坚实而有力的结构，拥有美味的单宁质感，抓住并凸显了成熟的浆果风味。这款酒比普通的红葡萄酒结构和浓度更强，它是富利尼家族近 100 年来得以建立声誉的一款葡萄酒——自 1923 年以来，他们一直将酒庄向蒙塔奇诺东部发展（许多人认为这里是该地区最好的、最经典的）。如今的酒庄由马里奥·弗洛拉·富利尼和她的侄子罗伯特·格里尼管理，该酒庄保有蒙塔奇诺产区最传统的方法和风格。

Via S Saloni 32, 53024 Montalcino
www.fuligni.it

古妃酒庄（Gulfi）
西西里岛产区

古妃酒庄罗素贝罗黑珍珠葡萄酒（红葡萄酒）
Nero d' Avola Rossojbleo (red)

维托·卡塔尼亚作为汽车行业的主要参与者而名声大噪并获得财富。然而他回到了他的家乡西西里岛，在该岛的东南部领导了这个令人印象深刻的企业。卡塔尼亚是黑珍珠葡萄的忠实支持者，他在基亚拉蒙特古尔菲地区附近使用有机种植方式照料约70万平方米的这种经典的南方葡萄品种。古妃酒庄罗素贝罗黑珍珠葡萄酒是他处理该品种的方法的一个很好的例子。多汁、成熟且不厚重，活泼的酸度和清新的覆盆子及李子风味成为这款酒的焦点。这是一款适合任何场合的美味葡萄酒。

Contrada Partia, 97010 Chiaramonte Gulfi
www.gulfi.it

希尔伯格-帕斯克罗酒庄（Hilberg-Pasquero）
罗埃罗产区，意大利西北部

希尔伯格-帕斯克罗酒庄阿尔芭巴贝拉葡萄酒（红葡萄酒）
Barbera d' Alba (red)

希尔伯格-帕斯克罗酒庄可能有着悠久的葡萄种植历史（它的历史可以追溯到1915年），但是，在因此命名的现任业主的领导下，这是一个现代化的生产商。米歇尔·帕斯克罗和安妮特·希尔伯格负责这里生产的各个方面，始终保留着他们所信奉的生态意识方法，并在酿酒厂中同样细心地工作。从风格上讲，他们倾向于寻找更加精炼版本的巴贝拉葡萄酒，而他们纯正的希尔伯格-帕斯克罗酒庄阿尔芭巴贝拉葡萄酒当然是深色和浓郁的，尽管如此，在味觉上也能感受到这款酒的清淡和勇气。

Via Bricco Gatti 16, 12040 Priocca
www.hilberg-pasquero.com

J 霍夫斯塔特酒庄（J Hofstätter）
上阿迪杰产区，意大利东北部

J 霍夫斯塔特酒庄勒格瑞葡萄酒（红葡萄酒）
Lagrein (red)

不要被J霍夫斯塔特酒庄勒格瑞葡萄酒深沉的颜色所欺骗。这款充满活力、危险易饮的红葡萄酒口感新鲜、清淡，带有持久的李子和咸味香料的味道。J霍夫斯塔特酒庄的酒窖深受饮酒者喜爱，这里的酒窖就在高山村庄特勒民的主要广场旁，许多人认为这里是琼瑶浆的发源地。

Piazza Municipio 7, 39040 Tramin-Termeno
www.hofstatter.com

费尔迪南多扎努索酒庄（I Clivi di Ferdinando Zanusso）
高利奥产区，意大利东北部

费尔迪南多扎努索酒庄加利亚白葡萄酒
Galea Bianco (white)

费尔迪南多扎努索酒庄加利亚白葡萄酒混合了包括弗留利和维多佐在内的许多当地葡萄品种，是一款结构强大、复杂的白葡萄酒。这款酒虽然现在很美味，但值得等待。它会受益于在地窖中保存的几年，然后达到最佳的风味获得口感的复杂性。这款酒是由费尔迪南多·扎努索以有机的方式生产的，对酒窖的干预减至最少，他在20世纪90年代收购并翻新了酒庄。

Località Gramogliano 20, 33040 Corno di Rosazzo
www.clivi.it

圣加洛酒庄（I Poderi di San Gallo）

蒙特布查诺产区，意大利中部

圣加洛酒庄蒙特布查诺红葡萄酒
Rosso di Montepulciano (red)

圣加洛酒庄是奥林匹亚·罗伯蒂的顶级品质传统蒙特布查诺酒庄，围绕着贝蒂耶和卡塞拉葡萄园建造，它们在黄金地段共同占地约 7.5 万平方米。罗伯蒂的酿酒风格倾向于在发酵过程中对葡萄进行长时间浸渍，从而生产出具有真正紧致和坚实质地的深红宝石色葡萄酒。罗伯蒂风格的一个很好的例子可以在圣加洛酒庄蒙特布查诺红葡萄酒中找到。这款酒是桑娇维塞葡萄与其他传统品种的多肉、丰盛的混酿，作为副牌酒感觉非常的结实和饱满。这款酒以迷人的时尚和美味的方式平衡了深色水果风味和矿物质单宁，使其成为该地区优质的葡萄酒之一。这是一款精美的餐酒，你可以尝试搭配带骨的佛罗伦萨 T 骨牛排饮用。

Via delle Colombelle 7, 53045 Montepulciano
www.ipoderidisangallo.com

格蕾丝酒庄（Il Molino di Grace）

经典基安蒂产区，托斯卡纳

格蕾丝酒庄经典基安蒂葡萄酒（红葡萄酒）
Chianti Classico (red)

顶级经典基安蒂酒庄——格蕾丝酒庄以惊人的速度在该地区上升到目前的崇高地位。当你考虑到这是一位外籍人士弗兰克·格蕾丝（美国人）的作品时，这一点就更加引人注目了，他是在 1995 年才买下这处产业的。在过去的几十年里，在他的酿酒师——出生于德国的格哈德·希尔默和顾问弗兰科·伯纳贝的帮助下共同打造了这个庞扎诺地区的顶级酒庄之一。这里的风格优雅而温文尔雅，倾向于国际品味，但在单宁质感部分保留了一些独特的托斯卡纳勇气和魅力。格蕾丝酒庄经典基安蒂葡萄酒香甜浓郁，具有强烈的矿物质风味——令人印象深刻的基安蒂葡萄酒，喝起来更像是珍藏级别的葡萄酒，而不是基本款的普通酒。

Località Il Volano Lucarelli, 50022 Panzano in Chianti
www.ilmolinodigrace.com

波吉欧酒庄（Il Poggione）

蒙塔希诺产区，托斯卡纳

波吉欧酒庄蒙塔希诺红葡萄酒
Rosso di Montalcino (red)

作为蒙塔希诺产区规模较大的生产商之一，波吉欧酒庄仍被普遍认为是该地区葡萄酒的旗手。酿酒厂由莱奥波尔多·弗朗切斯基所有，酿酒掌握在法布里齐奥和亚历山德罗·宾多奇的手中，这对父子团队已经形成了自己对蒙塔希诺葡萄酒的看法。这种方法旨在创造平衡的葡萄酒，展示该地区桑娇维塞的典型性，而不是将葡萄酒隐藏在橡木桶中并在酿酒过程中进行大量提炼。这种方法使葡萄酒证明桑娇维塞能够在小心处理时展现出极致的微妙和芳香的提升。波吉欧酒庄蒙塔希诺红葡萄酒毫无疑问就是这种情况。作为这个传统家族的入门级葡萄酒，这款红葡萄酒展示了在蒙塔希诺种植的桑娇维塞葡萄特有的森林、泥土气息的一面。这是一款时尚、有特色、精致的葡萄酒，与松露意大利面或意大利烩饭完美搭配。

Frazione Sant' Angelo in Colle, Località Monteano, 53020 Montalcino
www.tenutailpoggione.it

爱娜玛酒庄（Inama）

苏瓦韦产区，意大利东北部

爱娜玛酒庄经典苏瓦韦葡萄酒（白葡萄酒）
Soave Classico (white)

创新的爱娜玛酒庄是意大利东北部较好的酒庄之一，它在挑战关于其运营核心产区——苏瓦韦产区的陈规刻板印象假设方面做了很多工作。爱娜玛酒庄的历史可以追溯到 20 世纪 50 年代，当时它由朱塞佩·爱娜玛创立。但正是在朱塞佩的儿子斯蒂芬的领导下，这座 30 万平方米的酒庄才真正开始展翅高飞。斯蒂芬制造的苏瓦韦葡萄酒与世界各地的比萨饼店和意大利面餐厅的廉价葡萄酒相去甚远。以匠人般的高度关注制作，将高强度的集中度和质地与新鲜度和适饮性结合在一起，并且广受欢迎。该酒庄系列范围很广，但爱娜玛酒庄经典苏瓦韦葡萄酒是大多数葡萄酒爱好者心目中最常与这家生产商联系在一起的葡萄酒。爱娜玛酒庄经典苏瓦韦葡萄酒质地饱满，带有持久的柠檬凝乳和泰国青柠的味道，香气中显示出其深度，水果风味在余味中延展很长，非常适合搭配海鲜和简单的鱼类菜肴。

Località Biacche, 50, 37047 San Bonifacio
www.inamaaziendaagricola.it

桑娇维塞

桑娇维塞属于那种故土难离的葡萄品种之一。虽然数百年来它在托斯卡纳酿造出美味、浓郁的红葡萄酒，并且很好地适应了意大利不同地区的水土，但很少有人尝试在其他地方种植它，从而酿造出令人难忘的葡萄酒。梅洛、西拉和赤霞珠等法国品种并非如此。

托斯卡纳是桑娇维塞的大本营。那里的一些酿酒师将其制作成一种清淡、简单、果味浓郁的葡萄酒，用于吞咽而不是品尝，而另一些酿酒师则将其制成中等酒体和浓郁的优质葡萄酒，获得评论家的高度评价并且可以很好地陈年。

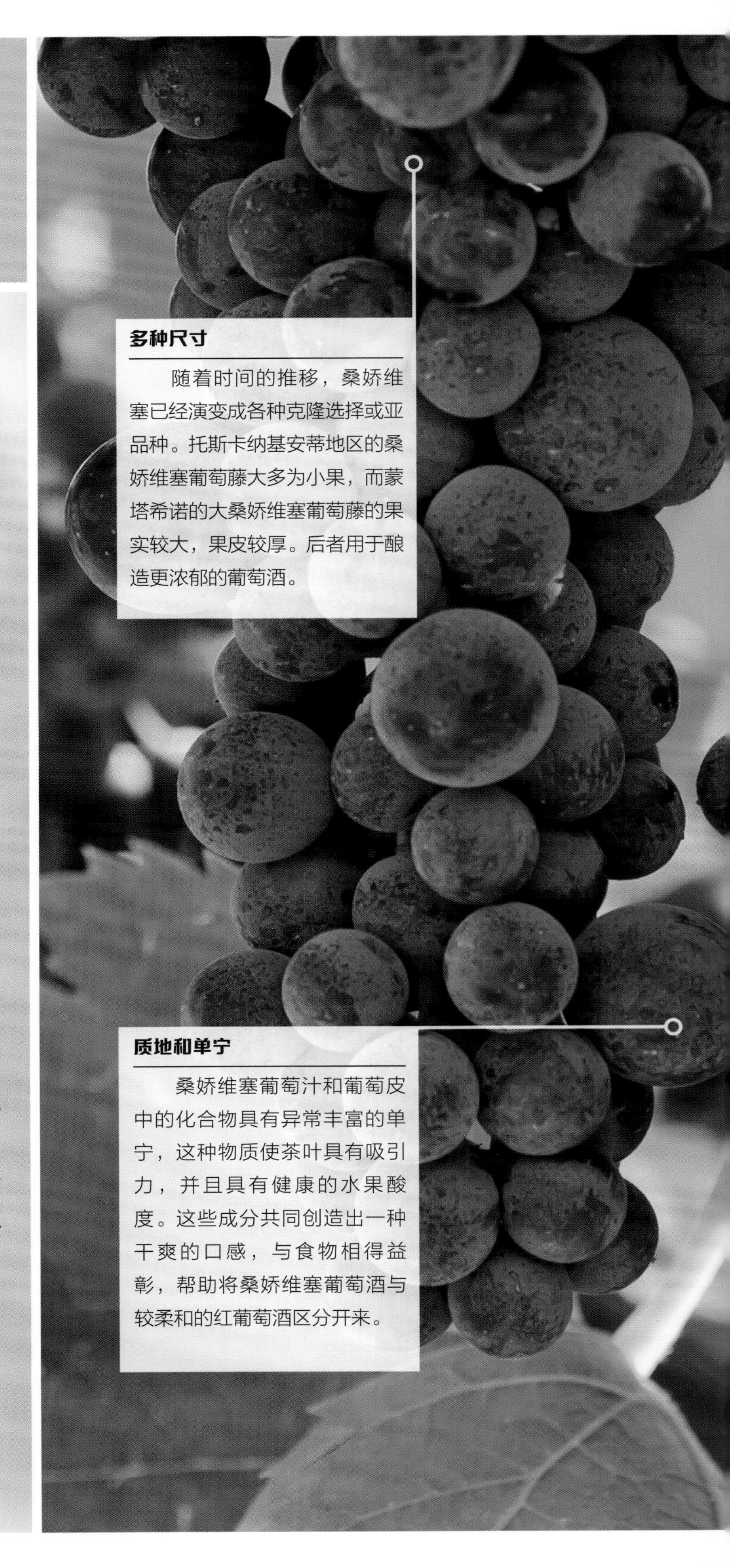

多种尺寸

随着时间的推移，桑娇维塞已经演变成各种克隆选择或亚品种。托斯卡纳基安蒂地区的桑娇维塞葡萄藤大多为小果，而蒙塔希诺的大桑娇维塞葡萄藤的果实较大，果皮较厚。后者用于酿造更浓郁的葡萄酒。

质地和单宁

桑娇维塞葡萄汁和葡萄皮中的化合物具有异常丰富的单宁，这种物质使茶叶具有吸引力，并且具有健康的水果酸度。这些成分共同创造出一种干爽的口感，与食物相得益彰，帮助将桑娇维塞葡萄酒与较柔和的红葡萄酒区分开来。

多重性格

桑娇维塞就像黑皮诺一样，品种表达了它种植地的味道。位于小山北侧的经典基安蒂产区的桑娇维塞葡萄园可能会酿造出带有胡椒味的葡萄酒，而阳光充足、朝南的同一葡萄品种可能会带有更多的草莓香气。

低产量

桑娇维塞在意大利以外没有酿造出许多顶级葡萄酒的原因之一是它的产量不高。种植者可以让西拉等葡萄品种在每株葡萄藤上生长出大量葡萄串，但必须严格修剪桑娇维塞的葡萄藤。

世界何处出产桑娇维塞?

新世界的一些地区（如阿根廷和美国加利福尼亚州）生产桑娇维塞葡萄酒，但它们的表现参差不齐，而且当有这么多优质且物超所值的意大利桑娇维塞葡萄酒时，它再四处漂泊其实是没有多大意义的。

意大利中部的大部分地区都在种植桑娇维塞，它被用来制作起泡酒、红葡萄酒和甜酒等各种酒。对于干红餐酒，最好的桑娇维塞葡萄酒被标记为经典基安蒂葡萄酒、经典基安蒂珍藏葡萄酒和蒙塔希诺布鲁奈罗葡萄酒，最后一种需要长期陈酿才能充分发挥其全部潜力。

被称为超级托斯卡纳的非凡葡萄酒有时被标记为超托（Toscana）。对于价值，寻找高贵蒙特布查诺葡萄酒和罗马涅桑娇维塞葡萄酒。

以下地区是桑娇维塞葡萄酒的最佳产区。试试这些推荐年份的桑娇维塞葡萄酒，以获得最佳体验：

托斯卡纳产区：2009 年、2008 年、2007 年、2006 年

艾米利亚 – 罗马涅产区：2009 年、2008 年、2007 年、2006 年

蒙塔希诺布鲁奈罗葡萄酒在其尚且年轻时可能会很难入口，但会在瓶中漂亮地熟成。

奥莱纳小岛酒庄（Isole e Olena）

经典基安蒂产区，托斯卡纳

奥莱纳小岛酒庄经典基安蒂葡萄酒（红葡萄酒）
Chianti Classico (red)

奥莱纳小岛酒庄位于经典基安蒂官方产区的北部，是家族经营的企业，自 20 世纪 50 年代中期以来一直在酿造正宗和具有伟大风格的葡萄酒。就在那时，保罗·德·马尔基的家族接管了该酒庄，从那时起，他们一直是当地桑娇维塞葡萄品种的热情倡导者，相信它本身的效果最好。拥有经典的比例，质朴单宁和黑樱桃果味，酒庄原汁原味的经典基安蒂葡萄酒感觉优雅而沉着，就像这里一样，反映出了温暖的托斯卡纳山丘。

Località Isole 1, 50021 Barberino, Val d' Elsa
0558 072763

莫扎酒庄（La Mozza）

斯坎萨诺产区，托斯卡纳

莫扎酒庄斯坎萨诺莫雷利诺帕拉兹葡萄酒（红葡萄酒）
Morellino di Scansano I Perazzi (red)

这座占地 35 万平方米的酒庄属于美国餐馆老板约瑟夫·巴斯蒂亚尼奇和他的母亲莉迪亚·巴斯蒂亚尼奇。然而，他们不酿造葡萄酒。酿酒的责任人是意大利人毛里齐奥·卡斯特利，他用桑娇维塞、西拉和阿里坎特酿造出口味强劲的葡萄酒。莫扎酒庄斯坎萨诺莫雷利诺帕拉兹葡萄酒是桑娇维塞与其他地中海品种的丰富多汁的混酿酒，平衡了成熟的李子和浆果的风味和凉爽的甘草香气。这款酒可搭配多种食物。

Monte Civali, Magliano in Toscana, 68061 Grosseto
www.bastianich.com

普雷西酒庄（Le Presi）

蒙塔希诺产区，托斯卡纳

普雷西酒庄蒙塔希诺红葡萄酒
Rosso di Montalcino (red)

布鲁诺·法布里是一个真正的桑娇维塞拥护者。他甚至设计了T 恤来表达他对这个葡萄品种的热爱。法布里对这个品种的热爱可以追溯到 1970 年，当时他创立了小型的普雷西酒庄。 他的儿子詹尼从 1998 年开始接管酒庄，继承了父亲的传统酿酒方法和新式的有机方法。普雷西酒庄蒙塔希诺红葡萄酒是一款充满活力、引人入胜的桑娇维塞葡萄酒，结合了干玫瑰和樱桃的香气和深色水果风味。结构牢固，是对蒙塔希诺产区葡萄酒的一个很好的介绍。

Via Costa della Porta, Frazione Castelnuovo Abate, 53020 Montalcino
0577 835541

林凯酒庄（Leone de Castris）

普利亚产区，意大利南部

林凯酒庄萨利切萨伦蒂诺多娜丽莎珍藏葡萄酒（红葡萄酒）
Salice Salentino Riserva Donna Lisa (red)

林凯酒庄是一家大型生产商，每年生产超过 250 万瓶葡萄酒。这家酒庄也具有历史意义：由奥龙佐公爵创立，该酒庄在同一地点已有近 350 年的历史。林凯酒庄萨利切萨伦蒂诺多娜丽莎珍藏葡萄酒很好地介绍了这里生产的其他葡萄酒。一款拥有美味的泥土气息、老式的意大利南部红葡萄酒，结合了浓郁的水果风味、可口的单宁质感和高调的酸度。这是一款适合搭配丰富的肉类菜肴的葡萄酒。

Via Senatore De Castris 50, 73015 Salice Salentino
www.leonedecastris.com

黎伯兰迪酒庄（Librandi）

卡拉布里亚产区，意大利南部

黎伯兰迪酒庄切洛珍藏葡萄酒（红葡萄酒）
Cirò Riserva (red)

黎伯兰迪酒庄切洛珍藏葡萄酒中活泼的樱桃和李子风味具有被温暖的阳光亲吻般的品质。这款酒具有经典的意大利风格，是餐桌上的多功能红葡萄酒选择。 这款酒是黎伯兰迪酒庄生产的众多优质葡萄酒之一。黎伯兰迪酒庄是一家大型的家族拥有的酿酒厂，在卡拉布里亚葡萄酒界占有重要地位，拥有超过 250 万平方米的葡萄园，生产十几个品牌。黎伯兰迪酒庄深深植根于当地社区，带头复兴了当地濒临消失的古老葡萄品种。如今，该酒庄种植了八种不同的葡萄品种，长相思和霞多丽等国际品种与当地的佳琉璞葡萄并驾齐驱。

SS 106, Contrada San Gennaro, 88811 Cirò Marina
www.librandi.it

丽斐酒庄（Livio Felluga）

弗留利东山产区，意大利东北部

丽斐酒庄灰皮诺葡萄酒（白葡萄酒）
Pinot Grigio (white)

矿物感增加了这款来自弗留利地区酿酒明星利维奥·费卢加的质感丰富的白葡萄酒的复杂性。余味中成熟的苹果和梨的味道适合搭配更浓郁的海鲜菜肴。该酒庄现在由费卢加的孩子们经营，是东北地区现代酿酒的先驱，为该地区现在已经很常见的鲜活的白葡萄酒铺平了道路。丽斐酒庄活跃于世界各地的市场，但依旧是弗留利葡萄酒的大使。

Via Risorgimento 1, 34071
Brazzano-Cormons
www.liviofelluga.it

马齐里尼酒庄（Majolini）

弗朗齐亚柯达产区，意大利西北部

马齐里尼酒庄无年份弗朗齐亚柯达干型起泡酒
NV: Franciacorta Brut (sparkling)

弗朗齐亚柯达是伦巴第大区布雷西亚地区的一部分，因其是意大利最好的香槟法起泡酒（在瓶中进行二次发酵，产生气泡）地区而享有盛誉。作为该地区的顶级生产商之一，马乔里尼酒庄在建立弗朗齐亚柯达产区声誉方面发挥了重要作用。这家生产商的故事可以追溯到 20 世纪 60 年代，当时瓦伦蒂诺·马乔里尼创立了家族酒庄。但直到 20 世纪 80 年代初，当詹弗兰科、皮尔乔吉奥、斯蒂芬和埃齐奥·马乔里尼四兄弟接管时，它才真正开始取得进展。马乔里尼酒庄位于弗朗齐亚柯达东部地区的欧梅村，生产优雅、值得陈年的起泡酒。质地丰富，带有奶油蛋卷和苹果的香气，马乔里尼酒庄无年份弗朗齐亚柯达干型起泡酒仍然是一款充满活力的葡萄酒。

Via Manzoni 3, 25050 Ome
www.majolini.it

格雷西侯爵夫人酒庄（Marchesi di Grésy）

巴巴莱斯科产区，意大利西北部

格雷西侯爵夫人酒庄马丁内加阿尔芭内比奥罗葡萄酒（红葡萄酒）
Nebbiolo d' Alba Martinenga (red)

格雷西侯爵夫人酒庄长期以来一直是巴巴莱斯科地区的重要代表，其拥有的葡萄园土地可以追溯到几代人之前。然而，作为现代葡萄酒生产商，该酒庄的元年是距今不远的 1973 年，当时阿尔伯特·格雷西决定开始生产和装瓶自己的葡萄酒，而不是出售来自家庭葡萄园的葡萄供他人使用。该酒庄横跨朗格和蒙菲拉托地区，不过其核心位于马丁内加产区，该产区被广泛认为是巴巴莱斯科地区较好的地段。该酒庄在马丁内加的这片珍贵土地上生产了 3 款巴巴莱斯科葡萄酒，其中两款来自盖翁和格罗斯营子区域。这两款酒是采用大量橡木桶酿制的非常严肃的葡萄酒。但展示该地特征的最佳范例是格雷西侯爵夫人酒庄的马丁内加阿尔芭内比奥罗葡萄酒。以未经橡木桶的方式酿造（这对内比奥罗来说很不寻常），但它仍然是一款严肃的葡萄酒，单宁迷人，带有一些高调的樱桃果味，并带有这种葡萄品种特有的玫瑰香气。

Via Rabaja Barbaresco 43, 12050 Barbaresco
www.marchesidigresy.com

马克波雷洛酒庄（Marco Porello）

罗埃罗产区，意大利西北部

马克波雷洛酒庄罗埃罗阿内斯卡梅斯特里葡萄酒（白葡萄酒）
Roero Arneis Camestrì (white)

马克波雷洛酒庄罗埃罗阿内斯卡梅斯特里葡萄酒拥有阿内斯葡萄品种经常缺乏的两点：紧致的酸度和温和的口感。同时这款酒新鲜、悠长，带有持久的青柠和甜瓜风味。事实上，这是一款美味的葡萄酒，但自从波雷洛在1994年接手家族葡萄酒业务后，这位迷人的年轻酿酒师似乎无法做出任何不美味的东西。自从获得控制权，他彻底改变了工作方式：降低葡萄园的产量，并对位于罗埃罗省主要城镇卡纳尔的酒窖进行现代化改造。波雷洛的阿内斯葡萄来自他在酒庄附近的卡梅斯特里葡萄园，葡萄藤种植在覆盖沙质土壤的陡坡上。

Via Roero 3, 12050 Guarene
www.porellovini.it

马世酒庄（Masciarelli）

阿布鲁佐产区，意大利中部

马世酒庄阿布鲁佐蒙特布查诺葡萄酒（红葡萄酒）
Montepulciano d' Abruzzo (red)

在意大利葡萄酒界，很少有人比阿布鲁佐已故的伟大的吉安尼·马夏雷利在他们的家乡拥有更大的影响力并赢得更多的尊重。马夏雷利于2008年去世，年仅53岁，他像巨人一样横扫该地区。部分原因在于他的经营规模庞大，其葡萄园面积约275万平方米，年产量约300万瓶。但这也归功于他为推广该地区所做的不懈努力，以及他不断创新和开放的酿酒方法。马夏雷利总是乐于尝试新的葡萄品种或酿酒理念。然而，无论他做什么，他都没有忘记保护阿布鲁佐葡萄酒产区独特的身份和传统。因此，他的酒庄成为意大利极具活力的生产商之一，在没有指引之光和灵感的情况下仍然运作良好。你可以品尝浓郁、朴实的马世酒庄阿布鲁佐蒙特布查诺葡萄酒这款酒平衡了充满阳光气息的草莓和李子风味与美味的单宁，非常适合搭配乡村意大利面。

Via Gamberale 1, 66010 San Martino sulla Marrucina
www.masciarelli.it

美连尼酒庄（Melini）

经典基安蒂产区，托斯卡纳

美连尼酒庄谷仓经典基安蒂葡萄酒（红葡萄酒）
Chianti Classico Granaio (red)

如果你正在寻找一款制作精良、美味可口的红葡萄酒，能与比萨或意大利面搭配得很好，那么美连尼酒庄广受欢迎的谷仓经典基安蒂葡萄酒是很好的选择。这不是一款为复杂性和深沉而打造的葡萄酒。事实上，这款酒是优质、诚实、朴实无华的桑娇维塞葡萄酒，带有樱桃和玫瑰的香气，以及温和、可口的单宁。现在在GIV酒庄集团手中，美连尼酒庄是基安蒂较大的生产商之一。尽管近年来酒庄已经完成现代化改造，但它是该地区更具有传统意识的地方，与建于1705年的历史相得益彰。

Località Gaggiano, 53036 Poggibonsi
www.gruppoitalianovini.com/melini

迈克基阿罗酒庄（Michele Chiarlo）
巴罗洛产区，意大利西北部

迈克基阿罗酒庄奥玛巴贝拉阿斯蒂葡萄酒（红葡萄酒）
Barbera d' Asti Le Orme (red)

迈克基阿罗酒庄奥玛巴贝拉阿斯蒂葡萄酒可靠且易于饮用，是一款多汁的纯正红葡萄酒，非常适合搭配意大利面或比萨。这是对生产商优雅、活泼的酒庄风格的一个很好的诠释，该生产商以生产易饮的巴贝拉葡萄酒而享有盛誉。该公司由迈克·基阿罗于 1956 年创立，最初是一家专门种植巴贝拉葡萄的葡萄种植者（来自巴罗洛产区和巴巴莱斯科产区的内比奥罗葡萄紧随其后），后来成为皮埃蒙特较大的生产商之一，业务遍及整个地区。

Strada Nizza, Canelli, 14042 Calamandrana
www.chiarlo.it

蒙特塞康多酒庄（Montesecondo）
经典基安蒂产区，托斯卡纳

蒙特塞康多酒庄托斯卡纳 IGT 红葡萄酒
Toscana Rosso IGT (red)

蒙特塞康多酒庄的托斯卡纳 IGT 红葡萄酒来自以生物动力法种植的葡萄园，是一款桑娇维塞和卡内奥罗的纯正混酿，拥有鲜明的水果风味和坚实的矿物质单宁。正是这款无可争辩的可爱葡萄酒证明了西尔维奥和卡塔利娜·梅萨娜在 20 世纪 90 年代将他们的家人从纽约搬到佛罗伦萨附近的由西尔维奥父母拥有的农场是正确的决定。该农场包含一个葡萄园，由西尔维奥的父亲在 20 世纪 70 年代种植，梅萨娜开始使用他们所相信的有机方法和生物动力法种植。这些方法延伸到酿酒厂，酿酒师在那里使用天然酵母进行发酵。

Via per Cerbaia 18, Località Cerbaia, 53017 San Casciano Val di Pesa
www.montesecondo.com

蒙特贝汀讷酒庄（Montevertine）
经典基安蒂产区，托斯卡纳

蒙特贝汀讷酒庄皮安希安博拉 IGT 葡萄酒（红葡萄酒）
Pian del Ciampolo IGT (red)

与蒙特贝汀讷酒庄生产的其他更昂贵的瓶装酒一样，华丽的皮安希安博拉 IGT 葡萄酒更倾向于精致和优雅，而不是原始力量。在这里，桑娇维塞以生动的纯度和深度表现出来。蒙特贝汀讷酒庄自 1967 年成立以来，情况就一直如此，已故的塞尔吉奥·马内蒂那时在拉达地区购买了一个旧农场，并开始在波高利多葡萄园种植。现在酒庄在塞尔吉奥的儿子马蒂诺手中，酒庄的理念遵循着一贯的原则，始终强调优雅。

Località Montevertine, 53017 Radda in Chianti
www.montevertine.it

美食美酒：皮埃蒙特红葡萄酒

皮埃蒙特是意大利最著名的葡萄酒产区，不仅出产浓郁的巴罗洛红葡萄酒和巴巴莱斯科红葡萄酒（两者均由内比奥罗葡萄制成），而且出产更为普遍且随和的巴贝拉葡萄酒和多姿桃葡萄酒。

内比奥罗葡萄酿制的葡萄酒尚且年轻时酸度惊人，单宁质感也令人难以置信——严肃的红葡萄酒需要搭配严肃的菜肴。来自最佳产地的风情万种而精致的巴罗洛葡萄酒和巴巴莱斯科葡萄酒散发出橙皮、黑甘草、樱桃、紫罗兰、白玫瑰、白松露和泥土的微妙香气。皮埃蒙特是世界著名的白松露的故乡，其令人陶醉的香味非常适合这些葡萄酒，野猪肉、带骨髓外壳的牛肉排骨和红酒炖牛肉也很适合搭配这些葡萄酒。烤鸭也对这些酒情有独钟，尤其是与蘑菇搭配时。

巴贝拉葡萄酒和多姿桃葡萄酒都以它们所用的葡萄命名，酸度高，但会带来更柔和、通常未经过橡木桶处理、果味更浓郁的葡萄酒，带有李子和黑莓的味道。这些酒在售出后即可饮用，是与各种国际美食一起享用的好选择。当地的肉馅和菠菜馅馄饨是很好的开胃菜，配上一杯果味、随和的巴贝拉葡萄酒或多姿桃葡萄酒，但使这些葡萄酒真正闪光的是搭配意大利风味的食材，如橄榄、凤尾鱼、大蒜、菜蓟和番茄。

多姿桃葡萄酒和巴贝拉葡萄酒与浓郁味咸的凤尾鱼搭配效果很好。

莫甘特酒庄（Morgante）
西西里岛产区

莫甘特酒庄黑珍珠葡萄酒（红葡萄酒）
Nero d' Avola (red)

自1998年创业以来，卡梅罗·莫甘特已成为当地红葡萄品种黑珍珠葡萄的专家。莫甘特跟随家族几代人的脚步在西西里岛南部高地种植葡萄，拥有约30万平方米的葡萄园。他用这些葡萄制作了3个版本的黑珍珠葡萄酒，包括这款纯正的版本。与他使用该品种酿制的所有葡萄酒一样，这款酒饱满而丰富，将成熟的李子香气与相当的重量和结构相结合。搭配烤羊肉很值得一试。

Contrada Racalmare, 92020 Grotte
www.morgantevini.it

莫里斯酒庄（Moris Farms）
马雷玛产区，托斯卡纳

莫里斯酒庄斯坎萨诺莫雷利诺葡萄酒（红葡萄酒）
Morellino di Scansano (red)

尽管他们几代人都是马雷玛南部的农民，但莫里斯家族只是在最近才开始涉足当地的葡萄酒行业。然而，一旦你品尝了他们的葡萄酒，马上就会显现出他们非常认真地对待这种参与。该家族现在拥有两个酒庄，一个在斯坎萨诺地区，另一个在马萨马里蒂马，这两个酒庄的建立都是为了生产高品质的葡萄酒。不过，莫里斯酒庄品质始终如一的美味日常葡萄酒来自斯坎萨诺酒庄。莫里斯酒庄斯坎萨诺莫雷利诺葡萄酒结合了成熟的黑莓和李子的香气以及甘草和香料香气。干爽，风味明确，结构适中，这是一种来自托斯卡纳海岸的适合搭配美食（意大利面、各种肉类菜肴）的红葡萄酒。

Fattoria Poggetti, Località Cura Nuova, 58024 Massa Marittima
www.morisfarms.it

穆里格里斯酒庄（Muri-Gries）
上阿迪杰产区，意大利东北部

穆里格里斯酒庄勒格瑞葡萄酒（红葡萄酒）
Lagrein (red)

在穆里格里斯酒庄对勒格瑞葡萄的美味诠释中，该品种的深沉和美味的一面已经显现出来。这是一款来自阿尔卑斯山的烈性红葡萄酒，带有持久的成熟李子和香料的风味。它的起源和它的味道一样耐人寻味。穆里格里斯酒庄是一座本笃会修道院，始建于11世纪，最初是一座堡垒，1407年所有权归还给教堂。从那时起，这里就生产葡萄酒，如今修道院是一些在博尔扎诺周围广受欢迎的勒格瑞葡萄园最自豪的拥有者。该酒庄仍然从居住在那里的僧侣中吸引劳动力，尽管是酿酒师在监督他们在酒窖和葡萄园中的工作。这里生产的葡萄品种有米勒–图高和灰皮诺，但最受关注的是勒格瑞。

Grieser Platz 21, 39100 Bolzano
www.muri-gries.com

尼诺弗朗科酒庄（Nino Franco）

瓦尔多比亚德尼 / 科内利亚诺产区，意大利东北部

尼诺弗朗科酒庄乡村普洛赛克葡萄酒（起泡酒）
Prosecco Rustico (sparkling)

尼诺弗朗科酒庄的乡村普洛赛克葡萄酒不仅仅是一款易于饮用的开胃酒。这款酒活泼新鲜，以清爽的苹果和梨子风味为标志，酸度足以让你在鸡尾酒时间和晚餐中享用。这款酒由瓦尔多比亚德尼地区历史悠久的酿酒厂酿造。尼诺弗朗科酒庄由安东尼奥·弗朗科于1919 年创立，现在由安东尼奥的孙子普里莫掌管。作为游历广泛的现代酿酒师的缩影，普里莫·佛朗哥将他从经常出国旅行中学到的许多想法融入他聪明的酿酒方式中。

Via Garibaldi 147, 31049 Valdobbiadene
www.ninofranco.it

奥索拉尼酒庄（Orsolani）

卡卢索产区，意大利西北部

奥索拉尼酒庄鲁斯蒂亚卡卢索黎明葡萄酒（白葡萄酒）
Erbaluce di Caluso La Rustia (white)

黎明是一种来自皮埃蒙特北部的多用途白葡萄品种，用于酿造不同风格的葡萄酒。你可以发现黎明葡萄用来酿造起泡酒、使用风干葡萄或干白葡萄酒的品种，就像这个解渴的例子，鲁斯蒂亚葡萄酒一样。这款奥索拉尼酒庄鲁斯蒂亚卡卢索黎明葡萄酒是一款充满白垩纪矿物质、口感清爽的白葡萄酒，可搭配奶酪、海鲜等多种食物。这款酒来自奥索拉尼酒庄，该酒庄是该品种的专家，位于皮埃蒙特的卡纳韦塞地区，都灵北部，通往奥斯塔山谷的山口中。该企业于 19 世纪后期作为一家旅馆和农场开展业务，但现在它与一般的葡萄酒酿造密切相关，尤其是黎明葡萄酒，它生产各种不同的葡萄酒，这些葡萄酒都十分美味。

Via Michele Chiesa 12, 10090 San Giorgio Canavese
www.orsolani.it

皮耶罗潘酒庄（Pieropan）

苏瓦韦产区，意大利东北部

皮耶罗潘酒庄经典苏瓦韦葡萄酒（白葡萄酒）
Soave Classico (white)

皮耶罗潘酒庄经典苏瓦韦葡萄酒以其青柠风味和清爽、集中的酸度为该地区树立了标杆，但该地区的名称并不总是拥有质量保证的代名词。经典比例、优雅、清爽、平衡，这款酒非常适合搭配简单的烤鱼和其他海鲜菜肴。列奥尼多·尼诺·皮耶罗潘是这个家族酒厂的指导力量，是少数帮助提升苏瓦韦产区形象的生产商之一。苏瓦韦产区的形象通常与廉价、无特色的超市自有品牌联系在一起。尼诺与他的妻子特蕾西塔及他们的儿子一起经营位于中世纪城市苏瓦韦的酿酒厂，沿袭了毫不掩饰的传统路线。他的葡萄酒在世界范围内拥有狂热的追随者，在拉罗卡和卡尔瓦里诺（两地都生产出色的单一葡萄园葡萄酒），皮耶罗潘酒庄可以使用该地区一些非常好的葡萄园。

Via Camuzzoni 3, 37038 Soave
www.pieropan.it

皮埃特拉库帕酒庄（Pietracupa）

卡帕尼亚产区，意大利南部

皮埃特拉库帕阿韦利诺菲亚诺葡萄酒（白葡萄酒）
Fiano di Avellino (white)

萨比诺·洛弗雷多位于卡帕尼亚小村庄蒙特弗雷丹的皮埃特拉库帕酒庄，只有 3.5 万平方米的葡萄园，以任何人的标准来说都是很小的。但值得称赞的是（也令他的顾客惊喜不已），洛弗雷多总是设法将他的葡萄酒价格保持在日常水平，而不是精品水平——当你考虑到他日益崇高的声誉时，更令人印象深刻。洛弗雷多使用从格雷克葡萄和艾格尼科葡萄生产了一些引人注目的葡萄酒，但白葡萄菲亚诺以其令人难以置信的性价比脱颖而出。这款酒具有岩石矿物质风味和清爽的酸度，将焦点集中在成熟的甜瓜和苹果的味道上。余味清晰，以燧石和枪火的香气为标志。

Via Vadiaperti 17, 83030 Montefredane
0825 607418

合适的温度很重要

可可趁热喝味道最好。软饮在冰镇后味道最好。葡萄酒并不是那么简单。葡萄酒的温度对其口味有很大的影响，如果控制不好葡萄酒的饮用温度就会像热的软饮和温的可可偏离理想状态一样。这是另一个看似复杂的葡萄酒问题，但事实并非必须如此。浓郁的白葡萄酒、桃红葡萄酒和许多甜酒应该冷饮，但不能过于冰冷。清淡的红葡萄酒应趁凉饮用。你可以使用 20 分钟规则来做到这一点：在上菜前约 20 分钟，将浓郁的白葡萄酒从冰箱中取出，然后将清淡的红葡萄酒放入冰箱。

清爽的白葡萄酒和起泡酒

最佳温度：2℃

酸味、清爽的白葡萄酒，包括灰皮诺葡萄酒、长相思葡萄酒、阿尔巴利诺葡萄酒、清淡的雷司令葡萄酒、密斯卡岱葡萄酒和大多数起泡酒，在大约 2℃的温度下直接从冰箱中取出饮用，口感更佳。

浓郁的白葡萄酒、桃红葡萄酒、甜酒和加强型葡萄酒

最佳温度：7℃

所有这些酒款都有浓郁的酒体和风味，这意味着冷却过多会抑制你的享受。这些酒冷藏后的味道最好，但不要冰冷的，因此请提前 20 分钟将它们从冰箱中取出。

清淡的红葡萄酒

最佳温度：13℃

与对红葡萄酒的普遍看法相反，包括博若莱红葡萄酒、便宜的黑皮诺葡萄酒、基安蒂葡萄酒和较清淡的西拉葡萄酒在内的清淡红葡萄酒在冰箱中冷藏20分钟或在冰桶中冷藏5分钟时味道更好、更清爽。

浓郁的红葡萄酒和陈年波特酒

最佳温度：18℃

酒体饱满的红葡萄酒，如波尔多红葡萄酒、勃艮第红葡萄酒、马尔贝克葡萄酒、赤霞珠葡萄酒和严肃的西拉葡萄酒，应在18℃的温度下饮用。这可能意味着将葡萄酒短暂冷藏或将其放在温暖的房间中一个小时，具体取决于葡萄酒的存放位置。

温度提示

每个人都有不同的口味喜好：饮用温热的白葡萄酒或冰冷的红葡萄酒，甚至在桃红葡萄酒中加入冰块都没有错。但是，一般来说，如果你遵循这些提示，你会从葡萄酒中获得最佳享受。

通风的城堡

红酒应该在室温下供应的传统观念可以追溯到中央供暖之前的一段时间，当时通风良好的苏格兰城堡的大房间经过测量可能为16℃。

太冷

过冷的酒总比过热的好，因为葡萄酒总是在倒酒和享用的过程中变热。

冰桶

向冰桶中加水以最大化其冷却能力。冰冷的水接触到瓶子的四周，比接触点较少的简单冰块冷却得更快。

冰箱

小心使用冰箱。在冰箱中过夜可能推出软木塞并弄得一团糟。冰桶的冷却速度更快。

在冰中加水可以更快地冷却葡萄酒。

彼得特拉恰酒庄（Pietratorcia）

卡帕尼亚产区，意大利南部

彼得特拉恰酒庄伊斯基亚白葡萄酒
Ischia Bianco (white)

在 2000 年，三位年轻的企业家齐聚一堂，在伊斯基亚岛上成立了一家新的葡萄酒企业（彼得特拉恰酒庄）。这三人是为了保护岛上的农业传统，种植了 6 万平方米的不寻常的当地葡萄品种。彼得特拉恰酒庄伊斯基亚白葡萄酒是一个很好的例子，体现了这个酒庄特有的新旧思维：混酿了白莱拉和弗拉斯特拉等本土白葡萄品种，是一款清爽的柑橘风味葡萄酒，适合搭配海鲜意大利面。

Via Provinciale Panza 267, 80075 Forio d' Ischia
www.pietratorcia.it

行星酒庄（Planeta）

西西里岛产区

行星酒庄维多利亚瑟拉索罗葡萄酒（红葡萄酒）
Cerasuolo di Vittoria (red)

行星酒庄是西西里岛较大的生产商之一，每年生产葡萄酒超过 200 万瓶。它也拥有岛上（和意大利）顶级的葡萄酒之一，以国际和本土葡萄品种生产的葡萄酒吸引了全球的关注。然而，本土品种最让阿莱西奥、弗朗西斯卡和桑蒂·普拉内塔三个堂兄弟自豪。没有比行星酒庄维多利亚瑟拉索罗葡萄酒更好的葡萄酒了，这是一款前卫、易饮的红葡萄酒，它平衡了成熟的樱桃和甜覆盆子的味道，带有温和的酸度，使其成为搭配比萨的绝佳选择。

Contrada Dispensa, 92013 Menfi
www.planeta.it

奥德罗酒庄（Poderi e Cantine Oddero）

巴罗洛产区，意大利西北部

奥德罗酒庄巴罗洛葡萄酒（红葡萄酒）
Barolo (red)

100 多年来，在奥德罗家族的手中，这座位于拉莫拉附近的古老酒庄在巴罗洛产区一些最好的地区拥有大量的葡萄园。里昂达园、维莱罗园、卡斯蒂里欧园和布西亚索普拉纳园等著名葡萄园为优质葡萄酒提供了果实。该酒庄纯正的巴罗洛葡萄酒具有令人愉悦的传统风味，带有潮湿泥土、酸樱桃和玫瑰的香气。与许多巴罗洛葡萄酒不同，这款酒在尚且年轻时通常是平易近人的。

Frazione S Maria 28, 12064 La Morra
www.oddero.it

巴巴莱斯科生产联盟（Produttori del Barbaresco）

巴巴莱斯科产区，意大利西北部

巴巴莱斯科生产联盟巴巴莱斯科葡萄酒（红葡萄酒）
Barbaresco (red)

令人遗憾的是，高品质并不总是人们与意大利合作酿酒厂联系在一起的第一件事。但长期经营的巴巴莱斯科生产联盟（简称联盟）无疑是个例外。联盟最初成立于 1894 年，然后在 20 世纪 50 年代后期恢复生机，如今它是巴巴莱斯科产区较好的生产商之一，拥有一系列优质葡萄园，如索多河园、奥韦洛园、阿斯丽园和拉巴佳园。酿酒团队由备受推崇的阿尔多·瓦卡领导，他专注于确保他所管理的葡萄酒尽可能忠实地表达其原产地。联盟的每款葡萄酒都物有所值，而且在一个往往是意大利葡萄酒最昂贵的地区，情况并非总是如此。这包括纯正的巴巴莱斯科生产联盟巴巴莱斯科葡萄酒，这款酒是同类产品的基准。将优雅和结构结合在一个强壮的框架中，它是你酒窖中值得陈年的廉价葡萄酒。

Via Torino 54, 12050 Barbaresco
www.produttoridelbarbaresco.com

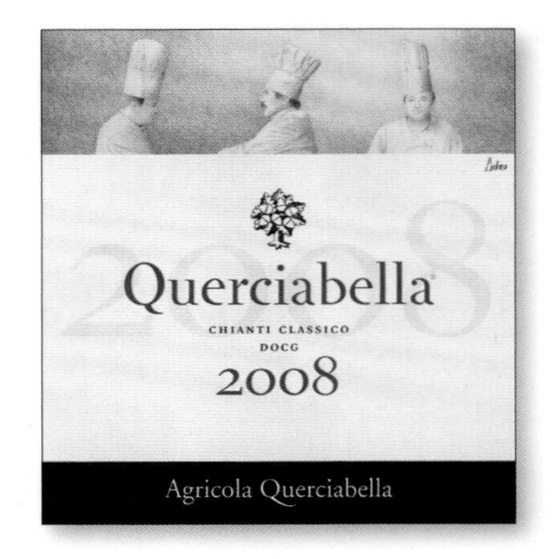

嘉斯宝来酒庄（Querciabella）

经典基安蒂产区，托斯卡纳

嘉斯宝来酒庄经典基安蒂葡萄酒（红葡萄酒）
Chianti Classico (red)

已故的朱塞佩·卡斯蒂利奥尼是嘉斯宝来酒庄背后的原始推动力。正是卡斯蒂利奥尼在 20 世纪 70 年代开始在格雷夫和拉达地区周围购买土地，构成这家顶级经典基安蒂葡萄酒生产商的基础。随后，酒庄在 20 世纪 80 年代后期转到了卡斯蒂利奥尼的儿子塞巴斯蒂安手中。在塞巴斯蒂安的指导下，嘉斯宝来酒庄才真正开始引起全世界的关注。塞巴斯蒂安致力于环保农业，他一直尝试将生产方式转移到生物动力法实践中。这种方法的成果可以在嘉斯宝来酒庄的产品组合中看到，其中包括由国际和本土葡萄品种混合制成的红葡萄酒和白葡萄酒。例如，经典基安蒂葡萄酒，主要成分是桑娇维塞，还有一小部分赤霞珠。这是一款优雅、时尚的基安蒂葡萄酒，成熟的樱桃和摩卡香气被中等程度的单宁质感平衡，是一款适合酒体尚且年轻时享用的精致葡萄酒。

Via di Barbiano 17, 50022 Greve in Chianti
www.querciabella.com

巨石山酒庄（Rocca di Montegrossi）

经典基安蒂产区，托斯卡纳

巨石山酒庄经典基安蒂葡萄酒（红葡萄酒）
Rosso di Montepulciano (red)

巨石山酒庄的创始人和推动者马科·里卡索利-费里多尔菲是基安蒂产区非常有影响力的家族之一。他的祖先贝蒂诺·里卡索利在19世纪被广泛认为是基安蒂葡萄酒之父，而里卡索利这个名字至今仍与该地区密切相关。里卡索利-费里多尔菲自己的巨石山酒庄是家族传统的恰当延续。酒庄始于20世纪90年代后期，当时里卡索利-费里多尔菲接管了他家族的圣马切利诺酒庄。到2000年，他已经完成了酿酒厂的建设，他慢慢地在葡萄园中种植了新的作物，将其扩大到约18万平方米，主要种植经典的基安蒂产区葡萄，如桑娇维塞和卡内奥罗。里卡索利-费里多尔菲持续推出一款优雅、富含矿物质、精致的经典基安蒂葡萄酒——一款物超所值的葡萄酒。

Località Monti in Chianti, San Marcellino, 53010 Gaiole in Chianti
www.roccadimontegrossi.it

萨彻图酒庄（Salcheto）

蒙特布查诺产区，意大利中部

萨彻图酒庄蒙特布查诺红葡萄酒
Rosso di Montepulciano (red)

萨彻图酒庄最初是一个农场，而后农场主人在20世纪80年代后期开始种植第一批葡萄，并开始生产葡萄酒。酿酒顾问保罗·瓦加吉尼与酒庄经理米歇尔·马内利一起被邀请来酿造葡萄酒。萨彻图酒庄开始在该地区有一定声誉，以生产结构经典、充满成熟果味的葡萄酒而闻名。萨彻图酒庄出色的蒙特布查诺红葡萄酒很好地展示了酒厂的风格，具有令人垂涎的清新酸度。没有受到橡木桶影响（葡萄酒在不锈钢桶中陈酿），蒙特布查诺红葡萄酒是令人垂涎的桑娇维塞、卡内奥罗和梅洛的混酿，非常清爽，是餐桌上的多功能红葡萄酒。

Via di Villa Bianca 15, 53045 Montepulciano
www.salcheto.it

萨塔雷利酒庄（Sartarelli）

马凯产区，意大利中部

萨塔雷利酒庄杰西城堡维蒂奇诺葡萄酒（白葡萄酒）
Verdicchio dei Castelli di Jesi (white)

萨塔雷利酒庄是当今意大利马凯地区的主要生产商之一，这要归功于多纳泰拉·萨塔雷利和帕特里齐奥·基亚基亚里尼。自从这对夫妇在1972年接管后，他们彻底重振了这个家族酒庄。当时他们决定开始用以前卖给其他生产商的葡萄生产葡萄酒。他们专注于纯粹的维蒂奇诺葡萄酒，使用来自其分布在各个地点的60万平方米葡萄园的维蒂奇诺葡萄制成。该酒庄生产许多不同的瓶装酒，所有这些葡萄酒都是浓缩的、制作精美的现代白葡萄酒。萨塔雷利酒庄杰西城堡维蒂奇诺葡萄酒干净清爽，带有青柠风味和花香，由于其浓郁的酸度，使它非常的集中和纯净。

Via Coste del Molino 24, 60030 Poggio San Marcello
www.sartarelli.it

萨索桐多酒庄（Sassotondo）

马雷玛产区，托斯卡纳

萨索桐多酒庄绮丽叶骄罗托斯卡纳IGT红葡萄酒
Ciliegiolo Toscana Rosso IGT (red)

萨索桐多酒庄于1990年在马雷玛南部成立，是一群试图证明桑娇维塞并不是唯一值得关注的托斯卡纳本土葡萄品种的勇敢的生产商之一。自1997年首次推出年份葡萄酒以来，萨索桐多酒庄背后的爱德华多·文蒂米利亚和卡拉·贝尼尼夫妇将注意力集中在绮丽叶骄罗葡萄上，这是一种能够生产一些非常独特且非常美味的葡萄酒的红葡萄品种。绮丽叶骄罗托斯卡纳IGT红葡萄酒未经过橡木桶处理，让人感觉充满活力——一款多汁、迷人的红葡萄酒，可与许多食物搭配。

Pian di Conati 52, 58010 Sovana
www.sassotondo.it

灰皮诺

在意大利被称为灰皮诺的葡萄品种虽然起源于法国勃艮第地区，但它在很久以前就已经在世界传播开了。如今，它在阿尔萨斯地区被称为皮诺贵斯，但过去在那里被称为阿尔萨斯的托卡伊。德国人称它为鲁兰达。在乌克兰，它无法用字母拼写。在美国加利福尼亚州，这种葡萄酒可以被称为皮诺贵吉奥或皮诺贵斯。

灰皮诺对意大利北部的酿酒师来说尤其重要，他们确立了与国际名称相符的风格：颜色非常淡，脆爽，清新，带有精致的水果风味。

灰色还是粉色？

“Gris”和“Grigio”在法语和意大利语中的意思是灰色。这些颜色不那么深的葡萄传统上在以与红葡萄酒相同的方式发酵时会制成粉红色或橙色的葡萄酒。

晚收

在法国北部的阿尔萨斯地区，灰皮诺用来酿造美味的甜酒。酿酒师让葡萄挂在葡萄藤上直到深秋，这样它们就拥有了高糖浓度和浓郁的蜂蜜风味。

突变体

葡萄藤的研究人员说，灰皮诺葡萄品种诞生于勃艮第，是通过黑皮诺的意外突变而诞生的。黑皮诺是酿造勃艮第优质红葡萄酒的深色葡萄。变异的葡萄藤长出了半黑葡萄，既不是白葡萄也不是黑葡萄，而是灰葡萄。

压榨很重要

20世纪60年代，现代灰皮诺葡萄酒在意大利酿酒师开始将其视为白葡萄酒后开始流行。他们在收获后立即压榨葡萄，并在不带皮的情况下发酵果汁（果皮是提供颜色的）。从那以后，它主要用来生产白葡萄酒。

世界何处出产灰皮诺?

意大利人主要在该国北部生产灰皮诺葡萄酒，特别是在特伦蒂诺-上阿迪杰产区和弗留利-威尼斯朱利亚产区。该品种在阿尔卑斯山附近的意大利凉爽多山的地形中表现良好。

在很大程度上受到意大利灰皮诺葡萄酒销售成功的刺激，世界各地的种植者在过去的 20 年里种植了很多灰皮诺葡萄。它是新西兰种植面积第三大的白葡萄品种。在美国加利福尼亚州，种植面积自 2000 年以来翻了两倍，俄勒冈州的许多黑皮诺生产商都采用了灰皮诺。

意大利版本的灰皮诺葡萄酒可能只是新鲜和清淡。来自阿尔萨斯、俄勒冈州和新西兰的灰皮诺葡萄酒则具有更多类似柑橘的风味，有些还会带有粉红色调。

以下地区是灰皮诺的最佳产区。试试这些推荐年份的灰皮诺葡萄酒，以获得最佳体验：

意大利东北部：2009 年、2008 年、2007 年

阿尔萨斯产区：2009 年、2008 年、2007 年

俄勒冈州：2009 年、2008 年、2007 年

由于夏季漫长而炎热，阿尔萨斯地区的灰皮诺往往具有更浓郁的风味。

思佳伯罗酒庄(Scarbolo)

帕维亚-乌迪内产区，意大利东北部

思佳伯罗酒庄弗留利葡萄酒(白葡萄酒)
Friulano (white)

瓦尔特·思佳伯罗是一个多才多艺的人，他的餐厅弗拉斯卡是意大利较好的餐厅之一。但他同时也是一名酿酒师，拥有一个与他同姓的小酒庄，在意大利同样享有盛誉。思佳伯罗的酿酒工艺和他的烹饪技术一样，风格现代，但他也不害怕采用传统方法。他的思佳伯罗酒庄弗留利葡萄酒是一款平衡、多汁的白葡萄酒，带有活泼的酸度，提升了橘子和柠檬的开阔风味。为了配合这款酒的丰富度和美味，最好搭配缓慢烤熟的扇贝。

Viale Grado 4, 33050 Pavia di Udine
www.scarbolo.com

塞吉莫图拉酒庄(Sergio Mottura)

拉齐奥产区，意大利中部

塞吉莫图拉酒庄经典奥维多葡萄酒(白葡萄酒)
Orvieto Classico (white)

豪猪是这个位于拉齐奥的奥维多法定产区风景如画的酒庄的特色。这些动物深受业主的喜爱，以至于它们在酒庄的每个可以立即识别的标签上都扮演着主角。这都是塞吉莫图拉酒庄对葡萄栽培的整体看法的一部分，这一理念也延伸到酒庄37万平方米葡萄园的有机生产。该酒庄经常因其多面性的白葡萄酒而获奖，是奥维多较好的酒庄之一，不过其经典奥维多葡萄酒也非常便宜。清爽的白葡萄酒，带有令人垂涎的酸度让人感觉清爽活泼。这款酒适合搭配各种鱼类和海鲜菜肴。

Località Poggio della Costa, 01020 Civitella d' Agliano
www.motturasergio.it

布朗卡姐妹酒庄(Sorelle Bronca)

瓦尔多比亚德尼/科内利亚诺产区，意大利东北部

布朗卡姐妹酒庄瓦尔多比亚德尼普洛赛克极干型起泡酒
Prosecco di Valdobbiadene Extra Dry (sparkling)

一般来说，普洛赛克起泡酒是通过在加压罐中将酵母和糖加入已经完成第一次发酵的基酒中制成的。但布朗卡姐妹酒庄背后的团队——安东内拉和埃西利亚纳·布朗卡，以及酿酒师费德里科·乔托，是少数几个以不同方式制作的生产商之一，即只需一次发酵。该过程通过将刚刚压榨的葡萄(在布朗卡姐妹酒庄有机生产)冷却，然后将它们放入罐中，葡萄中存在的糖会导致发酵和碳酸化。这导致葡萄酒具有极佳的天然活力和纯度。当然，清爽的瓦尔多比亚德尼普洛赛克极干型起泡酒的中味很重，使其比其他普洛赛克起泡酒更具深度和复杂性。这款酒余味活泼，非常适合搭配意大利熏火腿。

Via Martiri 20, 31020 Colbertaldo di Vidor
www.sorellebronca.it

泰伦蒂酒庄(Talenti)

蒙塔希诺产区，托斯卡纳

泰伦蒂酒庄蒙塔希诺红葡萄酒
Rosso di Montalcino (red)

自1980年以来，泰伦蒂酒庄的名字就成了制作精良、传统的布鲁奈罗葡萄酒和蒙塔希诺红葡萄酒的代名词。那一年，酿酒师皮耶路易吉·泰伦蒂在蒙塔希诺产区建立了他的同名家族酒庄。尽管该酒庄现在由皮耶路易吉的孙子里卡多经营，但这些葡萄酒继续给人留下深刻印象，并保留了其独特而经典的个性。这些葡萄酒是为了搭配当地美食而制作的，比酒庄的布鲁奈罗葡萄酒便宜得多的蒙塔希诺红葡萄酒非常适合搭配各种正宗的托斯卡纳菜肴。这款生动、令人回味的红葡萄酒由桑娇维塞酿制，以干牛肝菌、玫瑰花和清淡樱桃果味为核心，从风格上讲，它牢牢扎根于蒙塔希诺桑娇维塞的传统一面。

Pian di Conte, S Angelo in Colle, 53020 Montalcino
www.talentimontalcino.it

塔斯卡酒庄（Tasca d' Almerita）

西西里岛产区

塔斯卡酒庄雷加利亚里红葡萄酒
Regaleali Rosso (red)

塔斯卡酒庄拥有近 200 年的历史，几乎没有哪个酒庄可以与塔斯卡酒庄生产的优质葡萄酒相媲美。酒庄仍然在原本家族的控制下，由于其在多年的经验中增加创新，酒庄一直保持在西西里葡萄酒的顶级地位。该家族管理着 5 个酒庄，包括位于中部高地的 400 万平方米的雷加利亚里酒庄，这是塔斯卡酒庄雷加利亚里红葡萄酒的发源地。活泼的酸度为这款多汁的红葡萄酒中樱桃和李子的风味带来优雅气息。味道浓郁、酒体清淡，是夏季烧烤的绝佳选择。

Contrada Regaleali, 90020 Sciafani Bagni
www.tascadalmerita.it

芳达娜福达酒庄（Tenimenti Fontanafredda）

巴罗洛产区，意大利西北部

芳达娜福达酒庄巴罗洛塞拉伦加葡萄酒（红葡萄酒）
Serralunga Barolo (red)

这座精美的皮埃蒙特酒庄有着悠久的历史。早在 1878 年，它的创始人是意大利国王维托里奥·伊曼纽尔二世（Vittorio Emmanuel II）的私生子米拉菲奥里的伊曼纽尔·阿尔贝托·库里里伯爵。伯爵在曾被国王用作狩猎酒庄的土地上建立了葡萄园，并成为该地区较好的葡萄园之一。该酒庄现在由奥斯卡·法里内蒂（他还拥有另一个巴罗洛产区酒庄博尔戈尼奥酒厂）掌管，自 1999 年酿酒师达尼洛·德罗科接管酿酒以来，这些葡萄酒再次开始不辜负它们的血统。价格合理的芳达娜福达酒庄巴罗洛塞拉伦加葡萄酒融合了丰富的水果风味——柔软多汁的樱桃和李子风味，与经典结构的塞拉伦加单宁质感，余味可口且悠长。

Via Alba 15, 12050 Serralunga d' Alba
www.tenimentifontanafredda.it

贝尔瓜多酒庄（Tenuta Belguardo）

马雷玛产区，托斯卡纳

贝尔瓜多酒庄托斯卡纳马雷玛瑟拉塔 IGT 葡萄酒（红葡萄酒）
Serrata Maremma Toscana IGT (red)

马雷玛产区已成为托斯卡纳投资者的温床，因为生产商正涌向该地区，以生产受波尔多葡萄酒启发的烈性红葡萄酒。其中一位生产商是来自经典基安蒂产区风都酒庄的马泽家族，他们在 20 世纪 90 年代收购了贝尔瓜多酒庄，以提高他们在马雷玛产区的影响力。然而，这个家族渴望做的不仅仅是生产另一种以赤霞珠为主导的混酿葡萄酒（尽管贝尔瓜多酒庄的葡萄酒正是如此）。事实上，马泽的马雷玛产区产品组合中更有趣的葡萄酒是贝尔瓜多酒庄托斯卡纳马雷玛瑟拉塔 IGT 葡萄酒，这种葡萄酒完全没有波尔多的特色，更具有传统的意大利风味。桑娇维塞和阿利坎特葡萄的优雅混酿，贝尔瓜多酒庄托斯卡纳马雷玛瑟拉塔 IGT 葡萄酒风味清晰而丰富，而且具有活泼、令人垂涎的酸度，使葡萄酒具有吸引人的新鲜感。

Località Montebottigli, VIII° Zona, 58100 Grosseto
www.mazzei.it

比伯利酒庄（Tenuta Pèppoli）

经典基安蒂产区，托斯卡纳

比伯利酒庄经典基安蒂葡萄酒（红葡萄酒）
Chianti Classico (red)

作为来自托斯卡纳的安东尼家族拥有的众多产业之一，比伯利酒庄距离家族出产著名的超级托斯卡纳混酿红葡萄酒（天娜葡萄酒）的葡萄园不远。该产业是非常适饮、朴实无华的基安蒂葡萄酒的来源，例如易获得的比伯利酒庄经典基安蒂葡萄酒。这款时尚现代风格的基安蒂葡萄酒混合了90%的桑娇维塞，再加上一点梅洛和西拉（比例因年份而异），结合了成熟的草莓和李子风味以及甜香草香料，是一款诱人的、柔和的红葡萄酒，适合搭配牛排。

No visitor facilities
www.antinori.it

特莱多拉酒庄（Terredora）

卡帕尼亚产区，意大利南部

特莱多拉酒庄卡帕尼亚 IGT 艾格尼科葡萄酒（红葡萄酒）
Campania IGT Aglianico (red)

特莱多拉酒庄的卡帕尼亚 IGT 艾格尼科葡萄酒，单宁紧致而鲜美。这是一款需要在醒酒器中稍稍软化的红葡萄酒，浓郁的李子果味和活泼的酸度使其非常适合搭配红焖猪肉。这款酒是卢西奥·马斯特罗贝拉迪诺的作品，他是著名的卡帕尼亚葡萄酒家族的分支，该家族在阿维利诺菲亚诺、图福格列柯和陶拉西的南部顶级优质法定产区的交汇点掌管着超过125万平方米的葡萄园。

Via Serra, 83030 Montefusco
www.terredora.com

图恩霍夫酒庄（Thurnhof）

上阿迪杰产区，意大利东北部

图恩霍夫酒庄勒格瑞珍藏葡萄酒（红葡萄酒）
Lagrein Riserva (red)

图恩霍夫酒庄勒格瑞珍藏葡萄酒很好地介绍了安德烈亚斯·伯杰迷人的酿酒哲学。这位充满活力的年轻酿酒师掌管着上阿迪杰产区的这个家族酒庄。对于由勒格瑞酿制的葡萄酒来说，它非常清爽和有勇气，具有活泼的酸度和苹果和李子的味道。像所有图恩霍夫酒庄的葡萄酒一样，这款酒展示了伯杰酿造的第三种方法：使用传统方法（包括在大橡木桶中陈酿的葡萄酒）酿造活泼、现代的葡萄酒。

Küepachweg 7, 39100 Bozen
www.thurnhof.com

特拉波利尼酒庄（Trappolini）

拉齐奥产区，意大利中部

特拉波利尼酒庄经典奥维多葡萄酒（白葡萄酒）
Orvieto Classico (white)

罗伯托·特拉波利尼掌管着这个由他的祖父在20世纪60年代创立的家族酒庄。酒庄位于拉齐奥的奥维多法定产区，在罗伯托的领导下，它以生产在不牺牲传统美德的情况下吸引现代口味的奥维多葡萄酒而享有盛誉。忠实于这个名声，葡萄园主要种植用于生产奥维多的白色葡萄品种（尽管也生产了适量的桑娇维塞红葡萄酒）。特拉波利尼酒庄经典奥维多葡萄酒是一款芬芳、充满活力的白葡萄酒，带有微妙的白垩纪矿物质风味，为其活泼的柑橘和青苹果风味增添了一层复杂性。

Via del Rivellino 65, 01024 Castiglione in Teverina
www.trappolini.com

特里亚卡酒庄（Triacca）

瓦尔泰利纳产区，意大利西北部

特里亚卡酒庄瓦尔泰利纳萨塞拉葡萄酒（红葡萄酒）
Valtellina Sassella (red)

特里亚卡酒庄有一种明显的瑞士风味。该酒庄在瓦尔泰利纳和托斯卡纳拥有利益，由一个来自波斯基亚沃的瑞士家族经营，位于瓦尔泰利纳边境。1897年，当多梅尼科和皮埃特罗·特里亚卡在瓦尔杰拉购买了一个葡萄园时，这个家族进入了意大利。1969年，同一地区的加塔酒庄被添加到投资组合中。特里亚卡酒庄瓦尔泰利纳萨塞拉葡萄酒是来自瑞士边境附近的内比奥罗葡萄充满活力、有勇气的表现。这款酒感觉温和而紧实，酸度集中，味道鲜亮，是一款迷人的酒。

Via Nazionale 121, 23030 Villa di Tirano
www.triacca.com

乌曼尼隆基酒庄（Umani Ronchi）

马凯产区，意大利中部

乌曼尼隆基酒庄杰西城堡维蒂奇诺葡萄酒（白葡萄酒）
Verdicchio dei Castelli di Jesi (white)

作为马凯产区最大的生产商之一，乌曼尼隆基酒庄拥有约200万平方米的葡萄园，范围从北部的科内罗优质法定产区到阿布鲁佐的特拉曼尼丘陵优质法定产区。酒庄平均每年生产400万瓶葡萄酒，但幸运的是，酿酒师米歇尔·贝内蒂在确保不因数量而牺牲质量方面做得令人钦佩。例如，乌曼尼隆基酒庄杰西城堡维蒂奇诺葡萄酒就是一款更饱满的维蒂奇诺葡萄酒，带有蜂蜜和新鲜香草的可口味道，混合了成熟的苹果风味。可以尝试搭配浓郁的奶油奶酪。

Via Adriatica 12, 60027 Osimo
www.umanironchi.com

阿凯特山谷酒庄（Valle dell' Acate）
西西里岛产区

阿凯特山谷酒庄西西里岛 IGT 弗莱帕托葡萄酒（红葡萄酒）
Sicilia IGT Il Frappato (red)

雅科诺家族在穿过西西里岛的阿凯特河沿岸的冲积梯田种植葡萄有着悠久的历史。不过，经过培训的药剂师盖塔纳·雅科诺在 20 世纪 90 年代离开了自己的职位，加入了家族企业，最终充分发挥出葡萄的潜力。如今，盖塔纳·雅科诺的葡萄酒一直位居西西里最好的葡萄酒之列，包括物超所值的阿凯特山谷酒庄西西里岛 IGT 弗莱帕托葡萄酒。这是一款令人愉悦的清新红葡萄酒，带有玫瑰和新鲜草莓的香气，是午后野餐的完美选择。

Contrada Bidini, 97011 Acate
www.valledellacate.it

蓓蕾诺丝酒庄（Velenosi）
马凯产区，意大利中部

蓓蕾诺丝酒庄布雷恰罗洛超级皮切诺红葡萄酒
Rosso Piceno Superiore Il Brecciarolo (red)

在过去的几年里，蓓蕾诺丝酒庄从马凯葡萄酒界的新成员，成为该地区重要的生产商之一。该酒庄位于皮切诺红葡萄酒法定产区中心，现在每年生产约 100 万瓶葡萄酒，并掌管着约 105 万平方米的葡萄园。该业务由令人印象深刻且具有前瞻性的安吉拉·蓓蕾诺丝领导，她掌管着一个质量始终如一且价格合理的产品系列。生产涵盖多种风格，但在蓓蕾诺丝酒庄的所有产品中，最能体现这些品质的可能是布雷恰罗洛超级皮切诺红葡萄酒。就味道而言，这款出色的红葡萄酒起初尝起来浓郁深沉，但由于高酸度，它会变得更加轻盈。至于你应该搭配的食物，这款物超所值的红葡萄酒是理想的搭配牛排饮用的酒。

Via dei Biancospini 11, 63100 Ascoli Piceno
www.velenosivini.com

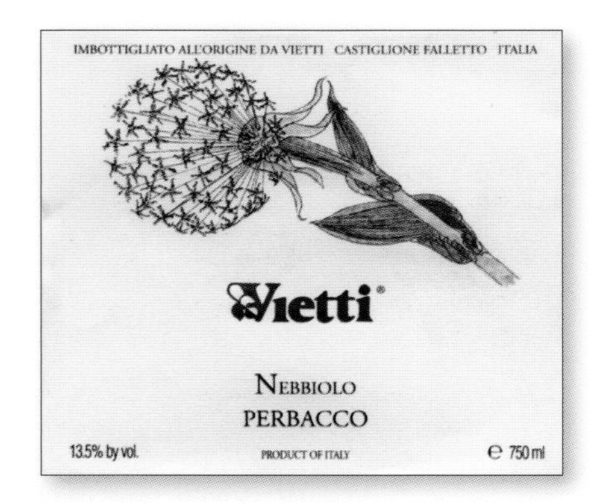

维埃蒂酒庄（Vietti）
巴罗洛产区，意大利西北部

维埃蒂酒庄帕巴可阿尔芭内比奥罗葡萄酒（红葡萄酒）
Nebbiolo d' Alba Perbacco (red)

维埃蒂酒庄是巴罗洛产区较好的酒庄之一，巴罗洛产区是意大利伟大的葡萄酒产区之一。与该地区的许多人一样，该家族在皮埃蒙特葡萄酒行业的起步相对较低：他们从 19 世纪开始作为种植者将葡萄出售给其他葡萄酒生产商。第二次世界大战后，他们开始自己装瓶葡萄酒，从那时起，他们的声望持续增长。他们以其阿内斯白葡萄酒和来自斯卡隆葡萄园的巴贝拉红葡萄酒而闻名，但大多数人将它们与内比奥罗葡萄酒联系在一起。他们在巴罗洛产区和巴巴莱斯科产区使用皮埃蒙特葡萄生产了许多优质葡萄酒，其中许多都要求价格与他们的声誉相匹配。但维埃蒂酒庄帕巴可阿尔芭内比奥罗葡萄酒是一个很好的例子，价格非常合理。维埃蒂酒庄帕巴可阿尔芭内比奥罗葡萄酒使用与维埃蒂酒庄的巴罗洛卡斯蒂利奥尼葡萄酒相同葡萄园的葡萄，是一款结构经典、味道鲜美的葡萄酒，最好在陈酿 6 年后享用。

Piazza Vittorio Veneto 5, 12060 Castiglione Falletto
www.vietti.com

布奇酒庄（Villa Bucci）
马凯产区，意大利中部

布奇酒庄杰西城堡维蒂奇诺葡萄酒（白葡萄酒）
Verdicchio dei Castelli di Jesi (white)

葡萄酒只是马凯产区巨大的布奇酒庄的业务之一。其 400 万平方米的土地，位于杰西城堡维蒂奇诺法定产区的正中心，包括专门种植小麦、甜菜和向日葵等农作物的重要区域。然而，就本书而言，更重要的是，该酒庄包含一块 21 万平方米精心维护的有机种植葡萄园。正是在这里，布奇家族用产量极低的葡萄藤生产了该地区一些最好、最浓郁的白葡萄酒。纯正的布奇酒庄杰西城堡维蒂奇诺葡萄酒具有独特的可口草本香气，赋予这种沿海白葡萄酒复杂性和深度。与空气接触时质地变得宽阔，非常适合搭配炖鱼。

Via Cona 30, 60010 Ostra Vetere
www.villabucci.com

贝拉父子酒庄（Vittorio Bera e Figli）
阿斯蒂产区，意大利西北部

贝拉父子酒庄莫斯卡托阿斯蒂葡萄酒（起泡酒）
Moscato d' Asti (sparkling)

莫斯卡托阿斯蒂是一种通常不会被特别重视的葡萄酒风格。这并不奇怪——这款微亮、微甜、低酒精度的白葡萄酒专为夏日午后的轻松啜饮而设计。但贝拉父子酒庄强调挑战莫斯卡托葡萄酒轻量级的声誉，而其纯正的莫斯卡托阿斯蒂葡萄酒则嘲讽了这种风格无法做到复杂的想法。将苹果和梨的风味与矿物质地相匹配，最后以咸味收尾，无论如何想象，它都是一款严肃的葡萄酒。这款酒是詹路易吉和亚历山德拉·贝拉的作品，他们拥有一个可以追溯到 18 世纪的酒庄。作为兄弟姐妹组成的团队，贝拉家族是意大利自然葡萄酒领域的主要参与者，他们是一群相信葡萄酒应该由有机或生物动力法种植的葡萄制成的酿酒师。他们还在酿酒厂中使用尽可能少的添加物，依靠天然存在的酵母来完成发酵工作。

Regione Serra Masio 21, 14053 Canelli
0141 831157

西班牙

多年来，国际上对西班牙葡萄酒的兴趣主要集中在3种葡萄酒风格上：里奥哈产区柔和但风味十足的橡木桶陈酿红葡萄酒、卡瓦产区的起泡酒以及赫雷斯产区或雪莉产区多面的强化葡萄酒。这些经典风格仍然是基准，但在过去的几十年里，人们对这个国家其他不同风格的葡萄酒产生了浓厚的兴趣。这些葡萄酒中的许多都来自具有悠久葡萄酒生产历史的地区，这些地区因新投资、新想法和年轻一代酿酒师而重新焕发活力。加泰罗尼亚地区的普里奥拉托产区和蒙桑特产区等地，这些地方盛产复杂、充满矿物质、浓郁的红葡萄酒；抑或是加利西亚地区的下海湾产区，这里有新鲜芳香的白葡萄酒。还要关注杜埃罗海岸产区的豪华红葡萄酒、比埃尔索产区充满紫罗兰香气的红葡萄酒以及卢埃达产区清爽芳香的白葡萄酒。确实，你在“新”西班牙葡萄酒的选择中会被宠坏了。

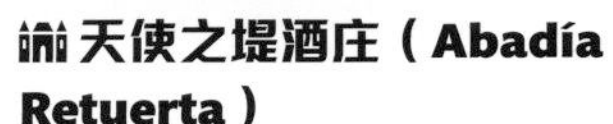

天使之堤酒庄（Abadía Retuerta）

萨顿-杜埃罗产区，卡斯蒂利亚-莱昂

天使之堤酒庄杜埃罗萨顿理沃拉葡萄酒（红葡萄酒）
Rívola Sardon de Duero (red)

虽然天使之堤酒庄位于杜埃罗河岸法定产区的边界之外，但其葡萄酒的质量确实值得被视为杜埃罗产区葡萄酒。该酒庄成立于1996年，这里的葡萄酒由第一个获得波尔多大学酿酒学博士学位的西班牙人安吉尔·安诺西巴尔酿造。杜埃罗萨顿理沃拉葡萄酒成熟且全面，带有多肉的李子风味，是一款宏大而浓郁的丹魄-赤霞珠葡萄酒，混合了辛辣的香草风味，风味可保存长达5年。

47340 Sardón de Duero, Valladolid
www.abadía-retuerta.es

阿贝尔门多萨酒庄（Abel Mendoza）

里奥哈产区

阿贝尔门多萨新酒葡萄酒（红葡萄酒）
Abel Mendoza Joven (red)

里奥哈葡萄酒生产商阿贝尔·门多萨的家族有着悠久的葡萄种植传统：他的父亲和祖父都是葡萄种植者。尽管如此，门多萨没有被吓倒。他在精神上更接近里奥哈葡萄酒界的现代主义风格，自1988年创立酒庄以来，他已经形成了自己独特的酿酒风格。这种风格看起来可以充分利用他收集的30多个不同的小葡萄园地块，其中包括树龄高达80年的葡萄藤。使用传统的当地葡萄品种（全部在他自己的葡萄园里种植），他生产了多种风格的葡萄酒，包括一个很好的范例 Rioja Joven（字面意思是“年轻的里奥哈”）。门多萨使用与法国博若莱地区相同的技术制成了一款多汁、中等酒体的红葡萄酒，可以在即时直接饮用。

Carretera de Peñacerrada 7, 26338 San Vicente de la Sonsierra, La Rioja
941 308 010

耳蜗酒庄（Acústic）

蒙桑特产区，加泰罗尼亚

耳蜗酒庄白葡萄酒
Acústic Blanc (white)

这家酒厂的名称为你在这里可以期待的葡萄酒类型提供了线索：它们是自然声的，从某种意义上说，味道突出，没有过多地放在大橡木桶处理或过度成熟。这都是所有者阿尔伯特·简·乌韦达计划中的一部分，他试图避免他所认为的现代、全球化的葡萄酒酿造。所有这些都在耳蜗酒庄白葡萄酒中显现出来。这款酒由白歌海娜、马家婆和沙雷洛葡萄混酿而成，是蒙桑特产区白葡萄酒潜力的一个很好的例子。就像罗讷河谷的白葡萄酒一样，这里的重点不是优先突出水果风味。相反，这款酒的关键在于其迷人的质地和复杂性。

St Lluis 12, 43777 Els Guiamets, Tarragona
629 472 988

卡斯蒂利亚农业（Agrícola Castellana）

卢埃达产区，卡斯蒂利亚-莱昂

卡斯蒂利亚农业四条纹酒庄弗德乔葡萄酒（白葡萄酒）；卡斯蒂利亚农业四条纹酒庄长相思葡萄酒（白葡萄酒）
Cuatro Rayas Verdejo (white); Cuatro Rayas Sauvignon Blanc (white)

卡斯蒂利亚农业在艰难的环境中开始了它的生涯：它成立于1935年西班牙内战爆发前不久。这是一家合作酿酒厂，由30名葡萄种植者组成，他们安装的混凝土大桶至今仍在使用。然而，这里也展现出现代风格，包括大量温控不锈钢桶，用于生产干净、脆爽的葡萄酒，并在后来成为卡斯蒂利亚农业的特色。其中许多葡萄酒以四条纹酒庄的品牌装瓶，该品牌每年生产1100万瓶，是西班牙较成功的品牌之一，约占卢埃达产区所有葡萄酒的20%。对于卢埃达产区来说，幸运的是，这些葡萄酒都非常美味。卡斯蒂利亚农业四条纹酒庄弗德乔葡萄酒满是青柠和奶油香气。来自同一品牌的长相思葡萄酒有西柚的味道。

Carretera Rodilana, 47491 La Seca, Valladolid
www.cuatrorayas.org

阿古斯蒂托雷洛马塔酒庄（Agustí Torelló Mata）

卡瓦产区

阿古斯蒂托雷洛马塔酒庄珍藏干型起泡酒
Brut Reserva (sparkling)

阿古斯蒂托雷洛马塔酒庄对卡瓦产区和卡瓦产区的葡萄品种的热情在其珍藏干型起泡酒中得到了明显体现。这款闪闪发光的白葡萄酒采用传统方法制成，带有奶油、花香和草本香气，可口适饮。1950 年托雷洛 · 马塔在还很年轻的时候就创立了他的同名酒厂。现在酒厂的管理进入第二代，他的酒庄仍然致力于卡瓦葡萄酒，其葡萄酒具有一种立即可识别的风格，基于纯度和精度。与许多其他卡瓦葡萄酒生产商不同，该家族避免使用黑皮诺和霞多丽，而是选择经典的卡瓦产区葡萄品种如马家婆、沙雷洛和帕雷亚达。

La Serra (Camino de Ribalata), Apartado de Correos 35, 08770 Sant Sadurní d' Anoia
www.agustitorellomata.com

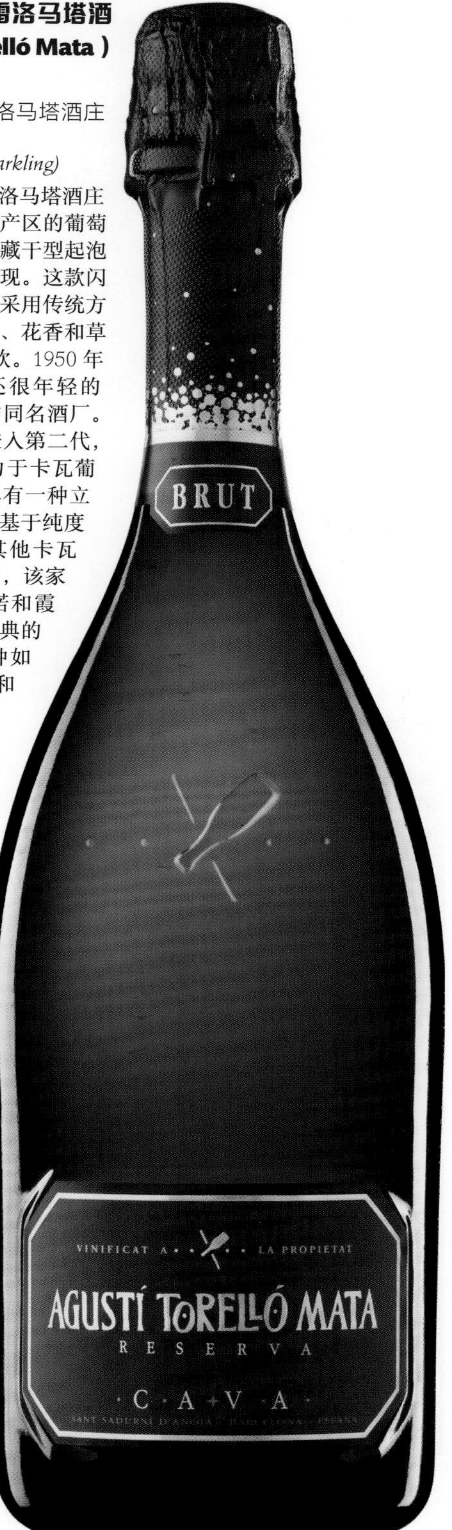

亚伯诺雅酒庄（Albet i Noya）

佩内德斯产区，加泰罗尼亚

亚伯诺雅酒庄小阿尔贝起泡酒
Petit Albet (sparkling)

亚伯诺雅酒庄因其绿色环保而闻名于世。作为有机先驱，该公司的生产现在完全基于有机种植的葡萄。它还在酿酒过程中使用最少的二氧化硫，这对哮喘患者以及喜欢品尝尽可能自然的葡萄酒的饮酒者来说是一个福音。该酒庄使用西班牙本土和国际葡萄品种生产各种质量始终如一的优质葡萄酒，其中小阿尔贝起泡酒是一大亮点。一款采用传统方法仅由帕雷亚达葡萄制成的起泡酒，具有柔和的果味。

Can Vendrell de la Codina, 08739 Sant Pau d' Ordal, Barcelona
www.albetinoya.com

奥瓦罗帕拉西奥酒庄（Alvaro Palacios）

普里奥拉托产区，加泰罗尼亚

奥瓦罗帕拉西奥酒庄普里奥拉托卡明葡萄酒（红葡萄酒）
Camins del Priorat (red)

奥瓦罗 · 帕拉西奥出生在里奥哈产区的一个酿酒世家，他因在 20 世纪 80 年代后期在普里奥拉托产区创立的同名酒庄的开创性工作而声名鹊起。帕拉西奥在传奇的波尔多酒庄（帕图斯酒庄）待了一段时间后，来到了加泰罗尼亚这个偏远崎岖的角落。回到西班牙后，他使用非常古老的葡萄藤，很快就生产出引起世界关注的葡萄酒。如今，最容易买到的葡萄酒（在价格和风味方面）是奥瓦罗帕拉西奥酒庄普里奥拉托卡明葡萄酒。充满奥瓦罗 · 帕拉西奥个人风格的味道，带有烤李子的水果风味、柔和的单宁质感，以及生姜和甘草的香气。

Afores, 43737 Gratallops, Tarragona
977 839 195

阿尔维亚酒庄（Alvear）

蒙的亚-莫利莱斯产区，安达卢西亚

阿尔维亚酒庄佩德罗希梅内斯索莱拉 *1927* 葡萄酒（加强型葡萄酒）
PX Solera 1927 (fortified)

科尔多瓦市附近的蒙的亚-莫利莱斯法定产区靠近雪莉酒产区，生产风格相似的葡萄酒，均采用佩德罗-希梅内斯葡萄品种。这些葡萄酒由风干葡萄制成，因此葡萄酒的酒精度自然达到15%（ABV），并且不需要（尽管它们有时会接受）通过添加中性烈酒（如雪莉酒）来强化。阿尔维亚酒庄是该地区较好的生产商之一，而佩德罗希梅内斯索莱拉1927葡萄酒是该地区较好的葡萄酒之一。年轻的佩德罗希梅内斯葡萄酒被强化至16%（ABV），然后在可追溯至1927年的使用索莱拉系统的酒中沉睡。最后酿制成一款深沉、丝滑、柔顺、异常甜美和充满葡萄干风味的葡萄酒。

María Auxiliadora 1, 14550 Montilla
www.alvear.eu

阿梅索拉酒庄（Amézola de la Mora）

里奥哈产区

阿梅索拉酒庄陈酿葡萄酒（红葡萄酒）
Viña Amézola Crianza (red)

酒庄创始人的曾孙伊尼哥·阿梅索拉在1999年因车祸去世之前，已将阿梅索拉酒庄发展成一家优秀的制造商。他的家人一直在努力工作，首先是他的遗孀接管，现在是他的女儿在上里奥哈地区管理100万平方米的葡萄藤。这些葡萄藤主要生长丹魄、格拉西亚诺和马士罗葡萄。阿梅索拉酒庄陈酿葡萄酒是一款充满活力的现代里奥哈葡萄酒，融合了成熟的红醋栗和柑橘的新鲜气息，以及在精致橡木桶中陈酿带来的经典的摩卡基调香气。

Paraje Viña Vieja, 26359 Torremontalvo, La Rioja
www.bodegasamezola.net

阿梅托伊酒庄（Ameztoi）

查科利-赫塔尼亚产区，巴斯克地区

阿梅托伊酒庄查科利葡萄酒（白葡萄酒）
Chacolí (white)

阿梅托伊家族在查科利-赫塔尼亚法定产区（两个查科利法定产区之一）酿制了七代葡萄酒，该家族对于如何让这种独特的巴斯克特色葡萄酒呈现最佳状态略知一二。该家族的葡萄园靠近大西洋沿岸的圣塞巴斯蒂安，那里受海洋气候的影响有充足的雨水。凭借其独特的浅绿色调和强烈的新鲜感，该家族的查科利葡萄酒（白葡萄酒）充满活力，带有柑橘类水果和新鲜的绿色草本植物香气。这款酒由白苏黎葡萄和当地红葡萄品种红贝尔萨制成。

20808 Getaria, Gipuzkoa
www.txakoliameztoi.com

安塔班德拉斯酒庄（Anta Banderas）

杜埃罗河岸产区，卡斯蒂利亚-莱昂

安塔班德拉斯酒庄a4葡萄酒（红葡萄酒）
a4 (red)

西班牙本土的好莱坞影星安东尼奥·班德拉斯于2009年购买了安塔自然酒庄的股份，不久之后，他的名字就被纳入酒庄的新名称。他选择了一个优秀的资产来进入葡萄酒世界。酒庄由奥尔特加家族于20世纪90年代后期创立，坐落在一个由玻璃和木材建造而成的引人注目的现代酿酒厂。酒庄生产了一系列葡萄酒，这些葡萄酒有点神秘地以它们在橡木桶中度过的时间命名（如a10、a16等）。在法国橡木桶中陈酿了4个月后，a4（安塔班德拉斯酒庄a4葡萄酒）拥有成熟的蓝莓和西梅果味。这款尚且年轻的葡萄酒是为即刻饮用而打造的。

Carretera Palencia-Aranda de Duero Km 68, 09443 Villalba de Duero, Burgos
www.antabodegas.com

阿塔祖酒庄（Artazu）

纳瓦拉产区

阿塔祖阿塔祖里葡萄酒（红葡萄酒）
Artazuri (red)

阿塔祖酒庄是里奥哈产区生产商阿塔迪酒庄在邻近的纳瓦拉产区的一个重要副项目。酒庄始创于1996年，一直没有辜负总公司所生产的葡萄酒的极高声誉。酒庄的名字来源于瓦尔迪萨尔贝区的同名村庄，该公司在那里建造了一座现代化的酿酒厂。歌海娜是这里的重点葡萄品种，该公司在过去10年中投入巨资振兴了种植该品种的许多老葡萄园。这项工作的价值可以从阿塔祖里红葡萄酒中看出，这款酒与阿塔迪酒庄的“马厩”中所有葡萄酒（包括1999年在阿利坎特开始的塞克项目）一样，设法平衡了传统美德和葡萄品种与现代的酿酒技术。阿塔祖里葡萄酒以年轻的歌海娜葡萄为基础，是阿塔迪酒庄卓越品质的典范。这款酒富有表现力，充满着被摩卡、甘草和香料香气包裹的水果风味。

Carretera Logroño, 01300 Laguardia, Alava
www.artadi.com

德雷男爵酒庄（Baron de Ley）

里奥哈产区

德雷男爵酒庄修道院葡萄酒（红葡萄酒）
Finca Monasterio (red)

尽管德雷男爵酒庄位于16世纪修建的本笃会修道院，但它实际上是最近才在里奥哈葡萄酒界出现的。酒庄于1985年开始生产葡萄酒，当时业主抢购了埃布罗河旁的伊玛酒庄。该酒庄拥有一些非常古老的葡萄园，种植了大约90万平方米的葡萄藤，主要种植的品种为丹魄，但也种植了大量赤霞珠。这里的重点是珍藏级和特级珍藏级葡萄酒，并混合使用法国和美国橡木桶。德雷男爵酒庄修道院葡萄酒是一款非常具有现代风格的里奥哈葡萄酒，强调活泼的水果风味，辅以奶油香草和烟熏橡木香气。这款酒是为人们享受新酒而设计的。

Carretera Mendavia-Lodosa 5, 31897 Mendavia, Navarra
www.barondeley.com

贝罗尼亚酒庄（Beronia）

里奥哈产区

贝罗尼亚酒庄珍藏葡萄酒（红葡萄酒）
Beronia Reserva (red)

自从被来自雪莉酒世家的冈萨雷斯·拜亚斯收购以来，贝罗尼亚酒庄的酿酒水平不断提高。事实上，这个家族——他们在索曼塔诺产区（韦德维酒庄）、卡瓦产区（维拉诺酒庄）和托莱多产区（康斯坦西娅酒庄）也有权益——已经改变了这个表现不佳的酒庄。酒庄曾经的葡萄酒疲倦、沉重、缺乏果味，而今天它们却活泼而充满魅力。贝罗尼亚酒庄珍藏葡萄酒的活泼新鲜水果风味和细腻的橡木香气是这项投资的明显体现，它的口感强劲有力，带有柑橘和橡木的香气。

Carretera Ollauri-Nájera, Km 1800, 26220 Ollauri, La Rioja
www.beronia.es

比尔拜娜酒庄（Bilbaínas）

里奥哈产区

比尔拜娜酒庄波马尔珍藏葡萄酒（红葡萄酒）
Viña Pomal Reserva (red)

比尔拜娜酒庄波马尔珍藏葡萄酒是一款经典的里奥哈葡萄酒，带有烘烤橡木、烤红醋栗和玫瑰的优雅香气，散发出中等重量的葡萄酒，活泼而干爽。这款酒是由一个在里奥哈产区拥有悠久历史的酒庄制造的，该酒庄于 1901 年以这个名字在上里奥哈的哈罗地区成立。如今，酒庄归卡瓦产区的科多纽酒庄所有，尽管这家酒庄的风格仍然是经典而非现代主义，但他们为改变酒庄的命运做了很多工作。与许多里奥哈产区酒庄不同的是，比尔拜娜酒庄拥有大量葡萄园，占地约 250 万平方米。

Calle de la Estación 3, 26200 Haro, La Rioja
www.bodegasbilbainas.com

博颂酒庄（Borsao）

博尔哈产区，阿拉贡

博颂酒庄泰索罗特级歌海娜葡萄酒（红葡萄酒）
Gran Tesoro Garnacha (red)

纵观历史，歌海娜葡萄一直是西班牙葡萄种植者的中流砥柱，但在 20 世纪的大部分时间里，它的财富价值一直在下滑。不过，如今歌海娜已经复兴，它不仅在普里奥拉托产区达到了最高的价格，而且在其他地区也生产出物超所值、多汁的葡萄酒，例如来自博尔哈产区的价格合理的泰索罗特级歌海娜葡萄酒。这款酒来自博颂酒庄，这家酒庄的历史可以追溯到 1958 年，当时它是由一群种植者组建的。酒庄拥有该地区一些十分古老的葡萄藤，生长在蒙卡约山的阴影下，凉爽的夜晚带来了非常新鲜的葡萄酒。

50540 Borja, Zaragoza
www.bodegasborsao.com

白伊尔基尼酒庄（Buil i Giné）

普里奥拉托产区，加泰罗尼亚

白伊尔基尼酒庄双基尼葡萄酒（红葡萄酒）
Giné Giné (red)

谁能抗拒这样一个欢乐的名字？还是价格如此低廉的普里奥拉托葡萄酒？作为一款真正的普里奥拉托葡萄酒，白伊尔基尼酒庄的双基尼葡萄酒带有来自板岩土壤的矿物质风味，以及新鲜的成熟水果风味。这个引人注目的名字来自业主的祖父，与之前他的父亲一样，都在该地区酿酒。1996 年，这一代人在远离食品零售行业的葡萄酒后，于 1996 年重新酿造普里奥拉托葡萄酒。他们在 1997 年生产了他们的第一款葡萄酒（双基尼葡萄酒），此后业务扩展到了蒙桑特产区、卢埃达产区和托罗产区，但美食仍然是这里激情的一种：酒厂内有一家精美的餐厅。

Carretera Gratallops, Vilella Baixa Km 11, 5, 43737 Gratallops, Priorat
www.builgine.com

醒酒和“呼吸”

仅仅打开一瓶酒并不能让它“呼吸”。“喘息”就是它能得到的一切。葡萄酒需要大面积暴露在空气中才能“呼吸”。许多尚且年轻、风味集中的红葡萄酒，例如可以陈酿数年的顶级赤霞珠葡萄酒或波尔多葡萄酒，通过让大量空气进入其中而经历了一种微陈酿过程。对于尚且年轻、风味集中或特别涩的白葡萄酒也是如此，例如夏布利葡萄酒。原因是强制暴露在空气中使葡萄酒开始氧化，引起微妙的化学变化，带来更复杂的风味和平滑的质地。这就是醒酒的用武之地。

泼洒

将葡萄酒从尽可能高的高度倒入醒酒器中，以促使你的葡萄酒“呼吸”。对于陈酿你可以只需要一根蜡烛，帮助观察瓶中积聚的沉淀物。

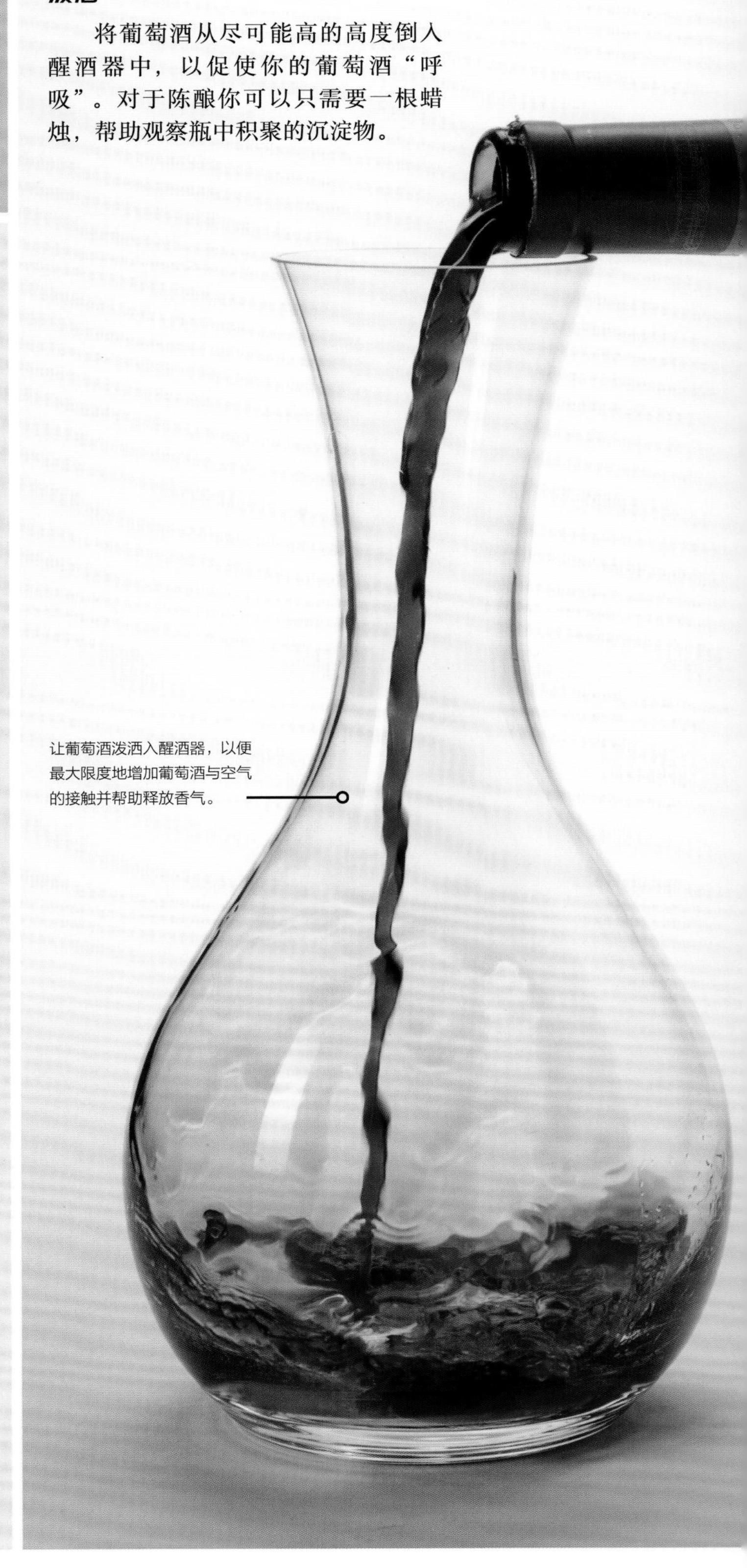

让葡萄酒泼洒入醒酒器，以便最大限度地增加葡萄酒与空气的接触并帮助释放香气。

旋转

在醒酒器中摇晃酒，使更多的酒直接暴露在空气中。侍酒师会使用这个技巧，特别是在理想情况下需要5～10年才能成熟的年轻红葡萄酒，带来的差异可能是显著的。

用一只手在下方以一定角度握住醒酒器以支撑并摇晃葡萄酒。

何时需要醒酒

最近年份的红葡萄酒单宁含量相当高——这种来自葡萄皮和种子的化合物会使口感艰涩——醒酒可有效改善口感。

唯一不需要醒酒的情况是，如果整瓶酒不会一口气喝完，而又想在接下来的一两天内保持剩余的新鲜度。一般来说，便宜的葡萄酒在醒酒时不会变得更好，因为它们是为了即刻饮用而酿造的。但严肃的葡萄酒需要醒酒。此外，陈年时间可能达到或超过10年的严肃的红葡萄酒可能需要在醒酒的时候轻柔倒酒，以将酒从沉淀在瓶底或瓶子侧面的沉淀物中分离。

需要醒酒的葡萄酒包括

严肃的红葡萄酒
阿玛罗尼葡萄酒
巴巴莱斯科葡萄酒
巴罗洛葡萄酒
波尔多葡萄酒
赤霞珠葡萄酒
经典基安蒂葡萄酒
马尔贝克葡萄酒
内比奥罗葡萄酒
罗讷河谷葡萄酒
杜埃罗河岸葡萄酒
里奥哈葡萄酒
西拉葡萄酒
丹魄葡萄酒
仙粉黛葡萄酒
严肃的白葡萄酒
阿尔萨斯雷司令、灰皮诺葡萄酒
波尔多葡萄酒
勃艮第葡萄酒
夏布利葡萄酒
霞多丽葡萄酒
普伊-富美葡萄酒
萨维涅尔葡萄酒

帝国田园酒庄（Campo Viejo）
里奥哈产区

帝国田园酒庄珍藏葡萄酒（红葡萄酒）
Campo Viejo Reserva (red)

很少有品牌与某个地区的关系比帝国田园酒庄与里奥哈产区的关系更密切。该酒庄的瓶子带有橙色和黄色的标签，在全球范围内立即获得认知并广泛使用。该品牌由法国保乐力加饮品集团所有（与澳大利亚葡萄酒品牌杰卡斯和新西兰的布兰卡特酒庄处于同一集团），该品牌在向消费者介绍里奥哈葡萄酒方面做得很好，在整个系列里都质量始终如一。帝国田园酒庄珍藏葡萄酒物超所值。这款流行的基础里奥哈葡萄酒的成熟版本经过 3 年的陈酿，使丹魄葡萄酒中的烤红醋栗风味和香草香气更加浓郁。

Camino de Lapuebla 50, 26006 Logroño, La Rioja
www.campoviejo.com

埃尔米塔酒庄（Casa de la Ermita）
胡米亚产区，穆尔西亚

埃尔米塔酒庄维欧尼葡萄酒（白葡萄酒）
Viognier (white)

埃尔米塔酒庄采用现代酿酒方法，极大地提高了胡米亚产区的声誉。作为该地区的新人，这家生产商给人留下了直接的印象，生产的葡萄酒非常适合国际市场的口味——难怪这些葡萄酒现在广泛分布于世界各地。埃米尔塔酒庄出产的葡萄酒都物超所值，但就价值而言，真正出类拔萃的是维欧尼葡萄酒。该酒庄最新推出的葡萄酒是由一种本身对西班牙来说相对较新的葡萄品种（维欧尼）制成的。大量奶油杏子风味和白桃果实风味完美平衡，是该系列的美味补充。

Carretera del Carche, Km. 11,5, 30520 Jumilla, Murcia
www.casadelaermita.com

卡斯塔诺酒庄（Castaño）
耶克拉产区，穆尔西亚

卡斯塔诺酒庄赫库拉葡萄酒（红葡萄酒）
Hecula (red)

早在 1950 年，当拉蒙 · 卡斯塔诺开始他的葡萄酒业务时，耶克拉产区并不以生产一流的葡萄酒而闻名。当时，这个位于西班牙东海岸同名村庄周围的小产区的生产商非常注重数量而不是质量。卡斯塔诺酒庄与众不同，并且一直如此，始终站在耶克拉产区发展的前沿。在拉蒙 · 卡斯塔诺和他的孩子们的指导下，酒庄采用了生产优质葡萄酒的所有必要步骤，例如引入温控发酵罐和分拣台。卡斯塔诺酒庄的葡萄酒还受益于酒庄的珍贵资产：300 万平方米的莫纳斯特雷尔葡萄藤。莫纳斯特雷尔葡萄浓郁而充满香料气息，带有红醋栗果实风味，在卡斯塔诺酒庄的赫库拉葡萄酒等葡萄酒中大放异彩。在美国橡木桶中陈酿 6 个月后，这款现代耶克拉红葡萄酒的典范发展出一种完善的烤面包风味个性。

Carretera Fuentealamo 3, 30510 Yecla, Murcia
www.bodegascastano.com

安卡酒庄（Castell d' Encus）
塞格雷河岸产区，加泰罗尼亚

安卡酒庄苏斯特里斯红葡萄酒
Susterris Negre (red)

安卡酒庄的背景在葡萄酒行业有着悠久的历史。酒庄的历史可以追溯到 11 世纪，你仍然可以看到曾经住在这里的僧侣用来酿酒的石盆。僧侣已经离开了，如今这里是前桃乐丝酒庄酿酒师劳尔 · 博贝特雄心勃勃的新项目的所在地。该项目利用了塞格雷河岸法定产区的高海拔（800 ~ 1000 米）葡萄园。博贝特的安卡酒庄苏斯特里斯红葡萄酒无疑是一个很好的开端，这是一款波尔多葡萄品种和少许西拉葡萄的混酿酒。

Carretera Tremp a Sta. Engracia, Km 5, 25630 Talarn, Lleida
www.encus.org

瑞美酒庄（Castell del Remei）

塞格雷河岸产区，加泰罗尼亚

瑞美酒庄哥提姆布鲁葡萄酒（红葡萄酒）
Gotim Bru (red)

19世纪后期，在瑞美酒庄可以感受到波尔多影响力的存在。这是一个比较大的酒庄，全盛时期有多达50户人家居住于此，因以法式酿酒技术所酿制的令人印象深刻的葡萄酒而广受赞誉。酒庄葡萄酒的质量在20世纪有所下降，直到1982年酒庄被塞格雷河岸法定产区的库西内家族所购买。该家族立即着手恢复瑞美酒庄的昔日辉煌，翻新了酒厂并彻底改善了生产技术。如今，他们生产一系列优质的葡萄酒，其中活泼且高度个性化的哥提姆布鲁葡萄酒是一个特别的亮点。丹魄和歌海娜与赤霞珠和梅洛的混酿造就了成熟水果风味和甜味香料风味的浓郁、集中的混合。

Finca Castell del Remei, 25333 Penelles, Lleida
www.castelldelremei.com

蒙哈丁酒庄（Castillo de Monjardin）

纳瓦拉产区

蒙哈丁酒庄木桶发酵霞多丽葡萄酒（白葡萄酒）
Castillo de Monjardin Barrel Ferment Chardonnay (white)

霞多丽葡萄酒在纳瓦拉产区盛行，勃艮第白葡萄酒显然对当地酿酒师产生了强烈的影响。蒙哈丁酒庄似乎就是这种情况，这是一个相对较新的酒庄，于1993年成立。蒙哈丁酒庄的酒厂从外面看起来很传统，但酒厂里面包含现代生产商酿酒所需的所有“花里胡哨”的工具。这里的酿酒过程非常细致，酒厂位于山坡上，酿酒师可以利用重力将葡萄酒通过生产过程中的各个阶段。蒙哈丁酒庄成功的勃艮第风格霞多丽葡萄酒在橡木桶中放置了3个月，具有奶油香气，带有异国情调。

Viña Rellanada, 31242 Vilamayor de Monjardin
www.monjardin.es

佩雷拉达酒庄（Castillo Perelada）

阿姆普丹产区，加泰罗尼亚

佩雷拉达酒庄珍藏干型起泡酒；佩雷拉达酒庄阿姆普丹5园葡萄酒（红葡萄酒）
Castillo Perelada Brut Reserve (sparkling); 5 Fincas Empordà (red)

想要在布拉瓦海岸的海滩度过一天的加泰罗尼亚的度假者，最好拜访佩雷拉达酒庄。除了酒厂，这个保存完好的城堡里还有一家精致的酒店、一家水疗中心和一家餐厅。一段时间以来，热情好客的选择让这里生产的葡萄酒黯然失色，但随着质量的提高，这种观点越来越过时。佩雷拉达酒庄珍藏干型起泡酒是一款采用传统方法酿造的起泡酒，由3种经典卡瓦产区葡萄品种（马家婆、沙雷洛和帕雷亚达）酿制而成。这款酒纯净、充满活力、令人耳目一新。该酒庄的阿姆普丹5园葡萄酒混酿了6种不同的葡萄品种，显示了从5个葡萄园中进行选择的好处：它具有浓郁的荆棘果味和温和的香料味道。

Plaça del Carme 1, 17491 Perelada, Girona
www.castilloperelada.com

卡斯特罗塞尔特酒庄（Castrocelta）

下海湾地区产区，加利西亚

卡斯特罗塞尔特酒庄阿尔巴利诺葡萄酒（白葡萄酒）
Albariño (white)

卡斯特罗塞尔特酒庄由20名种植者和生产者组成，才成立5年，但它已经引起了人们的关注。酒庄位于萨尔内斯峡谷地区，它的名字可以追溯到该地区的原始居民凯尔特人。该酒庄拥有37万平方米的阿尔巴利诺葡萄，他们的阿尔巴利诺葡萄酒是这种葡萄品种令人印象深刻的表达，展现了其阳光明媚的桃子风味，以及海洋气候对它的强烈影响——这里有一种新鲜度只有凉爽的夜晚和海风可以带来。

LG Quintáns,
17 Sisán 36638,
Ribadumia
www.castrocelta.com

卡普卡内斯酒庄（Celler de Capçanes）

蒙桑特产区，加泰罗尼亚

卡普卡内斯酒庄马斯科莱葡萄酒（红葡萄酒）
Mas Collet (red)

卡普卡内斯酒庄于1933年成立，如今已成为西班牙顶级合作社之一——事实上，许多人认为它是最好的。酒庄以一种应巴塞罗那犹太社区的要求生产的犹太葡萄酒而闻名，此后它与许多高价值、制作精良的葡萄酒联系在一起。卡普卡内斯酒庄马斯科莱葡萄酒由歌海娜、佳丽酿、丹魄和赤霞珠混酿而成，已在橡木桶中陈酿8个月，是一款活泼、平易近人的葡萄酒，适合在尚且年轻时饮用，它充满温暖可口的香料香气、多汁、带有荆棘果味，带有轻微的清脆口感和颗粒质感。

Carrer Llaberia 4, 43776 Capçanes, Tarragona
www.cellercapcanes.com

诗威特酒庄（Chivite）

纳瓦拉产区

诗威特酒庄格兰富都特别珍藏葡萄酒（红葡萄酒）
Chivite Gran Feudo Reserva Especial (red)

将波尔多葡萄品种与丹魄混酿（国际和西班牙的混酿），是典型的纳瓦拉葡萄酒的追求。可以在其诗威特酒庄格兰富都特别珍藏葡萄酒中看到，这是诗威特酒庄做得非常好的事情。这款混酿酒充满纯净、活泼的水果风味。诗威特酒庄的名字自1647年以来一直是纳瓦拉产区葡萄酒场景的特色，使诗威特家族成为西班牙古老的生产商之一。最近，酒庄已经扩大到包括在里奥哈、卢埃达和杜埃罗河岸产区都拥有权益，但它仍然与其原来的家相关联。该家族于1988年收购了阿林莎诺酒庄，从而扩大了其在纳瓦拉产区的影响力，随后他们将其改造成一个新旧交融的酿酒厂，其中历史悠久的建筑与所有闪亮的最新酿酒设备融为一体。

Ribera 34, 31592 Cintruenigo
www.bodegaschivite.com

西罗斯酒庄（Cillar de Silos）

杜埃罗河岸产区，卡斯蒂利亚-莱昂

西罗斯酒庄金塔纳尔葡萄酒（红葡萄酒）
El Quintanal (red)

西罗斯酒庄金塔纳尔葡萄酒在法国橡木桶中仅陈酿3个月，是一款适合"新酒"时享用的葡萄酒——这款酒年轻而充满活力，可以随时饮用。它的味道浓郁，由一家令人印象深刻的家族企业制造，在金塔纳德尔皮迪奥和古米埃尔德尔梅尔卡多地区的山坡上和森林中拥有约48万平方米的丹魄葡萄园。奥斯卡、罗伯托和阿米莉亚·阿拉贡的兄弟团队将这里的产量保持在非常低的水平。酿酒师是奥斯卡·阿拉贡，他在里奥哈学习了5年的酿酒，然后搬到赫雷斯并从南非到美国加利福尼亚州游览了酿酒世界。

Paraje el Soto, 09370 Quintana del Pidio, Burgos
www.cillardesilos.es

科多纽酒庄（Codorníu）

卡瓦产区

科多纽酒庄黑皮诺桃红起泡酒
Codorníu Pinot Noir Rosé (sparkling)

自1872年由何塞普·拉文托斯创立以来，科多纽酒庄在卡瓦产区的发展中发挥了重要作用。拉文托斯的灵感来自他对传统香槟酿造方法的研究，他决定了在他的家乡加泰罗尼亚生产优质起泡酒的未来。他进行了必要的投资，建造了一个由高迪的学生设计的酒厂，该酒厂至今仍是佩内德斯葡萄酒旅游路线上的热门站点。近年来，这里对高质量生产的投入有了新的提高，葡萄酒品质也有了显著的改善。其中包括科多纽酒庄黑皮诺桃红葡萄酒，科多纽酒庄声称这是第一款由黑皮诺葡萄制成的起泡酒。是否真的如此并不重要，因为香槟葡萄品种肯定会成功的改变这款西班牙葡萄酒。这款酒颜色很淡，但带有浆果风味。

Avenida Jaume Codorníu, 08770 Sant Sadurní d' Anoia
www.codorniu.es

喜悦酒庄（CVNE）
里奥哈产区

喜悦酒庄珍藏葡萄酒（红葡萄酒）
CVNE Reserva (red)

里奥哈历史悠久的生产商喜悦酒庄，于1879年首次开始酿酒。目前，酒庄仍然由两位创始人尤西比奥和雷蒙德·罗亚尔·德·阿苏阿兄弟的后代所有，并且仍然基于其在哈罗镇的火车站区的原本的家，里奥哈产区的许多其他知名品牌都在这里设有总部。今天参观喜悦酒庄的酒窖可以深入了解该地区过去的情况，但这并不意味着酒厂被困在过去。喜悦酒庄一直乐于接受酿酒技术的创新，多年来，酒庄吸纳了大量新成员。喜悦酒庄珍藏葡萄酒是该酒庄颇受欢迎的葡萄酒之一。酒体适中，带有脆爽的红色水果风味，一丝淡淡的奶油味被柔和的烟熏烟草味包裹。经典且备受喜爱的里奥哈风格，即刻可以饮用，但也可以在酒窖中再保存两三年。

Barrio de la Estacíon, 26200 Maro, La Rioja
www.cvne.com

德赫萨加戈酒庄（Dehesa Gago）
托罗产区，卡斯蒂利亚和莱昂

德赫萨加戈葡萄酒（红葡萄酒）
Dehesa Gago (red)

迷人的特尔莫·罗德里格兹是西班牙葡萄酒的“发动机”。他称自己为“驾驶员酿酒师”，这是对20世纪80年代和90年代因在世界各地不同酒庄酿造葡萄酒而闻名的“飞行”酿酒顾问的致敬。实际上，罗德里格兹更喜欢留在他的家乡，在那里他花费大量时间在他感兴趣的各个葡萄园之间穿梭，以自己的品牌和零售商的品牌酿造葡萄酒。罗德里格兹最初因重振他的家族酒庄（雷梅留里酒庄）而闻名。1994年，他开始了自己的事业，寻找被忽视的葡萄园和风格，打造出美味的葡萄酒。德赫萨加戈酒庄是罗德里格兹在工作中的一个很好的例子。在这里他复兴了托罗产区强力的丹魄葡萄遗产，创造出一种直率、风味浓郁、墨色、带有泥土气息的葡萄酒，带有摩卡香气的底味。

No visitor facilities
www.telmorodriguez.com

美食美酒：里奥哈丹魄葡萄酒

西班牙葡萄酒与丹魄葡萄品种密切相关，在里奥哈产区，它生产出优雅、干爽、类似波尔多风格的红葡萄酒。这些葡萄酒平衡、柔顺，且富有表现力。

一般来说，丹魄具有坚实的单宁结构，通常由奢华的橡木桶陈酿。这款酒的香气从精致而柔美的草莓、樱桃和香草味道到更浓郁的橄榄、炖肉、烟草和雪松味道。

猪肉和羊肉都被广泛认为是搭配里奥哈葡萄酒的理想肉类，简单的菜肴，如经典的土豆和西班牙辣味香肠炖菜、胡椒和洋葱炖猪排，以及番茄酱猪肉和辣椒。丰盛的“cocido”是一种用带壳豆、洋葱、培根和西班牙辣味香肠制成的炖菜，与清淡的里奥哈葡萄酒搭配得很好。多汁的烤羊肉可以搭配最浓郁、最成熟的里奥哈葡萄酒。

对于工作日晚上的里奥哈葡萄酒美食搭配，可以考虑浓郁、质朴的食材和大胆的风味。带有烤红椒、西红柿、洋葱、大蒜和辣椒的菜肴，如蔬菜杂烩、辣椒牛肉酱和辣肉丸等菜肴中是值得搭配的，而更朴实的牛肝菌烩饭也是如此。里奥哈葡萄酒经常与奶酪菜肴一起食用，与果味浓郁的红酒山羊奶酪搭配有着特殊的亲和力，这是一种美妙的葡萄风味奶酪，浸在红酒中熟成，以及可以搭配硬牛奶奶酪，包括成熟的切达干酪。

烤猪排是经典里奥哈葡萄酒的完美搭配。

J 帕拉西奥斯后裔酒庄（Descendientes de J Palacios）

比埃尔索产区，卡斯蒂利亚－莱昂

J 帕拉西奥斯后裔酒庄比塔罗斯葡萄酒（红葡萄酒）
Pétalos (red)

J 帕拉西奥斯后裔酒庄是科鲁隆村的一个特殊项目，位于后起之秀法定产区比埃尔索，是两个“后裔”的作品：奥瓦罗·帕拉西奥斯（拥有普里奥拉托产区传奇的同名酒庄）和他的侄子里卡多·佩雷斯。该酒庄始创于 1999 年，拥有约 30 万平方米的灌木葡萄藤，这些葡萄藤采用生物动力法种植，最初由僧侣种植。葡萄品种是当地的门西亚葡萄，帕拉西奥斯和佩雷斯已经证明可以将其制成出色的红葡萄酒。事实上，就像奥瓦罗·帕拉西奥斯之前在普里奥拉托地区管理的那样，这对搭档在比埃尔索地区取得了类似的变革效果。作为对比埃尔索产区的令人印象深刻的介绍，J 帕拉西奥斯后裔酒庄比塔罗斯葡萄酒具有花香和烟熏的香气，是一款精致的、在口中舞动的葡萄酒，清新爽口，余味悠长优雅。这本是这家酒庄的入门级葡萄酒，但它却让许多酒庄的“顶级”葡萄酒黯然失色。

Avenida Calvo Sotelo 6, 24500 Villafranca del Bierzo, León
987 540 821

塔雷斯酒庄（Dominio de Tares）

比埃尔索产区，卡斯蒂利亚和莱昂

塔雷斯酒庄巴尔图斯葡萄酒（红葡萄酒）
Baltos (red)

塔雷斯酒庄的总部位于工业区，与许多其他西班牙酒窖的美丽而历史悠久的建筑相比，这里一点也不迷人。但酒庄建在这里是有原因的：比埃尔索的葡萄园分散在法定产区的许多不同地点，而在其中一个地点建造酿酒厂只会让其他葡萄园更难接近。酒厂可能不美观，但那里生产的葡萄酒肯定是美味的。事实上，塔雷斯酒庄在比埃尔索法定产区的生产商中名列前茅，排在前三四名。巴尔图斯葡萄酒由生长在 25～40 年老藤上的门西亚葡萄酿制而成，是一种颜色深沉、味道浓郁的红葡萄酒。这款酒在法国和美国橡木桶中陈酿 4～7 个月后，具有完美平衡的脆爽的红色水果风味，并辅以矿物质风味基调的亮点和活泼的烘烤风味收尾。

Los Barredos 4, 24318 San Román de Bembibre, León
www.dominiodetares.com

瓦尔德普萨酒庄（Dominio de Valdepusa）

单一葡萄园酒庄，卡斯蒂利亚－拉曼恰

瓦尔德普萨酒庄埃尔林孔马德里葡萄酒（红葡萄酒）
El Rincón Vinos de Madrid (red)

先锋是一个经常与酿酒师联系在一起的词，但在西班牙，很少有人比格利诺侯爵酒庄的卡洛斯·法尔科更能配得上这个头衔。法尔科在加州大学戴维斯分校学习葡萄酒相关知识，并在他位于门特里达边界的 3000 万平方米的酒庄种植赤霞珠。因为他的酒庄不在法定产区之内，因此不受规则的限制，法尔科尝试了许多不同的葡萄品种以及滴灌和树冠管理等葡萄栽培技术。在他在马德里葡萄酒法定产区的埃尔林孔酒庄里时，他积累的所有知识都应用到了深色的西拉葡萄酒上，其中使用了 10% 的歌海娜。这款酒果实风味成熟，而法国橡木桶则增添了光彩和魅力。这款酒是马德里的明星葡萄酒之一。

Finca Casa de Vacas, 45692 Malpica de Tajo, Toledo
www.pagosdefamilia.com

埃德塔里亚酒庄（Edetària）

特拉阿尔塔产区，加泰罗尼亚

埃德塔里亚酒庄埃德塔纳大街葡萄酒（红葡萄酒）
Via Edetana (red)

特拉阿尔塔产区是蒙桑特产区和普里奥拉托产区的邻居，但它决心不被这两个更知名的法定产区所掩盖。在埃达里亚酒庄埃德塔纳大街葡萄酒中，埃德塔里亚酒庄使用当地的红葡萄品种来发挥强大的作用。这款酒拥有丰富的水果风味、香脂风味和纯净矿物质风味。埃德塔里亚酒庄成立于 2003 年，是加泰罗尼亚葡萄酒界的新成员，拥有一个崭新（且非常时尚）的酿酒厂，但它使用了一批老葡萄藤。该酒庄拥有约 24 万平方米的葡萄园，其中许多葡萄藤已有 50 多年的树龄，其余的在 20～25 年。

Finca El Mas, Carretera Gandesa, Vilalba, 43780 Gandesa, Tarragona
www.edetaria.com

伊莱亚斯莫拉酒庄（Elias Mora）

托罗产区，卡斯蒂利亚－莱昂

伊莱亚斯莫拉酒庄葡萄酒（红葡萄酒）
Elias Mora (red)

托罗产区的葡萄酒从不会过于谨慎，但在法国和美国橡木桶中陈酿 12 个月后，强劲的伊莱亚斯莫拉酒庄红葡萄酒呈现出细腻的质地，并带有可口、精致的香料和甘草风味。这款酒是由一家在托罗产区和卢埃达产区生产葡萄酒的公司生产的，该公司以“两个维多利亚”为基础：维多利亚·帕里恩德和维多利亚·贝纳维德斯。帕里恩德在卢埃达产区工作，贝纳维德斯在托罗产区工作，在那里她充分利用了干燥的大陆性气候和一些优质的老藤原材料。

San Román de Hornija, 47530 Valladolid
www.bodegaseliasmora.com

艾米里欧莫洛酒庄（Emilio Moro）

杜埃罗河岸产区，卡斯蒂利亚－莱昂

艾米里欧莫洛酒庄葡萄酒（红葡萄酒）
Emilio Moro (red)

自 20 世纪 80 年代后期开始酿酒以来，艾米里欧·莫洛的风格发生了很大变化。莫洛现在使用大约 70 万平方米种植丹魄葡萄，他不再使用珍藏或特级珍藏类别命名，而是更喜欢给每种葡萄酒自己的名字和身份。这款以莫洛自己的名字命名的葡萄酒是一款清爽的混酿葡萄酒，混合了红色水果、茴香风味以及法国和美国橡木桶带来的香料风味。采自树龄在 25～50 年的葡萄藤，它是莫洛生产量最大的葡萄酒，酒体宽厚而充满活力，以优雅、可口的烟草风味收尾。

Valoria, Peñafiel Road, 47315 Pesquera de Duero, Valladolid
www.emiliomoro.com

守护石酒庄（Estancia Piedra）

托罗产区，卡斯蒂利亚－莱昂

守护石酒庄蓝色葡萄酒（红葡萄酒）
Piedra Azul (red)

守护石酒庄蓝色葡萄酒精力充沛，是该地区令人兴奋的新生产商之一的未经橡木处理的丹魄葡萄酒。这款酒酒体浓郁，拥有黑樱桃风味，配以香脂和黑巧克力风味。守护石酒庄成立于 1998 年，由出生于苏格兰的格兰特·斯坦因创立，他已经受够了作为税务律师的生活。斯坦因对该酒庄进行了大量投资，现在他拥有约 70 万平方米的丹魄葡萄藤，其中包括新老地块，以及可追溯到 20 世纪 20 年代的一小块土地。

Carretera Toro-Salamanca Km 5, 49800 Toro
www.estanciapiedra.com

埃提姆酒庄（Etim）

蒙桑特产区，加泰罗尼亚

埃提姆酒庄黑色葡萄酒（红葡萄酒）
Etim Negre (red)

虽然与邻近的普里奥拉托产区不完全一致，但蒙桑特产区的葡萄酒价格却是出了名的高。在这种情况下，由埃提姆酒庄制作的葡萄酒可以称为是积极意义上的“偷窃”。位于法尔塞特地区的合作公司，负责这一巨大价值系列的酿酒厂位于受高迪启发的建筑师设计的独特建筑中，其中埃提姆酒庄黑色葡萄酒可以说是最有价值的。在这里，歌海娜葡萄酒和佳丽酿葡萄酒仅在橡木桶中陈酿了几个月就制成了一款带有黑色水果风味的葡萄酒，带有可口的香料风味和悠长的新鲜余味。

Calle Miquel Barceló 13, 43730 Falset, Tarragona
977 830 105

福斯蒂诺酒庄（Faustino）

里奥哈产区

福斯蒂诺酒庄福斯蒂诺一世特级珍藏葡萄酒（红葡萄酒）
Faustino 1 Gran Reserva (red)

福斯蒂诺酒庄福斯蒂诺一世特级珍藏葡萄酒非常具有里奥哈产区的经典风格：轻至中等的酒体，带有精致的樱桃果味，干净的接近柑橘的新鲜感，以及仅来自陈年的复杂风味。它是该地区知名的品牌之一。这种认可至少部分归功于它那令人难忘的包装，标签上带有贵族外观的字符、磨砂的瓶子和金属笼，看起来它自 17 世纪以来就已经存在，但是事实上，这是为 1960 年品牌推出而开发的巧妙仿制品。

Carretera de Logroño, 01320 Oyón-Oion, Alava
www.bodegasfaustino.es

圣多瓦酒庄（Finca Sandoval）

曼确拉产区，卡斯蒂利亚－拉曼恰

圣多瓦酒庄赛丽雅葡萄酒（红葡萄酒）
Salia (red)

在任何领域，评论家跨界创作他们以前只是写过的东西都是非常罕见的事。但这就是西班牙备受尊敬的葡萄酒记者之一维克多·德拉塞尔纳自 2000 年以来在圣多瓦酒庄所做的事情。他也做得很好。西拉葡萄在这里明显茁壮生长——混酿了莫纳斯特雷尔葡萄和少许博巴尔葡萄，赛丽雅葡萄酒颜色深沉，自带芳香，口味活泼，混合了黑醋栗、摩卡和柑橘风味，在海拔 800～1000 米的葡萄园中散发出新鲜感。

16237 Ledaña, Cuenca, Castilla-La Mancha
616 444 805

丹魄

西班牙最著名的红葡萄品种——丹魄，是里奥哈产区和杜埃罗河岸产区葡萄酒的主要成分，尽管你很少能在标签上看到它的名字。丹魄可以酿造年轻、果味、价格实惠的葡萄酒或深沉、浓郁、陈酿时间长的瓶装红葡萄酒。它是西班牙种植最广泛的葡萄品种。

它倾向于赋予葡萄酒中等至浓郁的酒体，其果味与波尔多品种（赤霞珠和梅洛）非常相似，但带有更多的暗淡、草本和皮革香气。丹魄的味道可以与在橡木桶中陈酿的效果完美结合。

早熟

虽然丹魄在风味方面与赤霞珠有一些相似之处，但它们并没有延伸到它的成熟习惯上。丹魄成熟得比较早，更像梅洛，所以酿酒师在秋季天气复杂多变之前就可以采摘。

团队精神

丹魄葡萄非常适合与其他品种混合酿制。西班牙里奥哈产区的酿酒师喜欢将其与歌海娜、马士罗和其他品种混酿，以创造更复杂的风味并增加单宁质感。

小果

酿酒师用混合在一起的果皮、果汁、种子和果肉来发酵红葡萄酒。由于较小的浆果为混合物提供了相对较多的果皮和相对较少的果汁，并且由于果皮含有大部分的风味化合物，因此丹魄的小果实等同于大风味。

人格分裂

丹魄在葡萄牙杜罗河谷（与西班牙杜埃罗河相同的河流）被称为罗丽红，是著名的加强型甜波特酒和干红餐酒中使用的几种葡萄品种之一。

世界上何处出产丹魄?

几个世纪以来，西班牙葡萄酒爱好者一直在饮用丹魄葡萄酒，但他们并不知道他们最喜欢的葡萄酒是用什么葡萄酿制的。

它被认为是西班牙北部的本地品种，里奥哈产区和杜埃罗河岸产区的所在地。在纳瓦拉产区、佩内德斯产区和瓦尔德佩涅斯产区，许多葡萄酒也用丹魄酿造，这里葡萄品种在标签上出现的频率更高。

几十年来，丹魄在美国俄勒冈州和加利福尼亚州的知名度小幅上升，丹魄使用当地的同义词名字 Valdepeñas 种植了相当大的面积。过去，这些葡萄主要用于制作廉价葡萄酒。阿根廷、智利和墨西哥是其他很好的来源。

以下地区是丹魄的最佳产区。试试这些推荐年份的丹魄葡萄酒，以获得最佳体验：

里奥哈产区： 2009 年、2008 年、2006 年

杜埃罗河岸产区： 2009 年、2006 年

纳瓦拉产区： 2010 年、2009 年、2008 年、2007 年

美国俄勒冈州的一些酿酒厂，例如阿坝塞拉酒庄，生产高品质的丹魄葡萄酒。

石子谷酒庄（Finca Valpiedra）

里奥哈产区

石子谷酒庄谷之歌葡萄酒（红葡萄酒）
Cantos de Valpiedra (red)

石子谷酒庄坐落于埃布罗河的拐弯处，是里奥哈十分壮观的酒庄。现在，酒庄的所有权在马丁内斯·布扬达家族的第五代手中，该酒庄既是一项技术壮举，也是一项美学壮举，每一株葡萄藤和每一块土壤都经过精心计划。酒庄的酿酒过程也同样尽职尽责，因此出产的葡萄酒的高质量也许并不令人惊讶。副牌酒谷之歌葡萄酒呈深色，带有烟熏雪松和鲜花香气。这款酒大胆，质地细腻，富含黑醋栗水果风味，并被脆爽的新鲜感所提升。

Término Montecillo, 26360 Fuenmayor, La Rioja
www.familiamartinezbujanda.com

菲斯奈特酒庄（Freixenet）

卡瓦产区

菲斯奈特酒庄卓越极干型起泡酒
Freixenet Excelencia Brut (sparkling)

菲斯奈特酒庄的卓越极干型起泡酒是一款现代卡瓦起泡酒，它表明使用传统的卡瓦产区葡萄品种可以提供脆爽的柑橘风味和高纯度的苹果风味。这款酒具有美妙的柔顺余味，圆润柔滑。费雷尔家族是一个葡萄酒生产商家族，于 1914 年开始酿造卡瓦起泡酒。他是典型的加泰罗尼亚人，以创业精神为本。他们在广告和营销方面投入巨资，打造享誉全球的品牌，在此过程中为卡瓦起泡酒带来了全球声誉。该家族现在在世界各地都有权益，在美国加利福尼亚州、法国以及西班牙都有项目。

Joan Sala 2, 08770 Sant Sadurní d' Anoia
www.freixenet.com

欧佛尼酒庄（O Fournier）

杜埃罗河岸产区，卡斯蒂利亚-莱昂

欧佛尼酒庄城市葡萄酒（红葡萄酒）
Urban (red)

欧佛尼酒庄城市葡萄酒活泼、有力、动人，绝对是属于城市居民的葡萄酒，它的新鲜红色水果风味中带有摩卡和甘草香料风味，专为即刻饮用而设计。这款酒由佛尼家族制造，是他们在世界各地使用西班牙语的国家中生产的优质葡萄酒的使命的一部分——该家族在智利和阿根廷也有权益。他们所有项目都使用同的品牌，城市是投资组合中的入门级产品。他们在西班牙的家是杜埃罗河岸产区，那里有 60 万平方米的石质葡萄园，主要种植丹魄葡萄。

Finca El Pinar, 09316 Berlangas de Roa, Burgos
www.bodegasofournier.com

冈萨雷斯拜厄斯酒庄（González Byass）

赫雷斯产区

冈萨雷斯拜厄斯酒庄提欧佩普菲诺葡萄酒（加强型葡萄酒）；冈萨雷斯拜厄斯酒庄维娜 AB 葡萄酒（加强型葡萄酒）
González Byass Tío Pepe Fino (fortified); González Byass Viña AB (fortified)

冈萨雷斯拜厄斯酒庄是西班牙饮品行业熟悉的名字。酒庄在整个西班牙都有葡萄酒收益，并生产一系列优质白兰地。不过，酒庄通常与雪莉酒联系在一起，其最著名的品牌是提欧佩普菲诺葡萄酒。提欧佩普分布广泛，是菲诺雪莉酒清淡风格的典范。留意“en-rama”（即直接从桶中取出）版本，该版本在某些国家定期可以买到。冈萨雷斯拜厄斯酒庄维娜 AB 葡萄酒是屡获殊荣的阿蒙提拉多风格，来自提欧佩普的索莱拉系统。这款酒分量更重、坚果香气更浓，但仍然很新鲜。

Calle Manuel Maria González 12, 11403 Jerez de la Frontera
www.gonzalezbyass.com

格拉莫娜酒庄（Gramona）

卡瓦产区

格拉莫娜酒庄帝王特级珍藏极干型起泡酒（起泡酒）
Gramona Imperial Gran Reserva Brut (sparkling)

霞多丽葡萄为当地葡萄品种沙雷洛和马家婆带来了强劲的动力，赋予自信的格拉莫娜酒庄帝王特级珍藏极干型起泡酒经典的饼干香气和令人宽慰的悠长余味。这是一款挑战卡瓦起泡酒是一种平淡或乏味的风格的先入为主的观念的起泡酒，而这正是格拉莫娜酒庄的典型特征。海梅·格拉莫娜和他的表弟哈维尔利用他们的技术和艺术天赋，酿造了一系列令人兴奋的葡萄酒，包括起泡酒和静止葡萄酒，他们一直在尝试新的想法和技术。

Calle Industria 36, 08770 Sant Sadurní d' Anoia
www.gramona.com

希达哥吉塔娜酒庄（Hidalgo-La Gitana）

赫雷斯产区

希达哥吉塔娜酒庄曼赞尼拉帕萨达葡萄酒（加强型葡萄酒）
Pastrana Manzanilla Pasada (fortified)

先稍微解释一下酒的名称。曼赞尼拉是在圣路卡地区熟成后的菲诺葡萄酒；帕萨达意味着它的陈酿时间更长。对于这种风格优秀的典范，没有比希达哥吉塔娜酒庄更好的例子了。来自单一葡萄园的葡萄酒具有令人印象深刻的可口风味，以及坚果深度。该酒窖目前由管理公司的第七代人海克托·希达哥经营。酒庄拥有超过 200 万平方米的葡萄园，总部位于圣路卡，受海洋气候影响，这个产区的“flor”（在陈酿过程中在桶中生长的保护性酵母层）与其他地区相比具有不同的特性。

Calle Clavel 29, 11402 Jerez de la Frontera
www.emiliohidalgo.es

莹瑞黛酒庄（Inurrieta）

纳瓦拉产区

莹瑞黛酒庄诺特葡萄酒（红葡萄酒）
Inurrieta Norte (red)

莹瑞黛酒庄诺特葡萄酒由国际葡萄品种梅洛和赤霞珠以及一小部分小维多制成，仅在橡木桶中陈酿 5 个月，确保果实保持活力、深色和明确的年轻。自 2001 年成立以来，这家相对年轻的酿酒厂已经在几年内站稳脚跟，这款酒是一个很好的证明。作为家族企业，莹瑞黛酒庄享有相当大的优势，能够从自己的大约 230 万平方米的葡萄园土地上采集果实。

Carretera de Falces-Miranda de Arga Km 30, 31370 Falces
www.bodegainurrieta.com

吉梅内斯兰迪酒庄（Jiménez-Landi）

门特里达产区，卡斯蒂利亚-莱昂

吉梅内斯兰迪酒庄索托隆德罗葡萄酒（红葡萄酒）
Sotorrondero (red)

吉梅内斯兰迪酒庄索托隆德罗葡萄酒是一款以最少干预为理念的葡萄酒。该款葡萄酒主要由西拉制成；使用的葡萄是有机种植的，葡萄酒未经过滤装瓶。这使得葡萄酒具有成熟的风味，几乎像烘烤过的，带有咸味和矿物质气味。酒窖中存放 2 ~ 3 年会使这款酒更好。作为西班牙另一家新酿酒厂，吉梅内斯兰迪酒庄于 2004 年在一个 17 世纪的家族住宅中起步。酒庄在大陆性气候的门特里达产区拥有 27 万平方米的葡萄园。酒庄优雅而富有表现力的葡萄酒已经享有国际声誉。

AAvenida de la Solana, No 45, 45930 Méntrida, Toledo
www.jimenezlandi.com

琼德安格拉酒庄（Joan d' Anguera）

蒙桑特产区，加泰罗尼亚

琼德安格拉酒庄拉普拉内拉葡萄酒（红葡萄酒）
La Planella (red)

200年来，琼德安格拉酒庄一直在酿造葡萄酒，但如今它的良好声誉很大程度上归功于琼和何塞普·德安格拉兄弟的工作。兄弟俩要感谢他们的父亲介绍了与他们最相关的葡萄品种西拉。但引入生物动力法在很大程度上是他们的想法，而酒庄正处于完全转变为实践的过程中。对于德安格拉风格的介绍，以及加泰罗尼亚地区蒙桑特产区提供的迷人风味，拉普拉内拉混酿红葡萄酒是一个值得推荐的品种。这款酒中的赤霞珠、歌海娜、西拉和马士罗葡萄果实深沉而富有表现力，在美国橡木桶中陈酿6个月，散发出浓郁的摩卡和香料风味。

C/Major, 43746 Darmós, Tarragona
www.cellersjoandanguera.com

约瑟帕里恩德酒庄（José Pariente）

卢埃达产区，卡斯蒂利亚-莱昂

约瑟帕里恩德酒庄弗德乔葡萄酒（白葡萄酒）
José Pariente Verdejo (white)

约瑟帕里恩德酒庄是维多拉亚·帕里恩德在卢埃达产区的业务，维多利亚·帕里恩德是著名的“两个维多利亚”之一。一对才华横溢的酿酒师（另一位是托罗伊莱亚斯莫拉酒庄的维多利亚·贝纳维德斯）于20世纪90年代后期一起开始了酿酒业务。在约瑟帕里恩德酒庄，维多利亚·帕里恩德在山坡上的葡萄园工作，那里寒冷的夜晚、野蛮的冬天和鹅卵石土壤是生产清爽、新鲜葡萄酒的理想条件。这些葡萄园中是维多利亚已故父亲约瑟种植的弗德乔葡萄，维多利亚现在是弗德乔葡萄酒的明星生产商，赋予了该品种国际吸引力。约瑟帕里恩德酒庄弗德乔葡萄酒说明了成功的原因——纯净无比、清新无比，这是一款让味蕾翩翩起舞的葡萄酒。

Carreterade Rueda Km 2,5, 47491 La Seca, Valladolid
www.josepariente.com

胡安吉尔酒庄（Juan Gil）

胡米亚产区，穆尔西亚

胡安吉尔酒庄莫纳斯特雷尔葡萄酒（红葡萄酒）
Juan Gil Monastrell (red)

胡安·吉尔于1916年创立了他的同名酒厂，从那时起，吉尔·维拉家族一直是证明胡米亚产区可以成为优质葡萄酒生产场所的主要推动者。尽管产生了许多变化，但该家族在酿酒厂成立的第一个世纪始终信守对质量的承诺，而今天的管理层，胡安·吉尔的曾孙们，维护了家族传统，在胡米亚产区的最高点特米诺德阿里巴建造了一个新的酿酒厂。他们生产的核心是在西班牙蓬勃发展的莫纳斯特雷尔葡萄品种。你可以在胡安吉尔酒庄莫纳斯特雷尔葡萄酒中发现老藤莫纳斯特雷尔葡萄（在世界其他地方也称为“Mourvèdre”）的迷人风味。这款酒使用在沙质土壤上生长的40年低产葡萄藤结出的果实，只在橡木桶中放置了一小段时间，并提供浓郁的葡萄干和黑莓水果风味，伴随摩卡的底味。

Portillo de la Glorieta 7, Bajo, 30520 Jumilla, Murcia
www.juangil.es

简雷昂酒园（Juvé y Camps）

卡瓦产区

简雷昂酒园辛塔坡普拉起泡酒
Cinta Purpura (sparkling)

简雷昂酒庄辛塔坡普拉起泡酒混合了3个品种的传统卡瓦起泡酒，采用传统方法制成，并作为陈年葡萄酒出售。它有花香和烤面包的香气，酒体平衡、饱满，带有奶油质感的泡沫。其背后的尤维家族是桑特萨杜尔尼达诺亚镇的传统名称之一，并且已经酿造了200多年的葡萄酒。1921年，他们开始生产卡瓦起泡酒，从那时起，他们与一种独特的酿酒风格联系在一起，生产出重量和强度很大的经典葡萄酒，不过总是带有强烈的酸度和细腻的气泡。

Calle de Sant Venat 1, 08770 Sant Sadurní d' Anoia
www.juveycamps.com

巴斯库拉酒庄（La Báscula）

耶克拉产区和胡米亚产区，穆尔西亚

巴斯库拉酒庄胡米亚炮台场葡萄酒（红葡萄酒）
Turret Fields Jumilla (red)

巴斯库拉酒庄有一个有趣的背景故事。这是一位英国葡萄酒大师爱德·亚当斯和一位南非酿酒师布鲁斯·杰克的项目，他们开始在西班牙的许多地方酿造葡萄酒。迄今为止最有趣的是胡米亚产区的巴斯库拉酒庄胡米亚炮台场葡萄酒。它由胡安吉尔酒厂酿制，这款强劲大胆的红葡萄酒融合了莫纳斯特雷尔和西拉葡萄。它以自信、现代的风格生产，并带有一些年轻的锋芒，如果放置在酒窖里，几年后会软化。

No visitor facilities
www.labascula.net

橡树河畔酒庄（La Rioja Alta）

里奥哈产区

橡树河畔酒庄雅芭笛葡萄酒（红葡萄酒）
Viña Alberdi (red)

位于哈罗车站区迷人、大气的总部装满了数千桶慢慢成熟的葡萄酒，橡树河畔酒庄在该地区是历史悠久的存在。酒庄还负责生产一些好的葡萄酒。该公司成立于1890年，当时5家葡萄酒生产商共同组成了橡树河畔酒庄。与许多经典的里奥哈酒庄一样，法国对酒庄的影响从一开始就很明显，当时第一位技术总监是M. 维吉尔。如今，这家酒庄拥有360万平方米的葡萄园。酒庄以众多不同的品牌制作了风格广泛的葡萄酒，其代表葡萄酒既传统又现代。无论风格如何，这些葡萄酒总是值得一试的。有些葡萄酒，比如橡树河畔酒庄雅芭笛葡萄酒，也很有价值。雅芭笛葡萄酒是上里奥哈唯一在新橡木桶中陈酿的葡萄酒，是一款优雅、清淡的里奥哈葡萄酒，带有大量的红色水果风味。这款酒的特点是美妙的新鲜度，即使在温暖的年份也具有极佳的饮用性。

Avda de Vizcaya 8, 26200 Haro, La Rioja
www.riojalta.com

路易斯卡纳斯酒庄（Luis Cañas）
里奥哈产区

路易斯卡纳斯酒庄家族精选葡萄酒（红葡萄酒）
Luis Cañas Seleccion de la Familia (red)

胡安 · 路易斯 · 卡纳斯在1989年从父亲那里继承了老牌企业并取得了巨大的成功。他于1994年建造了一家新酒厂，并为酒庄开发了大量优质葡萄酒。路易斯卡纳斯酒庄家族精选葡萄酒就是这样一款葡萄酒。一款大方、现代、柔顺、圆润、充满樱桃和香草风味的红葡萄酒，在法国和美国橡木桶中陈酿一年，是里奥哈葡萄酒如此受欢迎的一个很好的例子。

Carretera Samaniego 10, 01307 Villabuena, La Rioja
www.luiscanas.com

卢士涛酒庄（Lustau）
赫雷斯产区

卢士涛酒庄葡萄园股东帕洛科达多葡萄酒（加强型葡萄酒）；卢士涛酒庄艾米丽麝香葡萄酒（加强型葡萄酒）
Palo Cortado Vides Almacenista (fortified); Emilin Moscatel (fortified)

卢士涛酒庄广泛的产品组合中的明星产品是股东葡萄酒系列。这些来自股东们，他们购买的雪利酒或在自己的酒窖中熟成的葡萄酒，但没有获得将葡萄酒商业化的许可。卢士涛酒庄葡萄园股东帕洛科达多葡萄酒是赫雷斯最著名的风格示例。 既不是阿蒙提拉多葡萄酒也不是奥洛罗索葡萄酒，它是真正的原汁原味葡萄酒：这款酒浓郁而干爽，巧克力和烤核桃的味道让人放松。卢士涛酒庄艾米丽麝香葡萄酒是一款很棒的甜酒。这款酒比大多数麝香葡萄酒更有趣，它芳香、丝滑、充满花香。

Calle Arcos 53, Apartado Postal 69, 11402 Jerez de la Frontera
www.emilio-lustau.com

所有的起泡酒都是香槟酒吗？

世界上到处都有起泡酒，但真正的香槟酒只来自法国北部的香槟产区。但这并不意味着其他地方生产的起泡酒不好，没有悠久的历史，或者没有得到葡萄酒评论家的好评——它们只是不能被正式标记为香槟酒。

将自己置于在法国古老城市兰斯附近从事葡萄酒业务的人们的位置上，画面就变得清晰起来。这里拥有数百年历史的葡萄酒企业包括酩悦香槟、泰亭哲香槟、凯歌香槟和玛姆香槟。当美国、澳大利亚或中国的一家酿酒厂借用他们国家的名字来帮助销售其他地方生产的产品时，这些种植者和酿酒师会很生气。

尽管如此，代替购买香槟，去购买来自意大利的清淡、充满气泡的普洛赛克起泡酒或来自西班牙的丝滑、充满气泡的卡瓦起泡酒或来自德国的起泡酒也是不错的选择。许多世界上顶级的起泡酒都是使用与香槟酿酒师相同的技术和葡萄品种酿造的。该技术涉及二次发酵，将酵母和糖添加到瓶子中以帮助产生风味和气泡。香槟总是以这种方式酿造的，但其他起泡酒不一定是。当你寻找类似香槟酒时，请在标签上找到关键词，包括“瓶中发酵（bottle-fermented）”“传统法（metodo classico）”或“传统法（methode classique）”。

菲斯奈特酒庄使用香槟技术生产优质卡瓦起泡酒。

马伦布雷斯酒庄（Malumbres）

纳瓦拉产区

马伦布雷斯酒庄歌海娜葡萄酒（红葡萄酒）

Malumbres Garnacha (red)

歌海娜是一种声誉正在上升的葡萄，而马伦布雷斯酒庄是西班牙可以用它取得成就的一个味道突出、醇厚的示例。成熟的风味，配上黑色和红色水果风味，这是一款制作精良、味道鲜美的红葡萄酒。马伦布雷斯酒庄自1940年不吉利的一年开始生产葡萄酒，由当时的创始人文森特·马伦布雷斯开展业务。该公司在半个世纪的大部分时间里专注于散装葡萄酒，直到1987年开始以现代方式生产高质量的葡萄酒。文森特的儿子哈维尔现在以对环境有积极影响的方式生产葡萄酒，而对酿酒的干预很少。

Calle Santa Bárbara 15, 31591 Corella
www.malumbres.com

卡塞里侯爵酒庄（Marqués de Cáceres）

里奥哈产区

卡塞里侯爵酒庄珍藏葡萄酒（红葡萄酒）

Marqués de Cáceres Reserva (red)

里奥哈拥有3个世界知名的侯爵：卡塞里、姆列达和瑞格尔。卡塞里侯爵酒庄成立于1970年，是其中最年轻的一家，它以相对的现代酿酒方法而闻名。来自波尔多的著名酿酒顾问埃米尔·佩诺最初负责这里的酿酒工作，他在新法国而不是旧美国橡木桶中引入了不锈钢大桶、温度控制以及更短的操作时间。他的遗产可以在如今酒庄的里奥哈葡萄酒中看到。一款迷人的芳香红葡萄酒，带有可口的风味和柑橘香气基调，在口中展现出柔和、光滑的特性，没有厚重的橡木味。

Carretera Logroño, 26350 Cenicero, La Rioja
www.marquesdecaceres.com

瑞格尔侯爵酒庄（Marqués de Riscal）

里奥哈产区

瑞格尔侯爵酒庄卢埃达白葡萄酒

Marqués de Riscal Rueda Blanco (white)

当提到瑞格尔侯爵酒庄的名字时，立即浮现在脑海中的形象是举世闻名的弗兰克·盖里设计的酒店，它位于瑞格尔侯爵酒庄里奥哈总部的酒厂旁边。不过瑞格尔侯爵酒庄在西班牙酿酒的历史悠久。它是较早吸收19世纪末席卷该地区的波尔多葡萄酒酿造影响力的地方之一，如今它生产的许多葡萄酒都名副其实。瑞格尔侯爵酒庄卢埃达白葡萄酒来自该公司在卢埃达产区的工厂，瑞格尔侯爵酒庄是这里的第一批生产商。这款酒以年轻的风格著称，具有微妙的热带气息，而不是该地区其他一些生产商葡萄酒所具有的清新青柠和绿叶气息。

Calle Torrea 1, 01340 Elciego, Alava
www.marquesderiscal.com

马丁歌达仕酒庄（Martín Códax）

下海湾地区产区，加利西亚

马丁歌达仕酒庄阿尔巴利诺葡萄酒（白葡萄酒）

Martín Códax Albariño (white)

阿尔巴利诺已成为一种非常时尚的葡萄品种，是世界各地许多餐厅酒单上的主要品种。作为对其魅力的介绍，马丁歌达仕酒庄生产的广为人知的产品制造了一些响动。令人垂涎的味道、新鲜的挤压柑橘风味、圆润的奶油风味都结合在一起，这也解释了阿尔巴利诺的吸引力。马丁歌达仕酒庄成立于 1985 年，是一家合作社，如今它是下海湾地区重要的生产商，也是世界上较大的阿尔巴利诺葡萄酒生产商。

Burgáns 91, 36633 Vilariño Cambados, Pontevedra
www.martincodax.com

摩洛多酒庄（Maurodos）

托罗产区，卡斯蒂利亚和莱昂

摩洛多酒庄普里马葡萄酒（红葡萄酒）
Prima (red)

对许多人来说，马里亚诺·加西亚是西班牙最好的酿酒师。加西亚曾在杜埃罗河岸产区传奇的贝加西西里亚酒庄工作，过去 10 年一直在发展自己的企业。其中包括阿尔托酒庄，这家公司是他 1999 年在一群投资者的支持下与杜埃罗河岸产区监管委员会的前任理事哈维尔·扎卡尼尼，以及一些咨询专家共同创立的。但他们也参观了他的家族酿酒厂，位于图德拉-杜埃罗产区的玛诺酒庄，以及与本书最相关的是托罗产区的摩洛多酒庄。圣罗曼品牌下的副牌酒普里马葡萄酒由丹魄酿制而成。这款酒可能比它的老大哥更年轻，酒体更轻盈，但它仍然充满活力，散发着迷人的香气。

Paraje Valjeo de Carril, 47360 Quintalla de Arriba
www.aalto.es

慕佳酒庄（Muga）

里奥哈产区

慕佳酒庄桃红葡萄酒
Muga Rosado (rosé)

自 1932 年以来，慕佳酒庄一直是里奥哈葡萄酒界的可靠代表，当时它由两个酿酒家族的后代创立：艾萨克·慕佳·马丁内斯和他的妻子奥罗·卡诺。这对夫妇将自己安置在哈罗的中心，不过在 1969 年马丁内斯去世后，酒庄搬到了新的酒窖，配有塔楼和内部制桶厂。如今，酒庄生产备受推崇的红葡萄酒和白葡萄酒，但若是用于日常饮用，很少有葡萄酒可以与慕佳酒庄桃红葡萄酒相媲美。这款酒色泽苍白，但味道却出人意料地丰富，有丰富的草莓和樱桃果味，带有令人耳目一新的香味。它证明了里奥哈的魅力远不止橡木桶。

Barrio de la Estación, 26200 Haro, La Rioja
www.bodegasmuga.com

慕斯提圭罗酒庄（Mustiguillo）

特雷拉索领地葡萄酒，瓦伦西亚

慕斯提圭罗酒庄混酿葡萄酒（红葡萄酒）
Mustiguillo Mestizaje (red)

慕斯提圭罗酒庄混酿葡萄酒色泽深沉，带有大量橡木桶香气，是由著名的“难以种植”的品种——博巴尔葡萄酿造的红葡萄酒的典范。与丹魄、西拉和赤霞珠混酿，博巴尔的可口特征主导了这款酒，余味悠长。这款酒由慕斯提圭罗酒庄制造，这是少数尊重博巴尔葡萄的生产商之一，酒庄相信它不仅仅是廉价混酿的基础。该酒庄的总部设在瓦伦西亚东部，如果需要了解，其葡萄园的位置将就酒庄囊括在乌迭尔-雷格纳法定产区。然而，慕斯提圭罗酒庄更喜欢法定产区限制之外工作的灵活性，并将其葡萄酒装瓶为特雷拉索领地葡萄酒。

Carretera N-330, Km 195, 46300, Las Cuevas de Utiel, Valencia
962 304 483

纳亚酒庄（Naia）

卢埃达产区，卡斯蒂利亚-莱昂

纳亚酒庄葡萄酒（白葡萄酒）
Naia (white)

纳亚酒庄在不到 10 年的时间里就成了卢埃达产区的明星。酒庄成立于 2002 年，其迅速崛起可归因于两个因素：一是种植在深厚砾石土壤上的优质葡萄园，二是酿酒师尤尔吉亚·卡耶哈的才华。卡耶哈挑剔的方式确保在收获时对水果进行精心挑选，而酿酒的重点是保留新鲜水果的风味并释放出香气和展示质地，在发酵前将葡萄在果汁中低温浸渍。同名的酒庄葡萄酒揭示了这种精心的酿酒方式可以从弗德乔葡萄中带出的浓郁风味——余味带有西柚皮的基调，但也有浓郁的奶油味。

Camino San Martín, 47491 La Seca
www.bodegasnaia.com

御酿酒庄（Nekeas）

纳瓦拉产区

御酿酒庄维佳辛多丛林歌海娜葡萄酒（红葡萄酒）；御酿酒庄丹魄赤霞珠陈酿葡萄酒（红葡萄酒）
El Chaparral de Vega Sindoa Garnacha (red); Nekeas Crianza Tempranillo-Cabernet (red)

御酿酒庄的名字来源于被它称之为家的纳瓦拉产区的内科斯山谷地区。它由 8 个家庭于 1990 年成立，他们相信可以充分利用他们在佩尔东山脉阴影下发现的优良土壤。以纳瓦拉产区的典型方式，该酒庄混合使用国际葡萄品种，如赤霞珠，以及更传统的本地葡萄品种，如丹魄和歌海娜。酒庄的葡萄酒物超所值。御酿酒庄维佳辛多丛林歌海娜葡萄酒结合了可口的新鲜度、活泼的水果风味和一些典型的歌海娜香气。御酿酒庄丹魄赤霞珠陈酿葡萄酒是一款完全现代的纳瓦拉混酿酒，带有深色和红色水果的气息，并以在法国和美国橡木桶中陈酿一年获得的烟草和香料香气附和收尾。

Calle Las Huertas, 31154 Añorbe
www.nekeas.com

奥乔亚酒庄（Ochoa）
纳瓦拉产区

奥乔亚酒庄丹魄陈酿葡萄酒（红葡萄酒）
Ochoa Tempranillo Crianza (red)

奥乔亚酒庄丹魄陈酿葡萄酒活泼而全面，是一款适合即刻饮用的葡萄酒。这款酒结合了典型的樱桃果味和橡木桶陈酿带来的香草和烟草的味道。凭借其温和、随和的魅力，这款酒在很大程度上反映了它的创造者阿德里安娜·奥乔亚的个性，她从父亲哈维尔那里接受这座纳瓦拉酒庄。作为该地区酿酒研究的领导者之一，哈维尔是该地区备受尊敬的人物。由于她的才华，阿德里亚娜已经吸引了对她自身的相当大的关注度。

Alcalde Maillata, No 2, 31390 Olite
www.bodegasochoa.com

帕歌卡佩兰斯酒庄（Pago de los Capellanes）
杜埃罗河岸产区，卡斯蒂利亚-莱昂

帕歌卡佩兰斯酒庄新酒葡萄酒（红葡萄酒）
Pago de los Capellanes Joven (red)

丹魄加上一点梅洛和赤霞珠葡萄，让帕歌卡佩兰斯酒庄新酒葡萄酒成为一款充满个性的葡萄酒，比你通常喝到的“joven”还要年轻。像所有的新酒一样，它非常适合即刻饮用，但值得你花时间细细品味并享受其复杂的风味。该酒庄有趣的名称直译为“牧师之地”，这是对它在19世纪之前由教堂拥有的事实的认可。罗德罗-维拉家族于1996年在这片土地上建造了一座酿酒厂，现在他们拥有110万平方米的葡萄园。

Camino de la Ampudia, 09314 Pedrosa de Duero, Burgos
www.pagodeloscapellanes.com

帕拉西奥雷蒙多酒庄（Palacios Remondo）
里奥哈产区

帕拉西奥雷蒙多酒庄蒙特萨葡萄酒（红葡萄酒）
La Montesa (red)

现代西班牙葡萄酒的伟大名字之一——奥瓦罗·帕拉西奥在普里奥拉托发展了自己的酒庄后享誉世界。但在他父亲去世后（2000年），他回到里奥哈巴哈地区管理他的家族酒庄时，他再次证明了自己的伟大。帕拉西奥在酒庄进行了几项改变，包括将100万平方米的葡萄园从全部种植歌海娜转变为大多数种植丹魄。蒙特萨葡萄酒混酿了里奥哈葡萄品种，有时以多汁的歌海娜为主，在大橡木桶和较小的橡木桶中陈酿，是一款醇厚、吸引人的葡萄酒，带有大量复杂的后味。

Avenida Zaragoza 8, 26540 Alfaro, La Rioja
941 180 207

帕雷斯巴尔塔酒庄（Parés Baltà）
佩内德斯产区，加泰罗尼亚

帕雷斯巴尔塔酒庄小佩内德斯葡萄酒（红葡萄酒）
Mas Petit Penedès (red)

佩雷斯巴尔塔酒庄小佩内德斯葡萄酒是赤霞珠和歌海娜的混

酿酒，由拥有这家家族酒庄的两兄弟的妻子酿造。她们使用有机种植的葡萄，创造了一款带有大量活泼水果风味的中等重量葡萄酒。帕雷斯巴尔塔酒庄是一座建于 1790 年的古老酒庄，于 1978 年被琼·库西内·希尔收购。库西内·希尔于 1917 年出生于一个酿酒家庭，至今仍帮助经营家族的葡萄园——他的儿子和继任者也活跃在公司中，如今是琼的孙子琼和何塞普·库西内与他们的妻子玛丽亚·埃琳娜·吉梅内斯和马塔·卡萨斯一起担任酿酒师。

Masía Can Balta, 08796 Pacs del Penedès, Barcelona
www.paresbalta.com

佩克酒庄（Peique）

比埃尔索产区，卡斯蒂利亚-莱昂

佩克酒庄门西亚红葡萄酒
Tinto Mencía Bodegas Peique (red)

1999 年对于比埃尔索法定产区来说是重要的一年。就在那年，许多使比埃尔索产区声名鹊起的酒庄成立了。其中就包括佩克酒庄，由佩克家族在阿巴霍地区建立，靠近该地区曾经闻名的古老金矿开采业的中心地带。如今，家族的三代成员都在酒庄工作，该酒庄专门生产当地红葡萄品种门西亚的精品产品。佩克酒庄纯正的门西亚红葡萄酒纯净无瑕未经橡木处理，这让该品种的特色显著。这款酒有很多果酱般的红色浆果风味，交织着香草的香气。

24530 Valtuille de Abajo, Villafranca del Bierzo, León
www.bodegaspeique.com

佩斯奎那酒庄（Pesquera）

杜埃罗河岸产区，卡斯蒂利亚-莱昂

佩斯奎那酒庄拉曼恰葡萄酒（红葡萄酒）
El Vinculo La Mancha (red)

亚历山德罗·费尔南德斯证明了西班牙葡萄酒不仅仅来自少数几个著名产区。作为一名曾经的实业家，费尔南德斯在他位于杜埃罗河岸的家族葡萄园从事葡萄酒生意。这里的葡萄园显然位置优越——邻居是贝加西西里亚酒庄，但费尔南德斯以不同的风格酿造了他的葡萄酒，并利用他在以前的职业生涯中掌握的所有技巧，持之以恒地来销售它们。此后，他继续将他的配方带到西班牙许多鲜为人知的角落，包括拉曼恰产区。佩斯奎那酒庄拉曼恰葡萄酒是一款深色、味道浓郁、柔顺、充满香料风味的红葡萄酒，这表明，在恰当的酿酒方法中，拉曼恰产区能够与任何西班牙葡萄酒产区竞争。

Calle Real 2, 47315 Pesquera de Duero, Valladolid
www.pesqueraafernandez.com

歌海娜

歌海娜是人们常常没有意识到他们正在饮用的红葡萄酒中的葡萄品种。它存在于一些西班牙葡萄酒中，如普里奥拉托产区葡萄酒，以及教皇新堡产区和罗讷河谷丘产区的葡萄酒。但歌海娜这个名字很少出现在酒标上。

为什么歌海娜没有以自己的名义成为“明星”是一个谜，但用它能酿造出优质的葡萄酒，而且价格通常很高昂。这种多产且用途广泛的葡萄被称为罗讷品种（它是该地区南部最受欢迎的葡萄品种），因为它传统上被用于酿造法国罗讷河谷葡萄酒。

西班牙葡萄种植者争辩说，这种葡萄既是法国的，也是西班牙的。歌海娜可能是在西班牙北部进化出来，后来传播到法国南部的。它是西班牙种植面积第三大的品种，但直到最近才受到葡萄酒饮用者的尊重。当时普里奥拉托产区古老的歌海娜葡萄园的复兴导致了出产风味高度集中的葡萄酒，这才引起了世界的关注。

歌海娜提供丰富、成熟的水果风味，酒精度相当高，但与许多其他酒体饱满的红葡萄酒相比，质地柔软。歌海娜本身呈浅红色，单宁不多，因此酿酒师经常混酿其他颜色更深、单宁含量更高的葡萄，如西拉或佳丽酿。在澳大利亚，歌海娜与西拉和慕合怀特混酿在标有“GSM”（歌海娜、西拉、慕合怀特）的葡萄酒中。

歌海娜可以适应干旱气候。

坡塔尔蒙桑特酒庄（Portal del Montsant）

蒙桑特产区，加泰罗尼亚

坡塔尔蒙桑特酒庄布拉奴葡萄酒（红葡萄酒）
Brunus (red)

2000年年初，建筑师阿尔弗雷多·阿里巴斯在普里奥拉托产区开始了他的坡塔尔酿酒项目。几年后，阿里巴斯又增加了第二个酒庄，这次是在蒙桑特产区。酒庄的酿酒由里卡多·罗夫斯领导，自2007年以来，他一直得到澳大利亚著名酿酒师史蒂夫·潘内尔的协助。他们的团队生产出了一系列充满个性的葡萄酒，包括坡塔尔蒙桑特酒庄布拉奴葡萄酒。作为蒙桑特产区的新面孔，这款酒散发着浓郁的黑色水果、香料、橡木和甘草的香气，随后是精致的水果和坚实、清爽的余味。

Carrer de Dalt, 43775 Marçá, Priorat
www.portaldelpriorat.comcom

拉斐尔帕拉西奥斯酒庄（Rafael Palacios）

瓦尔德奥拉斯产区，加利西亚

拉斐尔帕拉西奥斯酒庄金色格德约葡萄酒（白葡萄酒）
Louro Godello (white)

帕拉西奥斯家族是一群才华横溢的人。伟大的奥瓦罗·帕拉西奥斯是普里奥拉托产区和里奥哈产区的西班牙红葡萄酒之王，享誉全球。但他的兄弟拉斐尔·帕拉西奥斯正在努力证明自己也是一样娴熟的酿酒师，只是他似乎更喜欢白葡萄酒。显然，在他位于瓦尔德奥拉斯（“黄金谷”）的酒庄中就是这种情况，拉斐尔将他开发的用于制作帕拉西奥雷蒙多酒庄的优质波莱斯里奥哈白葡萄酒的技巧，用于适应当地的葡萄品种，如格德约葡萄。他的酿酒风格与他的兄弟完全不同：奥瓦罗注重力量，而拉斐尔则注重优雅和强度。这种区别在拉斐尔帕拉西奥斯酒庄纯正的格德约葡萄酒中表现得最为明显，金色格德约葡萄酒正在歌颂着其拥有新鲜度。

Avenida Somoza 81, 32350 A Rúa, Ourense
www.rafaelpalacios.com

若曼达酒庄（Raimat）

塞格雷河岸产区，加泰罗尼亚

若曼达酒庄维纳24阿尔巴利诺葡萄酒（白葡萄酒）
Viña 24 Albariño (white)

若曼达酒庄在加泰罗尼亚语的法定产区塞格雷河岸产区的影响力是巨大的。事实上，酒庄几乎单枪匹马地让该地区成为首先引起西班牙饮酒者的注意，然后是全世界注目的产区。酒庄崛起的推动者是曼努埃尔·拉文托斯，他是拥有卡瓦产区科多纽酒庄的家族的前任负责人。拉文托斯于1914年购买了当时破败的酒庄，并逐渐将其转变为优质葡萄酒生产商。从那以后这项工作就没有停止过，公司投入巨资在葡萄园种植合适的葡萄藤和克隆葡萄藤，并聘请了来自美国和新西兰的一些知名酿酒顾问。若曼达酒庄维纳24阿尔巴利诺葡萄酒是令人着迷的新品，使用的是西班牙东海岸的葡萄品种阿尔巴利诺。这款酒有青柠和柠檬凝乳酪的新鲜感，收口带有一点酸味。

Carretera Lleida, 25111 Raimat
www.raimat.com

雷蒙毕尔巴鄂酒庄（Ramón Bilbao）

里奥哈产区

雷蒙毕尔巴鄂酒庄珍藏葡萄酒（红葡萄酒）
Ramón Bilbao Reserva (red)

在过去的10年里，里奥哈产区这个久负盛名的名字由雷蒙毕尔巴鄂酒庄注入了新的活力。酒庄由酒商雷蒙·毕尔巴鄂·慕加于1924年在哈罗创立，尽管在此之前，毕尔巴鄂在同一地点经营酒商生意已有近30年。直到20世纪60年代，该公司一直留在家族中，然后在1999年被西班牙大型饮料公司（迪亚哥萨莫拉集团）收购。迪亚哥萨莫拉集团对葡萄酒的投资一直在进行，由总经理兼酿酒师鲁道夫·巴斯蒂达负责。雷蒙毕尔巴鄂酒庄珍藏葡萄酒是一款活泼的现代风格葡萄酒，适合即刻饮用：拥有活泼的类似果酱的水果风味，平衡了来自橡木桶的香草香料和少许柑橘的味道。

Avenida Santo Domingo 34, 26200 Haro, La Rioja
www.bodegasramonbilbao.es

拉文托斯酒庄（Raventós i Blanc）

卡瓦产区

拉文托斯酒庄赫如极干型起泡酒（起泡酒）

L' Hereu Brut (sparkling)

拉文托斯酒庄赫如极干型起泡酒是一款可靠的卡瓦起泡酒，采用传统方式，由3个当地品种——马家婆、沙雷洛和帕雷亚达葡萄酿造，并陈酿15个月。这款酒有一些坚果风味，带有苹果果味和大量的气泡。这款酒来自一个被自己的葡萄园所环绕的酒庄（该酒庄只有20%生产所需的葡萄在外购买），并且位于优雅的科多纽酒庄总部的马路对面。这很方便，因为它属于同一个家族——拉文托斯。尽管这家酒庄相当年轻（成立于1986年，而科多纽酒庄成立于1551年），不过质量同样很好。

Placa del Roure, 08700 Sant Sadurní d' Anoia
www.raventosiblanc.com

萨利亚酒庄（Señorío de Sarria）

纳瓦拉产区

萨利亚酒庄桃红葡萄酒

Señorío de Sarría Rosado (rosé)

萨利亚酒庄隐藏在一个迷人的美丽酒庄中，就在朝圣者通往圣地亚哥-德-孔波斯特拉的路上，是一颗隐藏的宝石。这里有多年的葡萄酒生产历史，但直到最近，这里出产的葡萄酒的品质才与华丽的环境相匹配。目前生产采用来自210万平方米葡萄园收获的果实，这些葡萄种植在佩尔东山脉斜坡上的许多地块上，混合了西班牙和国际品种，包括丹魄、歌海娜、马士罗、赤霞珠和梅洛。萨利亚酒庄桃红葡萄酒是纳瓦拉活泼的现代桃红葡萄酒。拥有丰富的色彩和充满活力的浆果果味，一点也不令人生厌，并被优秀可口的收口味道平衡。

Señorío de Sarría, 31100 Puente la Reina
www.bodegadesarría.com

坦德姆酒庄（Tandem）

纳瓦拉产区

坦德姆酒庄瓶中的艺术葡萄酒（红葡萄酒）

Ars in Vitro (red)

与萨利亚酒庄的桃红葡萄酒一样，这款坦德姆酒庄瓶中的艺术葡萄酒也是在朝圣者前往圣地亚哥-德-孔波斯特拉的路线中心生产的。事实上，在坦德姆酒庄，你可以看到朝圣者步行或骑自行车经过。他们与重力式酿酒厂本身形成了有趣的对比，后者的混凝土和玻璃外墙与传统完全相反。酒庄的酿酒方式也具有明显的现代主义倾向。专注于来自20年老藤的丹魄、赤霞珠和梅洛，重点是果实的清晰度，葡萄酒在混凝土发酵桶和法国橡木桶中陈酿。尽管只有10年历史，但由总经理何塞·玛丽亚修士和酿酒师艾丽西亚·埃拉拉尔经营的坦德姆酒庄已经成为纳瓦拉产区的顶级酒庄之一，这要归功于坦德姆酒庄瓶中的艺术葡萄酒等品种。一款未经橡木处理的丹魄和梅洛混酿酒，年轻多汁，可直接饮用。

Carretera Pamplona-Logroño, Km 35,9, 31292 Lácar
www.tandem.es

托比亚酒庄（Tobia）

里奥哈产区

托比亚酒庄奥斯卡托比亚葡萄酒（红葡萄酒）

Oscar Tobia (red)

多年来，奥斯卡·托比亚的家人一直在圣阿森西奥的拉斯奎瓦斯酿酒。但直到1994年奥斯卡本人重返家族企业，酒庄才开始腾飞。托比亚先是接受过农业工程师培训，然后成了酿酒师，他回到圣阿森西奥，打算利用家族40～50年历史的葡萄园酿造出现代风格的里奥哈葡萄酒。他的第一步是翻新酒窖。从那时开始，他引入了一种全新的酿酒方法：去梗以提高水果特征的清晰度，并引入新的法国橡木桶以增加深度和质地。所有这些精心酿酒方式的结果是风味突出而具有现代风格的葡萄酒，例如奥斯卡托比亚葡萄酒。这款酒是深色水果风味的有力表达，与橡木香气相结合。

Carretera Nacional 232, Km 438, 26340 San Asensio, La Rioja
www.bodegastobia.com

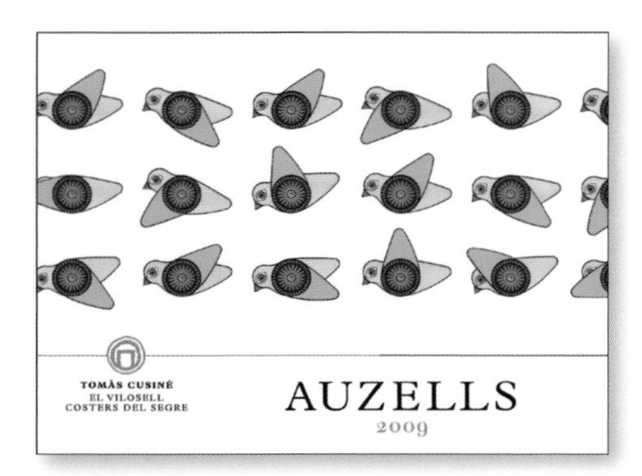

托马斯库西内酒庄（Tomàs Cusiné）

塞格雷河岸产区，加泰罗尼亚

托马斯库西内酒庄奥泽尔斯葡萄酒（白葡萄酒）
Auzells (white)

托马斯库西内酒庄奥泽尔斯葡萄酒是西班牙葡萄酒的真正原创酒之一。在成分上，这款酒是马家婆、长相思、帕雷亚达、维欧尼、霞多丽、米勒-图尔高、麝香、雷司令、阿尔巴利诺和瑚珊葡萄的极其复杂的混酿白葡萄酒。在风味上，这款酒同样复杂。事实上，即使尝试识别从玻璃杯中跳出的不同味道和香气也是愚蠢的。或许，简单地品味优雅和新鲜，并惊叹于其背后的酿酒师托马斯·库西内的作品会更好。十分的精彩，这是托马斯·库西内在瑞美酒庄和塞尔沃莱酒庄工作到 2006 年后的同名个人项目的第一款年份酒。

Plaça de Sant Sebastià 13, 25457, El Vilosell, Lleida
www.tomascusine.com

桃乐丝酒庄（Torres）

加泰罗尼亚产区

桃乐丝酒庄埃斯梅拉达葡萄酒（白葡萄酒）；桃乐丝酒庄特级王冠葡萄酒（红葡萄酒）
Viña Esmeralda (white); Gran Coronas (red)

米格尔·A. 桃乐丝是西班牙葡萄酒界的传奇人物，一位真正的先驱者。他建立了一个全球帝国，从西班牙多个地区和其他国家引进葡萄酒。他一直处于西班牙葡萄酒许多重要发展的前沿。除此之外，他还支持封闭螺旋盖和濒临灭绝的葡萄品种；开创了单一葡萄园、去酒精和标志性的葡萄酒；通过设备齐全的游客中心在西班牙提出了葡萄酒旅游的想法。现在，他被广泛认为在对环境负责的葡萄酒生产方面处于领先地位，不仅是在有机葡萄栽培方面，而且在应对气候变化方面也是如此。这是一个相当多的清单，而且在我们还没来得及提到他出色的平价葡萄酒“曲单”之前。该“曲单”包括桃乐丝酒庄埃斯梅拉达葡萄酒等，这是一款非常受欢迎的夏日白葡萄酒，由令人陶醉的芬芳葡萄制成，酒精度数为 11.5%（ABV），清爽淡雅。“曲单”还包括了桃乐丝酒庄特级王冠葡萄酒，这是一款由赤霞珠和丹魄在美国和法国橡木桶中陈酿的桃乐丝酒庄现代经典混酿红葡萄酒，富含香草、摩卡和美味的深色水果风味。

M Torres 6, 08720 Villafranca del Penedès
www.torres.es

俄查尼斯酒庄（Txomin Etxaniz）

查科利-吉塔里亚产区，巴斯克地区

俄查尼斯酒庄查科利葡萄酒（白葡萄酒）
Chacolí (white)

来自寒冷的西班牙北部海岸的葡萄酒有一种复杂的味道。不过，气泡和低酒精度（11.5% ABV）成就了俄查尼斯酒庄查科利葡萄酒。这款由俄查尼斯酒庄生产的水晶般清澈的葡萄酒，成为海鲜菜肴的良好搭配。根据吉塔里亚地区的档案，多明戈·俄查尼斯的历史可以追溯到 1649 年。而最近，位于这个地点的酒厂是游说创建查科利-吉塔里亚法定产区的主要参与者，该项目于 1989 年获得批准。酒庄拥有位于圣塞巴斯蒂安以西的大西洋岬角上的一众优质葡萄园。这里只种植两种葡萄：白苏黎（白色）和红贝尔萨（红色）。

No visitor facilities
www.txominetxaniz.com

瓦尔德洛斯弗莱酒庄（Valdelosfrailes）

希加雷斯产区，卡斯蒂利亚-莱昂

瓦尔德洛斯弗莱酒庄优质精选葡萄酒（红葡萄酒）
Vendimia Seleccionada (red)

马塔罗梅拉集团是一家充满活力的公司，在整个西班牙北部都有葡萄酒权益。集团包括 6 家酿酒厂，其中 3 家位于杜埃罗河岸法定产区（马塔罗梅拉酒庄、艾米娜酒庄和雷纳西门托酒庄），1 家位于卢埃达产区（也称为艾米娜酒庄），以及价值的最佳来源，位于希加雷斯法定产区的圣玛尔塔丘比拉斯地区的瓦尔德洛斯弗莱酒庄。瓦尔德洛斯弗莱酒庄由摩洛家族创立，他们多年来一直在种植葡萄和酿造葡萄酒，专攻桃红葡萄酒。1998 年，卡洛斯·摩洛决定在该地区生产一些红葡萄酒，于是摩洛家族于 1999 年建立了一家酿酒厂。如今，瓦尔德洛斯弗莱酒庄生产一系列采用丹魄、弗德乔和歌海娜酿造的葡萄酒，这些葡萄酒均来自摩洛家族在丘比拉斯地区和金塔尼利亚德特里格罗斯地区的葡萄藤。瓦尔德洛斯弗莱酒庄优质精选葡萄酒是典型活泼的现代希加雷斯红葡萄酒。在这款 100% 的丹魄葡萄酒中，成熟圆润的浆果果实风味与同样突出的奶油烘烤橡木香气相得益彰。

Renedo-Pesquera Road, Km 30, 47359 Valbuena de Duero
www.matarromera.es

瓦尔德斯皮诺酒庄（Valdespino）
赫雷斯产区

瓦尔德斯皮诺酒庄挂锁佩德罗希梅内斯葡萄酒（加强型葡萄酒）
Candado PX (fortified)

瓦尔德斯皮诺酒庄挂锁佩德罗希梅内斯葡萄酒饰有挂锁（candado），是瓦尔德斯皮诺酒庄的众多宝藏之一。这款酒是甜美的佩德罗希梅内斯风格的多汁示例，浸透在葡萄干和无花果风味中，带有一丝清新。瓦尔德斯皮诺酒庄是雪莉酒产区备受尊敬的优质生产商之一，如今是埃斯特维兹雪莉酒集团的一部分。该集团由雪莉酒产区的 5 家顶级酒庄和 700 个葡萄园组成，其中包括著名的吉塔曼萨尼亚酒庄。瓦尔德斯皮诺酒庄实际上是一座单一葡萄园酒庄，于 1430 年由国王作为礼物赠送给一位骑士，并于 17 世纪注册。在 1999 年埃斯特维兹集团收购它之前，它一直保留在那位骑士的家族中。瓦尔德斯皮诺酒庄的葡萄酒一直以其风味集中和清晰而闻名，在更换了新的所有权后，酒的质量并没有下降。

Carretera National IV, Km 640, 11408 Jerez de la Frontera
www.grupoestevez.es

韦德维酒庄（Viñas del Vero）
索蒙塔诺产区，阿拉贡

韦德维酒庄米兰达塞卡斯蒂利亚葡萄酒（红葡萄酒）
La Miranda de Secastilla (red)

索蒙塔诺法定产区有一点拼凑的味道。该地区种植了多种葡萄品种，包括琼瑶浆、霞多丽、梅洛、黑皮诺、赤霞珠、歌海娜和西拉。对于某些人来说，这种多样性说明了该地区的身份危机。其他人则认为它缺乏专注力和想象力。无论哪种方式，共识似乎是，如果该地区的种植者专注于一件事，大多数人会更喜欢它。然而，当谈到韦德维酒庄时，这样的批评似乎有点草率。虽然该酒庄是非常经典的索蒙塔诺生产商，用上述所有的葡萄酿造葡萄酒，但它生产的葡萄酒的质量反而让所有关于确实性和身份的问题显得多余。以像米兰达塞卡斯蒂利亚葡萄酒这样的为例。这是酒庄顶级塞卡斯蒂利亚瓶装酒的副牌酒，选自歌海娜以及新种植的西拉和帕拉丽塔。这款酒极具表现力，带有深色李子风味，中等酒体，余味极其悠长，味道鲜美。自 2008 年酒庄所有权移交给冈萨雷斯拜厄斯集团以来，质量一直稳定。

Carretera de Naval Km 3, 722300 Barbastro
www.vinasdelvero.es

涅瓦酒庄（Viñedos de Nieva）
卢埃达产区，卡斯蒂利亚-莱昂

涅瓦酒庄弗德乔白葡萄酒
Blanco Nieva Verdejo (white)

在卢埃达地区，最古老的葡萄藤位于法定产区的东部。这是涅瓦酒庄的故乡。它是一家小酒厂，其最大的资产是那些非常古老的葡萄藤。葡萄藤种植在高海拔的石质土壤上，有些在 850 米处，许多种植在自己的砧木上（这在欧洲葡萄园中很少见；大多数葡萄藤都嫁接在美国的砧木上，这些砧木因更能抵抗虫害而在 19 世纪风靡许多欧洲葡萄园）。涅瓦酒庄由何塞·玛丽亚和他的兄弟胡安·米格尔·埃雷罗·维德尔拥有和经营，他们利用这些葡萄藤生产出具有强劲表现力的弗德乔葡萄酒。其中，涅瓦酒庄弗德乔白葡萄酒是一款直率的年轻弗德乔葡萄酒，但仍然充满了特有的西柚风味和柑橘的新鲜活力。

Camino Real, 40447 Nieva, Segovia
www.vinedosdenieva.com

瓦尔图耶酒庄（Vinos Valtuille）
比埃尔索产区，卡斯蒂利亚-莱昂

瓦尔图耶酒庄瓦尔多内耶单一园门西亚葡萄酒（红葡萄酒）
Pago de Valdoneje Mencía (red)

许多酒厂自称是小型或精品酒厂，认为这表明了某种手工魅力。但一些真正的精品生产商并非如此，小小的瓦尔图耶酒庄拥有名副其实的称号。马克斯·加西亚·阿尔巴是这个家族酒庄的负责人。他自己完成了大部分工作：照料 20 万平方米的葡萄藤，并将他自学的酿酒技术应用于酿酒厂。他于 2000 年开始生产瓦尔多内耶单一园品牌的葡萄酒，经过几年的私人酿酒后，他引进了自己的酿酒工具。他专注于比埃尔索产区的主打红葡萄品种门西亚葡萄。使用这种葡萄可能会有些困难，但阿尔巴使用门西亚葡萄酿制的葡萄酒却带有优雅的花香，质地细腻。

La Fragua, 24530 Valtuille de Abajo, León
987 562 112

山之圣女酒庄（Virgen de la Sierra）
卡拉塔尤德产区，阿拉贡

山之圣女酒庄石十字架歌海娜葡萄酒（红葡萄酒）
Cruz de Piedra Garnacha (red)

如今，卡拉塔尤德是西班牙时尚的葡萄酒产区之一。早在 1950 年，当山之圣女酒庄建立时，该产区刚刚注册。事实上，该产区非常不知名，尽管它只有 60 年的历史，但山之圣女酒庄如今已成为卡拉塔尤德产区古老的生产商之一。然而，经过几年在相对默默无闻的情况下始终如一地酿造优质葡萄酒后，山之圣女酒庄在过去 10 年中一直处于聚光灯下。与法定产区的大多数生产商一样，该公司是一家合作社，它利用其成员拥有 100 年（或更多）树龄的灌木葡萄藤的大量库存。这些葡萄藤在极端温度环境下在干燥石质土壤中茁壮成长。歌海娜在红色葡萄品种种植中占主导地位，而老藤造就了一些独特、浓缩、强力，而且至关重要的是，价值极高的红葡萄酒。山之圣女酒庄石十字架歌海娜葡萄酒是卡拉塔尤德葡萄酒辨识度的一个很好的例子。这款酒为即刻饮用酿造，充满风味和个性。

Avenida de la Cooperativa 21-23, Villarroya de la Sierra, 50310 Zaragoza
www.bodegavirgendelasierra.com

葡萄牙

尽管葡萄牙以其优质的加强型葡萄酒（波特酒和马德拉酒）而闻名于世，但其清淡的葡萄酒从未受到过如此程度的关注。

但这种情况正在迅速改变。该国的葡萄酒生产商正在充分利用他们所掌握的大量独特的本土葡萄品种，用它们来制作独特而美味的葡萄酒。吸引最多注意力的也许是杜罗河谷产区的优质红葡萄酒，与波特酒采用相同的葡萄品种（通常也由相同的生产商）生产，并具有相同的混合了力量和复杂度的水果风味。但邻近的杜奥产区具有迷人的香气和结构的红葡萄酒也同样出色，而阿连特茹产区的炎热天气为其葡萄酒带来了香料风味和丰富性。与此同时，对于清淡、清爽的白葡萄酒的爱好者来说，北边的米尼奥地区是绿酒的故乡。

阿夫洛斯酒庄（Afros）
绿酒产区

阿夫洛斯酒庄维毫葡萄酒（红葡萄酒）；阿夫洛斯酒庄洛雷罗葡萄酒（白葡萄酒）
Vinhão, Vinho Verde (red); Loureiro, Vinho Verde (white)

凭借生物动力法生产所有葡萄酒，阿夫洛斯酒庄是绿酒产区红葡萄酒和白葡萄酒的顶级生产商。该公司20万平方米的土地卡塞尔帕索葡萄园种植了白色的洛雷罗和红色的维毫（也称为索沙鸥）葡萄品种。阿夫洛斯酒庄维毫葡萄酒是一款非凡的葡萄酒。这款酒颜色极深，香气浓郁，呈现出鲜明的黑莓、李子和覆盆子水果风味，并被肉感和咸味缠绕。这款酒当然是不寻常的——但也非常美妙。清爽、新鲜的洛雷罗葡萄酒呈现出清晰的柠檬风味，具有可爱的重量和新鲜度。这款酒是绿酒产区的基准，可搭配各种美食。

Quinta Casal do Paço, Padreiro (S Salvador), 4970-500 Arcos de Valdevez
www.afros-wine.com

宝哲思酒庄（H M Borges）
马德拉产区

宝哲思酒庄5年陈酿马德拉甜酒（加强型葡萄酒）
5 Year Old Sweet Madeira (fortified)

宝哲思酒庄由恩里克·梅内塞斯·博尔赫斯于1877年创立，至今仍为家族第四代所有。他们制造了大量的产品，其中的一些相当普通，但大部分是非凡的。10年陈酿和15年陈酿以及单一年份的葡萄酒（不足以被称为年份马德拉酒）当然属于后一类。但令人惊讶的是，价格更低的5年陈酿马德拉甜酒也是如此。这是极为罕见的：一款负担得起的马德拉酒实际上风味却是相当复杂的。这款酒是甜的、葡萄味的和葡萄干味的，酒中的酸度提供了良好的新鲜度，味道浓郁，富有表现力，十分美味。

Rua 31 de Janeiro, No 83, 9050-011 Funchal
www.hmborges.com

卡姆酒庄（CARM）
杜罗河产区

卡姆酒庄珍藏葡萄酒（红葡萄酒）
Reserva, Douro (red)

卡姆酒庄的英文全名为Casa Agrícola Roberodo Madeira，通常缩写为CARM。该酒庄以有机种植而闻名。事实上，马德拉家族在杜罗河产区中的62万平方米葡萄藤，分布在6个酒庄（主教园、卡拉布里亚园、科阿园、马瓦拉斯园、乌尔泽园和维尔德尔哈斯园），自1995年以来以有机方式种植，使它们成为该地区的收藏品。卡姆酒庄珍藏葡萄酒成熟、多汁，带有浓郁的浆果风味和一些可口的肉感。这款酒是酿酒师鲁伊·马德拉时尚、果味驱动的酿造方法的一个典型例子。

Rua da Calábria, 5150-021 Almendra
www.carm.pt

丘吉尔酒庄（Churchill Estates）
杜罗河产区

丘吉尔酒庄红葡萄酒
Tinto, Douro (red)

丘吉尔酒庄红葡萄酒是该地区最物超所值的红葡萄酒吗？这款酒肯定是该头衔的“候选人”。一款杜罗河产区风土的非常严肃的表达，这款在李子黑樱桃果实风味下具有可爱的松脆结构，并带有一丝香料气息。这也是一款值得窖藏的酒。这款酒背后的生产商是最近在杜罗河产区安家的英国公司。酒庄是30年前由约翰尼·格雷厄姆建立的，他是曾经拥有格雷厄姆波特酒庄的家族的后裔，这是著名的波特酒庄之一（现在由英国波特酒家族赛明顿拥有）。约翰尼·格雷厄姆在科克本开始了他的葡萄酒职业生涯，之后使用来自博尔赫斯·德·苏萨家族葡萄园的果实建立了自己的波特酒公司丘吉尔·格雷厄姆（丘吉尔是他妻子的名字）。1999年，当丘吉尔酒庄收购了位于上科尔戈占地100万平方米的格里卡园和托尔托河谷的里奥园时，该业务得到了推动。

Rua Da Fonte Nova 5, 4400 – 156 Vila Nova De Gaia
www.churchills-port.com

概念酒庄（Conceito）
杜罗河产区

概念酒庄对比红葡萄酒
Contraste Tinto, Douro (red)

对比红葡萄酒是一款生动活泼的杜罗河产区红葡萄酒，带有浆果和樱桃果味。这款酒纹理细腻，酸度活泼，可以即刻饮用，但也值得放在一边，看看它在陈年时的变化。这款酒由概念酒庄生产，它是上杜罗产区的新生产商之一。酒庄背后的人物是才华横溢的年轻酿酒师丽塔·费里埃拉·马克斯。她使用她的母亲卡拉·费里埃拉提供的果实酿造葡萄酒，她在特贾山谷拥有 3 个葡萄园：维加园、朝多佩雷罗园（均 20 万平方米）、卡比多园（23 万平方米），以及一个 10 万平方米的葡萄园，位于山谷更远处，用于生产白葡萄酒。

Largo da Madalena 10, Cedovim 5155-022
www.conceito.com.pt

杜伦酒庄（Dourum）
杜罗河产区

杜伦酒庄红葡萄酒
Dourum Tinto, Douro (red)

杜伦酒庄项目汇集了酿酒师何塞·玛丽亚·苏亚雷斯·佛朗哥和若昂·波图加尔·拉莫斯的才华。佛朗哥最出名的经历是他监督生产老船葡萄酒的 27 年，这是多年来，杜罗河产区最好和最昂贵的餐酒。拉莫斯被公认为阿连特茹产区之王，他曾是葡萄酒顾问，现在是葡萄种植者，他的酒庄现在是该地区较好的酒庄之一。酒庄的名称来自拉丁语“来自两个”，这也适用于果实的来源，果实来自该地区的两个产区：上科尔戈产区和上杜罗产区。杜伦酒庄红葡萄酒在质量方面超出预期。这款酒非常浓郁和新鲜，带有浓郁的深色水果和良好的香料结构。这是一颗正在酝酿中的新星。

Estrada 222, 5150-146 Vila Nova de Foz Coa
www.duorum.pt

芳塞卡酒庄（Fonseca Guimaraens）
杜罗河产区

芳塞卡酒庄普力马之地无年份葡萄酒（加强型葡萄酒）
NV: Terra Prima (fortified)

总的来说，杜罗河产区并没有真正开始栽培有机葡萄，用有机方式种植的葡萄制成的波特酒非常稀有。但是芳塞卡酒庄普力马之地无年份葡萄酒是一个很好的例外。这款酒可能只是一颗不起眼的“红宝石”，但它的品质确实很好，带有可爱的活力、清晰的甜味、纯正的黑莓和李子水果风味，收口带有良好的香料香气。这款酒仅仅是美味的而已，但对于处于波特酒生产巅峰的生产商芳塞卡酒庄来说，还有什么可以期待的。酒庄成立于 1822 年，约 10 年后成为第二大波特酒生产商。酒庄在第二次世界大战后被泰勒费拉加特合伙企业（泰勒和高乐福酒庄的所有者）收购，但它是已故杰出的布鲁斯·吉马良斯在 1960—1992 年作为酿酒师的作品，紧随其后的是他的儿子大卫（1994 年至今），他们确立了它目前卓越的地位。该公司从三个主要葡萄园中获取果实：帕纳斯卡尔园、圣安东尼奥园和克鲁塞罗园。

Rua Barão de Forrester 404, Vila Nova de Gaia
www.fonseca.pt

格雷厄姆酒庄（Graham’s）
杜罗河产区

格雷厄姆酒庄沉淀波特酒（加强型葡萄酒）
Crusted Port (fortified)

沉淀波特酒有点像迷你版的年份波特酒，这是一种选用顶级波特酒，在木桶中停留了很短的时间，然后在瓶中继续发酵的波特酒。这种酒通常是跨年份的混合酒，格雷厄姆酒庄的这款酒是最好的例子，它带有深沉的香料香气、可口甜美的深色水果的味道，余味中带有一丝薄荷风味。格雷厄姆家族于 1820 年开始从事波特酒贸易，但自 1970 年以来，这座酒庄一直是赛明顿家族帝国的一部分。酒庄作为顶级波特酒生产商之一享有盛誉，马尔维多斯葡萄园是其运营的核心。

Rua Rei Ramiro 514, Vila Nova de Gaia
www.grahams-port.com

摩查酒庄（Herdade do Mouchão）
阿连特茹产区

摩查酒庄拉斐尔红葡萄酒
Dom Rafael Tinto, Alentejo (red)

摩查酒庄是阿连特茹产区有趣的酒庄之一，在雷诺兹家族手中已有一个多世纪。葡萄藤在这里必须与用于制作软木塞的橡树争夺空间，但仍种有超过38万平方米的葡萄藤，其中大部分是紫北塞葡萄。作为比摩查酒庄的旗舰葡萄酒更实惠、适合更早饮用的红葡萄酒，拉斐尔红葡萄酒非常美味，带有浓郁的樱桃和李子果味，清新宜人，余味充满香料气息。这款酒物超所值，很好地平衡了传统和现代风格。

7470-153 Casa Branca
www.mouchaowine.pt

农场工人酒庄（Lavradores de Feitoria）
杜罗河产区

农场工人酒庄三球长相思葡萄酒（白葡萄酒）；农场工人酒庄三球红葡萄酒
Três Bagos Sauvignon Blanc, Douro (white); Três Bagos Tinto, Douro (red)

农场工人酒庄是一个雄心勃勃且非同寻常的项目，成立于1999年。酒庄涉及来自杜罗河产区的18个葡萄园的种植者，他们正在合作生产一些引人注目的葡萄酒。葡萄酒由中央酿酒团队酿造。如果一个葡萄园提供的葡萄特别好，它会将它的名字借给葡萄酒；否则，葡萄会被混酿。该项目背后的目的是，合作将能够使品牌的影响力超过葡萄园自己的影响力。有些葡萄酒非常不寻常。例如农场工人酒庄三球长相思葡萄酒，这显然是一款罕见的葡萄酒。这款酒表现力很好，使用来自该地区较凉爽地区的葡萄，有效地捕捉到了长相思葡萄清新、活力、果味的特点，非常美味。农场工人酒庄三球红葡萄酒则更为传统。多汁、活泼、风味集中，这款注入樱桃和浆果风味的红葡萄酒具有丰富的杜罗河葡萄酒的特点。这款酒新鲜而令人愉悦，物超所值。

Zona Industrial de Sabrosa, Lote 5, apartado 25, Paços, 5060 Sabrosa
www.lavradoresdefeitoria.pt

尼伯特酒庄（Niepoort）
杜罗河产区

尼伯特酒庄"喝我！"葡萄酒（红葡萄酒）；尼伯特酒庄高级茶色波特酒（加强型葡萄酒）；尼伯特酒庄初级红色波特酒（加强型葡萄酒）
Drink Me! Douro (red); Sénior Tawny Port (fortified); Junior Ruby Port (fortified)

德克·尼伯特是一位才华横溢的人，他将家族企业转变为葡萄牙成功的葡萄酒生产商之一。他所做的一切都很有趣，无论是红葡萄酒、白葡萄酒还是波特酒，他始终追求极致的纯度和新鲜的适饮性。幽默包装的"喝我！"红葡萄酒是尼伯特酒庄全系列中价格实惠的一款。这款酒真正提供了美味的深色水果风味和可口的香料风味。与此同时，尼伯特酒庄高级茶色波特酒是一款具有香料气息的波特酒，以低廉的价格介绍了茶色波特的风格。它与同样出色的初级红色波特酒合作，两者很好地展示了不同风格之间的对比。

Quinta de Nápoles, Tedo, 5110-543 Santo Adriao
www.niepoort-vinhos.com

阿梅尔酒庄（Quinta do Ameal）
绿酒产区

阿梅尔酒庄洛雷罗白葡萄酒
Quinta do Ameal Branco Loureiro, Vinho Verde (white)

使用洛雷罗葡萄品种，阿梅尔酒庄酿制出芳香极佳的绿酒产区白葡萄酒。这款酒的特点是一些微妙的桃子和梨子水果风味，保有良好的酸度和新鲜感。余味中带有温和的矿物质风味。这款酒证明了佩德罗·阿劳霍对这个产区的葡萄酒采取了更严肃的态度，从历史上看，这个产区倾向于生产廉价、易饮但有点乏味的葡萄酒。基于绿酒产区的利马子产区（这里是洛雷罗品种最好的地区），阿劳霍更喜欢强调质量而不是数量。他的葡萄园产量很低，他设法在葡萄酒中提取出非凡的浓度和精致度，无论是使用橡木桶，还是没有使用橡木桶。

4990–707 Refóios do Lima, Ponte do Lima
www.quintadoameal.com

库托酒庄（Quinta do Côtto）
杜罗河产区

库托酒庄帕索德特榭罗葡萄酒（白葡萄酒）
Paço de Teixeiro, Vinho Verde (white)

反传统的米格尔·尚帕利莫不怕做一些不同的事情。酒庄总部设在下科尔戈地区，他是一群创新的餐酒生产商之一，他们将杜罗河这个凉爽的地区作为优质葡萄酒的目的地标记在了地图上。尚帕利莫也引起了争议，并引起了相当程度的批评——当他成为第一个用螺旋盖装瓶葡萄酒的葡萄牙生产商时（葡萄牙是软木塞行业的发源地，也是迄今为止软木塞最主要的生产商）。他酿造了一些优质葡萄酒，包括库托酒庄帕索德特榭罗葡萄酒。这款酒是阿维苏和洛雷罗葡萄混酿的新鲜、活泼的绿酒产区葡萄酒的例子。对于来自该地区的葡萄酒来说，这款酒不同寻常之处在于它部分在橡木桶中陈酿，这为矿物质、纯正的柑橘类水果风味增添了一点丰富感。当然，这是一款比传统的绿酒产区葡萄酒具有更多深度和分量的葡萄酒。

Quinta do Côtto Cidadelhe, 5040-154 Mesão Frio
www.quintadocotto.pt

昆塔杜克拉斯托酒庄（Quinta do Crasto）
杜罗河谷产区

杜罗河布兰科白葡萄酒
Branco, Douro (white)

杜罗河以其红葡萄酒而闻名，但昆塔杜克拉斯托酒庄这款自信、清爽的白葡萄酒表明这个地区的白葡萄酒也可以出类拔萃。这款酒是拉比加托、古维奥和鲁佩罗的混酿。这款干白满是葡萄柚、百香果和柠檬风味，很难不让人喜欢，更不用说价格如此实惠了。昆塔杜克拉斯托酒庄由罗古迪家族拥有，是杜罗河最美丽、最受推崇的酒庄之一，甚至皮尼昂火车站的著名的瓷砖装饰画都描绘了它。酒庄种植了约130万平方米的葡萄园，另外100万平方米位于杜罗苏必利尔。澳大利亚人多米尼克·莫里斯在曼努埃尔·洛博的协助下酿造了这些葡萄酒。

Gouvinhas, 5060-063 Sabrosa
www.quintadocrasto.pt

玛雅酒庄（Quinta das Maias）
杜奥产区

玛雅酒庄红葡萄酒
Tinto, Dão (red)

玛雅酒庄是杜奥产区生产商罗克斯酒庄的姐妹酒庄。酒庄是在1997年被罗克斯酒庄的所有者买下的（至少拥有94%的股份），尽管玛雅酒庄葡萄酒实际上是从1992年就开始在罗克斯酒庄生产。玛雅酒庄占地约35万平方米，葡萄园种植在比罗克斯酒庄更高的海拔处，位于埃斯特雷拉山的山脚下。如今，这两个酒庄拥有同一个酿酒团队，由路易斯·洛伦索领导，酿酒顾问鲁伊·雷金加提供出色的协助。但是这些葡萄酒被装在不同的品牌下，这样它们的个性就可以散发出来。你可以在玛雅酒庄红葡萄酒中感受到高海拔的影响。这是一款优雅的红葡萄酒，很好地表达了杜奥产区的风格，清新而略带胡椒味，带有浓郁的黑樱桃果味和良好的酸度。也是一款物美价廉的葡萄酒。

Rua da Paz, Abrunhosa do Mato, 3530-050 Cunha Baixa
www.quintaroques.pt

诺瓦酒庄（Quinta Nova de Nossa Senhora do Carmo）
杜罗河产区

诺瓦酒庄果园红葡萄酒
Pomares Tinto, Douro (red)

诺瓦酒庄果园红葡萄酒是酿造出色的一个例子。在风格上，这是一款新鲜、多汁、富有表现力的杜罗河产区红葡萄酒，带有樱桃和浆果的前味。但这不仅仅是一款简单的水果炸弹，它也有一些复杂的味道。这款酒的美感反映了其产地的美感。诺瓦酒庄位于一个可爱的地方，只需从上科尔戈地区的克拉斯托酒庄上游乘上快艇即可游览。该酒庄拥有约85万平方米的葡萄园，已经跻身杜罗河产区葡萄酒生产商的前列，拥有一系列红葡萄酒和白葡萄酒。

Largo da Estação, 5085-034 Pinhão
www.quintanova.com

飞鸟园（Quinta do Noval）
杜罗河产区

飞鸟园未经过滤晚装瓶年份波特酒（加强型葡萄酒）；飞鸟园雪松葡萄酒（红葡萄酒）
Unfiltered Late Bottled Vintage Port (fortified); Cedro do Noval, Douro (red)

伟大的飞鸟园经历了一段艰难时期后，于20世纪80年代在英国人克里斯蒂安·西利掌管下重新焕发活力，再次酿造出名副其实的葡萄酒。酒庄所有的葡萄酒和波特酒均来自皮尼奥山谷130万平方米的酒庄葡萄园。飞鸟园未经过滤晚装瓶年份波特酒是一款高品质的波特酒，用带帽软木塞密封。这款酒风味丰富且非常集中，带有甜美的深色水果风味和精细的清晰度。这款酒就质量而言，几乎是年份波特酒的水平，物有所值。飞鸟园雪松葡萄酒的名字来源于葡萄园平台上美丽的雪松树，是飞鸟园的副牌餐酒，价格也很合理。这是一款优雅、富有表现力的红葡萄酒，带有樱桃和浆果的果味，带有矿物质、新鲜的核心，而且还带有不仅是一丝复杂度。

Rua do Vale, 5060 Sabrosa
www.quintadonoval.com

选择合适的玻璃杯

优雅的薄玻璃高脚杯和造型优美的碗，不仅在餐桌上看起来不错，而且能使葡萄酒的味道更好。与酿酒师合作的玻璃制造商已经明确地表明，特定形状和尺寸的玻璃杯能够呈现出特定葡萄酒的最佳品质。购买符合你预算的玻璃杯，并意识到你不需要同时使用本书所列的所有类型。选择一套6~8个标准椭圆形的大玻璃杯是一个很好的开始。这些杯子可以是带脚或不带脚的。尽可能添加本书展示的其他类型的玻璃杯，使你的餐桌更具装饰性，让你饮用葡萄酒感到更愉快。

笛型杯

这些又高又窄的玻璃杯在任何品牌的起泡酒中都很受欢迎。笛型杯使暴露在空气中的液体表面积小，这意味着气泡会持续更长时间。狭窄的开口适合起泡酒，因为气泡会散发香气，这也意味着使用这种玻璃杯可以将葡萄酒倒到接近顶部的位置。

清爽的白葡萄酒杯

一个开口相对较窄的小玻璃杯可以增强清爽的白葡萄酒（如灰皮诺葡萄酒、长相思葡萄酒或绿酒产区葡萄酒）的新鲜酸度和活泼风味。将葡萄酒倒入大约三分之一杯。

酒体饱满的白葡萄酒杯

酒体浓郁饱满的白葡萄酒，包括大多数新世界霞多丽葡萄酒、勃艮第白葡萄酒、维欧尼葡萄酒、成熟的雷司令葡萄酒和白诗南葡萄酒，以及桃红葡萄酒，都得益于杯体比清爽的白葡萄酒杯稍大的酒杯。这种杯子让空气与葡萄酒相互作用，带出复杂的香气。它们的开口比红葡萄酒杯小，以保持酒的凉爽。将葡萄酒倒入大约三分之一杯。

波尔多杯

这种熟悉的椭圆形非常适合浓郁的红葡萄酒，包括波尔多红葡萄酒、梅洛葡萄酒、赤霞珠葡萄酒、西拉葡萄酒、仙粉黛葡萄酒，以及大多数风格的意大利、法国南部和西班牙红葡萄酒，因为表面积大意味着更多的葡萄酒暴露在空气中以释放葡萄酒的香气。将葡萄酒倒入大约三分之一杯。

勃艮第杯

勃艮第红葡萄酒传统上装在一个宽大的玻璃杯中，有时带有向外的喇叭口，让葡萄酒在舌头上蔓延。与其他红酒杯一样，它稍大一些，可以让更多的空气与葡萄酒相互作用并产生香气。将葡萄酒倒入大约三分之一杯。

甜酒/加强型葡萄酒杯

对于甜酒和加强型葡萄酒来说，正常应该是小分量的。它们非常芳香，不需要大开口来增强它们的香气。带有经典郁金香形杯身的微型玻璃杯效果非常好。

罗莎酒庄（Quinta de la Rosa）

杜罗河产区

罗莎酒庄多洛莎红葡萄酒
douROSA Tinto (red)

罗莎酒庄由博奎斯特家族拥有 100 多年，是一座美丽的酒庄，距离皮尼奥地区河沿不远。该酒庄如今由索菲亚·博奎斯特管理，自 2002 年以来，她得到了技艺高超的酿酒师豪尔赫·莫雷拉的帮助。酿酒的变化无疑促进了这里生产的波特酒和餐酒的质量显著提高。另一个因素是酒庄在杜罗河产区中收购了一个新的葡萄园班德拉斯园，并在随后进行了部分的重新种植。新的葡萄园就在著名的米奥酒庄对面，现在它补充了罗莎酒庄周围 55 万平方米的葡萄园。这款显示出充满活力、富有表现力的樱桃和浆果果实风味，被巧妙地命名为多洛莎红葡萄酒，是一种美味平衡、价格低廉的红葡萄酒，余味具有诱人的香料风味。一款可爱的葡萄酒，它具有莫雷拉酿造的所有葡萄酒标志性的优雅，而且价格合理。

Pinhão 5085-215
www.quintadelarosa.com

圣安娜酒庄（Quinta de Sant'Ana）

里斯本产区

圣安娜酒庄阿尔巴利诺葡萄酒（白葡萄酒）
Alvarinho, Lisboa（white）

圣安娜酒庄是一家位于里斯本地区的（在葡萄酒行业中）鲜为人知的英德合资企业，是詹姆斯·弗罗斯特（英国人）和他的妻子安（德国人）的家族财产。这对夫妇从安的父母古斯塔夫和宝拉·冯·芙丝汀宝手中接手了这片土地。1999 年，詹姆斯率先将葡萄藤和葡萄酒引入酒庄。在决定种什么和在哪里种之前，詹姆斯听取了领先的葡萄栽培专家大卫·布斯和他的同事安东尼奥·马萨尼塔的建议。这对夫妇现在拥有 11.5 万平方米的葡萄园，在 44 万平方米的酒庄中与林地、果园和开阔的围场交织在一起。这家表现出色的酒庄现在生产的一系列红葡萄酒和白葡萄酒都受到了如潮的好评，挑战了人们对里斯本地区优质葡萄酒潜力的原有印象。该系列的明星产品是全新的圣安娜酒庄阿尔巴利诺葡萄酒。一款活泼、芳香的干白葡萄酒，带有白桃和青柠的热情风味，清新饱满，味道浓郁。

2665-113 Gradil, Concelho de Mafra
www.quintadesantana.com

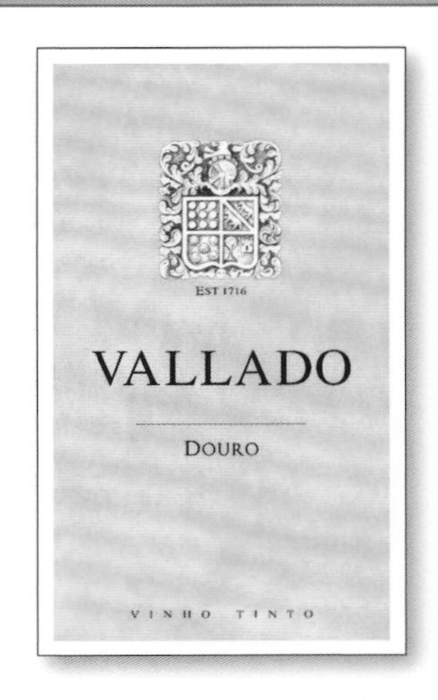

瓦拉多酒庄（Quinta do Vallado）

杜罗河产区

瓦拉多酒庄红葡萄酒
Tinto, Douro (red)

瓦拉多酒庄的瓦拉多酒庄红葡萄酒可以满足你对低价杜罗河产区红葡萄酒的全部要求。它有来自片岩土壤的特征性矿物质纹理，并且有一种潜在的黑樱桃和黑莓水果风味的特征，因其具有咸味、肉感而更具吸引力。瓦拉多酒庄位于杜罗河产区的下科尔戈地区，自 19 世纪初以来一直由费雷拉家族拥有。20 世纪 60 年代，豪尔赫·玛丽亚·卡布拉尔·费雷拉监督了葡萄园的重大整修工程。他的姐夫吉尔赫姆·阿尔瓦雷斯·里贝罗在豪尔赫·玛丽亚去世后接手了大权，得到了他的堂兄、酿酒师希托·奥拉扎巴尔（来自米奥酒庄）、他的侄子弗朗西斯科·费雷拉（总经理）和克里斯蒂亚诺·范·泽勒（具有商业头脑）的帮助。

Vilarinho dos Freires, 5050-364 Peso da Régua
www.wonderfulland.com/vallado/

威比特酒庄（Ramos Pinto）

杜罗河产区

威比特酒庄杜艾丝酒庄葡萄酒（红葡萄酒）
Duas Quintas, Douro (red)

威比特酒庄的杜艾丝酒庄葡萄酒是一款优雅、富有表现力的红葡萄酒，并且价格合理，具有迷人的纯正黑樱桃果味，带有一些香料和矿物风味，为它增加了复杂性。这款酒的吸引力是果实的纯正度：它不会太努力地成为它不是的东西。这是来自威比特酒庄典型的优质葡萄酒，该公司为塑造当今杜罗河产区葡萄酒业务的认知度做了很多工作。该酒庄利用 4 个酒庄提供优质的波特酒和佐餐葡萄酒：其中 2 个位于超级杜罗河产区，另外 2 个位于上科尔戈地区的皮尼奥附近。在这些地点中，也许最有趣且对该地区最具影响力的地点是埃尔瓦莫伊拉园。该葡萄园于 1974 年开始种植，作为一个实验性的葡萄园，那里的发现为整个地区的生产者采取的种植方法提供了信息。

Quinta do Bom Retiro
www.ramospinto.pt

苏加比酒厂（Sogrape）
绿酒产区

苏加比酒厂卡拉碧芭葡萄酒（红葡萄酒）；苏加比酒厂阿维泽多葡萄酒（白葡萄酒）
Callabriga Tinto, Douro (red); Quinta de Azevedo, Vinho Verde (white)

苏加比酒厂是葡萄牙非常重要的生产商。它以全球无处不在的蜜桃红品牌而闻名，但葡萄牙最大的家族拥有的葡萄酒公司提供的远不止这些。公司在全国各地生产葡萄酒，其中许多质量上乘，物超所值。该公司的卡拉碧芭品牌展示了这种效果非常好的多区域方法，其葡萄酒来自杜罗河产区、杜奥产区和阿连特茹产区。苏加比酒厂卡拉碧芭红葡萄酒是该系列中最物有所值的产品：新鲜、活泼、风味集中，这款价格实惠的杜罗河产区红葡萄酒提供黑樱桃和李子水果风味，并辅以良好的酸度和余味。该公司出色的苏加比酒厂阿维泽多葡萄酒也同样成功。一款绿酒产区葡萄酒的基准，它呈现出鲜明的新鲜柑橘类水果风味，带有一丝开胃鸡尾酒的风味和强烈的酸度。这款酒清淡且酒精含量低，非常适合夏季啜饮。

Apartado 3032, 4431-852 Avintes
www.sograpevinhos.eu

赛明顿家族酒庄（Symington Family Estates）
杜罗河产区

赛明顿家族酒庄阿尔塔诺有机种植葡萄酒（红葡萄酒）
Altano Organically Farmed, Douro (red)

阿尔塔诺是著名的赛明顿家族酒庄餐酒项目的名称，这家酒庄是著名的英国波特酒王朝，在道斯、格拉厄姆和华莱仕等大的波特酒生产商背后的名字。赛明顿家族酒庄阿尔塔诺有机种植葡萄酒有些罕见——这是来自有机种植葡萄的杜罗河产区红葡萄酒。与同一酒庄生产的普通阿尔塔诺红葡萄酒相比，它实现了真正的进步，具有新鲜、充满活力的黑樱桃果味和很高的纯度。对于饮酒者来说幸运的是，这是一款物美价廉的葡萄酒。

5130-111 Ervedosa do Douro, S João da Pesqueira
www.chryseia.com

泰勒酒庄（Taylor’s）
杜罗河产区

泰勒酒庄晚装瓶年份波特酒（加强型葡萄酒）
Taylor’s Late Bottled Vintage Port (fortified)

由英国拥有和经营的波特酒公司泰勒酒庄是弗拉德盖特合伙企业的一部分，该合伙企业还包括芳塞卡和高乐福，毫无疑问是领先的波特酒生产商之一，并且在开发这种加强型葡萄酒方面一直是真正的创新者。这座酒庄是于 1958 年和瓦尔盖拉斯园一起第一个引入单一葡萄园波特酒的酒庄。酒庄于 1965 年发售的晚装瓶年份波特酒也是第一款晚装瓶年份波特酒（LBV）——这种风格被证明非常受欢迎。该公司的业务以超级杜罗河产区的瓦尔盖拉斯酒庄为中心，该酒庄于 1893 年收购，在上科尔戈地区拥有泰拉菲塔和俊高两处产业，也为公司的混酿业务做出了重要贡献。如今，旗舰 LBV（泰勒酒庄晚装瓶年份波特酒）是一款平衡良好的波特酒，提供大量甜味、香料味、纯正的黑色水果风味，边缘醇厚。

Rua do Choupelo 250, Vila Nova de Gaia
www.taylor.pt

寻找较小的地区和产区

增加在给定价格范围内找到最高品质葡萄酒的概率的一个好方法是越小越好——当谈到葡萄酒产区时，就是这样。

例如，在美国加利福尼亚州，仅标明来自加利福尼亚州的葡萄酒在风味方面可能是最低的公分母。标有中央海岸（这是加利福尼亚州的一个地区）的葡萄酒，可能会更好。一个位于中央海岸内的标记为圣伊内斯谷的地方可能会更好。因此，如果标有“加利福尼亚”的霞多丽葡萄酒的价格与标有“圣伊内斯谷”的葡萄酒价格相似，那么购买圣伊内斯谷是一个不错的选择。

又比如，在勃艮第等法国地区也是如此，其等级从通用产区标签如勃艮第大区到更具体的子区域如上夜丘产区或上伯恩丘产区和村庄，例如默尔索或玻玛，直到最小和最好的“产区”，一级园和特级园，这是官方授予最好的葡萄园的地位。

证明用于酿造葡萄酒的葡萄来源的地区名称被称为产区名称。它们受到所有主要葡萄酒生产国的政府机构的监管和保护，以防止酿酒厂有欺诈行为。

产区系统承认葡萄的质量影响葡萄酒的质量。同样，葡萄的品质很大程度上取决于葡萄园的位置以及当地的气候、土壤条件和地势。随着时间的推移，始终生产优质葡萄的葡萄园土地变得更加昂贵，因为人们愿意为这些地方的葡萄酒支付更多费用。从这些地区购买葡萄的酿酒厂也必须支付更多费用。出于这个原因，寻求生产廉价葡萄酒的酿酒厂通常会寻找更便宜的地方来种植葡萄。然而，这条规则也有例外。当你发现这些例外即那些来自优质小产区稀有的价格实惠的葡萄时，你应该囤积起来。

德国

德国在许多人眼中是世界上最伟大的白葡萄品种雷司令的故乡。雷司令是一种耐寒的葡萄，可以很好地适应凉爽的气候，它可以提供任何其他品种无法企及的风格，并因能够表达其种植地区的能力而受到酿酒师的喜爱。在德国，这种多功能性得到了自由发挥，从摩泽尔山谷的精致、花香、半干风格的葡萄酒，到法尔兹更强力的干型风格，再到一系列华丽的甜酒。虽然雷司令是众人瞩目的焦点，但德国还有很多其他令人感兴趣的地方，从黑皮诺（这里称为 Spätburgunder）的多汁清淡红葡萄酒，到施埃博、西万尼和白皮诺、灰皮诺葡萄。

奥尔丁格酒庄（Aldinger）
符腾堡产区

奥尔丁格酒庄下图尔克海默石膏岩黑皮诺优质干红葡萄酒（红葡萄酒）
Untertürkheimer Gips Spätburgunder Trocken QbA (red)

自1492年以来，奥尔丁格家族一直在符腾堡地区照料葡萄藤，如今，奥尔丁格酒庄仍然是一个家族企业，三代人参与了企业的管理。格德·奥尔丁格对酒庄的贡献很大，他利用父亲杰拉德从家族产业中获得的学识，而他的母亲安妮负责餐饮，他的儿子汉斯·约格和马修帮助酿酒和葡萄栽培，他们一起生产各种优质葡萄酒，奥尔丁格酒庄下图尔克海默石膏岩黑皮诺优质干红葡萄酒是其中的佼佼者。这是一款复杂的橡木桶陈酿黑皮诺葡萄酒，酒体中等，干爽，带有樱桃和雪松的香气。

Schmerstrasse 25, 70734 Fellbach/Württemberg
www.weingut-aldinger.de

弗里德里希阿尔滕基希酒庄（Friedrich Altenkirch）
莱茵高产区

弗里德里希阿尔滕基希酒庄白皮诺优质葡萄酒（白葡萄酒）
Weissburgunder QbA (white)

弗里德里希阿尔滕基希酒庄不是德国著名的酿酒厂。事实上，它位于该地区鲜为人知的社区之一——洛奇地区，在莱茵高产区不是很有名。然而，情况正在发生变化。2007年，酿酒的责任移交给了日本酿酒师栗山智子，从那时起，酒的质量急剧上升，随后获得了至关重要的认可。栗山的酿酒风格是基于洛奇地区特有的强硬的、精确的酸度，并用大量成熟的水果风味来充实它，使葡萄酒在口感上具有诱人的重量，并带有复杂的矿物质和柑橘元素。由此产生的葡萄酒有很好的技巧和冲击力。作为这种风格的代表酒，很难找出哪款酒能击败酒庄的白皮诺葡萄酒。这款酒体适中的干白葡萄酒采用极简主义方法制成，并配有易于打开的螺旋盖装瓶，具有柠檬、奶油和榛子的活泼香气。

Binger Weg 2, 65391 Lorch
www.weingut-altenkirch.de

卡尔弗里德里希奥斯特酒庄（Karl Friedrich Aust）
萨克森产区

卡尔弗里德里希奥斯特酒庄米勒图高撒克逊村庄葡萄酒（白葡萄酒）
Müller-Thurgau Sächsischer Landwein (white)

虽然位于萨克森产区的卡尔弗里德里希奥斯特酒庄可能很小，但它的历史悠久。你只需要参观位于其中心的美丽房屋即可了解它的过去，但葡萄园也有着悠久的历史。现任董事兼酿酒师弗里德里希·奥斯特在过去10年中重新开发了许多历史悠久的梯田葡萄园，他因在萨克森产区酿造了一些优秀的、具有创新性的白葡萄酒而享有盛誉。弗里德里希酿造过的最好的葡萄酒是干型葡萄酒，不起眼的米勒图高撒克逊村庄葡萄酒也不例外。这款酒充满活力和草本气息，具有苹果和西柚的多汁香气，并带有一丝矿物味，增加了复杂性。

Weinbergstrasse 10, 01445 Radebeul, Sachsen
www.weingut-aust.de

巴塞曼乔登酒庄（Bassermann-Jordan）
法尔兹产区

巴塞曼乔登酒庄雷司令优质干白葡萄酒
Riesling Trocken QbA (white)

始终如一的高品质是这家优质法尔兹产区酒庄的标志。巴塞曼乔登酒庄是由当地商人阿奇姆·尼德伯格拥有的该地区四家生产商之一，占地超过50万平方米，由总监冈瑟·豪克和酿酒师乌尔里希·梅尔两人明智而富有创意地长期管理。虽然在这里可以找到塔明娜、麝香、黄莫斯卡托和长相思等葡萄品种，但仍以雷司令为主。酒庄的基准雷司令干型优质葡萄酒是一款大胆、果味浓郁、酒体中等的白葡萄酒，带有青柠、杏、矿物质和白胡椒的味道，非常干爽。

Kirchgasse 10, 67146 Deidesheim
www.bassermann-jordan.de

比克尔施通普夫酒庄（Bickel-Stumpf）

弗兰肯产区

比克尔施通普夫酒庄红砂岩西万尼干白葡萄酒
Buntsandstein Silvaner Kabinett Trocken (white)

马修·施通普夫是一位叛逆的年轻酿酒师，他不怕创新和挑战弗兰肯产区的酿酒惯例。但他的葡萄酒并没有任何狂野或蓬乱的感觉，这些葡萄酒非常华丽，平衡得很好。他拥有一系列可供他支配的葡萄园：他的一些葡萄藤生长在弗里肯豪森的石灰岩土壤上，其他的则生长在滕格尔斯海姆的砂岩土壤上。比克尔施通普夫酒庄红砂岩西万尼干白葡萄酒是一款中等酒体的干白葡萄酒，口感醇厚，果香浓郁，带有淡淡的花香、草本和香料风味。

Kirchgasse 5, 97252 Frickenhausen
www.bickel-stumpf.de

克劳斯伯姆酒庄（Klaus Böhme）

萨勒–温斯图特产区

克劳斯伯姆酒庄多恩多弗拉彭塔尔巴克斯优质干白葡萄酒
Bacchus Dorndorfer Rappental Trocken QbA (white)

萨勒–温斯图特产区的葡萄酒可能很贵，但克劳斯·伯姆逆势而上，从不牺牲质量和风味，正如克劳斯伯姆酒庄多恩多弗拉彭塔尔巴克斯优质干白葡萄酒所展示的那样。这款清淡的干白葡萄酒带有亚洲梨、醋栗和白玫瑰的香气。这款酒的酸度低于大多数德国白葡萄酒，但味道浓郁可口。

Lindenstrasse 43, 06636 Kirchscheidungen
www.weingut-klaus-boehme.de

贝克博士兄弟酒庄（Brüder Dr Becker）

莱茵黑森产区

贝克博士兄弟酒庄路德维希肖赫西万尼优质干白葡萄酒
Ludwigshoher Silvaner Trocken QbA (white)

贝克博士兄弟酒庄桶陈的路德维希肖赫西万尼优质干白葡萄酒是德国较好的西万尼葡萄酒之一。酒体适中，干爽，带有一些香料的味道，混合着柔和的苹果风味。像这里的所有葡萄酒一样，它使用的是有机葡萄。该酒庄在20世纪70年代转变为这种葡萄栽培形式。

Mainzer Strasse 3-7, 55278 Ludwigshöhe
www.brueder-dr-becker.de

乔治布鲁尔酒庄（Georg Breuer）

莱茵高产区

乔治布鲁尔酒庄黑皮诺优质红葡萄酒
GB Spätburgunder Rouge QbA (red)

乔治布鲁尔酒庄黑皮诺优质红葡萄酒是一款优雅、干爽的清淡红葡萄酒。这款酒中的野草莓、干蘑菇和蔓越莓的味道在口中蔓延，还具有品牌标志性的矿物质风味。这款酒展示了特蕾·布鲁尔自2004年5月父亲去世后接手酒庄以来，在保持这座著名的莱茵高酒庄的质量水平方面做得十分出色。仿佛在这个有时令人窒息的保守派地区中呼吸新鲜空气，努力的她得到了酿酒师赫尔曼·施莫兰茨的大力帮助。

Grabenstrasse 8, 65385 Rüdesheim
www.georg-breuer.com

冯布尔酒庄（Reichsrat von Buhl）
法尔兹产区

冯布尔酒庄长相思优质干白葡萄酒
Sauvignon Blanc Trocken QbA (white)

作为法尔兹产区著名的老品牌，冯布尔酒庄目前生产的葡萄酒与其悠久历史中的其他葡萄酒一样好。60万平方米的冯布尔酒庄（连同其他3个酒庄）现在由当地商人阿奇姆·尼 德伯格掌管，由总监斯蒂芬·韦伯、葡萄种植者维尔纳·塞巴斯蒂安和酿酒师迈克尔·莱布雷希特领导日常运营。该团队酿造的干爽的冯布尔酒庄长相思优质干白葡萄酒不像桑塞尔产区的葡萄酒那样优雅，也不像新西兰的一些葡萄酒那样傲慢，介于两者之间。这款酒多汁且活泼，带有醋栗和香草风味，并具有德国独特的酸度。

Weinstrasse 16, 67146 Deidesheim
www.reichsrat-von-buhl.de

伯克林沃尔夫博士酒庄（Dr Bürklin-Wolf）
法尔兹产区

伯克林沃尔夫博士酒庄雷司令优质干白葡萄酒
Riesling Trocken QbA (white)

伯克林沃尔夫博士酒庄是法尔兹产区最著名的酒庄，与世界上许多其他顶级生产商一样，它采用生物动力法生产。事实上，它的葡萄园面积超过80万平方米，是德国最大的生物动力法生产商。由于葡萄园保持低产量，该酒庄的单一葡萄园葡萄酒的价格可能会很高，但该酒庄的品质也会延续到其更日常的葡萄酒中。例如，干爽、坚硬和充满矿物风味的雷司令优质干白葡萄酒就是一款物超所值的白葡萄酒。

Weinstrasse 65, 67157 Wachenheim
www.buerklin-wolf.de

克莱门斯布希酒庄（Clemens Busch）
摩泽尔梯田产区，摩泽尔

克莱门斯布希酒庄摩泽尔干白葡萄酒
Trocken Mosel (white)

克莱门斯·布希一直渴望证明摩泽尔产区的干白葡萄酒与山谷传统上相关的半干和甜美风格葡萄酒一样有趣。由克莱门斯和丽塔·布希与他们的儿子弗洛里安一起进行有机管理，这里生产的干型葡萄酒总是风味集中且质地深厚。克莱门斯布希酒庄摩泽尔干白葡萄酒来自德国最新的一级酒庄称号获得者之一，这款酒具有额外深度的特色，并且清淡、新鲜、具有矿物质风味和干爽。

Kirchstrasse 37, 56862 Pünderich
www.clemens-busch.de

卡斯泰尔酒庄（Castell）
弗兰肯产区

卡斯泰尔酒庄施洛斯西万尼干白葡萄酒
Schloss Castell Silvaner Trocken (white)

近400年来，卡斯泰尔酒庄的葡萄园一直在弗兰肯产区种植顶级品质的西万尼葡萄。事实上，这种葡萄品种是现任所有者厄尔·费迪南德·卡斯泰尔的祖先于1659年在德国首次种植的。如今，西万尼葡萄占据了这家最大的私人酒庄在弗兰肯产区所拥有的70万平方米葡萄园的很大一部分，酒庄的全名是卡斯泰尔王子酒庄。这些葡萄园是卡斯泰尔酒庄施洛斯西万尼干白葡萄酒等美味葡萄酒的产地，这是一款带有柔和果味风格，新鲜、饱满、相当干爽，拥有诱人的奶油味的葡萄酒。

Schlossplatz 5, 97355 Castell
www.castell.de

克里斯特曼酒庄（A Christmann）
法尔兹产区

克里斯特曼酒庄雷司令优质葡萄酒（白葡萄酒）
A Christmann Riesling QbA (white)

作为德国葡萄酒界的领军人物，斯蒂芬·克里斯特曼是领先的葡萄种植者协会葡萄酒酒庄协会（VDP）的主席。他的才能不仅体现在行业政治和行政管理上。克里斯特曼在法尔兹产区拥有自己的酒庄，在那里他生产的葡萄酒与VDP中的任何生产商的高质量都相匹配。最近他将酒庄改造成生物动力法实践，克里斯特曼酒庄的葡萄酒现在比以往任何时候都更加优雅，酒精度也更低，具有真正的深度和复杂性。克里斯特曼酒庄雷司令优质葡萄酒在这个优质的产品系列中是价格低廉的。这款酒体轻盈的白葡萄酒带有桃子、杏子和鼠尾草的芬芳，完美地代表了充满异国情调的法尔兹产区雷司令风格。

Peter-Koch-Strasse 43, 67435 Gimmeldingen
www.weingut-christmann.de

克鲁修斯酒庄（Crusius）
那赫产区

克鲁修斯酒庄特雷泽白皮诺优质干白葡萄酒
Crusius Traiser Weissburgunder Trocken QbA (white)

克鲁修斯酒庄特雷泽白皮诺优质干白葡萄酒出自那赫产区较好的产地之一，是一款干净、新鲜、酒体适中的干白葡萄酒，带有粉葡萄柚、烤苹果、烤杏仁和矿物质的香气。这只是彼得·克鲁修斯博士在这里所做的所有工作现在正在获得可观回报的部分证据。毕竟，尽管彼得的父亲汉斯尽了最大的努力，但在彼得于20世纪初接手之前，这个酒庄的表现一直不佳。这是一个正在努力实现其作为那赫产区最好之一的声誉的酒庄。在过去的10年里，它再次生产出不愧其历史的葡萄酒，其风格完全是关于纯正和风味集中的，优雅和精致与优秀的水果和矿物质风味深度融合在一起。克鲁修斯酒庄始建于1586年，在巴斯泰和罗腾费尔斯等顶级产地都有地块，并种植了米勒-图高、西万尼，和占比很大的雷司令葡萄，以及一定比例的白皮诺和灰皮诺。

Hauptstrasse 2, 55595 Traisen
www.weingut-crusius.de

迪尔酒庄（Schlossgut Diel）
那赫产区

迪尔酒庄迪尔优质葡萄酒（白葡萄酒）
Diel de Diel QbA (white)

当德国葡萄酒爱好者想到迪尔酒庄时，有影响力的记者阿明·迪尔是第一个被想到的人。事实上，如今是迪尔的女儿卡罗琳负责在这个精美的那赫产区酒庄酿造葡萄酒。卡罗琳在提高这里生产的干型葡萄酒的质量方面做了很多工作，以至于它们现在已经与广受欢迎的甜酒风格平起平坐。迪尔酒庄迪尔优质葡萄酒就是这些干型葡萄酒之一。这款酒由灰皮诺、白皮诺和雷司令混酿而成，具有柠檬般浓郁的香气以及无花果酱、蜂蜜和肉豆蔻的味道。这款酒酒体适中且干爽，这表明在才华横溢的卡罗琳的管理下，迪尔酒庄将继续是德国优秀的葡萄酒生产商。

Burg Layen 16-17, 55452 Burg Layen
www.schlossgut-diel.com

杜荷夫酒庄（Dönnhoff）
那赫产区

杜荷夫酒庄雷司令优质葡萄酒（白葡萄酒）
Dönnhoff Riesling QbA (white)

作为当代德国葡萄酒界伟大的生产商，赫尔穆特·杜荷夫帮助那赫产区登上了国际葡萄酒地图，其雷司令产品系列展现出无与伦比的精致和微妙的力量。杜荷夫的葡萄酒的独特品质在他的整个系列中都能感受到，即从优质的葡萄酒到日常葡萄酒。酒体适中、相当干爽的杜荷夫酒庄雷司令优质葡萄酒具有令人满意的顺滑奶油口感，带有复杂的桃子、薄荷香气和浓郁的菠萝香气，回味清爽酸甜。

Bahnhofstrasse 11, 55585 Oberhausen
www.doennhoff.com

伯恩哈德埃尔万格酒庄（Bernhard Ellwanger）
符腾堡产区

伯恩哈德埃尔万格酒庄特罗灵格干红酒庄葡萄酒（红葡萄酒）
Trollinger Trocken Gutswein (red)

斯文和伊冯娜·埃尔万格是符腾堡年轻酿酒师团体“年轻的施瓦本”的成员，由于其成员的巨大能量和想象力，他们现在负责生产一些德国最引人入胜的葡萄酒。代表当前这一代葡萄种植者家族的埃尔万格以其原创和制作精良的葡萄酒吸引了对他们自己、他们的酒庄和他们所在地区的关注，例如非常易饮的伯恩哈德埃尔万格酒庄特罗灵格干红酒庄葡萄酒，这是一款充满李子和香料风味的干红葡萄酒。

Rebenstrasse 9, 71384 Grossheppach/Württemberg
www.weingut-ellwanger.com

卡尔厄伯斯酒庄（Karl Erbes）
中部摩泽尔产区，摩泽尔

卡尔厄伯斯酒庄乌齐格香料园晚收雷司令葡萄酒（白葡萄酒）
Ürziger Würzgarten Riesling Spätlese Mosel (white)

卡尔·厄伯斯于1967年建立了他的同名摩泽尔产区酒庄，自接管企业以来，他的儿子斯蒂芬·厄伯斯继承了家族传统，生产“经典”风格的摩泽尔产区雷司令葡萄酒。这些葡萄酒将天然酸度与丰富的水果风味和香气，以及天然的葡萄甜味结合在一起。卡尔厄伯斯酒庄乌齐格香料园晚收雷司令葡萄酒拥有毫不掩饰的果味和葡萄般的甜味，是一款非常可爱、平易近人的白葡萄酒，带有金冠苹果、芹菜和蜂蜜的味道。

Würzgartenstrasse 25, 54539 Urzig
www.weingut-karlerbes.com

伊娃弗里克酒庄（Eva Fricke）

莱茵高产区

伊娃弗里克酒庄洛奇雷司令干白葡萄酒（白葡萄酒）
Lorcher Riesling Trocken (white)

伊娃·弗里克是一个忙碌的女人。弗里克是一位经验丰富的酿酒师，曾在法国、意大利、西班牙和澳大利亚的多个世界顶级酒庄工作过，她在莱茵高产区生产商约翰莱茨酒庄担任运营经理的全职工作的同时，兼职在她自己的精品酒庄里生产洛奇雷司令干白葡萄酒。这款干白葡萄酒来自洛奇地区的优质老藤果实，口感纯净、活泼，带有青苹果、番石榴和海盐的味道，风味极佳。

Suttonstrasse 14, D 65399 Kiedrich
www.evafricke.com

鲁道夫福斯特酒庄（Rudolf Fürst）

弗兰肯产区

鲁道夫福斯特酒庄矿物雷司令优质干白葡萄酒（白葡萄酒）
Riesling Pur Mineral Trocken QbA (white)

保罗·福斯特和他的儿子塞巴斯蒂安是弗兰肯产区葡萄种植者中的一员，他们在该地区的根基可以追溯到1638年。保罗于1975年在他的父亲鲁道夫突然去世后接手了位于伯格施塔特地区的家族酒庄，当时他只有21岁，还是个学生。在妻子莫妮卡的帮助下，保罗将葡萄园的面积从2.5万平方米扩大到20万平方米，并于1979年建造了一座新酒厂。如今，保罗和塞巴斯蒂安共同创造了一些弗兰肯产区的最具创新性葡萄酒。有趣的是，这些葡萄酒中的大多数都在木桶中发酵和陈酿，但它们从不缺乏魅力、新鲜度或矿物质风味。例如，这款鲁道夫福斯特酒庄矿物雷司令优质干白葡萄酒风味集中且清晰，具有一系列诱人的香气和风味，包括雪梨挞、木瓜和白垩纪矿物质风味。

Hohenlindenweg 46, 63927 Bürgstadt
www.weingut-rudolf-fuerst.de

车库酒厂（Garage Winery）

莱茵高产区

车库酒厂狂野晚收雷司令葡萄酒（白葡萄酒）
Wild Thing Riesling Spätlese (white)

非传统的安东尼·哈蒙德不是一般的德国酿酒师。他有趣的古怪和马尾辫使他像莱茵高的仙粉黛葡萄藤一样引人注目。哈蒙德的异国情调（对德国葡萄酒界而言）个性导致许多评论家忽视了他。然后他们错过了好东西——哈蒙德的葡萄酒非常棒。他持续通过有争议的酒款来撼动这个行业，例如车库酒厂狂野晚收雷司令葡萄酒，一款令人信服的、中等甜度、充满泥土气息和芳香的白葡萄酒。

Friedensplatz 12, D 65375 Oestrich
www.garagewinery.de

盖尔酒庄（Geil）

莱茵黑森产区

盖尔酒庄贝克海默盖尔斯伯格绿色晚收西万尼干白葡萄酒“S”
Bechtheimer Geyersberg Grüner Silvaner Trocken Spätlese “S” (white)

盖尔酒庄贝克海默盖尔斯伯格绿色晚收西万尼干白葡萄酒“S”这个名字非常拗口，同时却非常可口。通常（对于非德语人士）简称为西万尼“S”（“S”代表“珍藏”），这是非常有才华和谦逊的酿酒师约翰内斯·盖尔的作品。一款富丽堂皇、层次丰富、味道甘美的干白葡萄酒，是莱茵黑森产区新一代葡萄酒的杰出代表，盖尔酒庄也是莱茵黑森的领先生产商之一。它是西万尼葡萄酒的一个基准，这种葡萄品种仍然经常被低估，但当葡萄栽培和酿酒正确时，它可以酿造出伟大的葡萄酒。

Kuhpfortenstrasse 11, 67595 Bechtheim
www.weingut-geil.de

哲灵肯酒庄（Forstmeister Gelt-Zilliken）

萨尔产区，摩泽尔

哲灵肯酒庄蝴蝶雷司令葡萄酒（白葡萄酒）
Butterfly Riesling Mosel (white)

哲灵肯酒庄的半干型、酒体轻盈的蝴蝶雷司令葡萄酒带有姜汁汽水、柠檬果汁、波士克梨和滑石粉的香气，给人一种在这个谦逊的酒庄生产出高品质葡萄酒的感觉。汉诺·哲灵肯是这款酒的负责人，该酒占11万平方米的酒庄总产量的50%，这款酒在当地葡萄酒界较为保守的成员中掀起了相当大的波澜，由于它不寻常的名字。哲灵肯现在由他的女儿多萝西协助，自20世纪70年代以来，他一直在哲灵肯酒庄酿造一流的萨尔产区雷司令葡萄酒。而且，在过去的10年里，葡萄酒的质量又提高了一个档次。

Heckingstrasse 20, 54439 Saarburg
www.zilliken-vdp.de

吉斯杜佩尔酒庄（Gies-Düppel）

法尔兹产区

吉斯杜佩尔酒庄幻象黑皮诺干型桃红葡萄酒
Spätburgunder Illusion Weissherbst Trocken (rosé)

顶级法尔兹产区酿酒师沃尔克·吉斯拥有将他所关注的几乎任何风格都酿造成优质葡萄酒的诀窍。他最出名的也许是他的干型雷司令葡萄酒系列，以种植它们的不同土壤命名，但他也酿造顶级黑皮诺和白皮诺葡萄酒。然而，要想真正物超所值，吉斯杜佩尔酒庄幻象黑皮诺干型桃红葡萄酒就是你的最佳选择。这款精致的桃红葡萄酒清淡干爽，带有野草莓、粉葡萄柚和紫罗兰的香气。

Am Rosenberg 5, 76831 Birkweiler
www.gies-dueppel.de

冈德洛克酒庄（Gunderloch）

莱茵黑森

冈德洛克酒庄歌姬晚收雷司令葡萄酒（白葡萄酒）
Diva Riesling Spätlese (white)

弗里茨和艾格尼丝·哈塞尔巴赫了解许多消费者对哥特式标签存在的疑问。因此，他们的冈德洛克酒庄歌姬晚收雷司令葡萄酒以一种平易近人的方式包装，是消费者友好型葡萄酒。在风格上，歌姬晚收雷司令葡萄酒同时具有中等甜度和酸度，带有油桃和蜜瓜香气。这是弗里茨和艾格尼丝的又一款优质葡萄酒，在获得美国葡萄酒杂志《葡萄酒观察家》的三度好评后，他们获得了“100分先生和夫人”的绰号。

Carl-Gunderloch-Platz 1, 55299 Nackenheim
www.gunderloch.de

海格酒庄（Fritz Haag）

中部摩泽尔产区，摩泽尔

海格酒庄雷司令优质干白葡萄酒
Riesling Trocken QbA Mosel (white)

在过去50年的大部分时间里，卓越的海格酒庄成功地创造出具有独特风格的品质始终如一的优质葡萄酒。从威廉·海格到他的儿子奥利弗的过渡是天衣无缝的，奥利弗坚守威廉的蓝图，并创造出无与伦比的葡萄酒，其纯度和清晰度以及芳香强度都很好。奥利弗利用12万平方米的葡萄园来酿造他的雷司令葡萄酒系列。

美食美酒：德国雷司令葡萄酒

雷司令葡萄酒自15世纪以来在德国蓬勃发展，最早很可能在罗马时代就产生了，最著名的雷司令葡萄酒在摩泽尔产区、莱茵高产区和法尔兹产区。

19世纪末和20世纪初德国雷司令葡萄酒备受追捧。今天的大部分雷司令葡萄酒都是商业化的、甜的，但德国的顶级生产商生产出生动、纯净、富有表现力的葡萄酒，具有不同的甜度，以及一种新的、丰富的、干爽的风格。

所有这些葡萄酒都具有强烈的酸度和相当低的酒精度，以便能够与来自亚洲、美洲和印度的辛辣菜肴搭配。它们通常带有青苹果、桃子、热带水果和白垩纪矿物质的味道。汽油、羊毛脂、蜡和金银花的味道随着年份的增长而出现。

这其中最淡的雷司令葡萄酒可以在摩泽尔产区中发现。它们与蟹饼、柠檬奶油酱鳕鱼配豌豆芽、辣味南瓜咖喱、四川大虾或蛋卷等菜肴搭配得很好。在莱茵高产区，雷司令葡萄酒更浓郁，要考虑的搭配包括洋葱馅饼、虾和蔬菜天妇罗、泰式炒河粉、寿司或生鱼片。充满香料香气的法尔兹产区雷司令葡萄酒搭配猪血香肠、卡真秋葵浓汤、小香肠配芥末酱，或猪肉配苹果和酸菜，让你精神焕发。较甜的雷司令葡萄酒非常适合搭配覆盆子馅饼、木瓜舒芙蕾或黑森林蛋糕等甜点。

选择纯净、新鲜的雷司令葡萄酒来搭配精致的寿司。

雷司令优质干白葡萄酒酒精度低且干爽。和这里生产的其他葡萄酒一样，这款酒的特点是微妙的，带有白桃、杏、粉葡萄柚和白垩纪矿物质的味道。

Dusemonder Strasse 44, 54472 Brauneberg
www.weingut-fritz-haag.de

哈特酒庄（Reinhold Haart）

中部摩泽尔产区，摩泽尔

哈特酒庄心至哈特雷司令优质葡萄酒（白葡萄酒）
Heart to Haart Riesling QbA Mosel (white)

以有趣的名字命名的哈特酒庄心至哈特雷司令优质葡萄酒是一款可以满足日常饮用需求的葡萄酒，它很好地展示了这个优质酒庄所提供的品质。这款酒相当浓郁（在摩泽尔葡萄酒中通常不会使用这个词来描述），带有桃子、薄荷、鼠尾草和矿物质的味道，而且很容易打开——这款酒有一个螺旋盖。西奥·哈特是哈特酒庄的主要负责人，他以安静庄重著称，但他善于雄辩的奢华葡萄酒却为他代言。

Ausoniusufer 18, 54498 Piesport
www.haart.de

亨塞尔酒庄（Hensel）

法尔兹产区

亨塞尔酒庄逆风圣罗兰优质干红葡萄酒（红葡萄酒）
Aufwind St Laurent Trocken QbA (red)

亨塞尔酒庄是一家小型生产商，以拥有丰富多彩的名字和不寻常的混酿酒而闻名。酒庄是超酷的托马斯·亨塞尔的项目，他在20世纪90年代初将他的20万平方米酒庄从葡萄苗圃转变为葡萄酒生产地。亨塞尔很快就因摆脱雷司令的束缚而闻名，生产出对德国来说异常宏大、成熟、浓郁、风味醇厚的红葡萄酒。事实上，有些人认为他的葡萄酒给人的印象几乎是加州风味的。如今，在亨塞尔酒庄广泛的产品组合（红葡萄酒和白葡萄酒）中，最容易买到的红葡萄酒是逆风圣罗兰优质干红葡萄酒。这是一款令人愉悦的新鲜清淡红葡萄酒，带有蘑菇、浆果和玫瑰花瓣的香气，平衡极佳。

In den Almen 13, 67098 Bad Dürkheim
www.henselwein.de

赫曼酒庄（Heymann-Löwenstein）

摩泽尔梯田产区，摩泽尔

赫曼酒庄板岩梯田雷司令葡萄酒（白葡萄酒）
Schieferterrassen Riesling Mosel (white)

莱因哈德·洛文斯坦和他的妻子科妮莉亚·赫曼是摩泽尔产区干白葡萄酒的先驱。他们于1980年开始经营他们的酒庄，从那时起，他们就一直在证明摩泽尔产区有能力以强烈的质感、充满香料的风格制作精美的干白葡萄酒。在这样做的过程中，他们帮助人们改变了对摩泽尔山谷能力认知的态度。他们的赫曼酒庄板岩梯田雷司令葡萄酒充分展示了赫曼酒庄的方法。这是一款酒体轻盈且充满香料风味的干白葡萄酒，它以独特的矿物质风味表达其起源。酿酒的葡萄种植在该地区一些陡峭斜坡上的蓝色板岩中。

Bahnhofstrasse 10, 56333 Winningen
www.heymann-lowenstein.de

霍夫曼酒庄（Hofmann）

弗兰肯产区

霍夫曼酒庄黑皮诺优质干红葡萄酒（红葡萄酒）
Spätburgunder Trocken QbA (red)

尤尔根·霍夫曼是一位年轻的酿酒师，居住在一个经常被评论家忽视的地区——陶伯河谷，这无疑是因为它位于3个不同产区的交汇处，其中部分地区位于弗兰肯、巴登和符腾堡。然而，霍夫曼为提高该地区的知名度做了很多工作，推出了一系列红葡萄酒和白葡萄酒，包括超值的霍夫曼酒庄黑皮诺优质干红葡萄酒。以这个价格你很难找到美味、干净、果味浓郁且平衡的黑皮诺葡萄酒，但霍夫曼是这种香味浓郁、性感的红葡萄品种的大师。

Strüther Strasse 7, 97285 Röttlingen
www.weinguthofmann.de

冯霍维尔酒庄（von Hövel）

萨尔产区，摩泽尔

冯霍维尔酒庄奥伯雷莫勒小屋雷司令珍酿葡萄酒（白葡萄酒）
Oberemmeler Hütte Riesling Kabinett Mosel (white)

埃伯哈德·冯·库诺并不像同在萨尔产区的一些酿酒师那样高调。但这对饮酒者来说只会是好消息，因为在该地区生产的葡萄酒有时价格过于昂贵的背景下，他在冯霍维尔酒庄酿造的葡萄酒的价格几乎被低估了。例如，他在奥伯雷莫勒小屋的单一园（意味着他拥有整个葡萄园）生产的冯霍维尔酒庄奥伯雷莫勒小屋雷司令珍酿葡萄酒具有惊人的价值。这款酒清淡、爽口且相当干爽，带有阳桃、柠檬果汁和生姜的味道。

Agritiusstrasse 5–6, 54329 Konz-Oberemmel
www.weingut-vonhoevel.de

阿奇姆雅尼施酒庄（Achim Jähnisch）

巴登产区

阿奇姆雅尼施酒庄古特德优质干白葡萄酒（白葡萄酒）
Gutedel Trocken QbA (white)

莎斯拉葡萄可能在瑞士最为人所知，它可以酿造出新鲜细腻的白葡萄酒。不过，这种葡萄也出现在巴登产区，在那里它被称为古德特，阿奇姆·雅尼施将它制成一种美味的清淡易饮的白葡萄酒——阿奇姆雅尼施酒庄古特德优质干白葡萄酒。这款酒清爽且具有柠檬风味和一丝矿物质风味，非常适合搭配牡蛎或贻贝。从盖森海姆葡萄酒学校毕业后，阿奇姆·雅尼施在20世纪90年代末建立了这个小酒庄。从那以后，他成了南巴登地区较好的干白葡萄酒生产商。他以在酿酒中使用橡木桶而闻名，不过，因为从不使用新橡木桶，所以这对风味的影响很小：这一切都是为了增加葡萄酒的质感和深度。

Hofmattenweg 19, 79238 Kirchhofen
www.weingut-jaehnisch.de

约翰山酒庄（Schloss Johannisberg）

莱茵高产区

约翰山黑胶雷司令优质干白葡萄酒（白葡萄酒）
Riesling Gelblack Trocken QbA (white)

约翰山酒庄的历史感是显而易见的。早在 1100 年，它就以本笃会修道院的形式开始了它的生涯，早在 1720 年就种植了这种品种的葡萄藤，人们普遍认为它是现代德国雷司令的精神家园。该酒庄在 20 世纪后期有些挣扎，其葡萄酒未能达到他们的经典要求。然而，自 2006 年以来，酒庄的主管克里斯蒂安 · 维特扭转了局面，让这家优秀的生产商恢复了昔日的辉煌。即使是入门级的约翰山黑胶雷司令优质干白葡萄酒，也非常有品位。酒体适中，果味浓郁，这是一款可以作为基准的白葡萄酒，以非常合理的价格让饮用者感受到了经典的莱茵高风格。

Schloss Johannisberg,
65366 Johannisberg
www.schloss-johannisberg.de

托尼约斯特酒庄（Toni Jost）

中部莱茵产区

托尼约斯特酒庄巴哈拉赫雷司令卡珍酿干白葡萄酒（白葡萄酒）
Riesling Bacharacher Kabinett Trocken (white)

20 多年来，托尼和林德 · 约斯特的夫妻团队一直在中部莱茵产区生产一些令人印象深刻的干型和甜型雷司令。托尼约斯特酒庄巴哈拉赫雷司令卡珍酿干白葡萄酒在价格上比他们其他的葡萄酒高出一些，但这种复杂、成熟的白葡萄酒带有多种味道，包括桃子、阳桃和蜂蜜。这款酒清淡且新鲜。

Oberstrasse 14, 55422 Bacharach
www.tonijost.de

尤丽叶酒庄（Juliusspital）

弗兰肯产区

尤丽叶酒庄维尔茨堡西万尼优质干白葡萄酒（白葡萄酒）
Würzburger Silvaner Trocken QbA (white)

尤丽叶酒庄是一个令人印象深刻的酒庄。就规模而言，这无疑是名副其实的——占地 170 万平方米的尤丽叶酒庄可以说是德国最大的单一葡萄酒酒庄。至关重要的是，它的生产质量也是如此——这是弗兰肯产区很好的生产商。你可以品尝尤丽叶酒庄维尔茨堡西万尼优质干白葡萄酒，这是一款朴实的干白葡萄酒，带有橙子、香料和矿物质的风味。这款酒具有圆润奶油质地，打开和饮用一样容易——这家酿酒厂采用螺旋盖装瓶。

Klinikstrasse 1, 97070 Würzburg
www.juliusspital.de

卡尔斯穆勒酒庄（Karlsmühle）

鲁威尔产区，摩泽尔

卡尔斯穆勒卡萨尔涅森雷司令珍酿葡萄酒（白葡萄酒）
Kaseler Nies' chen Riesling Kabinett Mosel (white)

卡尔斯穆勒卡萨尔涅森雷司令珍酿葡萄酒展示了鲁威尔葡萄酒与价格无关的香料风味和丰富性，具有黑醋栗、柠檬凝乳酪和粉碎板岩的香气。这款酒清淡且相当干爽，展现了彼得 · 盖本的才华，他是鲁威尔产区很有趣的制作人之一。盖本以其直观、近乎即兴的雷司令酿造方式而闻名，他的葡萄酒具有力量感和强烈的性格，而不是微妙和精致。

Im Mühlengrund 1, 54318 Mertesdorf
www.weingut-karlsmuehle.de

卡索瑟霍夫酒庄（Karthäuserhof/Tyrell）

鲁威尔产区，摩泽尔

卡索瑟霍夫酒庄艾特尔斯巴赫卡索瑟霍夫堡雷司令半干葡萄酒（白葡萄酒）

Karthäuserhof Eitelsbacher Karthaüserhofberg Riesling Feinherb Mosel (white)

卡索瑟霍夫酒庄有幸拥有占地19万平方米的卡索瑟霍夫堡葡萄园。事实上，这个酒庄的所有产品都来自这个单一葡萄园。这是一个非常美丽的地方，葡萄园通向历史建筑群。酒庄的总监克里斯托夫·泰瑞尔和长期酿酒师路德维希·百年灵擅长酿造芳香浓郁的纯白葡萄酒，其中的水果风味和精准的酸度被天然的甜味或淡淡的酒精味所充实。卡索瑟霍夫酒庄艾特尔斯巴赫卡索瑟霍夫堡雷司令半干葡萄酒中等干爽，带有诱人的红苹果、干草捆、柠檬和蜂蜜的香气。这款酒清淡新鲜，带有一丝香料的味道。

Karthäuserhof, 54292
Trier-Eitelsbach
06515 121

基斯-基伦酒庄（Kees-Kieren）

中部摩泽尔产区，摩泽尔

基斯-基伦酒庄蜜雅雷司令优质半甜白葡萄酒（白葡萄酒）

Mia Riesling Lieblich QbA Mosel (white)

基斯兄弟恩斯特-约瑟夫和维尔纳以他们的奉献精神和对细节的关注而闻名。而且，20多年来，他们一直将自己的酿酒技术应用于中部摩泽尔产区一贯优质的精品级基斯-基伦酒庄。兄弟俩的蜜雅雷司令优质半甜白葡萄酒是一款经典的、微甜的摩泽尔雷司令葡萄酒，清淡新鲜，带有复杂的橙子、香草、粉葡萄柚和汽油味。

Hauptstrasse 22, 54470 Graach
www.kees-kieren.de

凯乐酒庄（Keller）

莱茵黑森产区

凯乐酒庄灰皮诺优质干白葡萄酒（白葡萄酒）

Grauer Burgunder Trocken QbA (white)

弗洛尔斯海姆-达尔斯海姆镇过去在葡萄酒生产方面非常偏离轨道。克劳斯·凯乐和他的儿子克劳斯-彼得在过去的10年里，在他们的小规模家族酒庄中创造了奇迹，他们将莱茵黑森产区的这个角落牢牢地“钉”在了地图上。诱人、干爽、充满柠檬风味的灰皮诺优质干白葡萄酒说明了原因：具有层次感的水果和矿物质风味，它比大多数由这种葡萄品种生产的葡萄酒风味复杂得多。

Bahnhofstrasse 1, 67592 Flörsheim-Dalsheim
www.keller-wein.de

奥古斯特凯塞勒酒庄（August Kesseler）

莱茵高产区

奥古斯特凯塞勒酒庄雷司令优质葡萄酒（白葡萄酒）

Riesling R QbA (white)

奥古斯特凯塞勒酒庄雷司令优质葡萄酒让饮酒者有机会以合适的价格品尝由莱茵高产区顶级葡萄园洛奇、洛奇豪森和吕德斯海姆的老藤果实酿造的葡萄酒。酒庄的活泼风格在这款清淡、相当干爽的雷司令葡萄酒中显而易见，由于葡萄园来源的血统，这款酒具有非常高的品质。这是奥古斯特·凯塞勒和他的酿酒师马修·希斯特的共同作品，在过去的20年里，他们一直在开发与现在他们相关联的精致而集中的风格。

Lorcher Strasse 16, 65385 Assmannshausen
www.august-kesseler.de

冯凯塞尔施塔特伯爵酒庄（Reichsgraf von Kesselstatt）
鲁威尔产区，摩泽尔

冯凯塞尔施塔特伯爵酒庄雷司令优质葡萄酒（白葡萄酒）
RK Riesling QbA (white)

冯凯塞尔施塔特伯爵酒庄是德国这个角落的顶级酒庄，拥有约35万平方米的葡萄园，在中部摩泽尔产区、萨尔产区和鲁威尔产区之间，各占三分之一。酒庄的起源可以追溯到14世纪中叶，当时冯凯塞尔施塔特家族抵达特里尔镇，然而如今的酒庄很大程度上可以追溯到19世纪，当时冯凯塞尔施塔特家族收购了4座修道院和随它们一起的葡萄园土地。过去20年来，安妮格雷特·雷-加特纳和她的丈夫杰拉德一直在经营酒庄，克里斯蒂安·斯坦梅茨负责葡萄栽培，自2005年以来，沃尔夫冈·默特斯担任酿酒师。默特斯现在已经适应了他的角色，并且正在制作一系列经典葡萄酒。价格实惠的冯凯塞尔施塔特伯爵酒庄雷司令优质葡萄酒就是这样一款葡萄酒。这款酒使用来自河流上方陡坡上的那些葡萄园的果实，是一款非干型葡萄酒，中等酒体，并具有多汁、诱人的苹果、茴香和板岩的味道。

Schlossgut Marienlay, 54317 Morscheid
www.kesselstatt.com

埃伯巴赫修道院酒庄（Kloster Eberbach）
莱茵高产区

埃伯巴赫修道院酒庄吕德斯海姆山罗塞内克雷司令半干白葡萄酒（白葡萄酒）
Rüdesheimer Berg Roseneck Riesling Feinherb (white)

埃伯巴赫修道院酒庄是德国较大的酿酒厂之一，由国家所有，在斯坦伯格单一葡萄园遗址旁边的地下有全新的、绝对现代化的酒窖设施。尽管有新的设施，但酒庄仍保留了其在中世纪修道院埃伯巴赫修道院的历史总部，该修道院在被用作翁贝托·埃科小说《玫瑰之名》改编的肖恩·康纳利的电影的取景地后声名鹊起。自2008年以来，这里的葡萄酒品质一直处于上升状态，呈现出更多的活力、热情和果味。埃伯巴赫修道院酒庄在许多优质地区生产葡萄酒，包括赫恩特赫勒白肯、阿斯曼豪森和吕德斯海姆地区。埃伯巴赫修道院酒庄吕德斯海姆山罗塞内克雷司令半干白葡萄酒酒体适中，半干，是一款迷人而顺滑的白葡萄酒，带有强烈的雪梨挞、柠檬凝乳酪风味和百合花香，非常适合野餐时饮用。

Kloster Eberbach, 56346 Eltville
www.weingut-kloster-eberbach.de

克内贝尔酒庄（Knebel）
摩泽尔梯田产区，摩泽尔

克内贝尔酒庄雷司令干白葡萄酒（白葡萄酒）
Riesling Trocken Mosel (white)

虽然贝特·克内贝尔以她在摩泽尔梯田产区生产小产量浓郁的贵腐雷司令而闻名，但她的干白葡萄酒也同样出色，而且价格要低得多。例如，克内贝尔酒庄雷司令干白葡萄酒口感清淡、干爽、充满香料香气、新鲜，带有油桃、梨、羊毛脂、蜂蜡和矿物质的味道。

August-Horch-Strasse 24, 56333 Winningen
www.weingut-knebel.de

科勒鲁普雷希特酒庄（Koehler-Ruprecht）
法尔兹产区

科勒鲁普雷希特酒庄白皮诺珍酿干白葡萄酒（白葡萄酒）
Weissburgunder Kabinett Trocken (white)

在以科勒鲁普雷希特酒庄品牌酿造葡萄酒时，贝恩德·菲利普非常注重传统。事实上，40多年来，他一直忠实于他祖父的酿酒传统。他的产品组合包括干型雷司令葡萄酒。在该葡萄品种成为法尔兹产区的标准之前，菲利普多年来一直在生产这种雷司令葡萄酒。但就纯粹的物有所值而言，很难击败他广受赞誉的科勒鲁普雷希特酒庄白皮诺珍酿干白葡萄酒。对于那些对德国葡萄酒有刻板印象的人来说，这款酒的风格意外华丽，这款奶油般圆润的干白葡萄酒具有诱人的金冠苹果、烤杏仁和干草的香气。

Weinstrasse 84, 67169 Kallstadt
06322 1829

科雷尔酒庄（Korrell/Johanneshof）
那赫产区

科雷尔酒庄米勒图高优质葡萄酒（白葡萄酒）
Müller Thurgau QbA (white)

科雷尔酒庄的总部位于巴特克罗伊茨纳赫镇的边上，现在是第六代家族拥有者，其酿酒历史可以追溯到1832年。第六代由马丁·科雷尔代表，他在德国阿尔产区和澳大利亚学习了贸易后，从2002年开始接管酒庄，以证明自己是在莱茵河及其支流沿岸工作的最有天赋的酿酒师之一。他酿造的葡萄酒种类繁多，包括一些优质的雷司令、白皮诺和灰皮诺葡萄酒，但他也在米勒图高葡萄品种上发挥了他的“魔力”。这款酒酒精度非常低，但柔和甜美醇厚，带有梨、橙花和木瓜的香气。

Parkstrasse 4, 55545 Bosenheim
www.korrell.com

克鲁格-朗夫酒庄（Kruger-Rumpf）

那赫产区

克鲁格-朗夫酒庄板岩雷司令半干白葡萄酒（白葡萄酒）
Schiefer Riesling Feinherb (white)

在过去的20年中，斯蒂芬·朗夫一直是那赫产区很好的生产商，由明斯特、道滕弗兰泽和匹特斯堡等顶级种植地提供始终如一的高质量产品组合。现在在他的儿子格奥尔格的协助下，这些葡萄酒继续体现出那赫产区的个性，结合了力量和精致，以及独特的矿物质风味。克鲁格-朗夫酒庄板岩雷司令半干白葡萄酒是一款半干型的清淡白葡萄酒，带有板岩香气以及一些梨、青柠和苔藓的味道。

Rheinstrasse 47, 55424 Münster-Sarmsheim
www.kruger-rumpf.com

彼得雅各布库恩酒庄（Peter Jakob Kühn）

莱茵高产区

彼得雅各布库恩酒庄厄斯特里希雷司令优质干白葡萄酒（白葡萄酒）
Oestrich Riesling Trocken QbA (white)

彼得·雅各布·库恩的葡萄酒在展示其纯粹的个性力量方面毫不妥协。因此，他们意见分歧也就不足为奇了，有些人认为这些葡萄酒的性格极端，有点过分了。但库恩的粉丝人数超过了怀疑论者，他们喜欢从雷司令葡萄中提取的表达和风味。库恩和他的妻子安吉拉于1979年接管了家族生产商，将其从散装葡萄酒供应商发展为一个受人尊敬的酒庄，并于2001年成为德国顶级酒庄VDP协会（葡萄酒酒庄协会）的成员。强劲、干爽的彼得雅各布库恩酒庄厄斯特里希雷司令优质干白葡萄酒带有杏干、中国柠檬、苹果派和白垩纪矿物质的香气，并采用螺旋盖包装，便于打开。

Mühlstrasse 70, 65375 Oestrich
www.weingutpjkuehn.de

弗朗茨昆斯勒酒庄（Franz Künstler）

莱茵高产区

弗朗茨昆斯勒酒庄传统黑皮诺葡萄酒（红葡萄酒）
Spätburgunder Tradition (red)

在美国加利福尼亚州品酒时，弗朗茨昆斯勒酒庄的推动者冈特·昆斯勒第一次获得了改变酿酒方法的灵感。回到德国后，他在葡萄中追寻更多的成熟度，为葡萄酒增添力量、果味和矿物质风味，例如弗朗茨昆斯勒酒庄传统黑皮诺葡萄酒。昆斯勒将霍勒葡萄园的一部分用以种植黑皮诺，以酿造出坚实、结构良好但仍然清淡且果味浓郁的葡萄酒。这款酒有黑醋栗、黑樱桃和蘑菇的味道。

Geheimrat-Hummel-Platz 1a, 65239 Hochheim am Main
www.weingut-kuenstler.de

亚历山大莱贝尔酒庄（Alexander Laible）
巴登产区

亚历山大莱贝尔酒庄黑皮诺优质干桃红葡萄酒
Spätburgunder Rosé Trocken QbA

亚历山大莱贝尔酒庄是巴登葡萄酒界的一个后来者，但它背后的人不是。酒庄由亚历山大·莱贝尔所有和经营。莱贝尔在家乡杜尔巴赫买下了这家之前的面包房和周围的土地，并在2007年生产了第一款葡萄酒。酒庄已经享有越来越高的声誉，而莱贝尔本人也是正在改变人们对德国这一地区的看法的新一代酿酒师其中的一员。他生产全系列的葡萄酒，包括霞多丽、白皮诺和灰皮诺葡萄酒。凭借朴素营销的天赋，亚历山大莱贝尔酒庄黑皮诺优质干桃红葡萄酒等葡萄酒的标签易懂，就像这款新鲜干爽的葡萄酒易饮一样。

Unterweweiler 48, 77770 Durbach/Baden
www.weingut-alexanderlaible.de

朗沃思冯西蒙酒庄（Langwerth von Simmern）
莱茵高产区

朗沃思冯西蒙酒庄埃尔巴赫马尔科布伦雷司令珍酿葡萄酒（白葡萄酒）
Erbacher Marcobrunn Riesling Kabinett (white)

朗沃思冯西蒙酒庄在其鼎盛时期（大致从战后时期到20世纪80年代）是一个伟大的莱茵高贵族酒庄。虽然在那之后的几年里，其产出的葡萄酒的质量有所下降，但是，在过去10年左右的时间里，由格奥尔格－莱因哈德·弗莱赫尔·朗沃思·冯·西蒙和他的妻子安德莉亚领导的酒庄经历了一次复兴。从第一天开始，这对夫妇就兴致勃勃地改善这片30万平方米的酒庄，而这些葡萄酒再次展示了酒庄标志性的优雅和平衡。例如，朗沃思冯西蒙酒庄精制的埃尔巴赫马尔科布伦雷司令珍酿葡萄酒是一款飘逸华丽雷司令，在风格上相较于莱茵高更接近摩泽尔山谷，具有迷人的油桃、白胡椒风味和明显的矿物质风味。

Kirchgasse 6, 65343 Eltville
www.langwerth-von-simmern.de

彼得劳尔酒庄（Peter Lauer）
萨尔产区，摩泽尔

彼得劳尔酒庄6号桶雷司令“陈酿”葡萄酒（白葡萄酒）
Riesling Fass 6 "Senior" (white)

彼得劳尔酒庄的酒庄是适合参观的好地方。除了酒厂，这里还有一家精致的餐厅，在这里可以品尝到家族的干型和半干型葡萄酒组合，搭配各种美味佳肴。感谢该地区顶级酿酒师彼得·劳尔的工作，这里一直是萨尔产区很有趣的酒庄。但如果说有什么不同的话，那就是自从劳尔的儿子弗洛里安于2006年开始在这里工作，这些葡萄酒得到了进一步的改进。酒庄葡萄酒风格以低酒精度为基础，但具有真正有深度的风味、复杂性和质地，以及独特的矿物质风味和酸度。彼得劳尔酒庄6号桶雷司令“陈酿”葡萄酒是一款壮观的非干型、中等重量的雷司令葡萄酒，其集中的风味来自80年老藤的果实。这款酒酒体强劲，带有月桂、红苹果和茴香籽的香气。

Trierstrasse 49, 54441 Ayl
www.lauer-ayl.de

约瑟夫莱茨酒庄（Josef Leitz）
莱因高产区

约瑟夫莱茨酒庄吕德斯海姆德拉亨施泰因龙石园雷司令优质葡萄酒（白葡萄酒）
Rüdesheimer Drachenstein Dragonstone Riesling QbA (white)

一般来说，如果一个酒庄规模快速增长，那么它出产的葡萄酒质量有可能会下降。但约瑟夫莱茨酒庄的情况并非如此。尽管从一家小型家族企业发展到拥有32万平方米土地的酒庄，还从其他种植者那里购买葡萄，但其葡萄酒的质量从未下降过。富有表现力、酒体适中的吕德斯海姆德拉亨施泰因龙石园雷司令优质葡萄酒被誉为极具价值的德国雷司令葡萄酒。这款酒所具有的活泼的酸度、多汁的甜味以及黄樱桃和苹果风味相互影响。

Theodor-Heuss-Strasse 5, 65385 Rüdesheim
www.leitz-wein.de

洛奇酒庄（Loch）
萨尔产区，摩泽尔

洛奇酒庄夸萨尔葡萄酒（白葡萄酒）
QuaSaar (white)

洛奇酒庄夸萨尔葡萄酒不是典型精干的萨尔产区葡萄酒。这款酒成熟、丰满，带有苹果和橘子风味，以及羊毛脂和白垩纪矿物质风味。不过，克劳迪娅和曼弗雷德·洛奇也并不是典型的萨尔产区生产者。这对夫妇从1992年开始白手起家，在他们占地3万平方米的小片葡萄园中进行有机耕作，使洛奇酒庄成为萨尔产区最小的顶级酒庄。他们所做的一切都是手工完成的，他们有一种高度原创的方法，产量极低，对酿酒厂的干预最少。

Hauptstrasse 80–82, 54441 Schoden
www.lochriesling.de

卡尔洛文酒庄（Carl Loewen）
中部摩泽尔产区，摩泽尔

卡尔洛文酒庄量产雷司令葡萄酒（白葡萄酒）
Quant Riesling Mosel (white)

卡尔洛文酒庄的有机摩泽尔雷司令葡萄酒系列令人印象深刻。就价值而言，很少有葡萄酒能与卡尔洛文酒庄量产雷司令葡萄酒相媲美。清淡、新鲜，略带甜味，带有桃子、杏子和杧果的味道，并带有新鲜的青苹果酸味。该酒庄由卡尔·约瑟夫·洛文所有和经营，他管理着大约8.5万平方米的葡萄园，其中许多是位于劳伦丘斯雷和里奇等地区的顶级葡萄园，雷司令是迄今为止最主要的葡萄品种。

Matthiasstrasse 30, 54340 Leiwen
www.weingut-loewen.de

雷司令

雷司令生长在风景如画的德国莱茵高和摩泽尔山谷，以其引人注目的苹果和桃子香气以及活泼的质地而闻名。由此制成的葡萄酒也可以很好地陈年，尤其是甜美的晚收风格，并在 5 年、10 年或 20 年时发展出醇厚、丰富的坚果味。几个世纪以来，它一直是德国首屈一指的葡萄品种。

酿酒师将雷司令酿造成一系列白葡萄酒，从清淡到浓郁到优雅到精致，再到味道丰富、带有蜂蜜味和具有陈年价值，取决于葡萄园的位置。它是为数不多的许多人偏爱略带甜味的经典餐酒之一。

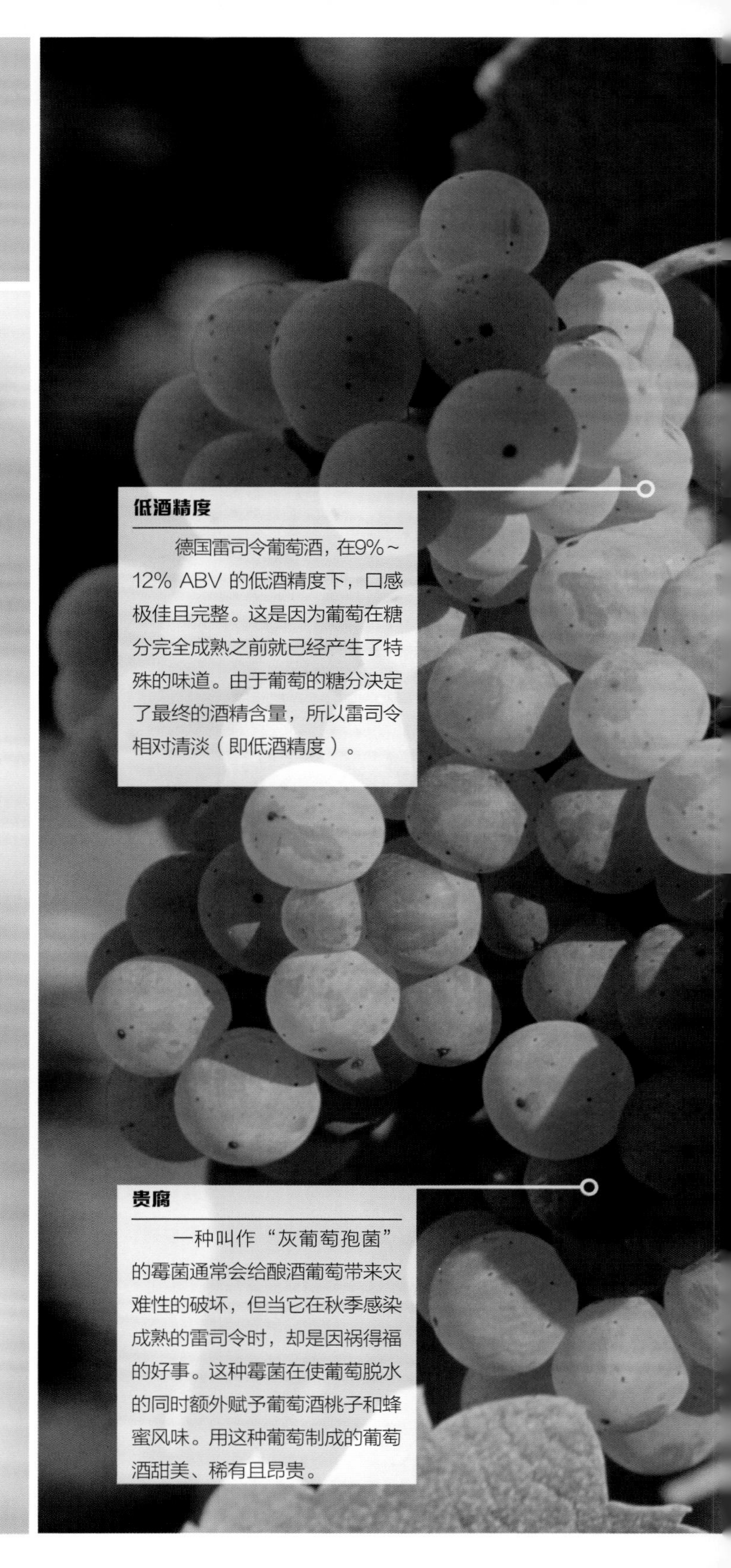

低酒精度

德国雷司令葡萄酒，在9%～12% ABV 的低酒精度下，口感极佳且完整。这是因为葡萄在糖分完全成熟之前就已经产生了特殊的味道。由于葡萄的糖分决定了最终的酒精含量，所以雷司令相对清淡（即低酒精度）。

贵腐

一种叫作“灰葡萄孢菌”的霉菌通常会给酿酒葡萄带来灾难性的破坏，但当它在秋季感染成熟的雷司令时，却是因祸得福的好事。这种霉菌在使葡萄脱水的同时额外赋予葡萄酒桃子和蜂蜜风味。用这种葡萄制成的葡萄酒甜美、稀有且昂贵。

山地品种

德国的葡萄种植者在几个世纪前就学会了在山谷的陡坡上种植雷司令。在这个夏季短暂的国家，朝南的斜坡是最珍贵的，因为它们面对正午的阳光，有助于葡萄成熟。

时尚

尽管雷司令葡萄酒长期以来一直受到一些消费者，尤其是鉴赏家的欢迎，但它现在终于在全球范围内受到关注。侍酒师、酒商和葡萄酒作家很高兴他们热爱的雷司令葡萄酒得到了更多人的喜欢。

世界上何处出产雷司令？

德国声称雷司令是他们独有的品种。但就在德国南部边境毗邻的法国阿尔萨斯地区也以此品种而著称，种植量超过 20% 。

奥地利、南非、智利和几个东欧国家也生产雷司令葡萄酒。在加拿大安大略省和不列颠哥伦比亚省，酿酒师利用冬天的严寒，将葡萄藤上冷冻的雷司令葡萄酿制成冰酒，就像德国酿酒师在条件允许的情况下所做的那样。

在美国，纽约州的五指湖地区以高品质的雷司令葡萄酒而闻名，而在西海岸，华盛顿州有大量的种植园，这些种植园大多生产非常实惠且清爽的雷司令葡萄酒。澳大利亚酿酒师对他们的青柠风味雷司令葡萄酒感到特别自豪。

以下地区是雷司令的最佳产区。 试试这些推荐年份的雷司令葡萄酒，以获得最佳示例：

德国：2010 年、2009 年、2008 年、2007 年

法国阿尔萨斯：2010 年、2009 年、2008 年、2007 年

美国纽约州：2010 年、2008 年、2007 年

产自温暖的法尔兹产区的雷司令葡萄酒拥有非常丰富的风味，例如巴塞曼乔登酒庄的这款雷司令。

露森酒庄（DR Loosen）

中部摩泽尔产区，摩泽尔

露森酒庄 L 博士雷司令葡萄酒（白葡萄酒）
Dr L Riesling (white)

恩斯特·露森起初并没有打算成为一名酿酒师。他接受过考古学家的培训，但葡萄酒的诱惑让他重新接管了他的家族酒庄，在过去的几十年里，他投入了大量的智慧和精力来改变全球对德国葡萄酒的看法。在他的摩泽尔产区酒庄——他还在法尔兹产区拥有一家酿酒厂，并在华盛顿酿造葡萄酒——他在顶级地块拥有很多葡萄园，例如贝恩卡斯特勒雷伊园、仙境园、韦伦日晷园、主教园和天阶园。凭借这些葡萄园，他酿造了一系列极好的雷司令葡萄酒。他的顶级葡萄酒在全国名列前茅，但 L 博士系列以入门级的价格提供相似的风格和卓越的品质。L 博士雷司令葡萄酒是一款半甜型清淡白葡萄酒，带有青苹果、青柠、沥青和黄玫瑰的香气。

St Johannishof, 54470 Bernkastel
www.drloosen.com

洛文斯坦王子酒庄（Fürst Löwenstein）

莱茵高产区

洛文斯坦王子酒庄雷司令优质干白葡萄酒（白葡萄酒）
CF Riesling QbA Trocken (white)

历史悠久的洛文斯坦王子酒庄位于莱茵高的哈尔加滕村，在整个 21 世纪一直保持着优质生产的记录。不过在莱茵高产区 20 万平方米的场地上收获的葡萄被运到所有者洛文斯坦王子在弗兰肯产区的另一个酒庄进行压榨和酿造。酒庄的重点是活泼的雷司令葡萄酒，哈尔加滕（海拔相对较高）特有的高酸度被晚采收的成熟度所缓和。洛文斯坦王子酒庄雷司令优质干白葡萄酒的酒精度为 12.5%，比大多数干型葡萄酒更浓郁。带有杏子、桃子和白花的香气，味道也很浓郁，回味很酸。

Niedertwaldstrasse 8, 65375 Hallgarten
www.loewenstein.de

翠绿酒庄（Maximin Grünhaus/von Schubert）

鲁威尔产区，摩泽尔

翠绿酒庄黑伦堡超级雷司令优质葡萄酒（白葡萄酒）
Herrenberg Superior Riesling QbA (white)

在度过艰难的几年之后，总监卡尔·冯·舒伯特博士和酿酒师斯蒂芬·克拉姆尔确保这片占地 31 万平方米的翠绿酒庄现在坚定地回到了正确的轨道上。该酒庄理应是该地区最好的，因为这里的团队有一些很棒的葡萄园原材料可以利用。这里的三个酒庄葡萄园中有两个是一级园或在德语中被称为“Erste Lage”（即一级园），每个葡萄园都有自己独特的特色——布鲁德堡提供黑莓风味、黑伦堡提供浆果和一些草药风味，阿布茨堡提供桃子风味。葡萄园的质量贯穿整个酒庄的生产过程，包括翠绿酒庄黑伦堡超级雷司令优质葡萄酒。这款相当干爽的清淡白葡萄酒带有矿物质、草药和粉葡萄柚的味道。这是一款令人愉悦、极易饮用且清爽的葡萄酒，专为夏季和春季下午的野餐而调制。

Hauptstrasse 1, 54318 Mertesdorf
www.vonschubert.com

赫伯特梅斯默酒庄（Herbert Messmer）

法尔兹产区

赫伯特梅斯默酒庄黑皮诺优质干红葡萄酒（红葡萄酒）
Spätburgunder Trocken QbA (red)

格雷高·梅斯默是一位非凡的酿酒天才，他在过去的 20 年里一直致力于打造令人羡慕的一流葡萄酒系列。他在法尔兹产区南部鲜为人知的角落这样做只会增加他的成就。由多种不同葡萄品种酿制而成的葡萄酒，包括红葡萄（黑皮诺和圣罗兰）和白葡萄（雷司令、白皮诺、灰皮诺和霞多丽）——这里似乎每过一个年份就会变得更好，使这位经验丰富的酿酒师成为持续上升的新星。如需了解梅斯默的技巧和可靠的手感，请尝试赫伯特梅斯默酒庄黑皮诺优质干红葡萄酒。这款价格合理的清淡干红葡萄酒采用 1 升而非 750 毫升瓶装，具有诱人的酸红樱桃、柠檬皮和石榴的香气。

Gaisbergstrasse 5, 76835 Burrweiler
www.weingut-messmer.de

美亚内克尔酒庄（Meyer-Näkel）

阿尔产区

美亚内克尔酒庄幻象黑皮诺优质干桃红葡萄酒（桃红葡萄酒）
Spätburgunder Illusion Trocken QbA (rosé)

在阿尔产区中生产高品质的黑皮诺葡萄酒是一个相对较新的现象。以美亚内克尔酒庄为例。这个优秀的生产商与该地区的其他生产商一样，从 20 世纪 80 年代开始，一直在生产优质的黑皮诺葡萄酒。这里的酿酒是家族产业，前中学数学老师维尔纳·内克尔的大女儿美克和她的妹妹多特从 2008 年起在酒窖里陪伴了他 5 年左右，她们都毕业于德国顶级酿酒学校盖森海姆。姐妹们的到来帮助保持了这里始终如一的品质，勃艮第的影响在这里显而易见。该家族在该酒庄 15 万平方米的葡萄园中坚持低产量，这些葡萄园位于沃尔波尔茨海默药草山、德尔瑙尔法尔温格特和巴特诺伊纳勒索南伯格。他们还在酒厂中采用了非常少的人工干预。美亚内克尔酒庄幻象黑皮诺优质干红葡萄酒是一款非干型的黑皮诺桃红葡萄酒，带有樱桃和木瓜的香气和酸甜的口感。

Friedenstrasse 15, 53507 Dernau
www.meyer-naekel.de

西奥明格斯酒庄（Theo Minges）

法尔兹产区

西奥明格斯酒庄雷司令优质半干白葡萄酒（白葡萄酒）
Riesling Halbtrocken QbA (white)

西奥·明格斯是目前法尔兹产区很令人兴奋的生产商。在风格上，他的葡萄酒同时拥有明格斯的家乡风格和摩泽尔产区风格，具有明显的矿物质风味和优雅，以及丰富和集中的风味特点。明格斯在格雷斯韦勒霍勒和弗莱姆林格福格斯布朗等地拥有约 15 万平方米的葡萄园，品种繁多，包括琼瑶浆、黑皮诺、白皮诺和灰皮诺葡萄。但他最出名的是雷司令葡萄酒。西奥明格斯酒庄雷司令优质半干白葡萄酒是对他风格的完美、朴实的介绍。这是一款适合所有人的雷司令葡萄酒——活泼、有力、果味浓郁、略带甜味，是适合温暖午后或傍晚饮用的完美葡萄酒，而且还有 1 升瓶装的分享装。

Bachstrasse 11, 76835 Flemlingen
www.weingut-minges.com

玛斯莫莉酒庄（Markus Molitor）

中部摩泽尔产区，摩泽尔

玛斯莫莉酒庄克洛斯特伯格雷司令优质葡萄酒（白葡萄酒）
Haus Klosterberg Riesling QbA (white)

1984 年，年仅 20 岁的马库斯 · 莫利托接手了他的家族酒庄，从那时起，他就以将葡萄酒推向风格极限而闻名。现在，他在多个优质地点（他最大的资产是泽尔廷根日冕园和维勒纳克洛斯特伯格园）的大约 38 万平方米（开始时只有 3 万平方米）的酒庄工作。他的葡萄酒高度浓缩，果味浓郁，还有香料香气。由于葡萄采摘较晚，他的酿酒工艺偏向于长时间发酵，并在沉淀物中停留较长时间。玛斯莫莉酒庄克洛斯特伯格雷司令优质葡萄酒几乎是干白葡萄酒的风格，酒精度适中，口感细腻，带有接骨木花、干菠萝、绿葡萄和石板岩的味道。

Haus Klosterberg, 54470 Bernkastel-Wehlen
www.markusmolitor.com

莫斯巴赫酒庄（Mosbacher）

法尔兹产区

莫斯巴赫酒庄福斯特雷司令珍酿葡萄酒（白葡萄酒）
Forster Riesling Kabinett (white)

一般来说，法尔兹产区的雷司令葡萄酒以其浓郁的果香和成熟多汁的整体气息而闻名。这里最好的葡萄酒将这些品质与精致和优雅相结合，以及拥有在瓶中优雅地陈酿的能力。当然，在莫斯巴赫酒庄就能找到这样的优质葡萄酒。如今，这些葡萄酒由萨宾 · 莫斯巴赫-杜林格和她的丈夫尤尔根 · 杜林格酿造，他们是家族的第三代管理人。这对夫妇继承了萨宾的父亲理查德 · 莫斯巴赫的职位，莫斯巴赫从 20 世纪 60 年代起就将这个酒庄放在了地图上，至今仍提供建议。葡萄来自该家族在福斯特地区一流地域之中的 18 万平方米葡萄园。莫斯巴赫酒庄福斯特雷司令珍酿葡萄酒充满了这个生产商现在众所周知的标志性优雅和矿物质风味。这是一款清淡的干白葡萄酒，还有迷人的白桃、橘子和芹菜籽的味道。

Weinstrasse 27, 67147 Forst
www.georg-mosbacher.de

卡托尔酒庄（Müller-Catoir）

法尔兹产区

卡托尔酒庄麝香珍酿葡萄酒（白葡萄酒）
Muskateller Kabinett Trocken (white)

在 20 世纪 70 年代和 80 年代，业主海因里希 · 卡托尔和酒庄经理汉斯-冈瑟 · 施瓦茨帮助卡托尔酒庄凭借一系列干型和甜型的优质葡萄酒在法尔兹产区崛起。如今，菲利普 · 卡托尔和酒庄经理马丁 · 弗兰岑组成了一个同样充满活力的二人组，他们现在从这个被称为"MC²"的历史悠久的酒庄酿制的葡萄酒再次跻身德国最耀眼的行列。卡托尔酒庄麝香珍酿葡萄酒是麝香葡萄酒的标杆，也许也是世界上最好的麝香葡萄酒。在风格上，这款酒酒体浓郁、干爽、充满香料气息，但它具有活泼的酸度，以平衡诱人丰富的热带水果风味。

Mandelring 25, 67433 Haardt
www.mueller-catoir.de

伊贡米勒酒庄（Egon Müller-Scharzhof/Le Gallais）
萨尔产区，摩泽尔

伊贡米勒酒庄沙尔若夫雷司令优质葡萄酒（白葡萄酒）
Scharzhof Riesling QbA Mosel (white)

伊贡米勒 / 加莱的双胞胎酒庄弥漫着一种历史感。无论酿造何种风格的葡萄酒，都是精致、仔细和优雅的。它们是备受推崇的伊贡·米勒四世的作品。米勒四世是萨尔产区很伟大的酿酒师，他的顶级葡萄酒可以卖到非常高的价格。产品系列中有很多在日常预算范围的口味，但最突出的是出人意料的优秀的沙尔若夫雷司令优质葡萄酒。飘逸是品尝这款酒时首先浮现在脑海中的词，与其带有的优雅质地一起。这款酒呈现出桃子、蜂蜜和鲜花的风味，与矿物质风味的脉络无缝融合。从技术上讲，这款酒并不干爽——伊贡米勒酒庄没有干爽风格，但由于它的完美平衡，你不会注意到它的甜味。

Scharzhof, 54459 Wiltingen
www.scharzhof.de

普菲芬根酒庄（Pfeffingen/Fuhrmann-Eymael）
法尔兹产区

普菲芬根酒庄雷司令珍酿半干白葡萄酒（白葡萄酒）
Pfeffo Estate Riesling Kabinett Halbtrocken (white)

起初，这款酒体适中、甜度适中的普菲芬根酒庄雷司令珍酿半干白葡萄酒酒体强劲而坚实，但很快就会软化并变得果味浓郁，带有柑橘、矿物质和甜瓜的香气。这款酒的名字来源于罗马人普费弗，他定居在法尔兹产区，他的住所位于今天普菲芬根酒庄的总部所在地。该酒庄在法尔兹产区成立，在 20 世纪 50 年代和 60 年代首次崛起，当时它由卡尔·福尔曼经营。现在由福尔曼的孙子扬·埃梅尔管理，酒庄已经彻底更新，它生产了该地区非常诱人的葡萄酒，风格众多。

Pfeffingen 2, 67098 Bad Dürkheim
www.pfeffingen.de

乔乔斯普鲁姆酒庄（Joh Jos Prüm）
中部摩泽尔产区，摩泽尔

乔乔斯普鲁姆酒庄雷司令珍酿葡萄酒（白葡萄酒）
Riesling Kabinett Mosel (white)

当世界各地的葡萄酒爱好者想到伟大的摩泽尔产区雷司令葡萄酒时，乔乔斯普鲁姆酒庄往往是脑海中浮现的第一个酒庄名字。这个酒庄的声誉是由普鲁姆家族几代人发展起来的，从乔·乔斯开始，他在 1911 年继承了现有家族酒庄的一半。乔·乔斯的儿子塞巴斯蒂安、他的孙子曼弗雷德以及现在的管理者乔·乔斯的曾孙女凯瑟琳各自为酒庄增添了自己的风格，完善了模型，但始终保留了摩泽尔产区雷司令葡萄酒优雅而风味集中的品牌风格。始终负担得起且可靠的乔乔斯普鲁姆酒庄雷司令珍酿葡萄酒为德国葡萄酒风格的“学生”提供了很好的“入门读物”。这款酒拥有摩泽尔产区雷司令葡萄酒的典型优雅表现，轻盈而华丽，带有青苹果、白胡椒、百合和木瓜的味道。这款酒是果味的，但很干爽。

Uferallee 19, 54470 Wehlen
www.jjpruem.com

SA普鲁姆酒庄（S A Prüm）
中部摩泽尔产区，摩泽尔

SA 普鲁姆酒庄本质白皮诺优质干白葡萄酒（白葡萄酒）
Essence Pinot Blanc Trocken QbA Mosel (white)

不要与乔乔斯普鲁姆酒庄混淆（见上一条），SA 普鲁姆酒庄是另一个经典的摩泽尔酒庄，在过去几年里发展迅速，收购了香料园和天阶园的葡萄园地块，作为其在著名的伟伦日晷园和仙境园的资产补充。其背后的父女团队在酿造白皮诺葡萄酒的领域是独一无二的。中等酒体的 SA 普鲁姆酒庄本质白皮诺优质干白葡萄酒带有柠檬味和香草味。

Uferallee 25–26, 54470 Wehlen
www.sapruem.com

萨尔斯坦酒庄（Schloss Saarstein）
萨尔产区，摩泽尔

萨尔斯坦酒庄白皮诺优质干白葡萄酒（白葡萄酒）
Pinot Blanc Trocken QbA (white)

这个酒庄在战后的良好声誉始于1956年被迪特·艾伯特收购。艾伯特看到了占地10万平方米的萨尔斯坦酒庄的潜力，它曾是优质生产商联盟大圆环的创始成员，但在战争期间遭到了一定程度的破坏。艾伯特很快着手将这个拥有萨尔河上方陡峭梯田的葡萄园的酒庄打造成该地区优秀的生产商。迪特的儿子克里斯蒂安毕业于盖森海姆葡萄酒学校，于1986年接手经营，并在妻子安德里亚（弗兰肯产区维尔申葡萄酒家族的成员）的协助下，小批量生产（每年约5000箱）非常优质、成熟且新鲜的白葡萄酒。这个酒庄的真正便宜货是克里斯蒂安酿造的新鲜、充满苹果味和坚果味的白皮诺优质干白葡萄酒。这是一款美味的葡萄酒，价格非常合理，是猪肉类菜肴的完美搭配。

Schloss Saarstein, 54455 Serrig
www.saarstein.de

圣尤荷夫酒庄（St Urbans-Hof）
中部摩泽尔产区，摩泽尔

圣尤荷夫酒庄雷司令葡萄酒（白葡萄酒）
Urban Riesling Mosel (white)

一些酿酒师擅长酿造小批量的高品质葡萄酒。其他人则更擅长生产大批量的优质葡萄酒。很少有人能够同时做到这两点，但摩泽尔产区的明星尼克·维斯无疑是其中之一。在位于中部摩泽尔产区的占地32万平方米的家族酒庄圣尤荷夫酒庄，维斯从萨尔产区中的奥克芬博克斯坦园和摩泽尔产区中的金色水滴园和雷文纳劳伦蒂乌斯莱园等地生产了一系列令人眼花缭乱的顶级葡萄园指定葡萄酒。但每年他也生产数十万瓶价格实惠且品质上乘的雷司令葡萄酒，正是这一点，以及他的顶级葡萄酒，帮助他赢得了良好的国际声誉。圣尤荷夫酒庄雷司令葡萄酒是一款入门级雷司令葡萄酒，采用维斯的酒庄附近葡萄园的果实制成。这款酒清淡，酒精含量低，令人耳目一新，带有丁香、滑石、波士克梨和板岩的味道。很难想象以这种价格能找到更好的开胃酒。

Urbanusstrasse 16, 54340 Leiwen
www.urbans-hof.de

保持开瓶酒新鲜

保持一瓶开瓶酒新鲜的最简单、最可靠的方法——无论是起泡酒、白葡萄酒、红葡萄酒，还是加强型葡萄酒——就是将其存放在冰箱中。低温会减缓葡萄酒中的各种化学反应（这些化学反应始于葡萄酒暴露在空气中），否则在某些情况下可能会在短短一天的时间内破坏它。

氧化过程最终会使已经打开的葡萄酒无法饮用。当葡萄酒中的酚类化学物质暴露在氧气中时，就会发生这种情况，并导致香气、颜色和风味的丧失。在较低温度下，该反应发生的速度比其他情况下要慢得多。

零售商出售各种设备来保存已打开但未喝完的葡萄酒。例如，你可以购买将氮气注入瓶中的罐子，或将空气抽出的小型手动泵。其目的都是保护葡萄酒免受氧气的影响，氧气是保持新鲜的主要敌人。但是这些设备可能很难使用，而且并不比将软木塞放回瓶中并将其放入可信赖的冰箱中更有效。然而，不要费心将勺子放入一瓶打开的起泡酒中——关于它可以阻止葡萄酒失去气泡这件事，不是很靠谱。但是起泡酒的特殊塞子确实很管用。

半空瓶白葡萄酒、桃红葡萄酒和起泡酒应在倒酒后直接放回冰箱。许多红葡萄酒，特别是较清淡的风格，如博若莱葡萄酒和便宜的黑皮诺葡萄酒，将受益于开封后的冷藏，直到需要它们。如果红酒拿出时温度太低，请先在厨房柜台或玻璃杯中回温20分钟，然后再饮用。如果没有客人在看的话，你甚至可以使用微波炉（小心地）加热一杯红酒（约10秒钟）。

一些适合陈年的红葡萄酒和更少的适合陈年的稀有白葡萄酒可以在空气中暴露一两天，甚至味道更好。半瓶的、年轻的、富含单宁的波尔多葡萄酒在室温下会在一夜之间变柔和，这与几年后的陈酿曲线大致相似。

霍斯特绍尔酒庄（Horst Sauer）

弗兰肯产区

霍斯特绍尔酒庄埃舍恩多夫西万尼珍酿干白葡萄酒（白葡萄酒）
Escherndorfer Lump Silvaner Kabinett Trocken (white)

多年来，弗兰肯产区的酿酒师常常觉得自己是德国葡萄酒界的二等公民。虽然莱茵高、摩泽尔和法尔兹等产区在德国国内和全球享有盛誉，但弗兰肯产区的葡萄酒在该地区之外却在很大程度上被忽视了。这种情况在过去10年左右发生了一些变化，这要归功于霍斯特·绍尔等创新生产商。绍尔在20世纪90年代后期凭借其果味浓郁、优雅且独特的矿物质风味葡萄酒一举成名，使弗兰肯产区在此过程中备受关注。绍尔的女儿桑德拉现在负责大部分酿酒工作，但酒庄风格保持不变；桑德拉不愿篡改一个非常成功的模式。霍斯特绍尔酒庄埃舍恩多夫西万尼珍酿干白葡萄酒的绍尔特征当然很明显。来自德国历史悠久的特级园葡萄园，这款肉质、果香浓郁的干白葡萄酒带有桃子、梨子和白垩纪矿物质的味道，并以一阵活泼的酸味收尾。

Bocksbeutelstrasse 14, 97332 Escherndorf
www.weingut-horst-sauer.de

舍费尔酒庄（Willi Schaefer）

中部摩泽尔产区，摩泽尔

舍费尔酒庄格拉齐多普斯特园雷司令珍酿葡萄酒（白葡萄酒）
Graacher Domprobst Riesling Kabinett (white)

威利·舍费尔和他的儿子克里斯托弗对拓展业务采取了谨慎的态度。多年来，他们已经收购了几块葡萄园，但即便如此，他们在仙境园和多普斯特园的大片土地上的土地仍然只有4万平方米。对于世界各地的葡萄酒爱好者来说，这可能会带来问题：舍费尔酒庄葡萄酒系列的潜在客户比每年生产的瓶装酒数量要多得多。这些顾客被一种以自然葡萄甜味和精确酸度为基础的酒庄风格所吸引。这里的葡萄酒充满生命力、活力和个性。就像美国糖果的标志——盐水太妃糖一样，可爱的果味白葡萄格拉齐多普斯特园雷司令珍酿葡萄酒提供了一种咸味的矿物质，作为甜味的对应物——在这种情况下是亚洲梨和酸葡萄柚风味。

Hauptstrasse 130, 54470 Bernkastel-Graach
06531 8041

泽巴赫酒庄（Selbach-Oster）

中部摩泽尔产区，摩泽尔

泽巴赫酒庄鱼标雷司令珍酿葡萄酒（白葡萄酒）
Riesling Kabinett Fish Label (white)

约翰内斯·泽巴赫致力于宣传德国和摩泽尔产区雷司令葡萄酒的事业，以至于你在日本东京或美国纽约的活动中遇到他的可能性就像在他的家中找到他一样高。然而，泽巴赫的葡萄酒是该事业的宣传大使，其宣传程度不亚于他本人。他生产的甜型珍酿葡萄酒和晚收葡萄酒的甜度远低于该地区其他酒庄的甜度，但始终出色，充满矿物质风味。酿酒葡萄主要来自泽尔廷根，活泼、新鲜的干白葡萄酒鱼标雷司令珍酿葡萄酒，带有草莓、杧果和酸青苹果的味道。

Uferallee 23, 54492 Zeltingen
www.selbach-oster.de

鲁道夫辛斯酒庄（Rudolf Sinss）

那赫产区

鲁道夫辛斯酒庄黑皮诺优质干红葡萄酒（红葡萄酒）
Spätburgunder Trocken QbA (red)

自从约翰内斯·辛斯开始帮助他的父亲鲁道夫酿造1997年份的葡萄酒以来，鲁道夫辛斯酒庄知名度开始上升。现在酒庄是那赫产区的领头羊，因其雷司令、白皮诺和灰皮诺干白葡萄酒而享有盛誉。但它也是该地区红葡萄酒的顶级生产商之一，尤其是黑皮诺。就纯粹的价值而言，其他葡萄酒很难击败鲁道夫辛斯酒庄黑皮诺优质干红葡萄酒。这款酒体适中的干红葡萄酒呈略带铜色的粉红色，散发出美味的草莓、樱桃和香料味，质地圆润柔顺。这是对德国葡萄酒界这一不断发展的部分的精彩介绍。

Hauptstrasse 18, 55452 Windesheim
www.weingut-sinss.de

斯普雷策酒庄（Spreitzer）

莱茵高产区

斯普雷策酒庄 *101* 雷司令优质葡萄酒（白葡萄酒）
Riesling 101 QbA (white)

莱茵高产区的两位极为聪明的酿酒天才，斯普雷策兄弟——伯恩德和安德烈亚斯，他们以坚持自己的道路而不是遵循公认的智慧而获得赞誉。当莱茵高产区的许多同时代人正在复制南部地区更丰富、更成熟的干白风格时，斯普雷策酒庄又回到了更清淡、更新鲜、酒精含量较低的干白葡萄酒和半干白葡萄酒的风格。活泼的 101 雷司令优质葡萄酒完美地展示了这种风格。这款酒酒精度适中，略带甜味，充满柠檬、成熟的梨和姜饼的味道。

Rheingaustrasse 86, 65375 Oestrich
www.weingut-spreitzer.de

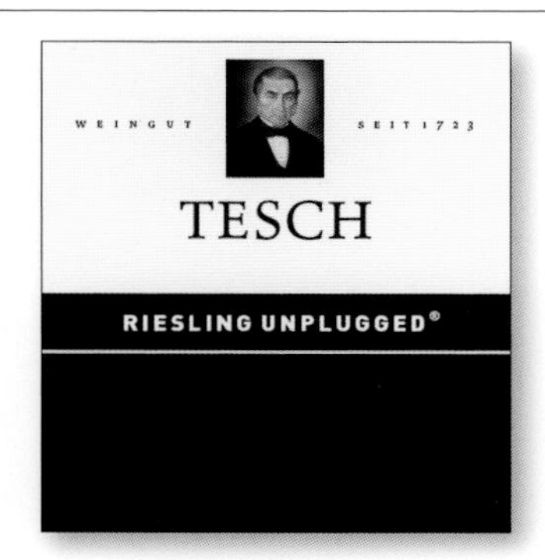

特施酒庄（Tesch）

那赫产区

特施酒庄不插电雷司令珍酿干白葡萄酒（白葡萄酒）
Unplugged Riesling Kabinett Trocken (white)

马丁 · 特施是德国葡萄酒界备受争议的人物，他借用了摇滚乐的意象、营销技巧和精神来生产和销售他的葡萄酒——在这个过程中撼动了这个偶尔沉闷和保守的世界。特施在 1996 年接手家族产业之前曾接受过微生物学家的培训。从他掌权的那一刻起，他就在不断创新，每时每刻都在打破常规。他的产品组合包括一系列来自单一葡萄园的以颜色编码的葡萄酒，所有这些葡萄酒在风味和包装上都与众不同，但对他不同寻常的方法的最佳介绍是特施酒庄不插电雷司令珍酿干白葡萄酒。顾名思义，这是在尽可能少的酿酒影响（或增益）的情况下制作的。这是一款纯净、未经过滤的雷司令葡萄酒，带有苹果、沥青和水果蛋糕的香气，非常干爽。

Naheweinstrasse 99, 55450 Langenlonsheim
www.weingut-tesch.de

塔尼史酒庄（DR H Thanisch – Erben Thanisch）

中部摩泽尔产区，摩泽尔

塔尼史酒庄班卡斯特勒巴斯图园雷司令珍酿葡萄酒（白葡萄酒）
Bernkasteler Badstrube Riesling Kabinett (white)

塔尼史酒庄生产的葡萄酒一直以优雅和精致为标志。但在过去的 10 年里，他们进一步提升了葡萄酒的品质。塔尼史酒庄是一个著名的酒庄，尤其以班卡斯特勒博士的葡萄酒而闻名，但它的价格，尤其是班卡斯特勒巴斯图园的葡萄酒，绝不是令人望而却步的。班卡斯特勒巴斯图园雷司令珍酿葡萄酒是一款干爽的清淡白葡萄酒，具有丰富的矿物质风味、酸味和成熟的梨味。这款酒的口感诱人丰满，而且略带甜味。

Saarallee 31, 54470 Bernkastel-Kues
www.thanisch.com

丹尼尔沃伦维德酒庄（Daniel Vollenweider）

中部摩泽尔产区，摩泽尔

丹尼尔沃伦维德酒庄沃尔夫金矿雷司令晚收葡萄酒（白葡萄酒）
Wolfer Goldgrübe Riesling Spätlese (white)

刚到摩泽尔产区时，年轻的瑞士人丹尼尔 · 沃伦维德完全是一个局外人，在葡萄酒界完全不为人知。在下定决心开始酿酒之后，他于 2000 年贷款购买了位于令人眼花缭乱、长期被忽视但具有重要历史意义的沃尔夫金矿地区的一小块 1.6 万平方米的葡萄园。这是他的同名酒庄显著崛起的开始。沃伦维德很快凭借精选的雷司令葡萄酒超越了他更成熟的同行。丹尼尔沃伦维德酒庄沃尔夫金矿雷司令晚收葡萄酒是一款可爱轻盈的半甜白葡萄酒。这款酒清淡活泼，带有桃皮、梨和岩石风味。

Wolfer Weg 53, 56841
Traben-Trarbach
www.weingut-vollenweider.de

打造“酒窖”

即使你没有酒窖，在家中储存你最喜欢的葡萄酒也很容易。在寻找存储地点时，寻找凉爽的地方，但避免结冰。理想的温度是深洞穴的温度，大约 13℃（55℉），但只要找到最凉爽的地方，远离阳光直射，在地面上或靠近地面、衣柜中或床下都可以。或将备用冰箱调整为理想温度（13℃）也足够了。

厨房里不必装高架子。立架很有用，但不必过于花哨，带有酒盒即可。如果瓶子用软木塞密封，请记住将其侧放存放，以免软木塞变干、裂开，进而导致葡萄酒变质。为了帮助你入门，这里有一个关于在能装 100 瓶的酒窖中存放哪些葡萄酒的建议。

浓郁的红葡萄酒

在一个能装 100 瓶酒的酒窖中，存放大约 35 瓶酒体饱满的红葡萄酒，无论是现在还是日后当它们变得更加复杂时，都可以享用。大多数波尔多葡萄酒，即使是便宜的，都可以陈酿几年。国际赤霞珠葡萄酒、价格较高的勃艮第红葡萄酒、意大利和西班牙红葡萄酒也是如此。

清淡的红葡萄酒

大多数超市售卖的红葡萄酒都属于这一类，还有桃红葡萄酒、博若莱红葡萄酒、简单的基安蒂红葡萄酒和普通的勃艮第红葡萄酒。其中许多非常适合搭配简单的比萨或意大利面，但很少有葡萄酒的口感会随着年份的增长而改善，因此储存目标是 20 瓶，趁它们仍然活泼且充满水果风味，请在购买后立即饮用。

浓郁的白葡萄酒

可供餐前和就餐时饮用的酒体浓郁的白葡萄酒可能会在你的酒窖中占 15 瓶。大多数适合即刻饮用，但可以尝试陈酿几瓶优质的勃艮第白葡萄酒或其他优质霞多丽葡萄酒、德国雷司令葡萄酒或卢瓦尔河谷白诗南葡萄酒，看看它们在一年内有何变化。一些浓郁的白葡萄酒可以保存多年。

起泡酒

包括香槟在内的起泡酒不仅适用于特殊场合。它也可以作为开胃酒搭配开胃菜和鱼类菜肴。起泡酒在准备好即刻饮用时才会被发售，因此无须陈年。然而，如果让一些顶级香槟陈年，它们会很好地陈酿，所以值得在你的酒窖里存放多达 10 瓶起泡酒。

清淡的白葡萄酒

在一年中的任何时候，尤其是在温暖的天气里，清淡新鲜的白葡萄酒都是必不可少的。赤霞珠葡萄酒、阿尔巴利诺葡萄酒、灰皮诺葡萄酒等是搭配午餐和开胃菜的完美选择。这些酒最好在新酒时饮用，因此可以在你的酒窖里存放 10 瓶。

甜酒和加强型葡萄酒

储存少量甜酒或餐后葡萄酒——在你的酒窖里最多存放 10 瓶，可以为晚宴增添色彩。苏玳葡萄酒、晚收雷司令葡萄酒和圣酒的甜度，以及雪莉酒、波特酒和马德拉酒的酒精度，使它们适合陈酿。

来自西班牙加泰罗尼亚普里奥拉托产区的白伊尔基尼酒庄双基尼葡萄酒。

来自新西兰中部奥塔哥产区的困难山酒庄咆哮梅格黑皮诺葡萄酒。

来自美国加利福尼亚州蒙特利县产区的赫斯酒庄精选霞多丽葡萄酒。

路易王妃特级干型无年份香槟。

来自西班牙加利西亚的下海湾地区产区的马丁歌达仕酒庄阿尔巴利诺葡萄酒。

来自葡萄牙的泰勒酒庄晚瓶装年份波特酒。

沃尔莱茨酒庄（Schloss Vollrads）

莱茵高产区

沃尔莱茨酒庄雷司令珍酿半干白葡萄酒
Riesling Kabinett Feinherb (white)

沃尔莱茨酒庄雷司令珍酿半干白葡萄酒在德国雷司令葡萄酒中价格优惠，并且在世界各地的商店和餐厅名单上很容易被找到，是一款美味、活泼、充满柠檬风味的干白葡萄酒。这款酒是理想的开胃酒，非常适合在温暖的天气品尝。这个历史悠久的酒庄围绕着一座精美的城堡，自1211年以来一直在运营，它声称是世界上最古老的酿酒厂。近年来，在罗瓦尔德·赫普的带领下酒庄发展迅速，虽然每年生产约50万瓶葡萄酒，但酒庄始终关注质量——这是许多类似规模的竞争对手无法做到的。该酒庄专门经营雷司令葡萄酒，拥有约60万平方米的葡萄园。

Vollradser Allee, 65375 Winkel
www.schlossvollrads.de

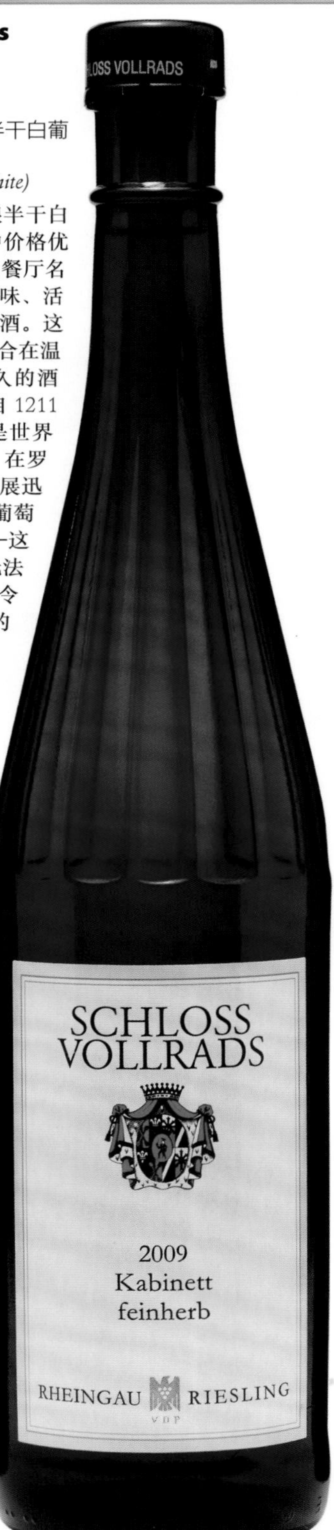

瓦格纳酒庄（Wagner-Stempel）

莱茵黑森产区

瓦格纳酒庄西万尼优质干白葡萄酒
Silvaner Trocken QbA (white)

复杂而令人印象深刻的瓦格纳酒庄大胆的西万尼优质干白葡萄酒展示了新的莱茵黑森产区风格。这款酒酒体适中，有可爱的苹果、梨和苔藓的味道。这款酒由丹尼尔·瓦格纳酿制，多年来他已经发展出一种风味集中、精确、芳香和浓缩的酿酒特色，这对任何可能声称莱茵黑森产区只能生产粗放平庸的葡萄酒的人来说都是一种反击。这种风格是对瓦格纳管理的葡萄园的忠实再现，这些葡萄园种植在莱茵黑森西部相对较高的海拔高度，包括赫克雷茨和霍尔堡等地。作为德国较好的酿酒师之一，最近年份的葡萄酒表明，瓦格纳目前正处于他能力的巅峰。

Wöllsteiner Strasse 10, 55599 Siefersheim
www.wagner-stempel.de

韦格勒酒庄（Wegeler）

莱茵高产区和摩泽尔产区

韦格勒酒庄雷司令干型高级起泡酒
Gutssekt Riesling Brut (sparkling)

近年来，积极进取的汤姆·德赖斯伯格博士见证了韦格勒酒庄的显著转变。酒庄以前被称为韦格勒-戴因哈德酒庄，自从德赖斯伯格接手后，这些葡萄酒明显变得更好，具有额外的香味和品质的提升。该酒庄以其著名的干型雷司令葡萄酒供应德国许多优秀的餐厅而闻名。但韦格勒酒庄雷司令干型高级起泡酒也同样出色。由来自该公司的贝恩卡斯特尔地区（摩泽尔产区）和厄斯特里希地区（莱茵高产区）葡萄园的葡萄制成，这款精美且价格非常合理的起泡酒在其沉淀物中停留了超过15个月。这款酒优雅柔和，芬芳，但充满活力。

Friedensplatz 9-11, 65375 Oestrich
www.wegeler.com

维尔海姆博士酒庄（DR Wehrheim）

法尔兹产区

维尔海姆博士酒庄霞多丽晚收干白葡萄酒
Chardonnay Spätlese Trocken (white)

世界各地有许多酿酒师没有获得应得的声誉。但很少有人像卡尔-海因茨·维尔海姆那样被严重低估，他一次又一次地证明自己是一位非常杰出的酿酒师，却从未获得过国际认可，他的许多同代人也都没有得到过。但维尔海姆本人并不那么在乎。他更愿意花一天时间打猎，而不是为了公关而长时间远离家乡。然而，品尝过他的葡萄酒的幸运者都认为这是当今德国非常好的葡萄酒。维尔海姆所拥有的所有声誉都集中在他多面的特级园白皮诺葡萄酒上，但他的才华延伸到许多其他葡萄酒和品种。例如，他的霞多丽晚收干白葡萄酒是一款美味、酒体适中的干白葡萄酒，带有热带水果、黄油和香草的味道。

Weinstrasse 8, 76831 Birkweiler
www.weingut-wehrheim.de

罗伯特威尔酒庄（Robert Weil）

莱茵高产区

罗伯特威尔酒庄雷司令优质干白葡萄酒

Riesling Trocken QbA (white)

罗伯特威尔酒庄由威廉·威尔和日本饮料集团三得利所有，是现代莱茵高产区的生产商典范。酒庄拥有73万平方米的葡萄园——在基德里希、格拉芬伯格、宝塔山和克洛斯特伯格均享有盛誉——从那里生产各种葡萄酒，从干型葡萄酒到令人陶醉的甜型葡萄酒和奢华的甜酒风格。酒庄主打雷司令优质干白葡萄酒，占其年产量的很大一部分。每年生产数十万瓶这种极其甘美的干型雷司令。这款酒总是充满激情和动力，就风味特征而言，具有杨桃、番石榴和蜂蜜的诱人香气，还具有精确、新鲜、集中和活泼的风味，余味干净。

Mühlberg 5, 65399 Kiedrich
www.weingut-robert-weil.com

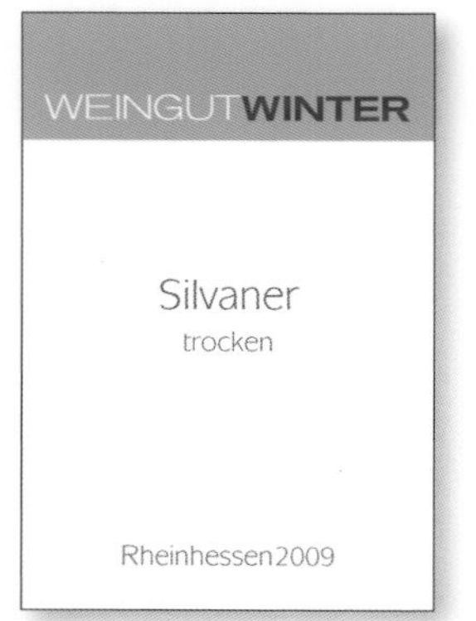

温特酒庄（Winter）

莱茵黑森产区

温特酒庄西万尼优质干白葡萄酒

Silvaner Trocken QbA (white)

斯蒂芬·温特是一个值得关注的名字。直到这位年轻的酿酒师在2003年带着他的Leckerberg（意为“美味的山丘”）雷司令进入葡萄酒场景之前，很少有人听说过迪特尔斯海姆-赫斯洛赫地区。现在他们做到了，温特继续证明他的第一款酒并非昙花一现，推出了西万尼优质干白葡萄酒等超值的葡萄酒。西万尼优质干白葡萄酒酒体中等至浓郁，非常干爽，带有亚洲梨、白垩纪矿物质和香料的味道。

Hauptstrasse 17, 67596 Dittelsheim-Hessloch
www.weingut-winter.de

沃尔夫酒庄（J L Wolf）

法尔兹产区

沃尔夫酒庄琼瑶浆优质葡萄酒（白葡萄酒）

Villa Wolf Gewürztraminer QbA (white)

恩斯特·露森因复兴位于摩泽尔产区贝恩卡斯特尔的露森城堡酒庄而声名鹊起。但这位躁动不安的明星酿酒师很快就把他的网撒得更大了，法尔兹产区的沃尔夫酒庄是他在世界各地开展的一系列冒险活动中的第一个。该公司总部位于一片美丽的19世纪中叶建筑中，生产一系列品质始终如一的产品，包括这款经典的非干型琼瑶浆葡萄酒，其价格仅为邻近的阿尔萨斯产区的几分之一。这款酒充满异国情调和香料气息，带有玫瑰花瓣香水和麝香的香气。

Weinstrasse 1, 67157 Wachenheim
www.jlwolf.de

齐夫酒庄（Zipf）

符腾堡产区

齐夫酒庄布劳尔陡坡特罗灵格优质干红葡萄酒

Blauer Trollinger Steillage Trocken QbA (red)

齐夫酒庄布劳尔陡坡特罗灵格优质干红葡萄酒是一种清淡、柔和、果味浓郁的干红葡萄酒，由生长在陡峭斜坡上的葡萄制成。当这款酒作为开胃酒稍微冷藏时，它非常美味。 这是尤尔根·齐夫和他的妻子谭雅的杰作，他们将拥有高海拔葡萄藤和受森林影响的气候的小型家庭酒庄发展成为法尔兹产区较好的酒庄之一。

Vorhofer Strasse 4, 74245 Löwenstein/Württemberg
www.zipf.com

奥地利

在过去的 20 年里，奥地利凭借一些世界上最令人兴奋的白葡萄酒重新登上了国际葡萄酒舞台。绿维特利纳 / 绿威林作为奥地利的白葡萄酒明星品种，是这场复兴的核心。这种品种能酿造出极具特色的白葡萄酒，但在其他国家种植量很少。如今这些酒已成为世界各地餐厅酒单上的必备品。虽然绿维特利纳如此成功也如此好喝，但不要错过奥地利的其他顶级白葡萄酒。不管是干型还是甜型的雷司令，特别是来自下奥地利瓦豪地区的，都可以和阿尔萨斯与德国最好的名酒相匹敌。在奥地利，霞多丽、白皮诺（当地叫“Weissburgunder”）和长相思也可以做出高品质的白葡萄酒。与此同时，在布尔根兰东部地区，一些国际品种和蓝佛朗克这样的地方品种酿成的红葡萄酒做得越来越好。

阿尔辛格酒庄（Alzinger）

瓦豪产区

弗兰维格腾猎鹰级绿维特利纳（白葡萄酒）

Federspiel Frauenweingarten Grüner Veltliner (white)

利奥和阿尔辛格·利奥父子团队的敬业与进取意味着，许多阿尔辛格酒庄的葡萄酒都比本书中的其他葡萄酒贵，但这款酒是高性价比的——经典的绿维特利纳，它有奶油般的口感和香料、胡椒和草莓的味道，还有如扁豆和大黄等更不寻常的味道。这是一款比阿尔辛格酒庄产品系列中的大部分酒都可以更早饮用的酒，但依然可以从这款酒中窥见这个酒庄高度个性化的风格。

Unterloiben 11, 3601 Dürnstein
www.alzinger.at

布德梅尔酒庄（Bründlmayer）

坎普谷产区

祖冰园雷司令（白葡萄酒）

Zobinger Heiligenstein Riesling (white)

威利布德梅尔以其出色的顶级葡萄酒而享有盛誉。但无论你从他的系列酒款中挑选什么酒，酒庄的水平和实力都同样可见。事实上非常了不起的是，他连续20多年以来，每年生产的35万瓶酒都能保持高质量。祖冰园雷司令就是一个很好的例子。这是一款非常值得收藏几年的雷司令，它结合了活泼的酸度和一些简单的花香和柑橘类水果的味道，随着装瓶时间的推移，这些味道会进一步发展和深化。较老的年份表现出美味的复杂性，杏子、橘子和花卉味道脱颖而出。酿酒厂本身位于下奥地利坎普塔尔地区的朗根洛伊斯，占地75万平方米的葡萄园采用环保措施，不使用化肥。

Zwettlerstrasse 23, 3550 Langenlois
www.bruendlmayer.at

克莉丝汀费舍尔酒庄（Christian Fischer）

奥地利下游温泉区

优质霞多丽（白葡萄酒）

Premium Chardonnay (white)

克莉丝汀费舍尔酒庄的优质霞多丽白葡萄酒是霞多丽这个品种的美妙的演绎，它有着饱满的酒体，非常浓郁。酒中有很多柑橘和香草的味道，包裹在一层微妙的橡木风味里。这表明，温暖干燥的温泉区可以出产优质的白葡萄酒以及近年来已成为奥地利这一地区特产的红葡萄酒。克莉丝汀·费舍尔于1982年首次接管了他家族的酿酒厂，此后他的酿酒业赢得了无数奖项。他的酿酒风格是公认的勃艮第典范，特点是恰到好处地使用橡木桶。

Hauptstrasse 33, 2500 Sooss
www.weingut-fischer.at

瓦豪酒庄（Domäne Wachau）

瓦豪产区

梯田园（白葡萄酒）；绿蜥蜴级别奥艾赫莱绿维特利纳（白葡萄酒）

Terraces (white); Grüner Veltliner Achleiten Smaragd (white)

瓦豪酒庄的梯田园很好地阐述了源自这个面积小而质量高的地区的绿维特利纳风格。基础款的梯田园是一款带有矿物气息和新鲜的梨子风味的，清爽、干净的葡萄酒。绿蜥蜴级别奥艾赫莱绿维特利纳是这家优秀酒庄质量更高端的一款。它使用来自著名的奥艾赫莱葡萄园的果实，这个院子陡峭的梯田让葡萄的质量更优质，从而产生更重、更强劲、更饱满的葡萄酒，同时依然具有那些典型的绿维特利纳风味。

Domäne Wachau, 3601 Dürnstein
www.domaene-wachau.at

恩斯地堡酒庄（Ernst Triebaumer）

布尔根兰产区

恩斯地堡长相思（白葡萄酒）；恩斯地堡桃红葡萄酒

Triebaumer Sauvignon Blanc (white); Triebaumer Blaufränkisch Rosé

恩斯地堡致力于酿造充满活力、引人注目的葡萄酒。恩斯地堡长相思明亮而充满活力，带有大量接骨木花和被割过的草地味道，带有葡萄柚般的酸度。口感紧致是恩斯地堡的典型特征，甚至在他们的桃红葡萄酒中也很明显：恩斯地堡桃红葡萄酒具有圆润、容易饮用的风格，一丝气泡使酒体保持活力，并带有草莓水果风味。

Raiffeisenstrasse 9, 7071 Rust
www.triebaumer.com

范勒庭酒庄（Feiler-Artinger）

布尔根兰产区

蓝弗兰克（红葡萄酒）
Blaufränkisch (red)

如果你从一把黑莓中榨取汁液，再加入更多红醋栗汁和一些樱桃，然后再加入一点橡木，你就会得到美味的范勒庭酒庄蓝弗兰克红葡萄酒。这款酒使用的葡萄只在家族才有的葡萄园中精心种植，这款酒是迈向该酒庄著名（且价格稍高）的红葡萄酒单人跳棋和1000的进阶款。这些酒的酿酒师科特·法伊勒，和这个产区的其他知名酿酒师一起通过做出优秀的红葡萄酒和一流的甜酒，打造了布尔根兰州拉斯特地区的现代声誉。

Hauptstrasse 3, 7071 Rust
www.feiler-artinger.at

格哈德马科维奇酒庄（Gerhard Markowitsch）

卡农顿产区

黑皮诺（红葡萄酒）；卡农顿特酿（红葡萄酒）
Pinot Noir (red); Carnuntum Cuvée (red)

精品酒庄马科维奇有两款很棒的酒。浅色的马科维奇黑皮诺酒体轻盈的同时结构紧致并带有可口复杂的风味，其香气结合了香料和咸味元素以及如覆盆子这样清新的红色浆果，这款酒非常适合搭配烤鸡。马科维奇卡农顿特酿是将黑皮诺与当地茨威格葡萄混酿，制成的柔和优雅的葡萄酒，并带有野樱桃和香料气息。卡农顿以附近的罗马定居点命名。

Pfarrgasse 6, 2464 Göttlesbrunn
www.markowitsch.at

海蒂施罗克酒庄（Heidi Schröck）

布尔根兰产区

白皮诺（白葡萄酒）；福尔明特（白葡萄酒）
Weinbau Weissburgunder (white); Furmint (white)

奥地利的白皮诺经常被忽视，但海蒂施罗克酒庄这款酒是对该品种一次很好的展示。这款白皮诺的口感带有明显的酵母味，果香中伴有香料和矿物质的味道。这款经济实惠的酒，保持着酒庄一贯清脆同时又饱满的独特风格。酒庄的福尔明特同样令人惊叹，这是一种在匈牙利托卡伊地区以外不常见的品种。这是款复杂、辛辣、充满异国情调的干白葡萄酒，富含生姜和香料的浓郁风味，并同样具有酒庄独特的质地风格。

Rathausplatz 8, 7071 Rust
www.heidi-schroeck.com

赫德酒庄（Hiedler）

坎普谷产区

洛斯绿维特利纳（白葡萄酒）
Löss Grüner Veltliner (white)

笼统来说，路德维希·赫德在他有机经营的家族酒庄有两种风格的酒：一种富有、大胆、严肃；一种轻盈、优雅。赫德洛斯绿维特利纳是后一种风格中杰出的一员。它以清淡清爽的风格制成，是一种近乎完美的周中饮品——也是奥地利价格实惠、易于饮用的夏季葡萄酒传统的一个很好的例子。这款中等酒体的葡萄酒带有一丝甜味，这样的甜味使酒更加圆润易饮。

Am Rosenhügel 13, 3550 Langenlois
www.hiedler.at

约翰尼斯郝夫·海尼喜酒庄（Johanneshof Reinisch）
奥地利下游温泉区

格里伦胡格尔黑皮诺珍藏（红葡萄酒）；红基夫娜（甜酒）
Pinot Noir Reserve Grillenhuegel (red); Rotgipfler (dessert)

约翰尼斯郝夫·海尼喜酒庄酿造的葡萄酒挑战了人们对奥地利红葡萄酒的先入之见。无论是使用国际葡萄品种还是当地葡萄品种，他的葡萄酒始终保持着独特的奥地利特色。例如，格里伦韦格尔黑皮诺珍藏是结构大而浓郁的葡萄酒，集中度高而又独特，很符合现代奥地利精品红葡萄酒风格。管理距离维也纳约 30 千米的塔特多夫村附近的家族酒庄第四代人海尼喜，不仅仅关注红酒。该酒庄的红基夫娜由当地的白葡萄品种制成，香气和风味的集中度同样显著，是一款极好的开胃酒。该酒庄于 1932 年创立，创立初期在卢德米特费德的葡萄园仅有 5000 平方米。如今，它已发展到约 40 万平方米，主要集中在塔特多夫周边地区，在贡波尔茨基兴和贡特拉姆斯多夫 也有重要地块。

Im Weingarten 1, 2523 Tattendorf
www.j-r.at

乔斯彻松诺夫酒庄（Jurtschitsch Sonhof）
坎普谷产区

斯特应绿维特利纳（白葡萄酒）
Stein Grüner Veltliner (white)

2006 年对于坎普谷的乔斯彻酒庄是开启新纪元的一年。在这一年，这个拥有悠久而著名的酿酒历史的家族酒庄，决定将其整个 72 万平方米的葡萄园转变为有机种植。与此同时，酿造方法也开始转变为非干预主义的“自然”方法，酒庄开始用野生而不是培养的商业酵母进行发酵。年轻的酿酒师阿威·乔斯彻是这一转变的主要推动者。这款斯特应绿维特利纳具有强烈的矿物气息，充分展示了他和这里的其他新一代负责人转变的酿酒理念。这款酒集中的果香背后有些胡椒的气息，酒体比许多酒体更轻，一点气泡更增加了酒的新鲜感。

Rudolfstrasse 39, 3550 Langenlois
www.jurtschitsch.com

劳伦茨V酒庄(Laurenz V)
坎普谷产区

友好绿维特利纳（白葡萄酒）；银色子弹绿维特利纳（白葡萄酒）
Grüner Veltliner Friendly (white); Silver Bullet Grüner (white)

劳伦茨 V 酒庄有许多较便宜的瓶装酒都非常值得一试。友好绿维特利纳不仅价格便宜，而且可搭配许多食物。在桃子、梨子和苹果的风味中带着少许胡椒味，各种口味都非常出色。银色子弹绿维特利纳在价格方面要高出一个档次，但仅以 500 毫升瓶装出售，这使得这款优质葡萄酒价格实惠。杯子里的酒全是白胡椒和白花的香气，满口奶油味，绝对是值得追捧的明星酒款。这会不会成为绿维特利纳的全球知名品牌？让我们拭目以待。

Mariahilfer Strasse 32, 1070 Wien
www.laurenzfive.com

洛默酒庄（Loimer）
坎普谷产区

特拉森雷司令（白葡萄酒）；绿维特利纳（白葡萄酒）

Riesling Terrassen (white); Grüner Veltliner (white)

在过去的几年里，弗雷德·洛默对他的酿酒工艺做出了明显的改变，为已经非常好的葡萄酒增加了额外的集中度、矿物质感和香料风味。2005年，他建立了引人注目的洛默酒庄，其生产设施完全可以用一种高科技黑匣子来形容。特拉森雷司令是款美妙的、个人主义风格的雷司令，由优质葡萄园的葡萄混酿而成。它在年轻时酸度和涩度都很重，但平衡得很好，酒香中带着一丝诱人的花香。同样出色的是酒庄的绿维特利纳，它结合了香料、桃子和白胡椒的香气，喝起来清爽、新鲜、平衡，带有紧张、活泼的酸度，质感丝滑。

Haindorfer Vögerlweg 23, 3550 Langenlois
www.loimer.at

绿维特利纳

绿维特利纳是已经被国际公认可以酿造与众不同葡萄酒的葡萄品种。它一直是奥地利当地人的最爱，也是该国种植最广泛的品种。根据葡萄园的风土和酿酒的技术的不同，绿维特利纳做成的葡萄酒从精瘦、清淡的风格到风味浓郁满是辛香料气息都有。

绿维特利纳对于很多葡萄酒饮用者来说仍然是陌生的，但它在侍酒师和葡萄酒行业中广受欢迎。业内的人使用更时尚的方式称呼它为“绿维”或者“绿威林”，因为绿维特利纳这个名字在非德语国家过于拗口和陌生。

绿维特利纳通常是轻到中等酒体，口感清脆爽口，酒体与长相思相似。但它的味道少了长相思的草本和柑橘成分，而是更多的香料、白胡椒和矿物质味道。侍酒师喜欢绿维特利纳，因为它新鲜的酸度使它很好地搭配各种食物，尤其是辛辣的泰国和越南菜肴、各种海鲜，甚至寿司。

邻国斯洛伐克和捷克共和国也种植了大量的绿维特利纳，美国和其他新世界国家也有少量种植。

绿维特利纳的风味取决于在哪里种植它。

墨客兰德 / 米歇尔尼特酒庄（Meinklang/Michlits）

布尔根兰产区

黑皮诺微气泡桃红（起泡）
Pinot Noir Frizzante Rosé (sparkling)

维尔纳·米歇尔尼特坚定地推崇生物动力法，酿造出了当今奥地利生产的原始、美味的葡萄酒。它的酿造方法有些古怪，但这些奇特的手法总是为葡萄酒的风味服务，例如，用圣洛伦特的蛋形混凝土大桶酿造葡萄酒。如果你正在寻找一些不寻常的酒，甚至可能是完全独特的酒，这款黑皮诺微气泡桃红酒非常值得关注。这个时髦的瓶子上有一个牛和蝴蝶的标签，里面装着一种与你以前品尝过的任何东西都不一样的葡萄酒。也许可以用液体草莓海绵蛋糕来形容它。在慵懒又阳光明媚的日子里享用它将无比凉爽惬意。

Hauptstrasse 86, 7152 Pamhagen
www.meinklang.at

莫里克酒庄（Moric）

布尔根兰产区

蓝佛朗克（红葡萄酒）
Blaufränkisch (red)

如果你想了解红色的蓝佛朗克葡萄品种有多好，莫里克酒庄就是你要去的地方。该酒庄由罗兰德·维尼奇经营，他是一位前赌场荷官，对葡萄酒有着深刻的思考。维尼奇于2001年才创立莫里克酒庄，但他酿造蓝弗朗克的方式已经引起了广泛关注。他用这种葡萄酿造了许多特酿，葡萄藤生长在卢茨曼斯堡周围的肥沃土壤和以板岩为主的内肯马克特，但他的风格始终强调水果、花香和香料特征，而不是橡木桶。莫里克酒庄的蓝佛朗克被包装在一个让人提不起兴趣的瓶子里，酒标也比较粗糙，但里面的酒却和酒瓶、酒标的表现完全不一样。成熟的红色水果气息和让酒增加一丝趣味的橡木桶味道在酒中完美融合，入口质地丝滑美妙。

Kirchengasse 3, 7051 Grosshöflein
www.moric.at

尼古拉霍夫酒庄（Nikolaihof）

瓦豪产区

温斯坦因猎鹰级雷司令（白葡萄酒）
Vom Stein Federspiel Riesling (white)

当你考虑到生物动力法的创始人鲁道夫·施泰纳是奥地利人时，就不难理解为什么奥地利是生物动力法的温床。尼古拉霍夫酒庄是较早转向生物动力法实践的酒庄，在该运动成为时尚之前，这里就使用生物动力法栽培葡萄。这是一个真正具有历史意义的酒庄：有证据表明早在公元470年就有葡萄酒在这里酿造，直到现在这里的葡萄酒仍然是瓦豪地区很好的葡萄酒。现在酒庄由萨阿家族经营，尼古拉·萨阿负责酿酒。尼古拉霍夫酒庄温斯坦因猎鹰级雷司令富含矿物感，钢铁般的干爽，精美的水果香气缓和了酒的超高酸度，独特且值得陈年。酒的风味随着时间在瓶中变化，呈现出一些精致的嫩草和酸橙味道。

Nikolaigasse 3, 3512 Wachau
www.nikolaihof.at

普利乐酒庄（Prieler）

布尔根兰产区

普利乐约翰奈斯霍赫蓝佛朗克干红葡萄酒（红葡萄酒）
Familie Prieler Blaufränkisch Ried Johanneshöhe (red)

蓝佛朗克是普利乐酒庄的特产，酿酒师和微生物学家斯纳威·普利乐博士在这里酿造了造布尔根兰州很好的红葡萄酒，包括这款普利乐约翰奈斯霍赫蓝佛朗克干红葡萄酒。在过去，这种酒有时被描述为有点质朴。然而这几年来，它变得更加精致，黑色水果更饱满、更成熟，单宁也得到了驯服不那么狂野，喝起来充满了乐趣。

Hauptstrasse 181, 7081 Schützen am Gebirge
www.prieler.at

雷纳·韦斯酒庄（Rainer Wess）

瓦豪产区

绿维特利纳（白葡萄酒）
Grüner Veltliner (white)

在2003年雷纳·韦斯创立他的小农场（只有3万平方米）之前，瓦豪地区已经476年没有新酒庄了。酿造时韦斯用从当地种植者那里购买的葡萄来补充自己的葡萄，他用成熟、果味和辛辣但始终平衡的葡萄酒证明了自己在瓦豪产区的地位。作为对酒庄出色产品系列的介绍，基础款的这支绿维特利纳，有着杏和青苹果的香气，并带有一丝白胡椒和烟熏味。即刻喝它很美味，同时再陈年几年也会有更好的复杂度。

Kellergasse, 3601 Unterloiben
www.weingut-wess.at

斯普莫斯酒庄（Sepp Moser）

克雷姆斯谷

大雨绿维特利纳（白葡萄酒）；长相思（白葡萄酒）
Breiter Rain Grüner Veltliner (white); Sauvignon Blanc (white)

如果你喜欢口中存在感强，充满自身风格，浓郁饱满又好喝的绿维特利纳，来自克雷姆斯塔尔的斯普莫斯酒庄的大雨绿维特利纳是完美的选择。它呈现出这种葡萄品种典型的梨和矿物质的味道，又彰显着满满的个性和复杂的风味。这样的表现证明了这个酒庄的后起之秀地位。酒庄的长相思是一种中等甜度的葡萄酒，非常适合单独啜饮。它充满了青叶、葡萄柚和醋栗这类长相思的典型香气，轻微的甜味似乎增强了酒的风味。

Untere Wienerstrasse 1, 3495 Rohrendorf bei Krems
www.sepp-moser.at

乌马图姆酒庄（Umathum）

布尔根兰产区

茨威格（红葡萄酒）；塔明娜（白葡萄酒）
Zweigelt (red); Traminer (white)

约瑟夫·乌马图姆因其大胆、强劲的布尔根兰红葡萄酒而在奥地利享有盛誉。作为乌马图姆酒庄的常规品种之一，酒庄的茨威格确实令人印象深刻。这是一款大酒，具有强烈的个性和浓郁的森林果实风味，丰富而美味，那额外的一点矿物质气息更增加了酒的趣味。相比之下，酒庄的塔明娜将这种白葡萄品种的异域风情演绎得淋漓尽致。这款酒具有美味的浓郁口感。虽然香气仿佛甜型的桃红，但口感却是干型的。

St-Andräer Strasse 7, 7132 Frauenkirchen
www.umathum.at

温宁格酒庄（Weninger）

布尔根兰产区

霍查克蓝佛朗克（红葡萄酒）
Blaufränkisch Hochäcker (red)

温宁格家族很幸运拥有两位才华横溢的酿酒师。就在匈牙利修普朗的布尔根兰州边境，小福尔芝温宁格酿造了令人印象深刻的红葡萄酒和干白葡萄酒。在布尔根兰霍里雄，他的父亲老弗朗茨·温宁格，出品了一系列同样令人印象深刻的具有特色、丰满、香料味十足的红葡萄酒。温宁格酒庄霍查克蓝佛朗克是布尔根兰地区出色的代表，它是一款优雅的葡萄酒，酒中令人愉悦的柔软度和温暖的特性，让香气中李子和黑色水果的味道更加浓郁。这样一款酒的危险之处在于它会让你一直想喝第二杯。

Florianigasse 11, 7312 Horitschon
www.weninger.com

祖尔酒庄（Zull）

温维尔特尔

鲁斯特和劳拉绿维特利纳（白葡萄酒）；鲁斯特和劳拉葡萄牙人（红葡萄酒）
Lust & Laune Grüner Veltliner (white); Lust & Laune Blauer Portugieser (red)

这个酒庄由维尔纳·祖尔和他的儿子菲利普经营，生产一系列极其优雅、新鲜兼具成熟的水果风味与精致的芳香的葡萄酒。这些葡萄酒充分展示了温维尔特尔的这个经常被人忽视的地方能做出多好的葡萄酒。这些葡萄酒是在葡萄园中辛苦劳作的成果，追求品质始终是指导原则。由于引人注目的包装带有时髦的多色条纹标签，所以这里推荐的两款酒极具辨识度。就同样的价格而言，很难找到像酒庄的鲁斯特和劳拉绿维特利纳那样轻巧活泼的好酒。而酒庄的布劳尔葡萄牙人柔软、果香、微带辛香料风味，在工作日随意喝一杯非常合适。

Schrattenthal 9, 2073 Schrattenthal
www.zull.at

北美地区

北美葡萄酒以美国加利福尼亚州为主，该地区现已成为世界上非常重要的优质葡萄酒产区。

加利福尼亚州拥有比许多国家更多样化的葡萄种植区，出产一系列具有标志性风格的葡萄酒，例如纳帕谷赤霞珠、索诺玛霞多丽，以及来自全州各地的成熟多汁的仙粉黛红葡萄酒和桃红葡萄酒。 在美国其他地方，太平洋西北部的华盛顿州和俄勒冈州分别受波尔多和勃艮第的启发，生产着类似品种风格的优质红葡萄酒，而来自纽约州五指湖地区的雷司令则非常出色。 在边境以北，加拿大生产一系列优质的干白葡萄酒和红葡萄酒，以及非常美味的甜型冰酒。

加利福尼亚州

加利福尼亚州的葡萄生长季有着漫长而灿烂的阳光，这样的气候使这个美国最重要的葡萄酒产区出产的酒风味浓郁。纳帕谷赤霞珠和索诺玛县霞多丽最为有名，但其实全州的葡萄都长势喜人，从南部的特曼库拉到北部的门多西诺都出产令人兴奋、品种繁多的葡萄酒。

金合欢酒庄（Acacia）

卡内罗斯霞多丽（白葡萄酒）
Chardonnay, Carneros (white)

在金合欢酒庄物美价优的卡内罗斯霞多丽示例中，新橡木的克制使用使葡萄酒中精确集中的成熟菠萝和热带水果风味中多了奶油的香气。它是一款口感全程充满亮点、余味的鲜脆更是别具一格的葡萄酒。该酒庄于 1979 年投入使用，在建立卡内罗斯作为顶级霞多丽和黑比诺生产商的声誉方面功不可没。在酿酒师马修·格林的指导下，今天的酒庄仍因以价格公道、品控稳定广受赞誉。

2750 Las Amigas Rd, Napa, CA 94559
www.acaciavineyard.com

橡子酒庄 / 阿莱格利亚葡萄园（Acorn Winery/ Alegria Vineyards）

俄罗斯河谷，索诺玛

俄罗斯河谷罗萨托（桃红葡萄酒）
Rosato, Russian River Valley (rosé)

过去制作“田间混种”在世界各地都很普遍，也就是指种植在同一葡萄园的不同葡萄品种，在同一时间被采摘并混合酿造。拥有阿莱格利亚葡萄园的橡子酒庄是美国为数不多的进行田间混合种植的生产商之一，该葡萄园由比尔和贝慈·娜查蓓所有，他们选择仙粉黛、意大利和法国葡萄品种的折中组合。俄罗斯河谷罗萨托的出色表现证明这种方法的确值得一试：打开瓶塞，玫瑰和草莓混合的香气以及奶油浆果、西瓜和活泼的柑橘味扑鼻而来。

12040 Old Redwood Highway, Healdsburg, CA 95448
www.acornwinery.com

阿纳巴酒庄（Anaba）

索诺玛谷，索诺玛

索诺玛山谷科立亚罗纳河谷混酿；索诺玛谷科立亚干白
Corial Red Rhône Blend, Sonoma Valley; Corial White, Sonoma Valley

阿纳巴酒庄专门生产罗纳河风格的葡萄酒，其中包括一对以科立亚品牌装瓶的优质红白葡萄酒。红葡萄酒是一款酒体饱满，融合了多汁的罗纳河谷品种，具有新世界风格的酒，全程都散发出厚实的西拉黑胡椒香料以及深色水果和雪松的风味。白葡萄酒以桃子味的维欧尼和柑橘皮为主，然后是成熟柑橘和矿物质的奶油味，被称为“红酒饮用者的白葡萄酒”。

60 Bonneau Rd, Sonoma, CA 95476
www.anabawines.com

阿特萨酒庄（Artesa）

卡内罗斯

黑皮诺，卡内罗斯（红葡萄酒）
Pinot Noir, Carneros (red)

以其广泛供应的卡瓦酒而闻名的西班牙科多纽集团首先来到纳帕，将其起泡酒专业知识应用于山谷葡萄酒界。然而到了 1997 年，该公司决定让这个地区的无气葡萄酒更具吸引力，他们将酒厂的名称从科多纽纳帕改为阿特萨。酿酒厂生产来自该地区的各种葡萄酒，其中卡内罗斯的黑比诺是一个亮点。虽然产量很高，但质量丝毫没有下降。相反，这只是意味着这款丝滑、平衡的黑皮诺葡萄酒具有红樱桃风味和微妙的黑巧克力和丁香风味，适合预算有限的饮酒者。

1345 Henry Rd, Napa, CA 94559
www.artesawinery.com

奥邦酒庄（Au Bon Climat）

圣巴巴拉县，中央海岸

圣巴巴拉县黑皮诺（红葡萄酒）

酿酒师吉姆·克莱登是加利福尼亚州杰出的人物之一，他不怕时不时以色彩缤纷的方式看待事物。似乎要反驳葡萄酒直接反映酿酒师个性的观点，然而，他在奥邦酒庄酿造的葡萄酒非常优雅而内敛。克莱登与合伙人亚当·汤奇（现为奥海酒庄）于 1982 年创立了奥邦酒庄。酒庄主打黑皮诺和霞多丽，入门级的黑皮诺优雅而略带泥土气息，带有柔顺的樱桃和覆盆子风味；很好地反映了酒庄的风格。

No visitor facilities
www.aubonclimat.com

贝克莱恩酒庄（Baker Lane）
索诺玛海岸，索诺玛

索诺玛西拉特酿（红葡萄酒）
Cuvée Syrah, Sonoma Coast (red)

贝克莱恩多汁的西拉，索诺玛海岸有花香和红色水果的香味，还有一些深色的，有嚼劲的黑色水果在味觉中一直持续到最后，这款酒给人带来平衡和陈年感。这款酒是餐馆老板斯蒂芬辛格创立的酒庄从旧世界风格中得到启发的得意之作。这款酒使用外部采购的葡萄和来自索诺玛海岸法定葡萄种植区塞瓦斯托波尔郊外酒庄可持续种植葡萄园的葡萄混合，这里具有凉爽的气候优势。精品店的总产量仅为 1.8 万瓶。

No visitor facilities
www.bakerlanevineyards.com

贝克曼葡萄园（Beckmen Vineyards）
中央海岸圣巴巴拉县

贝克曼窖藏干红，圣伊内斯谷（红葡萄酒）
Cuvée le Bec, Santa Ynez Valley (red)

圣巴巴拉在贝克曼葡萄园的圣塔伊内斯山谷贝克曼窖藏干红的精心调配的红色混合酒中与罗讷河谷相遇。它采用成熟但仍然适合佐餐的风格制成，具有樱桃、黑莓、薰衣草和香料的活泼风味。贝克曼葡萄园是汤姆和史蒂文·贝克曼父子二人的项目。这对父子从洛斯奥利沃斯郊外的一个 16 万平方米的葡萄园开始。公司规模随着收购一块位于西马山葡萄园内的巴拉德峡谷的 148 万平方米的山坡地块而成倍增长。凭借着高海拔（256～380 米）西马山已被公认为是西拉和歌海娜等红罗讷河谷葡萄品类的优质产区。

2670 Ontiveros Road, Los Olivos, CA 93441
www.beckmenvineyards.com

本尼塞葡萄园
圣赫勒拿，纳帕谷

灰皮诺，卡内罗斯（白葡萄酒）
Pinot Grigio, Carneros (white)

占地 17 万平方米的本尼塞葡萄园自 1994 年起由约翰和艾伦·贝尼丝拥有，为这对夫妇的意大利葡萄酒提供原料。葡萄园种植了红葡萄品种桑娇维塞和艾格尼科等，但最好的无疑是灰皮诺。在风格上更像阿尔萨斯灰皮诺，与灰皮诺相近，它以花香和矿物香气开始，进而营造出成熟的柑橘、油桃和杧果似的浓郁口感和果味。

1010 Big Tree Rd, St Helena, CA 94574
www.benesserevineyards.com

本齐格酒庄（Benziger Family Winery）
索诺玛谷，索诺玛

纯金梅洛，索诺玛山（红葡萄酒）；石农场西拉，索诺玛谷（红葡萄酒）
Finegold Merlot, Sonoma Mountain (red); Stone farm Syrah, Sonoma Valley (red)

本齐格酒庄以前是格林·艾伦大众品牌葡萄酒生产商，但在 1993 年被出售，近年来进行了创新。现在的重点是保持葡萄酒的品质与特点，例如中等酒体的纯金梅洛，具有红色水果和甜烤香气，以及李子布丁的味道；还有类似罗纳河石头农场的西拉，具有成熟的水果、烤肉和烘焙香料的香气，并带有独特的烟熏黑胡椒味。

1883 London Ranch Rd, Glen Ellen, CA 95442
www.benziger.com

伯纳杜斯酒庄（Bernardus Winery）
蒙特雷县，中央海岸

蒙特雷长相思（白葡萄酒）
Sauvignon Blanc, Monterey County (white)

荷兰本地人、前赛车手伯纳杜斯“本”鹏是伯纳杜斯酒庄的幕后推手。它是卡梅尔山谷法定葡萄种植区的头部生产商之一，当地气候白天炎热、夜晚凉爽，从而生产出的葡萄酒非常成熟。这里的长相思由芳香的密斯卡克隆制成，新鲜明亮，带有甜瓜、百香果和淡淡的青草、烟熏味。

5 West Carmel Valley Rd, Carmel Valley, CA 93924
www.bernardus.com

伯格尔酒庄（Boeger Winery）
埃尔多拉多县，加利福尼亚州内陆

翰唐干红葡萄酒，埃尔多拉多
Hangtown Red, El Dorado

伯格尔酒庄的翰唐干红葡萄酒不仅仅是一种新鲜事物，还可以从中读到加利福尼亚州的淘金热历史。像探矿者本身一样不拘一格冒险，产生出一款醇厚且易于饮用的葡萄酒，展现出迷人的复杂性。它来自的酒庄就在淘金热地区，在埃尔多拉多，可以追溯到那个时代。它由格雷格和苏·伯格尔所有，他们在 20 世纪 70 年代初购买了这块土地，然后种植了一些葡萄藤。虽然他们家族关注该地区的传统，但也尝试使葡萄酒具有新时代的特点。他们是禁酒令后第一批在该地区酿酒的人。伯格尔的儿子贾斯廷现在是酿酒师。

1709 Carson Rd, Placerville, CA 95667
www.boegerwinery.com

博格尔葡萄园（Bogle Vineyards）

约洛县，加利福尼亚州内陆

加利福尼亚黑皮诺（红葡萄酒）
Pinot Noir, California (red)

博格尔酒庄位于加利福尼亚的中央山谷，此处适合种植黑皮诺拉葡萄，就像俄罗斯河谷和圣巴巴拉等凉爽的沿海地区。这些因素带来了轻松活泼，表面上迷人精致，还有更多令人惊叹的地方。博格尔家族六代人一直在萨克拉门托南部的萨克拉门托和圣华金河三角洲的肥沃土地上耕种，但直到 1968 年他们才以种植者的身份进入葡萄酒行业。他们现在每年生产近 1450 万瓶葡萄酒。

37783 County Rd 144, Clarksburg, CA 95612
www.boglewinery.com

邦尼顿酒庄（Bonny Doon Vineyard）

圣克鲁斯山脉，中央海岸

玻尔西拉，中央海岸（红葡萄酒）；康特拉（红葡萄酒）
Syrah Le Pousseur, Central Coast (red); Contra (red)

你可能会将邦尼顿的玻尔西拉误认为是来自北罗讷河谷的东西：它深色、浓郁、辛辣，带有黑莓和烘焙香料味，以及拥有细腻、成熟的单宁。但是，这个酒庄由兰道尔·加姆于 1981 年创立，主要生产黑皮诺，长期以来一直与加利福尼亚的罗纳游侠运动有关联。它的名气既在于灵活的营销和创新，也在于其酿酒技术和选用的葡萄品种，例如在中央海岸康特拉发现的 6 种葡萄品种。由 55% 的老藤佳丽酿主导，康特拉既有果味又有咸味，并带有大量的波森莓和香料的味道。

328 Ingalls St, Santa Cruz, CA 95060
www.bonnydoonvineyard.com

邦泰拉酒庄（Bonterra Vineyards）

门多西诺

门多西诺县霞多丽（白葡萄酒）
Chardonnay, Mendocino County (white)

邦泰拉酒庄的门多西诺县霞多丽是一款口感顺滑、果味浓郁的白葡萄酒，由有机种植的葡萄制成。它具有丰富、新鲜的梨和苹果风味，以及来自橡木桶的黄油和杏仁味，是午餐或晚餐的绝佳配角。邦泰拉是第一家以有机种植的葡萄酿酒的主流美国葡萄酒品牌。该酒厂是法特兹酒庄的姊妹项目，在门多西诺县拥有自己的酒厂，生产由酿酒师罗伯特·布鲁监督。

12901 Old River Road, Hopland, CA 95449
www.bonterra.com

布兰德酒庄（The Brander Vineyard）

中央海岸，圣巴巴拉县

长相思，圣伊内斯谷（白葡萄酒）
Sauvignon Blanc, Santa Ynez Valley (white)

虽然弗莱德·布兰德擅长酿造赤霞珠和梅洛等红葡萄酒，但正是因为他更精于长相思的酿造，享誉加利福尼亚地区。无论他制作的几种长相思的风格如何，总营造出一个远离新西兰辛辣草本醋栗灌木长相思葡萄酒的饮酒者所期待的味道世界。口味是典型的中间路线：清脆，有点草，带有一点桶发酵的味道增加质感。

2401 Refugio Rd, Los Olivos, CA 93441
www.brander.com

维斯塔酒庄（Buena Vista）

卡内罗斯

黑皮诺，卡内罗斯（红葡萄酒）；霞多丽，卡内罗斯（白葡萄酒）
Pinot Noir, Carneros (red); Chardonnay, Carneros (white)

维斯塔酒庄是加州葡萄酒早期历史上的一个重要酒庄。它由匈牙利伯爵阿格斯顿·阿拉斯特于 1857 年建立的，这意味着它是该州很古老的酿酒厂之一。自那时起，其众多所有者中的最近一位是阿斯坎蒂亚葡萄酒集团，在酿酒师杰夫·恩图尔特的改造下，该酒庄已经重新建立起来。草莓、樱桃和泥土的香味让维斯塔的黑皮诺中充满了草莓酱吐司和李子的味道。与此同时，维斯塔的霞多丽蕴含着香草、杧果和菠萝味，还带有奶油、烤面包的香气，以及夹杂着苹果、梨和烤椰子味。

18000 Old Winery Rd, Sonoma, CA 95476
www.buenavistacarneros.com

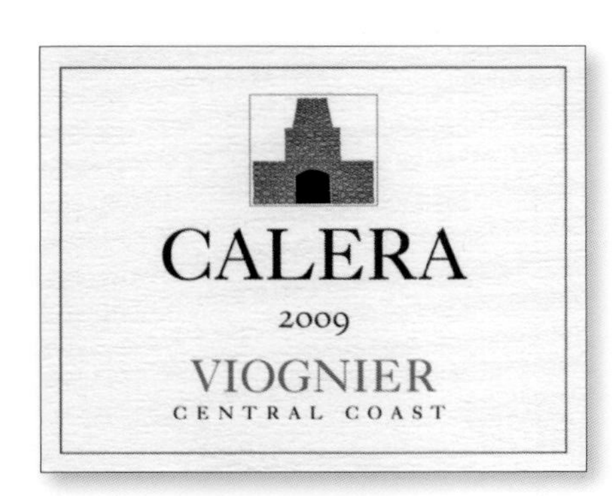

卡莱拉酒庄（Calera Winery）
中央海岸圣贝尼托县

霞多丽，哈兰山（白葡萄酒）；维欧尼，中央海岸（白葡萄酒）
Chardonnay, Mt. Harlan (white); Viognier, Central Coast (white)

卡莱拉酒庄创始人乔什·詹森熟悉勃良第的贸易，他认为石灰岩土壤对于生产世界级的黑皮诺和霞多丽至关重要。詹森开始寻找具有这种土壤的土地来种植第一批葡萄藤。他选择的地点是哈兰山葡萄园，这里到处都是石灰石，地域的特点在这款霞多丽葡萄酒中就体现出来了，它富含矿物质，蕴含着柠檬和梨果味。卡莱拉酒庄的中央海岸维欧尼白葡萄酒也含有大量矿物质，这是一种非常适合饮用的白葡萄酒，来自法国罗纳河谷的葡萄品种，有着丰富的成熟桃子风味，酸度较高。

11300 Cienega Rd, Hollister, CA 95023
www.calerawine.com

坎布里亚酒庄（Cambria Winery）
圣巴巴拉县，中央海岸

黑皮诺，朱莉娅的葡萄园，圣玛丽亚谷（红葡萄酒）
Pinot Noir, Julia’s Vineyard, Santa Maria Valley (red)

坎布里亚酒庄的故事始于20世纪70年代在圣玛丽亚山谷种植特普斯科特葡萄园，它是前律师杰斯·杰克逊加州葡萄酒帝国中的一部分。杰克逊和他的妻子芭芭拉班克，在1986年买下了这片葡萄园，葡萄园成了坎布里亚酒庄的一部分。从那时起，该葡萄园主要种植霞多丽和黑皮诺，造就了高品质、产量相对较高（约50万瓶）的朱莉娅葡萄园黑皮诺。圣玛丽亚谷黑皮诺，散发着覆盆子和樱桃味，辛辣而又丝滑。

5475 Chardonnay Lane, Santa Maria, CA 93454
www.cambriawines.com

卡罗尔谢尔顿酒庄（Carol Shelton Wines）
俄罗斯河谷，索诺玛

库卡蒙加谷梦佳老藤仙粉黛（红葡萄酒）；门多西诺野生仙粉黛（红葡萄酒）
Monga Zin Old Vine Zinfandel, Cucamonga Valley (red); Wild Thing Zinfandel, Mendocino County (red)

从事酿酒师工作19年后，卡罗尔·谢尔顿于2000年以仙粉黛专家的身份创立了她的同名品牌。现在，她用这种葡萄酿造了许多有趣的葡萄酒。梦佳老藤仙粉黛具有短暂的水果和石墨香气，不同于清凉单薄的矿物味和浓厚的蓝色水果味。与此同时，野生仙粉黛复杂的泥土香气变成活泼的蓝色、黑色水果味，辅以干草和雪松味，并带有纯净、富含矿物质的余味。

3354-B Coffey Lane, Santa Rosa, CA 95403
www.carolshelton.com

塞哈酒庄（Ceja）
卡内罗斯

纳帕谷家族白葡萄酒混酿（白葡萄酒）
Vino de Casa White Blend, Napa Valley (white)

塞哈在一家公司工作了几年后，他先后参观了大量的纳帕酒庄，在卡内罗斯与家人建立了占地6万平方米的家族酒庄。塞哈酒庄家族白葡萄酒混酿证明所有的努力都是值得的。霞多丽、灰皮诺和少量罗纳河品种赋予这款混合酒体活泼的青苹果和柑橘香气，清脆的矿物质风味，以及浓厚的余味。

1248 First Street, Napa, CA 94559
www.cejavineyards.com

夏普利葡萄园（Chappellet Vineyards）
纳帕谷

白诗南，纳帕谷（白葡萄酒）；纳帕谷仙粉黛（红葡萄酒）
Chenin Blanc, Napa Valley (white); Zinfandel, Napa Valley (red)

多尼和莫莉·夏普利的葡萄园大概位于普理查德山海拔366米处。在这里生产一些具有欧洲影响的精致葡萄酒。他们的白诗南有花香，带有柠檬和杏子味道，是最接近卢瓦尔河的纳帕。相比之下，仙粉黛酒体饱满而悠长。甜美的雪茄盒香料散发出浓郁的成熟黑莓香气，并有少许黑胡椒味。

1581 Sage Canyon Rd, St Helena, CA 94574
www.chappellet.com

圣·让酒庄（Château St Jean）
索诺玛谷，索诺玛

长相思，索诺玛县（白葡萄酒）；索诺玛县霞多丽（白葡萄酒）
Fumé Blanc, Sonoma County (white); Chardonnay, Sonoma County (white)

圣·让酒庄成立于1973年，由索诺玛的先遣部队所有。现在由澳大利亚酿酒商富仕达所有，它也已发展成为该地区较大的酿酒庄，生产一系列葡萄酒，虽然大都很普通，但也有佳品。圣·让酒庄的长相思干白葡萄酒具有清脆细腻的梨和柑橘香气，以及清新、集中的柑橘风味，是索诺玛物超所值的葡萄酒。霞多丽同样物有所值，它先是浓郁的烤柑橘和热带水果香气，接着散发出熟透的柑橘味、甜香草味。酿酒师玛歌·凡-史代福伦在圣让城堡酿造葡萄酒已有20多年了。

8555 Sonoma Highway, Kenwood, CA 95452
www.chateaustjean.com

克莱恩酒庄（Cline Cellars）
卡内罗斯

凉爽气候的西拉，索诺玛县（红葡萄酒）；加利福尼亚奥克利五红混合酒
Cool Climate Syrah, Sonoma County (red); Oakley Five Reds Blend, California

弗雷德·克莱恩在康特拉科斯塔县开始了他的葡萄酒酿造生涯，那里以生产顶级老藤仙粉黛和慕合怀特而闻名。此后，他拓宽了视野，涉足了许多其他品种。1991年，他在卡内罗斯收购了一块142万平方米的酒庄，该酒庄位于一个古老的西班牙使团所在地，现在生产了许多优质、物超所值的葡萄酒。值得关注的包括克莱恩酒庄凉爽气候的西拉，这是来自索诺玛海岸的西拉品种，蓝莓、黑胡椒和雪松刨花的微妙香气被饱满的酒体和天鹅绒般的质地放大。与此同时，克莱恩酒窖奥克利五红混合酒是梅洛、仙粉黛、巴贝拉、阿利坎特布舍特和小西拉，带有辛辣的黑莓味道，可搭配辛辣的德州-墨西哥和番茄菜肴。

24737 Arnold Drive, Highway 121, Sonoma, CA 95476
www.clinecellars.com

拉甘斯酒庄（Clos LaChance）
圣克鲁斯山脉，中央海岸

蜂鸟系列仙粉黛，中央海岸（红葡萄酒）
Hummingbird Series Zinfandel, Central Coast (red)

拉甘斯酒庄的所有者比尔和布兰德·穆普伊在他们的后花园种植了一些霞多丽葡萄藤，他们曾经很喜欢这种品种。后来，他们开始从圣克鲁斯山脉采购更多的霞多丽和黑皮诺。直到20世纪90年代后期，这对夫妇开始在圣克拉拉谷建造酒厂和种植商业葡萄园。在这个温暖的地方，他们种植了西拉和仙粉黛，以及其他喜温暖气候的葡萄。蜂鸟系列仙粉黛是由中等质量的葡萄酿造的，带有成熟、辛辣的浆果味。

1 Hummingbird Lane, San Martin, CA 95046
www.closlachance.com

克洛斯杜瓦尔酒庄（Clos du Val）
纳帕谷鹿跃区

梅洛，纳帕谷（红葡萄酒）
Merlot, Napa Valley (red)

自1972年开始生产以来，克洛斯杜瓦尔酒庄以其优雅的方式继承了纳帕谷传统优点而备受赞誉。它由商人约翰·古莱特所有，他聘请了一位法国酿酒师——伯纳德·波特特。克洛斯杜瓦尔酒庄的纳帕谷梅洛酒有着标志性的烤橡木味，混合了黑色水果、黑橄榄和干草本的复杂香气，这款酒采用相当成熟的新世界风格酿制而成。

5330 Silverado Trail, Napa, CA 94558
www.closduval.com

黛什酒庄（Dashe Cellars）

旧金山湾，中央海岸

仙粉黛，干溪谷（红葡萄酒）
Zinfandel, Dry Creek Valley (red)

迈克尔和安妮达舍在世界各地酿造葡萄酒。事实上，他们曾在三大洲以及加利福尼亚州多家顶级酿酒厂工作，他们也曾与几位世界上最好的酿酒师合作。1996 年，他们决定凭借这些经验制作自己的葡萄酒。他们的专长是仙粉黛，并且酿造了许多款的葡萄酒，包括价格实惠的干溪谷仙粉黛，这款酒散发出明亮的黑莓果味，带有烟草的味道。

55 4th St, Oakland, CA 94607
www.dashecellars.com

迪尔菲尔德牧场酒庄（Deerfield Ranch）

索诺玛谷，索诺玛

雷克斯，索诺玛县混合（红葡萄酒）；长相思，温莎橡树葡萄园，白垩山（白葡萄酒）
Red Rex, Sonoma County Blend (red); Sauvignon Blanc, Windsor Oaks Vineyard, Chalk Hill (white)

七个品种组成了索诺玛雷克斯干红混酿，来自不起眼但非常优秀的索诺玛酒厂迪尔菲尔德牧场酒庄。赤霞珠在葡萄酒中引领潮流，大量的复杂口味，平衡而清新。同样有趣的是来自温莎橡树葡萄园的迪尔菲尔德牧场酒庄长相思干红。口感完美平衡。

10200 Sonoma Highway, Kenwood, CA 95452
www.deerfieldranch.com

都楼酒庄（Deloach Vineyards）

俄罗斯河谷，索诺玛

霞多丽，索诺玛（白葡萄酒）；俄罗斯河谷黑皮诺（红葡萄酒）
Vinthropic Chardonnay, Sonoma (white); Pinot Noir, Russian River Valley (red)

退休的消防员西林·都楼于 1973 年创立了都楼酒庄，从那时起它已成为索诺玛著名的品牌。法国葡萄酒商人简-查理·布斯特于 2003 年购买了这些葡萄园。这里有一些便宜货。温乔比克霞多丽具有青苹果、菠萝和番石榴的香气，带有清脆透明的苹果皮和香草味，酒体轻盈。俄罗斯河谷黑皮诺有鲜红色的水果和甜香料味，酸度平衡。

1791 Olivet Rd, Santa Rosa, CA 95401
www.deloachvineyards.com

CG 迪阿里酒庄（CG Di Arie Winery）

埃尔多拉多县，加州内陆

华帝露，雪兰多山谷（白葡萄酒）
Verdelho, Shenandoah Valley (white)

马德拉葡萄华帝露正在加利福尼亚的塞拉山麓找一个新家。正如来自雪兰多山谷的 CG 迪阿里酒庄的葡萄酒，它生产出了一种中等酒体的白葡萄酒，就像农贸市场中散发着橘子、葡萄柚、木瓜和梨一样的芬芳。这些美妙风味归功于哈伊姆·古尔·亚利耶，他过去常常采取不同的方式来刺激人们的味蕾：他曾有一段时间是一名食品科学家；10 年前，他将实验室换成了葡萄园，在他的艺术家妻子伊莉莎的帮助下，他将 CG 迪阿里酒庄变成了埃尔多拉多县令人兴奋的新酒庄。这对夫妇使用多种葡萄品种，他们的葡萄酒融合了旧世界和新世界的感受。

19919 Shenandoah School Rd, Plymouth, CA 95669
www.cgdiarie.com

卡内罗斯酒庄（Domain Carneros）

卡内罗斯

起泡香槟，卡内罗斯
Sparkling Brut, Carneros

艾琳·克兰秉承了由女强人担任起泡酒厂负责人的悠久而杰出的传统。而且，就像她之前的彭莎登夫人（凯歌香槟）和莉莉·伯林格一样，给人留下了深刻的印象。在建立了光荣的菲拉酒庄之后，她在 20 世纪 80 年代后期被香槟的克劳德·泰亭哲任命为卡内罗斯酒庄的负责人，从那时起，她就一直在该酒庄宏伟的城堡式纳帕酒厂工作。她以香槟风格酿造葡萄酒，在瓶中进行二次发酵。卡内罗斯酒庄起泡香槟是黑皮诺和霞多丽的混合酒，有着清新的柑橘和红色水果香气，以及复杂的矿物质风味。

1240 Duhig Rd, Napa, CA 94559
www.domainecarneros.com

干溪酒庄（Dry Creek Vineyards）
干溪谷，索诺玛

长相思干溪谷（白葡萄酒）；传承仙粉黛（红葡萄酒）
Sauvignon Blanc,Dry Creek Valley (white); Heritage Zinfandel (red)

由大卫·斯特尔于1972年创立，家族拥有和经营的干溪酒庄与同名山谷密切相关。它是山谷的原始生产商之一，它也声称自己是最好的之一。在其辛辣的长相思中，粉红葡萄柚的香气从一剂长相思麝香葡萄酒中获得了既复杂又干净的热带水果风味。在传承仙粉黛干红中，辛辣的蓝色水果香气是主要的香气，并逐渐加深为浓郁的胡椒味。

3770 Lambert Bridge Rd, Healdsburg, CA 95448
www.drycreekvineyard.com

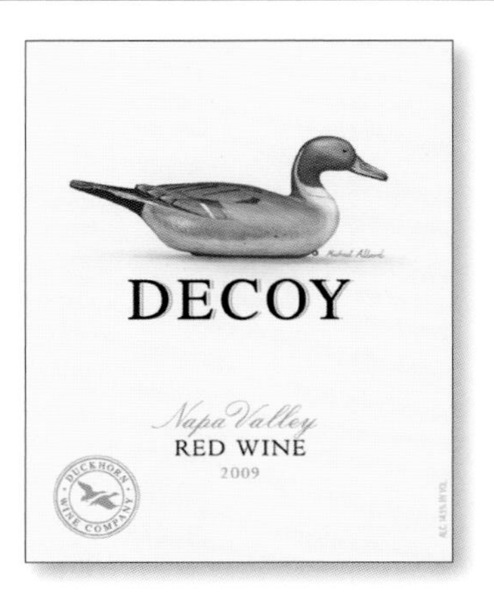

达克霍恩葡萄园（Duckhorn Vineyards）
圣赫勒拿，纳帕谷

诱饵，纳帕谷混合（红葡萄酒）
Decoy, Napa Valley Blend (red)

自从丹·达克霍恩和他的妻子玛格丽特于1976年创立该品牌以来，达克霍恩葡萄园已经有了长足的发展。除了蓬勃发展的主品牌外，它还拥有派瑞达克和安德森谷两个子品牌。达克霍恩酒庄的成功至少部分归功于20世纪90年代梅洛风靡全球，尤其是美国，当时它所用葡萄酿造的高品质葡萄酒完美地利用了这一趋势。新西兰人比尔·南卡罗现在负责酿造，其中包括易于获得的——无论是价格还是风格——诱饵纳帕谷混酿。尽管它可以在发布时立即饮用，但没有牺牲口感的复杂性。有大量的桑葚、烘焙香料和雪松的香气，转而散发出浓郁、挥之不去的黑醋栗、甘草和摩卡的味道。

1000 Lodi Lane, St Helena, CA 94574
www.duckhorn.com

埃伯利酒庄（Eberle Winery）
圣路易斯奥比斯波县，中央海岸

西拉、斯坦贝克葡萄园、帕索罗伯斯（红葡萄酒）
Syrah, Steinbeck Vineyard, Paso Robles (red)

1973年，当格雷·埃伯利第一次来到帕索罗布尔斯时，该地区的酿酒业（如果你可以这么说的话）仍处于起步阶段。事实上，该地区只有三个酿酒厂。埃伯利之前一直在攻读博士学位，然而，他看到了这里的潜力，于是他创办了埃丝特拉酒庄（现已解散的）种植、酿造葡萄酒。1978年，他成为第一个使用100%西拉酿造的加利福尼亚州葡萄酒生产商，并且在很长一段时间内，其他生产商都从他那里寻找西拉葡萄藤。到1983年，他开设了埃伯利酒庄，巩固了他在西拉和赤霞珠葡萄酒中的地位。他一直酿造优质的西拉，包括斯坦贝克。斯坦贝克是一款结构感十足的葡萄酒，具有活泼的黑莓、李子和丁香味道：完美地展现出加利福尼亚西拉生产商的特点。

3810 Highway 46 East, Paso Robles, CA 93447
www.eberlewinery.com

埃德蒙兹圣约翰酒庄（Edmunds St John）

旧金山湾，中央海岸

鲍珍丽佳美干红，埃尔多拉多县（红葡萄酒）
Gamay Noir Bone-Jolly, El Dorado County (red)

埃德蒙兹圣约翰酒庄的名字来自两位业主：史蒂夫·埃德蒙兹和他的妻子科尼莉亚·圣约翰。自 1985 年以来，这对夫妇一直在伯克利的罗纳河和东湾的许多其他地区酿造优质葡萄酒，当时加利福尼亚罗纳河的一切时尚才刚刚开始。在酿酒方面，埃德蒙兹是一位传统主义者，他相信对酿酒厂的干预最少，才能使葡萄酒展现出它们原始的风味。埃德蒙兹圣约翰酒庄的产品组合有一个优势，它在埃尔多拉多县的鲍珍丽佳美干红充分展示，一种易于饮用、活泼的葡萄酒，具有覆盆子、香料和紫罗兰的香气和味道，在玻璃瓶中跳跃，坚实的酸度也使它非常清爽。

No visitor facilities
www.edmundsstjohn.com

埃尔克酒庄（Elke Vineyards）

门多西诺

安德森谷黑皮诺（红葡萄酒）
Pinot Noir, Anderson Valley (red)

很少有价格实惠的黑皮诺能像安德森谷的埃尔克葡萄园黑皮诺那样，提供如此高的顺滑度和丰富的风味。它的颜色偏淡，有烤面包和檀香的香气，而混杂着烤樱桃、肉桂和肉豆蔻的味道使它更加美味。这款酒非常好，让你想知道是否所有酿酒师都应该像埃尔克酒庄的玛丽·埃尔克一样从制作苹果汁开始职业生涯。玛丽·埃尔克有机苹果汁仍然少量生产，但生产葡萄酒现在是其主要业务，埃尔克家族在纳帕和门多西诺拥有 20 年的葡萄园。他们将很多产品卖给其他生产商，但自 1997 年以来，他们自己的瓶装酒有一批忠实的追随者。

12351 Highway 128, Boonville, CA 95415
www.elkevineyards.com

恩奇都酒庄（Enkidu Winery）

索诺玛谷，索诺玛

胡姆巴巴隆河混酿干红，索诺玛；*E* 系列赤霞珠，索诺玛谷（红葡萄酒）
Humbaba Rhône Red Blend, Sonoma; E Cabernet Sauvignon, Sonoma Valley (red)

在 20 世纪 80 年代后期和 90 年代在卡蒙酒庄经过将近 10 年的酿酒时间后，菲利普·斯蒂尔开始筹建恩奇都酒庄。恩奇都的名字来源于印度史诗传奇吉尔伽美什中的一个角色，斯蒂尔从索诺玛和纳帕及其周边地区的种植者那里购买水果制成各种葡萄酒。斯蒂尔酿造葡萄酒时非常注重细节，要让水果本身来说话，并尽量减少橡木的影响。胡姆巴巴隆河混酿干红酒体深黑如夜，带有复杂的柏油、蓝色水果香气。E 系列赤霞珠是一种易于饮用的风格，散发出清新、可口的水果香气和柔软成熟的黑莓味，余味持久。

No visitor facilities
www.enkiduwines.com

橡木风味

“橡木味”“桶味”和“烤橡木”等词在描述葡萄酒时十分流行。如果你曾经去过橱柜作坊，闻过刚锯开的橡木，你就会知道这种味道。但即使是没有直接闻过橡木味道的人，也几乎都闻过橡木在葡萄酒中表现出的香气。橡木风味类似于香草、椰子、雪松、烤面包、枫糖浆，甚至熏肉。除了葡萄本身香气，这种香气通常是的葡萄酒主要的风味成分。几个世纪以来，世界各地的酿酒师都使用橡木桶来陈酿葡萄酒。最初橡木桶仅用于储存酒液，不是为了提高酒的质量。然而在此过程中酿酒师发现橡木桶增加了酒的风味和质地。最终，橡木桶成为葡萄酒中不可或缺的一部分。自 20 世纪 70 年代以来，酿酒师已经学会在不使用昂贵的桶的情况下获得近似橡木的风味。他们在葡萄酒发酵和陈酿时添加橡木片、粉末和其他混合物。一些酿酒师提倡“无桶”“不过桶”或者“裸酒”，他们将葡萄酒在不锈钢、塑料容器或者无法再赋予葡萄酒风味的旧橡木桶中发酵和陈酿，通过这种方式让葡萄本身的自然风味展现出来。

在橡木桶中陈年不光使葡萄酒形成独特的风味，还能改善葡萄酒的口感质地。

在自己家中举办品酒会

在你的家中举办品酒会可以让你和你的客人接触到全新的葡萄酒，并且也是来一场“低配版”酒神狂欢式豪饮很好的借口，相信包括你在内的每个人都会觉得很有意思。同时为什么让品酒会成为系列酒局的开端呢？一两个月后让朋友在他们家组织一次。很快，你将拥有一个半官方的品酒小组，以及来自终极专家——你自己和你的朋友——的大量葡萄酒推荐。

隐藏酒标对葡萄酒进行盲品会显露客人对酒的真实意见。

选择一个主题。如果你在邀请客人之前缩小了葡萄酒的选择范围，这样每个人都会受益。根据时节选择合适的葡萄酒：如果是在圣诞节前举办，那么就选择香槟，这样人们就知道该买什么作为礼物；或者在夏天，选择桃红葡萄酒，这样人们就知道下次户外露营要喝什么了。选择一种类型的葡萄酒，并尽可能具体。最简单的主题是横向品鉴，所有的葡萄酒都是相同年份的，但来自不同的葡萄园或酒庄。你也可以尝试垂直品鉴，所有的葡萄酒都来自同一个酒庄和葡萄园，但年份不同。

邀请你的客人。邀请6～8人或几对情侣，并要求每人携带一瓶适合酒会主题的葡萄酒。让他们也带上自己的酒杯，这样你就不会在晚上结束时得到36个要洗的酒杯（前提是你家里本身有那么多酒杯）。这让你可以解放精力出来，专心思考酒局主题的灵感、举办位置和合适分量的小吃（见面板）来配葡萄酒。

公布结果。让你的客人选定他们最喜欢的葡萄酒。可以让他们将打分的便条卡递给你，或者在你逐一打开瓶子之前请他们举手示意各自的首选。当你的朋友给了低分的葡萄酒但揭晓出来是名庄名酒时，试图收回他们的选票，这会很有意思。

解释规则。在任何人喝之前花一点时间解释规则。“我们正在品尝法国西南地区的红葡萄酒，它们都来自同一个村庄，并且都来自XXXX年份。”提供钢笔和记事本（或预先打印的记分卡，其中包含留给葡萄酒A、B、C 等的空间），并鼓励你的朋友记下他们的印象和排名。然后，品尝、讨论葡萄酒，玩得开心。直到所有客人都品尝了尽可能多的葡萄酒时再进行“揭秘”。

盲品。隐藏葡萄酒的身份。当客人带着他们的酒来时，把它们塞进纸袋里，或者用几张纸包住每个瓶子，然后用胶带把它们绑紧。标记为A、B、C等，如果你想感觉更专业一些，可以为每位客人布置垫子，并标有相同的字母系列，以便他们比较葡萄酒。去掉品牌标识的其他线索，比如切掉酒瓶上的铝箔酒帽，拉开软木塞或拧开瓶盖并将酒塞隐藏起来。

等到每个人都选择了他们最喜欢的酒，然后再大揭秘。

小点心

建议不要空腹喝酒，但也不要提供辛辣或味道太重的食物，以免影响葡萄酒的香气和味道。

选择清淡可口的饼干和蔬菜沙拉（但避免蘸酱），而不是花哨的小吃。

为品酒派对增加乐趣的一个好方法是加入特定的食物进行餐酒搭配。 在举办特定葡萄酒类型的品酒会时，你可以计划两到三种小吃来测试什么酒与什么类型的食物可以搭配。客人可以投票选出他们最喜欢的食物。

例如几块切成一口大小的牛排搭配阿根廷马尔贝克葡萄酒，或一些简单煮熟的海鲜，如橄榄油虾，搭配全球各地的长相思。

如果你要尽显慷慨，你甚至可以在正式品酒活动结束后，给客人们准备他们各自最喜欢的葡萄酒搭配的食材元素的主菜。

选择简单的食物，如饼干。

爱丽酒庄（Etude）
卡内罗斯

灰皮诺、卡内罗斯（白葡萄酒）
Pinot Gris, Carneros (white)

爱丽酒庄是一家与众不同的葡萄酒厂，因其生产顶级黑皮诺和卡本妮苏维翁而享有盛誉。爱丽酒庄还拥有许多其他王牌。该公司由托尼·索特创建，并享有盛誉。托尼·索特后来将该项目出售给福斯特旗下的澳大利亚啤酒和白酒集团。然而，自收购以来，酿酒师乔恩·普雷斯特一直在生产美味的灰皮诺等葡萄酒。源自阿尔萨斯的水果（原始葡萄来自法国地区）风味，浓郁的花香和白核果香味提升了白桃和脆柑橘的集中风味。

1250 Cuttings Wharf Road, Napa, CA 94558
www.etudewines.com

法拉利卡拉诺酒庄（Ferrari-Carano Vineyards）
索诺马干溪谷

锡耶纳桑吉奥维塞–马尔贝克混合葡萄酒，索诺玛（红葡萄酒）；富美白葡萄酒（白葡萄酒）
Siena Sangiovese-Malbec Blend, Sonoma (red); Fumé Blanc (white)

法拉利卡拉诺酒庄以其怡人的花园而闻名，是参观该地区的旅行团的常规行程的一部分。该酒庄由唐·卡拉诺于1985年创建，如今拥有567万平方米的葡萄园和两个不同的酿酒厂。它酿造了许多迷人而美味的葡萄酒，但其中有两款酒因其很高的性价比脱颖而出。锡耶纳是桑吉奥维塞和马尔贝克的完美混酿，红色水果的芳香和多汁风味的美味平衡。而富美白葡萄酒具有精致的酸橙和新鲜收割的干草的芳香，散发出浓郁的成熟柠檬和杧果的味道，回味厚重。

8761 Dry Creek Rd, Healdsburg, CA 95448
www.ferrari-carano.com

花溪酒庄（Flora Springs）
圣赫勒拿岛，纳帕谷

桑吉奥维斯，纳帕谷（红葡萄酒）

弗洛拉·斯普林斯最初由吉瑞和弗洛拉·科姆斯在25年前创办，是一家家族企业，现已传承到第三代。科梅斯·加维家族在山谷中拥有许多葡萄园，总面积约263万平方米，是主要的种植者。保罗·施泰纳在担任助理酿酒师一段时间后，于2008年被任命为首席酿酒师，他正在确保弗洛拉·斯普林斯酒庄始终处于加利福尼亚州这一地区酿酒业的最前沿。酒庄因其三重奏而吸引了大量的关注，三重奏是卡本妮苏维翁、卡本妮弗朗克和梅洛的顶级混合酒，但正是非常精致的桑娇维赛引领着风味。中性橡木陈酿使果味和酸度占据了平衡装瓶的中心位置，散发出樱桃、蔓越莓和香料的芳香和强烈味道。

1978 West Zinfandel Lane, St Helena, CA 94574
www.floraspings.com

福利亚酒庄（Folie à Deux Winery）
圣赫勒拿岛，纳帕谷

纳帕谷赤霞珠（红葡萄酒）；纳帕谷霞多丽（白葡萄酒）
Cabernet Sauvignon, Napa Valley (red); Chardonnay, Napa Valley (white)

舒特家族是加利福尼亚州葡萄酒中非常著名的名字，于1874年诞生，74年后被金凯家族收购。该公司的名字在20世纪80年代因其最畅销的白仙粉黛而与干涸的玫瑰葡萄酒联系在一起，但它拥有一系列其他品牌，包括一贯物美价廉的福利亚。酒体适中的卡本妮苏维翁散发出黑樱桃的芳香，圆润的质地和浓郁的黑色水果味道，再加上甜甜的黑香料。霞多丽有热带水果沙拉和烤椰子的香味，带有圆润、奶油般的香草豆和成熟的核果奶油冻的味道，余味爽脆。

7481 St Helena Highway, St Helena, CA 94562
www.trincherowinery.com

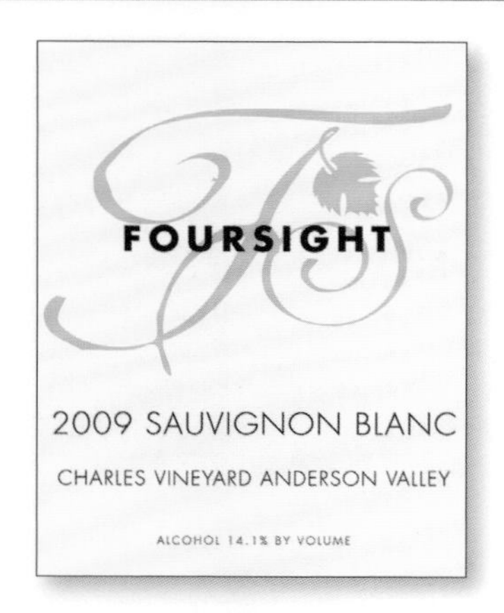

佛赛特葡萄酒（Foursight Wines）

安德森谷，门多西诺

长相思、查尔斯葡萄园、安德森谷（白葡萄酒）
Sauvignon Blanc, Charles Vineyard, Anderson Valley (white)

年轻的精品店佛赛特葡萄酒是一家家族企业：查尔斯家族的 4 名成员负责照料葡萄，并在安德森山谷的现场酿造葡萄酒。首先种植了一个葡萄园（黑皮诺、长相思和赛美蓉），然后建立了一个酿酒厂，这家人按照自己的方式行事，酿造出明亮优雅的葡萄酒。长相思的电感特别强。新鲜的苹果、成熟的甜瓜和柑橘般的味道给这款清爽的葡萄酒增添了色彩。最好在午餐或晚餐时配上一道鱼肉菜，并充分冷冻。

14475 Highway 128, Boonville, CA 95466
www.foursightwines.com

弗朗西斯福特科波拉酒庄（Francis Ford Coppola Winery）

索诺马亚历山大谷

加利福尼亚州钻石珍藏红葡萄酒（红葡萄酒）；亚历山大谷赤霞珠（红葡萄酒）
Diamond Collection Claret, California (red); Director' s Cut Cabernet Sauvignon, Alexander Valley (red)

好莱坞传奇导演弗朗西斯·福特·科波拉如今可能因其成功的葡萄酒业务而与《教父》等电影一样出名。索诺玛帝国的末日为讨价还价者提供了最佳选择。钻石珍藏干红葡萄酒是一款经典的波尔多混合酒，具有丰富的浆果和李子风味，结构坚实、平衡，是最佳年份。导演的赤霞珠具有亚历山大谷特有的红色水果香气，酒体丰满，带有浓郁的浆果味道和精致的质地。

300 Via Archimedes, Geyserville, CA 95441
www.franciscoppolawinery.com

弗里马克阿比酒庄（Freemark Abbey）

纳帕谷圣赫勒拿

纳帕谷霞多丽（白葡萄酒）
Chardonnay, Napa Valley (white)

弗里马克阿比酒庄的霞多丽浓郁的热带水果和成熟核果香气，主要融合了酸橙、柑橘、葡萄柚和矿物质的味道，余味清脆，富含水果风味。它来自约瑟芬和约翰·泰克森于 1886 年购买的一处房产。当约翰死于肺结核时，约瑟芬继续经营了一段时间，然后在 2006 年被杰克逊家族收购。自那以后，杰克逊家族在这里投入了大量资金，并致力于葡萄酒的改进。

3022 St Helena Highway North, St Helena, CA 94574
www.freemarkabbey.com

格洛丽亚·费雷尔酿酒厂（Gloria Ferrer Winery）

卡内罗斯

布鲁特，索诺玛（气泡酒）；黑皮诺、卡内罗斯（气泡酒）
Brut, Sonoma (sparkling); Blanc de Noirs, Carneros (sparkling)

格洛丽亚·费雷尔是加利福尼亚州最好的起泡酒酒庄之一，属于弗雷克塞内·卡瓦的费雷尔家族。这款酒的特点是奶油般浓郁的慕斯，散发着费勒特有的梨子和柑橘的芳香，并带有烤苹果的味道。在干杯决赛中，口感清脆，矿物质含量多。黑中白（黑皮诺加上少许霞多丽）是一款酒体更丰满的起泡酒，带有香草香味的草莓和奶油般的黑樱桃果味。

23555 Carneros Highway, Sonoma, CA 95476
www.gloriaferrer.com

绿林岭葡萄园（Greenwood Ridge Vineyards）

门多西诺

白雷司令、门多西诺岭、酒庄瓶装（白葡萄酒）
White Riesling, Mendocino Ridge, Estate Bottled (white)

一款好的葡萄酒不需要多么复杂，绿林岭葡萄园的门多西诺岭白雷司令酒庄瓶装葡萄酒一次又一次地证明了这一点。这是一款迷人、轻盈、芳香的葡萄酒，易于享用，吞咽顺畅。它有诱人的蜂蜜和苹果香味，新鲜，略带甜味，并提供精致的水果口味。格林伍德岭是安德森谷古老的酿酒厂（成立于 1980 年），是一个富有创意的活动场所。游客可以找到诸如太阳能和生物柴油燃料汽车的广泛使用等创新。他们还可以欣赏店主艾伦·格林的作品，他曾是一位平面艺术家，设计了引人注目的丝网葡萄酒标签。作为一个富有创造力的人，他还为自己的葡萄酒俱乐部成员策划了一场年度品酒比赛，并负责制作飘过品酒室的鲜艳旗帜。

5501 Highway 128, Philo, CA 95466
www.greenwoodridge.com

邦德舒酒庄（Gundlach Bundschu Winery）

索诺玛谷，索诺玛

索诺玛海岸琼瑶浆（白葡萄酒）；索诺玛谷高山波尔多混酿（红葡萄酒）

Gewürztraminer, Sonoma Coast (white); Mountain Cuvée Bordeaux Blend, Sonoma Valley (red)

邦德舒酒庄由巴伐利亚移民雅克布·古德南克于 1858 年创立。最初被称为瑞恩伐姆酒园，酒园在当地的葡萄酒中赢得了良好的声誉，直到禁酒令出台才停止酿酒。该家族于 1938 年开始重新种植葡萄，但直到 1970 年才再次酿酒。自 21 世纪以来，当酒庄决定只使用自己种植的葡萄酿造酒之后，酒庄出品的葡萄酒质量一直在提高。这里值得一试的葡萄酒包括华丽的琼瑶浆，它是一种清脆、矿物质驱动的白葡萄酒，带有荔枝和核果的香气，慢慢演变为绿色系的柑橘类水果的味道，酒的风格比较咸鲜、干爽。相比之下，被称为索诺玛谷高山波尔多混酿的精瘦、酒体较轻的红葡萄酒具有一些纯红色水果（如李子和石榴）的前调香气，转变成带有茴香香料的咸鲜味。

2000 Denmark St, Sonoma, CA 95476
www.gunbun.com

哈恩酒庄（Hahn Estates）

蒙特雷县，中央海岸

哈恩酒庄蒙特雷黑皮诺（红葡萄酒）

Hahn Winery, Pinot Noir, Monterey (red)

来自圣卢西亚高地的史密斯和胡克赤霞珠让尼基哈恩第一次在蒙特利县葡萄酒界崭露头角。事实上，这个产区并不是种植赤霞珠的最佳地点，因为这个地方实在太冷了，不能保证每一个年份的葡萄都能成熟。因此哈恩通过增加在其他区的葡萄园，以及加入在圣卢西亚高地其他葡萄园等方式发展了哈恩酒庄。随着单车斗士在葡萄酒中发展成为流行品牌，酒庄业务也得到了扩展。哈恩现在在帕索罗布尔斯种植赤霞珠，而其蒙特雷县葡萄园的注意力已经转移到喜爱气候凉爽的品种上，比如黑皮诺。哈恩用黑比诺生产了几个级别的葡萄酒，其中许多质量非常高，但标有哈恩酒庄的那一家最物有所值。它有着明亮的果香，还带着些许落叶和咸鲜味道。

37700 Foothill Rd, Soledad, CA 93960
www.hahnfamilywines.com

汉德利酒庄（Handley Cellars）

门多西诺

安德森谷酒庄霞多丽（白葡萄酒）；安德森谷黑皮诺（红葡萄酒）

Chardonnay, Estate Vineyard, Anderson Valley (white); Pinot Noir, Anderson Valley (red)

汉德利酒庄安德森谷酒庄的霞多丽白葡萄酒具有非常复杂的梨、香草、无花果和黄油风味，是一款非常浓缩、成熟、甜的葡萄酒，酒精含量适中。相比之下，黑皮诺平衡良好，干爽开胃，适合搭配烤野鸡或烤三文鱼。这款酒的葡萄在成熟度上没那么高，但在质地上显示出美味的肉桂和樱桃味，有着坚实的单宁。这两款酒都是米拉汉德利朴素风格的绝佳例证。

3151 Highway 128, Philo, CA 95466
www.handleycellars.com

汉纳酒庄（Hanna Winery）

俄罗斯河谷，索诺玛

俄罗斯河谷长相思（白葡萄酒）；俄罗斯河谷霞多丽（白葡萄酒）

Sauvignon Blanc, Russian River Valley (white); Chardonnay, Russian River Valley (white)

出生于叙利亚的心脏外科医生伊里莎·汉娜是一名业余酿酒师，后来他在1970年于俄罗斯河谷收购了5万平方米的土地后更加认真地投身于葡萄酒行业。他现在经营着俄罗斯河谷、亚历山大谷和索诺玛谷法定葡萄种植区的100万平方米葡萄园。他酿造的长相思口感活泼，带有葡萄柚和草本花香，充满活力的成熟柑橘和多汁的核果味；霞多丽浓郁成熟，具有奶油柑橘和苹果的香气，同时有着更丰富的坚果风味和明亮的矿物质余味。

9280 Highway 128, Healdsburg, CA 95448
www.hannawinery.com

赫斯精选酒庄（Hess Collection）

维德山，纳帕谷

蒙特雷精选霞多丽（白葡萄酒）；纳帕谷阿洛米葡萄园赤霞珠（红葡萄酒）

Select Chardonnay, Monterey (white); Cabernet Sauvignon, Allomi Vineyard, Napa Valley (red)

赫斯精选酒庄是赫斯家族拥有的众多酒庄之一，通常生产优质葡萄酒。蒙特雷精选霞多丽具有柑橘和甜香草的风味，在水果和橡木之间取得平衡，香气浓郁，具有成熟的菠萝和热带水果风味。纳帕谷阿洛米葡萄园赤霞珠散发着黑樱桃和焦糖的香气，散发出浓郁、成熟的黑李子、烘焙香料和深色烘烤橡木桶味，余味悠长。

4411 Redwood Rd, Napa, CA 94558
www.hesscollection.com

鸿宁酒庄（Honig Vineyard and Winery）

卢瑟福，纳帕谷

纳帕谷长相思（白葡萄酒）

Sauvignon Blanc, Napa Valley (white)

鸿宁酒庄纳帕谷长相思这款白葡萄酒香气丰富得仿佛一个果篮，它带有橙子、甜瓜和桃子的香气，平衡、多汁的口感和活泼的矿物质味道更加突出了这些香气。这款酒由才华横溢的克里斯汀·贝莱尔酿造，它的风格正是鸿宁酒庄著名的那种浓郁风格。贝莱尔得到了庄主迈克尔·鸿宁的支持，他一直站在推动纳帕谷可持续葡萄栽培的最前沿。

850 Rutherford Rd, Rutherford, CA 94573
www.honigwine.com

胡克莱德酒庄（Hook & Ladder Winery）

俄罗斯河谷，索诺玛

舵手赤霞珠混酿，俄罗斯河谷（红葡萄酒）；俄罗斯河谷黑皮诺（红葡萄酒）

Tillerman Cabernet Blend, Russian River Valley (red); Pinot Noir, Russian River Valley (red)

克莱德酒庄品牌得名于创始人塞西尔·德·劳奇之前消防员这

有机葡萄酒

“有机”一词意味着健康和环境效益，并承诺不使用化学农药和化肥。

通过拒绝化工产品来增加土壤营养，也不在叶子和葡萄串上喷洒化工产品，有机葡萄种植者可以消除葡萄园中的许多外来物质。有机葡萄种植者使用有机喷雾剂来防止霉菌，用堆肥来进行施肥，并在藤蔓之间种植低生长的作物，以培育充满蠕虫、昆虫和微生物的活性土壤。

在口味和质量方面，有机葡萄酒已经取得了长足的进步，许多葡萄酒可以在价格上与传统酿造的葡萄酒竞争。尽管如此，当应用于不同的葡萄酒时，有机意味着不同的东西，并且标签因国家而异。例如，标有“由有机种植的葡萄制成”的葡萄酒不一定与标有“有机”的葡萄酒相同。前者是欧盟唯一允许的官方认可的有机标签——意味着葡萄酒可以由喷洒铜硫化合物的葡萄制成，并添加二氧化硫作为酿酒厂的传统防腐剂。然而，在美国，不允许在标有“有机”标签的葡萄酒中使用添加的二氧化硫。因此，“由有机种植的葡萄酿制的葡萄酒”现在比“有机葡萄酒”更为普遍。

其实，有机葡萄酒与非有机葡萄酒的质量相差无几，但对于那些关心环境的人来说，更倾向于购买有机葡萄酒。

覆盖作物有利于有益微生物的繁殖。

个职业。它是在德·劳奇家族通过出售他们的同名葡萄酒品牌发家的，该品牌已成为加州历史上非常成功的品牌。该家族的新品牌专门生产来自家族152万平方米葡萄园的高性价比葡萄酒。其中包括优质的舵手赤霞珠混酿。这款混酿中用了品丽珠，带有咸味、草本风味，为黑色水果和雪松的香气以及明亮的巧克力樱桃风味增添了复杂性。与此同时，这个酒庄的黑皮诺红葡萄酒是一种成熟的新世界风格，带有辛辣的樱桃香气、巧克力覆盖的樱桃和可乐的味道，酒体适中，带有烤焦的棕色香料味。

2027 Olivet Rd, Santa Rosa, CA 95401
www.hookandladderwinery.com

HK酒庄（Hop Kiln Winery）
俄罗斯河谷，索诺玛

索诺玛霞多丽（白葡萄酒）；俄罗斯河谷黑皮诺（红葡萄酒）
Chardonnay, Sonoma (white); Pinot Noir, Russian River Valley (red)

HK酒庄的名字来源于它的巨大建筑，这座建筑是加利福尼亚州保存最完好的啤酒花窑。酒庄的索诺玛霞多丽仅由自家葡萄园种植的葡萄制成，带有艳丽的花香、核果、成熟烤梨的香气，很平衡圆润。酒庄的黑皮诺红葡萄酒十分彰显品种的特性，酒体饱满且质地细腻，带有紫罗兰、红樱桃和黑莓的香气，余味满是香辛料气息。

6050 Westside Rd, Healdsburg, CA 95448
www.hopkilnwinery.com

意象酒庄（Imagery Estate）
索诺玛谷，索诺玛

索诺玛山歌海娜（红葡萄酒）；莱克县卡内利的莫斯卡托（白葡萄酒）
Grenache, Sonoma Mountain (red); Muscato di Canelli, Lake County (white)

谷意象酒庄最初是乔·本齐格的项目，他利用家族酒庄种植比较小众的葡萄品种。酒庄的歌海娜酒体适中，带有红色水果做成的蜜饯香气，还有香辛料、炖樱桃和李子的味道，余味中带有烘焙香料气息。卡内利的莫斯卡托中等酒体，具有迷人的柑橘花香，喝下去是甜美、成熟的苹果和克伦肖甜瓜的风味。

14335 Highway 12, Glen Ellen, CA 95442
www.imagerywinery.com

J酒庄（J Vineyards）
俄罗斯河谷，索诺玛

俄罗斯河谷J20干型特酿（起泡酒）；加利福尼亚库珀灰皮诺（白葡萄酒）
J Cuvée 20 Brut NV, Russian River Valley (sparkling); Cooper Vineyard Pinot Gris, California (white)

J20干型特酿（起泡酒）是展现朱迪·乔丹的J酒庄起泡风格的绝佳代表。这款酒散发出柠檬皮和金银花的香气，带有充满活力和复杂的烤奶油蛋卷、柠檬和辛辣梨的味道。该酒庄还生产一系列优质的静止葡萄酒，例如库珀灰皮诺，具有诱人的花香和柑橘香气，带有矿物质的烤核果和蜜饯橙皮风味，余味清爽干爽。

11447 Old Redwood Highway, Healdsburg, CA 95448
www.jwine.com

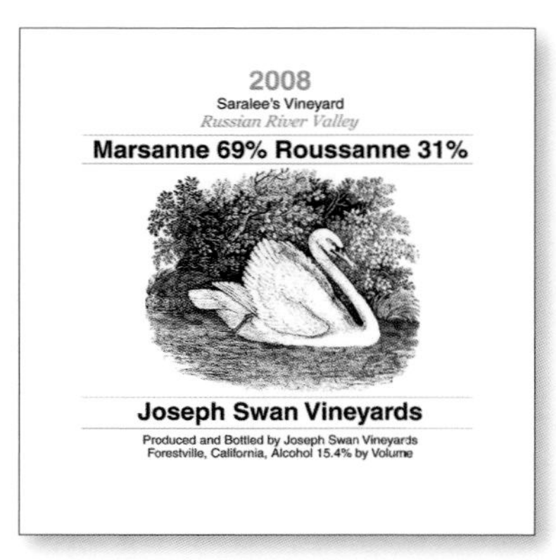

约瑟夫斯旺酒庄（Joseph Swan Vineyards）
俄罗斯河谷，索诺玛

俄罗斯河谷三号特酿黑皮诺（红葡萄酒）；俄罗斯河谷玛珊瑚珊混酿（白葡萄酒）
Cuvée du Trois Pinot Noir, Russian River Valley (red); Marsanne-Roussanne, Russian River Valley (white)

约瑟夫·斯旺在20世纪60年代末退休转向葡萄酒业务之前，作为飞行员有着漫长而杰出的职业生涯。该酒庄始于福雷斯特维尔附近的一个小葡萄园，在那里他种植了一些霞多丽和黑皮诺。但约瑟夫·斯旺在等待他的葡萄藤成熟时，先买进其他葡萄园的葡萄制成了广受赞誉的仙粉黛。如今，该酒庄以仙粉黛和略带乡村风格的黑皮诺而闻名，但三号特酿黑皮诺是一个很好的选择，它是索诺玛性价比很高的黑皮诺。这款酒酒香浓郁，带有红樱桃、泥土和茶叶的香气，以及较浓的浆果口味用烤香料和焦糖调味。该酒庄混合了玛珊和瑚珊，同样物超所值。烤苹果的芳香是这款富含矿物质的罗讷河谷风格混酿的标志香气，这款酒还带有清脆的梨和榛子风味。

2916 Laguna Rd, Forestville, CA 95436
www.swanwinery.com

卡莉酒庄（Karly Wines）
阿马多尔县，加利福尼亚州内陆

阿马多尔县长相思（白葡萄酒）
Sauvignon Blanc, Amador County (white)

1978年巴克·科布创立卡莉葡萄酒公司时，他感觉塞拉山麓将是长相思在美国本土最适合种植的地方。每个年份，他的顾客从玻璃杯中品尝到的佳酿就是庄主早期理论观点（或预感）的最佳例证。阿马多尔县长相思酒体浓郁，略带甜味，富含热带水果风味，既可作为开胃酒，也可作为搭配泰国菜肴的首选。有趣的是，科布和他的妻子卡莉在进入葡萄酒行业之前是一名战斗机飞行员，卡莉把她的名字借给了他们的酒庄。在阿马多尔县的雪兰多山谷，他们还种植慕合怀特和仙粉黛等葡萄，以此酿造的酒充满个性，并留有该地深刻的风土印记。

11076 Bell Rd, Plymouth, CA 95669
www.karlywines.com

肯德尔杰克逊酒庄（Kendall Jackson Wine Estates）
俄罗斯河谷，索诺玛

索诺玛特级珍藏赤霞珠（红葡萄酒）；加州葡萄酒商珍藏黑皮诺（红葡萄酒）

Grand Reserve Cabernet Sauvignon, Sonoma (red); Vintners' Reserve Pinot Noir, California (red)

肯德尔杰克逊酒庄，是美国很成功的葡萄酒生产商，也是世界上较大的葡萄酒生产商（目前在美国规模排名第十位的葡萄酒生产者）。它由律师杰斯·杰克逊于1982年创立，此后发展壮大，包括一系列令人眼花缭乱的不同名称和项目，不仅在美国加利福尼亚，而是在世界各地。并非以肯德尔杰克逊的名义生产的所有产品都值得一试，但至少有几款葡萄酒是真正优质的葡萄酒，并且价格实惠。索诺玛特级珍藏赤霞珠红葡萄酒具有明亮的黑色水果和黑醋栗香气，酒体饱满，带有大量深色水果和烘烤橡木的味道。与此同时，肯德尔杰克逊葡萄酒商的珍藏黑皮诺红葡萄酒拥有精致的草莓、樱桃，以及相对轻盈的黑色水果和泥土的芬芳，还带有一丝烘烤味道。

5007 Fulton Rd, Santa Rosa, CA 95403
www.kj.com

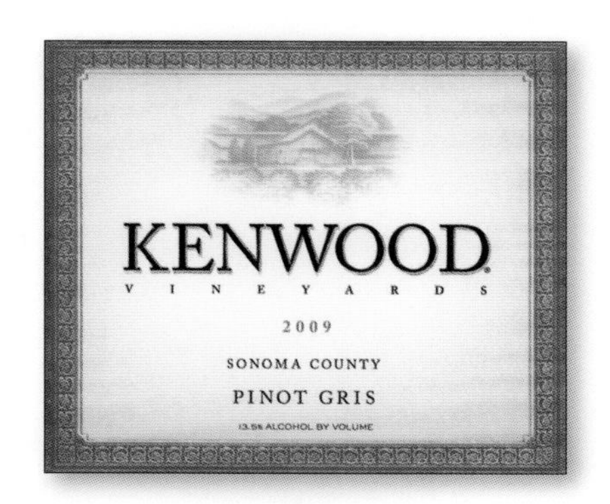

肯伍德酒庄（Kenwood Vineyards）
索诺玛谷，索诺玛

杰克伦敦园赤霞珠（红葡萄酒）；索诺玛灰皮诺（白葡萄酒）

Cabernet Sauvignon, Jack London Vineyard (red); Pinot Gris, Sonoma County (white)

人们很容易忽视肯伍德酒庄，不把它视为一个优质的葡萄酒酒庄。毕竟在其4年的酿酒生涯中，它的产量已提高到约360万瓶，但是其许多入门级葡萄酒都让人提不起兴趣。而且仅仅因为它是加州较大的生产商之一（属于科贝尔公司的一部分）并不意味着酒庄没有能力取得成功。如果你感觉脸红，顶级艺术家系列赤霞珠非常值得一试。杰克伦敦园的葡萄酒也是如此，例如赤霞珠红葡萄酒，它具有精致的黑醋栗和李子香气，并带有复杂、浓郁的黑色水果香气，并和干草和雪松香气巧妙地调和到一起。与此同时，索诺玛灰皮诺白葡萄酒充满了明亮的热带水果和柑橘香气，矿物质驱动的核果和成熟的柑橘风味在清脆丝滑的余味中萦绕不去。

9592 Sonoma Highway, Kenwood, CA 95452
www.kenwoodvineyards.com

霁霞酒庄（Laetitia Vineyard）
圣路易斯奥比斯波县，中央海岸

阿罗约格兰德山谷酒庄特酿绝干（起泡酒）；阿罗约格兰德山谷酒庄西拉（红葡萄酒）

Brut Cuvée Estate, Arroyo Grande Valley (sparkling); Syrah Estate, Arroyo Grande Valley (red)

霁霞酒庄位于气候凉爽的阿罗约格兰德山谷，最初是一个名为德茨马颂的起泡酒酒庄。它现在仍然会生产起泡酒，无年份的阿罗约格兰德山谷酒庄特酿绝干起泡酒清脆、质地细腻，带有柑橘和草莓味。然而，酒庄新主人斯莱姆·兹科哈更专注于静止葡萄酒，例如阿罗约格兰德山谷酒庄西拉红葡萄酒。适合凉爽气候的西拉红葡萄酒，它单宁细腻，明亮而带烟熏风味，还有黑莓果味和少许白胡椒的味道。

453 Laetitia Vineyard Drive, Arroyo Grande, CA 93420
www.laetitiawine.com

朗格兄弟酒庄（LangeTwins Winery）
洛迪，加州内陆

洛迪和克拉克斯堡莫斯卡托（白葡萄酒）

Moscato, Lodi and Clarksburg (white)

双胞胎兄弟布拉德福德和兰达尔于2003年建立了他们的同名酒庄，他们还雇用了9名员工。自19世纪70年代以来，朗格家族就在洛迪出现了，首先是种植西瓜，然后自1916年开始种植葡萄，从那时起葡萄种植专业知识融入了家族血液。续酒庄爆款莫斯卡托微气泡酒之后，洛迪和克拉克斯堡莫斯卡托白葡萄酒令人耳目一新，它活泼、花香，微甜，具有活泼的香气和橙花和橘子的味道。

1525 East Jahant Rd, Acampo, CA 95220
www.langetwins.com

朗特里酒庄（Langtry Estate）
湖县

莱克县格诺克长相思（白葡萄酒）

Guenoc, Sauvignon Blanc, Lake County (white)

朗特里酒庄拥有位于莱克县的整个格诺克山谷地区。该酒庄拥有约8500万平方米的土地，并利用了其中相对较小的土地（182万平方米）种植葡萄藤。酒庄的名字来源于创始人莉莉·兰特里，一位著名的维多利亚美女表演者。她的遗产中最美味的部分之一是莱克县格诺克长相思白葡萄酒，充满热带水果风味，它也是朗特里酒庄的副牌酒。

21000 Butts Canyon Road, Middletown, CA 95461
www.langtryestate.com

杰罗酒庄（J Lohr Vineyards）

圣路易斯奥比斯波县，中央海岸

帕索罗伯斯南岭西拉（红葡萄酒）
Syrah, South Ridge, Paso Robles (red)

杰瑞·罗尔自20世纪70年代以来一直在蒙特雷县种植葡萄，他于1988年将他的葡萄酒帝国扩展到帕索罗伯斯，现在他在蒙特雷、帕索罗伯斯和纳帕谷拥有1215万平方米的土地。强劲的红葡萄酒是帕索罗伯斯地区的特色，罗尔生产了许多不同等级和品种的葡萄酒。从酒厂的酒庄层来看，帕索罗伯斯南岭西拉是丰满且易饮用的，它单宁精致，带有成熟的黑莓、烘焙咖啡、香料的香气。

6169 Airport Rd, Paso Robles, CA 93446
www.jlohr.com

洛洛尼斯酒庄（Lolonis）

门多西诺

红木谷霞多丽（白葡萄酒）
Chardonnay, Redwood Valley (white)

洛洛尼斯酒庄红木谷霞多丽白葡萄酒是一款加利福尼亚州重要的酒。它散发出烘烤、涂黄油的法国面包、甜美成熟的梨和无花果的香味，拥有着令人垂涎欲滴的丰富质地和悠长的余味。这时如果有新鲜的缅因州龙虾与之搭配就更好了。它由酿酒师洛瑞·纳普生产，葡萄由门多西诺县古老的葡萄酒家族有机种植，这个家族在过去10年中极大改善了葡萄种植方式。

1905 Road D, Redwood Valley, CA 95470
www.lolonis.com

长草甸牧场酒庄（Long Meadow Ranch）

纳帕谷

纳帕谷牧场混酿红葡萄酒
Ranch House Red Blend, Napa Valley

来自长草甸牧场酒庄的牧场混酿红葡萄酒用的是赤霞珠、梅洛、桑娇维塞和小西拉进行的混酿，风格易饮。它有大量的深色、辛辣的水果香气，回味虽然不强烈但精致细腻。这款酒的葡萄来自一个由泰德和莱迪亚·霍尔以及他们的儿子克里斯托弗经营的酒庄，该酒庄在其263万平方米的主要牧场和几处较小的酒庄中生产橄榄油、草饲高地牛肉、鸡蛋和其他农产品。

738 Main St, St Helena, CA 94574
www.longmeadowranch.com

麦罗蒂酒庄（MacRostie Winery）

卡内罗斯

卡内罗斯黑皮诺（红葡萄酒）
Pinot Noir, Carneros (red)

1987年，在麦罗蒂酒庄开始经营之前，史蒂夫·麦克罗斯特在索罗玛的汉卡达酒庄酿酒厂工作了12年。他将近40年的酿酒经验运用到一系列顶级葡萄酒上，这些酒使用的葡萄来源于自己种植和从种植者那里购买的葡萄。卡内罗斯黑皮诺是这些酒中的典范。这款酒体浓郁的黑皮诺，颜色很深，散发着黑樱桃、肉桂和可乐的香气。极其平衡的结构使其既易饮又值得陈年。

21481 8th St East 25, Sonoma, CA 95476
www.macrostiewinery.com

马德罗尼亚酒庄（Madroña Vineyards）

埃尔多拉多县，加州内陆

埃尔多拉多新世界波特（加强酒）
New-World Port, El Dorado (fortified)

马德罗尼亚葡萄园的埃尔多拉多新世界波特加强酒成功的秘诀是什么？因为这款酒使用的葡萄是种植在西瑞亚山脚海拔914米处的七个传统的葡萄牙葡萄品种之一。酒中带有成熟的水果风味和香料气息，喝下去就像在寒冷冬夜的拥抱一样热烈，简直是葡萄牙波特酒的完美复刻。这只是迪克·布什家族自1973年种植马德罗尼亚的第一批葡萄藤以来，在这里进行的第一次挑战。这个家族可以用各种葡萄品种组合酿造不同风格的酒，而且品质始终很好。

2560 High Hill Rd, Camino, CA 95709
www.madronavineyards.com

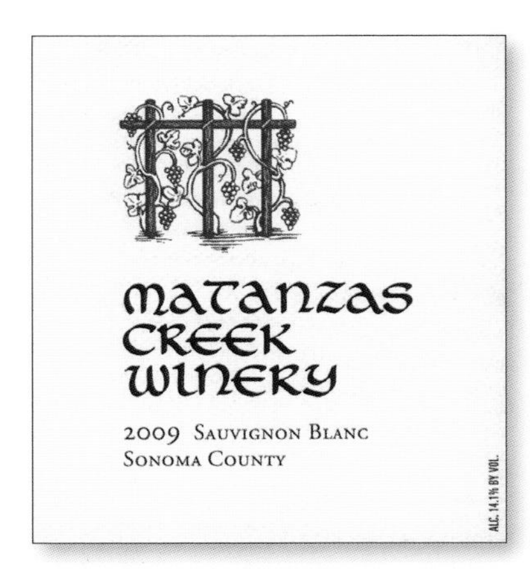

马坦萨斯溪酒庄（Matanzas Creek Winery）

贝内特谷，索诺玛

索诺玛长相思（白葡萄酒）
Sauvignon Blanc, Sonoma County (white)

马坦萨斯溪酒庄的索诺玛长相思是一款纯正的长相思、麝香混酿，它散发着充满活力的花香和柑橘香气，入口是矿物质、热带水果、核果以及一些柑橘和无花果的味道。它由法国人弗朗索瓦·科德斯以典型的低调风格制作。科德斯在搬到美国加利福尼亚之前在澳大利亚波尔多和他的家乡法国朗格多克学习贸易。马坦萨斯酒庄是一座美丽的酒庄，在贝内特山谷拥有被精心照料的薰衣草花园。酒庄成立于 1977 年，当时加利福尼亚州葡萄酒业务在很大程度上仍处于萌芽状态。自那以后，酒庄以开拓者的身份和始终如一的高品质闻名，他们出产的酒风格也十分独特，更偏爱优雅的低度酒精葡萄酒，而不是那种野性的，如同蒸汽压路机一样厚重的酒精感。

6097 Bennett Valley Rd, Santa Rosa, CA 95404
www.matanzascreek.com

麦克马尼斯家族酒庄（McManis Family Vineyards）
加利福尼亚内陆圣华金县

加利福尼亚州维欧尼（白葡萄酒）
Viognier, California (white)

麦克马尼斯家族酒庄的酿酒师对橡木并不完全排斥，但他们认为只用维欧尼葡萄本身就能提供足够的丰富度、酒体重量感和深度，所以他们顺其自然，做出的酒全是金银花、橘子、苹果、和桃子的香气。这一决定似乎让专家们很高兴：这款酒在 2010 年的加利福尼亚州博览会上被评为加利福尼亚州最佳维欧尼。自 1938 年开始，麦克马尼斯家族在圣华金县北部的这个角落种植葡萄已有 70 多年。但直到 1997 年，该家族的第四代成员才终于冒险开始制作葡萄酒。他们用这些葡萄酿造自己的葡萄酒，在里彭建立了一个酿酒厂。这里的葡萄酒以红葡萄品种、维欧尼葡萄酒等其他白葡萄酒为主，风格主要是明亮并带有丰富的水果风味的葡萄酒，售价十分亲民。

18700 East River Rd, Ripon, CA 95366
www.mcmanisfamilyvineyards.com

摩根酒庄（Morgan Winery）
中央海岸蒙特雷县

蒙特雷曼塔里克未过桶霞多丽（白葡萄酒）；蒙特雷西拉（红葡萄酒）
Un-oaked Chardonnay Metallico, Monterey (white); Syrah, Monterey (red)

霞多丽是摩根酒庄极其看重的一部分。1982 年，店主丹·李开始经营业务后，在这里生产的第一款葡萄酒就是霞多丽。他凭借这款酒，很快就赢得了赞誉。李仍然在生产许多不同的霞多丽系列，售价也不相同。但就性价比而言，最突出的是蒙特雷曼塔里克未过桶霞多丽。与当今市场上一些简单平淡的不过桶霞多丽不同，这款酒有真正的冲击力。它充满了活泼的柠檬和史密斯奶奶苹果的味道，并带有一丝奶油味。如今，霞多丽已经不是摩根酒厂的唯一强项，黑皮诺和西拉在这里都很重要。蒙特利西拉结合了几个蒙特利产区的葡萄，酿造出一种烟熏而柔滑的葡萄酒，带有明亮的浆果味和淡淡的薰衣草香气。

204 Crossroads Blvd, Carmel, CA 93923
www.morganwinery.com

美食美酒：纳帕谷赤霞珠

对于美国加利福尼亚州的人来说，纳帕谷赤霞珠是这个葡萄品种的典型代表。它的风味特征不同于波尔多赤霞珠中有时会出现的青椒和植物味——在这里，赤霞珠口味风格上满满的都是成熟水果和甜美的烤橡木味道。

纳帕谷赤霞珠带有黑莓、黑醋栗和李子的美味香气，并带有一丝橄榄、鼠尾草、苔藓的味道，随着陈酿时间的推移，还有雪茄和皮革的味道，这些浓郁、浓缩、果味浓郁的葡萄酒很容易与各种食物搭配。

与波尔多相比，纳帕赤霞珠拥有大量成熟的果实，以及更高的酒精度和更低的酸度，这两者都有助于掩盖有时具有强劲的单宁。将葡萄酒与油腻的菜肴搭配，可以轻松处理剩余的单宁。将这段葡萄酒和牛肉搭配简直是天造地设的一对，你可以尝尝上等肋排或配上当地蓝的神户汉堡或切达干酪。对于素食者来说，烤茄子与葡萄酒中的一些苦味相得益彰，而带有阿根廷青酱的面筋串简直就是一份无肉的阿根廷烧烤。

羊肉是搭配更带有泥土芬芳的法国赤霞珠的理想选择，但对于较成熟的纳帕版本，羊肉要配上迷迭香和芥末皮才会使搭配达到完美的平衡。在酱汁中添加黑莓或黑醋栗成分（或葡萄酒本身）也能让食物更好地搭配赤霞珠，添加黑橄榄也是如此。

迷迭香烤羊肉非常适合搭配浓郁成熟、口感丰富的纳帕赤霞珠。

伊甸山酒庄（Mount Eden Vineyards）

圣克鲁斯山脉，中央海岸

埃德娜谷沃尔夫葡萄园霞多丽（白葡萄酒）
Chardonnay, Wolff Vineyard, Edna Valley (white)

伊甸山酒庄的起源可以追溯至第二次世界大战时期。马丁·雷于1942年创立酒庄，他是圣克鲁斯山脉葡萄栽培历史上的关键人物，也是保罗梅森酒厂的前任所有者。然而，雷与他的投资者相处不来，经过一系列争吵后，他被驱逐出酒庄。20世纪70年代酒庄更名为伊甸山。自1981年以来，这些葡萄酒一直受益于酿酒师杰弗瑞·帕特森。核心是来自低产葡萄园的非常个性化的霞多丽，这个葡萄园的海拔为490～680米。他用从埃德娜谷购买的葡萄制成的沃尔夫葡萄园霞多丽要便宜得多。这款霞多丽比伊甸山的酒庄霞多丽更鲜肉感，更热带，但它仍然优雅而平衡。

22020 Mt Eden Rd, Saratoga, CA 95070
www.mounteden.com

墨菲古德酒庄（Murphy-Goode Winery）

亚历山大谷，索诺玛

索诺玛说谎者的骰子仙粉黛（红葡萄酒）；亚历山大谷芙美长相思（白葡萄酒）
Liar' s Dice, Zinfa ndel, Sonoma (red); Fumé, Sauvignon, Alexander Valley (white)

菲古德酒庄是一座现代化的酒庄。事实上，它与葡萄酒圈网红博主的关系或许比它的葡萄酒更为人所知。早在2009年，该酒庄就曾举办过一场招聘常驻葡萄酒博主的竞赛，这是一次成功的病毒式营销活动，在新媒体和传统媒体上都获得了大量宣传。该酒庄现在是杰克逊家族葡萄酒组合的一员，并由其中一位创始人的儿子酿造葡萄酒，与杰克逊拥有的许多业务一样，它在一定程度上独立于母公司运营。说谎者的骰子仙粉黛散发着黑覆盆子和黑醋栗的香气，以及甜美多汁的黑色水果味道和果酱香料味，酒体柔和适中。相比之下，谷芙美长相思充满了精致的青草和柠檬香气，并散发出大量奶油、热带水果和矿物质风味，这些味道可以一直延伸，余味很长。

20 Matheson St, Healdsburg, CA 95448
www.murphygoodewinery.com

纳瓦罗酒庄（Navarro Vineyards）

安德森谷，门多西诺

安德森谷琼瑶浆干型（白葡萄酒）
Dry Gewürztraminer, Anderson Valley (white)

纳瓦罗酒庄的美味且价格实惠的安德森谷琼瑶浆干型白与阿尔萨斯一样在大橡木桶中发酵，并给人非常相似的感觉：芬芳的花香、清脆的苹果味和辛辣的回味。它清爽可口，清淡。生产商泰德·伯纳德和底波拉·卡恩是20世纪70年代较早转向门多西诺县酿酒的城市居民之一，他们仍然体现了20世纪70年代在那里蓬勃发展的绿色思想。这些葡萄酒是在完全尊重环境的情况下酿造的，并且酒庄有多项举措旨在保持葡萄园健康。

5601 Highway 128, Philo, CA 95466
www.navarrowine.com

纽顿酒庄(Newton Vineyard)
春山区纳帕谷

纳帕谷红标红葡萄酒
Red Label Claret, Napa Valley

纽顿酒庄的红标红葡萄酒是一款以梅洛为主的波尔多风格混酿。它充满了黑色水果和深色香料的香气，并带有巧克力、白胡椒和柔软的黑李子的水果风味。对于现在掌握在奢侈品巨头路易威登手中的精美酒庄来说，这款酒极具性价比。该酒庄位于陡峭的梯田春山葡萄园附近，这里的地形和土壤各不相同，出产浓郁、坚实、富含矿物质的赤霞珠、品丽珠和梅洛，以及一些制作精良的霞多丽。路易威登在改善酒庄方面投入了大量资金，对葡萄园给予了认真的关注，而且在不久的将来，这些葡萄酒似乎会进一步改善。酿酒师是备受推崇的克里斯·米拉德，他曾在史德琳酒庄工作。

2555 Madrona Ave, St Helena, CA 94574
www.newtonvineyard.com

黑曜山脊酒庄(Obsidian Ridg)
湖郡

莱克县红山赤霞珠(红葡萄酒)
Cabernet Sauvignon, Lake County, Red Hills (red)

莫兰家族是黑曜山脊酒庄的所有者，他们为了使葡萄酒生意取得成功而极尽所能。1973年，当几乎没有人认为卡雷拉斯地区可以酿造葡萄酒时，他们投资种植葡萄园，同时还在匈牙利购买了一家桶木制造厂(莫兰家族来自匈牙利)，而且在20世纪90年代，他们还寻找到了位于湖郡(现在被称为红山)的高海拔地区。他们在该地点酿制的赤霞珠葡萄酒可以与更贵的纳帕谷赤霞珠葡萄酒相媲美。这款浓烈的过桶红葡萄酒将樱桃般的风味与辛辣的橡木风味完美结合，口感丰富而柔滑。

酒庄参观必须提前预约
www.tricyclewineco.com

猫头鹰岭/威洛布鲁克酒庄(Owl Ridge/Willowbrook Cellars)
索洛玛产区 俄罗斯河谷

索洛玛长相思(白葡萄酒)
Sauvignon Blanc, Sonoma County (white)

当你第一次把鼻子凑近酒杯时，就能清晰地闻到新西兰长相思风格的醋栗和多汁甜瓜香气，这就是猫头鹰岭长相思的标志香味。这些香气很快就会让位于更安静的柠檬和梨的气味，酒体轻盈，收尾爽脆而新鲜。猫头鹰岭品牌是计算机商业企业家约翰·特雷西的杰作，他追随着一条20世纪90年代在俄罗斯河谷创办酒庄的硅谷精英走的老路。在酿酒师乔·奥托斯的帮助下，约翰·特雷西创立了威洛布鲁克酒庄，在租用的空间里酿造葡萄酒——他很快看到了一个机会，建造自己的酒庄，设施足够出租给其他较小的酿酒厂。猫头鹰岭以类似的企业家精神发展为第二个品牌。

未提供参观信息
www.owlridge.com

太平洋星座酒庄(Pacific Star Winery)
门多西诺

老爸的日常(红葡萄酒)
Dad' s Daily Red

太平洋星座酒庄的名字恰如其分：它拥有世界上罕见的一种景观，可以直接看到大海。庄主兼酿酒师莎莉·奥特森认为，靠近海洋除了让酒庄员工感到振奋，对这里的事情有更深远的影响。奥特森相信，咸咸的海风以及海浪撞击到她的酒窖下的洞穴，是赋予她的葡萄酒特殊的口感和质地的原因。她的葡萄酒是小规模生产的，并给它们起了古怪的名字，比如“我的错”(以酒庄下面的一条地震断层命名)和“老爸的日常”。后者是奥特森父亲最喜欢的葡萄酒，原因不难理解。先驱葡萄品种——佳丽酿、小西拉、仙粉黛和沙帮乐的柔和混酿，就像一种非常可口易饮的加州版罗讷河谷经典葡萄酒。

401 North Main Street, Fort Bragg, CA 95437
www.pacificstarwinery.co

帕杜奇酒窖(Parducci Wine Cellars)
门多西诺

平地惊雷小西拉(红葡萄酒)
True Grit, Petite Sirah, Mendocino (red)

在20世纪的大部分时间里，帕杜奇酒窖几乎独自代表了门多西诺县的葡萄酒。在大部分时间里，它是唯一一家直接向公众销售葡萄酒而不是将其打包发送给其他生产商匿名使用的生产商。酒庄的所有者约翰·帕杜奇也是该地区酿酒的公众面孔。帕杜奇从许多不同的葡萄品种中酿造了许多不同的葡萄酒，其中小西拉被广泛认为是最好的。今天，现任所有者桑希尔家族正在继续这项伟大的工作，前菲泽酒厂总裁、生物动力学原则的积极倡导者保罗·杜兰正在领导葡萄酒酿造。门多西诺产区的平地惊雷小西拉红葡萄酒拥有深色、丰富的黑莓风味和丰满的体验——实际上，这款葡萄酒一点也不“小”。果酱风味和紧实的口感最适合与丰富的肉类和奶酪菜肴搭配。它可以陈酿5年或更长时间。

501 Parducci Road, Ukiah, CA 95482
www.parducci.com

霞多丽

霞多丽是世界上风格变化较多的葡萄品种之一。它已经适应了法国（勃艮第起源的地区）、澳大利亚、美国加利福尼亚州、智利、希腊、印度，以及至少 30 个国家多变的气候和不同的酿酒风格。

如果是在橡木桶中发酵的霞多丽，它会带有黄油、榛子和香草的味道。在美国加利福尼亚州和澳大利亚等气候温暖的地方种植的霞多丽，在酿酒时会发展出馥郁的香气和饱满的酒体；但在法国的夏布利地区和新西兰等凉爽地方的霞多丽会更酒体清瘦、酸度爽脆、风格清新。

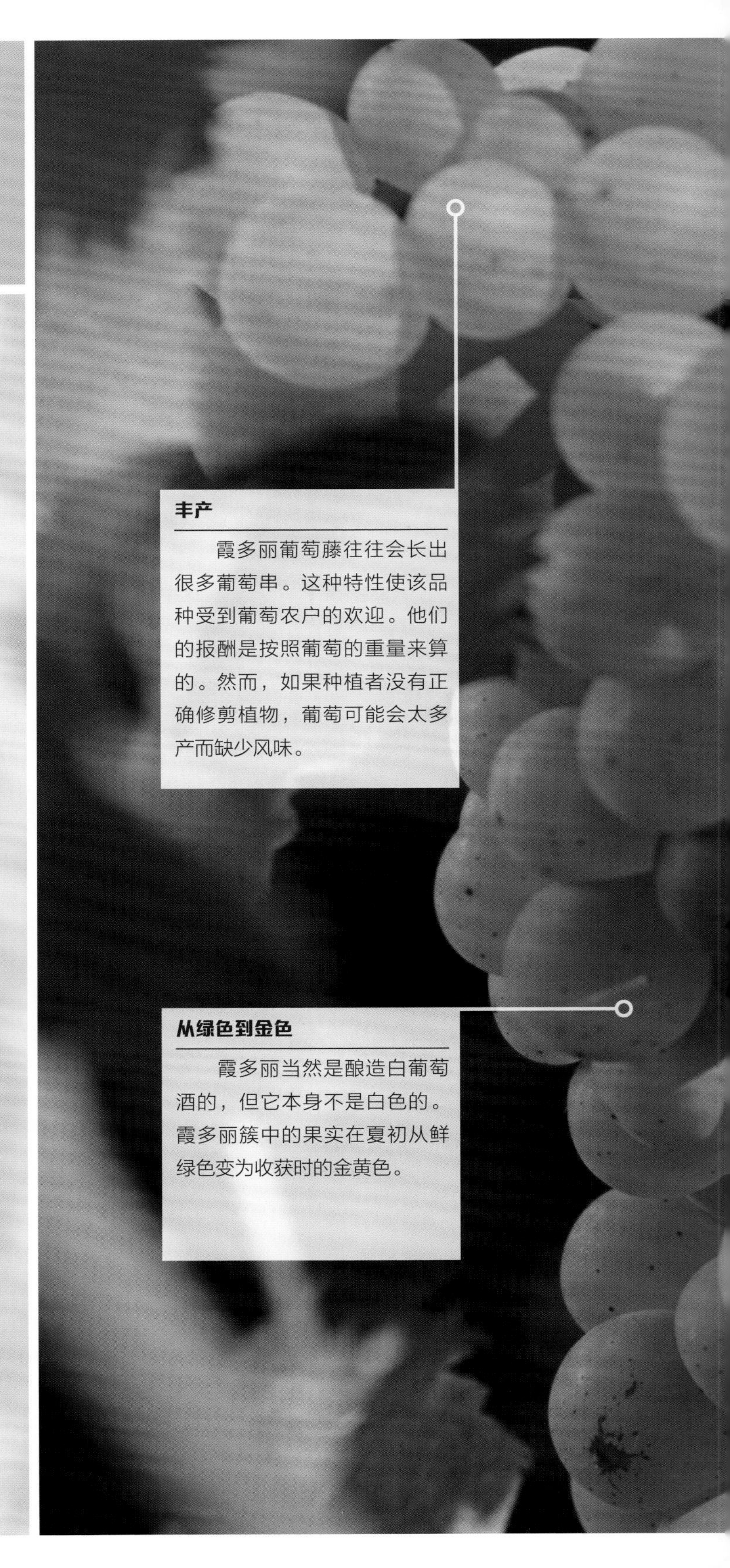

丰产

霞多丽葡萄藤往往会长出很多葡萄串。这种特性使该品种受到葡萄农户的欢迎。他们的报酬是按照葡萄的重量来算的。然而，如果种植者没有正确修剪植物，葡萄可能会太多产而缺少风味。

从绿色到金色

霞多丽当然是酿造白葡萄酒的，但它本身不是白色的。霞多丽簇中的果实在夏初从鲜绿色变为收获时的金黄色。

果皮薄

霞多丽的表皮很薄，因此很容易被霉菌以及其他可以穿透表皮并对里面的汁液产生负面影响的害虫和疾病侵蚀。霞多丽种植者必须格外小心以保护他们的葡萄。

透明

霞多丽的酒并不像其他白葡萄酒更容易被看穿，但葡萄藤本身的“透明度”很高，这意味着用霞多丽制成的葡萄酒会因产地不同而有很大差异。这种不同地方的葡萄酿制的葡萄酒风味不同在葡萄酒界被称为“风土”。

在哪里?

几乎全球各地都有价值极高的霞多丽。原因之一是霞多丽在近几十年来的受欢迎程度增长非常之快，以至于许多农民都在种植它。

现在，霞多丽在法国、澳大利亚、美国加利福尼亚州、智利等地都有大量供应。由于霞多丽有多种风格，因此可以根据自己的口味找到适合自己的霞多丽产区。

来自马贡、夏隆内丘以及夏布利的勃艮第干白酒体相对清瘦，有黄油和柠檬味。意大利和智利的许多酒也更多展现霞多丽清瘦的一面。然而，澳大利亚和美国加利福尼亚州霞多丽通常酒体更肥、更成熟，而且没有那么浓郁，特别是那些标签上带有大区名称的霞多丽，例如美国加利福尼亚州或澳大利亚东南大区。此外，白中白香槟只使用霞多丽。

以下是霞多丽的部分最佳产区。试试这些推荐年份以获得最佳示例：

伯恩丘：2009 年、2008 年、2007 年
夏隆内丘：2009 年、2007 年
马贡：2009 年、2007 年、2006 年
索诺玛县：2009 年、2007 年、2006 年

在马贡的圣韦朗产区出产的霞多丽品质可靠稳定。

帕提尼娜有机酒庄（Patianna Organic Vineyards）
门多西诺

门多西诺酒庄长相思（白葡萄酒）
Sauvignon Blanc, Mendocino, Estate Vineyards (white)

帕提尼娜有机酒庄的门多西诺酒庄长相思既美味又带有果味，是一款与众不同的葡萄酒。它有白胡椒、葡萄柚和甜瓜的味道，清脆的平衡感和挥之不去的余味。就其风味和质地而言，它的味道更像奥地利白葡萄品种绿维特利纳，而不是更传统的长相思。它和这个费策尔家族经营的其他东西一样，都是用有机葡萄制成的。事实上，费策尔家族致力于有机葡萄生产，许多人认为这解释了为什么这里生产的葡萄酒如此纯净。这些葡萄酒是否有一定深度的风味和生活感，这直接归因于缺乏用于酿酒的化学物质种葡萄？当然，最好的方法是品尝！

13340 Spring Street, Hopland, CA 95449
www.patianna.com

佩-马林酒庄（Pey-Marin）
马林县

压帽、西拉、香料葡萄园（红葡萄酒）
Punchdown, Syrah, Spicerack Vineyards (red)

作为马林较好的生产商，佩-马林一直在创业，他的创业之路已经让该地区的其他人效仿了 10 年。它由乔纳森·佩创立，多年来一直在勃艮第、澳大利亚和纳帕的酿酒厂开展业务。与此同时，佩伊的妻子苏珊是顶级餐厅葡萄酒买家，他们共同组成了一支成功的团队。这对夫妇在他们的葡萄园工作，太平洋内陆陡峭、多雾的山坡，以及这里凉爽的气候，使葡萄酒的味道更加清新。在香料葡萄园压帽西拉中，辛辣的深色水果和干草本香气在口中更加浓郁，带有肉味、烟熏李子和蓝色水果的味道使酒体饱满且细腻。

10000 Sir Francis Drake Blvd, Olema, CA 94950
www.marinwines.com

松岭酒庄（Pine Ridge Winery）
雄鹿飞跃区，纳帕谷

白诗南-维欧尼，克拉克斯堡（白葡萄酒）
Chenin Blanc-Viognier, Clarksburg (white)

在拥有作为一名奥运滑雪运动员的经历之后，加里·安德鲁斯转投酿酒业。1978 年，他建立了占地 101 万平方米的松岭酒庄，后来又在俄勒冈州成立了艾翠斯酒庄。此后，这两家酒厂都被深红葡萄酒集团收购，这些葡萄酒现在由迈克尔·博拉克酿造，他曾在加利福尼亚的圣苏佩里工作。虽然松岭酒庄的重点一直是赤霞珠，产自加利福尼亚州多个不同产区，但它的白葡萄酒也很有名气，包括霞多丽。然而，就价值而言，最好的选择是一种不同寻常的白混合酒——松岭白诗南。这款酒融合了维欧尼耶醉人的香味——茉莉花、荔枝和柑橘的香味，以及白诗南的成熟甜瓜和桃子的香味，口感不干爽却很新鲜。

5901 Silverado Trail, Napa, CA 94558
www.pineridgewinery.com

波特溪酒庄（Porter Creek Vineyards）
俄罗斯河谷，索诺玛

老藤佳丽酿，门多西诺（红葡萄酒）
Old Vine Carignan, Mendocino (red)

波特溪酒庄的老藤佳丽酿展现着一种只有老藤佳丽酿才有的魅力。它来自亚历山大谷一些最古老的葡萄藤，透明度高，散发出接骨木花和覆盆子的复杂香气，并带有精确平衡的多汁、带刺果味。这家家族经营的酒庄得名于酒厂隔壁那条小溪。它成立于 1982 年，如今由亚历克斯·戴维斯经营，他继承了父亲的职位，经营着 1997 年份的葡萄酒。尽管过去经常被忽视，但现在越来越出名，成为俄罗斯河谷地区较好的葡萄酒生产商。这里的房子风格非常独特，陈设悠闲而不沉闷，提供一间旧棚屋作为客人的品鉴室。葡萄酒的种类不多却完全成形，葡萄园也都是照他们的规矩经营的严格的生物动力学原则。

8735 Westside Rd, Healdsburg, CA 95448
www.portercreekvineyards.com

傲山酒庄（Pride Mountain Vineyards）
圣赫勒拿，纳帕谷，索诺玛

傲山酒庄维欧尼，索诺玛（白葡萄酒）
Viognier, Sonoma (white)

如果你正在收集酿酒官僚机构有时提出荒谬要求的证据，那么傲山酒庄将是第一个停靠点。它的场地位于索诺玛县和纳帕县的交界处，这意味着它必须拥有两个酿酒厂，一个在索诺玛一侧，另一个在纳帕。它的标签同样令人精神分裂（有时是纳帕，有时是索诺玛），但葡萄酒具有一致（并且始终如一）良好的口感。自 19 世纪 90 年代以来，这里就开始生产葡萄酒，傲山酒庄的声誉首先由酿酒师鲍勃·弗利创造，最近由塞尔里·约翰森进一步提升。索诺玛县维奥尼的葡萄酒在各个方面的表现都很强劲，有丰富的温柏和核果的香味，厚重的口感和白桃的蜂蜜味，最好在较低的温度下饮用。

4026 Spring Mountain Rd, St Helena, CA 94574
www.pridewines.com

基维拉酒庄（Quivira Vineyards）
干溪谷，索诺玛

基维拉酒庄歌海娜，葡萄酒溪牧场（红葡萄酒）
Grenache , Wine Creek Ranch (red)

在加州葡萄酒行业，基维拉酒庄于 1987 年开业，是可持续栽培和绿色思想的先驱者。现在在新的所有者和新的酿酒师史蒂文·肯特的带领下，它终于因使用生物动力农业和太阳能的葡萄酒而闻名。它是干溪为数不多的歌海娜的生产商之一，它是一款出色的葡萄酒 。咸味、辛辣的李子和草莓香气，呈现出浓郁、纯净的风味；圆润平衡使其容易饮用。

4900 West Dry Creek Rd, Healdsburg, CA 95448
www.quivirawine.com

曲佩酒窖（Qupé Wine Cellars）
圣巴巴拉县，中央海岸

西拉，中央海岸（红葡萄酒）
Syrah, Central Coast (red)

酿酒师兼曲佩公司的老板鲍勃·林德奎斯特是加州葡萄酒酿造专家，对隆河有一定的影响力。凭借在扎卡酒庄工作的经验，林德奎斯特创立了曲佩，以此来试验他自己的葡萄酒，该项目很快就启动了。鲍勃·林德奎斯特以酿造出比该地区其他酿酒师酿造的大杯、粗壮的葡萄酒更精致的葡萄酒而闻名。如今，他酿造了几种西拉葡萄酒，但价格实惠的中央海岸西拉装瓶具有许多标志性的凉爽气候特征：清新的浆果、香料、烟草和茶的味道。

2963 Grand Ave, Los Olivos, CA 93441
www.qupe.com

萨尔堡酒庄（Rancho Zabaco Winery）
干溪谷，索诺玛

老藤仙粉黛索诺玛（红葡萄酒）
Zinfandel, Heritage Vines, Sonoma (red)

作为加洛家族葡萄园的众多品牌之一，萨尔堡与最具价值的仙粉黛有着密切的联系。由酿酒师埃里克·辛纳蒙酿制的葡萄仙粉黛特别物有所值。它具有浓烈的覆盆子果酱香草香味，带有辛辣黑莓和黑樱桃的口感，具有柔软、坚固的结构和复杂、辛辣的余味。

3387 Dry Creek Rd, Healdsburg, CA 95448
www.ranchozabaco.com

雷文斯伍德酒庄（Ravenswood）
索诺玛谷，索诺玛

老藤仙粉黛，洛迪（红葡萄酒）
Old Vine Zinfandel, Lodi (red)

雷文斯伍德是加州知名品牌，出口到世界各地。它以生产大而浓郁的葡萄酒而闻名，尤其是来自仙粉黛的葡萄酒。用创始人乔·皮特森的话来说，他自 20 世纪 80 年代以来将雷文斯伍德从一个小型生产商转变为一个主要生产商，这里“没有懦弱的葡萄酒”。老藤仙粉黛有覆盆子和香草的香味，后来又有李子和蓝莓的深色水果味道，还有黑胡椒和茴芹的味道，小希拉提升了整体结构。

18701 Gehricke Rd, Sonoma, CA 95476
www.ravenswood-wine.com

罗伯特霍尔酒庄（Robert Hall Winery）
中央海岸圣路易斯奥比斯波县

罗讷德罗伯斯，中央海岸（红葡萄酒）
Rhône de Robles, Central Coast (red)

罗伯特霍尔酒庄的同名创始人借助开发购物中心赚钱。退休后，他搬到帕索罗布尔斯，买了一个葡萄园，不久就建了一家酒厂。他的酿酒师唐·布雷迪现在酿造的葡萄酒在该地区不同寻常——平衡而优雅，而非大而成熟。以歌海娜和西拉为主，这款名为中央海岸罗讷德罗伯斯的葡萄酒成熟而活泼，有覆盆子和香料的味道，单宁稳固。

3443 Mill Rd, Paso Robles, CA 93446
www.roberthallwinery.com

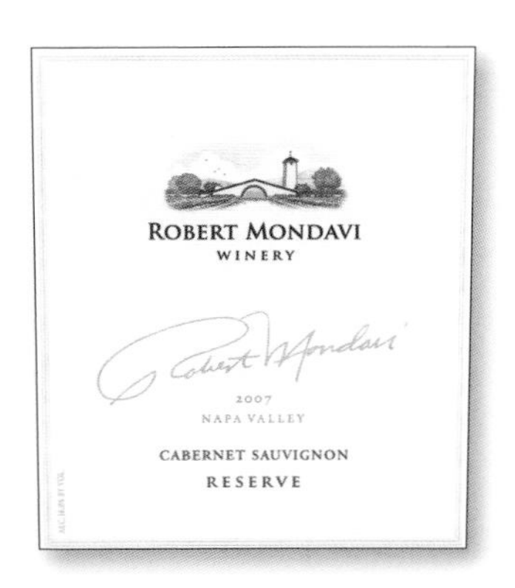

罗伯特蒙大维酒庄（Robert Mondavi Winery）

奥克维尔，纳帕谷

赤霞珠，纳帕谷（红葡萄酒）
Cabernet Sauvignon, Napa Valley (red)

作为加州葡萄酒发展的推动力，罗伯特·蒙达维和他的家人于2004年将其业务出售给了美国星座葡萄酒公司（Constellation Brands）。虽然该家族不再参与，但吉娜维芙·詹森自20世纪70年代以来一直是这里的酿酒师，持续生产一些高品质的葡萄酒。纳帕赤霞珠具有浓郁而复杂的黑莓、黑醋栗和少许干百里香的香气，有一种浓郁的味道。

7801 St Helena Highway, Oakville, CA 94562
www.robertmondaviwinery.com

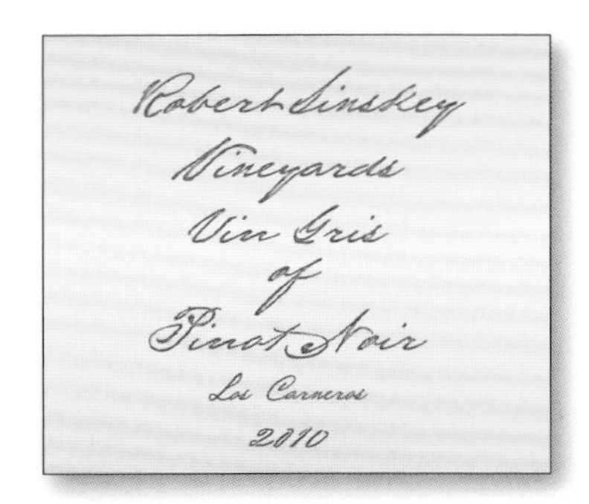

罗伯特辛斯基酒庄（Robert Sinskey Vineyards）

纳帕谷鹿跃区

卡内罗斯灰酒（桃红葡萄酒）
Vin Gris Los Carneros (rosé)

罗伯特辛斯基酒庄卡内罗斯灰酒呈鲑鱼色，带有辛辣的花香和酸橙香气，是一款由黑皮诺酿制的浓郁桃红葡萄酒。它有美味的草莓和甜瓜味道，很适合搭配口感浓厚的菜肴。它是由位于鹿跃区的银路小径上的一家酿酒厂生产的，尽管大部分水果来自卡内罗斯，但该家族最初还是在那里建立了葡萄园。所有水果都来自以有机或生物动力方式种植的葡萄园。

6320 Silverado Trail, Napa, CA 94558
www.robertsinskey.com

罗卡家族葡萄园（Rocca Family Vineyards）

扬特维尔，纳帕谷

坏男孩混酿，扬特维尔
Bad Boy Red Blend, Yountville

罗卡家族葡萄园成立于1999年，玛丽·罗卡和她的丈夫埃里克·格雷斯比医生在扬特维尔买下了一个8.5万平方米的葡萄园。他们得到了酿酒师顾问西莉亚·韦尔奇·马西切克的帮助，开始酿造一些颇受欢迎的红葡萄酒。坏男孩混酿混合了三种波尔多品种：赤霞珠、品丽珠和小维多。香草温暖了樱桃和蓝莓的香气，浓郁而浓缩的风味融合在美妙的余味中。

129 Devlin Rd, Napa, CA 94558
www.roccawines.com

路德酒庄（Rued Winery）

干溪谷，索诺玛

长相思干溪（白葡萄酒）；仙粉黛，干溪（白葡萄酒）
Sauvignon Blanc, Dry Creek (white); Zinfandel, Dry Creek (white)

路德酒庄由史蒂夫·路德和他的妻子索尼亚经营，他们一直是葡萄种植者。在索诺玛县种植了数十年的葡萄后，他们决定自己生产葡萄酒装瓶，然后出售给其他酒厂。他们的干溪长相思具有刺鼻的梅耶柠檬和醋栗的香味，酒体适中，有清新的香草、甜瓜和核果的味道，余味爽脆。干溪仙粉黛具有黑莓派和复杂的烘焙香料香气，带来黑莓、巧克力和茴香的肉味。

3850 Dry Creek Rd, Healdsburg, CA 95448
www.ruedvineyards.com

圣苏佩里酒庄（St Supéry）

卢瑟福，纳帕谷

梅洛，纳帕谷（红葡萄酒）；无橡木霞多丽，纳帕谷（白葡萄酒）
Merlot, Napa Valley (red); Oak-Free Chardonnay, Napa Valley (white)

圣苏佩里酒庄是位于卢瑟福的29号高速公路上的法美合作项目，是法国南部主要葡萄酒生产商罗伯特·斯卡利及其家人的杰作。它生产各种不同价格的葡萄酒，包括少数性价比极高的葡萄酒。纳帕谷梅洛有水果、皮革和香料的香气，还有黑李子的香甜味道，口感圆润，余味有八角的味道。不含橡木的霞多丽具有类似夏布利斯的风格，带有热带水果和青苹果的芳香；酒体适中，带有柑橘的香味，白胡椒的矿物质味道，余味清新。

8440 St Helena Highway, Rutherford, CA 94573
www.stsupery.com

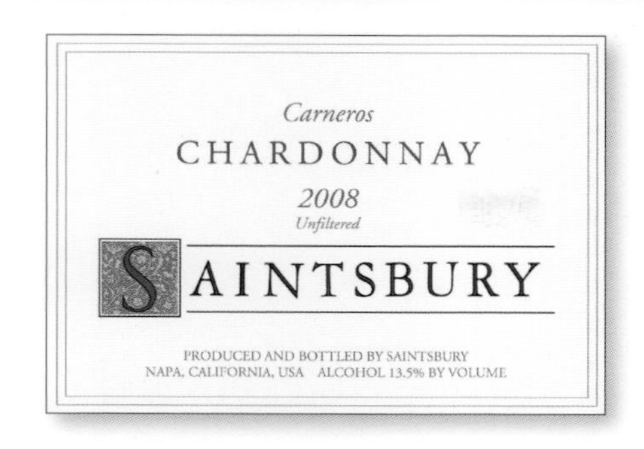

圣兹伯里酒庄（Saintsbury）

卡内罗斯

霞多丽，卡内罗斯（白葡萄酒）
Chardonnay, Carneros (white)

1981 年，两位热爱法国圣茨伯里葡萄酒的美国人戴维·格雷夫斯和理查德·沃德创办了圣茨伯里葡萄酒展，该展深受勃艮第葡萄酒的影响。他们专注于勃艮第的两大葡萄品种：皮诺和霞多丽，酿酒师是法国出生的杰罗姆·奇瑞。2011 年，圣茨伯里把红皮诺的商标卖给了西尔维拉多葡萄酒种植者背后的人，但该公司的霞多丽仍然是加州最好的。例如，烤焦的卡内罗斯霞多丽就以梨和柑橘为特色。口感柔滑圆润，有烟熏柠檬和橘子的味道，余味清爽。

1500 Los Carneros Ave, Napa, CA 94559
www.saintsbury.com

塞巴斯蒂酒庄（Sebastiani Winery）

索诺玛谷，索诺玛

霞多丽，索诺玛（白葡萄酒）
Chardonnay, Sonoma (white)

洋溢的青苹果、高色调的香蕉和石灰石勾勒出塞巴斯蒂安的索诺玛霞多丽的香气。口感纯正的核果味和成熟的苹果味，浓郁的矿物质味和结构感十足的余味。自 1904 年由萨穆埃莱·塞巴斯蒂创立以来，该生产商一直在该地区具有良好的声誉。这是一款极具价值的索诺玛霞多丽葡萄酒。如今，产量超过 9600 万瓶，塞巴斯蒂葡萄酒已成为美国零售商货架上的常客。

389 Fourth St East, Sonoma, CA 95476
www.sebastiani.com

酒精含量多少就算过量了？

葡萄自然发酵，将糖转化为酒精。当酿酒师将酵母添加到新鲜采摘的葡萄中时，发酵就开始了。这个自然发生的过程将葡萄中的糖分转化为酒精。餐酒的酒精含量通常在 10% ~ 14%。因为酿酒师通过添加烈酒（通常是中性伏特加）来进行“强化”，波特酒和雪利酒等加强葡萄酒的酒精含量可以高达 18%。20 世纪来自法国、意大利和西班牙的传统葡萄酒很少有超过 13% 的酒精度。即使在阳光明媚的纳帕谷，酒精度在 12% 或更低的葡萄酒在 20 世纪 70 年代也很常见。然而如今，澳大利亚设拉子、法国教皇新堡、加利福尼亚赤霞珠和其他葡萄酒的酒精度通常达到 15% 或更高。这主要是因为葡萄种植方法的进步，有助于葡萄在葡萄园中产生更多的糖分。德国等较冷地区的许多葡萄园主都相信全球变暖也对酒精度上升产生了影响。

当然，葡萄酒重点酒精成分是让我们放松和享受的。但是关于多少酒精过量存在一些争议。酒精度 15% 的现代葡萄酒比其以前酒精度 12% 的葡萄酒多 25% 的冲击力。他们尝起来更成熟、更饱满，这是许多饮酒者喜欢的。但这也会使醉酒速度加快 5%，有人认为在餐酒搭配上，葡萄酒本应是让食物更美味，而这些高酒精度的葡萄酒压住了膳食本来的风味。饮酒者只需仔细查看酒标即可选择更高度或更低度的葡萄酒。平均身材的女性可以喝大约三分之一瓶（250ml/9fl oz）13 度以下的葡萄酒，平均身材的男子在两个小时内喝半瓶不到，而且不会太陶醉。但对于 15 度的葡萄酒情况有所不同。每个人都能找到自己微醺的舒适区。

喜格士酒庄（Seghesio Family Vineyards）
亚历山大谷，索诺玛

仙粉黛，索诺玛（红葡萄酒）
Zinfandel, Sonoma (red)

1993年，泰德和彼得·塞盖西奥做了一个勇敢的决定。他们认为家族企业已经变得过于庞大，不利于自身发展，于是决定降低产量（峰值为150万瓶），只用家族100年前首次种植的葡萄园里的葡萄酿造葡萄酒。这一举措为这家典型的索诺玛酒庄赢得了许多客户。这家酒庄由爱德华多·塞盖西奥于1895年创建，此后一直由他的后代（包括泰德和彼得）经营。它还对葡萄酒的品质产生了积极的影响，比如成熟的索诺玛仙粉黛，它散发着浆果和吐司的香味，口感复杂而具有层次感，带有甜甜的肉桂和可可粉香味，余韵深邃而柔滑。

14730 Grove St, Healdsburg, CA 95448
www.seghesio.com

银朵酒庄（Silverado Vineyards）
鹿跃区，纳帕谷

梅洛，纳帕谷（红葡萄酒）
Merlot, Napa Valley (red)

西尔维拉多葡萄园有一种好莱坞式的魅力。它是在20世纪80年代末由华特·迪士尼的女儿黛安和她的丈夫罗恩·米勒创立的。米勒曾是美国职业橄榄球运动员，也是华特·迪士尼制作公司的前首席执行官。但与其他许多富人和名人进入葡萄酒行业的例子不同，米勒夫妇非常重视葡萄酒，他们现在在纳帕谷拥有6个葡萄园，分布在不同的地方。这些葡萄酒的质量一直都很好，而且价格通常也很合理。例如，纳帕谷梅洛芳香而复杂，这是一款平衡的梅洛葡萄酒，有大量成熟的红色、黑色水果与干香草、烤香草味。

6121 Silverado Trail, Napa, CA 94558
www.silveradovineyards.com

颂博酒庄（Sobon Estate）
阿马多尔县，加利福尼亚州内陆

老藤仙粉黛，阿马多尔县（红葡萄酒）
Old Vines Zinfandel, Amador County (red)

虽然“阿马多尔郡”和“老藤”通常被翻译成在体量和力量上冷酷无情的馨芳葡萄酒，但Sobon Estate是一个例外。每一款佳酿都是仙粉黛的一种，口感异常清新轻盈，果香浓郁而均衡，更像是覆盆子果冻而非黑莓果酱。这一美味的反常现象的背后隐藏着硅谷的火箭科学家利昂·索邦的努力。1977年，为了追随对制造波特酒的热情，索邦一家搬到了阿马多尔县的谢南多厄谷。家族在1989年建立了谢南多厄酒庄，随后收购了附近的达戈斯蒂尼酒庄（始建于1856年），并将其更名为颂博酒庄。

14430 Shenandoah Rd, Plymouth, CA 95669
www.sobonwine.com

索诺玛-卡特雷酒庄（Sonoma-Cutrer Vineyards）
俄罗斯河谷，索诺玛

索诺玛海岸霞多丽（白葡萄酒）
Chardonnay, Sonoma Coast (white)

索诺玛-卡特雷酒庄是一种霞多丽葡萄酒，一般出现在美国的高档餐厅里。由前美国空军飞行员布莱斯·卡特·琼斯于1972年创立，1981年后，卡特·琼斯决定专注于该品种，该酒才真正开始流行起来。自1999年起，由布朗福尔曼公司拥有，继续保持了其品质，成熟的柑橘香味，黄色苹果和梨的香气和突出的柑橘味的青柠，烤苹果和多汁的核果。

No visitor facilities
www.sonomacutrer.com

🍷 春山酒庄（Spring Mountain Vineyards）

纳帕谷春山

🍷 赤霞珠、骑士酒庄、春山（红葡萄酒）

Cabernet Sauvignon, Chateau Chevalier, Spring Mountain（red）

春山酒庄的骑士酒庄赤霞珠清淡可口，带有一束明亮的浆果、茴香和雪松，以及更浓郁的黑樱桃和红茶味。单宁的酸和中等重量的结构使这款酒的画面更加完整。你可能会以为，在美国肥皂剧《鹰冠》片头的酿酒厂里，这款酒要严肃得多。

2805 Spring Mountain Rd, St Helena, CA 94574
www.springmountainvineyard.com

🍷 斯蒂芬罗斯酒窖（Stephen Ross Wine Cellars）

中央海岸，圣路易斯奥比斯波县

🍷 中央海岸黑皮诺（红葡萄酒）

Pinot Noir, Central Coast (red)

史蒂夫·杜利第一次尝试酿造葡萄酒时，还是明尼苏达州的一名学生，他用大黄和蒲公英酿造出了葡萄酒。今天，他的同名（罗斯是他的中间名）酒庄经营的是高品质的黑皮诺，而不是他曾经在后花园里发现的东西。中央海岸黑皮诺是酒厂系列中酒体最轻的黑皮诺。这是一款漂亮的葡萄酒，带有草莓、樱桃，以及一些香草和香料的味道，余味悠长。

178 Suburban Rd, San Luis Obispo, CA 93401
www.stephenrosswine.com

🍷 夏日酒庄（Summers Estate Wines）

卡利斯托加，纳帕谷

🍷 拉鲁德霞多丽（白葡萄酒）

La Nude Chardonnay (white)

夏日酒庄的拉鲁德霞多丽散发着清新的菠萝和其他热带水果的香气。口感较为复杂，有中度的甜瓜和柑橘的味道，爽脆的梨子味回味无穷。这款酒具有典型的成熟、果香浓郁的风格，深受吉姆·萨默斯和他们的葡萄园经理兼酿酒师伊格纳西奥·布兰卡斯的喜爱。这对夫妇自 1996 年收购以来，已经在这块土地上重新种植了 30 万平方米的葡萄藤。

1171 Tubbs Lane, Calistoga, CA 94515
www.summerswinery.com

🍷 塔布拉斯溪酒庄（Tablas Creek Vineyard）

中央海岸，帕索罗布尔斯

🍷 帕索罗布尔斯塔布拉斯山丘（红葡萄酒）

Côtes de Tablas, Paso Robles (red)

博卡斯特酒庄是法国隆河山谷教皇新堡地区最大的地产之一，其所有者佩兰家族给帕索罗伯斯的塔布拉斯溪增添了一些高贵的气息。它是由佩林夫妇和前葡萄酒进口商罗伯特·哈斯合资成立的，成立于 1989 年，在有机加工的葡萄园中使用从法国进口的葡萄。帕索罗布尔斯塔布拉斯山丘是一款传统的隆河混酿，具有明显的歌海娜成分，带有清新的草莓味、烟草味和稳固的单宁。

9339 Adelaida Rd, Paso Robles, CA 93446
www.tablascreek.com

多波酒庄（Talbott Vineyards）

蒙特雷中央海岸

卡利哈特，黑皮诺，蒙特雷（红葡萄酒）
Kali Hart, Pinot Noir, Monterey (red)

卡利哈特是多波酒庄生产的唯一含有非酒庄水果的黑皮诺。但是，当你品尝成品酒时，这家高品质酒庄的特色仍然显著。这是一款丰满柔顺的葡萄酒，带有一系列活泼的浆果风味，并带有香草和香料的味道。与罗伯·塔尔博特拥有和管理的多波酒庄生产的所有黑皮诺一样，自从才华横溢的丹·卡尔森担任酿酒师以来，卡利哈特与日俱进。卡尔森曾在查依葡萄园工作，是著名的黑皮诺和霞多丽专家。他一直在努力使这一风格更加纯净和成熟。多波酒庄以其两个巨大的葡萄园而闻名，圣卢西亚高地的睡谷园和距离卡梅尔谷仅一小段车程的钻石园。除了葡萄酒，塔尔博特家族还拥有并经营着一家高档服装企业。

53 West Carmel Valley Rd, Carmel Valley, CA 93924
www.talbottvineyards.com

坦根特酒庄（Tangent Winery）

圣路易斯奥比斯波县，中央海岸

埃德娜谷阿芭瑞诺（白葡萄酒）
Albariño, Edna Valley (white)

坦根特酒庄归尼文家族所有，作为帕拉贡葡萄园的所有者，他们已经在埃德娜谷种植葡萄多年。他们还与帝亚吉欧在埃德娜谷葡萄园合作。大约 20 年前，凯瑟琳·尼文决定小规模酿造葡萄酒，于是她创立了百利亚纳酒庄。然而，该业务很快发展壮大，包括一个新的葡萄园——火峰、一个新的酿酒厂（兼作定制粉碎设施）和一个名为坦根特酒庄的姊妹品牌，其规模现已超过百利亚纳酒庄。尼文家族以坦根特商标生产的最令人兴奋的葡萄酒是精美的埃德娜谷阿芭瑞诺。它展示了西班牙葡萄品种阿芭瑞诺的潜力，当生长在合适的地点时，它是新鲜的、清爽的，有一点花香，带有白桃的味道。

5828 Orcutt Rd, San Luis Obispo, CA 93401
www.baileyana.com

谭塔拉酒庄（Tantara Winery）

圣巴巴拉县，中央海岸

所罗蒙韦尔伯恩黑皮诺，圣巴巴拉县（红葡萄酒）
T. Solomon Wellborn Pinot Noir, Santa Barbara County (red)

在相对较短的时间内，比尔·盖茨和杰夫·芬克将谭塔拉变成了黑皮诺的优秀生产商。该酒厂成立于 1997 年，位于圣玛丽亚山谷，从中央海岸顶级葡萄园（如格雷和皮森尼葡萄园）采购水果，包括圣卢西亚高地，以及圣玛丽亚山谷的比恩那西多酒庄、帝伯格酒庄和所罗蒙山。价格低廉的谭塔拉所罗蒙韦尔伯恩黑皮诺多汁而具有芳香，带有活泼的覆盆子、樱桃和香草以及香料的味道。

2900 Rancho Tepusquet Rd, Santa Maria, CA 93454
www.tantarawinery.com

特拉瓦伦丁酒庄（Terra Valentine）

纳帕谷，春山区

爱茉莉超级托斯卡纳，纳帕谷（红葡萄酒）
Amore Super Tuscan, Napa Valley (red)

醒酒将释放出纳帕谷爱茉莉超级托斯卡纳的成熟樱桃、摩卡咖啡和覆盆子的味道，这是一款以桑乔维斯为主的酒体丰满的混合酒。一点空气也会透露出复杂而辛辣的单宁。特拉瓦伦丁酒庄是一家从悬崖边缘走出来的酒庄。这座希腊式罗马风格的酒庄，是由发明家兼工程师弗雷德·埃夫斯在20世纪60年代手工建造的，如今已被完全修复，葡萄园也被新主人安格斯和玛格丽特·伍尔特尔重新种植。

3787 Spring Mountain Rd, St Helena, CA 94574
www.terravalentine.com

温蒂酒庄（Unti Vineyards）

干溪谷，索诺玛

佩蒂弗雷，干溪谷（红葡萄酒）；仙粉黛，干溪谷（红葡萄酒）
Petit Frère, Dry Creek Valley (red); Zinfandel, Dry Creek Valley (red)

温蒂酒庄专营地中海风格的葡萄酒。佩蒂弗雷是一款隆河风格混合酒，以歌海娜为特色，拥有花香的同时散发泥土、烘烤水果和清新的矿物质余味。该酒庄的仙粉黛也以一种轰动一时的风格酿造，带有浓郁的黑莓和果酱的香味。酒体醇厚，复杂的黑色香料衬托出浓郁的香味和干爽的余味。

4202 Dry Creek Rd, Healdsburg, CA 95448
www.untivineyards.com

月之谷酒庄（Valley of The Moon Winery）

索诺玛谷，索诺玛

西拉，索诺玛（红葡萄酒）；白皮诺，索诺玛（白葡萄酒）
Syrah, Sonoma (red); Pinot Blanc, Sonoma (white)

月之谷自1863年以来一直是一家运作中的酿酒厂，但从那以后，它的名字（一次）和所有者（两次）都变了。如今，酿酒厂酿造了一系列价格合理、品质优良的葡萄酒，包括西拉，它有着纯正的黑莓、白胡椒和雪松的香气，酒体圆润饱满，有蓝莓和烘焙香料的味道。这款白皮诺拥有阿尔萨斯风格的核果和金银花的芳香，与奶油味的苹果、梨和柑橘的味道相得益彰，回味明亮而平衡。

777 Madrone Rd, Glen Ellen, CA 95442
www.valleyofthemoonwinery.com

维德酒庄（Viader Vineyards）

豪厄尔山，纳帕谷

挑战桃红葡萄酒，纳帕谷
DARE Rosé, Napa Valley

强大的黛拉·维德是一股不可忽视的力量：她抚养了四个孩子（他们现在都在家族企业中），同时她所有的酒庄在20世纪90年代崛起。在豪厄尔山的陡坡上种植波尔多葡萄品种（还有一点西拉），酿酒师米歇尔·罗兰协助酿造。该酒庄出产一些非常精致的葡萄酒，其中的亮点之一是挑战桃红葡萄酒。一款来自赤霞珠的充满活力、浓缩的葡萄酒，具有花香、冰樱桃和黑醋栗的香气，并伴有玫瑰和蓝色花朵的芬芳，回味清新。

1120 Deer Park Rd, Deer Park, CA 94576
www.viader.com

罗伯斯酒庄（Vina Robles）

中央海岸，圣路易斯奥比斯波县

罗伯斯豪雅罗4号（白葡萄酒）
White4 Huerhuero, Paso Robles (white)

罗伯斯酒庄于20世纪90年代后期来到帕索罗布尔斯，从那时起就一直在酿造品质稳定的葡萄酒。这是一家瑞士风味的酒厂，由工程师汉斯·内夫所有，他的瑞士同胞马蒂亚斯·古布勒负责酿造葡萄酒。内夫拥有约486万平方米的葡萄藤，但大部分果实都卖给了其他生产商。这种清新爽口的葡萄酒由4种葡萄酿制而成，通常以弗门蒂诺或弗德尔罗葡萄为主，有茉莉花、白桃和柑橘的香味。

3700 Mill Rd, Paso Robles, CA 93446
www.vinarobles.com

诺切托酒庄（Vino Noceto）

加利福尼亚州内陆，阿玛多尔郡

弗沃罗白莫斯卡托，加利福尼亚（白葡萄酒）
Moscato Bianco Frivolo, California (white)

当第一瓶加州诺切托酒庄弗沃罗白莫斯卡托开瓶时，春天来到了北加州。这款酒混合了莫斯卡托·比安科和橘色马斯喀特，香气扑鼻，带有一丝雪碧的噼啪声，绝对甜美，丰满，酒精含量低。这是吉米和苏泽·格兰特的作品，他们在20世纪80年代来到谢拉丘陵寻找新的酿酒路线。这对夫妇因其迷人的经营方式而备受赞赏甚至是被喜爱——他们专注于用意大利风格酿造原汁原味的葡萄酒，使用他们认为适合的阿马多尔县温暖气候的意大利葡萄品种。1990年，第一个年份葡萄酒出厂时，酒庄的产量只有110箱，现在每年生产约9000箱。除了莫斯卡托，他们还以优质的桑娇维塞闻名，这种酒有多种风格，包括格拉巴酒。酿酒业现在掌握在鲁斯特·弗尼娜的手中，她曾在红杉酒庄/圣蒂诺酒厂工作，斯塔塞·格雷格森曾受雇为顾问。

11011 Shenandoah Rd, Plymouth, CA 95669
www.noceto.com

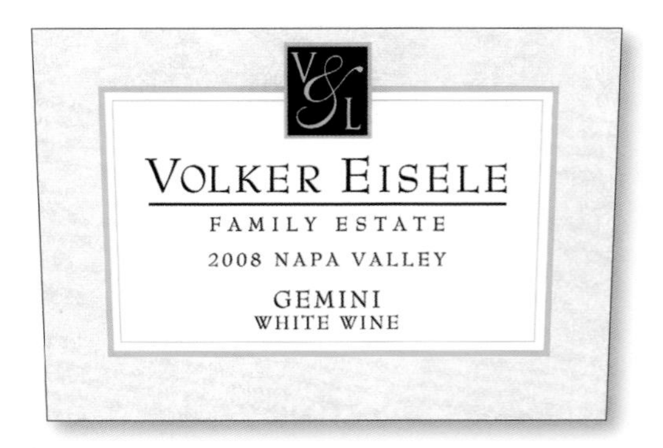

沃尔克艾斯勒家族酒庄（Volker Eisele Family Estate）

智利谷，纳帕谷

双子座白混合，智利谷
Gemini White Blend, Chiles Valley

35年前，由沃尔克和莱斯理·艾斯勒创立的沃尔克艾斯勒家族酒庄是智利山谷较好的生产商。智利山谷是纳帕谷一个崎岖不平、气候凉爽的地方。在这个占地160万平方米的家庭酒庄，有机生产是其经营的核心，而且它已经证明位于纳帕谷另一个AVAs东部的智利谷也能够生产优质葡萄酒。如今，沃尔克和莉赛尔的儿子亚历山大·艾塞尔酿造了这两款葡萄酒，他精心、娴熟和挑剔的酿造方法不仅给人留下了深刻印象，还酿造出一系列复杂、浓烈的葡萄酒。所有这些技巧在沃尔克·艾泽尔家族所产的双子座白混合酒中都展现出来了。此酒以赛美蓉为主，以无花果和甜瓜的香味为特色，白苏维浓配以绿茶、生姜和香草，余味辛辣。

3080 Lower Chiles Valley Rd, St Helena, CA 94574
www.volkereiselefamilyestate.com

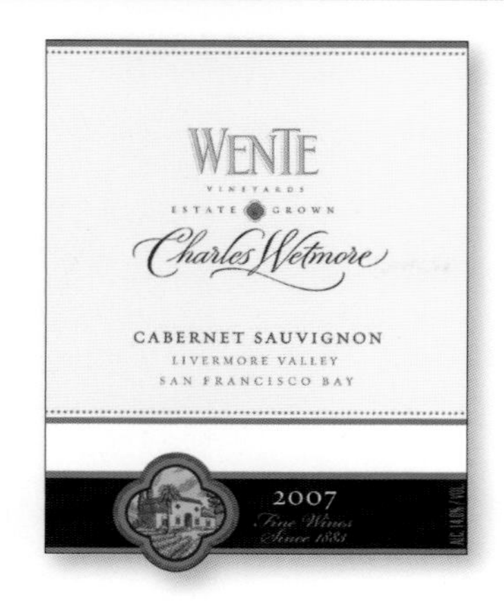

威迪酒庄（Wente Vineyards）
旧金山湾，中央海岸

查理威迪，赤霞珠，利弗莫尔谷（红葡萄酒）
Charles Wetmore, Cabernet Sauvignon, Livermore Valley (red)

温特葡萄园的创始人卡尔温特是利弗莫尔谷的先驱。他早在1883年就开始经营这家家族企业，如今由温特家族的第四代和第五代所有并经营，使其成为美国历史最悠久的连续经营的家族酒庄。温特因其开明而灵活的出口政策而闻名于世，这让许多加州葡萄酒厂相形见绌。该公司还担负起了从房地产开发商手中拯救利弗莫尔葡萄园的责任。这里的葡萄酒种类繁多，包括无气泡酒和起泡酒，它的质量一直很好。查理威迪赤霞珠以另一位利弗莫尔酿酒业先驱的名字命名，是一款中等重量的红葡萄酒，具有成熟的黑樱桃和烘焙咖啡的香味，以及迷人的雪松味。

5565 Tesla Rd, Livermore, CA 94550
www.wentevineyards.com

白厅巷酒庄（Whitehall Lane Winery）
卢瑟福，纳帕谷

梅洛，纳帕谷（红葡萄酒）；长相思，纳帕谷（白葡萄酒）
Merlot, Napa Valley (red); Sauvignon Blanc, Napa Valley (white)

白厅巷酒庄位于卢瑟福，是一家中小型生产商，以生产品质优质、价格合理的葡萄酒而闻名。该企业自1993年以来一直由莱奥娜迪尼家族所有，该家族的房屋风格非常经典老派，蕴含一丝优雅。这一点在纳帕谷的梅洛葡萄酒中也得到很好体现。一抹芬芳的西拉葡萄酒散发天鹅绒般的黑樱桃香气，还有着摩卡咖啡、覆盆子和樱桃的味道。纳帕谷白苏维浓酒酒体较轻，同样酿造得很好，带有浓郁的热带水果和绿色柑橘的香味，还有成熟柑橘的味道，清爽的酸度让这款酒自始至终保持清爽。

1563 St Helena Highway, St Helena, CA 94574
www.whitehalllane.com

仙粉黛

这个价格实惠、新鲜、成熟、果味浓郁的红葡萄酒品种有着许多名字。不管叫作仙粉黛、普里米蒂沃还是绕口令般的卡斯特拉瑟丽，都取决于酒的产地。150多年来，在美国加利福尼亚州，仙粉黛一直是葡萄园的中流砥柱。

加利福尼亚州最受欢迎的葡萄酒风格是一种清淡、略带甜味的桃红葡萄酒，被称为白仙粉黛。加州红仙粉黛通常颜色很深，酒体浓郁，带有成熟的波森莓和黑莓风味，在某些情况下酒精度甚至超过15度。普里米蒂沃是这种葡萄在意大利的名称，当地已经种植了几个世纪。几十年来，研究植物亚种的遗传谱学专家对仙粉黛的起源感到困惑。美国加利福尼亚人声称它是本土品种。意大利人说仙粉黛与普里米蒂沃相似，这个品种起源于意大利。20世纪90年代加利福尼亚大学戴维斯分校的卡罗尔·梅雷迪思证实，仙粉黛和普里米蒂沃在基因上基本相同，并且都是古老的克罗地亚葡萄品种卡斯特拉瑟丽的后代，目前尔马提亚海岸依然有卡斯特拉瑟丽在生长。白仙粉黛是一种适合炎炎夏日非常易饮的清凉酒款。红仙粉黛虽然酒精度数高，但质地细腻，成熟甜美，适合搭配奶酪、意大利面、慢煮猪肉、烤鸡，甚至可以像波特酒一样在饭后享用。

如果收获太晚，金仙粉黛这个葡萄品种会迅速变成葡萄干。

华盛顿州

华盛顿州被喀斯喀特山脉垂直划分，不出意料的是，这里最大和最好的产区位于该州东部火山形成的雨影区。在这里，灌溉是必不可少的，但干旱的气候和生长季节的长日照时间相结合，为生产优质葡萄酒创造了近乎完美的条件，这里的葡萄酒以复杂的果味和明亮的酸度著称。

阿玛维酒庄（Amavi Cellars）

沃拉沃拉产区

沃拉沃拉谷西拉（红葡萄酒）
Syrah, Walla Walla Valley (red)

玛维酒庄是沃拉沃拉谷的酿酒厂，由罗曼麦克科本和他的子女崔维斯、雷和戴安娜·葛夫，以及酿酒师珍弗兰克·培拉特所有并经营。他们的产品包括酒体饱满的过桶赛美蓉-长相思，极受欢迎的桃红葡萄酒及一系列甜点酒 。然而，他们的精力主要聚焦于酒庄种植的具有强骨骼感的赤霞珠和西拉。具有新世界新鲜果味多汁特点的同时，兼具了旧世界的格调与复杂性，他们的西拉是阿玛维给予高品质一词最好的诠释。它呈现出一种复杂的平衡：香气主调是成熟的深色浆果（蓝莓、蔓越莓和覆盆子）味道，同时伴有熏肉和香料完美融合的微妙气息。

3796 Pepper Bridge Rd, Walla Walla, WA 99362
www.amavicellars.com

卡达雷塔酒庄（Cadaretta）

沃拉沃拉产区

哥伦比亚山谷 *SBS* 长相思赛美容混酿（白葡萄酒）
SBS Sauvignon Blanc-Semillon, Columbia Valley (white)

卡达雷塔酒庄是沃拉沃拉谷一家成立于 2005 年的新酒厂，它由一个古老的农耕家族——米德尔顿家族经营。他们在 2008 年才运营起自己的葡萄园，目前依靠从全州购买的葡萄来酿酒。他们的葡萄酒品质卓越，犹如一瓶瓶精美的手工艺品，其中广受欢迎的清瘦爽口型未过桶长相思-赛美蓉混酿是该酒庄的旗舰产品。它在长相思令人印象深刻的酸度和赛美容丰富饱满的酒体之间取得了完美的平衡，再加上白瓜和柑橘的清香，成就了一个酒桌上的常胜将军。

1102 Dell Ave, Walla Walla, WA 99362
www.cadaretta.com

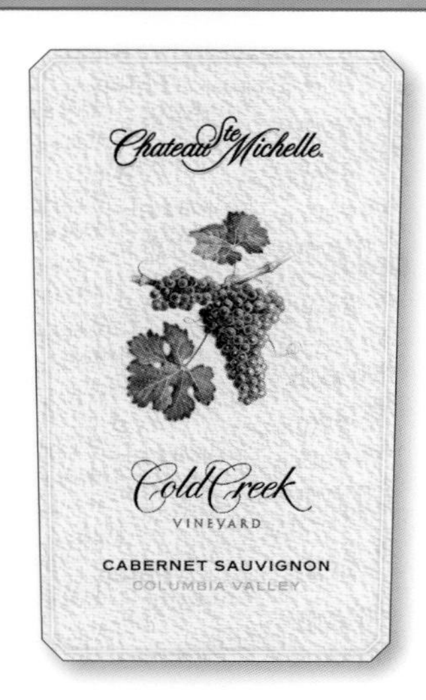

圣米歇尔酒庄（Château Ste Michelle）

伍德迪威尔产区

哥伦比亚山谷干型雷司令（白葡萄酒）；哥伦比亚山谷冷溪酒园赤霞珠（红葡萄酒）

Dry Riesling, Columbia Valley (white); Cabernet Sauvignon, Cold Creek Vineyard Columbia Valley (red)

圣米歇尔城堡是华盛顿最大的酿酒厂，拥有哥伦比亚谷最古老的葡萄园，其历史可以追溯到废除禁酒令时期。直到 1954 年，庞美诺酒厂和美国国家酒厂合并形成美国酒农联合会后，这家公司才走上正轨并不断壮大到如今的规模。1967 年，美国酒农联合会在著名的加州酿酒师安德鲁·特里斯特撤夫的指导下推出了一系列新的葡萄酒——圣米歇尔酿酒人。该公司随后于 1976 年更名为圣米歇尔城堡，并以其优质的雷司令而闻名，其中清脆、精致、干净但非常复杂的哥伦比亚谷干型雷司令是一款很好地诠释了该酒庄风格的酒款。与此同时，圣米歇尔酒庄也因其精选的高品质梅洛和赤霞珠而闻名。浓郁的冷溪葡萄园赤霞珠拥有典型的华盛顿成熟水果风味和非常结实的单宁。这两种葡萄酒都以惊喜的价格提供卓越的品质。

14111 NE 145th St, Woodinville, WA 98072
www.ste-michelle.com

奇努克酒庄（Chinook Wines）

普罗瑟

雅基玛谷品丽珠（红葡萄酒）

Cabernet Franc, Yakima Valley (red)

1983 年，圣米歇尔城堡的前雇员克雷·麦可基和凯·西门夫妻团队凭借他们丰富的经验创立了奇努克酒庄。这对夫妇种植霞多丽、长相思、赛美蓉、梅洛、品丽珠和赤霞珠葡萄，但他们最有趣的葡萄酒之一可能是原汁原味的亚基马谷品丽珠。对于这个品种来说这款酒是一个非常罕见的新世界案例，它表现出了足够的柔顺和精致，呼应了卢瓦河谷希农产区的品丽珠，而其香气中多汁的果味又强调了华盛顿州的血缘。

220 W Wittkopf Loop, Prosser, WA 99350
www.chinookwines.com

哥伦比亚山峰酒庄（Columbia Crest Winery）

普罗瑟

马天堂山 H3 梅洛（红葡萄酒）；马天堂山 H3 赤霞珠（红葡萄酒）

H3 Merlot, Horse Heaven Hills (red); H3 Cabernet Sauvignon, Horse Heaven Hills (red)

哥伦比亚山峰酒庄由圣米歇尔城堡拥有和经营，于 1978 年在自己的葡萄园开始种植葡萄，并于 1985 年推出了第一款葡萄酒。从一开始，这家酒厂的重点就是在高品质和可负担性之间取得平衡。马天堂山 H3 梅洛红葡萄酒拥有顺滑的口感，带有李子和樱桃的柔和香气，而马天堂山 H3 赤霞珠红葡萄酒用粗犷的单宁和浓郁的深色水果展示了更加结构化的轮廓，这两款酒的品质总是一如既往的出色。

Hwy 221 Columbia Crest Drive, Paterson, WA 99345
www.columbia-crest.com

哥伦比亚酒庄（Columbia Winery）

伍德迪威尔产区

哥伦比亚山谷酒窖大师雷司令（白葡萄酒）
Cellarmaster' s Riesling, Columbia Valley (white)

葡萄酒大师大卫·雷克引领了哥伦比亚的酿酒风格多年，他是该地区第一位生产西拉、品丽珠和灰皮诺葡萄酒的酿酒师。现在这些酒是美国跨国公司星座集团旗下的标志酒庄的一部分。哥伦比亚酒庄的产品通常制作精良，具有广泛的吸引力。物有所值的哥伦比亚谷酒窖大师的雷司令也不例外。浓郁的甜味与突出的柑橘味完美平衡，提升了余味的同时，杏子和橘子的香气也为其增添了个性和趣味。

14030 NE 145th St, Woodinville, WA 98072
www.columbiawinery.com

菲尔丁山酒庄（Fielding Hills Winery）

维纳奇

瓦鲁克坡河湾品丽珠（干红葡萄酒）
Cabernet Franc Riverbend Vineyard, Wahluke Slope (red)

菲尔丁是一家年轻的酿酒厂，它在 2002 年推出了第一款葡萄酒，使用的葡萄来自 1998 年种植的葡萄园。瓦鲁克坡河湾品丽珠是一款具有高性价比的赤霞珠-西拉混酿，强劲辛辣的口感让人欲罢不能。与此同时，成熟的品丽珠带有甜美柔和的余味，浓郁的樱桃和深色的黑醋栗完美地融合在一起并带来了微妙但独特的绿叶草本香气。

1401 Fielding Hills Drive, East Wenatchee, WA 98802
www.fieldinghills.com

赫奇斯家族酒庄（Hedges Family Estate）

本顿市

红山干红
Red Mountain Red Wine

华盛顿的汤姆·赫奇斯于 1986 年开始了他在葡萄酒行业的闯荡，并很快就建立了当时的赫奇斯家族酒庄。它真正作为一个正经的酒庄酿酒厂的时间可以追溯到 1991 年，汤姆和他的妻子安妮·玛丽在当时几乎不为人知的红山购买了土地。那里是该州最温暖的种植区，现在以生产最好的葡萄酒而闻名。从那时起，他们将精力集中在以赤霞珠和梅洛为中心的高性价比红葡萄酒上。优秀的红山红葡萄酒是一种平衡的混酿，酿酒师将这些经典的波尔多品种与西拉结合，产出一种辛辣而复杂的带有红色水果气息且味道浓郁，但又具有柔顺底层架构的酒款，十分易于饮用。

53511 N Sunset Rd, Benton City, WA 99320
www.hedgesfamilyestate.com

JM 酒庄（JM Cellars）

JM 伍德迪威尔产区

响尾蛇山鲍诗依西拉（红葡萄酒）
Syrah Boushey Vineyard, Rattlesnake Hills (red)

约翰·毕格罗于 2006 年成为专业酿酒师，当时他与妻子佩奇在伍丁维尔创立了 JM 酒庄。他们用种植在整个哥伦比亚山谷顶级葡萄园的葡萄酿制葡萄酒，包括他们标志性的切梵秀丽干红混酿，以及价格适中的响尾蛇山鲍诗依西拉。后者不会在复杂度上偷工减料，有着很高的性价比。烟熏肉和甜单宁的余味为这款浓郁、充满个性的葡萄酒提供了一个稳健的内核，而覆盆子和黑莓的香气更是赋予其张扬的表现力。

14404 137th Place NE, Woodinville, WA 98072
www.jmcellars.com

艾科勒酒庄（L' Ecole No. 41）

罗迪

哥伦比亚谷赛美容（白葡萄酒）
Semillon, Columbia Valley (white)

艾科勒酒庄位于一所曾经的学校校舍内，由马丁·克拉博所有和经营。他将来自沃拉沃拉和哥伦比亚谷顶级葡萄园的葡萄酿成时尚的葡萄酒。除了一系列珍贵的赤霞珠混酿，克拉博还生产 3 款优质的赛美蓉，其中哥伦比亚谷装瓶虽然最便宜，但可能也是最出色的。这款物超所值的酒具有淡淡的花香，并带有浓郁怡人的水果香气，让人联想到甜瓜和新鲜无花果。

41 Lowden School Rd, Lowden, WA 99360
www.lecole.com

米歇尔露森酒庄（Michelle Loosen）

伍德迪威尔产区

哥伦比亚谷雷司令英雄交响曲（白葡萄酒）
Riesling Eroica, Columbia Valley (white)

作为与德国摩泽尔露森博士酒庄项目的一部分，在圣米歇尔城堡生产的哥伦比亚谷雷司令英雄交响曲受到评论家的广泛赞誉。这款酒是旧世界和新世界风格的完美结合，它将柔和的花香和新鲜的柑橘香充分融合，平衡感在余味中体现得淋漓尽致。其清爽的酸度和淡淡的甜味使其成为各种食物的完美搭配。即使与许多世界顶级、价格更高的雷司令同台竞技，它仍然闪烁着耀眼光芒。

14111 NE 145th St, Woodinville, WA 98072
www.eroicawine.com

环太平洋酒庄（Pacific Rim）

西瑞奇兰德地区

哥伦比亚谷瓦卢拉园雷司令（白葡萄酒）
Riesling Wallula Vineyard, Columbia Valley (white)

著名的加利福尼亚州酿酒师兰德尔·格雷姆曾经推广的雷司令多功能性的项目——环太平洋，现在已经发展为一家独立酒庄，在波特兰设有办事处，酒庄设在哥伦比亚谷。这家酒庄仍然痴迷于雷司令，甚至制作了雷司令主题的小册子。在环太平洋酒庄生产的众多雷司令中，有 4 种单一葡萄园的葡萄酒，包括充满活力、价格合理的哥伦比亚谷瓦卢拉葡萄园产品。这款酒新鲜而活泼，带有杏子和柑橘的香气，淡淡的甜味与充满活力的酸度完美平衡。

8111 Keene Rd, West Richland, WA 99353
www.rieslingrules.com

诗人之跃酒庄（Poet’s Leap Winery）

沃拉沃拉地区

哥伦比亚谷雷司令（白葡萄酒）
Riesling, Columbia Valley (white)

诗人之跃酒庄是长影酒业（一座由华盛顿葡萄酒先驱艾伦·索普汇集的优质酿酒厂）的一部分。它由一些世界上知名的酿酒师合作经营，他们每个人都生产一种哥伦比亚谷葡萄酒，代表了同类中最高品质并反映出他们的标志性风格。诗人之跃雷司令是对这个富有表现力的优质年份系列的极具价值的诠释。由德国顶级雷司令生产商之一阿明·迪尔精心酿制，既大方又轻盈细腻，丰富的香气让人想起新鲜的柑橘和金橘，接踵而至的是成熟的甜瓜、杏子和桃子的生动香气，清爽的酸度带来了完美的收尾。

1604 Frenchtown Road, Walla Walla, WA 99362
www.longshadows.com

莱宁格酒庄（Reininger Winery）

沃拉沃拉地区

沃拉沃拉山谷赤霞珠（红葡萄酒）
Cabernet Sauvignon, Walla Walla Valley (red)

楚克和崔西·莱宁格于 1997 年开始在沃拉沃拉山谷用买来的葡萄酿造葡萄酒。2000 年，他们的项目在种植了第一个葡萄园后加快了步伐。2003 年又一个葡萄园和新酒厂紧随其后。他们专门生产结构良好的红葡萄酒，葡萄主要来自瓦拉瓦拉谷。浓缩却又有限成熟，沃拉沃拉谷赤霞珠给出了他们的葡萄酒高性价比的秘诀。这款优雅、复杂的葡萄酒混合了少许小维多和品丽珠，黑巧克力、红浆果和肉桂的甜味沁人心脾，并带有淡淡的酸度，完美平衡。

5858 W Highway 12, Walla Walla, WA 99362
www.reiningerwinery.com

七山酒厂（Seven Hills Winery）

沃拉沃拉地区

哥伦比亚山谷（红葡萄酒）
Merlot, Columbia Valley (red)

凯西和威客·麦克凯恩于 1988 年建立了七山酒厂，并从那时起已经采取了两项开创性的举措：沃拉沃拉地区第一款带有品种标签的马尔贝克，并第一个种植丹魄。然而，他们的重点是赤霞珠和波尔多品种的红葡萄酒，这些葡萄酒被普遍认为是华盛顿提供的较好的葡萄酒之一。柔顺的哥伦比亚谷梅洛绝对是迷人的，这要归功于黑李子和樱桃的浓郁味道，混合了不易察觉的太妃糖和甘草气息，加上细腻的单宁，余味悠长。

212 North 3rd Ave, Walla Walla, WA 99362
www.sevenhillswinery.com

向斜葡萄酒酒庄（Syncline Wine Cellars）

莱尔地区

哥伦比亚山谷艾莲娜特酿（红葡萄酒）
“Cuvée Elena”, Columbia Valley (red)

詹姆斯和博派·迈腾于 1999 年开设了向斜葡萄酒酒庄，并立即开始与种植经典法国品种如神索、古诺瓦姿、歌海娜、慕合怀特、瑚珊、西拉和维威欧尼的葡萄园合作。他们的热情体现在哥伦比亚谷艾莲娜特酿等葡萄酒中，这是一种以南罗纳河谷为灵感的歌海娜、慕合怀特、佳丽酿、神索和西拉的混酿酒。他们造就了一款令人惊艳的优雅、醇厚的葡萄酒，它散发出浓郁、多汁的红色水果和淡淡的无花果的浓郁风味，并带有甜味、辛辣的香气，和丝滑的单宁收尾。

111 Balch Rd, Lyle, WA 98635
www.synclinewine.com

俄勒冈州

尽管俄勒冈州在精品葡萄酒领域是一个相对较新的产区，但它已经形成了强大的产区标志性。威拉米特山谷是美国较好的黑皮诺产地之一，这些葡萄酒可以和许多勃艮第葡萄酒相媲美。在白葡萄酒方面，灰皮诺已经成为产区特色品种，丹魄和霞多丽等品种在威拉米特山谷和该州其他地方也被证明是成功的。

从A到Z酒庄（A to Z Wineworks）

邓迪

俄勒冈州黑皮诺（红葡萄酒）

Pinot Noir, Oregon (red)

从A到Z酒庄的俄勒冈州黑皮诺在同等价位的俄勒冈州黑皮诺表现中一直是最好的。它的香气展现出集中的黑樱桃味，单宁柔顺，只有最轻柔的橡木桶味。这是酿酒师山姆·塔拉赫姆（曾经在艾翠斯酒庄工作）和他的妻子彻瑞·法兰克（曾经在切哈姆酒庄工作）与德比和比尔·海特恰（分别为杜鲁安酒庄的前董事和总经理）成功合作的成果。这两对夫妇最初从1998年开始以酒商的身份经营这家企业，在2007年收购雷克斯山酒庄后成为该州最大的酿酒厂。

Dundee, OR 97115
www.atozwineworks.com

阿坝塞拉酒庄（Abacela）

罗斯堡

俄勒冈州南部丹魄（红葡萄酒）

Tempranillo, Southern Oregon (red)

西班牙以外很少有酒庄在丹魄这个品种上取得成功，但阿坝塞拉酒却是个例外。厄尔和海达·琼斯在他们的儿子格雷格·琼斯（他本人是全球变暖对葡萄酒影响方面的世界权威专家）的帮助下，在全国范围内寻找适合种植丹魄的地点，然后于1992年在俄勒冈州南部定居。他们的俄勒冈州南部丹魄展现出饱满、浓郁的黑樱桃和黑李子等丰富的果香，结构平衡，受橡木桶影响比较小。这既是精品好酒令人信服的表现，也是对美味的诠释。

12500 Lookingglass Rd, Roseburg, OR 97471
www.abacela.com

阿德尔斯海姆酒庄（Adelsheim Vineyard）

纽伯格

威拉米特谷黑皮诺（红葡萄酒）

Pinot Noir, Willamette Valley (red)

大卫·阿德尔斯海姆是俄勒冈州葡萄酒界重要和具有影响力的人物。不管是起草俄勒冈州的葡萄酒法还是创立好的酒庄方面，他都发挥了关键作用。酒庄项目从在阿德尔斯海姆家附近6万平方米的葡萄园开始，现在已经扩大到77万平方米，年产量4万箱。威拉米特谷黑皮诺始终是纯洁和克制的典范，展现出新鲜红樱桃和黑樱桃的香气，并以柔软、细腻的单宁为框架。2001年以来，戴夫·佩奇成为酒庄的酿酒师，这款酒就是由他酿造的。

16800 NE Calkins Lane, Newberg, OR 97132
www.adelsheim.com

伯格斯多姆酒庄（Bergström Wines）

纽伯格

威拉米特谷古石黑皮诺（红葡萄酒）；威拉米特谷古石霞多丽（白葡萄酒）

Pinot Noir Old Stones, Willamette Valley (red);Chardonnay Old Stones, Willamette Valley (white)

伯格斯多姆酒庄古石系列中不管是霞多丽还是黑皮诺都表现出成熟、馥郁的风格，葡萄酒具有浓郁的风味和圆润的质地。酒庄对橡木桶恰到好处的使用使酒的味道平衡且自然，而没有过多人为干预的感觉，为你的餐桌又提供了极具性价比的选择。自从约翰和科伦·伯格斯多姆从波特兰搬到邓迪来种植了第一片6万平方米的葡萄园开始，这样优秀的葡萄品质一直达到了葡萄酒爱好者对伯格斯多姆家族的期望。如今，这对夫妇的儿子乔斯是酿酒师（他在勃艮第接受过培训），而乔斯的4个兄弟姐妹都在这家酒庄工作，该酒庄现已发展到葡萄园16万平方米，年产1万箱顶级葡萄酒的规模。

18215 NE Calkins Lane, Newberg, OR 97132
www.bergstromwines.com

切哈勒姆酒庄（Chehalem Wines）

纽伯格

威拉米特谷雷司令珍藏干白（白葡萄酒）；威拉米特谷“不锈钢”霞多丽（白葡萄酒）

Dry Riesling Reserve, Willamette Valley (white); Chardonnay Inox, Willamette Valley (white)

切哈勒姆酒庄威拉米特谷雷司令珍藏干白虽然甜度有限，但味道非常浓郁，带有木瓜和橘子的果香，酸度富有活力。在质量方面，它与未过橡木桶的威拉米特谷“不锈钢”霞多丽相得益彰。这款霞多丽散发出的香气美妙而又很开放，表现出桃子和烤苹果的风味。这两瓶酒背后的酒庄始建于1980年，当时创始人哈利·皮特森–内德在瑞彬山脊种植了他的第一个黑皮诺葡萄园。酒庄很快就从业余爱好者的“玩具”变成了成熟的商业酿酒厂，到1990年，切哈姆酒庄诞生了。哈利·皮特森–内德的女儿怀利目前加入了酒厂管理层。

31190 NE Veritas Lane, Newberg, OR 97132
www.chehalemwines.com

艾瑞酒庄（The Eyrie Vineyards）
麦克明维尔

邓迪山灰皮诺（白葡萄酒）
Pinot Gris, Dundee Hills (white)

艾瑞酒庄由已故的大卫·莱特创立，他是俄勒冈州黑皮诺的先驱。他于20世纪60年代中期在该州种植了第一批黑皮诺葡萄藤。如今，莱特的儿子杰森继承了家族酒庄，在威拉米特山谷北端的邓迪山生产一系列顶级葡萄酒。邓迪山灰皮诺呈现出一种成熟到几乎是蜂蜜般的浓郁度，同时平衡的酸度使其始终保持清爽，有点类似于阿尔萨斯灰皮诺的风格。

935 NE 10th Ave, McMinnville, OR 97128
www.eyrievineyards.com

国王酒庄（King Estate）
尤金

俄勒冈州签名系列灰皮诺（白葡萄酒）
Pinot Gris Signature Series, Oregon (white)

国王酒庄位于威拉米特山谷以南的尤金附近，拥有400万平方米美丽的优质葡萄园，是来游览参观的好地方。这里有一家餐厅和游客中心，酒庄还制作各种果酱。除了对葡萄酒旅游业的贡献，国王酒庄还出产品质非常靠谱的平价葡萄酒。来自全州葡萄园的俄勒冈签名系列灰皮诺始终是一个超值的选择。这款制作精良的白葡萄酒散发着诱人的香气，带有成熟桃子和水煮梨的味道，酒体适中，余味清新而浓郁。

80854 Territorial Rd, Eugene, OR 97405
www.kingestate.com

索特酒庄（Soter Vineyards）
亚姆希尔

威拉米特谷北谷黑皮诺（红葡萄酒）
Pinot Noir North Valley, Willamette Valley (red)

托尼·索特最初是作为纳帕谷多家顶级酒庄的酿酒顾问而出名的。但现在索特精力更多地投入他与妻子米希尔建立的两个酒庄项目：纳帕谷的练习曲酒庄和俄勒冈州的索特酒庄。两个酒庄都致力于索特的专长黑皮诺这个品种。他的酿酒技术是世界一流的水平，即使在入门级的这款威拉米特谷北谷黑皮诺也能体现得淋漓尽致。这是一款物超所值的优质葡萄酒，比许多价格高出两倍的酒更加精妙。

Carlton, OR 97111
www.sotervineyards.com

美食美酒：威拉米特谷黑皮诺餐酒搭配

黑皮诺这个品种可以酿成浓郁、复杂、酸度高的葡萄酒，具有令人难以置信的陈年潜力。没有其他葡萄能提供如此令人陶醉的香味、丝滑的质地和原始、朴实的味道。而产自俄勒冈州威拉米特谷的果味多汁的黑皮诺融合了旧世界的优雅克制和新世界的丰满华丽。

一般来说，威拉米特谷黑皮诺酒体轻到中等、颜色浅，不会压倒精致的菜肴。酒中有覆盆子、香料、蘑菇、泥土和鲜花（一般是粉红色玫瑰花瓣等）的香气，以及由橡木桶带来的不同层次的香草香气。

当地特色菜包括炙烤新鲜捕获的三文鱼（放在雪松木板上火烤），与这种浆果味十足的葡萄酒完美搭配。鱼肉即使经过了炙烤，也相当细腻甜美，所以搭配威拉米特谷黑皮诺是完美的。当地菜肴中也会加入野生蘑菇和俄勒冈松露，这些菌菇也为葡萄酒提供了风味桥梁。勃艮第常见的烤鹌鹑配羊肚菌就和黑皮诺很搭，对于素食者来说，意大利扁面条配黑松露，也和黑皮诺搭配得很好。黑皮诺的天然酸度使其能够与奶酪完美搭配。烤松露布里干酪既在风味上也在结构上和黑皮诺相得益彰。加入帕尔马干酪也可以让菜肴在风味和质地上和酒相衬。

烤鹌鹑的滋味和黑皮诺风味相得益彰。

美国其他产区

美国的葡萄酒产业欣欣向荣发展快速。几乎每个州都有葡萄酒庄。事实上，纽约州拥有美国古老的酿酒传统，特别是手指湖区和长岛地区有记载的酿酒历史都非常长。俄亥俄州、密歇根州和密苏里州的葡萄园和酒庄数量正在激增，而且得克萨斯州和新墨西哥州出产的世界级水准的葡萄酒现在也越来越多。

拉法耶特雷诺酒庄（Château LaFayette Reneau）

纽约州

手指湖干型雷司令（白葡萄酒）；手指湖晚收雷司令（白葡萄酒）
Dry Riesling, Finger Lakes (white); Riesling Late Harvest, Finger Lakes (white)

当拉法耶特雷诺酒庄的迪克雷诺在 1985 年购买了一个破旧的农场时，酿酒从未成为他退休计划的一部分。但当他发现自己被塞内卡湖的东南岸一圈葡萄园环绕时，他很快就有了种植葡萄的计划。他主要种植的是霞多丽和雷司令，可以酿出顶级葡萄酒。手指湖干型雷司令口感活泼，带有浓郁的柑橘、核果和夏季花卉的香气，口感顺滑。相比之下，手指湖晚收雷司令则带有浓郁的桃子、杏和烤苹果的味道。酒一入口一阵多汁的酸度袭来，夹杂着香料的香气，将各种果香带入悠长平衡的余味中。

5081 Route 414, Hector, New York 14841
www.clrwine.com

康斯坦丁·弗兰克·维尼弗拉博士酒庄（Dr Konstantin Frank Vinifera Wine Cellars）

纽约州

手指湖半干雷司令（白葡萄酒）；三文鱼洄游雷司令（白葡萄酒）
Semi-Dry Riesling, Finger Lakes (white); Salmon Run Riesling (white)

1962 年，位于库卡湖上的康斯坦丁·弗兰克·维尼弗拉博士酒庄引领了手指湖地区和整个东北地区的葡萄酒“革命”。现任老板福瑞迪·弗兰克拥有一支由顶级国际酿酒师组成的多元化团队。优质的雷司令已成为该地区质量的标杆。手指湖半干雷司令带有成熟的苹果和热带水果风味，酒的糖分和清爽酸度互相达成巧妙的平衡，入口尾段带有明显的矿物质风味。酒庄更实惠的三文鱼洄游系列中的三文鱼洄游雷司令是一款非常划算的酒，在市场上也更为常见。它非常令人愉悦，口感纤细而骨感，有着精致的花香并带有一丝成熟梨味。

9749 Middle Rd, Hammondsport, New York 14840
www.drfrankwines.com

格鲁埃酒庄（Gruet Winerhy）

新墨西哥州

黑中白（起泡酒）；无年份“荒野”白中白（起泡酒）
Blanc de Noir (sparkling); NV: Blanc de Blancs Sauvage (sparkling)

新墨西哥州的高原沙漠似乎不太可能是高级起泡酒的产地。但经过 25 年的卓越发展，格鲁埃酒庄产品的质量让人不再质疑这个产区的潜力。格鲁埃家族将霞多丽和黑皮诺混合在一起，创造出优雅、顶级的黑中白起泡酒（译者注：理论上黑中白只能由黑皮诺、皮诺莫尼耶等红葡萄品种酿造，可能是原文的一个错误）。这款酒带有可爱干净的气泡，拥有奶油质地，呈现出丰富复杂的夏季浆果香气。干爽的无年份“荒野”白中白起泡酒有很高的性价比。这款酒明亮而有矿物质气息，带有细腻的泡沫和细小气泡珠，入口青苹果和柠檬的余味清雅悠长。

8400 Pan American Frwy NE, Albuquerque, New Mexico 87113
www.gruetwinery.com

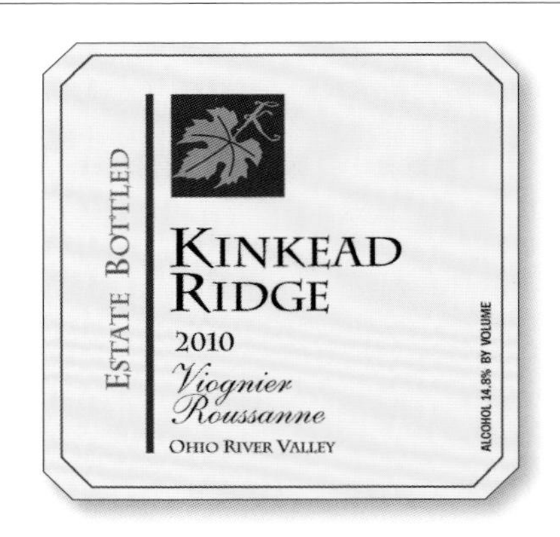

金基德岭酒庄（Kinkead Ridge Winery）

俄亥俄州

品丽珠，俄亥俄河谷（红葡萄酒）；俄亥俄河谷维欧尼瑚珊混酿（白葡萄酒）
Cabernet Franc, Ohio River Valley (red); Viognier-Roussanne, Ohio River Valley (white)

在俄亥俄州的 100 多家酒厂中，金基德岭酒庄是非常引人注目的酒庄。与当地许多其他酒庄的酒不同，金基德岭酒庄葡萄酒绝不是稀薄或毫无辨识度的，而是浓郁、品种特征明显并且有着很好的平衡的。在庄主罗恩·巴雷特的妙手下，造就了这款酒体浓郁、复杂，带有紫罗兰和黑樱桃的芬芳，以及诱人的香料、李子和红色浆果香气的品丽珠。对于这个实惠的价格来说，这款酒真是极其出色。满是花香和蜂蜜香味的维欧尼–罗桑也很美味。橙花和热带水果的优雅组合衬托着更强烈刺激的奇异果和番石榴香气。入口后清爽的酸味带来真正令人满意的体验。

904 Hamburg St, Ripley, Ohio 45167
www.kinkeadridge.com

左脚查理酒庄（Left Foot Charley）
密歇根州

白皮诺（白葡萄酒）；雷司令半干白（白葡萄酒）
Pinot Blanc (white); Riesling MD (Medium Dry) (white)

布莱恩·乌博世之前在其他酒庄工作时一直酿造一流的葡萄酒，知道了这些，就不会再因为他自己的左脚查理酒庄现在成了密歇根州葡萄酒的标杆而感到奇怪了。当酒评家使用“优雅”和“纯洁”之类的词来描述乌博世的酒时，其实他们并没有夸大其词。左脚查理酒庄于 2004 年成立以来，就一直展现出乌博世对芳香白葡萄的酿造能力。乌博世酿造的葡萄酒非常精致和平衡，完美地突出了每个葡萄的品种独特性和活力。白皮诺充满成熟苹果和梨的浓郁风味，余味悠长。广受欢迎的雷司令半干白，除了桃子甜味和清脆酸度还飘散着花香和柑橘香味。

806 Red Drive, Traverse City, Michigan 49684
www.leftfootcharley.com

马克瑞酒庄（Macari Vineyards & Winery）
纽约州

长岛长相思（白葡萄酒）；长岛赛特（红葡萄酒）
Sauvignon Blanc, Long Island (white); Sette, Long Island (red)

马克瑞家族在他们的海滨酒庄耕耘了 50 多年，但直到 1995 年才开始生产葡萄酒。小约瑟夫·马克瑞秉承家族的传统，将可持续发展和生物多样性的理念践行于 70 万平方米葡萄园。马克瑞的葡萄酒对于这个地方的酒来说非常实惠。长相思那种品种自带的青草气息在长岛长相思这款酒中体现得很明显，如果你是新西兰风格的长相思爱好者那么一定会喜欢这款酒。这款酒的回味中葡萄柚和青草味道与浓郁的酸橙和柑橘味道混合在一起，入口清脆。非年份的长岛赛特是梅洛和品丽珠的混酿，香气如同将黑李子和黑醋栗的味道包裹在巧克力和香料的温暖毯子中一样。相较于这个价格，这款酒的味道复杂度让人惊讶。

150 Bergen Ave, Mattituck, New York 11952
www.macariwines.com

麦弗逊酒庄（McPherson Cellars）
得克萨斯州

三色（红葡萄酒）
Tre Colore (red)

麦克弗森家族对葡萄酒充满热情。40 多年来，他们在得克萨斯州开创了葡萄种植和酿酒的先河。麦弗逊酒庄的庄主兼酿酒师吉姆·麦克派森的父亲是一名大学教授，也是得克萨斯州的第一批酒庄的创始人。他的弟弟几十年来一直在南加州酿造优质葡萄酒。麦克弗森外表看上去悠闲、平易近人，但和其他一些该州精品酒的酒庄酿酒师一样，其实内在充满了对酿酒的敬业和热情。这种两面性也体现在他的酒里，他的酒一方面带有明显的品种特征，另一方面带有得克萨斯酒的优雅气质。“三色”这款酒是一款罗纳河风格混酿，由佳丽酿、西拉和维欧尼酿制而成，入口顺滑，余味悠长，非常出色。它是麦弗逊酒庄味道复杂的葡萄酒，充满浓郁的泥土香气，每一口都散发着成熟的覆盆子和黑醋栗的味道。

1615 Texas Ave, Lubbock, Texas 79401
www.mcphersoncellars.com

石山酒庄（Stone Hill Winery）
密苏里州

诺顿波特（加强酒）；维诺干白（白葡萄酒）
Norton Port (fortified); Dry Vignoles (white)

石山酒庄是美国古老的酿酒厂，历史可以追溯到 1847 年。对许多美国人来说，它代表了中西部葡萄酒的巅峰之作。经过禁酒令期间的关停，赫德家族于 1965 年重新开放了酒庄。首席酿酒师大卫·琼森使用了相对不太知名的葡萄品种，比如诺顿和维诺。这样的做法影响了全国其他地区的酒庄。琼森一直关注优质加强葡萄酒的生产，例如浓郁的深色诺顿波特酒。这款酒使用传统方法酿造，数量有限，黑莓和黑醋栗的香气冲击力十足。酒体饱满的维诺干白散发出活泼、令人兴奋的菠萝、草莓和酸橙香气，并带有一丝甜味，完美平衡了充满活力的酸度。

1110 Stone Hill Hwy, Hermann, Missouri 65041
www.stonehillwinery.com

沃尔弗酒庄（Wolffer Estate）
纽约州

长岛桃红（桃红葡萄酒）
Rosé, Long Island (rosé)

1988 年，克莉丝汀·沃夫在一片马铃薯田上建立了他的葡萄酒酒庄，但他在 2008 年一场事故中不幸遇难。他如果能看到酒庄的桃红葡萄酒已成为长岛夏季饮酒的标杆，一定会为酒庄技术总监兼首席酿酒师罗曼·罗斯的成就感到自豪。这款干型桃红葡萄酒由红葡萄和霞多丽混酿而成。随着普罗旺斯桃红葡萄酒的价格持续攀升，这款时尚饮品在每个野餐篮中值得占有一席之地。清新而复杂，梨子和桃子的清新活泼的香气，点缀着淡淡的玫瑰花香，与可爱的甜瓜、桃子和草莓的味道混合在一起，带来干净、清爽的余味。

139 Sagg Rd, Sagaponack, New York 11962
www.wolffer.com

加拿大

尽管用于酿酒的葡萄藤在17世纪30年代就在加拿大开始种植了，但直到最近，加拿大的酿酒师才做出令人印象深刻的优质葡萄酒。在过去的20年里，以西部的不列颠哥伦比亚省（尤其是奥坎纳根山谷）和东部的安大略省为主的地区，出现了一波酿酒热潮，出产了许多风格迥异、价值不菲的独特葡萄酒。

埃弗里尔酒庄（Averill Creek Vineyards）

加拿大西部 温哥华岛

黑皮诺（红葡萄酒）
Pinot Noir (red)

深色水果风味与埃弗里尔酒庄黑皮诺的红宝石色相得益彰。在法国橡木桶中的陈酿带来了一丝烟熏味的同时，赋予了它柔软、诱人的感觉。这是一款你不会后悔购买的优质餐酒。对于一家在2001年才种下第一批葡萄的酿酒厂来说，这是一个了不起的成就。它的所有者是安迪·约翰斯顿，一位梦想拥有自己的酿酒厂的职业医生。这些葡萄园的第一批葡萄酒是在2004年酿造的，自那以后，它们又赢得了多个奖项。

6552 North Rd, Duncan, British Columbia V9L 6K9
www.averillcreek.ca

布拉斯教堂葡萄园（Blasted Church Vineyards）

加拿大西部 奥坎纳根山谷

布拉斯教堂葡萄园哈特菲尔德引线（白葡萄酒）
Hatfield' s Fuse (white)

布拉斯教堂葡萄园的哈特菲尔德引线葡萄酒是目前从奥坎纳根山谷蓬勃发展的葡萄酒界中较受欢迎的葡萄酒，它由以琼瑶浆、欧提玛和白皮诺为主的8种葡萄混酿而成。这款混酿产生了蜜瓜和梨的香气，并被澳洲青苹的味道提亮。自2002年克里斯和伊芙琳·坎贝尔接管酒庄以来，这款酒的受欢迎程度不仅得益于其品质，还得益于该酒庄。该酒庄曾经被称为普皮奇山丘，以克罗地亚出生的前任庄主丹·普皮奇命名。

378 Parsons Rd, Okanagan Falls, British Columbia V0H 1R0
www.blastedchurch.com

洞中之春酒庄（Cave Spring Cellars）

加拿大东部尼亚加拉半岛

比斯威利席酒庄瓶装雷司令（白葡萄酒）
Riesling, Estate Bottled, Beamsville Bench (white)

洞中之春酒庄酒庄瓶装雷司令是一种干型雷司令，由来自比斯威利席的葡萄酿制而成，比斯威利席是位于尼亚加拉悬崖与安大略湖交汇处的狭长地带，以出产优质葡萄而闻名。这款酒闻起来具有温暖的辛辣气息，在味蕾上迸发出烤苹果的味道。经过几年的葡萄种植后，其背后的酿酒厂于1986年才开始作为生产商在比斯威利席专门生产各种葡萄品种。葡萄多样性仍然在这里占据主导地位，其中浓郁的雷司令是最有名的。

3836 Main St, Jordan, Ontario L0R 1S0
www.cavespring.ca

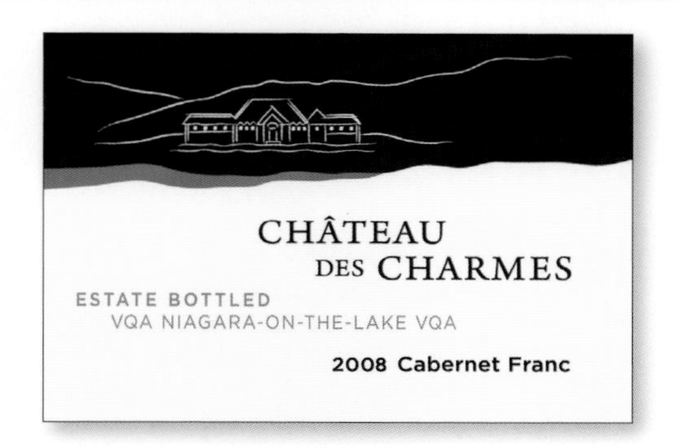

查姆斯酒庄（Château des Charmes）
加拿大东部尼亚加拉半岛

滨湖尼亚加拉酒庄瓶装品丽珠（红葡萄酒）
Cabernet Franc, Estate Bottled, Niagara-on-the-Lake (red)

风味浓郁且富含矿物质的葡萄酒使家族经营的查姆斯酒庄成为尼亚加拉半岛优秀的生产商。事实上，这些葡萄酒具有明显的高卢特色，这至少部分归因于庄主的法国血统。作为一次有趣的尝试，该酒厂开创种植了佳美德若特和麝香霞多丽。酒庄瓶装品丽珠是一款严肃的深色葡萄酒，带有品丽珠特有的黑莓和樱桃风味。胡椒和香料的味道来自尼亚加拉风土和葡萄酒在橡木桶中的陈年。

1025 York Rd, Niagara-on-the-Lake, Ontario L0S 1J0
www.chateaudescharmes.com

灰僧酒庄（Gray Monk Estate）
加拿大西部奥坎纳根山谷

琼瑶浆干白
Gewürztraminer (white)

灰僧酒庄背后的夫妇，乔治和特鲁迪·海斯是芳香白葡萄品种的忠实粉丝。他们参考了灰皮诺品种的特点后，将他们的第一个葡萄园和酒厂都命名为灰僧酒庄，以此来表达对芳香白葡萄的喜爱。虽然灰皮诺可能是灰僧酒庄的标志性葡萄，但这对夫妇也喜欢用另一种芳香白葡萄——琼瑶浆，来酿造物超所值的半干型葡萄酒。它以佛手柑的香气、木瓜和杧果的香气而著称，与北奥坎纳根凉爽的气候相得益彰。

1055 Camp Rd, Okanagan Centre, British Columbia V4V 2H4
www.graymonk.com

希勒布兰酒庄（Hillebrand Winery）
加拿大东部尼亚加拉半岛

图瑞斯雷司令（白葡萄酒）
Trius Riesling (white)

希勒布兰酒庄是一个令人印象非常深刻的旅游目的地，它每年吸引了许多游客前往参观其酒厂建筑群，为此还特意增加了游客餐厅和导游服务。该公司自30年前成为尼亚加拉首批生产优质葡萄酒的酿酒厂之一，一如既往的葡萄酒质量是它成功的主要原因。这里的酿酒业务现在已经委托给了澳大利亚人克雷格麦克唐纳，他负责单一陈列柜雷司令葡萄园的管理与营销。图瑞斯雷司令是陈列柜雷司令极好的日常餐酒替代款，它更轻松地表达了葡萄和当地风土的气息，口感清脆，带有淡淡的阳桃和甘美的杧果味。

1249 Niagara Stone Rd, Niagara-on-the-Lake, Ontario L0S 1J0
www.hillebrand.com

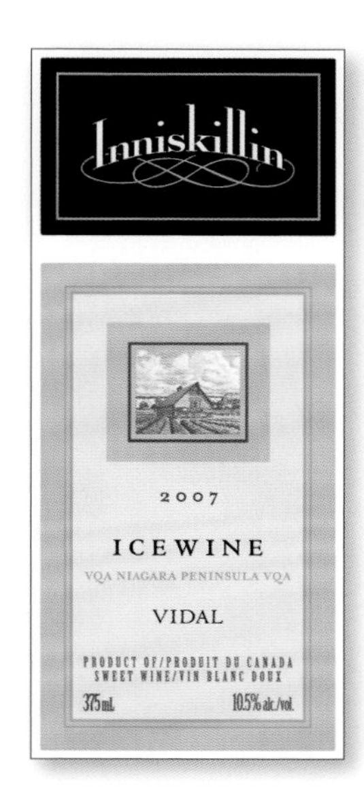

尼亚加拉酒庄云岭酒庄（Inniskillin Niagara）
加拿大东部尼亚加拉半岛

威戴尔冰酒（甜型）
Vidal Icewine (dessert)

核果特征通常倾向出现于主导不列颠哥伦比亚省的冰酒（冰酒，一种在葡萄结冰状态后收获并酿造的酒）中。这款冰酒带有浓郁、柔顺的蜂蜜味，由安大略省冰酒先驱生产商云岭酒庄用威戴尔葡萄制成。虽然对于日常饮用来说可能有点贵，但它比当地的大多数同类产品要便宜得多，这无疑使它成为一款性价比极高的北美葡萄酒。可以说，云岭酒庄在推广冰酒方面所做的工作比加拿大其他酿酒厂都要多。由唐纳德·西拉度和卡尔·凯撒于1975年创立（安大略省自1927年禁酒令结束以后的第一家酒厂）的尼亚加拉酒庄云岭酒庄并未生产第一款安大略冰酒（即1983年的希勒布兰德酒庄酒庄），但它确实首先获得了国际关注并赢得了许多奖项。

1499 Line 3, Niagara-on-the-Lake, Ontario L0S 1J0
www.inniskillin.com

约斯特酒庄（Jost Vineyards）
加拿大东部马拉加斯半岛

新斯克舍省桶藏白阿卡迪（白葡萄酒）
Oak-Aged L' Acadie Blanc, Nava Scotia (white)

白阿卡迪是新斯科舍省的标志性葡萄，一种适合清爽海洋气候的白葡萄，具有鲜明的苹果风味。在约斯特酒庄的橡木陈酿示例中，这些苹果风味被梨和柠檬的味道所增强，更有助于搭配海鲜。约斯特葡萄园位于新斯科舍省的北岸，就在诺森伯兰海峡的温暖水域旁。该酒厂最初于1983年获得许可，于1986年向公众开放，如今的葡萄酒（和其他本地产品）由汉斯·克莉丝汀·约斯特酿造。

48 Vintage Lane, Malagash, Nova Scotia B0K 1E0
www.jostwine.com

莱利酒庄（Lailey Vineyard）

加拿大东部尼亚加拉半岛

霞多利（白葡萄酒）
Chardonnay (white)

莱利酒庄的成功取决于两个才华横溢的人：德里克·巴尼特和朵娜·莱利。作为顶级葡萄栽培者，莱利管理着她的父亲威廉·莱利在20世纪50年代种植的葡萄园，她在1991年被正式称为安大略省的“葡萄女王”。巴尼特将这种水果（其中一些来自该地区最古老的霞多丽葡萄藤）塑造成一系列浓郁而优雅的葡萄酒。其中包括酒庄霞多丽，它充满了麦金托什苹果的味道和适中的酸度，具有窖藏潜力。

15940 Niagara Parkway, Niagara-on-the-Lake, Ontario L0S 1J0
www.laileyvineyard.com

乔丹尼酒庄（Le Clos Jordanne）

加拿大东部尼亚加拉半岛

村级珍藏黑皮诺（红葡萄酒）
Village Reserve Pinot Noir (red)

乔丹尼酒庄是加拿大饮料公司威科尔和勃艮第葡萄酒生产商波斯特的合资企业，坐落在一家前苗圃企业经营的仓库内，可以俯瞰整个安大略湖。如今，塞巴斯蒂安·杰克里接替了他的前任老板托马斯·巴赫在酿酒业务上的主导权。村级珍藏黑皮诺是尼亚加拉悬崖风土的高性价比表现，这是一款精致的葡萄酒，除了有李子和酸樱桃的味道，还有泥土的芬芳。该酒厂生产的黑皮诺和霞多丽获得了许多国际奖项，击败了来自法国勃艮第大区和美国加利福尼亚州等老牌葡萄酒产区的挑战。

2540 South Service Rd, Jordan Station, Ontario L0R 1S0
www.leclosjordanne.com

美讯山家族酒庄（Mission Hill Family Estate）

加拿大西部奥坎纳根山谷

五园赤霞珠梅洛混酿（葡萄酒）
Cabernet Sauvignon-Merlot, Five Vineyards (red)

可以说，与其他任何一个当地的葡萄酒生产商相比，美讯山家族酒庄在奥坎纳根山谷所做的工作都要更多。这是安东尼·冯·曼德尔的作品，他的灵感来自加州葡萄酒先驱罗伯特·蒙大维。梵·曼德尔建造了一座令人印象深刻的酿酒厂，他监督生产了一系列同样令人印象深刻的葡萄酒，这些葡萄酒在世界各地赢得了无数顶级国际奖项。观澜湖最引人注目的瓶装酒是顶级葡萄酒天空之眼，一种浓郁的波混。人们可以以实惠的价格在五个葡萄园中感受加拿大最昂贵的赤霞珠梅洛混酿红葡萄酒的格调和风味。它的葡萄产自与天空之眼相同的南奥坎纳根葡萄园，带有微妙的胡椒和香料味道，突出了红色浆果和黑樱桃的味道。

1730 Mission Hill Rd, West Kelowna, British Columbia V4T 2E4
www.missionhillwinery.com

鹌鹑门酒庄（Quails' Gate Estate Winery）

加拿大西部奥坎纳根山谷

莎斯拉、白皮诺、灰皮诺混酿（白葡萄酒）
Chasselas-Pinot Blanc-Pinot Gris (white)

莎斯拉、白皮诺和灰皮诺混酿的混酿并不常见。其中，莎斯拉是一种更常见于瑞士的葡萄品种，而白皮诺和灰皮诺通常在阿尔萨斯和其他地方酿造。但是鹌鹑之门已经证明这些葡萄可以结合在一起制作出令人耳目一新的东西，而且价格也很实惠。它以淡淡的柑橘味开始，中间是阳桃的味道，最后以苹果结尾，能与海鲜完美搭配。它由一家中等规模但极其专业的酿酒厂生产，自1960年由斯图尔特家族创立以来一直在该地区工作，自20世纪90年代以来一直在非杂交葡萄方面做得很好。

3303 Boucherie Rd, Kelowna, British Columbia V1Z 2H3
www.quailsgate.com

13路酒庄（Road 13 Winery）

加拿大西部奥坎纳根山谷

老实人干红
Honest John's Red

在老实人干红中，品丽珠和西拉用于加强赤霞珠和梅洛，4个品种的混酿提供了典型的南奥坎纳根水果风味，带有泥土气息的樱桃味，以日灼的香料味结尾。它由让-马丁·布查尔酿造，是米克和潘·乐克赫斯的13路酒庄的一个比较好的切入点。这对夫妇于2003年购买了13路酒庄，当时它还被称为黄金英里酒庄。这里的产品越来越多地致力于混酿，团队认为与单一品种的葡萄酒相比，这种混合葡萄酒提供了更多的复杂性和趣味性。13路酒庄的用桶十分谨慎，团队一直在仔细研究项目不同的来源、烘烤水平和陈酿时间对酒的影响。

13140 Road 13, Oliver, British Columbia V0H 1T0
www.road13vineyards.com

沙丘酒庄（Sandhill Estate Winery）

加拿大西部奥坎纳根山谷

灰皮诺（白葡萄酒）
Pinot Gris (white)

在生产由赤霞珠和桑娇维塞等葡萄酿成的单一园葡萄酒方面，安德鲁·佩勒的沙丘酒庄一直是开拓者。佩勒的酿酒师霍华德·索恩生产的葡萄酒取自 4 个葡萄园——沙丘酒庄、皇室家族、河畔幻影和鱼鹰山岭，每个葡萄园都有其独特的特点。虽然沙丘酒庄的“小批量”葡萄酒组合值得追随，但毫无疑问，它的单一葡萄园灰皮诺本身就是一款非常优质的葡萄酒。它具有一种新鲜清爽的白花风味，使用来自奥坎纳根纳拉马塔的皇室家族葡萄园（由同名家族经营）的葡萄，在那里奥坎纳根湖让气候变得更加凉爽。在味道上，它散发着苹果、巴特利特梨和柑橘的香气。

1125 Richter St, Kelowna, British Columbia V1Y 2K6
www.sandhillwines.ca

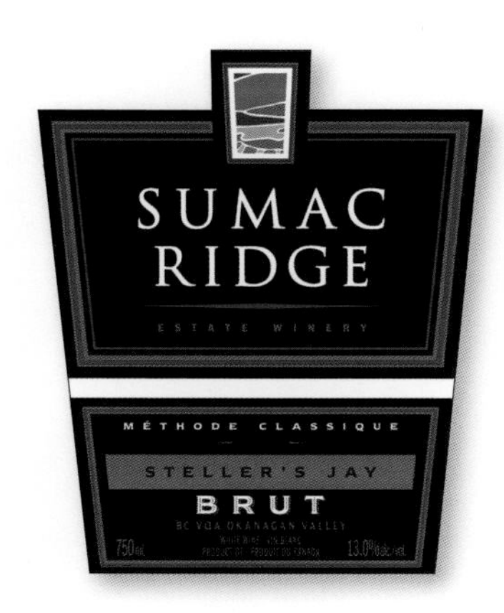

漆树岭酒庄酒厂（Sumac Ridge Estate Winery）

加拿大西部奥坎纳根山谷

斯特勒蓝鸦绝干（气泡酒）
Steller's Jay Brut (sparkling)

斯特勒蓝鸦绝干是不列颠哥伦比亚省的标志性起泡酒，采用传统方法制成（与香槟使用的方法相同，在瓶中进行二次发酵），它是霞多丽、白皮诺和黑皮诺的混合物，在酒糟上陈酿三年后上市。它有淡淡的酵母味，富含苹果和榛子味，就像优质香槟一样，其结构和酸度可以在瓶中陈酿数年。葡萄酒的卓越品质是加拿大饮料集团维克尔对这个酒庄感兴趣的众多原因之一，该酒庄是不列颠哥伦比亚省古老的酒庄（成立于 1981 年）。维克尔最终在 2000 年以 1000 万加元的价格从创始人哈利·麦克沃特斯手中收购了它。如今的首席酿酒师是杰森·詹姆斯，他在前首席酿酒师马克·文德伯格手下工作了 5 年后，于 2010 年接管了它。

17403 Highway 97N, Summerland, British Columbia V0H1Z0
www.sumacridge.com

陶思酒庄酒款（Tawse Winery）

加拿大东部尼亚加拉半岛

尼亚加拉书写雷司令（白葡萄酒）
Sketches of Niagara Riesling (white)

雷司令专家陶思酒庄酒款具有真正的旧世界影响力，这在一定程度上要归功于现任酿酒师帕斯卡尔·马尔尚（法国人）。但马尚德遵循了由德博拉·帕库斯开创的传统，并得到所有者莫瑞·陶思的认可。尼亚加拉书写雷司令葡萄酒是由尼亚加拉半岛葡萄混酿而成的，具有迷人的芳香。闻到的核果和苜蓿味道无法掩盖品尝到的菠萝和奶油气息。

3955 Cherry Ave,
Vineland, Ontario
L0R 2C0
www.tawsewinery.ca

南美地区

南美洲葡萄酒的两大巨头阿根廷和智利，促使南美地区成为欧洲以外最大的葡萄酒生产地。过去，两国的生产商都倾向于专注国内市场。然而自 20 世纪 80 年代以来，出口已成为两国的首要目标。阿根廷，尤其是安第斯山脚下的门多萨地区以马尔贝克酿成的酒而闻名世界，而智利则将原产于法国西南部的另一种红葡萄佳美娜变成了自己的专长。 两个国家都用如赤霞珠、梅洛、西拉和黑皮诺等经典的红葡萄，生产可靠优质且价格合理的红葡萄酒。对于白葡萄，可以关注智利气候凉爽地区的长相思和阿根廷北部萨尔塔芳香的特浓情。 同时不要忽视来自南美第三个国家——巴西的起泡酒和梅洛红葡萄酒，它们的质量正在快速提升。

智利

在提供优质的日常葡萄酒方面，几乎没有哪个国家比智利更有优势。得益于境内时间漫长且气候干燥的夏季和充足的阳光等良好的种植条件，这里出产的酒物超所值又有风土特点。对于红葡萄酒而言，有赤霞珠、梅洛、西拉、黑皮诺和当地品种佳美娜酿造的果香浓郁的佳酿可供选择。对于白葡萄酒而言，有性价比极高的长相思和霞多丽值得信赖。

蓝色幻想酒庄 [Amayna (Viña Garces Silva)]
圣安东尼奥

长相思，莱达谷（干白葡萄酒）
Sauvignon Blanc, Leyda Valley (white)

智利非常富有的家族——加塞·席尔瓦家族起初在圣安东尼奥的莱达购买了约700万平方米的土地用于家族畜牧业生意。然而，他们很快就看到了这片沿海地区在生产葡萄酒方面的潜力，并于1999年种植了葡萄藤，2003年发布了第一款葡萄酒。一经发布，这款长相思白葡萄酒受到了热烈的反响，这显示了这一品种在莱达地区的惊人潜力。这是一款反映其风土特色的葡萄酒，有着馥郁的葡萄柚和香草味道以及明亮自然的酸度。尽管一系列的其他葡萄酒也获得了成功，但酒庄最初的这款长相思依然代表其最高水平。

Fundo San Andres de Huinca, Camino Rinconada de San Juan, Leyda, San Antonio
www.vgs.cl

安提亚酒庄（Antiyal）
迈坡谷

库岩，迈坡谷（干红葡萄酒）
Kuyen, Maipo Valley (red)

这是一款西拉、赤霞珠和佳美娜的美妙组合，一开始爆发出极富表现力的新世界果味，但收尾展现了许多令人着迷的细节。

这是著名酿酒师阿尔瓦罗·埃斯皮诺萨的家族项目酿造的两款葡萄酒之一，而埃斯皮诺萨一直是智利有机和生物动力酿酒发展中最重要的人物。酒庄从他父母农场的一个家庭车库起步，现在有了自己的葡萄园和一个更规范的酿酒厂。

Padre Hurtado 68, Paine, Santiago
www.antiyal.com

卡萨马琳酒庄（Casa Marin）
圣安东尼奥

赛普利斯单一园长相思，圣安东尼奥谷（干白葡萄酒）
Sauvignon Blanc Cypress Vineyard, San Antonio Valley (white)

这款长相思种植于太平洋内陆陡峭的山坡上，由其酿制的葡萄酒展现了凉爽的气候、清爽的口感和浓郁的风味。这是卡萨马琳酒庄强硬风格的典型表达，展现了酒庄精力充沛、干劲十足的所有者马里卢斯·马琳的个人风格。这一事业对她来说是一项充满爱心的工作。作为一名经验丰富的酿酒师，她通过酿造各种葡萄酒来展现种植在山丘上不同葡萄园地块的特性，有些甚至离太平洋仅有4千米。在智利这个仍然由大型生产商主导的国家中，它始终是很好的精品葡萄酒厂。

Lo Abarca, Valle de San Antonio
www.casamarin.cl

卡萨博斯克酒庄（Casas Del Bosque）
卡萨布兰卡

珍藏长相思，卡萨布兰卡谷（白葡萄酒）
Sauvignon Blanc Reserva, Casablanca Valley (white)

干草和新鲜切片葡萄柚的香味富有表现力并且非常诱人。以柑橘和白瓜为基底，回味明亮、爽口。这再次证明，库内奥家族将他们在百货商店领域取得成功的才能成功地应用到了葡萄酒行业。这种转变始于20世纪90年代在气候凉爽的卡萨布兰卡河谷种植葡萄，现在该公司在河谷西部拥有约245万平方米的优质葡萄园。酿酒工作从10年前到现在一直由才华横溢的新西兰人格兰特·菲尔普斯（原来在威玛酒庄）负责。

Hijuela 2 Ex Fundo, Santa Rosa, Casablanca
www.casasdelbosque.cl

干露酒庄（Concha Y Toro）
迈坡

红魔鬼珍藏赤霞珠，中央山谷（干红葡萄酒）；侯爵佳美娜，佩乌莫（干红葡萄酒）
Casillero del Diablo Cabernet Sauvignon Reserva, Central Valley (red); Marqués de Casa Concha Carmenère, Peumo Valley (red)

干露酒庄是智利葡萄酒界非常重要的品牌，也是该国最大的葡萄酒生产商，出产最好的酒款，无论是高端葡萄酒，还是对智利的国际形象来说同样重要的广泛且始终如一的优质廉价葡萄酒。该公司有3位智利非常好的酿酒师，分别是马塞洛·帕帕、恩里克·蒂拉多和伊格纳西奥·雷卡巴伦，他们领导着一支优秀的团队。整个红魔鬼系列都有非凡的品质，但其中赤霞珠最耀眼，带有黑色浆果和一丝橡木味。干露侯爵系列中的佳美娜是具有非凡的芳香复杂性，以及浓郁与柔软酒体的神奇结合。

Avenida Virginia Subercaseaux 210, Pirque, Santiago
www.conchaytoro.com

柯诺苏酒庄（Cono Sur）

空加瓜

自行车赤霞珠，中央山谷（干红葡萄酒）
Bicycle Cabernet Sauvignon, Central Valley (red)

自1993年成立以来，柯诺苏酒庄一直受益于母公司甘露酒庄的财力，但这家年轻的公司作为一家独立企业运营的酒庄一直在开拓自己的道路。它在全国各地拥有一系列优质葡萄园（包括位于拉佩尔河谷奇姆巴隆戈的总部，以及在气候凉爽的比奥比奥地区的大量资产），是生态敏感葡萄栽培的先驱。它在智利葡萄酒业一些其他方面的发展中也处于领先地位，例如在优质葡萄酒中使用螺旋盖瓶盖，以及是该国首批酿造严肃风格黑皮诺的酒厂之一。该酒庄由才华横溢的酿酒师阿道夫·赫塔多领导，他酿造了众多优质葡萄酒。亮点之一是中央山谷的自行车赤霞珠。这款赤霞珠便宜但品质卓越，酒体适中，充满了黑浆果和樱桃的风味，带有淡淡的干药草香气。

Chimbarongo, Rapel Valley
www.conosur.com

库奇诺酒庄（Cousiño Macul）

迈坡

安提瓜珍藏赤霞珠，迈坡谷（干红葡萄酒）
Antiguas Reservas Cabernet Sauvignon, Maipo Valley (red)

库奇诺酒庄是迈坡谷葡萄酒悠久而杰出生产历史的中坚力量。该酒庄由实业家马蒂斯·库西尼奥于1856年创立，总部位于迈坡谷，这片西班牙征服者最初种植葡萄的地区。多年来，酒庄一直处于智利优质葡萄酒的最前沿，在经历了一段时间的低迷之后，它在过去10年里重新恢复了自己的地位，在圣地亚哥以南的布因建立了一个新的葡萄酒厂和葡萄园。这款安提瓜珍藏赤霞珠是智利的经典之作——可以说是一个伟大的赤霞珠国家风格上最具权威性的赤霞珠——它展示了马库尔近年来寻求的更明亮、更果味主导的风格，同时又不失该酒庄标志性的成熟和复杂性。它散发着黑樱桃的果香，带有干草、雪松和海藻的香气。

Quilin 7100, Penalolen, Santiago
www.cousinomacul.cl

德马丁诺酒庄（De Martino）

迈坡

有机种植赤霞珠马尔贝克，迈坡谷（干红葡萄酒）
Organically Grown Cabernet-Malbec, Maipo Valley (red)

德马丁诺酒庄有机种植赤霞珠马尔贝克颜色深邃，具有黑浆果、黑醋栗和黑莓果味，浓郁的风味和诱人的价格令人难以抗拒。这是这里出产的众多葡萄酒之一，并且配得上酒庄“重塑智利”的口号。该项目依托该公司的散装葡萄酒和果汁业务，为熟练的酿酒师马塞洛·雷塔马尔提供资金进行试验，并允许他在全国各地寻找适合种植各种葡萄品种的最佳地区。

Manuel Rodríguez 229,
Isla de Maipo
www.demartino.cl

埃米利亚纳酒庄（Emiliana）
空加瓜

自然霞多丽，卡萨布兰卡谷（干白葡萄酒）；自然梅洛，拉佩尔谷（干红葡萄酒）

Natura Chardonnay, Casablanca Valley (white);Natura Merlot, Rapel Valley (red)

埃米利亚纳酒庄源于干露酒庄的一个分支，作为一家独立酒庄运营。得益于有机部门的工作，该酒庄已成为世界上较大的有机和生物动力法葡萄酒生产商：目前，该酒庄拥有约1000万平方米的葡萄园，采用有机和生物动力法进行管理。卡萨布兰卡谷自然霞多丽是有机种植且未过橡木桶陈酿的酒，具有美味热带水果沙拉风味，带有柑橘皮风味的酸度提升了回味，让人回味无穷。拉佩尔谷的自然梅洛也同样不错，展现出完美成熟、异常纯净的李子和樱桃果味。

Nueva Tajamar 481 Torre Sur 701, Las Condes, Santiago
www.emiliana.cl

伊拉苏酒庄（Errázuriz Estate）
阿空加瓜

长相思，卡萨布兰卡谷（干白葡萄酒）

Sauvignon Blanc, Casablanca Valley (white)

由查德威克家族所有的伊拉苏酒庄几十年来一直是智利重要且具有开创性的生产商。它是首批尝试有机和生物动力法栽培和山坡种植等创新的酒庄之一，使用野生酵母发酵，并与其他国家的公司（例如美国加利福尼亚州的蒙大维）建立了引人注目的合资企业。这一系列的葡萄酒质量一直很好，其中最突出的是卡萨布兰卡谷的长相思。这款引人注目的白葡萄酒香气浓郁，充满了柑橘皮的味道，并且有一点点甜味平衡丰沛的酸度。

Avenida Antofagasta, Panquehue, V Region
www.errazuriz.com

法莱尼亚酒庄（Falernia）
艾尔基

珍藏佳美娜西拉，艾尔基谷（干红葡萄酒）

Carmenère-Syrah Reserva, Elqui Valley (red)

艾尔基谷过去以为智利国民烈酒（一种白兰地）皮斯科生产葡萄而出名而非葡萄酒，但从意大利来的法莱尼亚已经改变了这一切。受益于晴朗的天气（山谷也以天文学家和占星家的观星者而闻名），酒庄酿造一系列精致、明亮、纯净的葡萄酒。珍藏佳美娜西拉是一款不寻常的混酿，它立竿见影地将佳美娜浓烈的黑色水果与西拉更开放、多汁的红色浆果特征完美地结合在一起。

Ruta 41, Km 46, Casilla 8 Vicuña, IV Region
www.falernia.com

种马园酒庄（Haras de Pirque）
迈坡

迈坡谷佳美娜（干红葡萄酒）

Carmenère, Maipo Valley (red)

种马园酒庄的迈坡谷佳美娜是一种深红色，充满黑色水果、茴香和浓缩咖啡豆风味的干红葡萄酒。它回味坚实，适合搭配各种硬菜。它来自种马园酒庄，建在一个丘陵竞技场中，周围是葡萄园和纯种马场。1992年，爱德华多·苏亚夫和他的儿子爱德华多在迈坡的皮尔克建立了葡萄园，经营这项雄心勃勃的产业，其中包括与托斯卡纳著名生产商皮耶罗·安蒂诺里合作生产的葡萄酒。

Camino San Vicente, Sector Macul, Pirque, Casilla 247 Correo Pirque
www.harasdepirque.com

金士顿酒庄（Kingston Family Vineyards）

托比亚诺黑皮诺，卡萨布兰卡谷（干红葡萄酒）

Tobiano Pinot Noir, Casablanca Valley (red)

金士顿酒庄的卡萨布兰卡谷托比亚诺黑皮诺是智利最佳黑皮诺的竞争者。这是一款非常成熟雅致的葡萄酒，带有草莓、樱桃和橡木的风味。金士顿酒庄始于20世纪，当时卡尔·约翰·金斯顿从密歇根州来到智利寻找黄金。他很快在沿海的卡萨布兰卡购买了一个3000万平方米的农场。20世纪90年代末，他的后代在那里建立了一个葡萄园。如今，该酒庄将葡萄园中约10%的果实用于酿造自己的优质特色葡萄酒，其余果实则卖给其他生产商。

No visitor facilities
www.kingstonvineyards.com

卡利博罗酒庄（La Reserva de Caliboro）

埃拉斯莫，莫莱谷（干红葡萄酒）

Erasmo, Maule Valley (red)

温文尔雅的意大利人弗朗西斯科·马龙·辛萨诺是一家著名饮料企业的继承人（他的家族拥有辛萨诺等品牌）。但他也是智利莫莱谷葡萄酒复兴中的重要角色，归因于他的卡利博罗酒庄。钦扎诺与智利曼萨诺家族合作开发了该酒庄，位于中央山谷以东的丘陵地带，葡萄园原是19世纪一个大型酒庄的一部分。该酒庄只专注于生产一种葡萄酒：埃拉斯莫干红。使用赤霞珠、梅洛和赤霞珠，这些果实来自佩尔奎劳恩河沿岸的低产旱作葡萄园。这款酒有着强烈的香料、烟熏橡木味，是一款适合窖藏的葡萄酒，不过纯净、新鲜的浆果风味使它能即饮或与浓郁的食物搭配。

Carretera San Antonio, Caliboro Km 5.8, San Javier
www.caliboro.com

拉博丝特酒庄（Lapostolle）

空加瓜

拉佩尔谷佳美娜（干红葡萄酒）；阿塔拉亚斯单一园亚力山卓特酿霞多丽（干白葡萄酒）

Casa Carmenère, Rapel Valley (red); Cuvée Alexandre Chardonnay Atalayas Vineyard, Casablanca Valley (white)

柑曼怡利口酒品牌背后的马尼尔·拉波斯托尔家族为该酒庄带来了技术支持，总部位于空加瓜谷的阿帕塔，米歇尔·罗兰是该酒庄的顾问酿酒师。入门级的拉佩尔谷佳美娜呈现出极好的深沉色泽和风味，带有黑莓果味和大量单宁。亚力山卓特酿霞多丽以其成熟、丰富的果味与香料味的回味相结合而独具特色，具有出色的酸度。

Camino San Fernando a Pichilemu, Km 36, Cunaquito, Comuna Sta Cruz
www.casalapostolle.com

利达谷酒庄（Leyda）

圣安东尼奥

拉斯布里萨斯单一园黑皮诺，利达谷（干红葡萄酒）

Pinot Noir Las Brisas Vineyard, Leyda Valley (red)

利达谷酒庄是最早来到圣安东尼奥利达谷的一批，也是智利过去10年中出现的很好的生产商。多亏了利达谷，圣安东尼奥这一享受靠近太平洋而带来凉爽海风的产区，已成为葡萄酒产区的热点，许多生产商都在此种植葡萄。该地区的生命依赖于从迈坡河引水的一条8千米长的输水管道（建于1997年）。利达谷（该地区和生产商）从其首次发布葡萄酒就吸引了人们的注意，因为这些葡萄酒异常优雅、新鲜和精致。如果你需要让人相信智利可以酿造顶级黑皮诺，那么拉斯布里萨斯单一园黑皮诺是一个很好的起点。它拥有明亮的樱桃和草莓果味，口感清新、爽口，并带有讨喜的香料风味。

Avenida Del Valle 601 of.22, Ciudad Empresarial, Santiago
www.leyda.cl

龙丘酒庄（Loma Larga Vineyards）

卡萨布兰卡

卡萨布兰卡谷霞多丽（干白葡萄酒）

Chardonnay, Casablanca Valley (white)

龙丘酒庄霞多丽是卡萨布兰卡霞多丽的完美平衡表现。它散发优雅的橡木气息，还有烤坚果和木烟，与多汁的成熟桃子的味道完美地交织在一起。与所有其他当地酒庄出产的葡萄酒一样，它以精致和清新著称。迪亚兹家族自19世纪末就开始经营葡萄酒，该酒庄于1999年开始在卡萨布兰卡种植葡萄。如今，他们在山坡和山麓种植了约148万平方米的葡萄园，不过它只使用最好的区块产的果实酿造自己的葡萄酒（总计约40万平方米），其余葡萄则出售给其他酒厂。法国酿酒师埃默里克·日内瓦-蒙蒂纳克以较低的产量生产出极具特色的葡萄酒，甚至能够挑战智利葡萄酒的境界。

Avenida Gertrudis Echeñique 348, Depto. A, Las Condes, Santiago
www.lomalarga.com

拉菲华斯歌酒庄（Los Vascos）

空加瓜

空加瓜谷赤霞珠（干红葡萄酒）

Cabernet Sauvignon, Colchagua Valley (red)

来自空加瓜谷的拉菲华斯歌酒庄赤霞珠成熟、果味浓郁但不平庸，充满了黑莓果味和含蓄的橡木风味，单宁丰富细腻，结构强劲。它来自一家具有传统观念的葡萄酒厂，自1988年以来，该酒厂一直受益于传奇波尔多第一酒庄——拉菲酒庄背后的罗斯柴尔德家族的投资和技术支持。近年来，该酒庄采取了一系列措施来提高葡萄酒质量，例如在气候凉爽的卡萨布兰卡山谷山坡上种植新的葡萄藤，并采收酿造白葡萄酒。

Camino Pumanque Km 5, Peralillo, VI Region
www.vinalosvascos.com

浏览酒单

当朋友或家人聚集在餐厅享用一顿轻松的晚餐时，很少有事情能像长长的酒单那样打断席间的谈话。除非记得一些选酒的捷径，主人或当场指定来点酒的葡萄酒“专家”可能会花很多时间研究选项和做出决定。请相信服务员或侍酒师通常会给出很好的建议，就像你相信厨师会做好食物一样，但使用这些技巧可以减少点酒过程中的压力和耗时。

1 寻找半瓶。点两个或更多半瓶（375 毫升）可以节省金钱，同时让用餐更有趣；如果你们有两个人，这样做效果会更好。尝试用不同的酒与不同的菜肴搭配。如果你们中的一个人以鱼肉作为头盘，而另一个人则以鸭肉为头盘，那么你们可以根据自己的菜肴选择搭配不同的葡萄酒。

2 寻找香槟替代品。点起泡酒时，请记住你正在为法国香槟地区生产的起泡酒支付额外费用。来自西班牙、美国加利福尼亚州和其他地方的许多替代品均由与香槟相同的葡萄品种，使用与香槟相同的方法制成。比如，可以尝试西班牙的菲斯奈特逸客干型卡瓦起泡酒，或来自美国加利福尼亚州的霁霞特酿绝干起泡酒。

3 指向价格。如何正确地向服务员或侍酒师表明你想要的价格范围而不是大声说：“我们要这酒单上最便宜的酒！”这里有个巧妙的好方法，那就是让服务员看着，你指着酒单上的一两个价格说：“我们想要这个范围内的酒。”然后服务员或侍酒师应该能帮助你在该价格范围内找到适合你口味的葡萄酒并和你点的菜肴相搭配。

4 最便宜但不是最差。清单上最便宜的酒实际上可能是一瓶非常好的酒，但很少有人买它，因为怕显得小气。最好警惕价格第二低的葡萄酒。餐馆知道，许多人会选择最低价上面的一款酒，因此他们可能会提供实际成本最低的葡萄酒，并对其收更高的加价率。询问服务员或侍酒师他们是否会推荐这款酒，如果有疑问，请选择下一瓶。

5 地点、地点、地点。要懂得葡萄酒价格往往会随着葡萄酒产地的缩小而上涨。标有勃艮第的勃艮第红酒，意味着它的葡萄几乎可能来自勃艮第葡萄酒整个产区的任何地方，它将是名单上最便宜的勃艮第；来自较小地区（如高坡地）的勃艮第酒会更贵；来自著名村庄（如热夫雷-香贝丹）的酒会更昂贵，而标签上带有独立葡萄园名称的热夫雷-香贝丹将是酒单上最昂贵的勃艮第。

6 不要让名气左右你的选择。有时候一瓶低调的酒比一瓶来自名庄且更昂贵的酒是更好的选择。例如，大多数年份里，哥萨克古堡酒庄的正牌酒都比来自受到高度评价的凯隆世佳酒庄的副牌酒更顺滑，而且价格也更低。

7 提防含糊不清的大牌名称，除非你真的知道它是什么，不要看到响亮的名字就去购买。例如有许多酒庄听起来和著名的拉菲酒庄类似，也许其中也有一些名庄，但它们并不是真正的拉菲酒庄。

8 确保加强酒在适饮期。餐厅可能会提供价格昂贵但因为太年轻而无法令人愉快饮用的年份波特酒。理想情况下，它需要装瓶10多年后才能达到适饮期。如果拿不准，请选择专为立即饮用而设计的酒渣波特和晚装瓶年份波特。

埃德华兹酒庄（Luis Felipe Edwards）

空加瓜

珍藏赤霞珠，空加瓜谷（干红葡萄酒）
Cabernet Sauvignon Reserva, Colchagua Valley (red)

埃德华兹酒庄在过去的10年里发生了转变。该酒庄曾是调配散装葡萄酒的生产商，从20世纪90年代开始为自己的品牌生产瓶装葡萄酒，迈出了跻身智利最先进生产商的第一步。随后，酒庄迅速扩张，在酒厂所在的空加瓜谷利达谷的山坡上种植了新的葡萄藤。来自空加瓜谷的可口的珍藏赤霞珠反映了酒庄的进步。柔和成熟，但仍然充满个性和复杂度，具有可爱的黑色果味和柔和的单宁。

Fundo San Jose de Puquillay, Nancagua, VI Region
www.lfewines.com

米高桃乐丝酒庄（Miguel Torres）

科里克

圣迪娜珍藏佳美娜，中央山谷（干红葡萄酒）
Santa Digna Carmenère Reserva, Central Valley (red)

米高·桃乐丝因在家乡加泰罗尼亚的开创性工作而享誉世界，他于20世纪70年代抵达智利，并迅速重复了这一成功。他在智利投入巨资，种植葡萄藤，进口各种最新的酿酒设备，帮助激励了一代智利生产商打造他们生产高品质的优质葡萄酒所必需的口碑。他还开创了葡萄酒旅游和有机葡萄栽培。圣迪娜珍藏佳美娜是智利廉价佳美娜中最优雅、最内敛的。具有成熟、浓郁的黑李子和多汁的甜樱桃果味。

Panamericana Sur Km 195, Curicó
www.migueltorres.cl

蒙特斯酒庄（Montes）

空加瓜

阿帕塔单一园精选赤霞珠佳美娜，空加瓜谷（干红葡萄酒）；精选黑皮诺，卡萨布兰卡谷（干红葡萄酒）
Limited Selection Apalta Vineyard Cabernet Carmenère, Colchagua Valley (red); Limited Selection Pinot Noir, Casablanca Valley (red)

全世界都在呼吁优质且价格合理的黑皮诺，但几乎从来没有实现过。来自卡萨布兰卡谷的蒙特斯酒庄精选黑皮诺却是例外，这是一款纯净、精致、精确的品种表达，而且非常美味。在阿帕塔单一园精选赤霞珠佳美娜中，混酿使用佳美娜的强度将智利内向的赤霞珠推向了一个更高的水平。这款超值干红葡萄酒背后的酒庄一直是智利葡萄酒爱好者的最爱。在过去的25年里，酿酒师奥雷里奥·蒙特斯做出了许多改进，但从未忘记该酒庄的主要存在理由，那就是生产取悦大众的优质葡萄酒。

Avenida del Valle, Huechuraba, Santiago
www.monteswines.com

奥非酒庄（Odfjell Vineyards）

迈坡

阿玛多梅洛，迈坡谷（干红葡萄酒）
Armador Merlot, Maipo Valley (red)

奥非酒庄的阿玛多梅洛成熟柔和，但仍然充满个性和拥有很高的品质，展现出可爱的黑色浆果和柔和单宁。这是挪威航运巨头丹·奥德杰尔在一次商务旅行中爱上了智利后创办的酒庄所生产的众多特色葡萄酒的一部分。1992年，奥德杰尔在圣地亚哥以西的山丘上购买了一些土地，并种植了第一批葡萄藤。

Camino Viejo a Valparaiso 7000, Padre Hurtado, Santiago
www.odfjellvineyards.cl

佩芮酒庄（Pérez Cruz）

迈坡

珍藏赤霞珠，迈坡谷（干红葡萄酒）
Cabernet Sauvignon Reserva, Maipo Valley (red)

位于韦尔库恩的佩芮酒庄有一种令人欣喜的谦逊。从前这里是存放紫花苜蓿、杏仁和牛的仓库，如今则是佩芮酒庄酿酒事业的主阵地。自1994年佩雷斯家族首次在这里种植葡萄藤以来，该酿酒厂已悄然成为上迈坡产区红葡萄酒的优质生产商。这款珍藏赤霞珠是酒庄理念的一个很好的介绍：这是一款迈坡传统风格的赤霞珠，具有干燥草本和雪松香气，以及黑樱桃的风味，不禁使人想搭配牛排大快朵颐。

Fundo Liguai de Huelquén, Paine, Maipo Alto
www.perezcruz.com

昆泰酒庄（Quintay）
卡萨布兰卡

克拉瓦长相思，卡萨布兰卡谷（干白葡萄酒）
Clava Sauvignon Blanc, Casablanca Valley (white)

来自卡萨布兰卡谷的昆泰酒庄长相思干白葡萄酒风格热情新鲜，具有柑橘和刚割下的青草的鲜活香气，带来持久的蜜瓜和葡萄柚风味。这是智利市场上一位有趣（相对而言）的新来者的产品之一，该酒庄于2005年开始生产高品质的长相思干白葡萄酒。一共八个合作伙伴，其中大多数是葡萄种植者，共同组建了这个酒庄，并生产了一系列葡萄酒，始终表现出对细节的关注和雄心壮志。

San Sebastián 2871, Office 201, Las Condes, Santiago
www.quintay.com

圣佩德罗酒庄（San Pedro）
库里科

莫丽娜城堡珍藏长相思，艾尔基谷（干白葡萄酒）
Castillo de Molina Sauvignon Blanc Reserva,Elqui Valley (white)

圣佩德罗酒庄是智利较大的葡萄酒生产商，在智利和世界各地的出口市场上销售种类繁多的葡萄酒。然而，在质量方面，它经历了一些高峰和低谷，21世纪初无疑是后者的一个例子。当时酒庄的管理层发生了变化，追求数量高于质量的政策对葡萄酒产生了有害影响。然而，在过去5年，圣佩德罗酒庄的产品质量再次飙升，这在很大程度上要归功于才华横溢的首席酿酒师马尔科·普约，他酿造了一系列出色且强调了风土和优雅的葡萄酒。这款酒是来自埃尔基山谷长相思的强烈但仍然得体的表达，展现了青草、燧石和葡萄柚的香气，以及柑橘和白瓜果的风味。

Avenida Vitacura 4380, Piso 6, Vitacura, Santiago
www.sanpedro.cl

桑塔丽塔酒庄（Santa Rita）
迈坡

“120”长相思，中央山谷（干白葡萄酒）；皇家勋章赤霞珠，迈坡谷（干红葡萄酒）
Sauvignon Blanc 120, Central Valley (white); Cabernet Sauvignon Medalla Real, Maipo Valley (red)

桑塔丽塔酒庄有着悠久的葡萄酒生产历史，但它并没有停滞不前。近年来，克拉罗集团旗下的酒厂在空加瓜和利马里等优质地区开展了新的种植工作，并聘请了澳大利亚著名酿酒师和思想家布莱恩·克罗泽担任顾问。“120”长相思是一款高性价比的葡萄酒，其香气富有表现力但并不夸张，有柑橘类水果风味而不过于酸楚。皇家勋章赤霞珠则将世界级的复杂性与智利的独特性以及美妙的雪松和香料风味结合在一起。

Camino Padre Hurtado 0695, Alto Jahuel/Buin, Maipo
www.santarita.com

达百利酒庄（Tabalí）
利马里

特酿珍藏霞多丽，利马里谷（干白葡萄酒）
Chardonnay Reserva Especial, Limarí Valley (white)

达百利酒庄是吉列尔莫·卢基奇的一个产业，他是智利最富有的家族之一——圣佩德罗·塔拉帕卡帝国背后的大家族的首领。本质上，它是卢卡西奇和圣佩德罗之间的合资企业，与维尼亚·莱达拥有相同的所有权。与利达谷酒庄一样，达百利酒庄一直是气候凉爽的利马里地区的先驱，位于圣地亚哥以北约400千米向南的偏远干燥利马里高原。第一批葡萄藤种植于1993年，它们带来了强劲的葡萄酒，具有独特的新鲜活泼的果味。这款霞多丽经过橡木桶陈酿仍然平衡，以木烟和烤坚果的香气开始，以桃子和菠萝的果味收尾。

Hacienda Santa Rosa de Tabalí Ovalle, Rute Valle del Encanto, Limarí Valley
www.tabali.cl

安杜拉加酒庄（Undurraga）

迈坡

安杜拉加TH系列长相思，利达谷（干白葡萄酒）

Undurraga TH Series Sauvignon Blanc, Leyda Valley (white)

安杜拉加TH（意为“风土猎人”）系列长相思是这一品种的突出表现，有着鲜亮、活泼的香气，同时又有着广阔的有结构的质感。具有充满柑橘和白甜瓜风味的口感和柠檬风味的回味。这款酒是这家在20世纪90年代末因为所有权分歧陷入困境的生产商转型的见证。现在酒庄完全掌握在哥伦比亚皮乔托家族手中，并拥有一支新的酿酒团队，于是又回到了正轨。

Camino Melipilla, Km 34, Santa Ana, Maipo
www.undurraga.cl

瓦帝维索酒庄（Valdivieso）

库里科

珍藏赤霞珠，迈坡谷（干红葡萄酒）

Cabernet Sauvignon Reserva, Maipo Valley (red)

在智利，瓦帝维索酒庄曾经几乎是起泡酒的“同义词”。这并不奇怪，1879年，阿尔贝托·巴尔迪维索在圣地亚哥创立了这家酒庄。巴尔迪维索的灵感来自他喜爱的法国起泡酒，并开始在自己的祖国重新酿造。酒庄一直专注于起泡酒，直到20世纪90年代才开始尝试蒸馏酒。如今，尽管起泡酒的产量仍然很高，但最受关注的还是蒸馏酒。新西兰人布雷特·杰克逊现在负责酿葡萄酒，他酿造了一系列包括红葡萄酒和白葡萄酒在内的优质葡萄酒。来自迈坡谷的珍藏赤霞珠风味浓郁，是一款令人满意的赤霞珠，有黑浆果风味，柔顺的单宁和橡木构筑了优良的结构。

Luz Pereira 1849, Lontué
www.valdiviesovineyard.com

冰川酒庄（Ventisquero）

迈坡

1号根长相思，卡萨布兰卡谷（干白葡萄酒）；1号根赤霞珠，空加瓜谷（干红葡萄酒）

Sauvignon Blanc Root 1, Casablanca Valley (white); Cabernet Sauvignon Root 1, Colchagua Valley (red)

正如品牌名称“1号根”暗示的那样，这两款葡萄酒是由未嫁接的葡萄藤制成的（世界上大多数葡萄藤都嫁接到不同的生根品种上）。尽管葡萄酒界对这是否会对成品葡萄酒产生影响存在分歧，但它们无疑是美味的。长相思口感清爽，白瓜果的味道中带有柠檬酸橙的味道。赤霞珠口感浓郁，质地柔软，带有草本植物的香气。冰川酒庄成立于1998年，是智利葡萄酒市场上相对较新的品牌，并得到了母公司爱阁的大量投资（到2006年为6000万美元）的支持。该酒庄拥有一支由菲利普·托索领导的才华横溢的酿酒团队，以及前奔富酒庄酿酒师、顾问约翰·杜瓦尔。

La Estrella Avenida, 401, Office 5P, Punta de Cortés Sector, Rancagua
www.ventisquero.com

翠岭酒庄（Veramonte）

卡萨布兰卡

珍藏霞多丽，卡萨布兰卡谷（干白葡萄酒）

Chardonnay Reserve, Casablanca Valley (white)

翠岭酒庄卡萨布兰卡谷的珍藏霞多丽相较其价格而言复杂而完整，有着烘烤、桃子和热带水果的香气，余味略带柑橘的味道。这是一款体现卡萨布兰卡谷先锋酒庄品质的优质葡萄酒，该酒庄于20世纪90年代首次以清脆的长相思引起世界关注。这家由胡尼厄斯家族管理的酒庄在卡萨布兰卡谷仍然容易辨识，其总部位于山谷的东部高地。不过它已经开始扩大其红葡萄酒的范围，并为此在马尔基休（空加瓜）建立了一个新的酒厂。

Ruta 68, Km 66 Casablanca
www.veramonte.com

卡萨布兰卡酒庄（Viña Casablanca）

卡萨布兰卡

塞菲罗珍藏梅洛，迈坡谷（干红葡萄酒）；塞菲罗珍藏赤霞珠（迈坡谷）

Cefiro Merlot Reserva, Maipo Valley (red); Cefiro Cabernet Sauvignon Reserva, Maipo Valley (red)

卡萨布兰卡酒庄是20世纪80—90年代最早在同名的凉爽山谷开拓葡萄酒事业的酒庄之一。但一段时间以来，它也与其他地区联系在一起，比如这两款来自迈坡的塞菲罗系列干红。塞菲罗珍藏梅洛呈现出诱人的李子、雪松、秋叶和微妙的橡木香气，而塞菲罗珍藏赤霞珠则有干燥草本的香气和深色浆果的风味。这两款葡萄酒都有着欧陆风格的成熟度。

Rodrido de Araya 1431, Macul, Santiago
www.casablancawinery.com

威玛酒庄（Viu Manent）

空加瓜

酒庄精选霞多丽，空加瓜谷（干白葡萄酒）；珍藏赤霞珠，空加瓜谷（干红葡萄酒）

Estate Collection Chardonnay, Colchagua Valley (white); Cabernet Sauvignon Reserva, Colchagua Valley (red)

20世纪30年代，总部位于圣地亚哥的威玛酒庄开始作为基础壶装酒供应商。1966年，它在空加瓜谷的库纳克收购了自己的葡萄园后，开始更加重视质量。如今，它已成为一家令人兴奋的优质生产商。威玛酒庄酿造精致的红葡萄酒，但酒庄系列的霞多丽并未黯然失色，它果味浓郁，并且橡木陈酿非常灵巧。与此同时，珍藏赤霞珠性价比很高，带有迷人的雪松、干香草、黑色水果和微妙的橡木香气。最近，该酒庄在空加瓜西部、卡萨布兰卡和利达谷扩建了葡萄园。

Santa Cruz, Colchagua
www.viumanent.cl

斯尔本塔酒庄（Von Siebenthal）

阿空加瓜

帕切拉7号，阿空加瓜谷（干红葡萄酒）

Parcella #7, Aconcagua Valley (red)

斯尔本塔酒庄的帕切拉7号是一款复杂的波尔多风格的混酿（赤霞珠、梅洛和品丽珠），它复杂且华贵，足以让波尔多的葡萄酒生产商“夜不能寐”。这是斯尔本塔酒庄生产的高雅葡萄酒的一个很好的例子，复杂却又非常和谐，使该酒庄迅速跻身智利优秀酒庄榜首。它由魅力四射、雄心勃勃的瑞士律师毛罗·冯·西本塔尔和4位商业合作伙伴所有，2002年，它那令人印象深刻的首款葡萄酒登场，从那时起它的质量仍在持续提高。如今，它生产一系列优质红葡萄酒，充分展示了阿空加瓜谷的潜力，其3个主要葡萄园位于该山谷的潘奎休地区。

Calle O' Higgins, Panquehue, Aconcagua
www.vinavonsiebenthal.com

阿根廷

国际化的阿根廷一直是世界上重要的葡萄酒消费国，现在它也是很好的葡萄酒生产国。来自门多萨的华丽、强劲的马尔贝克是该国的旗舰红葡萄品种；来自北萨尔塔的花香四溢的特浓情是其独特的白葡萄酒。但在19世纪和20世纪初一波又一波的西班牙和意大利移民带来了大量葡萄品种，使得品种多样性仍然在这里占据主导地位。

阿尔塔维斯塔酒庄（Alta Vista）

路冉得库约，门多萨

经典马尔贝克，门多萨（干红葡萄酒）
Malbec Classic, Mendoza (red)

法国德奥兰家族在20世纪80年代来到阿根廷打算酿造起泡葡萄酒，这并不奇怪——因为他们在香槟区拥有背景，并曾是白雪香槟品牌的所有者。然而在1996年他们将注意力转移到马尔贝克，并在一个修复后的19世纪酒庄里建立了阿尔塔维斯塔酒庄。自那以后，德奥兰家族的葡萄酒事业有了显著的发展，平衡性更好，橡木的使用更加明智，如同这款经典马尔贝克。它多汁而柔软，深邃的樱桃风味引发出很好的纯净感和一丝香料味。

Alzaga 3972, Luján de Cuyo, Mendoza
www.altavistawines.com

霍米伽酒庄（Altos Las Hormigas）

马尔贝克，门多萨（红葡萄酒）
Malbec, Mendoza (red)

霍米伽酒庄的门多萨阿尔贝壳一直是阿根廷马尔贝克最强烈的表达之一，酒液颜色几乎是黑色的，黑莓果味带有甘草和浓缩咖啡的味道。该酒庄名称含义为“蚂蚁高地”，这既与在这里种植葡萄藤时发现的蚂蚁群有关，也与阿根廷对辛勤、仔细工作的表达“蚂蚁的工作”有关。这家意大利、阿根廷合资酒庄自20世纪90年代中期成立以来获得了越来越多的成功，葡萄园由卡洛斯·瓦斯奎兹管理，酿酒师是亚伯特·安东尼（意大利人）。

9 de Julio, 309-5500 Mendoza
www.altoslashormigas.com

贝内加斯酒庄（Benegas）

路冉得库约，门多萨

唐·蒂布奇奥，门多萨（干红葡萄酒）
Don Tiburcio, Mendoza (red)

贝内加斯家族多年来一直从事葡萄酒行业，20世纪70年代拥有特拉皮切酒厂。蒂布奇奥·贝内加斯被广泛认为是门多萨葡萄酒业的创始人之一。在与行业前沿脱节后，贝内加斯家族于1998年成立了贝内加斯酒庄。酒庄以位于麦普的自家葡萄园的果实为原料，专门生产唐·蒂布奇奥等红葡萄酒，这款5个波尔多品种的混酿非常可口，具有成熟、开放的果味，结构严谨，单宁细腻，带有香料感的法国橡木味。

Cruz de Piedra, Maipú, Mendoza
www.bodegabenegas.com

卡氏家族酒庄（Catena Zapata）

路冉得库约，门多萨

霞多丽，门多萨（干白葡萄酒）；马尔贝克，门多萨（干红葡萄酒）
Chardonnay, Mendoza (white); Malbec, Mendoza (red)

经过几十年的辛勤工作和智慧的实验，卡氏家族酒庄被公认为处于阿根廷葡萄酒的第一梯队。在尼古拉斯·卡帝那和他的女儿劳拉的带领下，酒庄在对高海拔葡萄栽培和马尔贝克克隆的理解上取得了新的突破，现在它在其广泛的产品线中生产了优质葡萄酒。来自门多萨的卡霞多丽是一款非凡的复杂而融合的佳酿，比许多价格高出其两倍的酒表现更好。他们的马尔贝克非常纯净，在不断变化间保持着平衡，有着非常精确的平衡杆，给人一种天衣无缝和高品质的感觉。

J Cobos, Agrelo, Luján de Cuyo, Mendoza
www.catenawines.com

施语花酒庄（Chacra）

里奥内格罗，巴塔哥尼亚

巴尔达黑皮诺，巴塔哥尼亚（干红葡萄酒）
Pinot Noir Barda, Patagonia (red)

这座阿根廷最令人兴奋的酒庄之一证明了这个国家远不止两个国际知名的“M”：马尔贝克和门多萨。施语花酒庄总部位于巴塔哥尼亚，其古老的葡萄藤专门生产黑皮诺，其中一些葡萄藤早在 20 世纪 30 年代就已种下。该酒庄有非常好的葡萄酒行业血统：它由著名的超级托斯卡纳西施佳雅的皮耶罗·恩西萨·德拉·罗切塔于 2004 年创立，他购买了一块废弃的黑皮诺葡萄园。他聘请了丹麦酿酒师汉斯·温丁·迪尔斯（来自附近的诺埃米亚），酿造出令人印象深刻的丝滑质感的优雅黑皮诺，比如这款巴尔达。

Avenida Roca 1945, General Roca, Rio Negro 8332
www.bodegachacra.com

鹰格堡酒庄（Clos de Los Siete）

优克谷，门多萨

门多萨干红葡萄酒
Mendoza Red Wine

国际知名的波尔多酿酒顾问米歇尔·罗兰是这一独特而雄心勃勃的酒庄的背后推手。罗兰招募了一批投资者，在优克谷内高海拔的维斯塔弗洛雷斯种植了约 850 万平方米的葡萄藤，然后将该地产分为 7 个部分，每个合伙人酿造自己的葡萄酒，并分别提供一种葡萄酿造一款共有的葡萄酒。这款名为鹰格堡的葡萄酒由以马尔贝克为主要原料的 5 种葡萄混酿。展示出惊人的优雅但不缺乏力量、集中的果味和细腻的单宁。

Tunuyán, Mendoza
www.dourthe.com

科沃斯酒庄（Cobos）

路冉得库约，门多萨

费里诺霞多丽，门多萨（干白葡萄酒）；费里诺马尔贝克，门多萨（干红葡萄酒）
Felino Chardonnay, Mendoza (white); Felino Malbec, Mendoza (red)

科沃斯酒庄的历史可以追溯到 1997 年，当时一对酿酒师夫妇路易斯·巴劳德和安德里亚·马尔基奥里在加州葡萄酒产区旅行。受一路所见的启发，他们回到阿根廷，与加州酿酒师保罗·霍布斯建立了合作伙伴关系。随后他们建立了一家高科技酿酒厂，酿造一些高品质的现代风格葡萄酒，其中一些果实来自安德烈父亲在佩德里尔的葡萄园。菲利诺霞多丽酒体丰满，但味道依然清新，口感平衡，成熟的桃子和菠萝与香料感的橡木味交织在一起。马尔贝克成熟而浓郁但不厚重，呈现出李子和黑色浆果的风味，单宁非常精致。

Costa Flores y Ruta 7, Perdriel, Luján de Cuyo, Mendoza
www.vinacobos.com

佳乐美酒庄（Colomé）

卡尔查奎谷，萨尔塔

特浓情，卡尔查奎谷（干白葡萄酒）；酒庄马尔贝克，卡尔查奎谷（干红葡萄酒）
Torrontés, Calchaquí Valley (white); Estate Malbec, Calchaquí Valley (red)

佳乐美酒庄是阿根廷古老的葡萄酒厂，可追溯到 1831 年，自 2001 年起由瑞士商人唐纳德·赫斯所有。但真正标志着这家酿酒厂的是它的海拔高度：酒庄本身海拔 2200 米；它最高处的葡萄园海拔超过 3100 米，是世界上海拔较高的葡萄园。这些葡萄酒和它们的家乡一样吸引人。特浓情干白具有艳丽的花香和丰富的风味，酸度适中。酒庄马尔贝克干红葡萄酒则充满了厚重、深色水果的风味，细腻的单宁和克制的橡木风味。

Ruta Provincial 53 Km 20, Molinos 4419, Provincia de Salta
www.bodegacolome.com

德赛诺酒庄（Decero）

路冉得库约，门多萨

雷莫利诺斯单一园马尔贝克，阿格雷罗区（干红葡萄酒）
Malbec Remolinos Vineyard, Agrelo District (red)

作为阿根廷令人惊喜的新生产商，德赛诺酒庄于 21 世纪初白手起家（西班牙语中的"Decero"），其第一个年份酒是 2006 年。酒庄位于海拔 1050 米的阿格雷洛，在那里的雷莫利诺斯单一园专门种植红葡萄品种。只有少数葡萄酒能与美味富含李子风味的雷莫利诺斯单一园马尔贝克的质感相提并论，其诱人的柔软度和集中的结构达到了不可思议的平衡。

Bajo las Cumbres 9003, Agrelo, Mendoza
www.decero.com

多米诺酒庄（Dominio del Plata Winery）

路冉得库约，门多萨

苏珊娜·巴尔博特浓情，萨尔塔（干白葡萄酒）；苏珊娜·巴尔博赤霞珠，门多萨（干红葡萄酒）
Crios de Susana Balbo Torrontés, Salta (white); Crios de Susana Balbo Cabernet Sauvignon, Mendoza (red)

苏珊娜·巴尔博曾是一名核物理学家，但她选择转变，将自己的才智用于酿酒。1999 年，在卡氏家族酒庄工作的她与丈夫和同事、葡萄栽培家佩德罗·马尔切夫斯基共同创立了多米诺酒庄。酿造这款特浓情干白葡萄酒的果实来自阿根廷北部的萨尔塔，具有丰富甜美的风味和新鲜平衡的酸度，是阿根廷芳香华丽的酒。赤霞珠干红葡萄酒则完美地结合了优雅与结构，具有黑樱桃和黑莓果味以及克制的橡木风味。

Cochabamba 7801, Agrelo (5507), Mendoza
www.dominiodelplata.com

褒莱夫人酒庄（Dona Paula）

路冉得库约，门多萨

酒庄特浓情，卡法亚特谷（干白葡萄酒）
Estate Torrontés, Cafayate Valley (white)

褒莱夫人酒庄完美地演绎了令人兴奋的特浓情品种，花香浓郁，回味集中。它是这家始终优秀但有远见的酒庄的旗舰之一。

酒庄隶属于智利安第斯山脉葡萄酒的主要生产商克拉罗集团。精力充沛的酿酒师埃德加多·德尔波波洛酿造了各种葡萄酒，包括红葡萄酒和白葡萄酒，因其挑剔和娴熟的方法在阿根廷广受尊敬。

Av Colón 531, CP 5500, Ciudad, Mendoza
www.donapaula.com.ar

法布尔蒙特美耀酒庄（Fabre Montmayou）

路冉得库约，门多萨

珍藏马尔贝克，门多萨（干红葡萄酒）
Malbec Reserva, Mendoza (red)

1992 年，法国人埃尔维·乔约·法布与他的合伙人蒙特马尤开始了阿根廷葡萄酒业务。有点令人困惑的是，该业务的门多萨部分被命名为维斯塔巴酒庄，而巴塔哥尼亚的子公司被称为因菲尼土司。尽管今天这两家酒厂都以法布尔蒙特美耀和菲布斯的标签生产葡萄酒，但这些葡萄酒，品质一直都很好。比如来自门多萨的珍藏马尔贝克，具有黑樱桃果味和浓郁的风味，柔和的单宁下隐约有一丝甜味。

Roque Saenz Peña, Vistalba, Luján de Cuyo, Mendoza
www.domainevistalba.com

朱卡迪家族酒庄（Familia Zuccardi）

迈普，门多萨

圣茱莉亚珍藏马尔贝克，门多萨（干红葡萄酒）；*Q* 丹魄，门多萨（干红葡萄酒）
Santa Julia Malbec Reserva, Mendoza (red); Tempranillo Q, Mendoza (red)

何塞·阿尔贝托·朱卡迪是一股不可抗拒的自然酒力量，他迷恋并决心让他的家族公司走在阿根廷葡萄酒的前列。他明白，成功的葡萄酒业务不仅仅是葡萄酒：巧妙的营销和葡萄酒旅游（朱卡迪在东门多萨的总部设有餐厅、艺术画廊和热气球旅游以及生产设施）也可以提高知名度。这些都帮助他的新兴帝国酿造出同样优质的葡萄酒。圣茱莉亚珍藏马尔贝克一直令人满意，美味的黑李子和浆果味被柔软成熟的单宁包裹。丹魄非常美味，由香料味的橡木和华丽的黑樱桃果味交织而成。

Ruta Provincial 33 Km 7.5, Maipú, Mendoza
www.familiazuccardi.com

索菲亚酒庄（Finca Sophenia）

优克谷，门多萨

珍藏赤霞珠，图蓬加托（干红葡萄酒）
Cabernet Sauvignon Reserve, Tupungato (red)

索菲亚酒庄珍藏赤霞珠呈现出的深色和浓郁黑色果香意味着它可能是一款粗糙的葡萄酒。但你可能被这外表所欺骗：这款酒质地柔软，回味精致。酒庄依靠精耕细作高海拔（1200 米）葡萄园和智能酿酒闻名阿根廷。

Ruta 89 Km 12.5, Camino a los Arboles, Tupungato, Mendoza
www.sophenia.com.ar

付尼尔酒庄（O Fournier）

圣卡洛斯，门多萨

B 克鲁斯，优克谷（干红葡萄酒）
B Crux, Uco Valley (red)

银行家出身的葡萄酒生产商何塞·曼努埃尔·奥尔特加·吉尔·福尼尔在西班牙语国家建立了一个小型酒庄帝国，涉及智利、西班牙和阿根廷。这 3 家酒庄的水准都很高，其中包括阿根廷，奥尔特加在圣卡洛斯附近的高海拔葡萄园（1200 米）混合了自己葡萄园（约占产量的 30%）和当地酒农（约占产量的 70%）的果实。他的产品分为 3 个系列：Urban、B Crux 和 A Crux，但就质量价值比而言，B Crux 更胜一筹。这是一款以丹魄、赤霞珠、西拉和马尔贝克的混酿，虽然橡木味浓郁，但果味依然美妙，质地柔软，回味持久。

Calle Los Indios 5567, La Consulta, Mendoza
www.ofournier.com

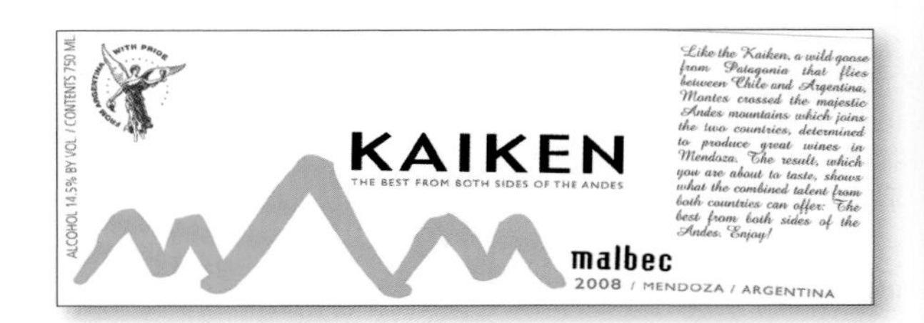

开肯酒庄（Kaiken）

路冉得库约，门多萨

马尔贝克，门多萨（干红葡萄酒）；赤霞珠，门多萨（干红葡萄酒）
Malbec, Mendoza (red); Cabernet Sauvignon, Mendoza (red)

奥尔里奥·蒙特斯在他的祖国智利是一位明星，但近年来他也在美国加利福尼亚州和阿根廷从事酿酒工作。他的阿根廷酒庄以飞越安第斯山脉的鹅而得名，葡萄酒延续了蒙特斯在智利的风格。开肯酒庄马尔贝克非常富有表现力的芳香和诱人的多汁风味是一个很好的开端，而纯净持久的回味同样令人印象深刻。开肯酒庄赤霞珠的果味较深，回味更加浓郁，带有浓郁的黑莓果味。

Roque Saenz Pena 5516, Vistalba, Luján de Cuyo, Mendoza
www.kaikenwines.com

露奇波斯加酒庄（Luigi Bosca）

路冉得库约，门多萨

珍藏马尔贝克，路冉得库约（干红葡萄酒）
Malbec Reserva, Luján de Cuyo (red)

露奇波斯加酒庄有着悠久的历史：自 20 世纪以来，阿里苏家族的几代人都在这里酿造葡萄酒。但这座历史辉煌的酿酒厂绝不是停留在过去，而现在（第四代）的所有者阿尔贝托兄弟和古斯塔沃兄弟正在酿造现代风格的葡萄酒。他们借鉴最新的酿酒理念，从他们横跨路冉得库约和迈普的六个家族葡萄园收货果实。珍藏马尔贝克是阿根廷马尔贝克对称性的教科书级体现，它有着深沉、柔软的果味，并有着适中的单宁和橡木味。

San Martin 2044, Mayor Drummond, Luján de Cuyo, Mendoza
www.luigibosca.com.ar

马西图蓬加托酒庄（Masi Tupungato）

优克谷，门多萨

帕索多布尔马尔贝克柯维那混酿，优克谷（干红葡萄酒）
Malbec-Corvina Passo Doble, Uco Valley (red)

起源于意大利东北部的博斯凯尼家族的葡萄酒酿造历史可以追溯到六代人之前，他们来到阿根廷酿造具有“阿根廷灵魂”“威尼斯风格”的葡萄酒。他们使用图彭加托高海拔葡萄园的果实酿造了帕索多布尔葡萄酒。这款酒的灵感来自意大利东北部用风干葡萄酿造葡萄酒的技术，使用70%的马尔贝克并用30%的半风干柯维那进行第二次发酵，酒液拥有成熟的黑樱桃和李子的味道。

No visitor facilities
www.masi.it

美食美酒：门多萨、马尔贝克

阿根廷的马尔贝克被认为是世界上最好的，结合了新世界的粗犷特点和意大利的温和情感。在葡萄酒中，有大量平易近人、纯净、干净的果味，但支撑的酸度赋予其绝妙的食物搭配能力。马尔贝克是门多萨的主要葡萄品种，它生产的葡萄酒坚实、柔顺、成熟，带有李子、黑醋栗、蓝莓、红茶、橙皮、紫罗兰和香草的风味。其中最好的可能来自门多萨中央的路冉得库约，俗称“阿根廷波尔多”。在这里，除了典型的李子味，葡萄酒还带有茴香和花香，并能搭配精致调味的风味菜肴，如惠灵顿牛肉或肉卷（薄薄的肉片卷起，周围是帕尔马干酪、鸡蛋和调味品的混合物）。门多萨马尔贝克与丰富多汁的肉类菜肴完美搭配，如阿萨多（烤肉）、迷迭香番茄酱牛肉，以及香喷喷的五香羊排。马尔贝克也很适合搭配亚洲风味的菜肴，比如炒牛里脊配百合球茎、莲藕和温暖的柑橘汤。当地的肉馅饼中加入了橄榄、洋葱和鸡蛋，通常搭配马尔贝克桃红一起食用。

马尔贝克葡萄酒中如骨架般的酸度，使其成为青柠黄豆牛肉的好搭档。

毛里西奥·洛卡酒庄（Mauricio Lorca）

路冉得库约，门多萨

维斯塔弗洛雷斯单一园奥帕罗马尔贝克，门多萨（红葡萄酒）

Opalo Malbec Vistaflores Vineyards, Mendoza (red)

凭借在艾莱依、福斯特和爱丽丝等酒庄的出色工作，毛里西奥·洛卡已经成为阿根廷葡萄酒界一颗冉冉升起的新星；这个大块头却有着非常灵巧、轻巧的触感。现在，他正在将自己的许多技能应用到酒庄中，利用优克谷维斯塔弗洛雷斯地区高海拔（1050米）葡萄园的果实，酿造出一些充满活力、个性鲜明、平衡细腻的葡萄酒，并且在阿根廷名列前茅。维斯塔弗洛雷斯单一园奥帕罗马尔贝克的颜色非常深，但极其柔软多汁，呈现出有趣的野生蘑菇香气，余味是深而软的黑李子果味。

Brandsen 1039, Perdriel, Luján de Cuyo, Mendoza
www.mauriciolorca.com

曼德尔酒庄（Mendel Wines）

路冉得库约，门多萨

伦塔马尔贝克，门多萨（干红葡萄酒），曼德尔马尔贝克，门多萨（干红葡萄酒）

Lunta Malbec, Mendoza (red); Mendel Malbec, Mendoza (red)

在阿根廷，很少有酿酒师能像罗伯托·德拉莫塔那样享有更高的声誉。他在安地斯之阶酒庄（包括与波尔多的白马酒庄建立合资安第斯白马酒庄）的工作广受尊敬，现在他与斯勒科奇家族的合作是他才华的展示。虽然这款伦塔比旗舰酒更适合早期饮用，但它仍然浓郁集中。顶级酒款曼德尔是阿根廷较好的葡萄酒，密度极高，但也非常精致。

Terrada 1863, Mayor Drummond (5507), Luján de Cuyo, Mendoza
www.mendel.com.ar

帕斯库阿尔托索酒庄（Pascual Toso）

迈普，门多萨

赤霞珠，门多萨（红葡萄酒）

Cabernet Sauvignon, Mendoza (red)

来自帕斯库阿尔托索酒庄的马尔贝克可能非常好，但酒庄的赤霞珠确实更胜一筹。这款难以抗拒的酒有着精确的平衡和令人愉快的传统风格的泥土风味。这款酒得益于加州酿酒师保罗·霍布斯的帮助，他是这家传统酒庄的酿酒顾问。酒庄建于19世纪末，曾经主营起泡酒。虽然至今起泡酒仍然是主要产品，产量达到90%，但在过去10年中，该公司已经投入巨资（约2500万美元）来打造自己的静止葡萄酒。

Alberdi 808, San Jose 5519, Mendoza
www.bodegastoso.com.ar

普兰塔酒庄（Pulenta Estate）

路冉得库约，门多萨

赤霞珠，路冉得库约（干红葡萄酒）

Cabernet Sauvignon, Luján de Cuyo (red)

雨果和爱德华多·普伦塔兄弟出生于阿根廷很大的葡萄酒家族，直到20世纪90年代末，他们一直拥有庞大的佩纳福勒集团。如今，他们在父亲安东尼奥1991年种植的一片135万平方米的酒庄里经营着一家酒庄，专门生产优质的葡萄酒。兄弟俩于2002年成立的普伦塔酒庄花费不菲，酿酒设备也是首屈一指的。这款赤霞珠是日常高性价比之选。柔软、温和、奢华，有非常成熟的李子风味，边缘略带香料味，但口感顺滑圆润。

Gutiérrez 323 (5500), Ciudad, Mendoza
www.pulentaestate.com

汝卡玛伦酒庄（Ruca Malén）

路冉得库约，门多萨

珍藏赤霞珠，门多萨（干红葡萄酒）

Cabernet Sauvignon Reserva, Mendoza (red)

汝卡玛伦酒庄由两名法国人领导，这为酒庄带来了明显的高卢风格。让-皮埃尔·蒂波特，阿根廷钱登酒庄前主席，以及法国勃艮第人雅克·路易斯·德·蒙塔伦伯特从路冉得库约和优克谷采收葡萄，酿造的葡萄酒具有极高的纯度、神韵和芳香。他们的珍藏赤霞珠以成熟的果味为基础，口感柔软细腻，蕴含着丰富但克制的力量，足以使马尔贝克爱好者改变阵营。

Ruta Nacional No 7 Km 1059, Agrelo, Luján de Cuyo, Mendoza
www.bodegarucamalen.com

萨兰亭酒庄（Salentein）
优克谷，门多萨

珍藏霞多丽，优克谷（干白葡萄酒）
Chardonnay Reserve, Uco Valley (white)

在荷兰的投资和阿根廷的酿酒经验的结合下，萨兰亭酒庄在20世纪90年代末进军优克谷，并在优克高原上建立酒庄。他们现在在2000万平方米的酒庄里种植了约700万平方米的葡萄藤，海拔约1700米。来自优克谷的珍藏霞多丽经过精心的橡木桶熟成，非常集中，令人耳目一新，带有柔和的桃子果味和柠檬回味。

Ruta 89, Los Arboles, Tunuya, Mendoza
www.bodegasalentein.com

安地斯之阶酒庄（Terrazas de Los Andes）
路冉得库约，门多萨

马尔贝克，门多萨（干红葡萄酒）；珍藏马尔贝克，门多萨（干红葡萄酒）
Malbec, Mendoza (red); Malbec Reserva,Mendoza (red)

安地斯之阶酒庄来源于拥有酩悦和凯哥等顶级香槟品牌的路易威登奢侈品品牌下阿根廷起泡酒生产商夏桐。酒庄的入门级马尔贝克口感柔顺、甜美，但结构严谨，有可爱的黑李子和樱桃风味。珍藏马尔贝克使用了更多橡木桶，但也有丰富的果味，回味柔和。

Thames y Cochabamba, Perdriel, Luján de Cuyo, Mendoza
www.terrazasdelosandes.com

翠碧酒庄（Trapiche）
迈普，门多萨

布洛克尔马尔贝克，门多萨（干红葡萄酒）
Malbec Broquel, Mendoza (red)

翠碧酒庄是阿根廷较大的葡萄酒生产商佩纳福勒集团的一部分。该集团也拥有其他产业，如芬卡·拉斯莫拉斯、圣安娜和米歇尔·都灵，有超过1250万平方米的葡萄园，并从门多萨的300家生产者那里购买葡萄，每年产量超过3500万瓶。丹尼尔·皮担任首席酿酒师后，酒庄实力得到了极大的加强，现在的范围比过去可靠得多。布洛克尔马尔贝克果味成熟富有活力，果实和橡木风味间完美平衡。

Nueva Mayorga, Coquimbito, Maipú, Mendoza
www.trapiche.com.ar

马尔贝克

这种传统的波尔多红葡萄品种不得不搬到世界的另一边去获得尊重。现在它是阿根廷最受欢迎的品种葡萄酒。国际上的葡萄酒爱好者也爱上了颜色深沉、酒体丰满、丝绒质地、舌头刺痛的辛辣红酒。

马尔贝克是波尔多五大经典红葡萄酒品种之一，其他分别是梅洛、赤霞珠、品丽珠和小维多。法国西南部的卡奥尔传统上也种植马尔贝克，并将其与丹纳和梅洛混酿。历史上，卡奥尔出产的酒因其墨黑的颜色而被称为“黑葡萄酒”，它经常被用来给波尔多的低度葡萄酒赋予结构。虽然这种做法在今天已经不再出现，但法国的马尔贝克仍然会趋向严肃风格，口感丰富，单宁干燥，质地相当坚韧。

马尔贝克在阿根廷已经种植了150年，那里的葡萄酒也有传统的涩味。然而，直到过去10年，阿根廷酿酒师才真正学会了如何管理葡萄园，进而酿造更多汁、更感性的风格，并成为阿根廷的标志。葡萄园主经常减少灌溉以减小作物个头以增加葡萄的风味。酿酒师也更温和地采收葡萄，将葡萄皮的风味适度地提取到葡萄酒中。

马尔贝克在阿根廷的高海拔葡萄园表现良好。

巴西

巴西，这个拥有狂欢节、足球和美丽海滩的国度，正开始成为一个真正有潜力的葡萄酒生产国。该国的酿酒中心位于南部气候相对凉爽的南里奥格兰德省，靠近阿根廷和乌拉圭边境。在这里，你可以找到物美价廉、高品质的起泡酒，以及一些杰出的巴西旗舰葡萄品种梅洛。

安格本酒庄（Angheben）

南恩克鲁济利亚达

国产多瑞加（干红葡萄酒）
Touriga Nacional (red)

安格本酒庄的创始人伊达伦西奥·弗朗西斯科·安格本是一位备受尊敬的酿酒师和酿酒学教授。他出生于巴西，家族则起源于奥地利–意大利边境，11世纪凯尔特人的一个部落。他在1999年建立该酒庄之前曾在巴西酒庄教授葡萄栽培技术并负责相关咨询工作，他多次前往世界各地的葡萄园。安格本现在和他的儿子爱德华多一起管理着酒庄，他们酿造了一系列高质量的葡萄酒，是巴西目前生产的较好的葡萄酒。他们的葡萄园位于南里奥格兰德的南恩克鲁济利亚达地区，这里是巴西重要的酿酒区，其中一个亮点就是国产多瑞加。这是一款优质的巴西葡萄酒，采用了葡萄牙的优良葡萄品种，颜色深邃，富含紫罗兰和咖啡的风味，具有极好的品种特性。

RS 444, Km 4, Vinhedos Valley, Bento Gonçalves, 95700-000
www.angheben.com.br

卡夫盖斯酒庄（Cave Geisse）

蒙塔纳

卡夫盖斯干型起泡（起泡）
Cave Geisse Espumante Brut (sparkling)

巴西以生产起泡酒而闻名整个南美洲，几乎没有哪家生产商比卡夫盖斯酒庄为其蓬勃发展的起泡酒声誉贡献更大。该酒庄由马里奥·盖斯创建，他最初离开家乡智利，在酩悦旗下的巴西夏桐工作。然而，看到巴西起泡酒的潜力后，盖斯决定自己创业。他的酒庄基于本托·贡萨尔维斯平托·班代拉区风景如画的塞尔拉·加查。他在葡萄园内种植与香槟相同的葡萄品种（黑皮诺和霞多丽），并建造了一座能够以与最好的香槟酒庄相同的方式酿造葡萄酒的酒庄。这里的葡萄酒质量非常好，比如美味新鲜、优雅干型起泡酒。

Linha Jansen, Distrito de Pinto Bandeira-Bento Gonçalves
www.cavegeisse.com.br

达尔皮佐酒庄（Dal Pizzol）

伐利亚莱莫斯

国产多瑞加（干红葡萄酒）
Dal Pizzol Touriga Nacional (red)

达尔皮佐酒庄位于伐利亚莱莫斯的总部有很多吸引游客的地方，那里的广阔场地包括一家餐厅、湖泊、一系列奇异植物和一个葡萄酒图书馆（安诺特卡）。这家酒厂本身是一家小型企业，每年生产2.8万箱葡萄酒。它种植了各种葡萄品种，但最突出的是这款美味、味道丰富、果味饱满的国产多瑞加干红葡萄酒。

RST Km 4,8 Faria Lemos, Bento Gonçalves, 95700-000
www.dalpizzol.com.br

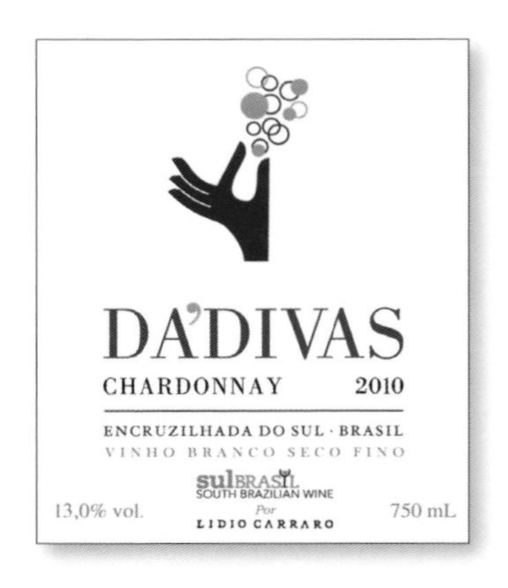

丽迪尔卡拉罗酒庄（Lidio Carraro）

温赫多斯谷和南恩克鲁济利亚达

达迪瓦斯霞多丽（干白葡萄酒）
Da' divas Chardonnay (white)

卡罗家族在决定创立自己的品牌之前，已经种植了五代葡萄藤。1998年，经过长期的研究，他们在巴西南部的两个地区开发了两个新的葡萄园：温赫多斯谷和南恩克鲁济利亚达。2002年出品了第一批葡萄酒，丽迪尔卡拉罗酒庄以其手工制作的葡萄酒吸引人们的注意。如今，酒庄向15个国家出口葡萄酒，他们遵循一种强调风土和水果纯净度的酿酒理念——这种纯净度通过避免使用橡木而得到提高。在巴西，这些葡萄酒的价格不菲。然而，从国际角度来看，像美丽纯净、浓缩的达迪瓦斯霞多丽这样的酒绝对超值。

RS 444 Km 21, Vinhedos Valley, Bento Gonçalves, 95700-000
www.lidiocarraro.com

米奥罗酒庄（Miolo）
温赫多斯谷

米奥罗风土梅洛（干红葡萄酒）
Miolo Merlot Terroir (red)

米奥洛酒庄受意大利的影响非常明显。它的根源可以追溯到20世纪初，当时抵达巴西的众多意大利移民之一朱塞佩·米奥洛将自己的积蓄投资于一小块葡萄园。如今，米奥洛酒庄是巴西葡萄酒业的主要参与者，拥有6家子公司，共拥有1150万平方米的葡萄园。尽管产量高，但酒庄葡萄酒的质量不会受到影响，法国顾问酿酒师米歇尔·罗兰的印记也在优质葡萄酒中有所体现，例如甜美、多汁、精致、庄重的风土梅洛。

RS 444 Km 21, Vinhedos Valley, Bento Gonçalves, 95700-000
www.miolo.com.br

佩里尼酒庄（Perini）
法鲁皮尔哈

无年份普罗塞克起泡酒（起泡酒）
NV: Casa Perini Prosecco Spumante (sparkling)

尽管佩里尼家族几代人都在巴西酿造葡萄酒，但直到1970年，贝尼尔多·佩里尼执掌这家家族企业，它才开始呈现出现代风格。在此之前，贝尼尔多的家族一直致力于为需求不高的当地市场酿造简单的葡萄酒，但贝尼尔多还有其他更雄心勃勃的想法。他开始着手酿造能吸引全国和国际葡萄酒爱好者的葡萄酒，酒庄的规模也在扩大。如今，该家族拥有约92万平方米的葡萄园，他们在特伦蒂诺山谷加里波第的基地每年生产约1650万升的葡萄酒，意大利的影响力依然很强。起泡葡萄酒是这一系列葡萄酒中公认的亮点，特别是清淡、起泡、清脆、清新的无年份普罗塞克起泡酒，即使在普罗塞克的意大利故乡威尼托也不会显得格格不入。

Santos Anjos, Farroupilha-RS Caixa Postal 83 CEP 95180-000
www.vinicolaperini.com.br

皮扎特酒庄（Pizzato）
温赫多斯谷

法奥斯托梅洛（干红葡萄酒）
Pizzato Fausto Merlot (red)

皮扎特家族是另一个有意大利血统的巴西酿酒家族，他们于19世纪后半叶从威尼斯来到巴西。他们最初从事葡萄酒业务，是当地医院的葡萄酒供应商，将葡萄酒用于医疗。直到1999年，他们才进入高质量葡萄酒生产领域，当时他们家族建立了一家现代化的酿酒厂。该家族现在拥有约42万平方米的葡萄园，生产有限的手工葡萄酒——总共只有7000箱。这支精力充沛的团队精益求精地酿造葡萄酒，这才酿造出这款高品质的梅洛。这是一款深沉、浓郁、富含香料味的红葡萄酒，口感平衡。

Via dos Parreirais, Vinhedos Valley, Bento Gonçalves, 95700-972
www.pizzato.net

唐·劳力多酒庄（Vinhos Don Laurindo）
温赫多斯谷

珍藏梅洛（干红葡萄酒）
Don Laurindo Merlot Reserva (red)

像许多在巴西的意大利家族一样，布兰德利家族自1887年从维罗纳来到巴西以后，一代代都在为自己和朋友酿酒。如今，布兰德利的最新一代唐·劳力多·布兰德利和他的儿子们更进一步，他们于1991年建立了以质量为导向的家族葡萄酒酒庄。自那以后，这些葡萄酒的质量一直呈现稳定的上升趋势。酒庄酿造使用梅洛、赤霞珠和马尔贝克等葡萄，以及意大利本土葡萄安赛罗塔。通过这款珍藏梅洛可以了解酒庄的实力——令人愉悦，丝滑，富含黑色果味，回味悠长。

Estrada do Vinho 8, da Graciema, Vinhedos Valley, 95700-000
www.donlaurindo.com.br

南非

南非有着悠久的葡萄酒酿造史：第一批葡萄藤在 17 世纪中叶由荷兰殖民者带到这里。在漫长的国际政治制裁时期，南非葡萄酒酿造落后于世界其他地区，今天重新回归国际市场的南非葡萄酒比以往任何时候都好。在白葡萄酒方面，南非专注生产来自法国卢瓦尔河谷的白诗南和长相思。南非的白诗南浓郁、复杂，而长相思的风格介于卢瓦尔河的新鲜和新西兰的泼辣之间。在红葡萄酒方面，南非优质的西拉 / 设拉子风格多样，辛香料感十足的罗纳河风格和味道更浓郁的澳大利亚风格都有。同时南非的波尔多混酿也令人印象深刻。当然也别忘了南非的本土品种皮诺塔基，这种让人爱憎分明的葡萄品种，其风味上丰富的果香与独特的烟熏味相得益彰。

埃文代尔酒庄（Avondale）

帕尔产区西开普

西拉（红葡萄酒）；白诗南（白葡萄酒）
Syrah (red); Chenin Blanc (white)

在总经理和酿酒师乔纳森·格里夫的监督下，埃文代尔酒庄在葡萄藤种植时致力于有机、生物动力法，这样的做法也明显反映在他们的葡萄酒中。该酒庄具有皮革风味且精致的红葡萄酒和清新的白葡萄酒展现出纯净的果味和优雅的风格。酒庄这款圆润的西拉红葡萄酒散发出令人心怡的甘草、黑李子和香料的香气，入口后成熟的水果风味在舌尖上呈波浪状展开。酒庄令人垂涎的白诗南白葡萄酒纯净明亮，青柠、蜂蜜、桃子和热带水果的微妙香气为酒增添了趣味和深度。

Klein Drakenstein, Suider Paarl 7624
www.avondalewine.co.za

贝克斯堡酒庄（Backsberg Estate Cellars）

帕尔产区西开普

白诗南（白葡萄酒）；皮诺塔奇（红葡萄酒）
Chenin Blanc (white); Pinotage (red)

贝克斯堡酒庄成立于 1916 年。它是南非第一家被宣布为碳中和的酿酒厂，致力于与环境和谐相处。酒庄有着一系列物超所值的时尚葡萄酒，这些葡萄酒既结构工整又适合配餐。庄主迈克尔·贝克和酿酒师贾妮玛·尼尔一直保持着贝克斯堡酒庄的创造力，正如他们的经典的白诗南白葡萄酒一样。这款酒混合了梨和酸苹果的味道，酸度清脆。酒庄的皮诺塔基也很容易让人喜爱，单宁柔和，淡淡的香料味和多汁的红莓味在舌尖萦绕。

Suider Paarl 7624
www.backsberg.co.za

布肯霍斯克鲁夫酒庄（Boekenhoutskloof Winery）

弗兰谷产区西开普

野狼陷阱混酿红葡萄酒；豪猪岭西拉（红葡萄酒）
Wolftrap Red Blend; Porcupine Ridge Syrah (red)

布肯霍斯克鲁夫的合作伙伴之一，备受赞誉的酿酒师马克·肯特，是弗兰谷产区葡萄酒界的关键人物，曾帮助该地区成为南非顶级葡萄酒产地。他独特、勇敢的野狼陷阱混酿红葡萄酒是大众的最爱。葡萄酒由西拉、慕合怀特和维欧尼 3 个葡萄品种混酿而成，酒中混合着黑色水果、香料和覆盆子的味道。谈到西拉，布肯霍斯克鲁夫酒庄是真正的“领头羊”。豪猪岭西拉这款酒酒瓶呈现出深色的风格，与瓶中酒的表现如出一辙。酒的主要风味是紫罗兰、成熟的红色浆果，加上少许胡椒味道，所有这些风味都带有矿物质气息，而正是这样的矿物质风味保持这款经典葡萄酒在舌尖上的清爽。

Excelsior Road, Franschhoek 7690
www.boekenhoutskloof.co.za

布夏尔·费莱逊酒庄（Bouchard-Finlayson）

沃克湾产区，西开普

纯净之海白葡萄酒；长相思（白葡萄酒）
Blanc de Mer (white); Sauvignon Blanc (white)

布夏尔·费莱逊酒庄坐落在沃克湾凉爽的海风中，旧世界风格的黑皮诺是这家酒厂的焦点。除了黑皮诺，广受赞誉的酿酒师彼得·芬利森也生产一些美味有趣的红葡萄酒混酿和非常优雅、价格合理的白葡萄酒，例如漂亮的纯净之海白葡萄酒和柔和的长相思白葡萄酒。纯净之海白葡萄酒以雷司令和维欧尼为主，具有橙花、醋栗和柠檬的香气，而酒庄的长相思则具有热带水果、烟熏风味以及该地区独特的线性矿物质气息。

Klein Hemel en Aarde Farm, Hemel en Aarde Vall, Hermanus 7200
www.bouchardfinlayson.co.za

布莱德盖特酒庄（Bradgate Wines）

斯特兰德产区西开普

白诗南-长相思（白葡萄酒）；西拉（红葡萄酒）
Chenin Blanc-Sauvignon Blanc (white); Syrah (red)

布莱德盖特酒庄是乔丹酒庄的一部分，乔丹酒庄由雄心勃勃的酿酒团队盖里和凯特琳·乔丹于 1982 年创立。该酒庄生产的红葡萄酒和白葡萄酒品质几乎相等，都非常适合配餐，而且在这个价位做到了很好的复杂度。白诗南-长相思混酿是一款活泼的酒，带有胡椒和绿色无花果的味道，还混合着干净的柑橘味。紫罗兰和成熟李子的味道赋予这款西拉干红热烈的特点，而胡椒和压碎的香草给酒增添了一丝咸味，使葡萄酒保持稳定和平衡。

Stellenbosch 7600
www.jordanwines.com

榭蒙尼酒庄（Cape Chamonix Wine）

法兰舒克谷产区西开普省

长相思（白葡萄酒）；混酿红葡萄酒
Sauvignon Blanc (white); Rouge Red Blend

当具有创新精神的年轻酿酒师戈特弗里德·莫克抵达榭蒙尼酒庄时，他相信法兰舒克谷产区有潜力成为精品葡萄酒市场的世界级竞争者。他一直致力于以特色酿造出精制的葡萄酒，所酿的酒屡获殊荣，并且始终在果味和桶味之间取得完美平衡。这款诱人的长相思干白葡萄酒散发着芬芳的香草、无花果和热带水果的气息，还伴随着柠檬的香气和味道。同时酒庄这款柔软多汁的混酿干红葡萄酒与一些顶级的波尔多葡萄酒同场对比也不会怯场。这款酒中成熟的黑色水果、香料和矿物质的完美结合赋予其浓郁的酒体和精巧的结构。

Franschhoek 7690
www.chamonix.co.za

希德堡酒庄（Cederberg）

西开普省

长相思（白葡萄酒）；白诗南（白葡萄酒）

Sauvignon Blanc (white); Chenin Blanc (white)

希德堡酒庄海拔 1000 米，是南非海拔最高的葡萄园，冬天有雪，夏天有烈日。在这里，第五代酿酒师大卫·纽吾德在从页岩到黏土的各种土壤类型中种植葡萄藤，生产出著名的风土驱动葡萄酒组合。柠檬、酸橙和菠萝的香气从甘美的长相思中散发出来，而无花果和石板岩的味道则让它清新而令人回味无穷。白诗南干白葡萄酒很强劲，香气上甜瓜和葡萄柚味结合了热带水果的味道，再带一些清脆的矿物质气息。

Clanwilliam 8135
www.cederberg-wine.com

德格林得酒庄（De Grendel）

得班山谷，西开普省

梅洛（红葡萄酒）；长相思（白葡萄酒）

Merlot (red); Sauvignon Blanc (white)

德格林得酒庄成立于 1720 年，在同一个家族中传承了五代，不断扩大业务范围。酒庄专注于层次丰富、浓郁的葡萄酒，这里的葡萄酒中充满了富有表现力的异国水果香气，果香又与得班山谷凉爽气候带来的矿物质平衡。酿酒师伊拉塔·杜普雷兹和酒窖主管查理·霍普金极度看重酒的性价比。他们做出的紧致的梅洛就是完美的证明。这款酒优雅而沉稳，茴香、烟草和黑李子的香气使这款酒让人误以为是法国的酒，而干香草、蘑菇和胡椒的味道则增添了迷人的复杂性和个性。酒庄广受赞誉的长相思葡萄酒具有百香果、绿色无花果和草本香气，这些香气赋予这款酒经典的南非风格。入口爽脆而味道丰富，是脂肪比较丰富的鱼的好搭档，也适合搭配家禽菜肴和东方风味美食。

Panorama 7506
www.degrendel.co.za

德班维尔山酒庄（Durbanville Hills）

德班维尔，西开普省

长相思（白葡萄酒）；皮诺塔奇（红葡萄酒）

Sauvignon Blanc (white); Pinotage (red)

德班维尔山酒厂的酿酒师马丁·莫尔酿制的葡萄酒精致平衡、适合配餐，这样的风格得益于酒庄所在地泰格伯格凉爽的海风。在这里，南非相对较低的温度确保了葡萄的缓慢成熟，有助于形成最优质的葡萄酒的深层风味。该地区拥有多样化的土壤和小气候，这反映在酒庄的装瓶中。酒庄的长相思干白有典型的南非风格，清爽而充满了浓郁的酸橙和醋栗香气，这些风味与热带水果、柠檬、无花果和石板的活泼风味完美融合。酒庄的皮诺塔奇干红葡萄酒充满个性复杂而浓郁的果香，以及成熟的红色浆果、胡椒和异国情调的香料气息。

Durbanville 7551
www.durbanvillehills.co.za

锦绣酒庄/香料之路酒庄（Fairview/Spice Route）

帕尔产区，西开普省

灯塔西拉干红葡萄酒；山羊漫游白葡萄酒

Beacon Shiraz (red); Goats Do Roam White

用来迎接锦绣酒庄游客的居然是一个山羊居住的塔楼——这样的欢迎方式显示出酒庄管理层的顽皮。然而，锦绣酒庄是一个认真的生产商，一直在寻求创造下一个伟大的南非葡萄酒品种。业主查理·贝克和酿酒师安东尼·达葛使用开普敦各地的葡萄，他们的葡萄酒体现了这种多样性。设拉子是这里的王者，灯塔西拉干红葡萄酒牢牢地融入了这罗纳河谷风格。烟草、五香肉、黑李子和胡椒的香气和味道让这款酒展现出明显的阳刚之气。白葡萄酒在温暖气候带来的丰富滋味和清爽酸度中找到了完美平衡。以水果风味为重点的山羊漫游白葡萄酒就像玻璃杯中的热带岛屿，呈现出异国情调的水果、香料和稻草香气，以及成熟的苹果、杏子和许多热带水果的味道。

Suid Agter Paarl Road, Suider-Paarl 7646
www.fairview.co.za

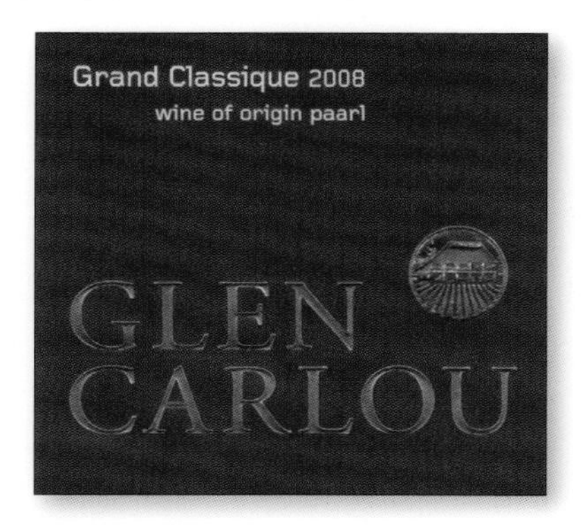

格兰卡洛酒（Glen Carlou）

帕尔山谷，西开普省

赤霞珠（红葡萄酒）；伟大经典（红葡萄酒）
Cabernet Sauvignon (red); Grand Classique (red)

格兰卡洛酒的南非业务由亨氏家族酒庄所有，这是一家瑞士公司，在澳大利亚、美国加利福尼亚和阿根廷也拥有葡萄园和酿酒厂。这个酒庄的一切都唤起了戏剧性和力量。这包括其位于风景秀丽的帕尔谷山脚下的壮观景色，以及由酿酒师阿克·莱蒙和他的团队精心酿制的丰富、结构良好的酒款。酒庄朴实的赤霞珠红葡萄酒，带有成熟的黑李子和烤香草的深沉香气和风味，导致收尾不甜而满是辛香料气息，值得关注。伟大经典是一款完美平衡的波尔多风格混酿，由赤霞珠、梅洛、品丽珠、马尔贝克和小维多混酿而成。这款酒入口丝般顺滑、轻松，果香浓郁，散发出黑巧克力、檀香木、烟熏和温暖的香料气味，这些香气和味道增加了酒品饮的趣味和深度。这两款顶级红葡萄酒都表现出巨大的陈年潜力。

Simondium Road, Klapmuts 7625
www.glencarlou.co.za

格雷厄姆·贝克酒庄（Graham Beck Wines）

诺贝尔森，西开普省

禁猎区（红葡萄酒）；霞多丽-维欧尼（白葡萄酒）
The Game Reserve (red); Chardonnay-Viognier (white)

格雷厄姆·贝克酒庄由开创性的酿酒师格雷厄姆贝克于1983年创立，这个酒庄是个家族企业，已由第三代管理。贝克在罗伯逊地区建立世界级酒庄的目标已经实现，并扩展到斯泰伦博斯和法兰舒克的酒庄。

贝克商业模式以其在保护生物多样性和员工赋权方面的努力以及其葡萄酒的高品质和敏锐定价而闻名。禁猎区是一款优雅而浓郁的赤霞珠红葡萄酒，与烤肉或炖菜完美搭配。这款酒由浓郁的黑莓、黑醋栗和烟草的香气和风味占主导地位，并辅以辛辣的矿物质和坚实、结构良好的单宁。霞多丽-维欧尼（白葡萄酒）完美平衡了霞多丽活泼的柑橘味和维欧尼的杏子和桃子味。酒的主要风味是浓郁的热带水果风味，不仅明亮讨喜，还同时具有干净、锐利和绕梁三日的余味。

Robertson 6705
www.grahambeckwines.com

大康斯坦夏酒庄（Groot Constantia）

康斯坦地区，西开普省

长相思（白葡萄酒）；黑中白（桃红葡萄酒）
Sauvignon Blanc (white); Blanc de Noir (rosé)

大康斯坦夏酒庄成立于1685年，是南非最古老的经营酒厂，以其美丽的开普荷兰式建筑和郁郁葱葱的土地以及迷人的葡萄酒吸引着众多游客。酿酒师布拉·格伯和米歇尔·罗德生产出各种纯红和优雅的经典白葡萄酒。无花果和柑橘的香气，加上强烈的醋栗、无花果和柑橘风味，赋予这款长相思白葡萄酒鲜明的南非特色。酒庄黑中白桃红葡萄酒既清爽又有趣，带有葡萄柚、草莓和柑橘的香气，回味时红樱桃的滋味又给酒增添了色彩。

Constantia 7848
www.grootconstantia.co.za

格鲁特酒庄（Groote Post）
达岭产区，西开普省

老人混酿白葡萄酒；未过桶霞多丽（白葡萄酒）
The Old Man' s Blend White; Unwooded Chardonnay (white)

冒险进入达令山的乡村，迷人的 18 世纪格鲁特酒庄就出现在小径尽头。业主皮特和尼古拉斯·潘芝生产的经典的适合配餐的葡萄酒在推广这个新兴的葡萄酒产区方面做得非常出色。这个产区的土壤深厚、保水性好、气候凉爽，可以结出一茬又一茬的优质水果。 老人混酿白葡萄酒活泼而新鲜，这款酒混合了长相思、白诗南和赛美蓉，水果味道、酸味和矿物质风味在酒中保持微妙平衡。蜂蜜腌杏和花朵般的精致香气，助于使柑橘更加圆润，为日常享受带来乐趣。 未过桶霞多丽是亚洲辛辣大餐的完美搭配，具有强烈的酸橙和柠檬香气，混合着成熟的橙子、生姜和香料的迷人风味，最终以绕梁三日的爽口余味收尾。

Darling 7345
www.grootepost.com

哈登堡酒庄（Hartenberg）
斯特兰德产区西开普省

赤霞珠（红葡萄酒）；长相思（白葡萄酒）
Cabernet Sauvignon (red); Sauvignon Blanc (white)

哈登堡酒庄生产的平易近人、时尚且物超所值的葡萄酒具有如此出色的一致性，使其成为国际市场上广受欢迎的品牌。值得关注的是极具特色、获得奖牌的赤霞珠红葡萄酒，它易于饮用，具有广泛的吸引力，有着浓郁的黑色水果、茴香和紫罗兰香气，再加上可爱的红色水果果酱味，使其成为各种丰盛肉类菜肴的多功能搭配。该酒庄的另一个广受好评的装瓶酒是长相思白葡萄酒。它既不失趣味和深度，也很容易让人爱上。酒中具有诱人的热带水果和新鲜的草本香气，使菠萝和柑橘的味觉得到广泛的席卷。再加上清脆的余味，所有这一切造就了一款清爽的葡萄酒，其中含有相当多的物质，本身就很可爱，而且适合与亚洲风味的菜肴和烤鱼搭配。

Bottelary Road, Stellenbosch 7605
www.hartenbergestate.com

爱奥那酒庄（Iona Vineyards）
埃尔金，西开普省

长相思（白葡萄酒）；加纳（红葡萄酒）
Sauvignon Blanc (white); The Gunnar (red)

爱奥那酒庄所有者安德鲁·冈恩拥有很强的有机意识，他的使命是发扬埃尔金谷葡萄的优雅活力，他广受好评的时尚葡萄酒系列证明他做对了。这款长相思白葡萄酒是一个广受赞誉的商标例子，反映了埃尔金葡萄酒的核心特征。它的草本品质与柑橘、花香和葡萄柚的美味完美融合，清脆的青苹果和酸橙味增加了额外的维度。加纳红葡萄酒是一种由赤霞珠、梅洛和小维多混合而成的混酿干红葡萄酒，这款酒既漂亮又朴实，浓郁的黑樱桃、茴香和蘑菇的味道之下有着辛香料香气的基础。

Grabouw 7160
www.iona.co.za

什么时候需要退酒

当服务员端上一盘意大利方饺到餐桌上时，他不会把叉子插进去然后递给你等你品尝。而当服务员或侍酒师把一瓶酒递给你时，却会拔出酒塞再把软木塞递给你，然后再给你倒酒。整个侍酒流程是有其原因的，至少是有历史的因素。餐馆早就认识到葡萄酒是会变的，事实上一瓶酒可能会让人反感到拒绝饮用的地步。刚才的这种仪式让客户判断葡萄酒在技术上是否有问题，看看它是不是木塞污染了，是不是保存受热导致酒质受损，或者只是侍酒温度太热或太冷而无法满足你的口感要求。因为现在有缺陷的酒比以前少得多了，所以你将开瓶的葡萄酒退掉的情况少之又少。

1 这是你点的酒吗？仔细查看瓶子和酒标。检查酒标上酒庄和葡萄酒类型的信息，确认它来自的葡萄园或产区，以及年份。如果这些与你在酒单上看到的不符，你可以将其退回。另外，如果酒在开瓶时拿到了你看不见的地方或者拿来的时候已经开瓶了，你也要警惕，此时的酒液可能和之前瓶子中的酒液并不是一样的。

2 看酒塞。酒的软木塞可以告诉你很多关于葡萄酒的质量和其真实性的信息。如果酒塞标注年份日期，可核对是否与酒标上注明的年份相同。如果顶部浸湿或有明显的酒痕从潮湿的一端延伸到另一端，这可能表明这瓶酒漏液了，也就意味着它可能受热或已经氧化导致酒液受损了。

如果软木塞顶部是湿的，这可能表明这瓶酒漏液了。

软木塞上的酒痕表明这瓶酒可能漏液了。

3检查倒入酒杯的葡萄酒。如果红酒的边缘色带（玻璃杯边缘的葡萄酒颜色）看起来是棕色而不是红色或紫色，那么漏液的软木塞可能已经使得酒过早地氧化了。如果白葡萄酒是黄铜色或琥珀色，而不是金色或黄绿色，则它可能被氧化了。如果看起来有絮状的浑浊，你也应该将其退回，因为它可能被细菌污染了。不要担心酒液中的晶体结晶，这些晶体常见于未经过滤的葡萄酒，对人无害。

如果一款三年内的年轻红酒看起来是棕色的，证明这酒已经氧化过气了。

如果白葡萄酒看起来有絮状的浑浊，可能有细菌污染。

一闻。闻起来像雪利酒，或者闻起来
醋以及马厩的红酒可能已经变质了。
塞污染的葡萄酒闻起来有发霉的湿纸板
是因为它已经被软木塞中一种化合物
污染了，这种物质对人无害但气味难
品尝葡萄酒，感受酒的温度够冰吗？如
够冰，请要一个冰桶。如果喝起来的味
实了你通过看和闻发现的问题，那么你
应该要求把酒退掉。

蒙德布什酒庄（Mulderbosch）
斯特兰德产区，西开普省

赤霞珠桃红葡萄酒；斯蒂恩奥普豪特白诗南（白葡萄酒）
Cabernet Sauvignon Rosé; Chenin Blanc Steen Op Hout (white)

麦克·德伯威客备受赞誉，他的远见和努力帮助蒙德布什酒庄乃至整个南非葡萄酒走到了业内最前沿。在这个酒庄，他的继任者理查德·卡肖恩和他的团队延续公司的传统，生产的葡萄酒始终保持着高品质，带有明显的风土印记。所有这些酒在国际上无论是在普通大众中还是评论家中都广受欢迎。得益于温暖的气候，这款赤霞珠桃红葡萄酒有着令人垂涎的野草莓和完美成熟的红浆果味道，叠加上独特的玫瑰花瓣香气，所有这一切风味都在舌尖与柔软的坚果香料味道共舞。曲线优美的斯蒂恩奥普豪特白诗南细平衡同时又有酒体，也是明显的赢家。这款带着抢眼的条纹酒标的白诗南是款轻微过桶风格的干白葡萄酒，优雅且有格调，风味上温暖的热带水果、丁香和柑橘味道被强烈的柠檬、菠萝和温暖香料的香气所包围。

R304, Stellenbosch 7599
www.mulderbosch.co.za

尼尔·埃利斯酒庄（Neil Ellis）
斯特兰德产区，西开普省

长相思（白葡萄酒）；设拉子（红葡萄酒）
Sauvignon Blanc (white); Shiraz (red)

开拓性的酒商尼尔·埃利斯和创新的商人汉斯-彼得·施罗德联手生产了一系列精美的葡萄酒，这些酒全面体现了南非的品种特征和多样性。自 1986 年以来，埃利斯一直在南非的葡萄酒产区寻找最好的葡萄。迄今为止，他和施罗德的合作伙伴所生产的葡萄酒都是由风土驱动的，无论是斯特兰德产区葡萄酒充满力量、浓郁深邃风格，还是达令山产区葡萄酒海洋气息、清脆爽口风格，又或埃尔金山谷产区葡萄酒的结构工整、精细风格，在他们的酒中都能体现得淋漓尽致。新鲜活泼的长相思是完美的夏日饮品，也与烤鱼和海鲜完美搭配。多汁的酸橙味、淡淡的香草味和矿物质味赋予这款酒额外的维度。设拉子酒体饱满且平衡，洋溢着黑莓、茴香和紫罗兰的香气，同时胡椒和雪松的泥土气息赋予这款酒更多层次。

Oude Nektar Farm, Stellenbosch 7600
www.neilellis.com

保罗克拉维酒庄（Paul Cluver Estate Wines）
埃尔金产区，西开普省

长相思（白葡萄酒）；琼瑶浆（白葡萄酒）
Sauvignon Blanc (white); Gewürztraminer (white)

保罗克拉维酒庄清脆精致的红白葡萄酒和甜酒在埃尔金谷产区发展中发挥了关键的作用，这个新兴产区气候凉爽，如今已经在精品、优质葡萄酒地图中占有一席之地。在克拉维家族的指导下，酿酒师安德鲁·伯格专注于关于埃尔金沿海风土的优雅表达，一如他在屡获殊荣的长相思和琼瑶浆中展现的那样。这款长相思混合了橡木陈酿的赛美蓉，除青椒和醋栗的香气之外，还有一股矿物质气息和浓郁的热带水果风味。充满异国情调的清新琼瑶浆散发出浓郁的玫瑰、柑橘和香料香气，带有细腻但挥之不去的甜美和香料感的余味。

Grabouw 7160
www.cluver.com

鲁德拉酒庄（Rudera Wines）
斯特兰德产区，西开普省

白诗南（白葡萄酒）；晚收贵腐白诗南（白葡萄酒）
Chenin Blanc (white); Noble Late Harvest Chenin Blanc (white)

鲁德拉酒庄成立于1999年，拥有卓越的业绩，尤其是在酿酒师爱依尼·唯斯的指导下生产的以风土为重点的白诗南系列令人惊叹。作为白诗南爱好者的最爱，该酒庄的基础款白诗南是一口金色的带有热带柑橘香气和风味的啜饮，还伴有烤苹果和香料的圆润香气。美妙的平衡之外，这款酒有着丰富的令人满意且悠长的余味。可爱放纵的晚收贵腐白诗南是一个独特而难忘的珍宝。每一口都带有浓郁的蜂蜜味，混合了柑橘、杏和菠萝味，再加上一点辛辣的烟熏橡木味。

No visitor facilities
www.rudera.co.za

勒斯滕堡酒庄（Rustenberg）
斯特兰德产区，西开普省

布兰普顿长相思（白葡萄酒）；布兰普顿霞多丽（白葡萄酒）
Brampton Sauvignon Blanc (white); Brampton Chardonnay (white)

生长在西蒙山和海德堡山脉富饶的红土斜坡上的葡萄藤往往会生产出充满力量和优雅的葡萄酒——这是勒斯滕堡酒庄出产的葡萄酒的标志性特征。这样的特征在其高性价比的次旗舰布兰普顿系列中也很明显，这种内涵和深度特别是在该系列中的长相思和未过桶的霞多丽中尤为明显。清脆的植物长相思散发着芦笋和青椒的青草味，再加上热带荔枝和百香果的味道。霞多丽清爽而大胆，柠檬和新鲜白色水果的香气不让人意外，但还带有橙子和松木的香气让人惊喜。

Schoongezicht Street, Stellenbosch 7600
www.rustenberg.co.za

西蒙西格酒庄（Simonsig）
斯特兰德产区，西开普省

白诗南（白葡萄酒）；迷宫赤霞珠（红葡萄酒）
Chenin Blanc (white); Labyrinth Cabernet (red)

约翰·马兰是著名的西蒙西格酒庄的酒窖主管和酿酒师，是南非葡萄酒行业备受推崇的代言人，他生产的葡萄酒充满力量和优雅。他酿造的白诗南发挥了这个品种的全面潜力，华丽但结构坚固，活泼清新，热带水果和蜂蜜的层次结构精致且平衡。迷宫赤霞珠很容易变成一种过度严肃，只适合于老饕的红酒，但其友好的黑莓果味，以及带有巧克力和香料的味道、干爽的余味，确保了其对刚开始喝葡萄酒的人的吸引力。

De Hoop Krommerhee Road, Stellenbosch 7605
www.simonsig.co.za

斯丁堡酒庄（Steenberg）
康斯坦提亚，西开普省

内比奥罗（红葡萄酒）；长相思（白葡萄酒）
Nebbiolo (red); Sauvignon Blanc (white)

在经理约翰·罗伯斯特的眼中，斯丁堡酒庄是康斯坦蒂亚葡萄酒中不可忽视的力量。他们的红葡萄酒广受赞誉，例如南非极其罕见的葡萄品种内比奥罗，这款酒具有香料和草莓的香气，以及李子和红浆果的味道。同样值得关注的是其清爽的白葡萄酒，例如酒庄的长相思，将青草的清脆与热带水果风情结合在一起。

Steenberg 7947
www.steenberg-vineyards.co.za

风谷酒庄（Stormhoek）
威灵顿产区，西开普省

长相思（白葡萄酒）；皮诺塔奇（红葡萄酒）
Sauvignon Blanc (white); Pinotage (red)

风谷酒庄专注于适合佐餐、价格实惠的葡萄酒，其平易近人的装瓶酒正迅速获得忠实的追随者。能吸引这么多消费者这当然也得益于在线营销，但更多是因为其葡萄酒的纯粹品质和饱满的果香。这款长相思具有活泼的醋栗和柑橘香气，以及胡椒、柠檬味，能让人一下子记住风谷酒庄产品的风格。他们的皮诺塔基也很诱人，带有一种略显古怪的浆果、香料、熏肉和巧克力味。

No visitor facilities
www.stormhoek.co.za

沃悦客酒庄西（Warwick Estate）
蒙山产区–斯特兰德产区西开普省

第一夫人（红葡萄酒）；皮诺塔奇（红葡萄酒）
The First Lady (red); Pinotage (red)

迈克尔·拉特克利夫是其家族经营华威酒庄的第三代。作为世界范围内南非葡萄酒的先驱和推动者，他雄心勃勃的扩张并没有以任何方式削弱公司在品质稳定性和卓越性方面的声誉。这里出产的葡萄酒追求的目标是既有雄心也平易近人，如第一夫人和皮诺塔奇。这两款酒既强劲又很友好，是酒庄拳头产品。第一夫人是一款深色、酒体浓郁的赤霞珠红葡萄酒，不生涩且易饮，有着红莓和黑醋栗香气，以及顺滑的黑色水果风味，同时还带有阵阵的黑胡椒香气。而皮诺塔奇喝起来让人畅快淋漓，是一款你会想要"咬一口"的葡萄酒。酒中可可、咖啡、烟草、胡椒、丁香和樱桃的香气混合在一起，令人垂涎三尺。

Elsenburg 7607
www.warwickwine.com

澳大利亚

澳大利亚有两种风格十分鲜明的葡萄酒：一种是酒体饱满、丰盈、丝滑的西拉子，另一种是胖胖的、拥有奶油质感、热带水果味充足的霞多丽。这两款酒在 20 世纪 80—90 年代的澳大利亚的销售情况可谓巅峰。

但在过去的 10 年里，情况有所变化。跟过去相比，现在更偏好将葡萄种植在冷凉的地区，因此如今你可以找到不少味道精致又复杂的澳大利亚白葡萄酒，比如澳洲雷司令、维欧尼、赛美蓉，这些白葡萄酒的浓郁程度就像霞多丽一样，当然澳洲霞多丽的浓郁复杂程度要更盛一些。

对于红葡萄酒来说，西拉子是澳大利亚永远的王者。但是澳大利亚同样也生产非常棒的赤霞珠，和以赤霞珠为基础混酿其他品种的葡萄酒，还有优雅的黑皮诺（尤其是来自维多利亚州的黑皮诺）以及许多其他迷人的葡萄品种。

博斯沃思酒庄（Battle of Bosworth）

南澳大利亚-麦克拉伦谷产区

西拉子维欧尼红葡萄酒，麦克拉伦谷产区
Shiraz Viognier, McLaren Vale (red)

1995 年，约赫·博斯沃思接管了他的父母 25 年前创建的边山葡萄园，并决定转向有机种植。最终，他推出了包装精美的博斯沃思系列葡萄酒，这些红葡萄酒都来自麦克拉伦谷产区，具有当地葡萄该有的颜色深、成熟果香和高酸度的特点。而这款西拉子维欧尼红葡萄酒有着中等酒体，维欧尼白葡萄的添加给这款酒带来了浓郁的花香，成熟的桃子和覆盆子的果香充满活力，余味清新爽口。

McLaren Vale, SA 5171
www.edgehill-vineyards.com.au

布雷默顿酒庄（Bremerton）

南澳大利亚-兰好乐溪

布雷默顿华帝露干白葡萄酒，兰好乐溪
Verdelho, Langhorne Creek (white)

兰好乐溪是澳大利亚一些珍贵酒庄的集合产地，而布雷默顿酒庄被许多人认为是该地区最好的酒庄。威尔逊家族是酒庄的所有者，他的两个女儿丽贝卡和露西分别负责葡萄酒酿造和市场营销。他们成功地引导酒庄走向高度个性化，品质高但价廉的风格，不做商业葡萄酒，而是生产酒体丰满、味道浓郁、能与橡木桶有较好融合性的葡萄酒。他们巧妙地使用了华帝露白葡萄，酿造出一款新鲜的、没过橡木桶的白葡萄酒，开瓶即饮。在酿造上只使用自流汁，装瓶后的华帝露有柔和的热带水果香气和微妙的梨、柑橘的味道，余味很持久。

Strathalbyn Rd, Langhorne Creek, SA 5255
www.bremerton.com.au

恋木传奇酒庄（Brokenwood）

新南威尔士州-猎人谷产区

恋木传奇酒庄赛美蓉白葡萄酒，猎人谷产区
Semillon, Hunter Valley (white)

恋木传奇酒庄已经从一个发烧友俱乐部发展成为澳大利亚著名的葡萄酒品牌。1970 年，3 名葡萄酒爱好者共同建立了这家恋木传奇酒庄，其中包括著名葡萄酒作家詹姆斯·哈利迪。1978 年，该酒庄买下了其著名的格瑞葡萄园，西拉子单一园葡萄酒就来自这个产区。伊恩·里格斯于 1982 年加入酒庄，担任酿酒技术总监一职，他引进了专门用于生产优质白葡萄酒的新机器和设施，其中一款赛美蓉白葡萄酒是酒庄最耀眼的产品。赛美蓉是猎人谷的经典品种，果香、酒精度和酸度能达到完美平衡，且充满柠檬果味和矿物质的味道。年轻时的赛美蓉干白清新明快，但也有陈年潜力；陈年一段时间后的赛美蓉干白有着丰富的烤面包味。这款酒极好，有着超高的性价比。

401-427 McDonalds Rd, Pokolbin, NSW 2320
www.brokenwood.com.au

布朗兄弟酒庄（Brown Brothers）

维多利亚州-国王谷

特宁高干红葡萄酒，维多利亚州
Tarrango, Victoria (red)

布朗兄弟酒庄拥有 750 万平方米的葡萄园，遍布维多利亚州，为其百万箱规模的酿酒厂提供了大部分需求。因为其丰富多样且实惠的葡萄酒，以及稳定输出的高质量，布朗兄弟酒庄在澳大利亚和国际上都非常知名。这些产品还包括许多有趣且古怪的酒，如意大利的经典起泡酒——普洛赛克，极受欢迎的博若莱风格，且充满新鲜樱桃味道的特宁高葡萄酒。特宁高葡萄成熟缓慢，有着迷人的宝石般明亮的洋红色酒体，充满了新鲜的酸樱桃和覆盆子的果香，有一丝香料的味道，余味柔和而干净。这款红葡萄酒十分适合在闷热的夏日夜晚饮用。

239 Milawa Bobinawarrah Rd, Milawa, VIC 3678
www.brownbrothers.com.au

百发酒庄（By Farr）

维多利亚州-吉龙产区

黑皮诺红葡萄酒，吉龙
Farr Rising Pinot Noir, Geelong (red)

澳大利亚传奇酿酒师加里·法尔与他的儿子尼克成立了百发酒庄，生产一系列极具个性且以风土为主导的葡萄酒。百发酒庄有两个品牌：一个是百发高端款（百发优选），完全由酒庄内种植的葡萄酿造而成；另一个是儿子尼克的新品牌（上升百发）系列，更适合价格敏感型消费者。2009 年，百发酒庄第一次推出了 3 款单一葡萄园的黑皮诺葡萄酒——它们都是世界级的，具有极高的复杂度和质量，以及较高的价格，而（上升百发）系列的黑皮诺稍逊于此，这款酒体轻盈，香气柔和，成熟甜美的樱桃果香扑鼻而来，草本植物味道十分诱人，口感圆润，回味悠长。适合立即饮用，但也有很强的陈年潜力。

Bannockburn, VIC 3331
www.byfarr.com.au

康贝尔酒庄（Campbells）

维多利亚州-路斯格兰产区

康贝尔酒庄麝香加强葡萄酒
Muscat, Rutherglen (fortified)

康贝尔酒庄由克林和马肯姆兄弟经营，他们拥有超过30年的经验。该酒庄生产一系列佐餐葡萄酒，但真正值得关注的是它的加强型葡萄酒，考虑到康贝尔酒庄位于炎热的路斯格兰产区，因此加强酒酿得好这一点也不算奇怪。如今，这个热门地区因出产澳大利亚独特的优质葡萄酒而闻名，这里强壮又甜美的麝香葡萄酒和托卡伊(Tokay)葡萄酒（此“Tokay”非匈牙利“Tokaji”甜型葡萄酒）被当地人称为“Stickies”。康贝尔酒庄是一家很优质的酒庄，其中路斯格兰麝香加强葡萄酒完美地展现了酒庄的高质量——超级浓缩的口感和香气，带有一点焦香味，非常丰富的葡萄干，法奇软糖和香草的味道会在口腔中停留很久。

Murray Valley Hwy,
Rutherglen, VIC 3685
www.campbellswines.com.au

曼达岬酒庄（Cape Mentelle）

西澳大利亚-玛格利特河产区

曼达岬酒庄长相思-赛美蓉白葡萄酒
Sauvignon Blanc-Semillon, Margaret River (white)

曼达岬酒庄的第一个葡萄园始于1970年，是玛格丽特河产区的开拓者。如今该酒庄拥有4个葡萄园，还从十几个种植者那里采购葡萄。大骨架感的赤霞珠红葡萄酒是这里的明星产品，但曼达岬酒庄的长相思混酿赛美蓉干白葡萄酒也值得一试，它被认为是经典玛格丽特河混酿酒中最好的一款。散发着百香果、酸橙和野黑莓的芳香，精致的柑橘味与少许青椒、香料的味道相结合，余味悠长，酸度脆爽。

331 Wallcliffe Rd, Margaret River, WA 6285
www.capementelle.com.au

庞德酒庄（Chain of Ponds）

南澳大利亚-阿德莱德山产区

飞行园桑乔维塞-巴贝拉-歌海娜红葡萄酒
Pilot Block Sangiovese-Barbera-Grenache, South Australia (red)

作为阿德莱德山产区的一个雄心勃勃的生产商，庞德酒庄所用的葡萄来自整个阿德莱德山产区，并且以意大利品种为特色酿造了一系列葡萄酒。这些酒柔和易饮，其中飞行园系列就是混酿了桑娇维赛、芭芭拉和歌海娜的干红葡萄酒，带有迷人的樱桃果味和少许香料味道。非常易饮但也十分有深度。

Adelaide Rd, Gumeracha, SA 5233
www.chainofponds.com.au

卓克劳斯酒庄（Chalkers Crossing）

新南威尔士州-希托普斯产区

卓克劳斯山顶赤霞珠干红葡萄酒
Cabernet Sauvignon, Hilltops (red)

卓克劳斯酒庄专注于酿造凉爽气候下的优质葡萄酒，包括优质的雷司令、赛美蓉、西拉子和赤霞珠葡萄，卓克劳斯酒庄的酿酒师是席琳·卢梭，她就读于波尔多大学，并在波尔多产区有多年的酿酒经验，因此卓克劳斯酒庄在酿酒上会多偏向波尔多风格。2000年酒庄出产了第一批葡萄酒，并在相对较短的时间内获得了一批忠实的追随者。其中卓克劳斯山顶赤霞珠干红葡萄酒便是获奖酒款，这款赤霞珠酒体醇厚，黑色野生小浆果的香气与经典凉爽气候下的橄榄、薄荷、雪松和黑醋栗的香气完美平衡，单宁细腻。

285 Henry Lawson Way, Young, NSW 2594
www.chalkerscrossing.com.au

礼拜山酒庄（Chapel Hill）
南澳大利亚-麦克拉伦谷产区

礼拜山华帝露干白葡萄酒，麦克拉伦谷产区
Foundation Verdelho, McLaren Vale (white)

礼拜山酒庄以可持续的方式使用生物动力法来减少其葡萄园中的化学物质投入。当酿酒师迈克尔·弗拉戈斯在2004年加入酒庄时，礼拜山酒庄已经是麦克拉伦谷产区的明星酒庄，而他的加盟使得酒庄更上一步，后续酿造的作品极大地展示了麦克拉伦谷产区葡萄的高质量。其中酒庄的华帝露干白葡萄酒就十分新鲜可口，充满活力。这款酒来自价格实惠的礼拜山系列，可以轻松搭配多种菜肴。清爽并无过桶，却充满了热带水果味道，酸度精致，余味脆爽。

Corner Chapel Hill and Chaffey's Rd, McLaren Vale, SA 5171
www.chapelhillwine.com.au

克劳福德河酒庄（Crawford River）
维多利亚州-亨提州

克劳福德河雷司令干白葡萄酒
Riesling Young Vines, Henty (white)

约翰·汤普森带着莫大的信心，在维多利亚州西南部的亨提州建立了自己的葡萄园，这里有凉爽的海风，很适宜葡萄的生长。他坚定的信心没有错，30多年后，克劳福德河酒庄成为澳大利亚领先的雷司令酒庄之一。克劳福德河酒庄的雷司令白葡萄酒在年轻时有很强烈的青柠和矿物质味道，并且有很强的陈年潜力。其中价格较实惠的克劳福德河雷司令干白葡萄酒，虽没有老藤雷司令那样复杂和深沉，但却十分活泼，轻松易饮。在风土环境的驱动下，它有着活泼的柠檬、酸橙果味，以及矿物质的清新味道，口感平衡又脆爽。

741 Upper Hotspur Rd, Condah, VIC 3303
www.crawfordriverwines.com

黛伦堡酒庄（D'Arenberg）
南澳大利亚-麦克拉伦谷产区

守护者歌海娜红葡萄酒
The Custodian Grenache, McLaren Vale (red)

自1912年以来，黛伦堡酒庄一直是麦克拉伦谷产区的领军品牌，但近年来，在充满活力的切斯特·奥斯本及其酿酒团队的推动下，它已经转变为澳大利亚非常有趣的酒庄。其酒标的设计十分具有想象力，高质量产品也是“德才兼备”，整个系列的葡萄酒质量稳定且优秀，特别是考虑到生产频率如此高的情况。因为大多数葡萄来自产量低的老藤，并采用传统的酿酒技术，所以这款酒拥有惊人的果味浓缩度和浓郁感。其中守护者歌海娜红葡萄酒就是一个优秀的例子，它具有迷人的薰衣草、紫罗兰、香料和红色浆果的香味，再加上浓郁的樱桃和李子的果香，与烟熏味和辛辣感达到了味道上的平衡。单宁坚实有结构感，有很强的陈年潜力。

Osborn Rd, McLaren Vale, SA 5171
www.darenberg.com.au

德保利酒庄（De Bortoli）
新南威尔士州-滨海沿岸

德保利贵族一号赛美蓉贵腐甜白葡萄酒；德保利麝香利口酒
Noble One, Riverina (dessert); Show Liqueur Muscat, Riverina (dessert)

1928年，一个来自意大利北部的移民家庭创立了德保利酒庄，这家酒庄是澳大利亚葡萄酒行业里的重要参与者之一。该酒庄在滨海沿岸产区有大型酿酒厂，每年能生产约450万箱葡萄酒，涵盖了多系列高质量葡萄酒。其中包括贵族一号，自1982年首次上市后，便成为澳大利亚很受欢迎的甜酒。这是一款丰富饱满的甜酒，柑橘和杏的味道混合着蜂蜜、香料的香气。另一款德保利麝香利口酒是酒庄较便宜的一款甜酒，有丰富的太妃糖、葡萄干和香料的味道。

De Bortoli Rd, Bilbul, NSW 2680
www.debortoli.com.au

德勒提酒庄（Delatite）

维多利亚州-上高宝产区

德勒提灰皮诺干白葡萄酒
Pinot Gris, Victoria (white)

家族经营的德勒提酒庄成立于1982年，位于维多利亚东北部一个相当凉爽的地区——上高宝产区。这里专门生产芳香的白葡萄酒，其中包括一种在澳大利亚不常见的品种——灰皮诺。灰皮诺具有独特的矿物质味和烟熏味，以及一些风干葡萄才会有的复杂感，口感饱满丰富。梨子和香料的味道在柔和的酸度中得到平衡。

Stoney' s Road, Mansfield, VIC 3722
www.delatitewinery.com.au

亘古酒庄（Domaine A）

塔斯马尼亚

斯托尼园长相思白葡萄酒
Sauvignon Blanc Stoney Vineyard, Tasmania (white)

亘古酒庄可能是塔斯马尼亚最好的生产者，由酿酒师彼得·奥尔索斯亲自挑选葡萄，酿造质量超群的黑皮诺和赤霞珠红葡萄酒，以及品质极佳、性价比很高的斯托尼园长相思白葡萄酒。这款白葡萄酒口感馥郁，成熟的梨子和醋栗的味道相互交织，柔和而甜美，回味悠长。

Tea Tree Rd, Campania, TAS 7026
www.domaine-a.com.au

达其克酒庄（Dutschke Wines）

南澳大利亚-巴罗萨产区

邻居酒庄西拉子干红葡萄酒
Shiraz GHR (God' s Hill Road), Barossa (red)

达其克酒庄是由酿酒师韦恩·达其克和他的叔叔肯·史姆勒合作建立的。1990年，肯和沃恩决定留下一些葡萄来酿造属于自己的葡萄酒，还把品牌命名为“柳树弯”。20世纪90年代末，这些葡萄酒在美国大受欢迎，销量显著提高，因此肯和沃恩决定将他们的葡萄酒品牌正式更名为达其克。他们的西拉子红葡萄十分有名，邻居酒庄西拉子干红葡萄酒有很多成熟丰富的黑莓水果味和一些香辛料味道作为点缀，关键是价格十分实惠。

God' s Hill Rd, Lyndoch, SA 5351
www.dutschkewines.com

葡萄酒“含硫”这件事，应该担心吗？

几乎所有的葡萄酒都含有微量的亚硫酸盐或二氧化硫，它可以作为水果的防腐剂。但只有少数国家是要求酒庄在酒标上标明含硫量的，比如美国和澳大利亚。在美国，酒标上会写“contains sulfites”（含硫），而在澳大利亚会写“contains sulphites”（含硫）。

那我们应该担心葡萄酒中添加了硫化物吗？大多数人是不需要担心的。许多人错误地认为亚硫酸盐会导致头痛，但已有医学研究表明，这两者之间绝对没有联系。

世界各地的酿酒师为了保持葡萄酒的新鲜度，会在葡萄酒中加入约80%的硫化物，这种做法至少已经持续了100多年。这一浓度远低于使人哮喘发作的浓度。在欧洲销售的葡萄酒无须提及酒中所含的硫化物。然而同一桶酒在美国或澳大利亚销售时，必须申报其含有硫化物。

大多数葡萄酒本身就含有少量的硫化物，所以即使没有人工添加硫化物，葡萄酒中也会自己产生百万分之几的硫化物。在美国和澳大利亚，酒瓶背标上无须提及硫化物，除非含量达到10%。美国的有机葡萄酒可能不含添加的硫化物，但许多其他国家的有机葡萄酒可能含有添加的硫化物。

近年来，许多酿酒师都试图减少在酿酒过程中添加二氧化硫的含量，或者尝试完全不添加。这些酿酒师还喜欢使用葡萄皮上的野生酵母来发酵，而不是使用已经商业化的人工酵母。不管是农场有机化，还是实行生物动力法，他们都会被叫作自然酒酿酒师。然而，目前还没有关于自然酒酿酒师的官方规定，所以如果你有兴趣了解更多，可以和当地的独立酒商谈一谈。

埃文斯酒庄（Evans & Tate）
西澳大利亚-玛格丽特河产区

埃文斯经典赛美蓉长相思混酿干白葡萄酒
Classic White, Margaret River

作为澳大利亚最具创新精神和一贯作风的葡萄酒生产商之一，埃文斯酒庄从未失败过，即使是21世纪初的金融风暴都未将其打倒。现在它属于麦克威廉家族的一部分，该酒庄的顶级葡萄酒是西澳大利亚较好的葡萄酒之一。即使是预算有限的人，也可以在这家酒庄选出高性价比的经典系列葡萄酒。其中经典混酿干白葡萄酒，由赛美蓉和长相思混酿而成，口感纯净清爽，酒体轻盈，风味集中度高，有柚子和柑橘的香味，余味柔和，充满活力，略带酸味。

Corner of Metricup Rd/Caves Rd, Wilyabrup, WA 6280
www.mcwilliamswines.com.au

初雨酒庄（First Drop）
南澳大利亚-巴罗萨产区

百分之二西拉子红葡萄酒
Two Percent Shiraz, Barossa (red)

圣哈兰特酒庄的马特·甘特——澳大利亚葡萄酒协会2004年年度最佳年轻酿酒师，与席尔德酒庄的经理约翰·雷萨斯一起创建了初雨酒庄。他们使用的葡萄来自巴罗萨山谷、阿德莱德山和麦克拉伦谷的各个角落，用以生产各种各样优质的葡萄酒，包括一些非常有趣的古怪品种，如巴贝拉、阿内斯、内比奥罗和蒙特普尔恰诺，以及一些非常独特的巴罗萨西拉子。然而，酒庄的百分之二西拉子红葡萄酒可以证明，初雨酒庄也会酿造一些经典味道。复杂，浓郁，美味诱人，这款酒有着巴罗萨西拉子的经典味道，偏甜且饱满的果香，搭配着成熟黑莓、新鲜泥土味和黑巧克力味，香料和烟草的香气混合在一起，最后还有一些肉味和橡木桶的烘烤香气。

No visitor facilities
www.firstdropwine.com

宝石树酒庄（Gemtree Vineyards）
南澳大利亚-麦克拉伦谷

宝石树血石西拉红葡萄酒
Bloodstone Shiraz, McLaren Vale (red)

巴特利家族于1980年开始在麦克拉伦谷种葡萄，并从1998年开始使用他们自己种植的部分葡萄来酿造葡萄酒。如今，宝石树酒庄拥有130万平方米的优质葡萄园，由创始人的女儿梅丽莎·巴特利管理，酿酒工作则由她的丈夫迈克·布朗负责。酒庄实行可持续化种植，自2007年以来，整个农场都按照生物动力法的方式经营。他们坚持减少人工干预政策，因此在很大程度上，是葡萄园自己选择并决定了风格和特征。酒款风味集中度很高，果香丰盈，其中宝石树血石西拉红葡萄酒里混酿了少许维欧尼白葡萄，有着浓郁的肉味和黑色浆果的香气，回味中带有一丝清新的薄荷味。

184 Main Road, McLaren Vale, SA 5171
www.gemtreevineyards.com.au

旁观者酒庄（Innocent Bystander）
维多利亚州-雅拉谷产区

巨步塞克斯顿霞多丽干白葡萄酒
Chardonnay Sexton Vineyard, Yarra Valley (white)

葡萄酒爱好者兼企业家菲尔·塞克斯顿在将目标锁定在雅拉河谷产区之前，已经开发并出售了一家葡萄酒公司和一个啤酒品牌。这家巨步酒庄于2006年开业，位于希勒斯维尔市中心。巨步酒庄的第二个品牌是旁观者酒庄，产品价格较低，但质量很好。雅拉谷中心产区气候凉爽，土壤多为燧石组成，旁观者酒庄的霞多丽干白葡萄酒能很好地反映当地的风土特色。酒庄的塞克斯顿霞多丽干白葡萄酒复杂又经典，价格十分实惠。拥有矿物质和燧石的味道，精致的白桃、油桃和甜瓜的味道相辅相成，并伴有柑橘和烤面包的香气。这是一款高集中度且优雅的葡萄酒，有深度又十分讨喜。

336 Maroondah Hwy, Healesville, VIC 3777
www.innocentbystander.com.au

格罗斯酒庄（Grosset）

南澳大利亚-克莱尔谷产区

春之谷雷司令白葡萄酒；沃特谷园雷司令白葡萄酒
Springvale, Watervale Riesling, Clare Valley (white)

杰弗里·格罗塞特自1981年以来一直在克莱尔谷产区生产出色的雷司令白葡萄酒。他用种植在玻利山产区的葡萄酿造了一款饱满有力的葡萄酒，受到了业界的高度赞扬，他的另一款作品——春之谷雷司令白葡萄酒，没有那么强的力量感，但价格十分实惠，也得到了大家的认可和喜爱。这款酒有新鲜的柑橘、酸橙和柚子味道，香气、口感都很复杂，余味干爽悠长。它有很好的陈年潜力，会形成丰富的蜂蜜味道。

King St, Auburn, Clare Valley, SA 5451
www.grosset.com.au

哈特兰酒庄（Heartland）

南澳大利亚-兰好乐溪

多姿桃-勒格瑞干红葡萄酒，兰好乐溪
Dolcetto & Lagrein, Langhorne Creek (red)

哈特兰酒庄是一家规模可观的合作型酒庄，在石灰岩海岸和兰好乐溪都建有葡萄园。哈特兰酒庄种植的葡萄既卖给其他酒厂，也会用于自家酒厂酿造。哈特兰酒庄令人印象深刻的并不是它们的规模，而是它们葡萄酒的质量和价值，尤其是考虑到其庞大的生产数量，它的质量远远超过价格高于他们两倍的葡萄酒。其中有一款浓郁风味的多姿桃-勒格瑞干红葡萄酒，是由两种意大利葡萄品种混酿而成的，集中度很高，带有喜人的黑樱桃果味和咖啡豆、巧克力的香气，口感十分圆润，酸度轻盈干净。

34 Barossa Valley Way, Tanunda, SA 5352
www.heartlandwines.com.au

紫蝴蝶酒庄（Hewitson）

南澳大利亚-巴罗萨产区

金枪雷司令白葡萄酒，伊顿谷
Gun Metal Riesling, Eden Valley (white)

紫蝴蝶酒庄成立于1998年，酿制富有表现力和趣味性的葡萄酒，使用的葡萄来自南澳大利亚最好的葡萄种植区——巴罗萨、伊顿谷、麦克拉伦谷和阿德莱德山产区。伊顿谷以出产世界级的雷司令而闻名，而金枪雷司令白葡萄酒便是用伊顿谷产区的葡萄酿造的。这款优雅的干白葡萄酒有着浓郁的柑橘味和复杂的口感，它不像伊顿谷多数葡萄酒那样口感极干且简朴，而是充满了酸橙和柠檬的味道，圆润的口感中带有一些喜人的矿物质味道。

No visitor facilities
www.hewitson.com.au

希望酒庄（Hope Estate）

新南威尔士州-猎人谷产区

黑客赤霞珠梅洛干红葡萄酒，西澳大利亚
The Cracker Cabernet Merlot, Western Australia (red)

1994年，迈克尔·霍普决定放弃他成功的药房生意，开始追随自己的梦想——在猎人谷酿造葡萄酒。他除了在猎人谷拥有100万平方米的土地，还在维多利亚和西澳大利亚拥有葡萄园。黑客赤霞珠梅洛干红葡萄酒是用来自西澳大利亚的葡萄酿造而成的。浓郁大胆，有丰富的黑莓味道和一些甘草、巧克力、薄荷和桉树的味道，十分平衡。成熟的单宁和香甜的香草橡木桶给这款酒一个庞大的骨架感。

2213 Broke Rd, Pokolbin, NSW 2320
www.hopeestate.com.au

霍顿酒庄（Houghton）

西澳大利亚-天鹅地区

班迪西拉子丹魄干红葡萄酒
The Bandit Shiraz-Tempranillo, Western Australia (red)

霍顿酒庄曾是美誉葡萄酒业集团的一部分，也是西澳大利亚最大的葡萄酒生产商。然而酒庄并不会因为品牌大而降低葡萄酒的质量，每一款酒都很优秀，受到了业界一致好评，并获得了无数奖项。霍顿酒庄葡萄酒中使用的大部分葡萄都来自西澳大利亚的高质量葡萄种植区。其中一款班迪西拉子丹魄干红葡萄酒性价比极高，这款酒将西拉子和丹魄品种混酿，非常好喝，有轻松且活泼的口味，还拥有多汁又纯净的黑樱桃，覆盆子和黑莓果香气，辅以巧克力的细腻味道，酸度轻盈又新鲜。

Dale Rd, Middle Swan, WA 6065
www.houghton-wines.com.au

西拉/西拉子

20 世纪末期，西拉葡萄酒的出名让澳大利亚葡萄酒登上国际舞台，并且还激励了很多知名酿酒师为澳大利亚酿造优质葡萄酒。澳大利亚的西拉通常与法国的西拉风格不同(西拉是一种葡萄品种，澳大利亚拼写为“Shiraz”，译为“西拉子”，二者只是名字不同)，澳大利亚西拉葡萄酒有更成熟的果味，更厚重的质感，以及较明显的甜味。

价格较低的西拉葡萄酒往往有果酱味道，口感更甜、更黏稠。高质量的西拉葡萄酒更复杂，有蓝莓和紫罗兰的香味，一丝茴香味道，以及极其浓郁的口感。宏大又豪放，但质地非常细腻。

风味多种多样

澳大利亚的西拉受采摘时间影响会发展出多种风味。葡萄采摘时间越晚，在树上悬挂的时间越长，含糖量越高，味道也更丰富。与法国西拉相比，成熟度高的澳大利亚西拉有浓郁的果酱味道，而成熟度偏低的则有烟熏味和胡椒味。

过度生长/成熟

西拉易生长很旺盛，如果果农不去管理西拉的长势，那一定会影响葡萄酒质量。因为一根藤蔓上生长了太多果实，那势必会削弱果实的风味浓度。因此果农需要经常修剪葡萄藤，以防葡萄过度生长。

对气候敏感

饮用者很喜欢西拉葡萄酒的多样性。因为西拉种植在不同气候下的地区，味道上会有很明显的区别。举个例子，法国隆河谷的西拉酿出来的酒会偏消瘦、辛辣一些，而大部分澳大利亚西拉葡萄酒更偏丰满、果香多一些。

果皮会有褶皱

当西拉的葡萄果粒表面开始变得柔软，出现褶皱时，葡萄就已经成熟了，这个状态下的西拉可以酿造出非常饱满且宏大的西拉葡萄酒。

西拉葡萄产区

西拉葡萄品种的历史至少可以追溯到1000年前，法国隆河谷是西拉的家乡，而澳大利亚酿酒师仅从19世纪才开始酿造西拉子红葡萄酒。

西拉是法国隆河谷北部的标志性红葡萄品种，主要种植在罗蒂丘和艾米塔日产区，且有很长的种植酿造历史。尽管西拉在法国隆河谷南部的产量很少，但它是著名的教皇新堡葡萄酒的混酿品种之一，平常也会被拿去作为混酿品种，酿造较实惠的隆河谷大区红葡萄酒。另外西拉在法国、美国加利福尼亚州、澳大利亚、南非、意大利和其他地方都被广泛种植。

澳大利亚的部分西拉子葡萄酒可以说卖的很“白菜价”了，然而如今加州的西拉葡萄酒也在降价；在南非，有些西拉会参与混合酿酒，这些酒的价格也相当合理。

以下地区是酿造西拉/西拉子葡萄酒的最佳产区，请尝试以下推荐的年份：

澳大利亚：2010年、2009年、2006年、2005年

法国北隆河谷：2009年、2006年、2005年

美国加利福尼亚中央海岸：2008年、2007年

南非的宝富酒庄酿造的西拉葡萄酒十分深邃、浓郁。

豪园酒庄（Howard Park）

西澳大利亚–玛格丽特河产区

长相思干白葡萄酒
Sauvignon Blanc, Western Australia (white)

1986年，豪园酒庄在大南部地区起步，1996年在玛格丽特河建立了葡萄园，2000年又建立了一个酿酒厂。这里是该地区的明星景点之一。在托尼戴维斯的指导下，这里的葡萄酒始终坚持纯粹的风格。酒庄的陈年赤霞珠红葡萄酒、矿物质感的雷司令干白葡萄酒和收敛的长相思干白葡萄酒都是一流的。玛格丽特河产区的长相思白葡萄酒清新而浓郁，以新鲜的香草和青椒味为主，带有热带水果、柑橘和矿物质味道，最后以清脆的余味收尾。这款长相思干白葡萄酒搭配美食十分完美，相当有冲击力。

Miamup Rd, Cowaramup, WA 6284
www.howardparkwines.com.au

杰卡斯酒庄（Jacob's Creek）

南澳大利亚–巴罗萨产区

斯坦因园雷司令干白葡萄酒，巴罗萨谷产区；珍藏赤霞珠干红葡萄酒，库纳瓦拉产区
Steingarten Riesling, Barossa (white); Reserve Cabernet Sauvignon, Coonawarra (red)

母公司保乐力加已将高端的奥兰多葡萄酒纳入杰卡斯酒庄旗下。这意味着巴罗萨产区广受好评的斯坦因园雷司令现在是杰卡斯酒庄旗下的葡萄酒。浓郁、新鲜、带有青柠味，这款经典的葡萄酒拥有极强的陈年潜力。杰卡斯酒庄珍藏系列出产的赤霞珠用库纳瓦拉产区的葡萄酿制而成，品质和性价比都非常好。拥有成熟的黑醋栗和李子的芬芳，以及浓郁的橡木味。

Barossa Valley Way, Rowland Flat, SA 5351
www.jacobscreek.com

金百利酒庄（Jim Barry Wines）

南澳大利亚–克莱尔山谷产区

庐舍山庄干型雷司令白葡萄酒；庐舍山庄西拉子红葡萄酒
The Lodge Hill Dry Riesling, Clare Valley (white); The Lodge Hill Shiraz, Clare Valley (red)

富有传奇色彩的吉姆·巴里是克莱尔山谷第一个接受过大学教育的酿酒师，他在1959年和1964年分别购买了房产。1974年，他开始向其他酿酒师出售葡萄，并建立了自己的酒庄。1985年，他的儿子彼特接任酒庄董事总经理，并将克莱尔山谷的葡萄园扩大到了10个，库纳瓦拉产区也增加了一个葡萄园。在克莱尔谷，酒庄推出的两款产品在价格和风格上都十分出类拔萃，其中庐舍山庄干型雷司令白葡萄酒奖项颇丰，充满活力口感和矿物质气息。酒体干爽，带有金橘、酸橙和粉色葡萄柚的味道，酸度适中，具有陈年潜力。另一款是庐舍山庄西拉子红葡萄酒，像墨汁般浓郁，充满了黑莓和李子的味道，混合着巧克力和薄荷的味道。口感丰富有层次，单宁细致又有骨架感。

Craigs Hill Rd, Clare, SA 5453
www.jimbarry.com

克拉斯酒庄（Kalleske）

南澳大利亚–巴罗萨谷产区

帕雅森西拉子干红葡萄酒
Pirathon Shiraz, Barossa Valley (red)

作为巴罗萨谷之星，克拉斯酒庄被人们认为是拥有该地区最

好葡萄园的酒庄，并且所有的田地都得到了有机认证。它们位于巴罗萨中心地带的东部格林诺克，海拔有350米，这有助于调节生长季节的高温。这里主要种植西拉子和歌海娜红葡萄，还有一点赤霞珠和少许白诗南。酒厂由特洛伊和托尼·凯斯克兄弟创建，他们自1853年以来便在巴罗萨生活和工作，是第七代家族成员。第一款葡萄酒是在2004年酿出的，非常出色，其中包括性价比极高的帕雅森西拉子干红葡萄酒。风味十分丰富，有成熟的浆果和李子果实味道，肉感丰富，花香四溢，还有很多巧克力、胡椒和精致的橡木味，单宁细腻，回味持久。

Vinegrove Rd, Greenock, SA 5360
www.kalleske.com

佳诺酒庄（Katnook Estate）

南澳大利亚–库纳瓦拉产区

赤霞珠干红葡萄酒
Founder's Block Cabernet Sauvignon, Coonawarra (red)

佳诺酒庄的葡萄酒生产可以追溯到1896年，但该酒庄目前200万平方米的葡萄藤在1971年才开始种植，而在1980年才出现了第一批以佳诺酒庄品牌生产的葡萄酒。酿酒师韦恩·斯特本斯负责首批上市的葡萄酒，尽管在此过程中发生了所有权变更——2008年，佳诺酒庄被菲斯奈特集团收购，但他仍然牢牢地执掌着公司。正如你对库纳瓦拉产区的预期一样，这里以赤霞珠红葡萄为主，这款酒很棒，性价比也很高。口感醇厚，非常成熟，有时还带有橡木的味道，但随着时间的推移酒体会变得沉稳。库纳瓦拉产区的赤霞珠红葡萄酒酒体适中，呈现出浓郁的黑醋栗和黑莓果味，带有诱人的成熟浆果和紫罗兰的香味，以及一丝薄荷的味道。回味悠长为这款优雅的酒画上了完美的句号。

Riddoch Hwy, Coonawarra, SA 5263
www.katnookestate.com.au

KT酒庄（KT and the Falcon）

南澳大利亚–克莱尔谷产区

克莱尔谷沃特谷雷司令（白葡萄酒）
Watervale Riesling, Clare Valley (white)

克瑞·汤普森是一位才华出众的酿酒师，“KT”则是他名字的缩写，他对雷司令有着特别的热情，而史蒂夫·法鲁吉亚则是一位葡萄栽培学家。他们携手合作，在占地8万平方米的农场上种植葡萄，采用可持续的有机种植方法，生产出高品质，受风土影响的葡萄酒。他们种植了关注度极高的西拉子红葡萄，但雷司令白葡萄是他们主要的关注点。其中沃特维尔雷司令白葡萄酒口感甜美、充满异域风情，由手工采摘的葡萄酿制而成，它们生长在沃特维尔镇的莎琳格葡萄园。这款酒的灵感来自甜美风格的雷司令，它们带有浓郁花香、酸橙和矿物质的气息。具有丰富的酸橙柑橘类水果的味道，并带有一些香辛料和淡淡的香草味，余味清新又爽快。这款酒的复杂性会让人十分愉悦，可以完美搭配辛辣的亚洲菜肴。

Watervale, SA 5452
www.ktandthefalcon.com.au

兰恩酒庄（The Lane）

南澳大利亚–阿德莱德山产区

维欧尼白葡萄酒
Viognier, Adelaide Hills (white)

兰恩酒庄的葡萄酒来自约翰·爱德华兹自己52万平方米的葡萄园，这些葡萄园位于哈恩多夫附近，海拔450米以上。这里种有9个葡萄品种，葡萄酒有2个品牌：鸦林巷和兰恩酒庄。来自兰恩酒庄黑标系列的维欧尼是一款拥有复杂味道的白葡萄酒。有橙花、花蜜、杏仁的芳香，带着花、梨和桃的味道，呈现出甜苹果、蜂蜜和暖香料的味道。

Ravenswood Lane, Hahndorf, SA 5245
www.thelane.com.au

乔鲁比诺酒庄（Larry Cherubino Wines）
西澳大利亚-弗兰克兰河

雅德系列呼啸山雷司令干白葡萄酒
The Yard Whispering Hill Vineyard Riesling,Mt Barker, Western Australia (white)

2005年，澳大利亚受欢迎的年轻酿酒师拉里·切鲁比诺创办了自己的酒庄，用西澳大利亚一些最好的产区出产的葡萄酿造葡萄酒。乔鲁比诺是他的顶级品牌，其次是雅德系列和精选系列。呼啸山葡萄园的雷司令是雅德系列里广受欢迎的单一园白葡萄酒。精致优雅，非常平易近人，是一款非常可口的干型雷司令白葡萄酒，带有浓郁的酸橙和矿物质的风味，以及可爱的柑橘果味，除此之外，它还有着很好的陈年潜力。

15 York St, Subiaco, Perth WA 6008
www.larrycherubino.com.au

丽星酒庄（Leasingham）
南澳大利亚-克莱尔谷产区

玛格纳斯雷司令白葡萄酒，克莱尔谷产区
Magnus Riesling, Clare Valley (white)

尽管丽星酒庄这个品牌在市场中仍占有一席之地，并且生产一些非常有趣和高性价比的葡萄酒，但庄主已将这个酒庄出手售卖了。其中酒庄生产的玛格纳斯雷司令白葡萄酒非常美味，并且价格适中容易让人接受。这款酒非常干爽，充满活力，带有浓郁的柑橘味。这款雷司令会在陈年中期表现更佳。

No visitor facilities
www.cbrands.com

麦克福布斯酒庄（Mac Forbes）
维多利亚州-雅拉谷产区

RS37 雷司令白葡萄酒，史庄伯吉山区
Riesling rs37, Strathbogie Ranges (white)

才华横溢的麦克·福布斯在雅拉谷产区酿造黑皮诺而出名，但他的小酒庄却主要生产一款有趣的雷司令白葡萄酒，所用的葡萄产自墨尔本东北部，气候凉爽的史庄伯吉山区。到目前为止，麦克福布斯酒庄已经生产出了两款十分有趣的葡萄酒——RS9和RS37。两个名字分别代表了这两款葡萄酒中的残余糖含量。尤其是RS37，品质和价值都十分惊人。这款酒特别有活力，半干型，拥有纯净的矿物质味，柑橘的芳香和柔和的花香，回味悠长。

770 Healesville Koo Wee Rup Rd, Healesville, VIC 3777
www.macforbes.com

玛杰拉酒庄（Majella）
南澳大利亚-库纳瓦拉产区

音乐家赤霞珠西拉干红葡萄酒，库纳瓦拉产区
The Musician, Coonawarra (red)

玛杰拉酒庄的庄主林恩家族，在20世纪60年代末种植了第一批葡萄藤，并于1980年开始向酝思酒庄提供葡萄。他们的第一款酒是1991年推出的西拉子，接着是1994年推出的赤霞珠，以及1996年推出的顶级酒玛利亚。玛杰拉酒庄60万平方米葡萄园的葡萄越来越多地被用来酿制自己酒庄的葡萄酒，并赢得了无数奖项。玛杰拉酒庄现在被认为是最好的和出品最稳定的澳大利亚葡萄酒生产商之一。在众多令人印象深刻的产品中，有一款名为音乐家赤霞珠西拉干红葡萄酒，由赤霞珠和西拉子混酿而成，性价比极高。浓郁的味道令人垂涎，它拥有黑醋栗和香草的味道，和一些细腻丝滑的单宁。这是一款细腻复杂但平易近人的葡萄酒，酸度十分新鲜，令人愉悦。

Lynn Rd, Coonawarra, SA 5263
www.majellawines.com.au

克根酒庄（McGuigan）
新南威尔士州-猎人谷产区

候选霞多丽干白葡萄酒，阿德莱德山产区
The Shortlist Chardonnay, Adelaide Hills (white)

克根酒庄家族四代人都在澳洲从事葡萄酒行业。他们在猎人谷主要生产小批量优质葡萄酒，酿酒师彼得·霍尔监制把关。在这些小批量酒里，候选系列的葡萄酒多次获奖，其中就有克根酒庄的高端霞多丽干白葡萄酒。令人惊喜的是，这样一瓶精致的干白葡萄酒充满了丰富的烤面包香气，矿物质的咸鲜味和成熟的梨子、桃子和柚子的味道，十分圆润，却又清新爽口。

Rosebery, NSW 1445
www.mcguiganwines.com.au

麦恒利酒庄（McHenry Hohnen）
西澳大利亚-玛格丽特河产区

三友人干白/干红葡萄酒，玛格丽特河产区
3 Amigos, Margaret River (red and white)

2003年，曼达岬酒庄和云雾之湾的创始人戴维·霍南与妹夫默里·麦克亨利建立联系，计划用4个家族共同拥有的玛格丽特河葡萄园的葡萄酿造葡萄酒。他们出色的三友人系列有两款超值又不同凡响的混酿葡萄酒——西拉子-歌海娜-慕合怀特混合酿造的红葡萄酒，以及玛珊-霞多丽-瑚珊混合酿造的白葡萄酒。红葡萄

酒果香浓郁，拥有深黑樱桃和李子的果香，以及浓郁饱满的香辛料味。白葡萄酒香气四溢，略带烤面包的香气，清新柑橘配上香辛料味，诱人至极。

Margaret River, WA 6285
www.mchv.com.au

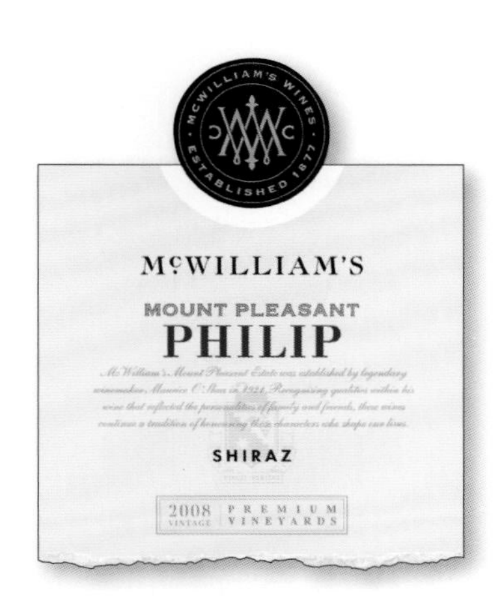

麦克威廉欢乐山酒庄（McWilliam's Mount Pleasant）

新南威尔士州-猎人谷

麦克威廉欢乐山伊丽莎白赛美蓉干白葡萄酒；麦克威廉欢乐山菲利普西拉子干红葡萄酒

Mount Pleasant Elizabeth Semillon (white); Mount Pleasant Philip Shiraz (red)

1941 年麦克威廉家族收购了欢乐山酒庄，保留了首席酿酒师莫里斯·奥谢的职位，因为他酿造的酒一直被奉为新一代澳洲酿酒师心中的传奇。而现在由菲尼·瑞恩酿酒师经营，在他的打造下，酒庄开始走猎人谷产区的经典风格。其中伊丽莎白和菲利普西拉子都是物美价廉的酒。伊丽莎白是年轻的风格，未过桶的赛美蓉带有浓郁的柠檬味和极致的纯净感，有不错的陈年潜力。菲利浦西拉子有丰富且成熟的黑莓和黑醋栗的味道，很好地平衡了较明显的酸度。

401 Marrowbone Rd, Pokolbin, NSW 2320
www.mcwilliams.com.au

米切尔酒庄（Mitchell Wines）

南澳大利亚-克莱尔山谷

沃特维尔雷司令白葡萄酒，克莱尔谷；七山园赤霞珠红葡萄酒，克莱尔谷

Watervale Riesling, Clare Valley (white); Sevenhill Cabernet Sauvignon, Clare Valley (red)

1975 年，安德鲁·米切尔和简·米切尔在克莱尔谷建立了自己的独立小酒庄。如今该酒庄每年生产约 3 万箱葡萄酒，全部来自酒庄 75 万平方米的葡萄园，其中雷司令白葡萄品种在这片土地上种植最佳。酒庄的雷司令干白清爽，酸橙味十足，还有圆润优雅的果味。很适合即刻饮用，也很适合陈年。七山园赤霞珠的质量也很出众，拥有成熟的黑醋栗味，香辛料和香草味增加了复杂的层次，单宁宏大有嚼劲，有很强的陈年潜力。

Hughes Park Rd, Sevenhill, SA 5453
www.mitchellwines.com

软木塞或螺旋盖？

软木塞“砰”的一声，在未来会不会只存在于我们的记忆中，就像拨号电话的铃声？这种友好的“小爆炸”对大多数喝葡萄酒的人来说像是一首曲子，但现在，软木塞不再是酒塞里的王者了。

“无软木塞”包装现在有很多选择：螺旋盖、纸盒、纸箱，甚至袋子。打开这些瓶塞的声音可能永远不会像听到软木塞“砰”的一声那么诱人，但这并不意味着里面没有高质量的葡萄酒。

螺旋盖和合成软木塞之所以流行，很大程度上是因为它们不受霉菌的影响，而霉菌有时会污染天然软木塞。由于这个原因，新西兰和澳大利亚的酒庄和消费者是首批改为使用螺旋盖的用户。他们发现这些葡萄酒不仅没有软木塞容易被污染，而且很容易打开；不仅不需要借助特殊工具（开酒刀），还很容易重新密封。最重要的是酒的味道也没有受到影响。

螺旋盖的竞争压力也很大，天然软木塞的生产商也在逐步提高木塞的质量，现在有问题的软木塞要少得多。

螺旋盖适合世界上大约 95% 的葡萄酒——这些葡萄酒是为了立即打开并享用的。对螺旋盖会影响葡萄酒质量持怀疑态度的，只有那些规模较小但价格昂贵的葡萄酒，它们需要在瓶中存放多年。许多生产商和其他专家认为，螺旋盖无法实现软木塞透气的功能，软木塞能随着时间的推移让少量氧气进入瓶子，使葡萄酒变得柔和易饮，并能形成复杂的香味和口味。因此，在可预见的未来，软木塞肯定会继续存在，但它们不再孤单。在不久的将来，会有越来越多的日常饮用葡萄酒将用螺旋盖来密封装瓶。

米其顿酒庄（Mitchelton）

维多利亚州-纳甘比湖

停机坪玛珊瑚珊维欧尼白葡萄酒
Airstrip Roussanne Marsanne Viognier, Central Victoria (white)

米其顿酒庄成立于1967年，当时科林·普里斯受墨尔本商人罗斯·谢尔默丁的委托去寻找一个适合酿酒的好地方。普里斯在那加比湖发现了一片产地，这里有优质的土壤、气候和水域条件。于是，自2007年以来，酿酒师本·海恩斯便一直在这片土地上负责葡萄酒酿造，并生产了一系列性价比高的葡萄酒。其中酒庄的停机坪干白葡萄酒就是很好的例子。这款酒由瑚珊，玛珊和维欧尼3款白葡萄品种混合而成，具有浓郁的香草瓜果味，带有些许坚果味。

Mitchellstown Rd, Nagambie, VIC 3608
www.mitchelton.com.au

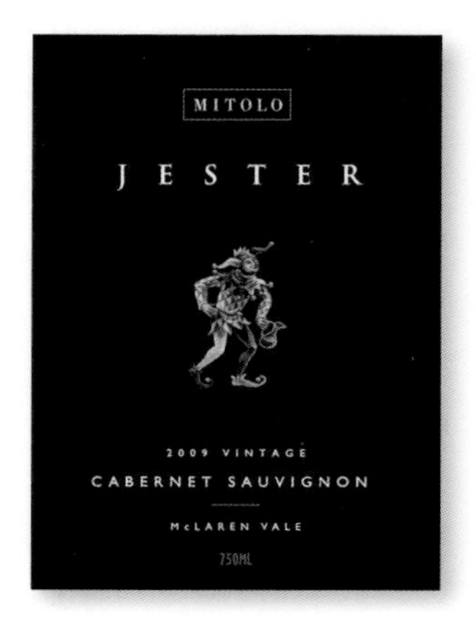

米多罗酒庄（Mitolo）

南澳大利亚-麦克拉伦谷产区

杰斯特维蒙蒂诺白葡萄酒；杰斯特赤霞珠红葡萄酒
Jester Vermentino, McLaren Vale (white); Jester Cabernet Sauvignon, McLaren Vale (red)

商人弗兰克·米多罗和巴罗萨酿酒师本·格莱策于1999年创立了米多罗酒庄。大部分葡萄酒产自麦克拉伦谷南端的乌伦加。其中杰斯特系列是米多罗酒庄入门级葡萄酒，性价比很高，它们都有讨喜且纯粹的水果味。维蒙蒂诺是一款清新爽口且带有柠檬香气的白葡萄酒，具有强烈的酸度。另一款是赤霞珠红葡萄酒，在酿造时添加了一些风干葡萄，因此酿出的酒很绵绸浓郁，带有黑莓和黑醋栗的干净果香，余味坚实且有辛辣感。

Angel Vale Rd, Angel Vale, Virginia, SA 5120
www.mitolowines.com.au

慕丝森林酒庄（Moss Wood）

西澳大利亚-玛格丽特河产区

艾美精华赤霞珠干红葡萄酒（红葡萄酒）
The Amy' s Blend, Margaret River (red)

基思·马格福德和他的妻子克莱尔在玛格丽特河经营了著名的酒庄——慕丝森林酒庄，他们20万平方米的葡萄藤每年生产的葡萄可酿造1.5万箱优质葡萄酒。其中品质最好的艾美精华混酿是一款用赤霞珠酿造的波尔多风格的葡萄酒。这款天鹅绒般柔和的红色酒体呈现出令人愉悦的红浆果香气，深黑莓的果香，柔和的橡木香和诱人的矿物质味。精致而坚实的单宁与酒体完美契合。

Metricup Rd, Wilyabrup, WA 6284
www.mosswood.com.au

蓝脊山酒庄（Mount Langi Ghiran）

维多利亚州-皮恩山脉

比莉比莉西拉子红葡萄酒
Billi Billi Shiraz, Victoria (red)

位于西维多利亚州皮恩山脉的南端，这里的气候凉爽，土壤肥沃，为酿酒葡萄的种植创造了独特的环境。其中一个最好的例子就是澳大利亚的西拉子红葡萄，如蓝脊山酒庄物美价廉的比莉比莉西拉子红葡萄酒。基于80～100年老藤的果实，这款红葡萄酒以成熟且集中的红色果味为主，搭配黑色浆果、独特的薄荷以及香料的味道。这种有复杂的香气和质感，又有很强的陈年潜力的葡萄酒，在这种实惠的价格水平上很不多见。

80 Vine Rd, Bayindeen, VIC 3375
www.langi.com.au

忘忧草酒庄（Nepenthe）

南澳大利亚-阿德莱德山产区

高地系列长相思干白葡萄酒，阿德莱德山产区
Sauvignon Blanc, Altitude Range, Adelaide Hills (white)

忘忧草酒庄由特韦德尔家族于1994年创立，自2007年起由澳大利亚佳酿有限公司所有，现在是阿德莱德山产区的重要成员。这些葡萄酒有很精准的商业定位，这非常有必要，正如酒庄鼎鼎有名的长相思干白葡萄酒，它属于酒庄的高地系列，这一系列为价格敏感用户提供了很好的选择，如长相思干白葡萄酒，它拥有浓郁的番石榴，菠萝，西番莲果的味道，还有明显的青草和柑橘味。口感清新、纯正，余味爽脆而持久。

Jones Rd, Balhannah, SA 5242
www.nepenthe.com.au

奔富酒庄（Penfolds）

奔富斯南澳大利亚-巴罗萨产区

奔富蔻兰山76西拉子赤霞珠混酿红葡萄酒，南澳大利亚
Koonunga Hill Seventy Six Shiraz-Cabernet, South Australia (red)

奔富葡萄酒的历史可以追溯到1844年，它可能是最著名的澳大利亚葡萄酒酒庄了。奔富酒庄投入大量资金建设、扩大不同产品线系列，包括著名的格兰许。其中物美价廉的奔富蔻兰山76西拉子赤霞珠混酿红葡萄酒是一款新产品，旨在向1976年发售的首款经久不衰的绝佳风格致敬。浓郁的香辛料、黑莓和李子的果味，还有甘草、黑巧克力和橡木的味道，增添了酒体的复杂性。适合即刻饮用，也有很大的陈年潜力。

Tanunda Rd, Nuriootpa, SA 5355
www.penfolds.com.au

葡萄之路酒庄（Petaluma）

南澳大利亚-阿德莱德山产区

翰林山雷司令白葡萄酒，克莱尔谷产区
Hanlin Hill Riesling, Clare Valley (white)

葡萄之路酒庄由富有远见的酿酒师布莱恩·克罗瑟于1976年创立，目标是生产顶级的年份酒，所用的葡萄生长在最适风土的产区里。尽管这家酒庄由酒饮巨头蒂狮所有，但酒庄依旧在酿酒师布莱恩·克罗瑟的指导下遵循着纯净、精瘦、质朴、风土主导的葡萄酒风格。他们专注酿造翰林山雷司令白葡萄酒，这款酒产于酒庄的一个最古老的葡萄园，位于克莱尔谷，首次种植于1968年。拥有很清爽的青柠、百香果和柠檬的味道，清新诱人，迷人的花香甜味为酒增添了圆润的感觉。坚实的酸度使它拥有几十年的陈年潜力。

Spring Gully Rd, Piccadilly, SA 5151
www.petaluma.com.au

彼德利蒙酒庄（Peter Lehmann）

南澳大利亚-巴罗萨谷产区

背对背歌海娜红葡萄酒，巴罗萨产区；维冈雷司令白葡萄酒，伊顿谷产区
Back to Back Grenache, Barossa (red); Wigan Eden Valley Riesling (white)

1979年，由于严重的生产过剩，巴罗萨的许多企业都陷入了困境，彼德利蒙酒庄冒着很大的风险建立了自己的酒庄。他的第一批葡萄酒是1980年酿造的，所用的葡萄来自多个产区。自2003年以来，该公司一直是赫斯家族饮料集团的一部分，现在每年生产约75万箱葡萄酒，原料来自180个巴罗萨种植者。这些葡萄酒中有许多真的很出色，尤其是在价格方面。其中背对背歌海娜红葡萄酒酒体轻盈，果香浓郁，带有精致的樱桃和李子的果香，并带有淡淡的草本和胡椒的味道。维冈雷司令白葡萄酒是伊顿谷经典品种之一，新鲜可口，带有该地区典型的青柠果香，也有很强的浓郁度和集中度，可以陈年许久。

Para Rd, Tanunda, SA 5352
www.peterlehmannwines.com.au

皮里酒庄（Pirie）
塔斯马尼亚州

皮里酒庄黑皮诺红葡萄酒，塔斯马尼亚州
South Pinot Noir, Tasmania (red)

皮里酒庄由安德鲁·皮里博士于2002年创立，正因为这个酒庄和所酿的葡萄酒的成功，才使得塔斯马尼亚小岛被光荣地写入了葡萄种植范围地图里。酒庄的葡萄酒有4个系列，南部的黑皮诺红葡萄酒值得一试，它没有那么复杂的口感，但拥有令人愉快的樱桃果味和可爱又新鲜的酸度。

1A Waldhord Drive, Rosevears, TAS 7277
www.pirietasmania.com.au

金雀花酒庄（Plantagenet Wines）
西澳大利亚–巴克山产区

赛美蓉长相思干白葡萄酒，西澳大利亚
Samson's Range Semillon Sauvignon Blanc, Western Australia (white)

金雀花酒庄是巴克山地区的第一家酒庄，1974年首次推出瓶装酒。该公司创始人托尼·史密斯把质量和风格放在首位，在2000年将其出售给莱昂内尔·萨姆森父子后，他仍担任董事长一职。他和他2007年聘用的酿酒师约翰·杜伦，始终在为酒庄稳步发展而努力。酒庄的赛美蓉长相思干白葡萄酒优雅、干净，有青草的芳香和柑橘的脆爽味道。此款酒有充足的水果香气，宛如水果炸弹一般，适合单独饮用或搭配各种各样的食物。

Lot 45, Albany Hwy, Mount Barker, WA 6324
www.plantagenetwines.com

罗夫·宾德酒庄（Rolf Binder）
南澳大利亚–巴罗萨产区

牛之血西拉子慕合怀特红葡萄酒，巴罗萨产区
Bulls Blood Shiraz Mataro Pressings, Barossa (red)

罗夫·宾德酒庄原名叫小塔酒庄，由老罗夫·宾德和弗朗西斯卡·宾德建立于1955年。2005年，小罗夫与姐姐将酒庄名字从小塔改为罗夫宾德，致敬已去世的老罗夫·宾德。小罗夫在酒庄中酿造出了一系列高品质、高价值的葡萄酒，多年来，该酒庄的红葡萄酒和白葡萄酒获得了许多奖项。其中有著名的牛之血西拉子慕合怀特红葡萄酒，在曾经的小塔酒庄生产了40多年，这款酒在一些出口市场被重新命名为赫博瑞斯。这是一款浓郁、充满活力且性价比很高的红葡萄酒，百年老藤葡萄的添加使得这款酒拥有很大的骨架。丹宁结实，口感丰富，层次丰富，喜欢冲击力强和高复杂度的用户可以选择这一款。

Cnr Seppeltsfield Rd and Stelzer Rd, Tanunda, SA 5352
www.veritaswinery.com

鲁斯登酒庄（Rusden Wines）
南澳大利亚–巴罗萨产区

克里斯汀白诗南白葡萄酒，巴罗萨产区
Christian Chenin Blanc, Barossa Valley (white)

在20世纪70年代末和80年代初，产量过剩导致的低价格让巴罗萨葡萄种植者的日子不好过。与此同时，丹尼斯和克里斯汀·克努特夫妇不断被告知，他们在1979年购买的16万平方米土地上种植的葡萄质量太差。最终在1992年，丹尼斯和一个朋友拉塞尔决定为自己酿造一桶赤霞珠红葡萄酒，于是鲁斯登酒庄诞生了（拉塞尔和丹尼斯的名字的结合）。一切从简开始，他们开始关注受欢迎的、结构宏大的葡萄酒，最终以传统的巴罗萨葡萄酒和混酿为重点发展起来。其中克里斯汀白诗南白葡萄酒的名字来自鲁斯登酒庄现任酿酒师——克努特夫妇的儿子克里斯汀。白诗南葡萄在澳大利亚不多见，用它可以酿造非常有趣的酒。这款酒散发出浓郁的热带水果香气，成熟的梨果味，香草味和柑橘的清新气息混合在一起。清爽的酸度很平衡，为这种有趣的复杂性提供了一个坚实的框架。

Magnolia Rd, Tanunda, SA 5352
www.rusdenwines.com.au

圣哈利特酒庄（St Hallett）
南澳大利亚–巴罗萨产区

猎场看守人珍藏西拉歌海娜干红葡萄酒，巴罗萨产区
Gamekeeper's Reserve, Barossa (red)

20世纪80年代，在巴罗萨山谷葡萄酒产业复兴的最前沿，圣哈利特酒庄凭借一款西拉子红葡萄酒而闻名，这是一款结构紧凑、果香浓郁的经典葡萄酒，陈年风格明显。现在，圣哈利特酒庄作为蒂狮集团的一部分，已经朝着更加商业化的方向进行了转变，但它仍然生产出一些非常优质的葡萄酒。猎场看守人珍藏红葡萄酒不仅有浓郁的味道，还有很高的性价比。这款酒混合了西拉子、歌海娜和国家杜丽佳3种红葡萄品种，香气馥郁，成熟的黑色浆果香气扑鼻而来，辛辣的口感和丰富的单宁让人垂涎欲滴。

St Hallett Rd, Tanunda, SA 5352
www.sthallett.com.au

苏格兰人山酒庄（Scotchmans Hill）
维多利亚州–吉龙

天鹅湾黑皮诺干红葡萄酒，吉龙产区
Swan Bay Pinot Noir, Geelong (red)

注重品质和价值是苏格兰人山酒庄闻名之所在。这家家族企业成立于1982年，是吉龙产区的重要酒庄，位于贝拉林半岛的主要葡萄园附近，是该地区的核心。在这里葡萄园被分成5个不同的优质葡萄酒系列。令人印象深刻，且物美价廉的是一款中度酒体的天鹅湾黑皮诺干红葡萄酒，它拥有丰富的李子、草莓和多汁

的樱桃的香气，紫罗兰、香料的味道也十分浓郁，少许的烤橡木味，丝滑的单宁和坚实的酸度赋予此酒精致的结构和平衡感。

190 Scotchmans Rd, Drysdale, VIC 3222
www.scotchmans.com.au

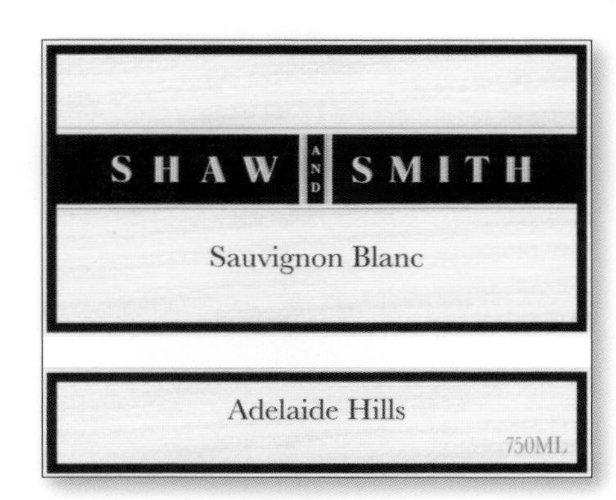

沙朗酒庄（Shaw And Smith）

南澳大利亚–阿德莱德山产区

沙朗酒庄长相思干白葡萄酒，阿德莱德山产区
Sauvignon Blanc, Adelaide Hills (white)

作为阿德莱德山产区出品很稳定的酒庄，沙朗酒庄的建立始于 1989 年马丁 · 肖和马克尔 · 赫尔 · 史密斯这对表兄弟的一次午餐。他们的红葡萄酒和充满活力的白葡萄酒都倍受推崇，但最先引起国际葡萄酒界注意的是他们的长相思干白葡萄酒。如今，它已成为澳大利亚长相思的标杆，是酒庄很重要的一款葡萄酒，也是沙朗酒庄踏足高端系列的一个切入点。这款酒结合了新鲜的青草味道和成熟的桃子、梨子和粉红葡萄柚的味道，活泼的酸度使这款酒在年轻时非常易饮。

Jones Rd, Balhannah, SA 5242
www.shawandsmith.com

斯基罗加里酒庄（Skillogalee）

南澳大利亚–克莱尔山谷产区

斯基罗加里酒庄雷司令干白葡萄酒，克莱尔谷产区
Riesling, Clare Valley (white)

帕尔默夫妇是酒庄创始者，斯基罗加里酒庄所有的葡萄酒都产自他们 50 万平方米的葡萄园，其中葡萄园里的葡萄藤最初是在 20 世纪 70 年代种植的。第一批葡萄酒于 1976 年上市，其中一款雷司令干白让这家酒庄登上市场舞台，目前这款雷司令还在持续受到酒评家和公众的好评。它拥有清新的酸橙味和花香，入口充满浓郁的柑橘果味，清新的酸度令回味持久悠长。

Trevarrick Rd, Sevenhill via Clare, SA 5453
www.skillogalee.com.au

思宾悦酒庄（Spinifex Wines）

南澳大利亚–巴罗萨产区

罗拉干白葡萄酒，巴罗萨山谷产区
Lola, Barossa Valley (white)

皮特 · 谢尔和玛加利 · 吉雷在决定思宾悦酒庄的发展方向时，受到了法国南部葡萄酒风格的影响，因此这家酒庄的风格在巴罗萨地区可谓是新颖有趣的。皮特早在 2001 年就开始生产思宾悦葡萄酒，当时他还不在酒庄工作，但是现在的他已经把所有精力都投入到酒庄建设上。其中罗拉就是一款非常棒的混酿干白葡萄酒，它混合了 6 个葡萄品种——赛美蓉、玛珊、维欧尼、白玉霓、白歌海娜和维曼蒂诺。这款干白葡萄酒十分不同寻常，呈现出独特的香味，并带有一些矿物质的味道，以及浓郁的奶油、柠檬、坚果的味道。

Biscay Road,
Bethany, SA 5352
www.spinifexwines.com.au

那些物超所值的葡萄酒

如何提高以合理价格找到优质葡萄酒的概率？一个很好的办法，就是寻找本书列出的葡萄酒。除此之外，最重要的事情就是了解什么使葡萄酒具有高价值。许多商店和餐厅试图让你购买他们利润最大的葡萄酒，但这些酒可能是批发价格很低的劣质葡萄酒，也可能是大品牌加持的优质酒，尽管加价过度也能销售一空。

想要了解清楚葡萄酒的市场，下面几条信息需要重点关注。

不被重视的葡萄品种

某些葡萄品种或葡萄酒类型会因地区的问题而被低估。例如在美国，白诗南葡萄被酿造成低质量的白葡萄酒，这一行为给白诗南葡萄带来了坏名声，因此即使白诗南葡萄酒来自卢瓦尔河谷或南非这样的优质产区，受重视程度和价格往往也偏低。赛美蓉、琼瑶浆甚至歌海娜也是如此。选择这种不被重视的葡萄品种，既可以享受高质量葡萄品种所带来的愉悦感，又不必花很多的钱。

被低估的产区

世界上那些知名且风土好的产区会生产对应风格的葡萄酒，但这样的酒往往价格很高。比如法国卢瓦尔河谷的桑塞尔产区，这里生产十分优秀的长相思，但价格也十分昂贵。这时候可以尝试桑塞尔周边的产区，如图兰产区，既有桑塞尔相似的风土，价格也不会很高；或其他国家比如智利，长相思在这里不是明星品种，但却有好喝的长相思被酿造出来。

副牌葡萄酒

顶级波尔多酒庄为了保证自己的正牌酒用到的葡萄质量是最好的，往往会酿造一些副牌或三牌葡萄酒，而“筛选”便是划分正牌和副牌酒的方法。酿酒师会抽取并品尝每一个橡木桶或不锈钢罐里的葡萄酒，然后选出质量最好的作为正牌酒，因此通过筛选掉较低质量的葡萄酒，便可逐步提升正牌酒的质量。在大多数年份里，这些被筛掉的且有小瑕疵的葡萄酒，就会被当作最为优质副牌酒来销售，价格也会大大降低。

酒庄混酿

酿酒厂通常有剩余的葡萄酒，这可能是由于筛选副牌酒（见“副牌葡萄酒”）或者某一年的采摘量巨大，又或者他们普通客户的订单少造成的。总之酿酒厂会将不同的葡萄混合，酿造口感和品质都很不错的葡萄酒，但在酒标上不标葡萄品种，然后以较高的价格出售，赚取微薄的利润，清空酒窖。这些葡萄酒有时被称为“窖藏”或“家族混酿”，或者简单地称为红葡萄酒和白葡萄酒。

“宝藏”酒庄

有些酒庄会“大公无私”地酿造质量很好的葡萄酒，却以很低的价格销售。如果遇到了这样的酒，请记住它们的名字。一般这样的酒庄，要么是几十年前就购买了葡萄园，无须承担过多的费用，要么是庄主十分佛系，不愿做市场推广，一心只想研究酿酒。除此之外，在某些情况下，葡萄酒销售企划里会规定，如果要酿造大批量优质葡萄酒，利润必须压得很低。

司徒尼酒庄（Stonier）
维多利亚州-莫宁顿半岛

司徒尼酒庄黑皮诺干红葡萄酒，莫宁顿半岛产区；司徒尼酒庄霞多丽干白葡萄酒，莫宁顿半岛产区
Pinot Noir, Mornington Peninsula (red); Chardonnay, Mornington Peninsula (white)

司徒尼酒庄是莫宁顿半岛较早建立的酿酒酒庄之一，至今也仍是最好的酒庄。优雅且充满质感的黑皮诺和霞多丽已经证明了酒庄的实力，因此即使是普通的、价格较低的葡萄酒，质量也是不错的。基础款黑皮诺是一款美味且实惠的莫宁顿半岛葡萄酒，它们优雅，质地轻柔，且充满成熟甜美的红樱桃和浆果味道。霞多丽也是莫宁顿半岛上标志性的白葡萄品种，它带有新鲜柑橘的味道，淡淡的橡木气息为霞多丽增添了个性，加上梨子的味道和一丝吐司的味道，余味清新又干净。

2 Thompsons Lane, Merricks, VIC 3916
www.stoniers.com.au

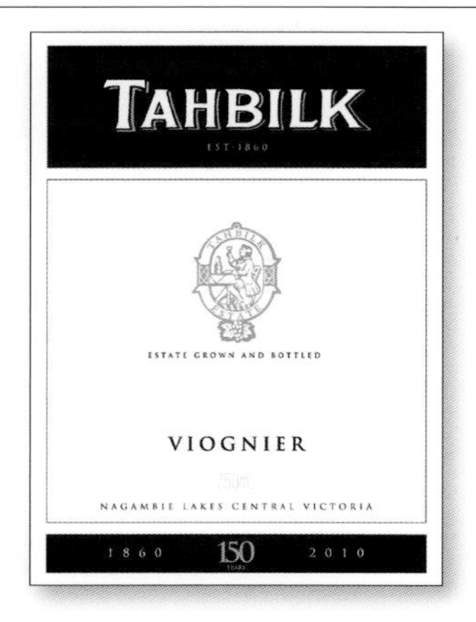

德保酒庄（Tahbilk）
维多利亚州-纳金碧湖区

德保酒庄玛珊干白葡萄酒，纳金碧湖区产区；德保酒庄维欧尼干白葡萄酒，纳金碧湖区产区
Marsanne, Nagambie Lakes (white); Viognier, Nagambie Lakes (white)

德保酒庄的葡萄种植面积约为200万平方米，规模可观。这里的酿酒历史可以追溯到1860年，并深受传统的影响。其中历史悠久且实惠的玛珊白品种就很具传奇色彩，可以用它酿造很有特色的葡萄酒，陈年潜力又极强——年轻时以浓缩度很高的柠檬和酸橙水果味为主，经过10年的瓶中陈年，呈现出吐司、蜂蜡和蜂蜜的味道。另一个值得关注的葡萄品种是维欧尼白葡萄，用它可以酿造浓郁度很高的葡萄酒，不仅拥有葡萄柚的新鲜感，还带有桃子和梨的味道。

Goulburn Valley Hwy, Nagambie, VIC 3608
www.tahbilk.com.au

塔玛峰酒庄（Tamar Ridge）
塔斯马尼亚产区

恶魔角黑皮诺干红葡萄酒
Devil' s Corner Pinot Noir, Tasmania (red)

塔玛峰酒庄现在由布朗兄弟家族所有，是一个大型企业，在澳大利亚3个产区拥有约300万平方米的葡萄园，这些葡萄园都由葡萄种植管理顾问理查德·斯马特监督，而另一位值得提的人是酒庄的CEO兼首席酿酒师安德鲁·皮里博士。在他们的管理下，塔玛峰酒庄凭借着冷凉气候的葡萄酒风格迅速成为塔斯马尼亚的明星酒庄。特别是酒庄的长相思和黑皮诺葡萄酒，它们的质量和价格可以与多价位段的魔鬼阁酒庄葡萄酒不相上下。黑皮诺轻盈又清爽，纯净多汁，拥有丰富的蔓越莓和樱桃果味，单宁平衡，结构紧凑。

653 Auburn Rd, Kayena, TAS 7270
www.tamarridge.com.au

威卡菲泰勒家族酒庄（Taylors Wakefield）
克莱尔谷-南澳大利亚

威卡菲泰勒家族酒庄赤霞珠干红葡萄酒，克莱尔谷
Cabernet Sauvignon, Clare Valley (red)

在首席酿酒师亚当·埃金斯的指导下，生产量50多万箱的威卡菲泰勒家族酒庄的葡萄酒堪称一绝。其中赤霞珠是克莱尔谷很受欢迎的葡萄酒，威卡菲泰勒家族酒庄酿造的基本款赤霞珠干红是系列中非常不错的一支，它拥有俏皮的甜黑醋栗和浆果味道，有明显的辛辣感和矿物质味，余味有非常棒的酸度。如果陈年条件好，这款酒将会有更大的陈年潜力。

Taylors Rd, Auburn, SA 5451
www.taylorswines.com.au

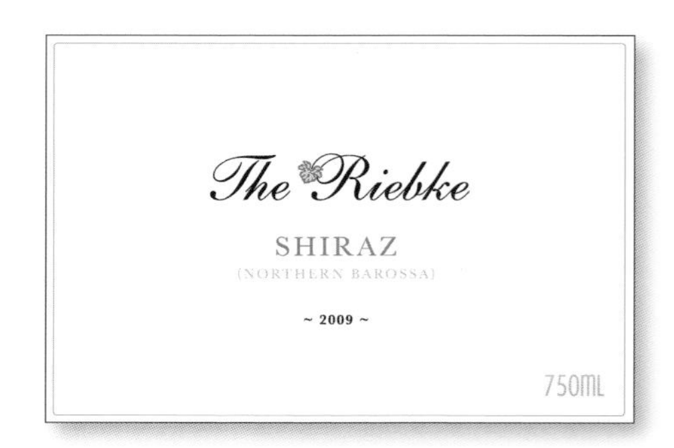

南澳大利亚-巴罗萨谷，特斯纳酒庄（Teusner）

莱贝克西拉子干红葡萄酒，巴罗萨谷
The Riebke Shiraz, Barossa Valley (red)

作为葡萄酒行业新人，年轻的酿酒师金·图斯纳在巴罗萨山谷颇有名气。特斯纳品牌由金和他的妹夫——葡萄栽培学家麦克尔·佩奇一起于2002年创立。这些年来，它们的势力在不断增强，除了一些年份久的贵价葡萄酒，也有一些非常实惠的葡萄酒。其中最经济实惠的一款是莱贝克西拉子干红葡萄酒，这是巴罗萨产区中最经典的葡萄品种。充满了李子、黑莓和樱桃浓郁的芳香，还伴随着丰富的花香味道，最后辛辣感和丰满的单宁完美地平衡了这款酒。

Cnr Research Rd & Railway Terrace, Nuriootpa, SA 5355
www.teusner.com.au

蒂姆·亚当斯酒庄（Tim Adams）

南澳大利亚–克莱尔谷

赛美蓉干白葡萄酒，克莱尔山谷；雷司令干白葡萄酒，克莱尔山谷
Semillon, Clare Valley (white); Riesling, Clare Valley (white)

蒂姆·亚当与当地库珀比尔·雷有过短暂的合作关系，但在比尔去世后终止了合作，并于1987年创立了以自己名字命名的酒庄。从那时起，他在克莱尔谷的葡萄酒庄便建立起了国际声誉。每年从山谷的11个葡萄园中（蒂姆拥有4家）收获超过1000吨（984吨）的葡萄，并且在不断扩大酿酒厂的范围。这里最好的葡萄酒是力量感丰富且拥有陈年潜力的赛美蓉白葡萄酒和矿物质感十足的雷司令白葡萄酒。赛美蓉白葡萄酒口感爽脆、果香浓郁、香草和甜瓜味丰富、酸度高，是一款适合佐餐且性价比高的白葡萄酒。而酒庄的雷司令白葡萄酒是克莱尔谷产区经典的清爽风格的干型葡萄酒，富含矿物质和柠檬的味道，酸度舒适。

Clare, SA 5453
www.timadamswines.com.au

美食美酒：巴罗萨西拉

澳大利亚的西拉葡萄酿出的酒有着墨汁一样深的颜色，非常明显的覆盆子、樱桃、博伊森莓、丁香、薰衣草、薄荷脑和香草（来自桶内陈年）的味道，尤其是来自麦克拉伦谷和巴罗萨谷的西拉。这些葡萄酒不闭塞也非常好理解。它们香气开放、热情，味道很友好，一入口就会被大众接受、喜欢。

澳大利亚高端葡萄酒通常会使用橡木桶酿造，因此有很多成熟、甜甜的水果味道，不过酒精含量也偏高，但整体非常平衡，并不突兀。还有很多平价酒可供选择，它们的口感也很柔和、干净、宏大、热情并且充满辛香料的味道，足以满足多数人的味觉，就像大家喜欢鸡尾酒或开胃酒一样。另外，澳大利亚葡萄酒还能与各种各样的菜肴完美搭配。

口味较淡的巴罗萨谷西拉红葡萄酒可以轻松搭配比萨、汉堡、烤肉串和排骨，或者微辣的香肠和意大利面。中等酒体的西拉红葡萄酒是炖牛肉、烤牛排、烤猪里脊或烤羊腿的理想选择。

饱满又丰盈的西拉红葡萄酒非常适合搭配肉类菜肴，葡萄酒中的薄荷味也可以完美契合搭配烤羊排的薄荷酱。另外，食物和酒之间的风味像是搭起的一座桥梁，比如成熟的水果香与深色肉类之间有些许不搭，像是鹿肉或澳大利亚当地的袋鼠肉，而澳大利亚西拉红葡萄酒可以很好地将两者的味道衔接，完美融合在一起。

比萨上面的香肠与水果味的西拉红葡萄酒形成对比。

托布雷酒庄（Torbreck）

南澳大利亚–巴罗萨产区

托布雷酒庄青春干红葡萄酒，巴罗萨产区
Cuvée Juveniles, Barossa Valley (red)

自创始人兼首席酿酒师大卫·鲍威尔于1997年推出托布雷酒庄首批年份酒以来，就吸引了大批追随者，尤其是在美国。这款酒的风格是宏大、浓郁又芳香的，但他们不酿造过熟风格，会保留一些精致的结构感。托布雷酒庄所有产品都很棒，其中包括最实惠的一款——青春干红，这个名字来源于巴黎一个狂热的酒吧。因为托布雷酒庄在1999年为这家酒吧酿造了专门属于它的独家葡萄酒，并用酒吧名字为其命名。这款酒有非常强的肉感，不过桶但非常香。这表现出了庄主大卫·鲍威尔对法国隆河的葡萄品种——歌海娜、慕合怀特和西拉子的热情。柔软又感性，大胆又诱惑，成熟多汁的黑莓和黑樱桃果味，伴随着清爽的酸度和柔滑的单宁，这款酒不仅在年轻状态时极具诱惑，甚至还能放在酒窖里陈年几年。

Roennfeldt Rd, Marananga, SA 5355
www.torbreck.com

双掌酒庄（Two Hands Winery）

南澳大利亚–巴罗萨谷产区

双掌酒庄花花公子干红葡萄酒，巴罗萨山谷
Gnarly Dudes, Barossa Valley (red)

双掌酒庄由一名葡萄酒出口商迈克尔·陶菲和他的前会计，以及商业伙伴查理德·明茨共同建立。他们用大胆的口味，成熟且高酒精度的红葡萄酒冲击了美国市场。这款葡萄酒酿造精良，包装精美，尽管有些人可能会认为它们的风格有点夸张，觉得双掌酒庄是在用过分的成熟度来制造高价值，但是，如果你喜欢味道浓郁，就像一个拳头那样有力的风格的葡萄酒，那双掌酒庄的葡萄酒肯定会吸引你。广阔、优质的产区拥有丰富的葡萄品种，这些产地包括麦克拉伦谷，帕德萨维，希思科特，当然也包括巴罗萨。其中巴罗萨西拉子葡萄生产的双掌酒庄花花公子干红葡萄酒就是一个不错的选择——非常饱满、丰富、浓郁，带着活泼感和新鲜感，又拥有超级成熟的黑浆果和樱桃水果味。

Neldner Rd, Marananga, SA 5355
www.twohandswines.com

蒂勒尔酒庄（Tyrrell's）

新南威尔士–猎人谷

希思科特西拉子红葡萄酒，维多利亚
Heathcote Shiraz, Victoria (red)

默里·泰瑞尔和他的儿子——现任董事总经理布鲁斯，是猎人谷产区蒂勒尔酒庄持续成功的推动力量。追溯到1858年，它是猎人谷产区的先锋力量之一。泰瑞尔在20世纪80年代和90年代发展迅速，但近些年来，酒庄降低了对猎人谷产区的重视程度，把注意力放在了高质量葡萄酒领域上，因而关注了新的领域——郎菲，这一系列包含了澳大利亚一些质量非常好的葡萄酒，其中就有著名的且屡获殊荣的赛美蓉白葡萄酒，另外也包含了部分蒂勒尔酒庄的红葡萄酒。其中这款来自维多利亚希思科特地区的西拉子红葡萄酒颜色很深，呈现出甜美且浓郁的黑莓、黑樱桃果香，伴随着一些橡木桶陈年带来的香料和香草味道。

1838 Broke Rd,
Pokolbin, NSW 2320
www.tyrrells.com.au

威拿酒庄（Wirra Wirra）
南澳大利亚–麦克拉伦谷

第十二人霞多丽干白葡萄酒，阿德莱德山
The 12th Man Chardonnay, Adelaide Hills (white)

1969 年，格雷格·特洛特和他的堂弟罗杰重新开放了这座麦克拉伦谷历史悠久的酿酒厂，并在这里重新开始酿酒。现在每年大约有 10 万箱葡萄酒从威拿酒庄运往全球各地的客户手中，这些酒中不乏大量的优质葡萄酒，主要由麦克拉伦谷的葡萄酿造。其中第十二人霞多丽干白葡萄酒是个例外，它是由附近阿德莱德山生长的葡萄酿制而成的。这是一款用橡木桶熟成的白葡萄酒，散发着诱人的桃子和柑橘的香味，混合着酸橙和柚子的味道，带有辛辣和坚果的圆润口感。紧致的口感中散发着清爽的酸度，为这款高性价比的白葡萄酒带来质感和平衡。

McMurtrie Rd, McLaren Vale, SA 5171
www.wirrawirra.com

纷缤酒庄（Wolf Blass）
南澳大利亚，巴罗萨谷

黄牌赤霞珠干红葡萄酒，南澳大利亚
Yellow Label Cabernet Sauvignon, South Australia (red)

纷缤酒庄是福斯特集团顶级的品牌，虽然酒庄产出的酒拥有很广的价格区间供人挑选购买，但是酒的质量却非常稳定且优质。这对于一个每年生产 400 万箱葡萄酒的公司来说，是一个相当了不起的成就。他的不同系列是根据酒标颜色区分的，黄色酒标是它的基础款，有趣且性价比高。这一系列里，赤霞珠红葡萄酒比较便宜，容易被接受，也更常见，并且还很美味——成熟的黑醋栗果实和一些辛辣的橡木味完美地融合在一起。这种实惠又美味的葡萄酒应该在市场上多多出现呀！

97 Sturt Hwy, Nuriootpa, SA 5355
www.wolfblass.com.au

温德姆酒庄（Wyndham Estate）
新南威尔士州–猎人谷

乔治·温德姆西拉子赤霞珠干红葡萄酒，猎人谷
George Wyndham Shiraz Cabernet (red)

温德姆酒庄在猎人谷产区有着悠久历史，虽然目前只有一个酒庄，但在不同产区都有酿酒。在许多入门级葡萄酒生产过剩并遭受损失的时期，新乔治·温德姆系列葡萄酒更重视质量的提升，并且，即使品质有了显著提高，但价格仅仅小幅上涨。浓郁强劲的西拉子混酿赤霞珠红葡萄酒应运而生。圆润可口，大量甜美的浆果、香料和薄荷的香味，伴随着坚果与橡木的味道，与黑醋栗的味道完美地融合在一起。余味干净，单宁细腻，一切都恰到好处。

700 Dalwood Rd, Dalwood, NSW 2335
www.wyndhamestate.com

亚比湖酒庄（Yabby Lake）
维多利亚州–莫宁顿半岛产区

亚比湖酒庄霞多丽干白葡萄酒，莫宁顿半岛；亚比湖酒庄黑皮诺干红葡萄酒，莫宁顿半岛
Red Claw Chardonnay, Mornington Peninsula (white); Red Claw Pinot Noir, Mornington Peninsula (red)

雅比湖葡萄酒是用克瑞博家族 4 个独立酒庄的葡萄酿造的，他们的酿酒师兼总经理汤姆·卡森为酒庄带来了很多复杂、优雅却又明媚雀跃的葡萄酒，赤爪系列的霞多丽和黑皮诺就是最好的例子，价格上也是颇为实惠。霞多丽果香浓郁，带着坚果和烤面包的味道，酸度自然清新，余味悠长。黑皮诺口感丝滑，樱桃香、香料、薄荷和橡木味突出。

112 Tuerong Rd, Tuerong, VIC 3933
www.yabbylake.com

御兰堡酒庄（Yalumba Winery）
南澳大利亚–巴罗萨谷产区

御兰堡酒庄 Y 系列维欧尼干白葡萄酒，南澳大利亚产区；御兰堡酒庄普西河谷雷司令干白葡萄酒，伊顿谷产区
Y Series Viognier, South Australia (white); Riesling Pewsey Vale, Eden Valley (white)

御兰堡酒庄成立于 1849 年，是澳大利亚最古老的家族酒庄。它的产量很大，尽管每年生产近 100 万箱，但质量很好且十分稳定。其中 Y 系列拥有极高的性价比，特别是维欧尼白葡萄酒，它拥有许多桃子和梨的果香，余味简洁但十分有内涵。御兰堡酒庄如今在伊顿谷拥有了葡萄园——普西河谷，这里以出产优质、价格合理的雷司令葡萄酒而闻名。清新的柑橘和酸橙的果香，带有花香和金银花的味道。不仅可在当下开瓶即饮，还能有 20 年之久的陈年潜力。

Eden Valley Rd, Angaston, SA 5353
www.yalumba.com

耶利亚酒庄（Yering Station）
维多利亚州–雅拉谷

薇洛湖老藤霞多丽干白葡萄酒，雅拉谷
Willow Lake Old Vine Chardonnay, Yarra Valley (white)

耶利亚酒庄是维多利亚的第一个葡萄园，最初的葡萄藤种植于 1837 年。1966 年，它被拉斯伯恩葡萄酒集团收购，在明星酿酒师汤姆·卡森的指导下，它以产出世界级葡萄酒而闻名。2008 年接替汤姆·卡森的威利·伦恩继续打造获奖葡萄酒，尽管同时代的薇洛湖老藤霞多丽干白葡萄酒备受赞誉、连连获奖，但实际上却是汤姆·卡森的功劳。这款酒有着精致的柠檬香气和紧致的结构，除此之外还拥有青苹果和湿板岩的清香，这款酒散发出浓郁的矿物质气息，烟熏余味悠长。

38 Melba Hwy, Yarra Glen, VIC 3775
www.yering.com

新西兰

新西兰在 20 世纪 80 年代迅速登上了全球葡萄酒舞台，其中新西兰马尔堡长相思白葡萄酒到如今都主导着市场，且十分具有标志性。它有明显且成熟香甜的醋栗和百香果的香气，以及它脆爽的酸度，使得这款白葡萄酒很容易被接受，且辨识度很高。近些年，继长相思白葡萄酒的成功之后，新西兰又在大力推广当地果味十足、口感丝滑的黑皮诺红葡萄酒，甚至它的质量比法国勃艮第地区的黑皮诺还要稳定（且价格相当便宜）。

许多人认为，新西兰复杂的霞多丽、丰盈的灰皮诺和清新的雷司令干白葡萄酒比长相思白葡萄酒更好。不仅如此，他们还认为来自新西兰霍克斯湾地区的西拉红葡萄酒甚至可以和法国北隆河谷的西拉葡萄酒同台竞争、一决高低。

阿拉酒庄（Ara）
马尔堡产区

阿拉酒庄复合黑皮诺干红葡萄酒，马尔堡产区；阿拉酒庄复合长相思干白葡萄酒，马尔堡产区
Composite Pinot Noir, Marlborough (red);Composite Sauvignon Blanc, Marlborough (white)

顶级的酿酒师都被吸引到马尔堡产区。直到2011年年初，这些葡萄酒都是由达米安·马丁博士酿造的，他是一位波尔多出身的酿酒师，他酿造的葡萄酒比他许多的同行酿造的更具有欧洲风格。阿拉酒庄复合黑皮诺干红葡萄酒是马丁博士的作品，这款酒有丰富的樱桃浆果味，略带辛辣和泥土味，酸度适中，值得在地窖里放上几瓶。阿拉酒庄复合长相思干白葡萄酒以清新的青草味和柚子味为主，还有一些吸引人的矿物质味，它并不华丽，但相当经典。阿拉酒庄的未来一片光明，该酒庄聘请了杰夫·克拉克作为马丁的继任者，他曾在蒙大拿/布兰考特地产工作长达17年。

Renwick, Marlborough
www.winegrowersofara.co.nz

新天地酒庄（Ata Rangi）
马丁堡产区

新天地酒庄胭脂黑皮诺干红葡萄酒，马丁堡产区
Crimson Pinot Noir, Martinborough (red)

虽然新天地酒庄的黑皮诺红葡萄酒是新西兰最受追捧的葡萄酒，但排名第二的新天地酒庄胭脂黑皮诺干红葡萄酒要实惠得多，也更容易买到。在口感上，它拥有丰富的红色樱桃浆果味和一些草本味道，增添了复杂性。1980年，克莱夫·佩顿在很少的投资和宣传的情况下创立了新天地酒庄，在早期的大部分时间里，它都是沿着类似的路线经营。如今这里的葡萄园已扩大到30万平方米，酿酒师是才华横溢的海伦·马斯特斯，生产的葡萄酒品种包括长相思、雷司令、波尔多、西拉、灰皮诺和黑皮诺。

Puruatanga Rd, Martinborough, South Wairarapa
www.atarangi.co.nz

天秤酒庄（Bilancia）
霍克斯湾

天秤酒庄灰皮诺干白葡萄酒，霍克斯湾产区
Bilancia Pinot Gris, Hawkes Bay (white)

天秤酒庄成立于1997年，其名字来源于意大利语中的天秤座，该酒庄的所有者沃伦·吉布森和他的妻子洛林·莱尼都是这个星座的人。天秤酒庄也有“平衡”或“和谐”的意思，这两个词十分恰当地形容了这家酒庄的酿酒风格。这对夫妇最出名的可能是他们的西拉，但从酒庄名称中可以看出，酒庄受意大利因素影响较多，因此酒庄的灰皮诺质量或许会更高。酒庄的灰皮诺干白葡萄酒与一般中性的灰皮诺葡萄酒风格有很大差别，它的口感顺滑饱满、复杂，带有梨和香料的味道。

Stortford Lodge, Hawkes Bay
www.bilancia.co.nz

布兰德河酒庄（Blind River）
马尔堡产区–阿瓦特利谷

布兰德河长相思干白葡萄酒，马尔堡产区
Sauvignon Blanc, Marlborough (white)

来自阿瓦特利谷布兰德河酒庄的长相思是新西兰较好的品种，有新鲜的百香果和葡萄柚的香味，以及清新的青草味。10%的果汁在老橡木桶中发酵，增加了葡萄酒的风味和口感。布兰德河酒庄是一个小型酒庄，最初是被作为巴里和戴安·费克尔夫妇的退休所居住的地方，然而事情很快变得更严肃了起来，现在酒庄由他们的三个女儿经营：黛比（一位在澳大利亚和美国加利福尼亚州有经验的酿酒师）、苏西和温迪。

Redwood Pass, Awatere Valley, RD4, Blenheim, Marlborough
www.blindriver.co.nz

布兰卡特酒庄（Brancott Estate）

马尔堡产区

布兰卡特酒庄长相思白葡萄酒，马尔堡产区
Sauvignon Blanc, Marlborough (white)

随着 2010 年份葡萄酒的推出，新西兰最大葡萄酒公司的名字从 Montana 改为布兰卡特酒庄，这个名字已经在美国使用了。该酒厂成立于 20 世纪 70 年代，现在由保乐力加集团所有，每年生产 2 万吨的长相思葡萄，并大量生产马尔堡长相思干白葡萄酒。口感清新，充满活力，拥有百香果、柚子和柑橘类水果的味道，这款入门级葡萄酒最好在其年轻时饮用。

State Hwy 1, Riverlands, Blenheim, Marlborough
www.brancottestate.com

云雾之湾酒庄（Cloudy Bay）

马尔堡产区

云雾之湾罗盘天然极干型起泡酒，马尔堡产区
Pelorus Brut NV, Marlborough (sparkling)

在新西兰，几乎没有比云雾之湾酒庄更有名的品牌了。云雾之湾酒庄凭借其传奇的马尔堡长相思干白，在将新西兰葡萄酒产业推上全球舞台的过程中发挥了巨大作用。这种葡萄酒可能已经不像过去那样了——它的产量肯定比过去高得多，但这家生产商仍然是新西兰重要且注重质量的生产商。实际上，云雾之湾酒庄的罗盘天然极干型起泡酒也非常棒。它有新鲜的柑橘味和浓厚的烤吐司的味道，酸度和水果的纯净感相结合，最后还有精致的葡萄柚味道作为点缀。

Jacksons Rd, Blenheim, Marlborough
www.cloudybay.co.nz

克拉吉酒庄（Craggy Range）

霍克斯湾产区

克拉吉卡狐红葡萄酒，霍克斯湾产区；克拉吉老瑞克园长相思干白葡萄酒，马尔堡产区
Te Kahu, Hawkes Bay (red); Sauvignon Blanc Old Renwick Vineyard, Marlborough (white)

克拉吉卡狐是一款优雅的红葡萄酒，由霍克斯湾产区著名的吉布利特砾石园产区的顶级酿酒师混合美乐、赤霞珠酿制而成，带有皮毛和矿物质味道，还有黑樱桃和黑加仑果味。这款酒非常浓郁，有一些巧克力和焦油的混合味道，是旧世界和新世界风格的完美结合，这种描述也适用于老瑞克园长相思干白葡萄酒，这款长相思不是大众通常喜欢的那种浓烈香气的马尔堡风格，尽管它有柑橘味，但草本植物和矿物质的味道都十分克制，既优雅又适合配餐。

253 Waimarama Rd, Havelock North, Hawkes Bay
www.craggyrange.com

三角酒庄（Delta Vineyard）

马尔堡产区

三角海特山黑皮诺干红葡萄酒，马尔堡产区
Hatter' s Hill Pinot Noir, Marlborough (red)

2000 年，在另外两位投资者的帮助下，伦敦酒商大卫·格利夫和新西兰酒商马特·汤姆森在马尔堡的怀霍派谷成立了三角酒庄。两人之前在意大利合作过一系列葡萄酒酿造项目，在一起旅行的几个小时里，他们又策划了一起酿酒的计划。他们在 2001 年和 2002 年种植了第一批葡萄藤——在汤姆森发现的一处土壤活力低但黏土丰富的地方，非常适合生产高质量黑皮诺葡萄。三角海特山黑皮诺干红葡萄酒采用了种植在山坡上的葡萄，是一款性价比很高的黑皮诺红葡萄酒。它有丰富的樱桃和浆果果味，淡淡的泥土味和良好的酸度，十分纯净且富有表现性。

2A Opawa St, Blenheim, Marlborough
www.deltawines.co.nz

多吉帕特酒庄（Dog Point Vineyard）

马尔堡产区

多吉帕特酒庄霞多丽干白葡萄酒，马尔堡产区
Chardonnay, Marlborough (white)

云雾之湾酒庄对多吉帕特酒庄的影响尤为突出：詹姆斯·希利和伊安·苏兰德在创立多吉帕特酒庄之前，分别是著名的马尔堡生产商的酿酒师。使用来自瓦劳山谷附近的顶级葡萄园的果实，并且酿造一系列的高品质黑皮诺、霞多丽、长相思葡萄酒。霞多丽是这些葡萄品种中令人兴奋的品种之一，目前在新世界的任何地方都有种植。这款霞多丽干白葡萄酒在法国橡木桶中存放了 18 个月，会有一些烘烤的味道，燧石味伴随桃子和梨子果味，以活泼的酸度作为最后的点缀。总而言之，这款霞多丽干白葡萄酒非常棒。

Dog Point Rd, Renwick, Marlborough
www.dogpoint.co.nz

埃斯克谷酒庄（Esk Valley）
霍克斯湾产区

埃斯克谷华帝露干白葡萄酒，霍克斯湾产区
Esk Valley Verdelho, Hawkes Bay (white)

加强型葡萄酒曾是霍克斯湾产区的酒庄常酿造的葡萄酒，而这家酒庄的历史可以追溯到20世纪30年代（以新西兰为背景），当时该酒庄叫格伦维尔。埃斯克谷酒庄在20世纪80年代进入低迷状态后，被新玛利的创始人乔治·菲斯托尼奇收购，但它一直是独立管理；自1993年以来被戈登·拉塞尔领导才开始走上正轨。拉塞尔是一个土地主义者，他喜欢寻找土地上的“最小单位”，如埃斯克谷华帝露干白葡萄酒，这是新西兰唯一用这种葡萄酿制而成的葡萄酒，不仅具有创新的价值，口感上在新鲜的草本植物、丰富的柑橘果味，饱满的质地下还有舒适的酸度。

Main Rd, Bay View, Napier, Hawkes Bay
www.eskvalley.co.nz

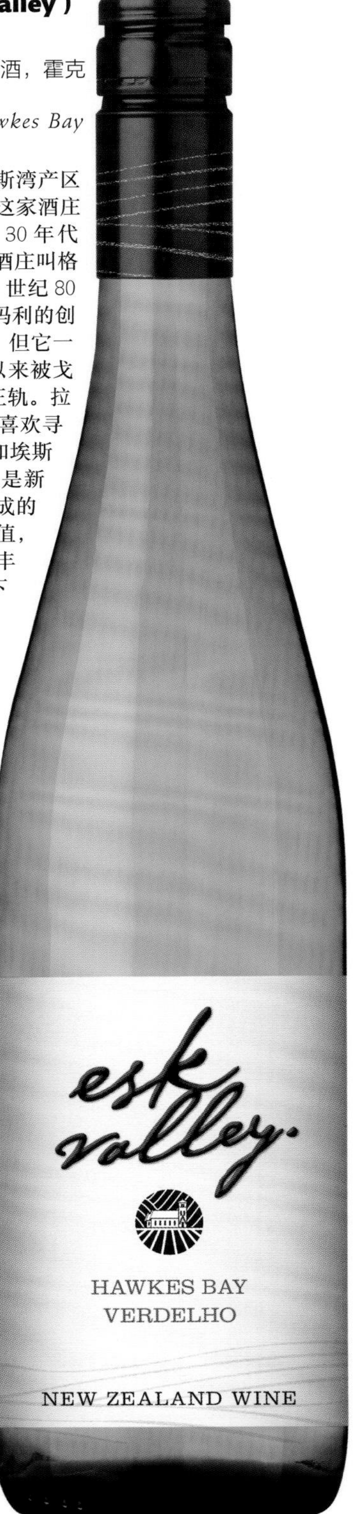

狐岛酒庄（Foxes Island Wines）
马尔堡产区

狐岛贝尔沙沃特园雷司令干白葡萄酒，马尔堡产区；狐岛贝尔沙沃园精选黑皮诺干红葡萄酒，马尔堡产区
Riesling, Marlborough (white); Fox by John Belsham Pinot Noir, Marlborough (red)

狐岛雷司令干白葡萄酒产自阿瓦蒂尔一个石头覆盖的葡萄园，这是一款纯净的、矿物质味充足的干型葡萄酒，带有浓郁的青柠味，非常美味且有陈年潜力。另一款狐岛贝尔沙沃园精选黑皮诺干红葡萄酒更有趣，质感丝滑又轻盈，这款黑皮诺有红樱桃和蔓越莓的果味，还带有些许香辛料的味道，富有表现力且优雅，性价比很高。酒名中的“约翰·贝尔沙姆”源于1977年波尔多塞途城堡酒庄的葡萄酒，后来他在新西兰开设了一家合同酿酒厂——维克特，后续又合伙建立了马腾酒庄、亨特酒庄和狐岛酒庄，在1988年有了自己的葡萄园。

8 Cloudy Bay Drive, Cloudy Bay Business Park, RD4, Blenheim, Marlborough
www.foxes-island.co.nz

弗雷明汉酒庄（Framingham）
马尔堡产区

弗雷明汉酒庄经典雷司令白葡萄酒，马尔堡产区
Classic Riesling, Marlborough (white)

弗雷明汉酒庄是新西兰雷司令的权威，他们生产了很多雷司令白葡萄酒。经典雷司令干白可能是该酒庄最便宜的一款，但它的味道很棒，呈现出圆润的柑橘果味，口感非常平衡，性价比很高。该酒庄的历史可以追溯到20世纪80年代初。当时雷克斯·布鲁克-泰勒第一次来到马尔堡产区开垦葡萄园，该酒庄的第一批葡萄酒于1994年上市，在1997年又新建立了一座酒庄。酒庄雷司令的名气要归功于酿酒师安德鲁·黑德利，他在这款酒上倾注了太多热情和心血。

no visitor facilities
www.framingham.co.nz

格拉斯顿酒庄（Gladstone Vineyard）
怀拉拉帕产区

格拉斯顿灰皮诺白葡萄酒，怀拉拉帕产区
Pinot Gris, Wairarapa (white)

当大卫·克诺汉成为了惠灵顿大学建筑系的教授时，克里斯汀·克诺汉和大卫·克诺汉在20世纪70年代便离开了他们的祖国苏格兰，并在新西兰买下了格拉斯顿酒庄，从此进入了葡萄酒行业。格拉斯顿葡萄园是怀拉拉帕产区其中的一块葡萄园，于20世纪80年代中期开发。在过去的15年里，这里经营起来了餐厅和酒庄，葡萄园也在扩大。这里的工作都是以可持续的方式完成的，在葡萄藤之间种植作物，为有益的昆虫提供生存环境，并且葡萄园和酿酒厂都有安装触屏投影仪。格拉斯顿酒庄酿造黑皮诺红葡萄酒的同时，也会酿造灰皮诺白葡萄酒，通常灰皮诺拥有醇厚的质地和口感，具有浓郁的蜜瓜果香和新鲜的柑橘味道。

Gladstone Rd, RD2, Carterton, Wairarapa
www.gladstonevineyard.co.nz

杰克逊酒庄（Jackson Estate）
马尔堡产区

杰克逊谢尔特霞多丽干白葡萄酒，马尔堡产区
Shelter Belt Chardonnay, Marlborough (white)

新西兰的霞多丽被低估了，正如杰克逊酒庄出产的谢尔特霞多丽干白葡萄酒所证明的那样，霞多丽是新西兰较好的葡萄品种。口感丰富而新鲜，复杂的香料和吐司味道与梨子、桃子的水果味相辅相成，口味大胆而又非常和谐。杰克逊酒庄由约翰·斯蒂奇伯里于 1987 年创立，1991 年推出第一批葡萄酒，是新西兰顶级的葡萄酒生产商。才华横溢的首席酿酒师迈克·帕特森一直都十分优秀，甚至他在酿酒时会从 5 个葡萄园中精心挑选他想要的果实。

22 Liverpool Street, Renwick, Marlborough
www.jacksonestate.co.nz

库姆河酒庄（Kumeu River）
奥克兰产区

库姆河乡村霞多丽干白葡萄酒，奥克兰产区
Kumeu River Village Chardonnay, Auckland (white)

库姆河酒庄是酿造霞多丽葡萄酒的权威，他的酒庄证明了新西兰的霞多丽葡萄值得让世界各地的人看到。这是一个家族企业，由布拉科维奇三兄弟迈克尔、米兰和保罗经营，他们的祖父母是从克罗地亚移民到新西兰的。尽管这个家族从 20 世纪 40 年代就开始种植葡萄，但正是这三兄弟成就了这个酒庄，从酿酒到葡萄栽培，再到市场营销，他们什么工作都干。这家酒庄位于奥克兰市西北部的库姆，生产少量黑皮诺和各种霞多丽。入门级的库姆河乡村霞多丽干白葡萄酒是高性价比的代表——新鲜，充满果香，一点点烤面包味，还带有一些柑橘味和成熟苹果的味道。就像上等的夏布利干白葡萄酒，但口感上要比其更饱满一些。

550 State Hwy 16, Kumeu
www.kumeuriver.co.nz

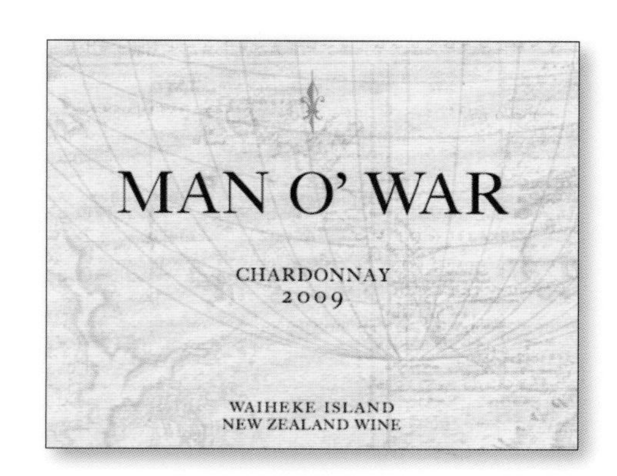

门欧沃酒庄（Man O' War）
奥克兰–怀赫科岛

门欧沃霞多丽白葡萄酒，怀赫科岛
Man O' War Chardonnay, Waiheke Island (white)

门欧沃霞多丽白葡萄酒有着甜瓜、菠萝、梨和桃子的味道，

美食美酒：新西兰长相思白葡萄酒

虽然长相思起源于波尔多，但最具表现力的长相思风格在新西兰，那里的气候和强烈的阳光会让成熟的长相思充分展现出浓郁的味道。

新西兰长相思以其丰富的水果味和成熟的热带水果香气闻名于世，如番石榴、杧果、阳桃、百香果和菠萝味。随着葡萄在藤上的成熟，其草本的味道会变得不那么强烈，但如果没有这些草本味道，它所酿造的葡萄酒味道可能会变得不平衡，所以很多酿酒师都会加入一些成熟度低的葡萄来增加醋栗或青草的味道。

这些味道浓郁、新鲜、充满活力的长相思不仅很容易作为开胃酒被享用，它们也很适合搭配各种菜肴，尤其是那些简单不复杂的菜肴。配上当地美食，如炸鱼薯条和椰子鱼黄瓜沙拉，长相思的酸度便可以轻松解腻。

长相思的轻盈感足够搭配更多国际知名的菜肴，比如柠汁腌鱼生，甚至还可以完美搭配工作日的晚餐，比如大虾配甜瓜莎莎酱、烤辣椒、柠檬鸡或茴香橘子配羊奶芝士沙拉。

炸鱼薯条完美搭配长相思白葡萄酒。

还有些许的烘烤味道，是因为这款酒有部分在橡木桶中发酵，但大部分是在不锈钢罐中发酵的。这款酒产于怀赫科岛上一个优秀又努力的酒庄。门欧沃酒庄成立于1993年，当时斯宾塞家族在该岛遥远的东北端的酒庄里建立起了一片很大的葡萄园（1821万平方米），他们的第一批葡萄酒被起名为“史通巴特”，这个名字来自酒庄里的防御系统，但后来很快被换成了“门欧沃”这个名字作为系列名称。这个家族现在拥有61万平方米的葡萄园，这些葡萄园被分成90个小地块，所有的工作会在葡萄园经理马特·艾伦的领导下手工完成，他是在酒庄开垦葡萄园的人，而酿酒部分的工作则由邓肯·麦克塔维什来完成。

Man O' War Bay Rd, Man O' War Bay, Waiheke Island
www.manowarvineyards.co.nz

马丁堡酒庄（Martinborough Vineyard）
马丁堡产区

马丁堡特拉黑皮诺干红葡萄酒，马丁堡产区
Te Tera Pinot Noir, Martinborough (red)

马丁堡特拉黑皮诺干红葡萄酒是马丁堡酒庄的第二款黑皮诺红葡萄酒。它本身就是一款非常棒的葡萄酒，优雅、清新、口感平衡，带有明亮的樱桃果味和一些草本植物的味道。土壤学家德里克·米尔恩博士于1978年发表一份报告，该报告认为马丁堡产区是新西兰最适合种植黑皮诺葡萄的地方。米尔恩用实际行动证明了他的论断，他成为1980年建成的马丁堡酒庄的投资者之一。1984年葡萄园出产了第一批商业葡萄酒。1986年，投资者聘请了拉里·麦肯纳担任酿酒师。克莱尔·穆赫兰和保罗·梅森先后接替了麦肯纳的酿造职位，他们一起不断地证明了米尔恩博士的先见之明。

Princess St, Martinborough, South Wairarapa
www.martinborough-vineyard.com

马塔卡纳酒庄（Matakana Estate）
奥克兰-马塔卡纳产区

马塔卡纳酒庄长相思白葡萄酒，马尔堡产区
Sauvignon Blanc, Marlborough (white)

马塔卡纳酒庄有一款集中度很高且新鲜活泼的长相思干白葡萄酒，它有甜瓜、百香果、柚子和香草味道，以及清新的余味。该酒庄的名字来自奥克兰北部的一个小葡萄酒区，这里除了有马塔卡纳酒庄，还有其他几家小酒庄。马塔卡纳地区横跨两个半岛，气候与怀赫科岛相似。作为一个精品酒庄，马塔卡纳酒庄会从马塔卡纳产区和新西兰的其他产区采购质量较好的葡萄用于酿酒。

568 Matakana Rd, Matakana
www.matakanaestate.co.nz

米尔顿酒庄（The Millton Vineyard）
吉斯本产区

米尔顿艾莱园白诗南白葡萄酒，吉斯本产区
Millton Chenin Blanc Te Arai Vineyard, Gisborne (white)

米尔顿艾莱园白诗南白葡萄酒是新西兰最好的白诗南吗？很难想象米尔顿酒庄将白诗南葡萄酿造得有多优秀。它拥有浓郁的香草、柑橘、杏子、香料、蜂蜜和蜡的芳香，在口中是丰盈的蜡质感，一些辛辣，杏子味和矿物质感，这是一款非常独特的葡萄酒。它是由詹姆斯·米勒顿酿造的，他是新西兰生物动力生产的先驱。这家酒庄位于新西兰温暖潮湿的地区之一——吉斯本产区。葡萄园里很容易感染病虫害，而詹姆斯·米勒顿要在无化学物质的帮助下实施生物动力法种植葡萄，属实非常难，也非常厉害。

119 Papatu Rd, CMB 66, Manutuke, Gisborne
www.millton.co.nz

困难山酒庄（Mt Difficulty）
中奥塔哥产区

困难山酒庄咆哮梅格黑皮诺红葡萄酒，中奥塔哥产区
Roaring Meg Pinot Noir, Central Otago (red)

困难山酒庄的咆哮梅格黑皮诺红葡萄酒品质很稳定，价格适中，产量相对较高，是中奥塔哥黑皮诺的优质入门酒。它有明亮多汁的樱桃果味，还有黑皮诺经典的草药和皮毛味。困难山酒庄是中奥塔哥中部较大的葡萄酒生产商之一，它由5名合伙人共同创立，每个人都拥有一个葡萄园，第一批葡萄酒于1998年上市。目前该酒庄由一家公司所有，且该公司在费尔顿路还有一个新酒庄。黑皮诺是这里受关注度很高的品种，咆哮梅格和困难山这两个系列品牌都有生产黑皮诺红葡萄酒，其中包括一些优质的单一葡萄园黑皮诺。自1999年以来，酿酒部分一直由马特·戴西负责，在他回到班诺克本之前，他一直在海外酿酒，有4年之久。

Cromwell, Bannockburn, Central Otago
www.mtdifficulty.co.nz

鲁道夫酒庄（Neudorf Vineyards）
尼尔森产区

鲁道夫酒庄明水雷司令白葡萄酒，尼尔森产区
Brightwater Riesling, Nelson (white)

鲁道夫酒庄明水雷司令干白葡萄酒是一款复杂的葡萄酒，具有柠檬和葡萄柚的清新口感，良好的酸度，以及一些矿物质感，高酸一点点残糖达到了完美的平衡。这是这家精品酒庄酿制的优质葡萄酒之一，这家酒庄自1978年以来就一直在经营，对于这个地区的酿酒厂来说，这已经是很长的一段时间了。它仍然由最初的创始人蒂姆·芬恩和朱迪·芬恩经营，他们在两个地方都有葡萄园：穆特尔的住宅街区，以及纳尔逊以南的布莱特沃特。

138 Neudorf Rd, RD2 Upper Moutere, Nelson
www.neudorf.co.nz

帕利斯尔酒庄（Palliser Estate）

马丁堡产区

帕利斯尔长相思干白葡萄酒，马丁堡产区
Sauvignon Blanc, Martinborough (white)

在新西兰，不仅仅是马尔堡地区出产了活泼芳香的长相思，马丁堡地区也有，帕利斯尔酒庄的长相思干白就是一个极好的例子。在口中西番莲果香与葡萄柚和柑橘的新鲜口感互相交织，十分丰富。帕利斯尔酒庄是该地区的开拓者，早在1984年就种植了第一批葡萄藤。由创始股东理查德·瑞德弗德经营，他是该地区的实干家，现在拥有超过80万平方米的葡萄园，使其成为马丁堡较大的生产商。

Kitchener St, Martinborough, South Wairarapa
www.palliser.co.nz

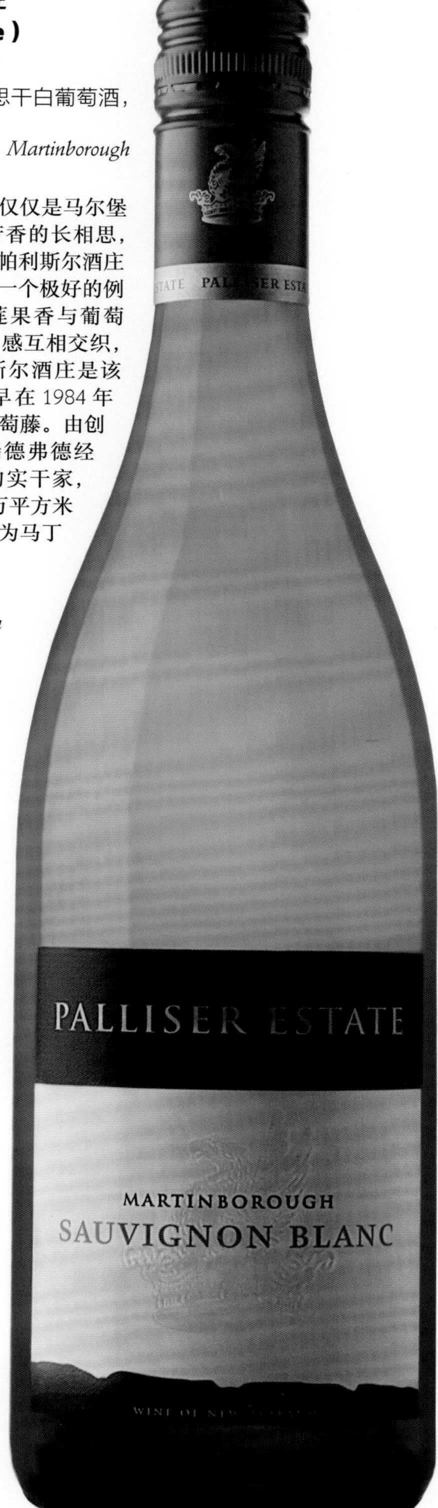

CJ帕斯克酒庄（CJ Pask Winery）

霍克斯湾

金布莱特路西拉（红葡萄酒）
Gimblett Road Syrah, Hawkes Bay (red)

如今，霍克斯湾的吉布利特砾石区出产的葡萄酒可以达到新西兰最高水平。直到1981年那里都没有葡萄藤，因此现在这个产区的葡萄酒质量如此之高就更加令人惊讶了。克里斯·帕斯克是第一在这个产区种植葡萄的人，他创立的公司CJ帕斯克酒庄在吉布利特砾石区产区有超过60万平方米的葡萄田，在霍克斯湾的其他地区还有30万平方米葡萄田。如今，该酒庄由董事总经理兼首席酿酒师凯特·纳德邦德掌舵，他于1991年加入。他酿造的各类葡萄酒品种品质始终如一，包括这款金布莱特路西拉干红。整串发酵增加了这款金布莱特路西拉风味表达的复杂性。这款酒奔放而芳香，带有紫罗兰花香，还有一丝胡椒粉的味道，香气明晰又新鲜。

1133 Omahu Rd, Hastings, Hawkes Bay
www.cjpaskwinery.co.nz

飞马湾酒庄（Pegasus Bay）

怀帕拉

美黛雷司令（白葡萄酒）
Main Divide Riesling, Waipara (white)

美黛雷司令是一种时尚的干白葡萄酒，带有复杂、有质感的酸橙果味和甜美的余味。飞马湾酒庄是怀帕拉对雷司令这个品种有真正的天赋的生产商。这个款令人愉悦且平衡良好的雷司令正是出自此庄。这个酒庄为唐纳森家族拥有，这个家族自20世纪70年代以来一直从事新西兰葡萄酒业务，现在酒庄的葡萄酒由长子马修·唐纳森酿造，他是澳大利亚酿酒学校罗斯沃西的毕业生，他的妻子莱内特·哈德森在林肯大学学习酿酒。唐纳森的父亲伊万·唐纳森是一名教授和顾问神经学家，同时也是葡萄酒作家和葡萄酒展评委，仍然负责监督葡萄栽培和酿酒，唐纳森的弟弟爱德华负责营销。唐纳森家族拥有约40万平方米的酒庄葡萄园可供利用，来自南岛的合作种植者出产的葡萄酒也使用美黛这个名字。

Stockgrove Rd, Waipara, RD2, Amberley, North Canterbury
www.pegasusbay.com

圣山酒庄（Sacred Hill）

霍克斯湾

霍克斯湾西拉（红葡萄酒）
Syrah, Hawkes Bay (red)

梅森家族于1985年在霍克斯湾创办圣山酒庄时聘请了顶级酿酒师托尼·比什。后来比什离开了酒庄，去澳大利亚、马丁堡和中奥塔哥酿造葡萄酒，但家人在1994年又将他招募回来。如今，比什负责酿造的葡萄酒每年的产量约为30万箱，这些酒在国际市场上取得了成功。酒庄中最好的葡萄酒之一是霍克斯湾西拉干红。目前，这种风格的葡萄酒在葡萄酒爱好者中很热门，很少有更好或更实惠的例子。它清新明亮，带有黑胡椒、丁香的味道，这些香气与入口的浆果果实相得益彰。

1033 Dartmoor Rd, Puketapu, Napier
www.sacredhill.com

长相思

这种风味独特、价格低廉的白葡萄品种起源于法国，但是新西兰人用新的葡萄种植技术使这个白葡萄品种风靡全球。

长相思是一种芳香型的葡萄品种，有较冲的味道和使人愉悦的高酸度。它能展现多种果香和植物药草味，取决于它生长的地方。如果它种植在新西兰最凉爽的地区，那就会散发出青草的芳香和浓郁的葡萄柚味道。如果种植在美国加利福尼亚州和智利稍温暖的地区，它就有更多草本植物和成熟的瓜果味道。

赤霞珠是母本

基因研究已经证明长相思白葡萄品种是赤霞珠这个红葡萄品种的亲本，并且这两个品种都土生土长于波尔多，长相思还多与当地的赛美蓉白葡萄混合酿酒。

不锈钢罐与橡木桶，皆可使用

国际风格的长相思干白葡萄酒是在不锈钢罐中酿造而成的，因为低温酿造可以保持长相思的新鲜感。而有些则是在橡木桶中发酵和（或）熟化的，这能使长相思的酒质变得更圆润，并增添很多香草和香料的味道。

容易过度生长

长相思不仅仅果实生长很快，它的藤蔓和枝叶也生长得很快，因此果农要经常修剪长相思的葡萄藤。因为过多的枝叶和藤蔓会形成大面积阴影，遮挡葡萄的生长，从而使葡萄酒产生青草味、树枝味等不好的味道。

味道“阴晴不定”

长相思会因为气候和阳光的变化而大幅改变味道。若它生长在较冷的产区，所酿造的白葡萄酒会有很多柑橘和植物味道；若它生长在温暖的产区，则会产生较多甜瓜的味道。

长相思在哪里种植？

虽然新西兰和美国加利福尼亚州等新世界地区出产大量长相思白葡萄酒，但这个品种在传统的法国占据很重要的地位。

在法国卢瓦尔河谷产区，长相思被酿造成口感清爽的桑塞尔干白葡萄酒、拥有烟熏风味的普依芙美干白葡萄酒，以及其他葡萄酒。

在波尔多，长相思被大型或小型的酒庄酿成地区餐酒，另外还参与混酿了知名的贵腐甜酒——苏玳和巴尔萨克。

由于长相思生长旺盛、产量大且早熟，因此它常被酿造成量大且相对便宜的葡萄酒，比如法国南部、智利和美国加利福尼亚州等地区常酿造这样的葡萄酒。尽管如此，这些长相思干白葡萄酒的质量和风格也有很大差异，所以不妨多尝试几款，去寻找适合自己的品味和消费习惯的长相思干白葡萄酒吧！

以下是酿造长相思葡萄酒的最佳产区，请尝试以下推荐的年份：

法国波尔多产区：2009 年、2008 年、2007 年

法国卢瓦尔河谷产区：2009 年、2008 年

美国加州纳帕谷产区：2010 年、2009 年、2008 年

新西兰：2010 年、2007 年

*Blind River*酿造十分易饮的长相思白葡萄酒，这也是新西兰的经典风格。

希尔森酒庄（Seresin Estate）

马尔堡产区

希尔森酒庄丽娅黑皮诺干红葡萄酒，马尔堡产区
Leah Pinot Noir, Marlborough (red)

丽娅黑皮诺干红葡萄酒是希尔森酒庄6款顶级单一葡萄园中的一款，质量上乘，呈现出黑樱桃和李子的果香，富有矿物质感。未来希尔森酒庄将由电影制片人迈克尔·塞雷辛所有，目前它是马尔堡地区优质的酒庄。酒庄拥有大量的葡萄园，这些葡萄园采用生物动力法（并获得有机认证），酿酒师是克莱夫·杜格尔。他自2006年开始便在希尔森酒庄从事酿酒工作。

85 Bedford RD, Renwick, Marlborough
www.seresin.co.nz

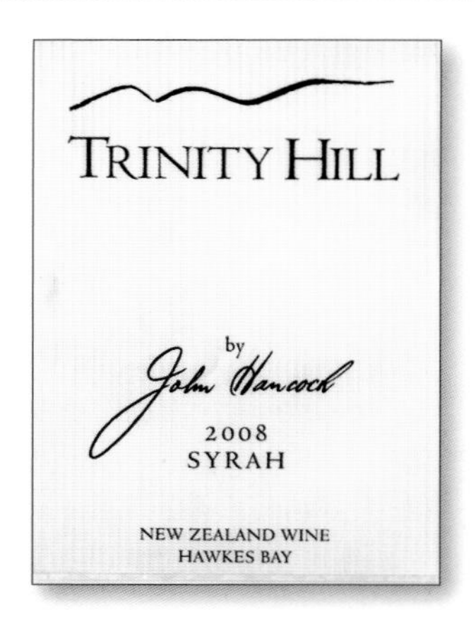

三圣山酒庄（Trinity Hill）

霍克斯湾产区

三圣山酒庄西拉干红葡萄酒，霍克斯湾产区
Trinity Hill Syrah, Hawkes Bay (red)

约翰·汉考克在三圣山酒庄酿造了一些质量非凡的葡萄酒。尽管三圣山酒庄西拉干红葡萄酒是一款入门级葡萄酒，但它有着相当优雅、明亮的口感和满是辛辣感的樱桃浆果味。果味浓郁，富有表现力，十分易饮。汉考克与罗伯特、罗宾·威尔逊、特雷弗和汉娜·詹姆斯合作，建立了三圣山酒庄。1993年，他们在吉布勒特砾石区买下了一个20万平方米的葡萄园；1996年是酒庄第一批葡萄酒售卖年份。之后，他们又在吉布勒特砾石区增加了20万平方米的葡萄园，并在1997年创建了酒庄。

2396 State Hwy 50, RD5, Hastings, Hawkes Bay
www.trinityhill.co.nz

艾兰酒庄（Urlar）

怀拉拉帕产区

艾兰酒庄格莱斯顿黑皮诺干红葡萄酒，怀拉拉帕产区
Urlar Pinot Noir, Gladstone, Wairarapa (red)

这是一款产自怀拉拉帕产区格莱斯顿的黑皮诺，口感鲜美又醇厚，拥有野味和辛辣的黑樱桃和李子浆果味道，并且在口中有充足的新鲜感和辛辣感。庄主是苏格兰人，名叫安格斯·汤姆森，他放弃了自家的农场，来到新西兰酿酒，并在怀拉拉帕产区定居下来，他的酒庄于2004年开始了生物动力法酿酒模式。2008年是他的第一批葡萄酒售卖的年份，目前他已拥有31万平方米的葡萄藤。

No visitor facilities
www.urlar.co.nz

威杜酒庄（Vidal Wines）

霍克斯湾产区

威杜酒庄黑皮诺干红葡萄酒，霍克斯湾产区；威杜酒庄西拉吉布勒特砾石干红葡萄酒，霍克斯湾产区
Vidal Pinot Noir, Hawkes Bay (red); Vidal Syrah, Gimblett Gravels, Hawkes Bay (red)

这是一款来自霍克斯湾地区，美味且富有表现力的黑皮诺葡萄酒。这款酒高品质的关键在于产区气候足够寒冷，这使其拥有丰富

的黑樱桃、黑莓和香料味道。西拉葡萄是霍克斯湾–吉布勒特砾石区较为传统的品种，威杜酒庄西拉葡萄酒鲜明地展示了这个地区标志的白胡椒味特征，以及可爱多汁的红莓和樱桃浆果味，轻盈又美味。威杜酒庄在霍克斯湾的历史可以追溯到1905年。目前该酒庄在多个优质产区酿造系列葡萄酒，其中最重要的产区是霍克斯湾产区。

913 St Aubyn St East, Hastings, Hawkes Bay
www.vidal.co.nz

新玛利酒庄（Villa Maria Estate）

马尔堡产区

新玛利酒庄珍匣黑皮诺干红葡萄酒，马尔堡产区；新玛利酒庄珍匣长相思干白葡萄酒，马尔堡产区

Private Bin Pinot Noir, Marlborough (red); Private Bin Sauvignon Blanc, Marlborough (white)

好喝又实惠的黑皮诺葡萄酒很难找，但新玛利酒庄珍匣黑皮诺干红葡萄酒就是最好的例子。它来自新西兰很大的葡萄酒公司，具有明亮多汁的樱桃果味，还带有一点香料味和一些单宁的抓口感，浆果味和黑皮诺独有的皮毛味混合在一起，十分迷人。另一款长相思干白葡萄酒充满了新鲜的西番莲果、柚子和香草的芳香，活泼又芬芳。

Cnr Paynters Rd and New Renwick Rd, Fairhall, Blenheim, Marlborough
www.villamaria.co.nz

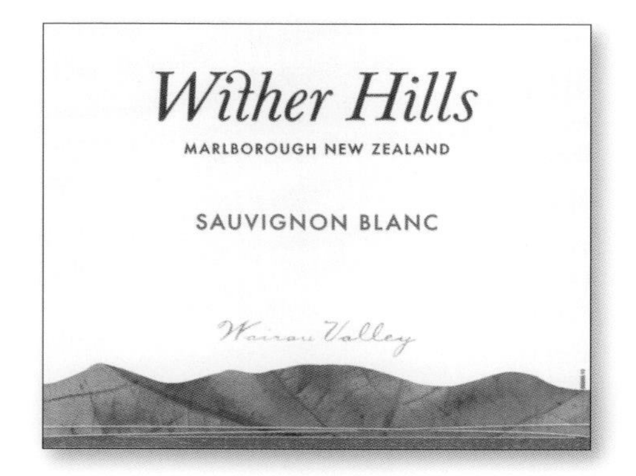

威泽山酒庄（Wither Hills Winery）

马尔堡产区

威泽山酒庄黑皮诺干红葡萄酒，马尔堡产区；威泽山酒庄长相思干白葡萄酒，马尔堡产区

Pinot Noir, Marlborough (red); Sauvignon Blanc, Marlborough (white)

酒体宏大、口感柔滑、果味甜美，威泽山酒庄黑皮诺可以说是马尔堡风格的典范。酒体很大，但不似果酱那样饱满沉重，有浓厚的红色浆果味道。威泽山酒庄长相思干白有着经典怀劳产区的风格，它有丰富的百香果和桃子味道，又完美地结合了柑橘和青草的新鲜感。如今，威泽山酒庄由蒂狮葡萄酒集团所有，但曾经是布伦特·马里斯作为酒庄创始人一手建立了酒庄，并使其成为该地区较好的酒庄之一。马里斯在2002年将其出售，并作为酿酒师一直工作到2007年。马里斯的前副手本·格洛弗现在执掌大权，并且将酒庄运营得风生水起。

211 New Renwick Rd, RD2, Blenheim, Marlborough
www.witherhills.co.nz

伊兰酒庄（Yealands Estate）

马尔堡产区

伊兰酒庄长相思阿沃特雷谷干白葡萄酒，马尔堡

Sauvignon Blanc, Awatere Valley, Marlborough (white)

伊兰酒庄是马尔堡地区最年轻、最有前途的酒庄之一，于2008年出产第一批葡萄酒。酒庄是由彼得·伊兰兹创建的，他是一位企业家，此前曾在养殖青蛙和鹿方面取得了成功。这款阿沃特雷谷的长相思干白葡萄酒有着极其浓郁的香味——很多青草、番茄叶、青椒和百香果的味道。味道十分平衡，热带水果味与青椒、柑橘味相得益彰，很活泼。

Cnr Seaview Rd and Reserve Rd, Seddon, Blenheim, Marlborough
www.yealands.com

传统酿酒产区外的“新势力”

世界上每个国家都会酿造出产价格实惠的葡萄酒（南极洲除外）。在亚洲，中国和印度的新兴中产阶级大力购买物美价廉的国际品种葡萄酒，这一举动推动了葡萄酒市场的发展。在北欧，卢森堡生产的白葡萄酒可与德国媲美，英国也生产一些优质的香槟风格的起泡葡萄酒。再往南看，瑞士酿造了很多脆爽的干白葡萄酒，而希腊、塞浦路斯、土耳其和前南斯拉夫国家（如克罗地亚）则有一些非常出色的本土品种。在东欧，保加利亚的赤霞珠、罗马尼亚的黑皮诺和格鲁吉亚的萨帕维都能酿造物美廉价的红葡萄酒；另外，摩洛哥的红葡萄酒和黎巴嫩的红/白葡萄酒都是北非和中东地区高品质的代表。最后，在美洲地区，乌拉圭专门生产一种叫丹纳特的红葡萄酒，而墨西哥也是一个值得关注的红葡萄酒产区。

橡果酒业控股公司（Acorex Wine Holding）

摩尔多瓦

阿马洛德拉瓦利亚佩雷庄主珍藏干红
Amaro de la Valea Perjei Private Reserve (red)

对于橡果葡萄酒控股公司来说，这一切发生得非常快。在20年的时间里，它从一个葡萄酒出口商和商人，转变为摩尔多瓦有个性和重要的葡萄酒生产商之一。它在摩尔多瓦南部的焦尔地区生产葡萄酒，拥有3000万平方米的有机种植园和认证葡萄园。其最好的葡萄酒之一是庄主珍藏系列中极具原汁原味的阿马洛德拉瓦利亚佩雷干红葡萄酒。这是一款意大利风格的摩尔多瓦葡萄酒，由半风干葡萄制成。

45 G.Banulescu-Bodoni St, MD-2012 Chis ̧ina ̆u
www.acorex.net

阿曼酒庄（Arman）

伊斯特拉克罗地亚

霞多丽白葡萄酒，特兰产区
Chardonnay, Teran (white)

阿尔曼家族在意大利附近的克罗地亚半岛伊斯特里亚酿制葡萄酒已有100多年的历史，最早出现在19世纪。传统是强大的，但他们也是创新者，在20世纪90年代初的动荡期之后，他们是第一批将生产转向更现代技术的生产商之一。他们的葡萄园种植在朝向南和西南的山坡上，这意味着葡萄的成熟度会比较统一，而附近的米尔纳河有助于缓和较热的气候。酒庄酿造这款葡萄酒的方式突出了葡萄酒的质感和香味，带有橡木味的霞多丽是典型的克罗地亚白葡萄酒，口感很丰富。

Narduci 3, 52447 Vizinada
www.arman.hr

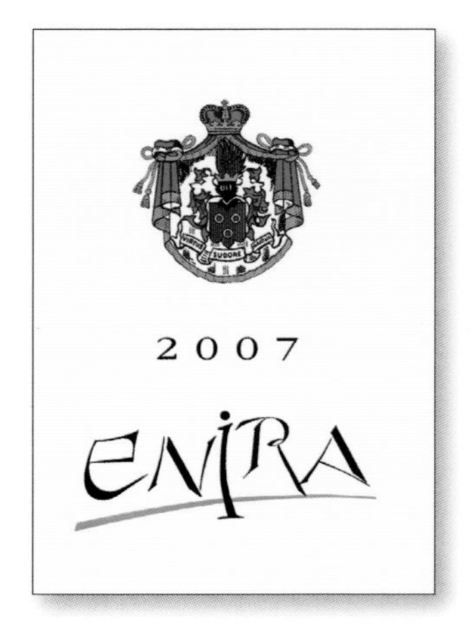

裂谷底酒庄（Breaky Bottom）（Bessa Valley）

英格兰-东萨塞克斯郡

爱丽娜珍藏红葡萄酒
Enira (red)

贝萨谷酒庄在保加利亚历史很悠久，它是由著名的波尔多酒庄拉梦多酒庄的创始人斯蒂芬·冯·尼珀格伯爵和捷克风险投资家卡尔·豪普特曼于2001年创立的。他们决定遵循地产的理念，在保加利亚色雷斯低地地区的罗东山脉较低山坡上的一个废弃的葡萄园中种植了140万平方米的葡萄园。该酒厂在法国酿酒师马克·德沃金的指导下，专门种植红葡萄品种。

爱丽娜珍藏红葡萄酒是德沃金很自豪的一款红葡萄酒，每年都用略微不同的葡萄混合酿造，但基本以美乐葡萄为主，西拉、赤霞珠和小味多也混酿其中，使用橡木桶陈酿。爱丽娜珍藏红葡萄酒是一款果香浓郁且优质的葡萄酒。

Zad Baira, Pazardjik, 4417 Ognianovo
www.bessavalley.com

裂谷底酒庄（Breaky Bottom Vineyard）

东苏塞克斯，英格兰

约翰英格拉斯霍尔特酿（起泡酒）

Cuvée John Inglis Hall (sparkling)

裂谷底酒庄坐落在东萨塞克斯郡南城的中心地带，酒庄是典型的英国田园风光，它也是英国优质酿酒师的故乡。彼得·霍尔是这个项目背后富有远见的农场主，自从1974年第一次涉足葡萄酒行业，他就开始种植塞瓦尔白葡萄，这个品种是彼得·霍尔的最爱，其中约翰英格拉斯霍尔特酿起泡酒是一款独具特色的英式传统起泡酒，也证明了塞瓦尔白葡萄这个品种非常棒。

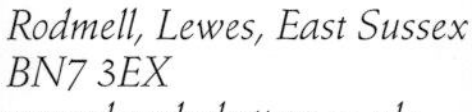

Rodmell, Lewes, East Sussex BN7 3EX
www.breakybottom.co.uk

嘉美河谷酒庄（Camel Valley）

英格兰–康沃尔产区

酒神巴克斯干白葡萄酒；嘉美河谷白品诺起泡酒

Bacchus Dry (white); White Pinot (sparkling)

退休的英国皇家空军战斗机飞行员鲍勃·林多将他位于康沃尔产区的嘉美河谷酒庄改造成了英国知名的酒庄。现在由林多的儿子山姆经营，并取得了巨大的成功。高产量使得酒庄不得不从其他种植者那里购买一些葡萄来满足酿酒需求。酒庄位于阳光明媚的河岸上，这里的天然气候对酒庄帮助很大：许多游客在夏天会来这里参观并买上几瓶酒，这在一定形式上促进了销售。这里的葡萄酒质量非常好——多年来酒庄的葡萄酒在各大比赛中获得了大量奖项，而林多夫妇也一直是自己酒庄乃至英国葡萄酒的大使。该酒庄以起泡葡萄酒而闻名，其中用白皮诺酿造的起泡酒在英国非常受欢迎且销量很好。至于静式葡萄酒，可以试试与长相思干白一样可爱的巴克斯酒。

Nanstallon, Bodmin, Cornwall PL30 5LG
www.camelvalley.com

卡梅尔酒庄（Carmel Shomron）

以色列

卡梅尔佳丽酿干红葡萄酒

Appellation Carignan Old Vines (red)

一个多世纪以来，卡梅尔酒庄一直是以色列葡萄酒界的领军者，也是很好的生产商。1882年，在埃德蒙·德·罗斯柴尔德男爵的支持下，酒庄诞生了；有一段时间，英国90%的葡萄酒都产自卡梅尔酒庄。自2000年以来，酒庄重心明显转向了生产的质量，而不是数量。首席执行官伊斯雷尔·伊兹万领导了一项减少产量的行动，在这个过程中大大提高了葡萄酒的质量。在以色列，很少有比卡梅尔等级系列更好的葡萄酒了，其中卡梅尔佳丽酿干红葡萄酒以其独有的层次感和樱桃香味而出众。

Winery St, Zichron Ya' acov 30900
www.carmelwines.co.il

卡斯佩德洛酒庄（Casa de Piedra）
墨西哥–瓜达卢佩山谷

霞多丽干白葡萄酒
Chardonnay (white)

雨果·达阿科斯塔在法国、意大利和美国加利福尼亚州学习了酿酒，1997 年，他准备回到墨西哥，与他的兄弟亚历杭德罗·达科斯塔在瓜达卢佩山谷共同创办卡斯佩德洛酒庄。在接下来的 10 年里，达科斯塔家族成为了硅谷葡萄酒酿造界的领军人物，他们从事一系列项目，并担任顾问。他们酿造的霞多丽干白葡萄酒十分清爽且果香丰富。

Km 93.5 Mexico Highway 3, San Antonio de las Minas
www.vinoscasadepiedra.com

卡斯察鲁布拉酒庄（Castra Rubra）
保加利亚–多瑙河平原和色雷斯低地

卡斯察鲁布拉干红葡萄酒
Castra Rubra (red)

保加利亚当地以价格实惠且适饮的红酒而闻名。但是在 2005 年，雅伊尔·阿古皮安想要证明他可以带来更好的葡萄酒，于是他聘请了法国顶级顾问米歇尔·罗兰来帮助建立卡斯察鲁布拉酒庄。罗兰在种植（有机）葡萄园和建造酿酒厂方面提供了建议。如今，这款葡萄酒已经是一款精致、醇厚、成熟的葡萄酒，并且是保加利亚当地优质酒的存在。

Kolarovo, 6460 Haskovo
www.telish.bg

卡萨拉酒庄（Château Ksara）
黎巴嫩

卡萨拉酒庄库万珍藏红葡萄酒
Reserve du Couvent (red)

卡萨拉酒庄成立了 150 多年，是黎巴嫩最大的葡萄酒生产商。酒庄每年生产约 270 万瓶葡萄酒，占全国总产量的三分之一以上。值得庆幸的是，酒庄的产品组合质量一直都不错，卡萨拉酒庄作为一个高质量生产商，一直为黎巴嫩的葡萄酒事业发挥着重要的作用。例如，在 20 世纪 90 年代初，酒庄对赤霞珠和西拉葡萄的架式整型进行了专业的修正和设计，并聘请了黎巴嫩当前最好的酿酒师詹姆斯·帕尔吉来指导种植酿造，该系列的顶级葡萄酒之一是卡萨拉酒庄库万珍藏红葡萄酒，酒体十分平衡，有红色水果和泥土的味道。

Zahle, Bekaa Valley
www.ksara.com.lb

穆萨酒庄（Château Musar）
黎巴嫩

霍查尔父子干红葡萄酒
Hochar Père et Fils (red)

穆萨酒庄是世界上著名的葡萄酒酒庄，为使黎巴嫩葡萄酒闻名于世而做的贡献超过其他任何一个生产商。该酒庄年产 70 万瓶葡萄酒，其中 80% 用于出口，其酿酒风格也引起了人们看法的分歧。当然这种风格并不适合所有人。有人说它氧化过度，挥发性酸度过高；有人则喜欢它的原创性和复杂性。不管怎样，当你品尝它的时候，你肯定知道它是穆萨酒庄的葡萄酒。要想了解这个酒庄的风格，可以从尝试霍查尔父子干红葡萄酒开始，这款酒采用与穆萨酒庄酒相同的方法酿造，果味十足且易于饮用。

Dlebta Rd, Ghazir, Mount Lebanon
www.chateaumusar.com.lb

德沃酒庄（Château de Val）
保加利亚–多瑙河平原

波尔多风格珍藏红葡萄酒
Claret Reserve (red)

德沃酒庄背后有一个白手起家的故事。该公司的创始人瓦尔·马尔科夫逃离了保加利亚，一路来到美国，在那里的高科技工程领域开创了自己的事业。几年后，他回到了他家族的葡萄园，并开始打理酒庄使其重新运转，转向有机葡萄栽培，并在酿酒厂采用了人工最小干预方法。酒庄酿造的波尔多风格珍藏红葡萄酒，是由晚红蜜、斯托高吉雅和布凯特葡萄酿造的，充满活力和风味。

201 Parva St, Gradetz, Vidin
www.chateaudeval.com

乌鸦酒庄（Corvus Vineyards）
土耳其–博兹贾阿达岛

拉鲁姆红葡萄酒
Rarum (red)

在土耳其的博兹贾阿达岛，乌鸦酒庄是较早吸引国际关注的土耳其酒庄。由一位土耳其出生的建筑师创立，它以使用当地和国际品种生产一系列高品质和独特的葡萄酒而闻名。拉鲁姆红葡萄酒是其中的佼佼者。这是一款使用严肃的葡萄酒，由当地的葡萄品种昆特拉和卡拉拉赫纳酿造的。

Bozcaada
www.corvus.com.tr

斯古洛斯酒庄（Domaine Skouras）

希腊

斯古洛斯特级特酿尼米亚干红葡萄酒

Nemea Grande Cuvée (red)

乔治·斯古洛斯曾前往法国第戎学习酿酒，然后在20世纪80年代中期返回家乡，建立了酒庄并用自己的名字命名。从那以后，斯古洛斯一直走在希腊葡萄酒复兴的前沿，不断使用各种国际葡萄（赤霞珠、美乐和霞多丽）和本土葡萄。然而，真正让斯古洛斯兴奋的葡萄品种是后者，尤其是红色的阿吉提可品种。如果你想知道阿吉提可到底有多好，那么斯古洛斯酒庄特级特酿尼米亚干红葡萄酒就是一个100%用阿吉提可酿造的酒。它有樱桃的味道，辛辣而大胆，但却非常细腻。

10th km Argos-Sternas, Malandreni, Argos, Peloponnese 21200
www.skouras.gr

戈兰高地酒庄（Golan Heights Winery）

以色列

戈兰高地酒庄加米亚（*Gamla*）赤霞珠红葡萄酒

Gamla Cabernet Sauvignon (red)

在戈兰高地酒庄出现之前，寒冷气候下的葡萄酒酿造并没有真正进入以色列酿酒师的视野。戈兰高地酒庄的成功彻底改变了这一切。酒庄于1976年在卡兹林镇种植了第一批葡萄，但直到1984年才生产出第一款葡萄酒。这些葡萄酒几乎一上市，就明显地呈现出一些不同之处：酸度清新，果香突出，美味又有结构感。不久之后，其他酒庄也开始为自己的酒庄寻找类似的选址。如今戈兰高地由酿酒师维克托·舍恩菲尔德管理，他每年管理的葡萄酒产量约为38万箱，分布在三个不同的品牌。在这些品牌中，戈兰高地酒庄加米亚赤霞珠红葡萄酒提供了很棒的质量和价格，力量感很强，黑醋栗的味道非常新鲜。

Katzrin 12900
www.golanwines.co.il

长城酒庄（Great Wall）

中国河北省

长城赤霞珠干红葡萄酒

Cabernet Sauvignon (red)

除非你生活在中国，否则你很难遇到中国葡萄酒。但长城酒庄是个例外，其同名品牌在全球各地的亚洲超市都有销售。酿酒厂本身就是一个庞大的企业。事实上，长城酒庄的酒窖是亚洲最大的酒庄建筑，酒窖的酒桶室似乎完全仿照了波尔多拉菲酒庄的酒窖。长城酒庄的不同寻常之处在于，它是100%由中国人拥有的，而大部分中国酒庄都是与外国合作伙伴组建的合资企业。长城赤霞珠红葡萄酒很受欢迎，并且很容易买到。这款酒带有黑醋栗味，让人想起智利红酒。

Tianjin, Hebei Province
www.huaxia-greatwall.com.cn

Grover Vineyards（Grover Vineyards）

印度–卡纳塔克邦

赤霞珠西拉混酿红葡萄酒

Cabernet-Shiraz (red)

在从事高科技工程的职业生涯中，坎瓦尔·格罗弗在多次前往法国的商务旅行中对葡萄酒产生了兴趣。他相信他可以在印度酿出这些优质的葡萄酒。他花了20年的时间来研究种植地和最合适的葡萄品种，1988年，他在卡纳塔克邦的南迪山地区找到了理想的酿酒地点，比任何人想到要在印度生产优质葡萄酒的时间都早了几年。在高级顾问米歇尔·罗兰的长期帮助下，他一直认为这个气候凉爽的地方是印度最有潜力的葡萄酒产区。他用赤霞珠和西拉混酿，酿造了一款成熟、柔和、果香浓郁的红葡萄酒。

Raghunathapura, Devanahalli, Doddaballapur Road, Doddaballapur, Bangalore 561203
www.groverwines.com

哈利伍德酒庄（Halewood）

穆法特拉-切尔纳沃德，塞贝斯-阿波德，罗马尼亚

单一葡萄园黑皮诺红葡萄酒；凯特斯优选红葡萄酒
Single-Vineyard Pinot Noir (red); Cantus Primus (red)

英国企业家约翰·黑尔伍德爵士10多年来一直是罗马尼亚葡萄酒重要的出口商。1998年，他从罗马尼亚政府手中收购了当时的普拉霍瓦公司，现在他负责管理一个由四家酿酒师管理的项目，共管理着400万平方米的葡萄园。其中红葡萄酒，它是与意大利安蒂诺里公司合资生产的由100%赤霞珠酿造的酒，以及来自大山产区的多汁明亮的单一葡萄园黑皮诺红葡萄酒。

Tohani Village, Gura Vadului, Prahova District
www.halewood.com.ro

哈兹达斯酒庄（Hatzidakis）

希腊-圣托里尼岛

圣托里尼阿西提科白葡萄酒
Santorini Assyrtiko (white)

哈兹达斯酒庄有一种粗犷的魅力，说是酒庄其实就是在地底挖的酒窖。这个酒窖充满玄机，并且存有非常多的橡木桶和大罐子来熟化葡萄酒。完成这所有项目的人是哈里迪莫斯·哈齐达基斯，他是布塔里圣托里尼酿酒厂的前首席酿酒师，1997年开始自己创业。他的家族在20世纪50年代种植了一些有机葡萄园，他用这些葡萄园酿制了一些质地饱满的白葡萄酒，比如具有柠檬味、清新的圣托里尼·阿西尔提科干白葡萄酒。

Pyrgos Kallistis, Santorini, 84701
www.hatzidakiswines.gr

卡瓦克利德尔酒庄（Kavaklidere Winery）

土耳其-安纳托利亚中部

艺术系列埃米尔-索塔尼耶干白葡萄酒
Vin-Art Emir-Sultaniye (white)

并非所有卡瓦克利德酒庄生产的酒都值得我们关注。作为土耳其较大的葡萄酒生产商，它的大部分产品都是批量生产的佐餐酒，适合尽早饮用。然而艺术系列则是一个更为严肃的系列，它使用的是本土和国际葡萄混酿，用两种土耳其葡萄酿制而成的埃米尔-索塔尼耶干白葡萄酒是一种清爽、新鲜的干白葡萄酒。

Çankırı yolu 6.km, 06750, Akyurt/Ankara
www.kavaklidere.com

雅尼酒庄（Kir-Yianni）

希腊-纳乌萨

帕兰卡干红葡萄酒，马其顿产区
Paranga, Vin de Pays de Macedonia (red)

酒庄起名为“雅尼酒庄”是为了致敬希腊葡萄酒界的奠基人亚尼斯·布塔里，他是希腊葡萄酒智慧和善良的源泉，也是希腊葡萄酒国际事业孜孜不倦的工作者。直到20世纪90年代中期，布塔里和他的兄弟康斯坦丁诺斯一直在照看布塔里的酒庄，后来离开那里，在纳乌萨的最高点雅纳科霍里建了一座葡萄园。他用买来的葡萄酿制了干红葡萄酒，这是一种由西诺马罗、美乐和西拉葡萄混酿而成的葡萄酒。这是一款华丽饱满的红葡萄酒，拥有生动活泼的酸度。

Yianakohori, Naoussa, 59200
www.kiryianni.gr

郭葛酒庄（Kogl Podravje）

斯洛文尼亚

梅亚卡柏三木苓干白葡萄酒
Mea Culpa Sämling (white)

这个位于斯洛文尼亚东部的郭葛酒庄成立于17世纪，历史很悠久。但它作为一个高品质酿酒师的故事真正开始于20世纪80年代。当时它被科维特科家族收购，如今它用各种葡萄品种酿造出了一系列优质的葡萄酒。其中梅亚卡柏三木苓干白葡萄酒爽脆又新鲜，果香丰富，没有受橡木桶影响的味道。

Velika Nedelija 23, 2274 Velika Nedelija
www.kogl.net

科莱克（Korak）

克罗地亚

雷司令干白葡萄酒
Riesling (white)

科米尔·科莱克是克罗地亚酒庄迅速发展的典型代表。在克罗地亚首都萨格勒布以西仅30千米的地方有一个酿酒厂，科莱克拥有大约5万平方米的葡萄园，但他也从其他种植者那里购买葡萄。他自己种植的新鲜葡萄始终能表现出良好的品种特性，这可以从他出色的雷司令干白葡萄酒中看出来。这款酒是干白风格，拥有丰富的矿物复杂性和不错的味道。

Plešivica 34, 10450 Jastrebarsko
www.vino-korak.hr

梅克内斯酒庄（Les Celliers de Meknès）
北非–摩洛哥

罗斯兰酒庄一级园（红葡萄酒和白葡萄酒）
Château Roslane Premier Cru (red and white)

有时得知伊斯兰国家也生产葡萄酒会让人感到惊讶，但北非有着悠久的葡萄种植传统，摩洛哥也不例外。梅克内斯是该国最大的葡萄酒生产商，近年来一直在享受复兴的喜悦。如今该公司在瑞勒·泽尼博的指导下生产一系列葡萄酒，他具有大约50年的酿酒经验，被认为是现代摩洛哥葡萄酒的教父。他最令人印象深刻的项目之一是该公司在摩洛哥唯一法定地区——奥特拉斯山坡的罗斯莱恩酒庄。这里生产的红葡萄酒（梅洛–西拉–赤霞珠混酿）和白葡萄酒（霞多丽）都提供了非常复杂、有个性且有深度的味道。

11 Rue Ibn Khaldoune, 50,000 Meknès
www.lescelliersdemeknes.net

马拉金斯基酒庄（Malatinszky）
匈牙利–维拉尼产区

蓝比诺红葡萄酒
Pinot Bleu (red)

位于匈牙利维拉尼地区的马拉金斯基酒庄的地价正在上涨。自1997年以来，它一直由萨巴·马拉金斯基经营。在结束了葡萄酒行业的职业后，萨巴重振了自己的家族酒庄。他曾在波尔多一些优秀的酒庄担任助理酿酒师、侍酒师和一家葡萄酒商店的老板。马拉金斯基有一个30万平方米的酒庄，种植着品丽珠和赤霞珠等葡萄品种。他坚信要保持葡萄酒的本地特色，所以他只使用由匈牙利木材制成的木桶。酒庄内最有趣的葡萄酒是他酿造的蓝比诺，它是黑皮诺和当地的卡法兰克斯品种杂交所得。这款酒带有明显的勃艮第风格，具有独特、纯粹而深沉的红色和黑莓果味，还有诱人的辛辣味，大骨架但异常优雅。这是一个伟大且优秀的生产者。

H-7773 Villány 12th, Batthyany L. u.27
www.malatinszky.hu

马克·盖尔斯酒庄（Marc Gales）
卢森堡

马克·盖尔斯雷司令干白葡萄酒，马克·盖尔斯灰皮诺干白葡萄酒
Marc Gales Riesling (white); Marc Gales Pinot Gris (white)

马克·盖尔斯是卢森堡较受欢迎的葡萄酒。最近历史悠久的克里尔·弗雷尔斯业务——包括其备受推崇的雷米希普莱莫伯格葡萄园，也被纳入了投资组合，品质比以往任何时候都要高，以矿物质味道为主的马克·盖尔斯雷司令干白葡萄酒和灰皮诺干白葡萄酒都非常棒，这座位于雷米奇北部边缘的酒庄也很值得一看。酒窖被深深雕刻在摩塞尔河旁的白垩森林（悬崖）上，还有一家餐厅。在那里你不仅可以欣赏风景，还可以品尝当地的美食和酒庄的葡萄酒。

6, rue de la Gare, L-5690 Ellange
www.gales.lu

马萨亚酒庄（Massaya）
黎巴嫩–贝卡谷

马萨亚酒庄经典红葡萄酒
Classic Red

在黎巴嫩贝卡山谷的马萨亚酒庄，多米尼克·赫巴德（曾经隶属于波尔多白马酒庄）和布鲁尼家族（隶属于教皇新堡老电报酒庄）都已被黎巴嫩戈恩兄弟列为合作伙伴。该项目始于1998年，凭借其富有创意的营销和精心制作的葡萄酒，马萨亚酒庄迅速成为黎巴嫩冉冉升起的新星。它现在每年生产25万瓶葡萄酒，其中90%销往海外。这款经典红葡萄酒没有受到橡木桶影响，并且由波尔多和地中海葡萄品种混酿而成。

Tanail Property, Bekaa Valley
www.massaya.com

马西斯·巴斯蒂安家族酒庄（Mathis Bastian）
卢森堡–卢森堡摩泽尔

雷万尼干白葡萄酒
Rivaner (white)

马西斯·巴斯蒂安家族酒庄位于卢森堡这个风景如画的地方。在这里马西斯·巴斯蒂安、他的女儿阿努克和他的葡萄园经理赫尔曼·塔普在大约12万平方米的葡萄园里酿造出了一些优雅且有花香的白葡萄酒，其中包括一种令人愉快的、受热带水果影响的半干型白葡萄酒。因为这种葡萄酒产量小，价格实惠，所以销售得很快。

29, route de Luxembourg, L-5551 Remich
23 69 82 95

梅尔库里酒庄（Mercouri Estate）
希腊–伊利亚斯

弗洛伊干白葡萄酒；经典红葡萄酒
Foloi White; Estate Red

就环境而言，梅尔库里是希腊，乃至世界上最令人瞠目的酒庄，酒庄位于伯罗奔尼撒半岛西部，它成立于19世纪70年代。自20世纪80年代中期赫里斯托和瓦斯里斯·科安尼波鲁斯接管以来，它一直是一家严肃的葡萄酒生产商。新鲜芳香的弗洛伊干白葡萄酒混合了荣迪思和维欧尼葡萄，另一款精致平衡，经久不衰的酒庄经典红葡萄酒是由莱弗斯科和马弗罗达夫葡萄混酿而成的。

Korakohori, Ilias, Peloponnese 27100
www.mercouri.gr

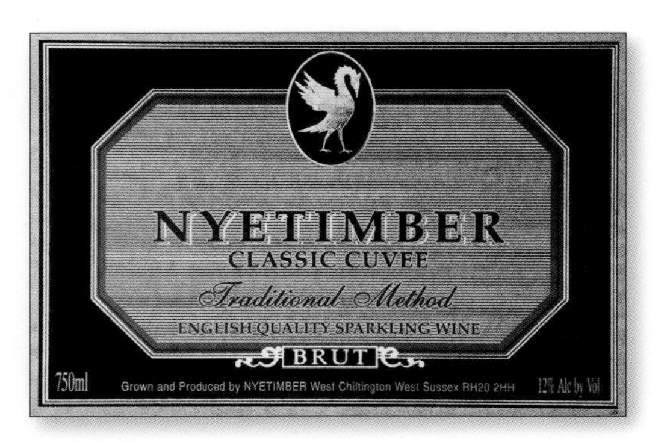

尼丁博酒庄 (Nyetimber)
英格兰–苏塞克斯郡

尼丁博酒庄经典起泡酒
Classic Cuvée (sparkling)

自2006年被荷兰人埃里克·赫里马收购以来，尼丁博酒庄的葡萄园和酿酒厂都得到了扩张。这种扩张的成果还没有影响到市场，但就目前的发布表明，尼丁博被认为是优质的英国起泡酒市场的标杆酒庄，切丽·斯普里格斯在赫利玛接管公司时担任酿酒师，负责管理包括尼丁博酒庄经典起泡酒，这款酒充满了复杂的酵母和烤面包的味道。

No visitor facilities
www.nyetimber.com

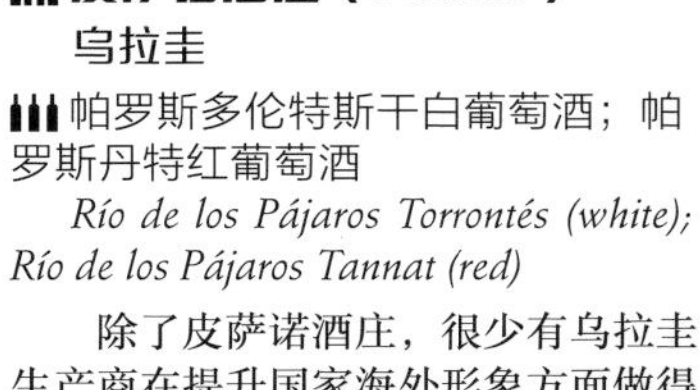

皮萨诺酒庄（Pisano）
乌拉圭

帕罗斯多伦特斯干白葡萄酒；帕罗斯丹特红葡萄酒
Río de los Pájaros Torrontés (white); Río de los Pájaros Tannat (red)

除了皮萨诺酒庄，很少有乌拉圭生产商在提升国家海外形象方面做得比它更多。皮萨诺酒庄位于瑞欧普拉塔地区中部的钙质土壤上，每年生产约38万瓶品质稳定的葡萄酒。由于酒庄相对靠近海洋，葡萄生长在昼夜温差大的气候环境中，葡萄酒拥有新鲜感和大骨架的口感。这一点在其产品组合中随处可见，尤其是在其卓越的帕罗斯系列中，其中包括一种可爱的芳香葡萄多伦特斯和一种乌拉圭经典的红葡萄品种丹特，它拥有丰富且强烈的果味。

No visitor facilities
www.pisanowines.com

普罗文斯酒庄（Provins）

瑞士-瓦莱州

玛提拉德谢老藤干白葡萄酒
Maître de Chais, Vieilles Vignes (white)

在瑞士的瓦莱州，普罗文斯酒庄是主要的葡萄酒生产商。事实上，它拥有1100万平方米的葡萄园，占该地区总产量的四分之一以上。幸运的是，它做得非常好，特别是在玛德琳·盖伊执掌酒庄之后。盖伊在这里见证了酒庄巨大的进步，现在酒庄的葡萄酒酿造水平非常高，葡萄园也得到了悉心照料。他们不在乎酒的产量，而是将更多注意力放在葡萄酒的个性和自然风格上：它们俏皮有趣。其中玛提拉德谢老藤干白葡萄酒是酒庄很出色的一款酒，它由玛珊、白皮诺，以及瑞士本土品种艾米尼和海达混酿而成，它的味道非常丰富且芳香，风味清新。

Rue de l' Industrie 22, 1951 Sion
www.provins.ch

瑞吉维（Ridgeview Wine Estate）

英格兰-苏塞克斯郡

瑞吉维梅里特特酿起泡酒
Ridgeview Cuvée Merret Bloomsbury (sparkling)

麦克·罗伯茨似乎从未停止推销英国葡萄酒。作为英国顶级家族酒庄瑞吉维的代表，他长期以来一直相信英国在制造优质起泡酒方面的潜力。这一潜力在瑞吉维酒庄得到了充分的发挥，迈克的儿子西蒙主要负责酿酒业务。家族专注于酿造气泡酒，并拥有最好的和最先进的设备，如篮式压榨机。许多葡萄酒都有不同的风格，但最出色的，无论是对于酒庄还是对于英国而言，是酒庄的瑞吉维梅里特特酿起泡酒。基于三种香槟品种——霞多丽、黑皮诺和莫尼耶皮诺的经典混合，这是一种极其丰富、深沉、复杂的起泡酒，带有爽脆的酸度和精致、细腻感觉。

Fragbarrow Lane, Ditchling Common, East Sussex, BN6 8TP
www.ridgeview.co.uk

圣托马斯酒庄（Santomas）

斯洛文尼亚

玛尔维萨干白葡萄酒
Malvazija (white)

圣托马斯是一个很好的斯洛文尼亚酒庄，有着悠久的历史。事实上，格拉维纳家族的历史可以追溯到中世纪，尽管今天的圣托马斯酒庄真正开始于19世纪中叶。当时这个家族的分支开始在滨海边疆地区种植和酿酒，鲁迪维克·纳泽瑞·格拉维纳负责19万平方米的葡萄园，他的女儿塔玛拉负责酿酒。酒庄的特色之一是当地的玛尔维萨葡萄品种。圣托马斯酒庄是目前斯洛文尼亚较好的葡萄酒庄，它优雅地诠释了玛尔维萨伊斯特拉干白葡萄酒——拥有明亮的酸度和芬芳的花香。

Ludvik Nazarij Glavina, Smarje 10, 6274 Smarje
www.santomas.si

玻璃瓶的替代品

以盒子、罐子、袋子和塑料瓶等替代玻璃瓶包装的优质葡萄酒越来越受欢迎。它们在几个层面上都有意义。主要原因是，使用它们对酿酒厂和消费者来说成本更低。

成本降低至少有3个原因。第一，替代包装的材料比玻璃瓶便宜；第二，它们不需要单独的标签，因为图形和文本可以直接打印到包装上；第三，所有形式的替代包装的重量都比玻璃瓶轻，从而节省运输成本。此外，一些盒子和小袋子可以通过将相当于2瓶或4瓶的酒压缩成一个1.5升或3升的单位来运输更多的酒。

从饮酒者的角度来看，盒子和袋子也更方便。它们在架子上或冰箱里占的空间更小，而且不会被打碎。另外在公园、户外音乐会和体育赛事等场合有时允许使用它们，但禁止使用玻璃。

那么，为什么盒子、塑料瓶、罐子和袋子的使用量没有超过玻璃呢？这主要是因为人们通常对葡萄酒持保守态度。由于玻璃瓶是葡萄酒的传统包装，人们很难接受好酒装在盒子或罐子里。

玻璃瓶仍然是陈年葡萄酒的最佳选择。盒子可以使葡萄酒保持新鲜度长达一年，在此期间，葡萄酒的味道就和玻璃瓶里保存的一样。然而，一年以后，葡萄酒的质量就会下降。用玻璃瓶保护的葡萄酒可收藏数十年。但由于这些需要长时间保存的酒只占葡萄酒销量的1%左右，所以对大多数人来说，这并不是个问题。

舒克曼酒庄 (Schuchmann wines)

乔治亚州–卡赫季

萨佩拉维干红葡萄酒
Saperavi (red)

用陶罐陈酿葡萄酒的做法可以追溯到古代，但这种方法在格鲁吉亚已经失传了，直到舒克曼酒庄重新使用，才恢复了这一做法。2002 年，在第三代酿酒师古奇 · 达科斯威尼和顶级顾问酿酒师大卫 · 麦苏瑞达的推动下，该酒庄首次采用现代的做法来酿酒。他们还开发了一种新的微生物控制方法，用于控制带有果皮和果核的葡萄酒发酵。舒克曼酒庄以生产格鲁吉亚著名葡萄品种萨佩拉维而闻名，而酒庄酿造的萨佩拉维干红葡萄酒味道浓郁，十分诱人。

37 Rustaveli St, Telavi 2200
www.schuchmann-wines.com

苏拉葡萄园（Sula Vineyards）

印度–马哈拉施特拉

长相思干白葡萄酒；白诗南干白葡萄酒
Sauvignon Blanc (white); Chenin Blanc (white)

在印度，除了迅速壮大的中产阶级，葡萄酒还远未成为大众市场的选择。但在改变这一现状方面，没有哪家酒庄比苏拉葡萄园做得更多。该酒庄不断壮大，多年来，酒庄一直在稳步扩大其产品系列，现在已经拥有了一系列风格和葡萄品种。尽管苏拉葡萄园已经开始生产一些非常有前途的赤霞珠和西拉子红酒，但首先引起关注的却是白葡萄酒，它们如今仍是产品系列中品质最好的。最初酿造白诗南干白葡萄酒只是想表达印度当地的风土文化，另外一款长相思白葡萄酒则拥有热带水果和花香味道。

Survey 36/2, Govardhan, Off Gangapur-Savargaon Road, Nashik 422222, Maharashtra
www.sulawines.com

赛烈姆莱伊（Szeremley）

匈牙利

精选雷司令干白葡萄酒；道乔尼科尼耶露干白葡萄酒
Riesling Selection (white); Badacsonyi Kéknyelu˝ (white)

赛烈姆莱伊家族的酒庄坐落在巴拉顿高地国家公园的一个美丽的地方，在巴达克索尼山和巴拉顿湖的海岸之间。1992 年，胡巴 · 赛烈姆莱伊开始实现他在火山土壤上建造 115 万平方米葡萄园的愿景，自那时起，葡萄园就一直是相当大的复兴主题。赛烈姆莱伊酒庄使用了许多不同的葡萄品种，其中包括科尼耶露、布黛泽、宙斯和意大利雷司令，而单一品种科尼耶露因其细腻和优雅值得一试。同样有趣的是精选雷司令干白葡萄酒，它有着极好的集中度和味道，也十分值得一试。

H-8258 Badacsonytomaj, Fo˝ út 51–53
www.szeremley.com

特拉维酒窖（Telavi Wine Cellar）

格鲁吉亚–卡赫提

马拉尼萨普拉维干红葡萄酒
Marani Separavi (red)

特拉维酒窖是佐治亚州最大的葡萄酒生产商，它的葡萄酒一直都很好。它拥有超过 450 万平方米的葡萄园，分布在卡赫提的三个地区，它还从卡赫提和偏远的西部葡萄酒产区的种植者那里购买了一些葡萄。这里的酿酒业掌握在才华横溢的年轻格鲁吉亚人贝卡 · 索萨什维利手中，他得到了法国人拉斐尔 · 杰诺的得力协助。这对夫妇用乔治亚州的萨普拉维葡萄品种酿制了许多优秀的葡萄酒，尽管他们经常使用一点马尔贝克来软化和填充萨普拉维天然涩味的单宁。该公司的大部分产品都专注于马拉尼品牌，这条生产线生产的基本款萨普拉维显示了这个品种的潜力。这是一款酒体饱满，有足够的口感和结构，大量新鲜的红色水果味道的红葡萄酒。

Kurdgelauri, Telavi 2200
www.tewincel.com

齐亚卡斯酒厂（Tsiakkas）

塞浦路斯–皮特西里亚山脉

干白葡萄酒；桃红葡萄酒；瓦姆瓦卡达干红葡萄酒
Dry White; Rosé Dry; Vamvakada (red)

20 世纪 80 年代，科斯塔斯 · 齐亚卡斯离开了银行行业，进入葡萄酒行业。从那以后，他把所有的精力都投入以他的名字命名的地产建设中，使之成为塞浦路斯知名的地产。他的家是一个瓦顶酒厂，位于特鲁多斯山脉南侧，海拔 1000 多米，俯瞰着佩伦德里镇。齐亚卡斯酒厂生产一系列葡萄酒，其中最好的是由辛尼斯特里葡萄酿造的带有柑橘味的新鲜干白葡萄酒，桃红葡萄酒由歌海娜制成，堪称夏日户外小酒的完美选择；还有浸泡过香草、有水果味的马拉提科，在当地的名字是瓦姆瓦卡达。最近种植的几个葡萄园即将完工，而齐亚卡斯酒厂的儿子奥列斯特正在阿德莱德学习酿酒，这是一个值得关注的酒庄。

4878 Pelendri
www.swaypage.com/tsiakkas

维纳科珀酒庄（Vinakoper）
斯洛文尼亚–科珀尔

玛尔维萨干白葡萄酒；*Refosk* 干红葡萄酒
Malvazija (white); Refosk (red)

维纳科珀酒庄位于里雅斯特南部伊斯特里亚半岛的亚得里亚海小镇科珀尔，是斯洛文尼亚多产、成功的合作社。它成立于 1947 年，近年来，已成为当地两种特产的典范：莱弗恩科（Refosk）红葡萄酒和玛尔维萨白葡萄酒。前者在其他地方被称为莱弗斯科（Refosco），生产出充满活力的果味红酒，带有明显的酸度和诱人的咸味，使其成为搭配冬季菜肴的完美选择。相比之下，玛尔维萨干白葡萄酒则充满了夏天的气息，无论是在口味上（地中海香草、柠檬和一股咸味新鲜的酸味），还是在喝酒的场合上，请在一个温暖的夜晚搭配海鲜试试。

Smarska cesta 1, 6000, Koper
www.vinakoper.si

塞托酒庄（Vinos LA Cetto）
墨西哥–瓜达卢佩

小西拉红葡萄酒
Petite Sirah (red)

卡米洛·马格诺尼凭借相当大的努力和奉献，以及冒险精神，一举将塞托酒庄建成了墨西哥最大的酒庄。塞托酒庄的年产量超过 90 万箱，在规模上遥遥领先其他酒庄。

马格诺尼自 1974 年该公司成立以来一直担任酒庄的酿酒师，他在北下加利福尼亚瓜达卢佩山谷极具挑战性的生长条件下，充分利用能得到的原材料酿造。考虑到这里温暖的气候，红葡萄酒是酿酒厂的强项也就不足为奇了。口感醇厚而温暖的小西拉是一款非常适合冬天晚上饮用的红酒。

Km 73.5 Carretera Tecate El Sauzal, Valle de Guadalupe, BC
www.lacetto.com

赞巴塔斯酒庄（Zambartas Winery）
塞浦路斯–利马索尔葡萄酒村

西拉混酿莱夫卡达干红葡萄酒；辛尼斯特里干白葡萄酒
Shiraz-Lefkada (red); Xynisteri (white)

多年来，因为种植者争相种植国际品种，塞浦路斯酿酒界似乎一直忽视其丰富的本土品种，这让许多品种濒临灭绝，但阿基斯·赞巴塔斯持不同观点。他长期在岛上担任最大规模葡萄酒厂的负责人，他不知疲倦地为后代保存这些濒临灭绝的品种，并能够利用这一经验，在 2006 年与儿子马科斯建立了自己的酿酒厂。赞巴塔斯的口号是“旧土地上的新世界葡萄酒”，他们将这一理念付诸实践。他们的想法是利用当地的葡萄品种，用最先进的技术将它们与国际品种混合。其结果是葡萄酒具有非常棒的口感和味道，比如酒庄酿造的西拉混酿莱夫卡达干红葡萄酒，这是一种强大的，复杂的红葡萄酒；以及新鲜的辛尼斯特里干白葡萄酒，这个品种很有争议，也被认作是赛美蓉。

Gr. Afxentiou 39, 4710 Agios Amyrosios
www.zambartaswineries.com

兹拉坦奥托克酒庄（Zlatan Otok）
克罗地亚 达尔马提亚

余朔（白葡萄酒）
Ostatak Bure (white)

兹拉坦奥托克酒庄成立于 1986 年，当时名称为维斯塔斯酒庄，1993 年改名为现在的名字。这是一家小型但管理极为严格的葡萄酒生产商。该酒庄总部位于哈瓦岛南部，在马卡尔斯卡温诺乔治也有葡萄园，目前正在努力获得有机认证。兹拉坦奥托克酒庄因其用克罗地亚国家原产葡萄品种（如波斯普、兹瓦卡和马姆齐）酿造的作品而广受尊敬。这些品种的特性在这个酒庄名为余朔（酒的名称指的是强烈的北风）的白葡萄酒中发挥了重要作用。它是一款清新、坚果般的白葡萄酒，果香浓郁，是夏季的绝佳饮品。

Sveta Nedjelja, 21465 Jelsa
www.zlatanotok.hr

致谢

戈登的致谢

在许多晚上和周末里沉浸在葡萄酒的世界里——有时是身体上、有时是意识上，无法顾及家庭。因此，这里首先要感谢我的家人，也要感谢《葡萄酒与葡萄园》杂志的休·蒂特森和切特·克林根史密斯，他们理解我的创造性思维。还要感谢詹姆斯·劳布，他让我与出版商玛丽·克莱尔·杰勒姆以及DK团队联系起来。

DK的致谢

感谢彼得·安德森和艾维斯·曼德尔拍摄照片；感谢法国食品协会的克里斯·斯凯姆和贝丝安·华莱士为奥地利提供葡萄酒；感谢塞西尔·兰多、劳拉·尼科尔、丹妮尔·迪·米基尔和阿拉斯泰尔·莱编辑帮助；感谢索尼娅·查尔邦尼尔的语言技能；感谢苏·莫罗尼校对；感谢简·帕克创建索引。

出版商要感谢以下人士允许复制他们的照片：326-327，170-171　**DK：**红酒指南。

作者简介

主编吉姆·戈登（Jim Gordon）是这个充满活力的作家团队的总负责人。他撰写了关于葡萄品种和享用葡萄酒、葡萄酒插页以及加利福尼亚州部分的门多西诺和五大湖区条目的专题。吉姆·戈登拥有 25 年的葡萄酒相关行业工作履历，包括担任《葡萄酒观察家》的执行编辑 12 年，并帮助为美国全国广播公司（NBC）建立酒乡直播频道。目前，他担任美国加利福尼亚州《葡萄酒与葡萄藤》杂志的编辑。

葡萄酒大师萨拉·阿伯特（Sarah Abbott MW）负责撰写书中勃艮第章节中伯恩丘的条目。她是葡萄酒策划公司"漩涡"的创始人，是葡萄酒进口商的顾问，也是国际葡萄酒比赛的评委。

简·安森（Jane Anson）负责撰写书中法国波尔多，法国西南部，普罗旺斯，科西嘉岛和法国地区餐酒（Vin de Pays）条目，并在勃艮第章节中撰写了夏布利和博若莱条目。简是《品醇客》（*Decanter*）杂志的波尔多记者，并为中国香港的《南华早报》撰稿。

安德鲁·巴罗（Andrew Barrow）负责撰写书中法国阿尔萨斯条目和奥地利章节。15年来，安德鲁一直处于互联网葡萄酒和美食的最前沿，他的博客最近也广受好评，同时他还为《米其林指南》和《卫报》撰稿。

劳里·丹尼尔（Laurie Daniel）从事记者工作已有30多年，负责撰写书中加利福尼亚州章节中的中央海岸条目。她居住在圣克鲁斯山脉，从1993年开始定期撰写有关葡萄酒的文章，并为报纸、杂志和网站撰稿。

玛丽·道威（Mary Dowey）负责撰写书中南罗纳河的条目。20 多年来，她一直是一系列葡萄酒、美食和旅行类出版物的作家。她在普罗旺斯西部的基地专门研究南罗纳河，经营着一个致力于普罗旺斯美食和葡萄酒的网站。

迈克·邓恩（Mike Dunne）撰写了加州内陆条目。作为《萨克拉门托蜜蜂报》（*The Sacramento Bee*）的专栏作家、餐厅评论家和食品编辑，他撰写了近40年的葡萄酒行业文章，现在他将时间分配在北加州和墨西哥下加利福尼亚州的家中，探索两国的葡萄酒产区。

葡萄酒大师莎拉·简·埃文斯（Sarah Jane Evans MW）是一名作家和广播员，并撰写了西班牙章节。作为西班牙葡萄酒的长期爱好者，她曾担任BBC美食杂志的副主编和美食作家协会的主席。作为葡萄酒大师，莎拉也是西班牙尊贵级葡萄酒骑士团成员。

侍酒师大师凯瑟琳·法利斯（Catherine Fallis Ms）在勃艮第章节的夏隆内秋、马孔条目以及德国章节和餐酒搭配插页。凯瑟琳是葡萄酒咨询公司葡萄行星有限公司的创始人兼总裁。

迈克尔·弗朗茨（Michael Franz）撰写了法国北罗纳河条目以及华盛顿，俄勒冈州，智利和阿根廷部分。他为葡萄酒杂志撰稿，指导烹饪学院，并且是13家餐厅的顾问。他还是《在线葡萄酒评论》的编辑和管理合伙人。

侍酒师大师、葡萄酒大师道格福斯特（Doug Frost Ms、MW）是美国中心地带和南部各州条目的作者。他同时是侍酒师大师和葡萄酒大师。他写了几本书，还主持了每周一次的美国电视节目《买单！》，并且是美国联合航空公司全球的葡萄酒和烈酒顾问。

杰米·古德（Jamie Goode）撰写了有关澳大利亚，新西兰和葡萄牙的章节。杰米以前是一名科学编辑，是较早的葡萄酒博主之一，以葡萄酒极客的身份写作。他每周有一个专栏《星期日快报》，并为多家杂志撰稿。他的著作包括《葡萄酒的科学》和《正宗的葡萄酒》。

苏桑·寇沙瓦茨（Susan Kostrzewa）是南非章节的作者。在2005年搬到曼哈顿之前，苏珊在旧金山湾区生活了10年，专门从事美食，葡萄酒和旅行写作。她是《葡萄酒爱好者》杂志的执行主编，多年来一直专注品鉴南非葡萄酒。

彼得·利姆（Peter Liem）撰写了书中香槟的章节。彼得是目前居住在香槟地区的唯一一位专业的英语葡萄酒作家，为《葡萄酒与烈酒》（*Wine & Spirits*）和《精品葡萄酒世界》（*The World of Fine Wine*）撰稿，并撰写和创办网站，为该地区葡萄酒和葡萄酒生产商编写在线指南。

杰弗里·林登穆斯（Jeffrey Lindenmuth）撰写了书中新英格兰，纽约和大西洋中部各州条目。他写了关于葡萄酒，烈酒和啤酒的文章，并周游世界寻找一种佳酿。他的作品出现在烹饪之光，男性健康和其他论坛上。

雯克·洛奇（Wink Lorch）撰写了书中汝拉省和萨瓦省的条目。在过去的20年里她一直是一位葡萄酒作家、教育家和编辑，之前曾在英国葡萄酒贸易工作。雯克在法国阿尔卑斯山有一个家。她也是葡萄酒旅游指南网站的创建者，专注于欧洲的葡萄酒产区。

格雷格·洛夫（Greg Love）撰写了勃艮第章节的夜丘条目。格雷格喜欢撰写葡萄酒评论，他投入时间和精力来了解葡萄园以及酿酒师和所有者的个性及其酿酒风格。

彼得·米瑟姆（Peter Mitham）撰写了加拿大章节，写作中也借鉴了在北美十几年的品酒经验。他目前为《葡萄酒与葡萄藤》杂志和其他出版物撰写有关太平洋西北地区和加拿大葡萄栽培和葡萄酒业务的文章。

沃尔夫冈·韦伯（Wolfgang Weber）撰写了书中意大利章节。他深耕于从事葡萄酒贸易，包括纳帕谷葡萄酒产区做了两年酒窖的基层员工，他是《葡萄酒与烈酒》的前高级编辑和意大利葡萄酒评论家。

黛博拉·帕克·黄（Deborah Parker Wong）撰写了加利福尼亚州章节的纳帕谷、卡内罗斯、索诺玛和马林条目。她是《品酒小组》杂志的北加州编辑，与葡萄种植者合作，直接报道当前的年份和行业趋势。她是伦敦葡萄酒作家圈和纽约葡萄酒媒体协会的成员。